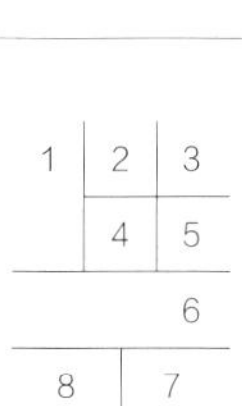

1. 绘制折扣吊签
2. 绘制圣诞夜插画
3. 绘制卡通小丑
4. 绘制吊牌
5. 绘制海港景色
6. 制作变色文字
7. 制作心情日记
8. 绘制环保插画

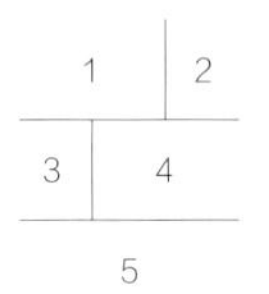

1. 制作青花瓷鉴赏
2. 制作家电促销广告
3. 制作高尔夫广告
4. 制作旅游广告
5. 制作小松鼠动画

1	2
3	4
5	6

1. 制作爱心巴士广告
2. 制作创意城市动画
3. 制作幸福之旅
4. 制作招贴广告
5. 制作油画展示
6. 制作冰啤广告

1. 制作音乐贺卡
2. 制作儿童电子相册
3. 制作滑雪网站广告
4. 制作精品购物网页
5. 制作珍馐美味相册
6. 制作飘落的梅花

<table>
<tr><td rowspan="3">1</td><td>2</td></tr>
<tr><td>3</td></tr>
<tr><td>4</td></tr>
<tr><td>6</td><td>5</td></tr>
</table>

Flash CS6 动画制作标准教程

微课版

互联网 + 数字艺术教育研究院 策划
祝红琴 刘庆 主编　赵微巍 谷红梅 副主编

人 民 邮 电 出 版 社
北 京

图书在版编目（C I P）数据

Flash CS6动画制作标准教程 : 微课版 / 祝红琴，刘庆主编. -- 北京 : 人民邮电出版社，2016.10(2022.6重印)
ISBN 978-7-115-43298-8

Ⅰ. ①F… Ⅱ. ①祝… ②刘… Ⅲ. ①动画制作软件—教材 Ⅳ. ①TP391.41

中国版本图书馆CIP数据核字(2016)第182688号

内 容 提 要

本书全面、系统地介绍了Flash CS6动画制作的基本操作方法和网页动画的制作技巧，包括Flash CS6基础入门、图形的绘制与编辑、对象的编辑与修饰、文本的编辑、外部素材的应用、元件和库、基本动画的制作、层与高级动画、声音素材的导入和编辑、动作脚本的应用、制作交互式动画、组件与行为、作品的测试、优化、输出和发布、商业案例实训等内容。

本书将案例融入软件功能的介绍过程中，不但介绍了基础知识和基本操作，而且还精心设计了课堂案例，力求通过课堂案例演练，使读者快速掌握软件的应用技巧；然后通过课堂练习和课后习题，拓展读者的实际应用能力。在本书的最后一章，精心安排了专业设计公司的4个精彩实例，力求通过这些实例的制作，提高读者网页动画的制作能力。

本书适合Flash初学者，也可作为高等院校相关专业的教材。

◆ 主　　编　祝红琴　刘　庆
副 主 编　赵微巍　谷红梅
责任编辑　税梦玲
责任印制　沈　蓉　彭志环

◆ 人民邮电出版社出版发行　　北京市丰台区成寿寺路11号
邮编　100164　　电子邮件　315@ptpress.com.cn
网址　http://www.ptpress.com.cn
固安县铭成印刷有限公司印刷

◆ 开本：787×1092　1/16　　彩插：2
印张：20　　2016年10月第1版
字数：578千字　　2022年6月河北第12次印刷

定价：45.00元

读者服务热线：(010)81055256　印装质量热线：(010)81055316
反盗版热线：(010)81055315

前言 FOREWORD

编写目的

Flash 功能强大、易学易用，深受网页制作爱好者和动画设计人员的喜爱。为了让读者能够快速且牢固地掌握 Flash 软件，人民邮电出版社充分发挥在线教育方面的技术优势、内容优势、人才优势，潜心研究，为读者提供一种“纸质图书+在线课程”相配套，全方位学习 Flash 软件的解决方案。读者可根据个人需求，利用图书和“微课云课堂”平台上的在线课程进行碎片化、移动化的学习，以便快速全面地掌握 Flash 软件以及与之相关联的其他软件。

平台支撑

“微课云课堂”目前包含近 50 000 个微课视频，在资源展现上分为“微课云”“云课堂”两种形式。“微课云”是该平台中所有微课的集中展示区，用户可随需选择；“云课堂”是在现有微课云的基础上，为用户组建的推荐课程群，用户可以在“云课堂”中按推荐的课程进行系统化学习，或者将“微课云”中的内容进行自由组合，定制符合自己需求的课程。

✧ “微课云课堂”主要特点

微课资源海量，持续不断更新：“微课云课堂”充分利用了出版社在信息技术领域的优势，以人民邮电出版社 60 多年的发展积累为基础，将资源经过分类、整理、加工以及微课化之后提供给用户。

资源精心分类，方便自主学习：“微课云课堂”相当于一个庞大的微课视频资源库，按照门类进行一级和二级分类，以及难度等级分类，不同专业、不同层次的用户均可以在平台中搜索自己需要或者感兴趣的内容资源。

多终端自适应，碎片化移动化：绝大部分微课时长不超过 10 分钟，可以满足读者碎片化学习的需要；平台支持多终端自适应显示，除了在 PC 端使用外，用户还可以在移动端随心所欲地进行学习。

FOREWORD

✧ “微课云课堂”使用方法

扫描封面上的二维码或者直接登录“微课云课堂”（www.ryweike.com）→用手机号码注册→在用户中心输入本书激活码（52b98e00），将本书包含的微课资源添加到个人账户，获取永久在线观看本课程微课视频的权限。

此外，购买本书的读者还将获得一年期价值 168 元的 VIP 会员资格，可免费学习 50 000 微课视频。

内容特点

本书章节内容按照“课堂案例—软件功能解析—课堂练习—课后习题”这一思路进行编排，且在本书最后一章设置了专业设计公司的 4 个商业实例，以帮助读者综合应用所学知识。

课堂案例：通过精心挑选的课堂案例，读者能够快速熟悉软件的基本操作和设计基本思路。

软件功能解析：在对软件的基本操作有一定了解之后，再通过对软件具体功能的详细解析，读者可深入掌握该功能。

课堂练习和课后习题：为帮助读者巩固所学知识，本书设置了课堂练习这一环节；同时为了拓展读者的实际应用能力，设置了难度略为提升的课后习题。

资源下载

为方便读者线下学习及教学，本书提供书中所有案例的基本素材和效果文件，以及教学大纲、PPT 课件、教学教案等资料，用户请登录微课云课堂网站并激活本课程，进入下图所示界面，单击“下载地址”进行下载。

致　谢

本书由互联网+数字艺术教育研究院策划，由祝红琴、刘庆任主编，赵微巍、谷红梅任副主编。另外，相关专业制作公司的设计师为本书提供了很多精彩的商业案例，在此表示感谢。

编　者

2016 年 6 月

目录 CONTENTS

CONTENTS

CONTENTS

CONTENTS

第 1 章 Flash CS6 基础入门

本章将详细讲解 Flash CS6 的基础知识和基本操作。读者通过学习要对 Flash CS6 有初步的认识和了解，并能够掌握软件的基本操作方法和技巧，为以后的学习打下一个坚实的基础。

课堂学习目标

- 了解 Flash CS6 的操作界面
- 掌握文件操作的方法和技巧
- 了解 Flash CS6 的系统配置

1.1 Flash 的诞生与发展历程

Flash 是一种集动画创作与应用程序开发于一身的创作软件。在网络盛行的今天，Flash 已经成为一个新的专有名词，并成为交互式矢量动画的标准。

1.1.1 Flash 的诞生

Flash 的前身是 FutureSplash，当时最大的两个用户是 Microsoft 和 Disney。1996 年 11 月 FutureSplash 正式卖给 MM（Macromedia.com）并改名为 Flash1.0。在发布 Flash 8.0 版本以后，Macromedia 又被 Adobe 公司收购，并把 Flash 的功能进一步强化，让 Flash 这种互动动画形式成为当今动画设计领域应用最广泛的动画形式之一。

1.1.2 Flash 的发展历程

Flash 从 Future Splash 转变而来，在 1996 年诞生了 Flash 1.0 版本。一年后，推出 Flash 2.0 版本，但是并没有引起人们的重视。直到 2000 年 Macromedia 推出了酝酿已久的具有里程碑意义的 Flash 5.0，首次引入了完整的脚本语言 ActionScript l.0，迈出了面向对象的开发环境领域的第一步。

2004 年推出的 Flash MX 2004 是 Flash 作为面向对象开发环境的第二个里程碑。图 1-1 所示为 Flash MX 2004 的启动界面。Flash 8.0 是 Macromedia 于 2006 年推出的版本，提供了 Macromedia Flash Basic 8 和 Macromedia Flash Professional 8 两种版本。图 1-2 所示为 Flash 8.0 的启动界面。2006 年 Macromedia 公司被 Adobe 公司收购，Flash 8.0 也成为 Macromedia 公司推出的最后一个版本。

图 1-1

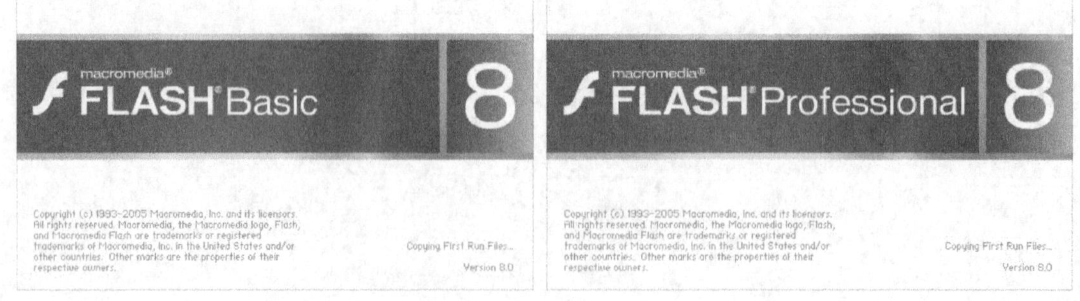

图 1-2

2007 年，Adobe 公司推出了全新的 Flash CS3，增加了全新的功能，包括对 Photoshop 和 Illustrator

文件的本地支持，以及复制、移动功能，并且整合了 ActiconScript 3.0 脚本语言开发。图 1-3 所示为 Flash CS3 的启动界面。其后又依次推出 CS4 版本和 CS5 版本，启动界面分别如图 1-4、图 1-5 所示。

2012 年，Adobe 公司再次推出了 Flash CS6 版本。新版 Flash CS6 除了增加了如 HTML 的新支持、生成 Sprite 表单、高级绘制工具和新的文本引擎功能外，还对一些比较流行的软件提供了支持，使得 Flash 逐步走入人们的生活。图 1-6 所示为 Flash CS6 的启动界面。

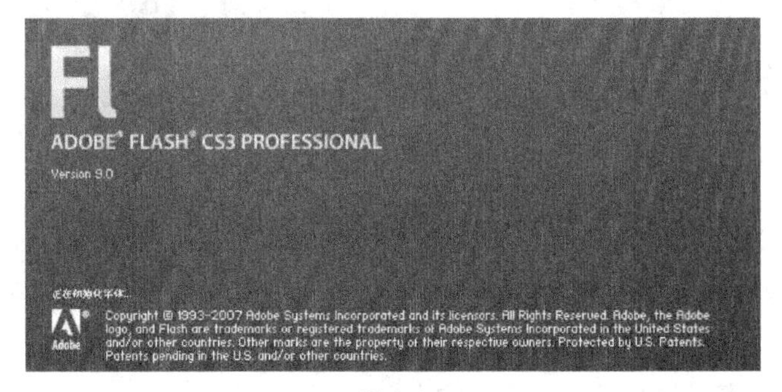

图 1-3

图 1-4

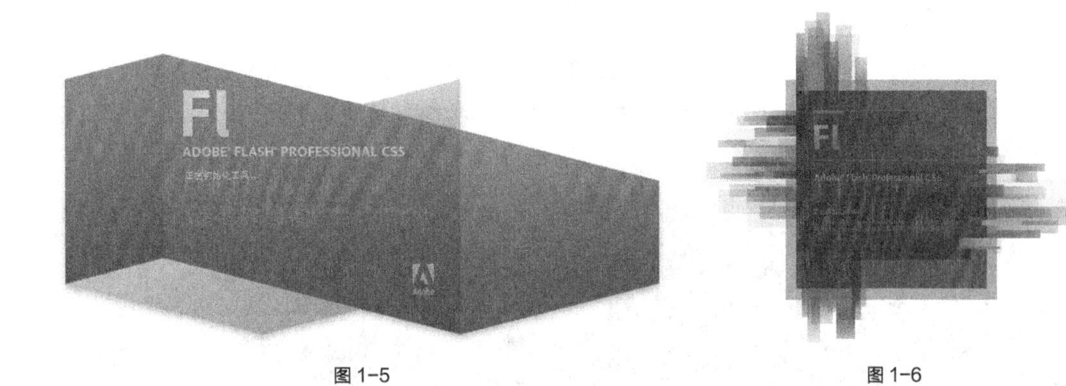

图 1-5　　图 1-6

1.2 Flash 的应用领域

随着互联网和 Flash 的发展，Flash 动画技术的应用越来越广泛。如将其应用于制作电子贺卡、网络广告、音乐宣传、游戏、电视、电影动画、多媒体课件等，下面分别介绍 Flash 动画技术的主要应用。

1.2.1 电子贺卡

网络发展给网络贺卡带来了商机。当今，越来越多的人在亲人朋友重要日子的时候通过互联网发送贺卡，但传统的图片文字贺卡太过单调，这就使得具有丰富效果的 Flash 动画有了用武之地，Flash 动画形式的电子贺卡如图 1-7 所示。

图 1-7

1.2.2 网络广告

很多知名企业通过 Flash 动画广告宣传自己的品牌和产品，如图 1-8 所示，并且获得了理想的效果。

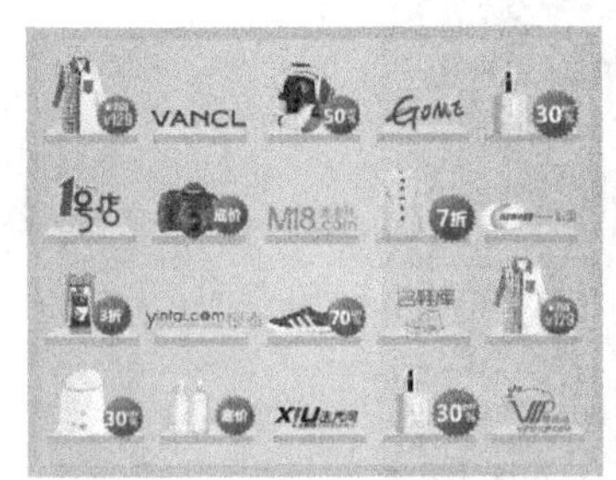

图 1-8

1.2.3 音乐宣传

Flash MV 提供了在唱片宣传上既保证质量又降低成本的有效途径，并且成功地把传统的唱片推广扩展到网络经营的更大空间。“中国闪客第一人”老蒋制作的“新长征路上的摇滚”是典型的 Flash MV，如图 1-9 所示。

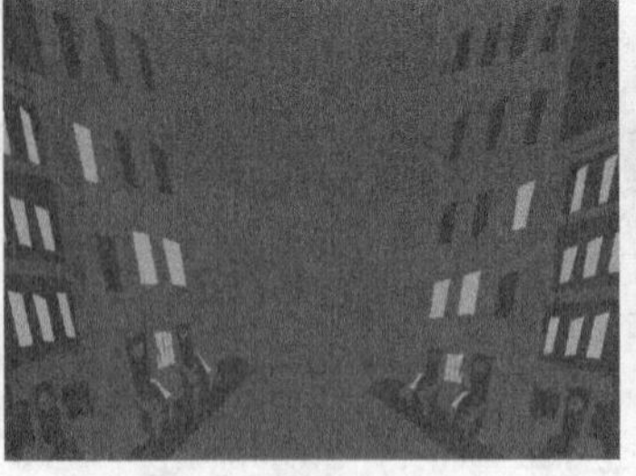

图 1-9

图 1-9（续）

1.2.4 游戏制作

Flash 强大的交互功能搭配其优良的动画能力，使得它能够在游戏制作中占一席之地。Flash 游戏可以实现内容丰富的动画效果，如图 1-10 所示，同时，利用 Flash 制作游戏还能节省很多内存空间。

图 1-10

1.2.5 电视领域

随着 Flash 动画的发展，Flash 动画在电视领域的应用已经非常普及，不仅应用于短片，而且应用于电视系列片生产，并成为一种新的形式。此外，一些动画电视台还专门开设了 Flash 动画的栏目，使得 Flash 动画在电视领域的运用越来越广泛。由广东原创动力文化传播有限公司制作的原创动画片“喜羊羊与灰太狼”就是典型的 Flash 动画，如图 1-11 所示。

图 1-11

1.2.6 电影动画

在传统的电影领域，Flash 动画也越来越广泛地发挥其作用。在电影领域应用 Flash 动画制作比较成功的动画片有《花木兰》等，如图 1-12 所示。

图 1-12

1.2.7 多媒体教学

随着多媒体教学的普及，Flash 动画技术越来越广泛地被应用到课件制作上，使得课件功能更加完善，内容更加精彩。用 Flash 制作的多媒体教学课件如图 1-13 所示。

图 1-13

1.3 Flash CS6 新增和改进功能

Flash CS6 是一个全面更新的应用程序，增加了许多强大的功能。它还是一个 Cocoa 应用程序，能确保与 Mac OS X 在未来是兼容的，这种全方位的重构在性能、可靠性及可用性方面都带来了极大的改善。

1.3.1 支持 Adobe AIR 3.4

通过 Flash Professional CS6 Update 12.0.2，Flash Professional 扩展了对 AIR 3.4 和 Flash Player 11.4 的支持。本更新还允许 Flash Professional 利用 AIR 3.4 所提供的功能，从而改善针对 iOS 设备的应用程序开发工作流程。

1.3.2 Toolkit for CreateJS 1.2

Toolkit for CreateJS 1.2 发行版扩展了将按钮转换为 HTML5 的支持。该更新版还对几处 JSX 相关的错误进行了修复，诸如忽略多个空关键帧等，其他一些问题也在此更新版中得到解决。

1.3.3 针对 AIR 的移动内容模拟

新移动内容模拟器允许用户模拟硬件按键、加速计、多点触控和地理定位。

1.3.4 为 AIR 远程调试选择网络接口

在将 AIR 应用程序发布到 Android 或 iOS 设备时，可以选择用于远程调试的网络接口。Flash Pro 会将选定网络接口的 IP 地址打包到调试模式移动应用程序中。当应用程序在目标移动设备上启动时，它会自动连接到主机 IP，开始调试会话。要访问设置，请选择“文件” > “发布设置”，然后在“AIR 设置”对话框中选择“部署”选项卡。

1.3.5 Toolkit for CreateJS

Adobe Flash Professional Toolkit for CreateJS 是 Flash Professional CS6 的扩展，它允许设计人员和动画制作人员使用开放源 CreateJS JavaScript 库为 HTML5 项目创建资源。该扩展支持 Flash Professional 的大多数核心动画和插图功能，包括矢量、位图、传统补间、声音、运动引导、动画遮罩以及 JavaScript 时间轴脚本。只需单击一下，Toolkit for CreateJS 即可将舞台上以及库中的内容导出为可以在浏览器中预览的 JavaScript，这样有助于用户快速构建非常具有表现力的基于 HTML5 的内容。

1.3.6 导出 Sprite 表

通过选择库中或舞台上的元件可以导出 Sprite 表。Sprite 表是一个图形图像文件，该文件包含选定元件中使用的所有图形元素。在文件中会以平铺方式安排这些元素。在库中选择元件时，还可以包含库中的位图。

1.3.7 高效 SWF 压缩

对于面向 Flash Player 11 或更高版本的 SWF，可使用一种新的压缩算法，即 LZMA。此新压缩算法效率会提高多达 40%，特别是对于包含很多 ActionScript 或矢量图形的文件而言。

1.3.8 直接模式发布

可以使用一种名为直接模式的新窗口模式，它支持使用 Stage3D 的硬件加速内容。（Stage3D 要求使用 Flash Player 11 或更高版本）

1.3.9 在 AIR 插件中支持直接渲染模式

此功能为 AIR 应用程序提供对 StageVideo/Stage3D 的 Flash Player Direct 模式渲染支持。在 AIR 应用程序的描述符文件中，可以使用新 renderMode=direct 设置。可为 AIR for Desktop、AIR for iOS 和 AIR for Android 设置直接模式。

1.3.10 通过 Wi-Fi 调试 iOS

现在您可以通过 Wi-Fi 调试关于 iOS 的 AIR 应用程序，其中包括断点、单步执行跳入子函数和单步执行跳出子函数、变量监视器和追踪。

1.3.11 支持 AIR 的运行时绑定

针对 AIR 的“发布设置”对话框，现在有一个将 AIR 运行时嵌入到应用程序 package。嵌入了运行时的应用程序可以在任何桌面、Android 或 iOS 设备上运行，而不用再安装共享的 AIR 运行时。

1.3.12 用于 AIR 的本机扩展

可以将本机扩展合并到在 Flash Pro 中开发的 AIR 应用程序中。通过使用本机扩展，相关的应用程序可以访问目标平台上的所有功能，即使运行时本身没有内置对这些功能的支持。

1.3.13 导出 PNG 序列文件

使用此功能可以生成图像文件，Flash Pro 或其他应用程序可使用这些图像文件生成内容。例如，PNG 序列文件会经常在游戏应用程序中用到。使用此功能，用户可以从库项目或舞台上的单独影片剪辑、图形元件和按钮中导出一系列 PNG 文件。

1.4 Flash CS6 的操作界面

Flash CS6 的操作界面由以下几部分组成：菜单栏、主工具栏、工具箱、时间轴、场景和舞台、属性面板以及浮动面板，如图 1-14 所示。

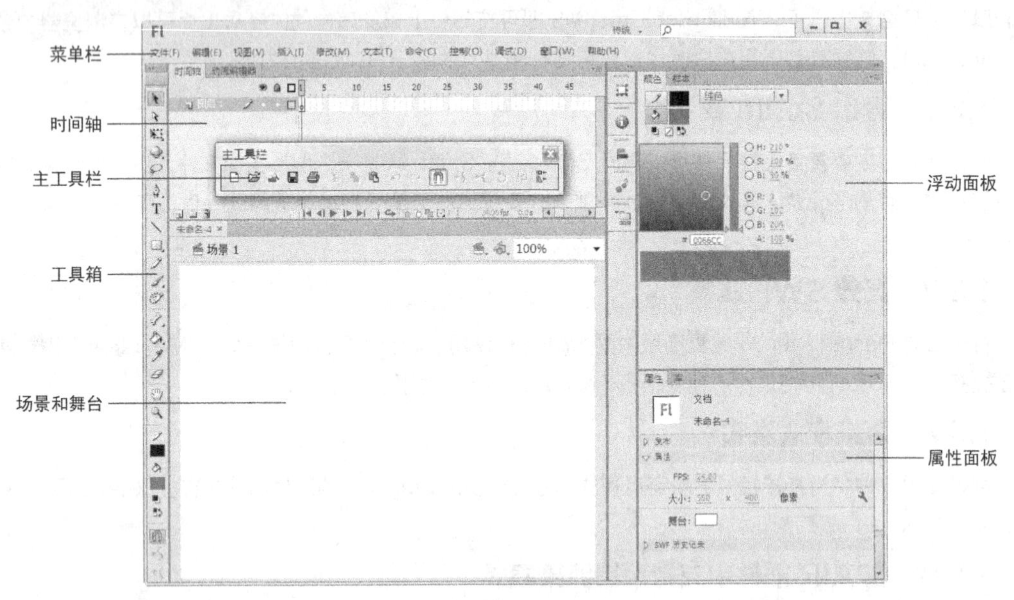

图 1-14

1.4.1 菜单栏

Flash CS6 的菜单栏分为："文件"菜单、"编辑"菜单、"视图"菜单、"插入"菜单、"修改"菜单、"文本"菜单、"命令"菜单、"控制"菜单、"调试"菜单、"窗口"菜单及"帮助"菜单，如图 1-15 所示。

图 1-15

"文件"菜单：主要功能是创建、打开、保存、打印、输出动画，以及导入外部图形、图像、声音和动画文件，以便在当前动画中使用。

"编辑"菜单：主要功能是对舞台上的对象及帧进行选择、复制、粘贴，以及自定义面板、设置参数等。

"视图"菜单：主要功能是进行环境设置。

"插入"菜单：主要功能是向动画中插入对象。

“修改”菜单：主要功能是修改动画中的对象。

“文本”菜单：主要功能是修改文字的外观、对齐，以及对文字进行拼写检查等。

“命令”菜单：主要功能是保存、查找和运行命令。

“控制”菜单：主要功能是测试播放动画。

“调试”菜单：主要功能是对动画进行调试。

“窗口”菜单：主要功能是控制各功能面板是否显示，以及对面板的布局进行设置。

“帮助”菜单：主要功能是提供 Flash CS6 在线帮助信息和支持站点的信息，包括教程和 ActionScript 帮助。

1.4.2 工具箱

工具箱提供了图形绘制和编辑的各种工具，分为“工具”“查看”“颜色”和“选项”4 个功能区，如图 1-16 所示。选择“窗口 > 工具”命令，或按 Ctrl+F2 组合键，可以调出工具箱。

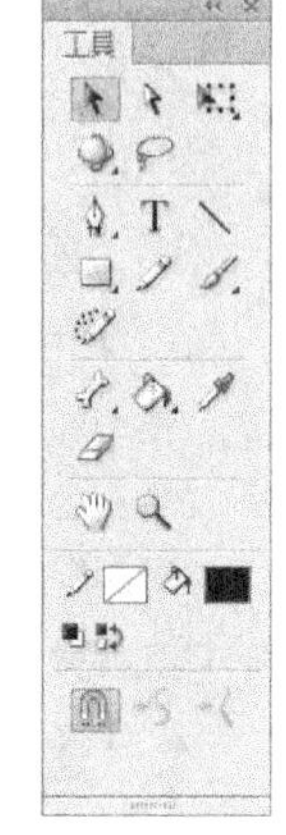

图 1-16

1. “工具”区

“工具”区提供选择、创建和编辑图形的工具。

“选择”工具：选择和移动舞台上的对象，改变对象的大小和形状等。

“部分选取”工具：用来抓取、选择、移动和改变形状路径。

“任意变形”工具：对舞台上选定的对象进行缩放、扭曲和旋转变形。

“渐变变形”工具：对舞台上选定对象的填充渐变色变形。

“3D 旋转”工具：可以在 3D 空间中旋转影片剪辑实例。在使用该工具选择影片剪辑后，3D 旋转控件出现在选定对象之上。x 轴为红色、y 轴为绿色、z 轴为蓝色。使用橙色的自由旋转控件可同时绕 x 和 y 轴旋转。

“3D 平移”工具：可以在 3D 空间中移动影片剪辑实例。在使用该工具选择影片剪辑后，影片剪辑的 x 轴、y 轴和 z 轴 3 个轴将显示在舞台上对象的顶部。x 轴为红色、y 轴为绿色，而 z 轴为黑色。应用此工具可以将影片剪辑分别沿着 x 轴、y 轴和 z 轴进行平移。

“套索”工具：在舞台上选择不规则的区域或多个对象。

“钢笔”工具：绘制直线和光滑的曲线，调整直线长度、角度及曲线曲率等。

“文本”工具：创建、编辑字符对象和文本窗体。

“线条”工具：绘制直线段。

“矩形”工具：绘制矩形向量色块或图形。

“椭圆”工具：绘制椭圆形、圆形向量色块或图形。

“基本矩形”工具：绘制基本矩形，此工具用于绘制图元对象。图元对象是允许用户在“属性”面板中调整其特征的形状。可以在创建形状之后，精确地控制形状的大小、边角半径，以及其他属性，而无需从头开始绘制。

“基本椭圆”工具：绘制基本椭圆形，此工具用于绘制图元对象。图元对象是允许用户在“属性”面板中调整其特征的形状。可以在创建形状之后，精确地控制形状的开始角度、结束角度、内径，以及其他属性，而无需从头开始绘制。

“多角星形”工具：绘制等比例的多边形（单击矩形工具，将弹出多角星形工具）。

“铅笔”工具：绘制任意形状的向量图形。

“刷子”工具：绘制任意形状的色块向量图形。

“喷涂刷”工具：可以一次性地将形状图案“刷”到舞台上。默认情况下，喷涂刷使用当前选定的填充颜色喷射粒子点。也可以使用喷涂刷工具将影片剪辑或图形元件作为图案应用。

"Deco"工具：可以对舞台上的对象选定应用效果。在选择 Deco 工具后，可以从属性面板中选择要应用的效果样式。

"骨骼"工具：可以向影片剪辑、图形和按钮实例添加 IK 骨骼。

"绑定"工具：可以编辑单个骨骼和形状控制点之间的连接。

"颜料桶"工具：改变色块的色彩。

"墨水瓶"工具：改变向量线段、曲线和图形边框线的色彩。

"滴管"工具：将舞台图形的属性赋予当前绘图工具。

"橡皮擦"工具：擦除舞台上的图形。

2. "查看"区

在"查看"区可改变舞台画面以便更好地观察。

"手形"工具：移动舞台画面以便更好地观察。

"缩放"工具：改变舞台画面的显示比例。

3. "颜色"区

在"颜色"区可选择绘制、编辑图形的笔触颜色和填充色。

"笔触颜色"按钮：选择图形边框和线条的颜色。

"填充色"按钮：选择图形要填充区域的颜色。

"黑白"按钮：系统默认的颜色。

"交换颜色"按钮：可将笔触颜色和填充色进行交换。

4. "选项"区

不同的工具有不同的选项，通过"选项"区可以为当前选择的工具选择属性。

1.4.3 时间轴

时间轴用于组织和控制文件内容在一定时间内播放。按照功能的不同，时间轴窗口分为左右两部分，即层控制区和时间线控制区，如图 1-17 所示。时间轴的主要组件是层、帧和播放头。

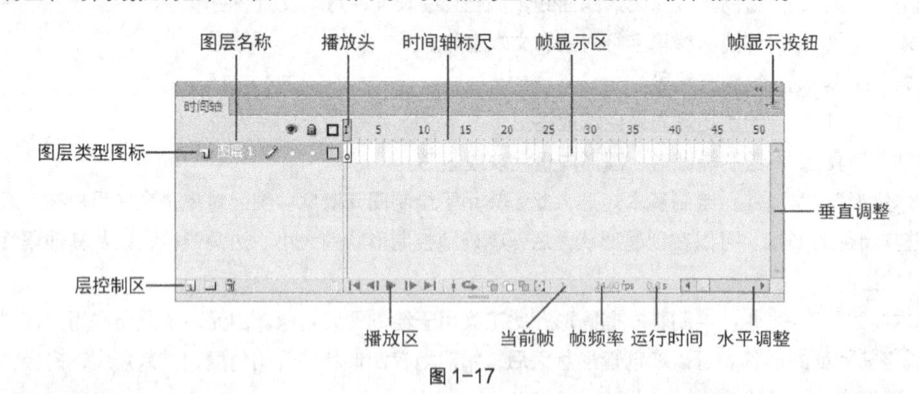

图 1-17

1. 层控制区

层控制区位于时间轴的左侧。层就像堆叠在一起的多张幻灯胶片，每个层都包含一个显示在舞台中的不同图像。在层控制区中，可以显示舞台上正在编辑作品的所有层的名称、类型和状态，并可以通过工具按钮对层进行操作。

“新建图层”按钮：增加新层。

“新建文件夹”按钮：增加新的图层文件夹。

“删除”按钮：删除选定层。

“显示或隐藏所有图层”按钮：控制选定层的显示/隐藏状态。

“锁定或解除锁定所有图层”按钮：控制选定层的锁定/解锁状态。

“将所有图层显示为轮廓”按钮：控制选定层的显示图形外框/显示图形状态。

2. 时间线控制区

时间线控制区位于时间轴的右侧，由帧、播放头和多个按钮及信息栏组成。与胶片一样，Flash 文档也将时间长度分为帧。每个层中包含的帧显示在该层名右侧的一行中。时间轴顶部的时间轴标题指示帧编号。播放头指示舞台中当前显示的帧。信息栏显示当前帧编号、动画播放速率，以及到当前帧为止的运行时间等信息。时间线控制区按钮的基本功能如下。

“帧居中”按钮：将当前帧显示到控制区窗口中间。

“绘图纸外观”按钮：在时间线上设置一个连续的显示帧区域，区域内的帧所包含的内容同时显示在舞台上。

“绘图纸外观轮廓”按钮：在时间线上设置一个连续的显示帧区域，除当前帧外，区域内的帧所包含的内容仅显示图形外框。

“编辑多个帧”按钮：在时间线上设置一个连续的显示帧区域，区域内的帧所包含的内容可同时显示和编辑。

“修改绘图纸标记”按钮：单击该按钮会显示一个多帧显示选项菜单，定义 2 帧、5 帧或全部帧内容。

1.4.4 场景和舞台

场景是所有动画元素的最大活动空间，如图 1-18 所示。像多幕剧一样，场景可以不止一个。要查看特定场景，可以选择“视图 > 转到”命令，再从其子菜单中选择场景的名称。

场景中的舞台是编辑和播放动画的矩形区域。在舞台上可以放置、编辑向量插图、文本框、按钮、导入的位图图形和视频剪辑等。舞台包括大小和颜色等设置。

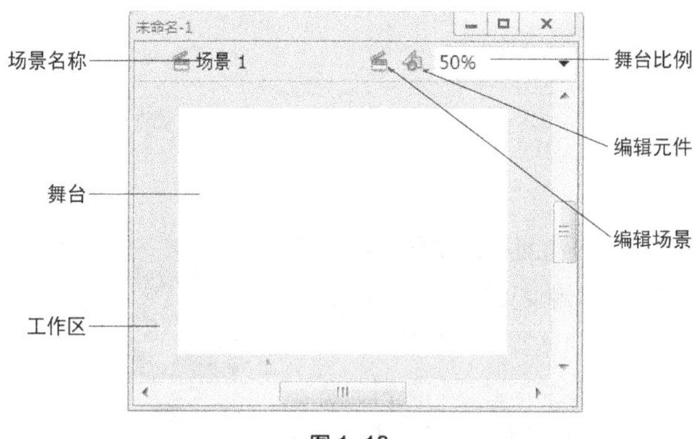

图 1-18

在舞台上可以显示网格和标尺，帮助用户准确定位。显示网格的方法是选择“视图 > 网格 > 显示网格”命令，如图 1-19 所示。显示标尺的方法是选择“视图 > 标尺”命令，如图 1-20 所示。

在制作动画时，还常常需要辅助线来作为舞台上不同对象的对齐标准。需要时可以从标尺上向舞台拖曳鼠标以产生绿色的辅助线，如图 1-21 所示。辅助线在动画播放时并不显示。不需要辅助线时，将其从舞台向标尺方向拖曳即可删除。还可以通过“视图 > 辅助线 > 显示辅助线”命令，显示出辅助线，通过“视图 > 辅助线 > 编辑辅助线”命令，修改辅助线的颜色等属性。

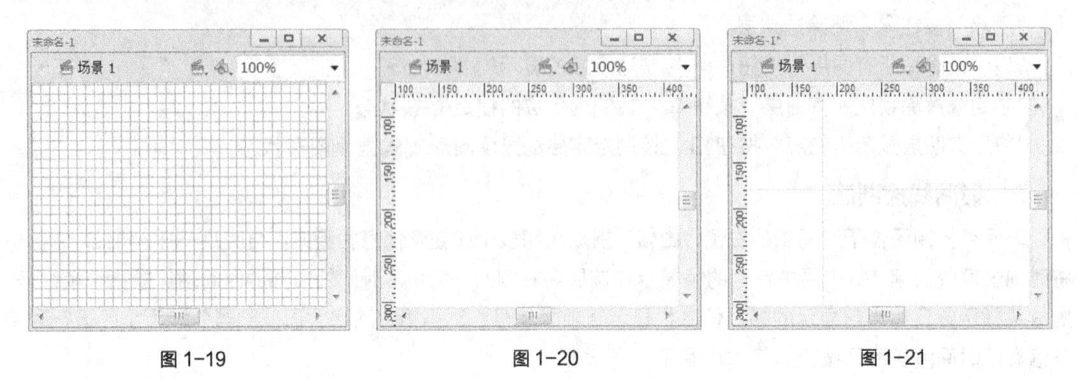

图 1-19　　图 1-20　　图 1-21

1.4.5 属性面板

对于正在使用的工具或资源，使用“属性”面板，可以很容易地查看和更改它们的属性，从而简化文档的创建过程。当选定单个对象时，如文本、组件、形状、位图、视频、组或帧等，“属性”面板可以显示相应的信息和设置，如图 1-22 所示。当选定了两个或多个不同类型的对象时，“属性”面板会显示选定对象的总数，如图 1-23 所示。

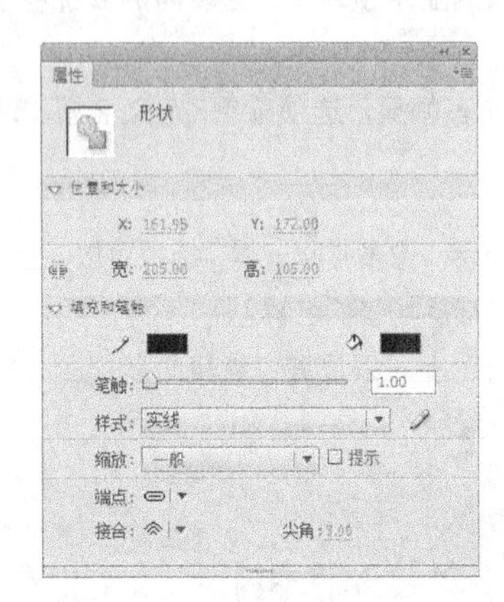

图 1-22

图 1-23

1.4.6 浮动面板

“浮动”面板是 Flash CS6 中所有面板的统称，使用“浮动”面板可以查看、组合和更改资源。但屏幕的大小有限，为了尽量使工作区最大化，Flash CS6 提供了多种自定义工作区的方式。如可以通过“窗口”菜单显示和隐藏面板，也可以通过拖动面板左上方的面板名称，将面板从组合中拖曳出来，还可以利用它将独立的面板添加到面板组合中，如图 1-24 和图 1-25 所示。

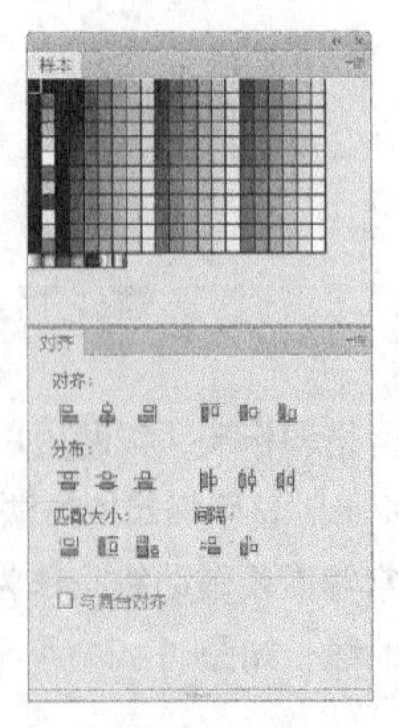

图 1-24

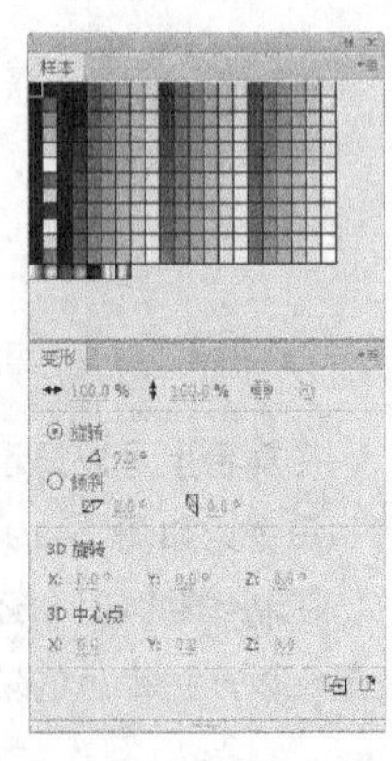

图 1-25

1.5 Flash CS6 的文件操作

1.5.1 新建文件

新建文件是使用 Flash CS6 进行设计的第一步。

选择“文件 > 新建”命令，或按 Ctrl+N 组合键，弹出“新建文档”对话框，如图 1-26 所示。在对话框中，可以创建 Flash 文档，设置 Flash 影片的媒体和结构。创建基于窗体的 Flash 应用程序，应用于 Internet；也可以创建用于控制影片的外部动作脚本文件等。选择完成后，单击“确定”按钮，即可完成新建文件的任务，如图 1-27 所示。

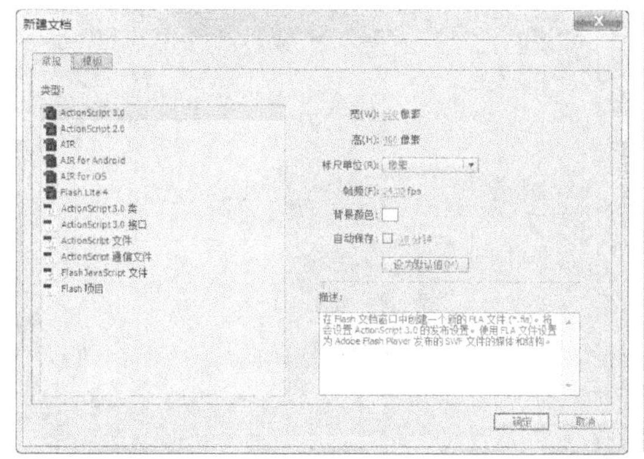

图 1-26

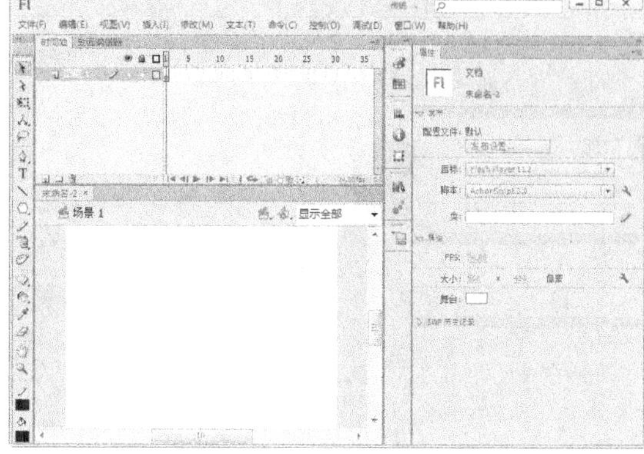

图 1-27

1.5.2 保存文件

编辑和制作完动画后，就需要将动画文件进行保存。

通过“文件 > 保存”“另存为”和“另存为模板”等命令可以将文件保存在磁盘中，如图 1-28 所示。当设计好作品进行第一次存储时，选择“保存”命令，会弹出“另存为”对话框，如图 1-29 所示；在对话框中，输入文件名，选择保存类型，单击“保存”按钮，即可将动画保存。

若既要保留修改过的文件，又不想放弃原文件，可以选择“文件 > 另存为”命令，在弹出的“另存为”对话框中，为更改过的文件重新命名、选择路径和设定保存类型，然后进行保存。这样原文件将保持不变。

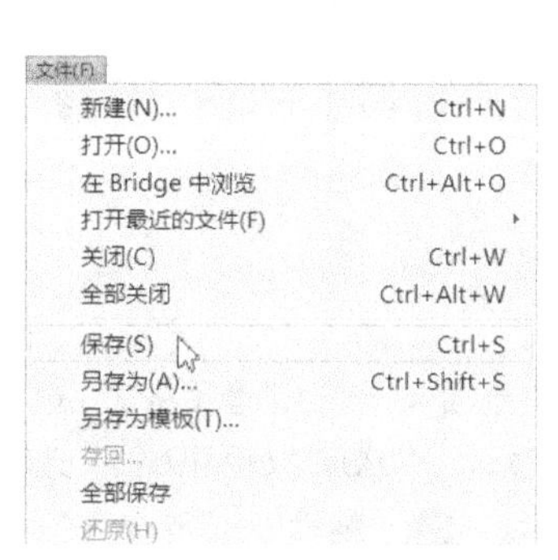

图 1-28

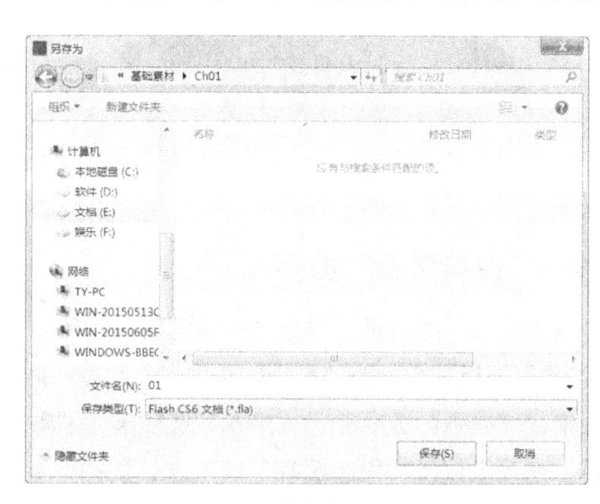

图 1-29

当对已经保存过的动画文件进行了各种编辑操作后，选择“保存”命令，将不弹出“另存为”对话框，计算机直接保留最终确认的结果，并覆盖原始文件。因此，在未确定要放弃原始文件之前，应慎用此命令。

1.5.3 打开文件

如果要修改已完成的动画文件，必须先将其打开。

选择“文件 > 打开”命令，弹出“打开”对话框，在对话框中搜索路径和文件，确认文件类型和名称，如图 1–30 所示。然后单击“打开”按钮，或直接双击文件，即可打开所指定的动画文件，如图 1–31 所示。

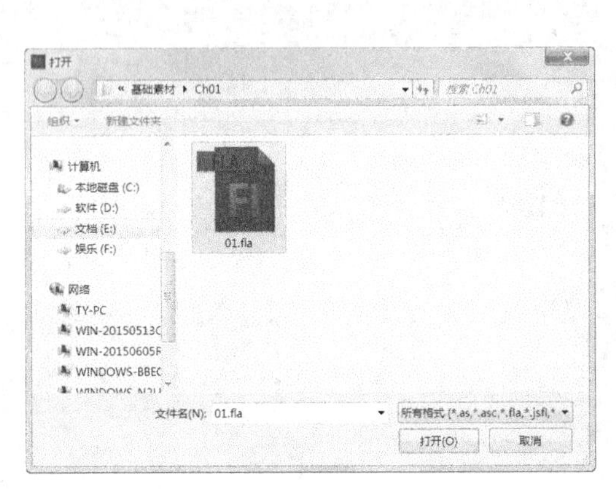

图 1–30

图 1–31

在“打开”对话框中，也可以同时打开多个文件，只要在文件列表中将所需的几个文件选中，并单击“打开”按钮，系统就将逐个打开这些文件，以免多次反复调用“打开”对话框。在“打开”对话框中，按住 Ctrl 键的同时，用鼠标单击可以选择不连续的文件。按住 Shift 键，用鼠标单击可以选择连续的文件。

1.6 Flash CS6 的系统配置

应用 Flash 软件制作动画时，可以使用系统默认的配置，也可根据需要自己设定“首选参数”面板中的数值，以及“浮动”面板的位置。

1.6.1 “首选参数”面板

应用“首选参数”面板可以自定义一些常规操作的参数选项。

“首选参数”面板依次分为“常规”选项卡、“ActionScript”选项卡、“自动套用格式”选项卡、“剪贴板”选项卡、“绘画”选项卡、“文本”选项卡、“警告”选项卡、“PSD 文件导入器”选项卡、“AI 文件导入器”选项卡以及“发布缓存”选项卡，如图 1–32 所示。选择“编辑 > 首选参数”命令，或按 Ctrl+U 键，可以调出“首选参数”对话框。

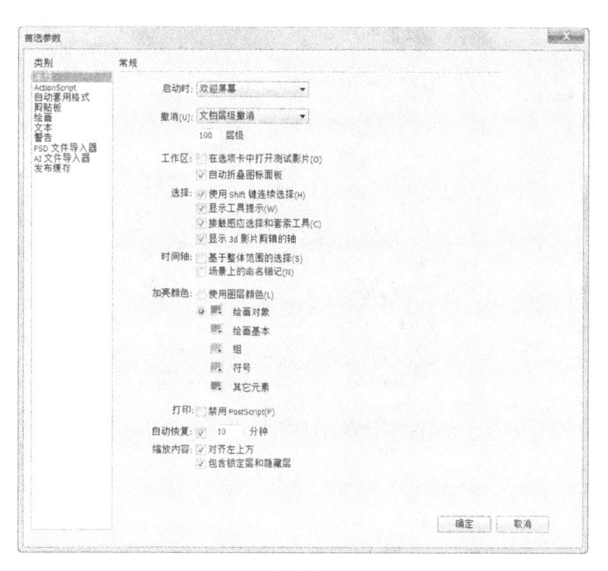

图 1-32

1. 常规选项卡

“常规”选项卡如图 1-32 所示。

“启动时”选项：用于启动 Flash 应用程序时，对首先打开的文档进行选择，其下拉列表如图 1-33 所示。

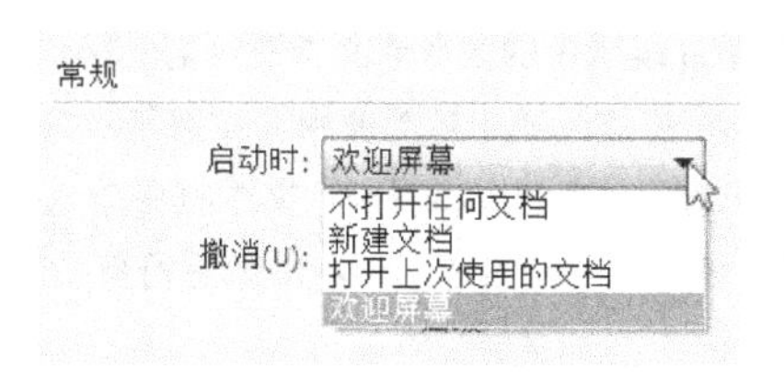

图 1-33

“撤销”选项：在该选项下方的“层级”文本框中输入数值，可以对影片编辑中的操作步骤的撤销/重做次数进行设置。输入数值的范围为 2~300 的整数。使用撤销级越多，占用的系统内存就越多，所以可能会影响进行速度。

“工作区”选项：若要在选择“控制”>“测试影片”时在应用程序窗口中打开一个新的文档选项卡，请选择“在选项卡中打开测试影片”选项。默认情况是在其自己的窗口中打开测试影片。若要将处于图标模式中的面板自动折叠，请选择“自动折叠图标面板”选项。

“选择”选项：用于设置如何在影片编辑中使用 Shift 键处理对多个元件的选择。

“时间轴”选项：用于设置时间轴在被拖出原窗口位置后的停放方式，以及对时间轴中的帧进行选择和命令锚记的设置。

“加亮颜色”选项：用于设置舞台中独立对象被选取时的轮廓颜色。

“打印”选项：只有在 Windows 操作系统中才能使用。选中“禁用 PostScript”复选框，可以在打印时禁用 PostScript 输出。

2. “ActionScript”选项卡

“ActionScript”选项卡如图 1-34 所示，主要用于设置动作面板中动作脚本的外观。

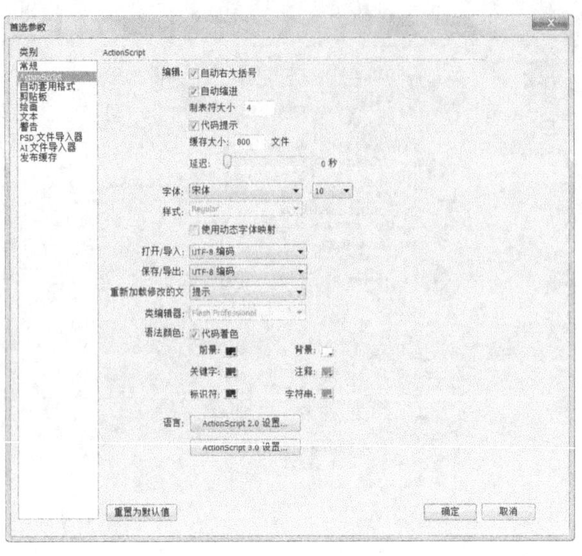

图 1-34

3. “自动套用格式”选项卡

“自动套用格式”选项卡如图 1-35 所示，可以任意选择首选参数中的选项，并在“预览”窗口中查看效果。

4. “剪贴板”选项卡

“剪贴板”选项卡用于设置对影片编辑中的图形或文本进行剪贴操作时的属性选项，如图 1-36 所示。

“位图”选项组：只有 Windows 操作系统中才能使用。当剪贴对象是位图时，可以对位图图像的“颜色深度”和“分辨率”等选项进行选择。在“大小限制”文本框中输入数值，可以指定将位图图像放在剪贴板上时所使用的内存量，通常对较大或高分辨率的位图图像进行剪贴时，需要设置较大的数值。

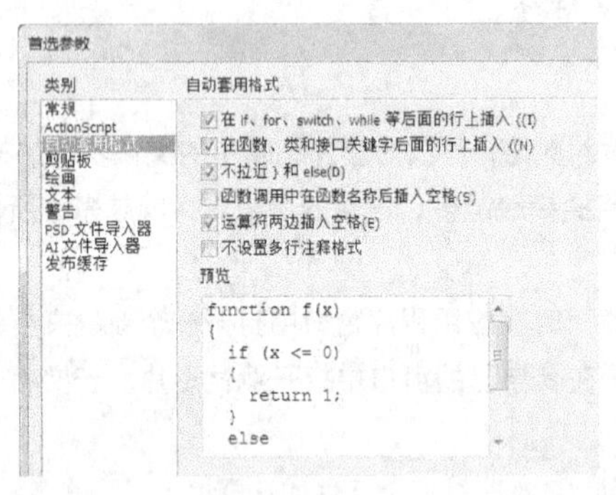

图 1-35

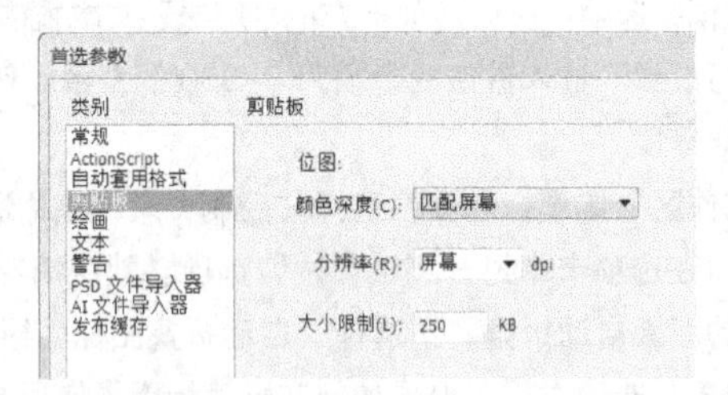

图 1-36

5. “绘画”选项卡

“绘画”选项卡如图 1-37 所示，可以指定钢笔工具指针外观的首选参数，并在画线段时进行预览，或者查看选定锚记点的外观，还可以通过绘画设置来指定对齐、平滑和伸直行为，更改每个选项的“容差”设置，也可以打开或关闭每个选项。一般在默认状态下为正常。

6. “文本”选项卡

“文本”选项卡用于设置 Flash 编辑过程中使用的“字体映射默认设置”“垂直文本”和“输入方法”

等功能的基本属性，如图 1-38 所示。

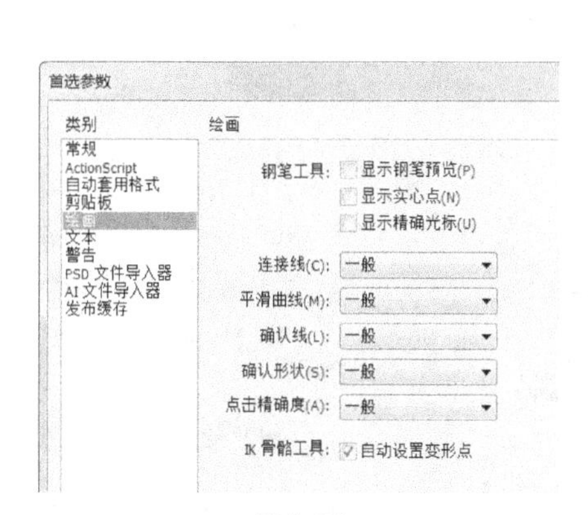

图 1-37

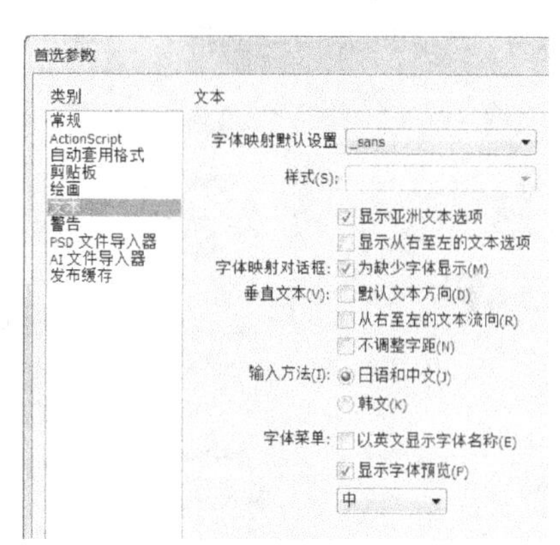

图 1-38

“字体映射默认设置”选项：用于设置在 Flash 中打开文档时替换缺失字体所使用的字体。

“样式”选项：用于设置字体的样式。

“字体映射对话框”复选框：勾选此复选框，将显示缺少的字体。

“垂直文本”选项组：对使用文字工具进行垂直文本编辑时的排列方向、文本流向及字距微调属性进行设置。

“输入方法”选项组：选择输入语言的类型。

“字体菜单”选项组：用于设置字体的显示状态。

7. “警告”选项卡

“警告”选项卡如图 1-39 所示，主要用于设置是否对操作过程中发生的一些异常提出警告。

8. “PSD 文件导入器”选项卡

“PSD 文件导入器”选项卡如图 1-40 所示，主要用于导入 Photoshop 图像时的一些设置。

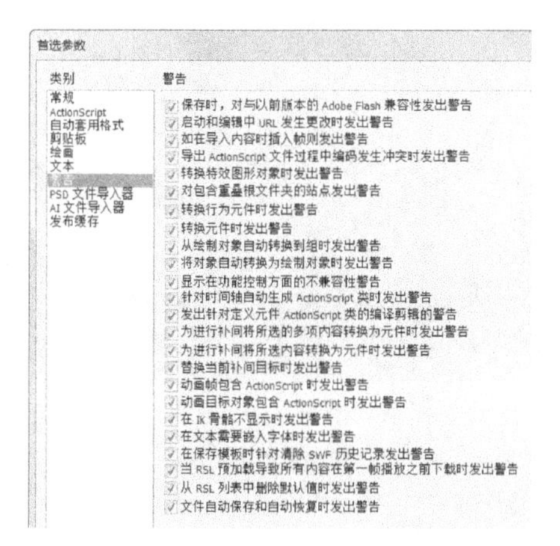

图 1-39

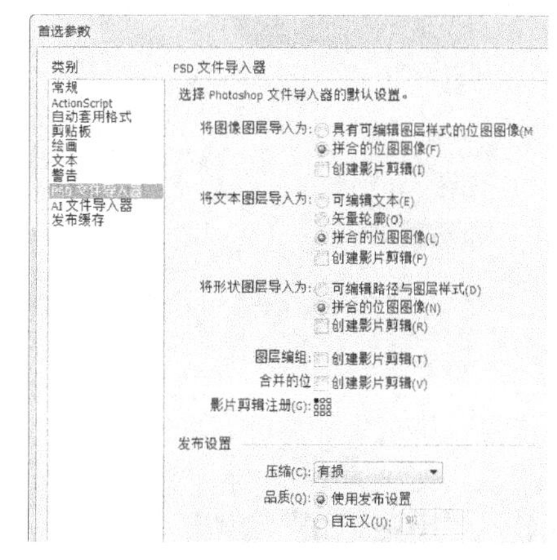

图 1-40

9. “AI 文件导入器”选项卡

“AI 文件导入器”选项卡如图 1-41 所示，主要用于导入 Illustrator 文件时的一些设置。

10. “发布缓存”选项卡

“发布缓存”选项卡如图 1-42 所示，主要用于磁盘和内存缓存的大小设置。

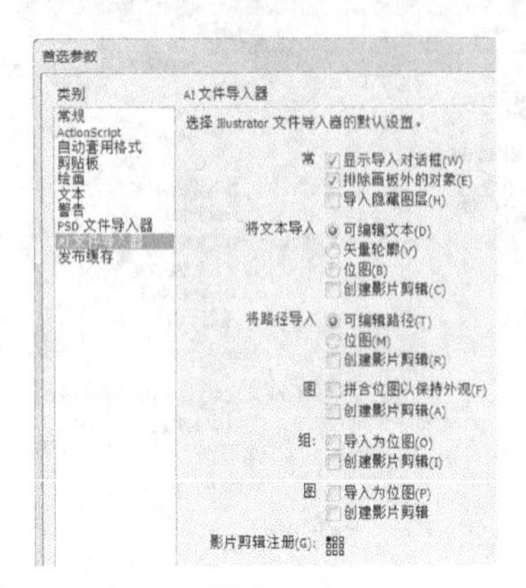

图 1-41

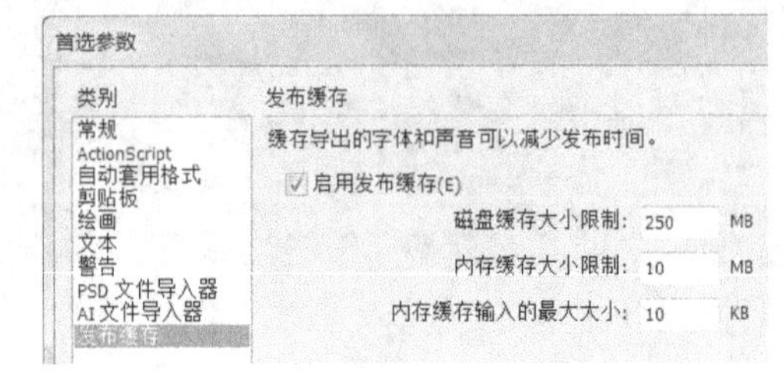

图 1-42

1.6.2 设置浮动面板

Flash 中的“浮动”面板用于快速设置文档中对象的属性，可以应用系统默认的面板布局；可以根据需要随意地显示或隐藏面板，调整面板的大小。

1. 系统默认的面板布局

选择“窗口 > 工作区布局 > 传统”命令，操作界面中将显示传统的面板布局。

2. 自定义面板布局

将需要设置的面板调到操作界面中，效果如图 1-43 所示。

将光标放置在面板名称上，将其移动到操作界面的右侧，效果如图 1-44 所示。

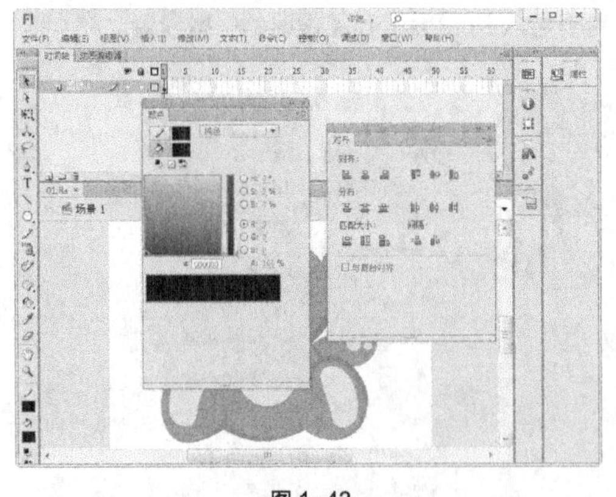

图 1-43

图 1-44

1.6.3 “历史记录”面板

“历史记录”面板用于将文档新建或打开以后进行操作的步骤进行一一记录，便于用户查看操作过程。在面板中可以有选择地撤销一个或多个操作步骤，还可将面板中的步骤应用于同一对象或文档中的不同对象。系统默认的状态下，“历史记录”面板可以撤销 100 次的操作步骤，还可以根据自身需要在“首选参数”面板（可在操作界面的“编辑”菜单中选择“首选参数”面板）中设置不同的撤销步骤数，数值的范围为 2 ~ 300。

“历史记录”面板中的步骤顺序是按照操作过程对应记录下来的，且不能进行重新排列。

选择“窗口 > 其他面板 > 历史记录”命令，或按 Ctrl+F10 组合键，弹出“历史记录”面板，如图 1-45 所示。在文档中进行一些操作后，“历史记录”面板将这些操作按顺序进行记录，如图 1-46 所示。其中滑块所在位置就是当前进行操作的步骤。

将滑块移动到绘制过程中的某一个操作步骤时，该步骤下方的操作步骤将显示为灰色，如图 1-47 所示。这时，再进行新的步骤操作，原来为灰色部分的操作将被新的操作步骤所替代，如图 1-48 所示。在“历史记录”面板中，已经被撤销的步骤将无法重新找回。

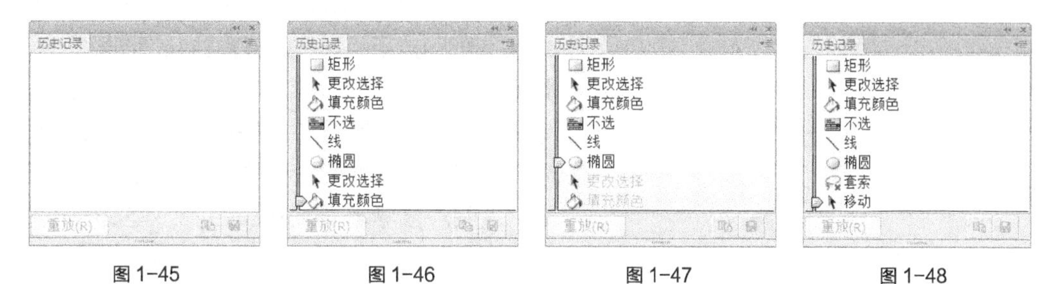

图 1-45　图 1-46　图 1-47　图 1-48

“历史记录”面板可以显示操作对象的一些数据。在面板中单击鼠标右键，在弹出式菜单中选择“视图 > 在面板中显示参数”命令，如图 1-49 所示。这时，在面板中显示出操作对象的具体参数，如图 1-50 所示。

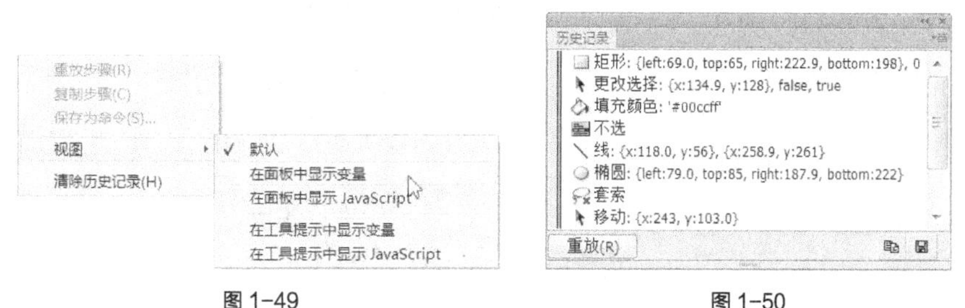

图 1-49　图 1-50

在“历史记录”面板中，可以将已经应用过的操作步骤进行清除。在面板中单击鼠标右键，在弹出式菜单中选择“清除历史记录”命令，如图 1-51 所示，弹出“Adobe Flash CS6”提示对话框，如图 1-52 所示；单击“是”按钮，面板中的所有操作步骤将会被清除，“历史记录”面板如图 1-53 所示。清除历史记录后，将无法找回被清除的记录。

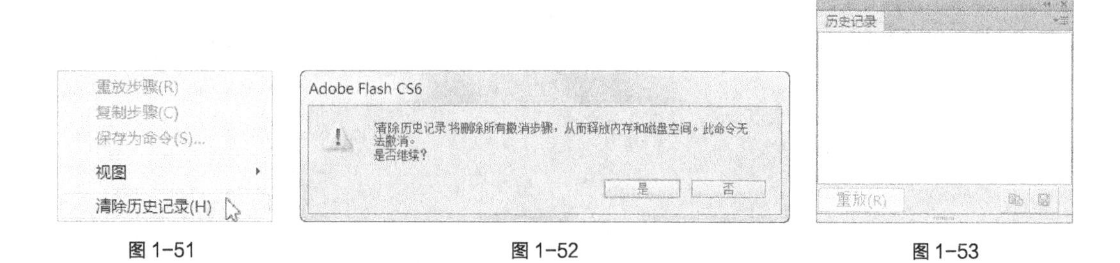

图 1-51　图 1-52　图 1-53

Chapter

2

第 2 章
图形的绘制与编辑

本章将介绍 Flash CS6 绘制图形的功能和编辑图形的技巧，详细讲解多种选择图形的方法以及设置图形色彩的技巧。通过对本章的学习，读者可以掌握绘制图形、编辑图形的方法和技巧，能独立绘制出所需的各种图形效果并对其进行编辑，为进一步学习 Flash CS6 打下坚实的基础。

课堂学习目标

- 掌握基本线条与图形的绘制
- 掌握图形的编辑方法和技巧
- 掌握图形的色彩面板使用方法

2.1 基本线条的绘制

在 Flash CS6 中设计的充满活力的作品都是由基本图形组成的，Flash CS6 提供了各种工具来绘制线条和图形。

2.1.1 课堂案例——绘制卡通小鸟

案例学习目标

学习使用不同的绘图工具绘制图形。

案例知识要点

使用“钢笔”工具、“椭圆”工具、“多角星形”工具来完成卡通小鸟的绘制，效果如图 2-1 所示。

效果所在位置

资源包 > Ch02 > 效果 > 绘制卡通小鸟.fla。

图 2-1

绘制卡通小鸟

STEP 1 选择“文件 > 新建”命令，在弹出的“新建文档”对话框中选择“ActionScript 3.0”选项，将“宽”选项设为 370，“高”选项设为 370，将“背景颜色”设为黄绿色（#C6DC7C），如图 2-2 所示，单击“确定”按钮，完成文档的创建，如图 2-3 所示。

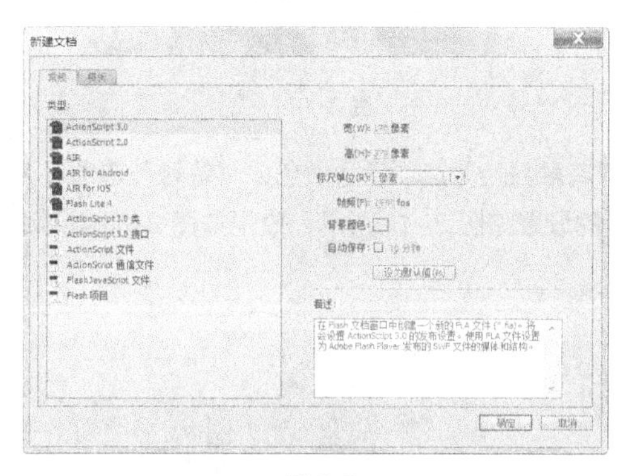

图 2-2

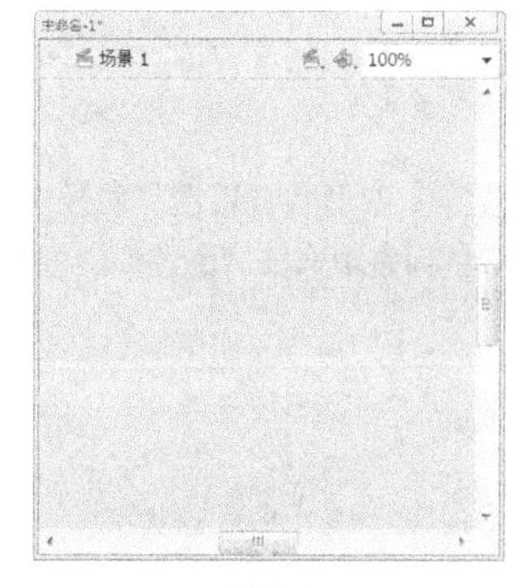

图 2-3

STEP 2 将“图层 1”重新命名为“头部”。选择“钢笔”工具，在钢笔“属性”面板中，将“笔触颜色”设为黑色，“笔触”选项设为 1，在舞台窗口中绘制一个闭合边线，效果如图 2-4 所示。

STEP 3 选择“颜料桶”工具，在工具箱中将“填充颜色”选项设为绿色（#759E5D），在闭合边线内部单击鼠标左键填充颜色，效果如图 2-5 所示。选择“选择”工具，在边线上双击鼠标，将其选中，如图 2-6 所示。

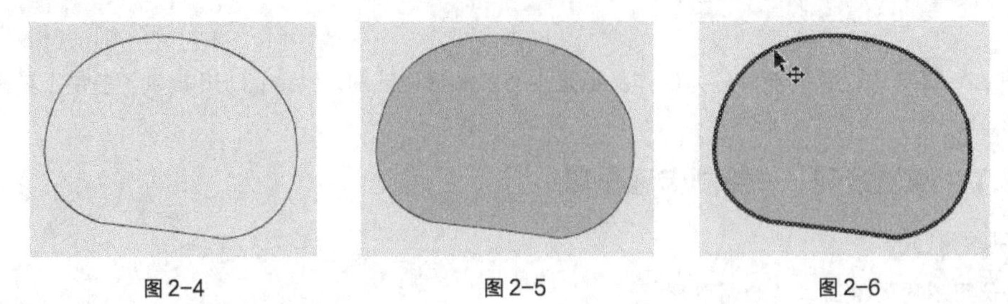

图 2-4　　图 2-5　　图 2-6

STEP 4 按 Ctrl+X 组合键，将其剪切，效果如图 2-7 所示。单击“时间轴”面板下方的“新建图层”按钮，创建新图层并将其命名为“装饰线 1”，如图 2-8 所示。

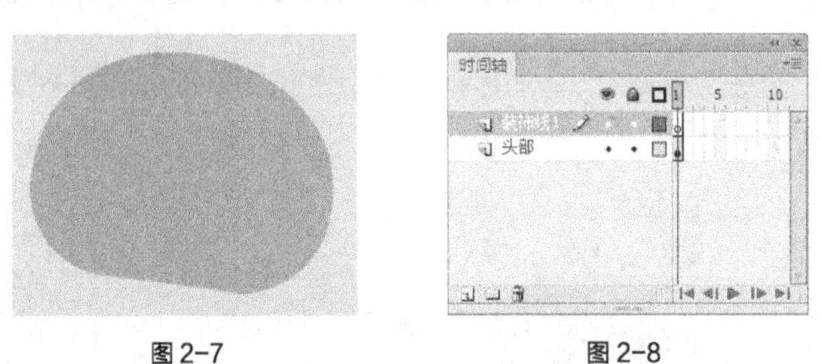

图 2-7　　图 2-8

STEP 5 按 Ctrl+Shift+V 组合键，将剪切的边线原位粘贴到“装饰线 1”图层中。选择“任意变形”工具，在闭合边线周围出现控制框，如图 2-9 所示，按住 Shift 键的同时，将右上角控制点向左下方拖曳到适当的位置，等比例缩小，效果如图 2-10 所示。

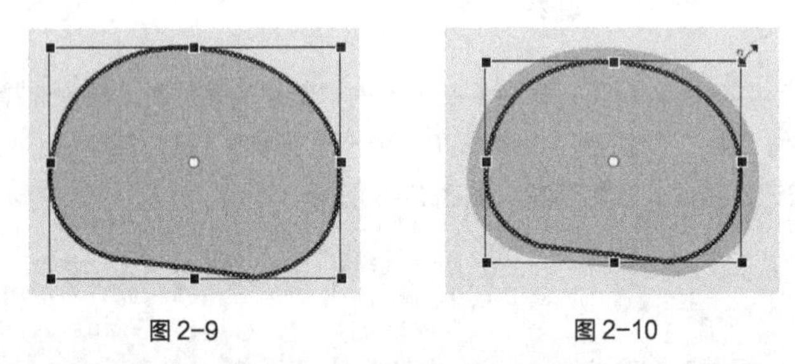

图 2-9　　图 2-10

STEP 6 在形状“属性”面板中，将“笔触颜色”选项设为白色，“笔触”选项设为 5，在“样式”选项的下拉列表中选择“虚线”，其他选项的设置如图 2-11 所示，效果如图 2-12 所示。

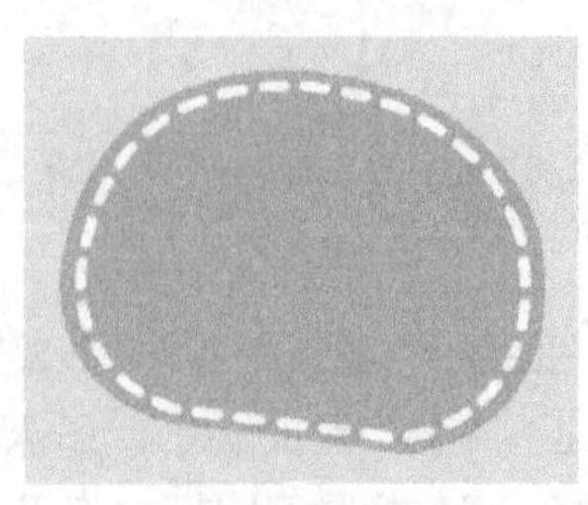

图 2-11　　图 2-12

STEP 7 单击“时间轴”面板下方的“新建图层”按钮，创建新图层并将其命名为“尾巴”。选择“钢笔”工具，在钢笔“属性”面板中，将“笔触颜色”设为黑色，“笔触”选项设为1，在舞台窗口中绘制一个闭合边线，效果如图2-13所示。

STEP 8 选择“颜料桶”工具，在工具箱中将“填充颜色”选项设为绿色（#759E5D），在闭合边线内部单击鼠标左键填充颜色，效果如图2-14所示。选择“选择”工具，在边线上双击鼠标，将其选中，如图2-15所示。

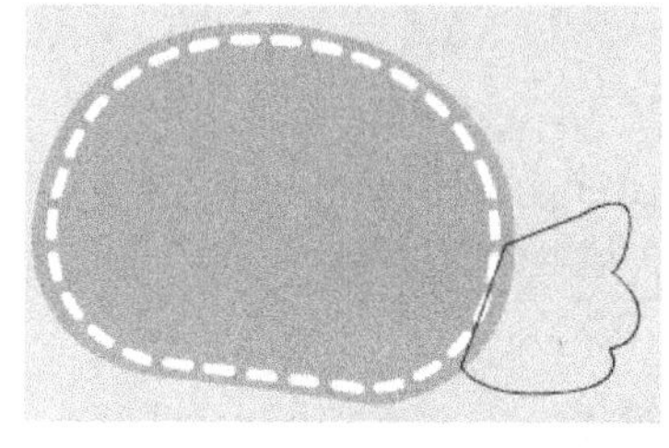

图2-13

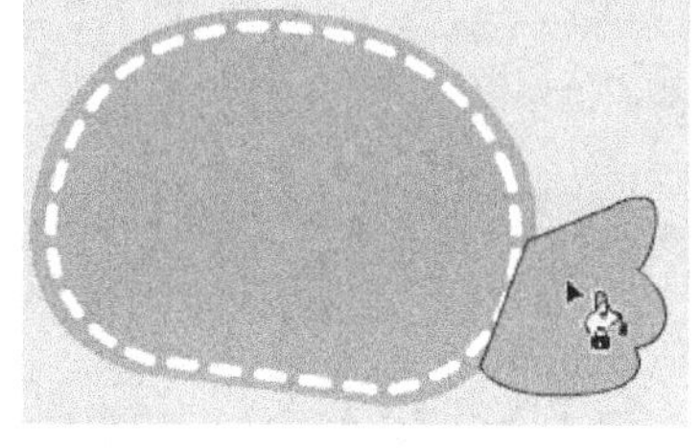

图2-14

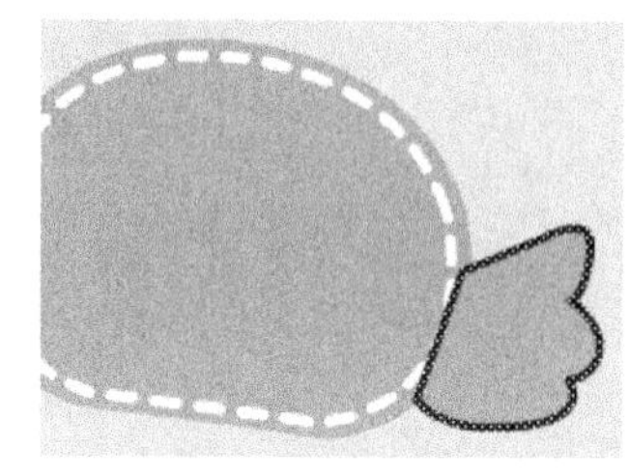

图2-15

STEP 9 按Ctrl+X组合键，将其剪切，效果如图2-16所示。单击“时间轴”面板下方的“新建图层”按钮，创建新图层并将其命名为“装饰线2”，如图2-17所示。

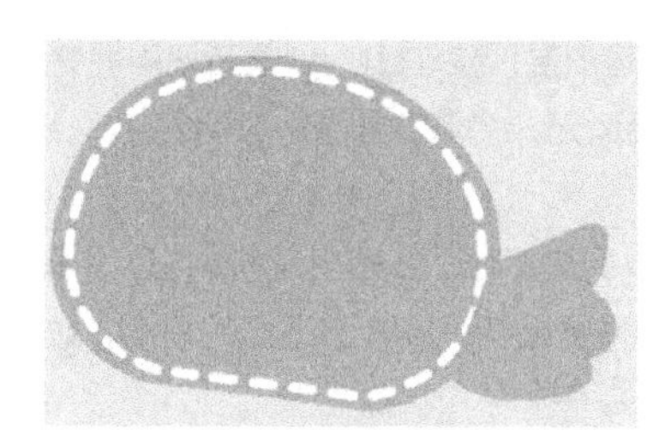

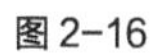

图2-16

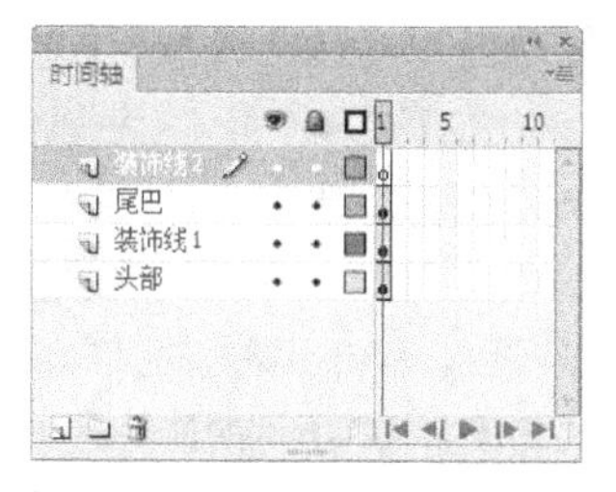

图2-17

STEP 10 按Ctrl+Shift+V组合键，将剪切的边线原位粘贴到“装饰线2”图层中。选择“任意变形”工具，在闭合边线周围出现控制框，如图2-18所示，按住Shift键的同时，将右上角控制点向左下方拖曳到适当的位置，等比例缩小，效果如图2-19所示。

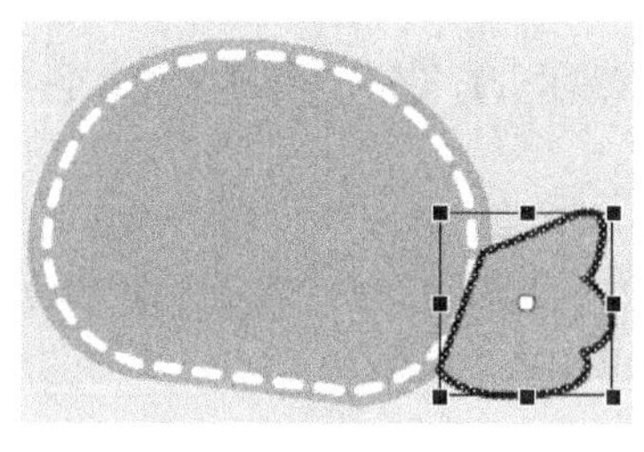

图2-18

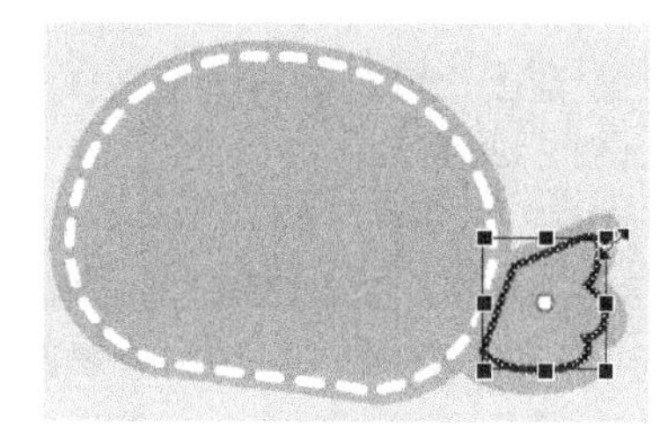

图2-19

STEP 11 在形状“属性”面板中，将“笔触颜色”选项设为白色，“笔触”选项设为5，在“样式”选项的下拉列表中选择“虚线”，其他选项的设置如图2-20所示，效果如图2-21所示。

STEP 12 在“时间轴”面板中选中“尾巴”和“装饰线2”图层，如图2-22所示，将其拖曳到“头部”图层的下方，如图2-23所示，效果如图2-24所示。

图 2-20

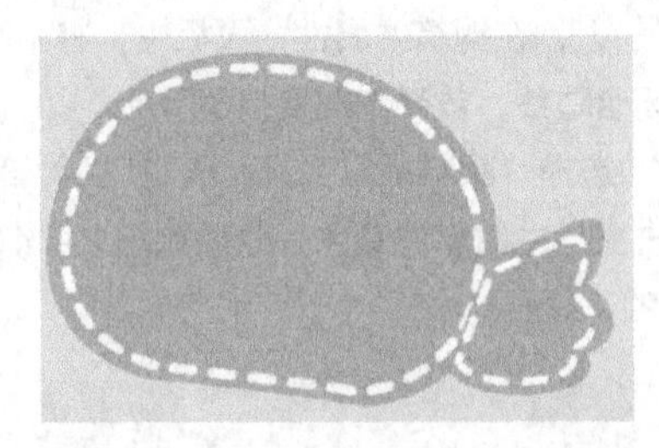

图 2-21

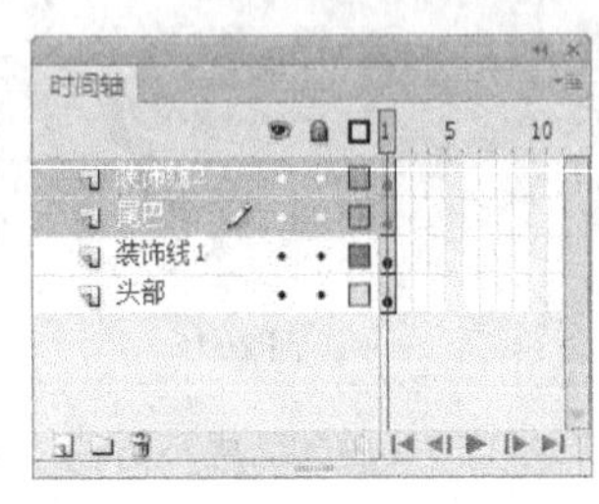

图 2-22

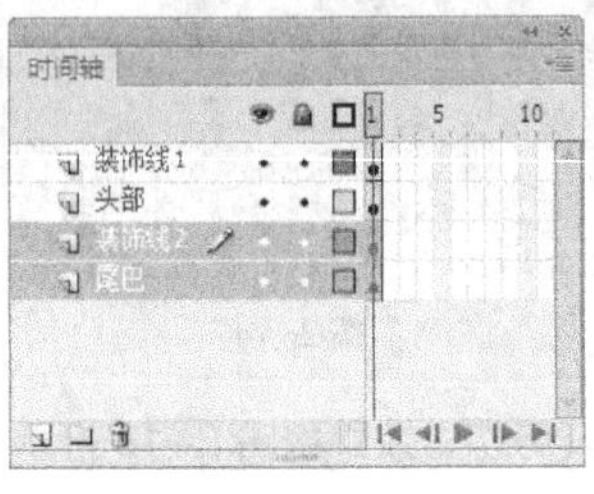

图 2-23

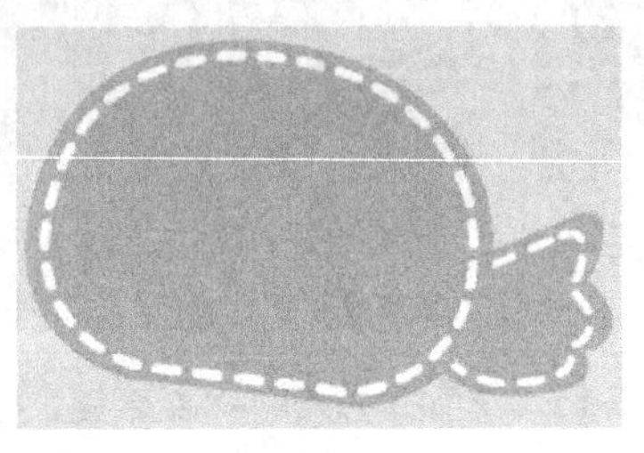

图 2-24

STEP 13 单击“时间轴”面板下方的“新建图层”按钮，创建新图层并将其命名为“凤冠”。选择“椭圆”工具，在工具箱中将“笔触颜色”设为无，“填充颜色”设为绿色（#759E5D），在舞台窗口中绘制一个椭圆，如图 2-25 所示。

STEP 14 选择“任意变形”工具，选中椭圆图形，周围出现控制框，将鼠标放置在控制框的右上角，当鼠标变成↻时，单击出鼠标将其向左上方拖曳鼠标，旋转到适当的角度，效果如图 2-26 所示。用相同的方法制作出如图 2-27 所示的效果。

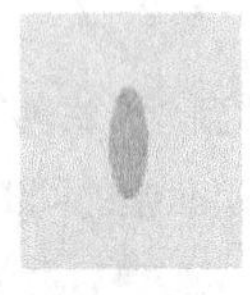

图 2-25

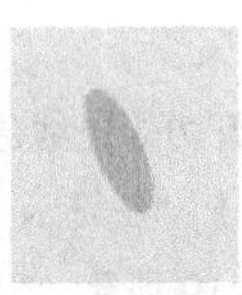

图 2-26

图 2-27

STEP 15 选择“选择”工具，按住 Shift 键的同时，将两个椭圆同时选择，并将其拖曳到适当的位置，效果如图 2-28 所示。

STEP 16 在“时间轴”面板中选中“装饰线 1”图层，单击“时间轴”面板下方的“新建图层”按钮，创建新图层并将其命名为“眼睛”。选择“椭圆”工具，在工具箱中将“笔触颜色”设为无，“填充颜色”设为白色，在舞台窗口中绘制一个椭圆，如图 2-29 所示。

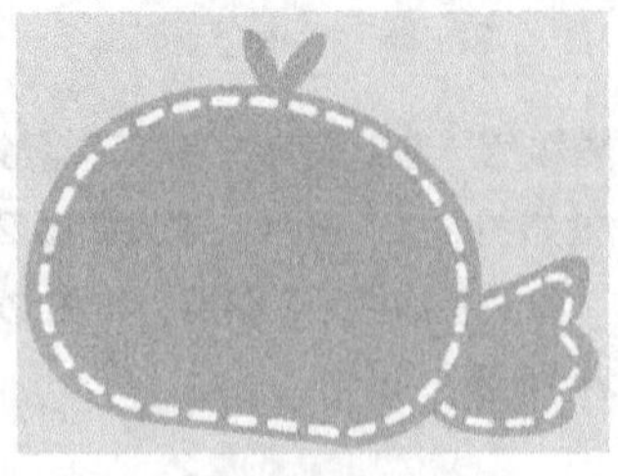

图 2-28

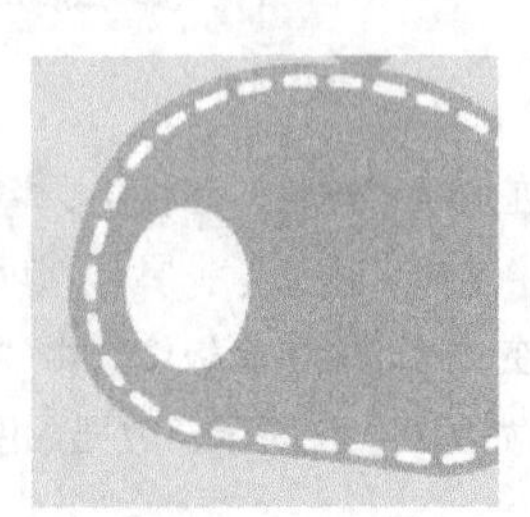

图 2-29

STEP 17 在工具箱中将“填充颜色”设为褐色（#B07600），在舞台窗口中绘制一个椭圆，如图 2-30 所示。在工具箱中将“填充颜色”设为白色，在舞台窗口中绘制一个圆形，如图 2-31 所示。

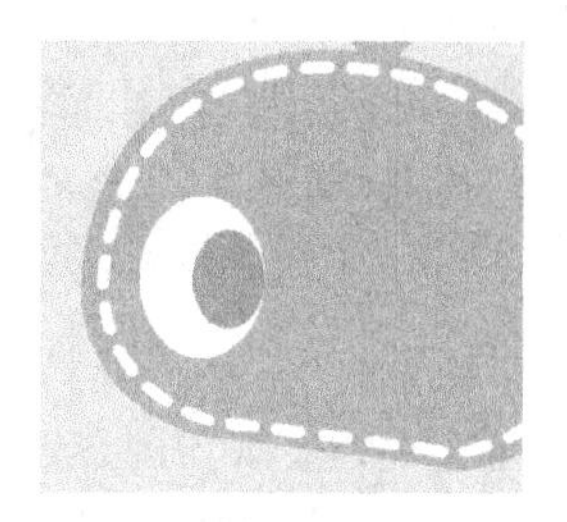
图 2-30

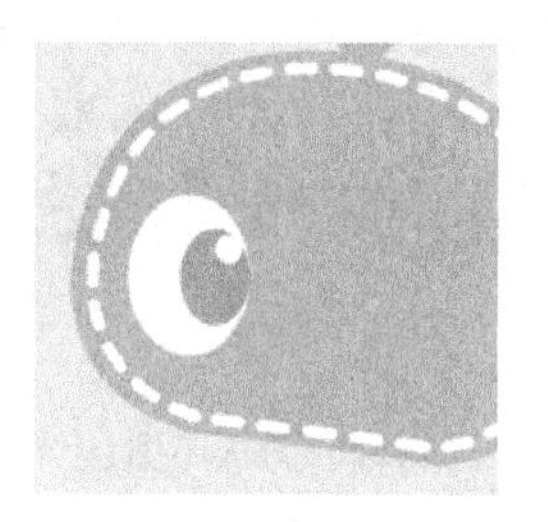
图 2-31

STEP 18 在“时间轴”面板中选中“眼睛”图层，选择“任意变形”工具，图形周围出现控制框，如图 2-32 所示，将鼠标放置在控制框的右上角，当鼠标变成时，按住鼠标左键并向右侧拖曳鼠标，旋转到适当的角度，效果如图 2-33 所示。

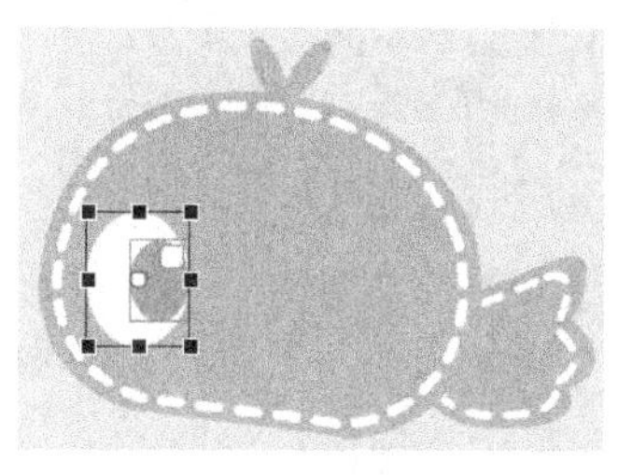
图 2-32

图 2-33

STEP 19 选择“钢笔”工具，在钢笔“属性”面板中，将“笔触颜色”设为黑色，“笔触”选项设为 1，在舞台窗口中绘制一个闭合边线，效果如图 2-34 所示。

STEP 20 选择“颜料桶”工具，在工具箱中将“填充颜色”选项设为绿色（#759E5D），在闭合边线内部单击鼠标左键填充颜色，效果如图 2-35 所示。选择“选择”工具，在边线上双击鼠标将其选中，按 Delete 键将其删除，效果如图 2-36 所示。

图 2-34

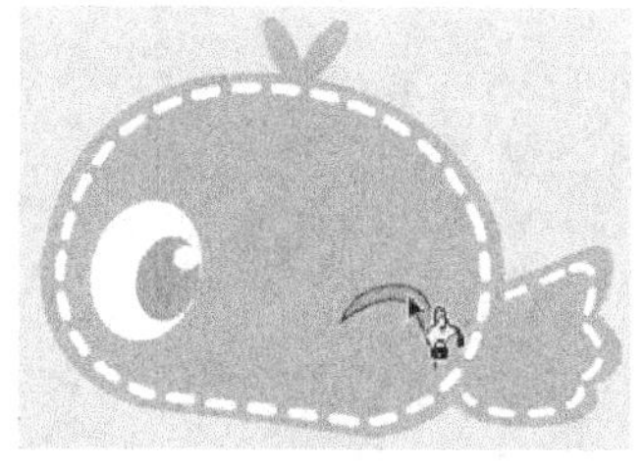
图 2-35

图 2-36

STEP 21 单击“时间轴”面板下方的“新建图层”按钮，创建新图层并将其命名为“嘴巴”。选择“钢笔”工具，在钢笔“属性”面板中，将“笔触颜色”设为黑色，“笔触”选项设为 1，在舞台窗口中绘制一个闭合边线，效果如图 2-37 所示。

STEP 22 选择“颜料桶”工具，在工具箱中将“填充颜色”选项设为黄色（#FBCB6C），在闭合边线内部单击鼠标左键填充颜色，效果如图 2-38 所示。选择“选择”工具，在边线上双击鼠标将其选中，按 Delete 键将其删除，效果如图 2-39 所示。

图 2-37

图 2-38

图 2-39

STEP 23 单击“时间轴”面板下方的“新建图层”按钮，创建新图层并将其命名为“星星”。选择“多角星形”工具，在多角星形工具“属性”面板中，将“笔触颜色”设为无，“填充颜色”设为橙色（#EF7E00），单击“工具设置”选项组中的“选项”按钮，在弹出的“工具设置”对话框中进行设置，如图 2-40 所示，单击“确定”按钮，完成工具属性的设置。在舞台窗口中绘制 1 个星星，如图 2-41 所示。

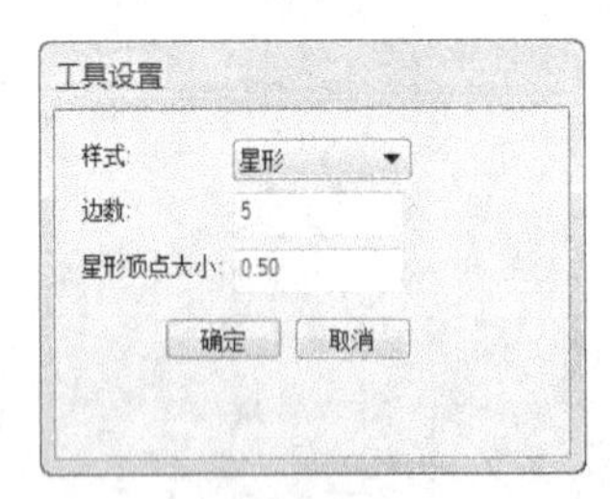

图 2-40

图 2-41

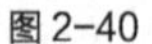
STEP 24 选择“选择”工具，在舞台窗口中选择星星图形，按住 Shift+Alt 组合键的同时，向右拖星星到适当的位置复制图形，效果如图 2-42 所示。按两次 Ctrl+Y 组合键，按需要再制图形，效果如图 2-43 所示。选中最右侧的星星，在工具箱中将“填充颜色”设为白色。卡通小鸟绘制完成，按 Ctrl+Enter 组合键即可查看效果，如图 2-44 所示。

图 2-42

图 2-43

图 2-44

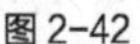

2.1.2 线条工具

选择“线条”工具，在舞台上单击鼠标，按住鼠标左键不放并向右拖动到需要的位置，绘制出一条直线，松开鼠标，直线效果如图 2-45 所示。可以在线条工具“属性”面板中设置不同的线条颜色、线条笔触和线条样式，如图 2-46 所示。

设置不同的线条属性后，绘制的线条如图 2-47 所示。

图 2-45　　图 2-46　　图 2-47

选择“线条”工具时，如果按住Shift 键的同时拖动鼠标绘制，则限制线条只能在45° 或45° 的倍数方向绘制直线。无法为线条工具设置填充属性。

2.1.3 铅笔工具

选择“铅笔”工具，在舞台上单击鼠标，按住鼠标左键不放，在舞台上随意绘制出线条，松开鼠标，线条效果如图 2-48 所示。如果想要绘制出平滑或伸直线条和形状，可以在工具箱下方的选项区域中为铅笔工具选择一种绘画模式，如图 2-49 所示。

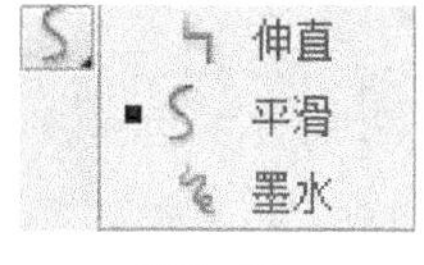

图 2-48　　图 2-49

“伸直”选项：可以绘制直线，并将接近三角形、椭圆、圆形、矩形和正方形的形状转换为这些常见的几何形状。

“平滑”选项：可以绘制平滑曲线。

“墨水”选项：可以绘制不用修改的手绘线条。

可以在铅笔工具“属性”面板中设置不同的线条颜色、线条笔触和线条样式，如图 2-50 所示。设置不同的线条属性后，绘制的图形如图 2-51 所示。

单击“属性”面板样式选项右侧的“编辑笔触样式”按钮，弹出“笔触样式”对话框，如图 2-52 所示，在对话框中可以自定义笔触样式。

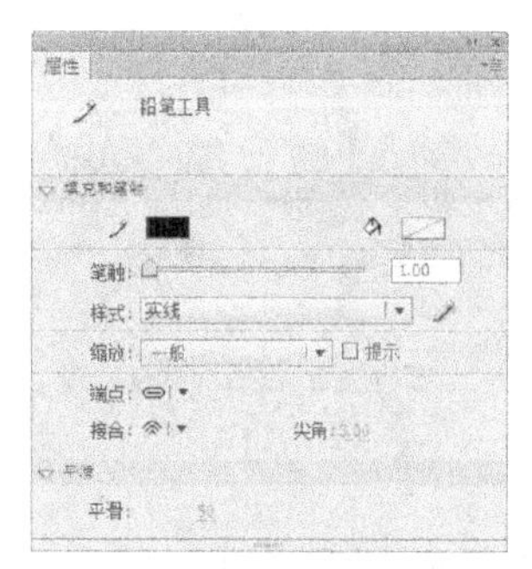

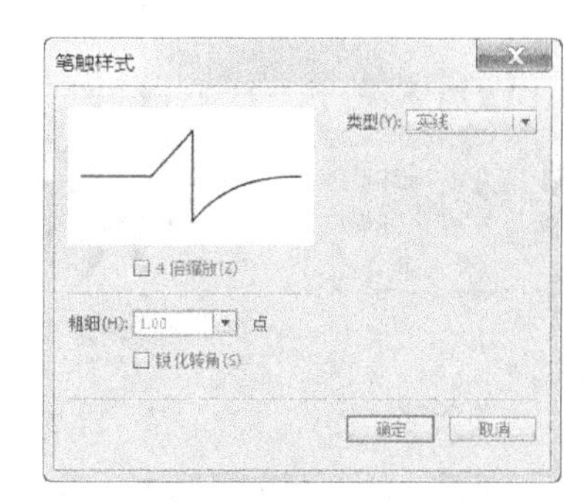

图 2-50　　图 2-51　　图 2-52

“4 倍缩放”选项：可以放大 4 倍预览设置不同选项后所产生的效果。

“粗细”选项：可以设置线条的粗细。

“锐化转角”选项：勾选此选项可以使线条的转折效果变得明显。

“类型”选项：可以在下拉列表中选择线条的类型。

提示

选择“铅笔”工具时，如果按住 Shift 键的同时拖动鼠标绘制，则可将线条限制为垂直或水平方向。

2.1.4 刷子工具

选择“刷子”工具，在舞台上单击鼠标，按住鼠标左键不放，随意绘制出笔触后松开鼠标，图形效果如图 2-53 所示。可以在刷子工具“属性”面板中设置不同的笔触颜色和平滑度，如图 2-54 所示。

在工具箱的下方应用“刷子大小”选项、“刷子形状”选项，可以设置刷子的大小与形状。设置不同的刷子形状后所绘制的笔触效果如图 2-55 所示。

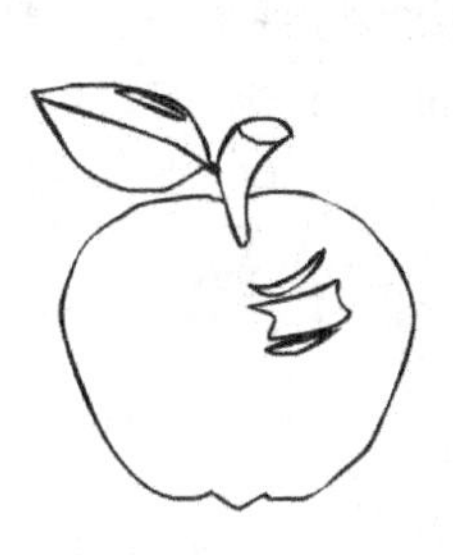

图 2-53

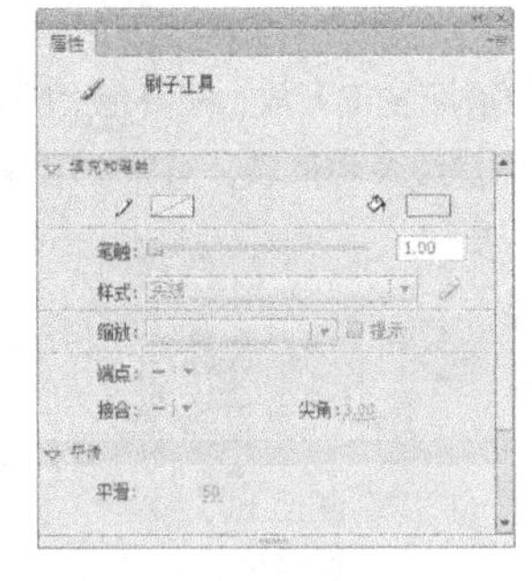

图 2-54

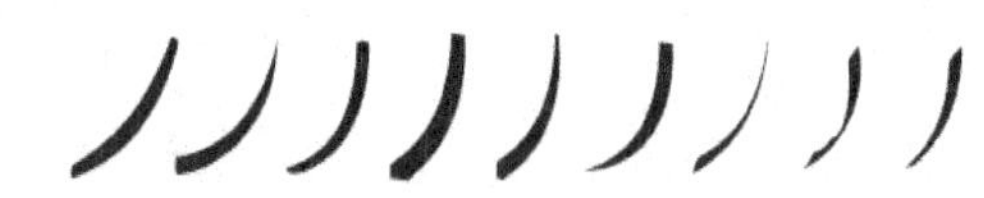

图 2-55

系统在工具箱的下方提供了 5 种刷子的模式可供选择，如图 2-56 所示。

“标准绘画”模式：会在同一层的线条和填充上以覆盖的方式涂色。

“颜料填充”模式：对填充区域和空白区域涂色，其他部分（如边框线）不受影响。

“后面绘画”模式：在舞台上同一层的空白区域涂色，但不影响原有的线条和填充。

“颜料选择”模式：在选定的区域内进行涂色，未被选中的区域不能涂色。

“内部绘画”模式：在内部填充上绘图，但不影响线条。如果在空白区域中开始涂色，该填充不会影响任何现有填充区域。

应用不同模式绘制出的效果如图 2-57 所示。

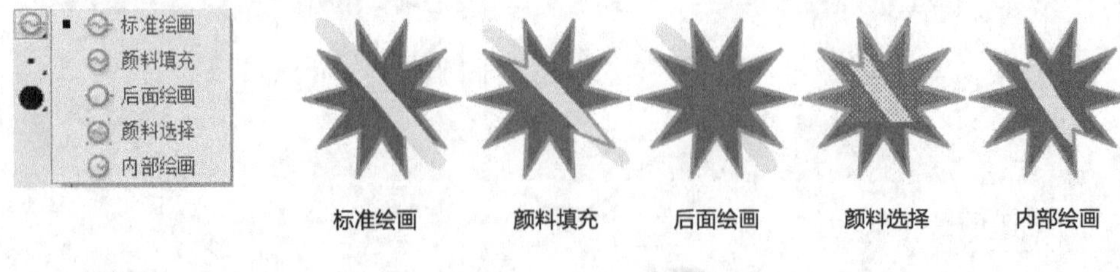

图 2-56

标准绘画　颜料填充　后面绘画　颜料选择　内部绘画

图 2-57

“锁定填充”按钮：先为刷子选择径向渐变色彩，当没有选择此按钮时，用刷子绘制线条，每个线条都有自己完整的渐变过程，线条与线条之间不会互相影响，如图 2-58 所示。当选择此按钮时，颜色的渐变过程形成一个固定的区域，在这个区域内，刷子绘制到的地方，就会显示出相应的色彩，如图 2-59 所示。

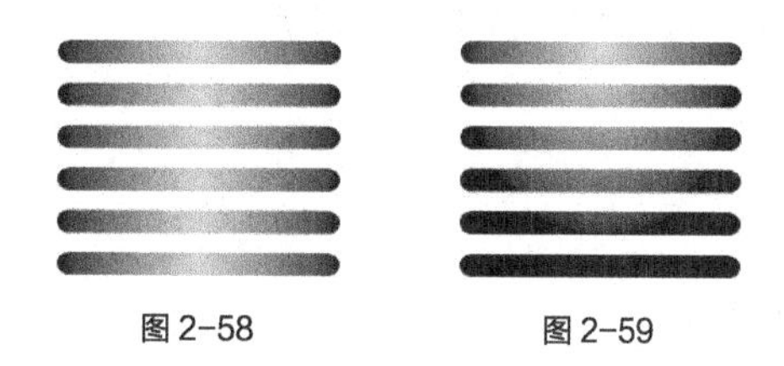

图 2-58　　图 2-59

在使用刷子工具涂色时，可以使用导入的位图作为填充。

导入图片，效果如图 2-60 所示。选择“窗口 > 颜色”命令，弹出“颜色”面板，将“颜色类型”选项设为“位图填充”，用刚才导入的位图作为填充图案，如图 2-61 所示。选择“刷子”工具，在窗口中随意绘制一些笔触，效果如图 2-62 所示。

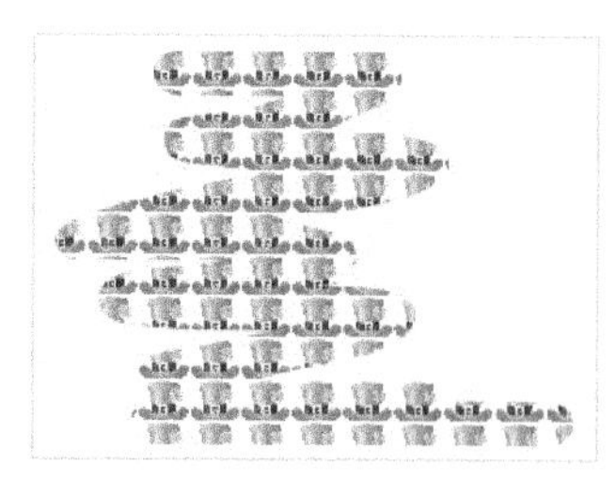

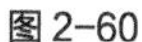

图 2-60　　图 2-61　　图 2-62

2.1.5 钢笔工具

选择“钢笔”工具，将光标放置在舞台上想要绘制曲线的起始位置，然后按住鼠标左键不放，此时出现第一个锚点，并且钢笔尖光标变为箭头形状，如图 2-63 所示。松开鼠标，将光标放置在想要绘制的第二个锚点的位置，单击鼠标左键并按住不放，绘制出一条直线段，如图 2-64 所示。将光标向其他方向拖曳，直线转换为曲线，如图 2-65 所示。松开鼠标，一条曲线绘制完成，如图 2-66 所示。

图 2-63　　图 2-64　　图 2-65　　图 2-66

用相同的方法可以绘制出多条曲线段组合而成的不同样式的曲线，如图 2-67 所示。

在绘制线段时，如果按住 Shift 键，再进行绘制，绘制出的线段将被限制为倾斜 45° 的倍数，如图 2-68 所示。

图 2-67　　图 2-68

在绘制线段时，“钢笔”工具的光标会产生不同的变化，其表示的含义也不同。

增加节点：当光标变为带加号时，如图 2-69 所示，在线段上单击鼠标就会增加一个节点，这样有助于更精确地调整线段。增加节点前后效果对照如图 2-70 所示。

图 2-69　　图 2-70

删除节点：当光标变为带减号时，如图 2-71 所示，在线段上单击节点，就会将这个节点删除。删除节点前后效果对照如图 2-72 所示。

图 2-71　　图 2-72

转换节点：当光标变为带折线时，如图 2-73 所示，在线段上单击节点，就会将这个节点从曲线节点转换为直线节点。转换节点前后效果对照如图 2-74 所示。

图 2-73　　图 2-74

提示

当选择钢笔工具绘画时，若在用铅笔、刷子、线条、椭圆或矩形工具创建的对象上单击，就可以调整对象的节点，以改变这些线条的形状。

2.2 图形的绘制与选择

应用绘制工具可以绘制多变的图形与路径。若要在舞台上修改图形对象，则需要先选择对象，再对其进行修改。

2.2.1 课堂案例——绘制糕点图标

案例学习目标

学习使用不同的绘图工具绘制糕点图标。

案例知识要点

使用“矩形”工具、“属性”面板，绘制矩形框；使用“矩形”工具、“钢笔”工具、“椭圆”工具、“多角星形”工具，绘制糕点图形；使用“线条”工具，绘制直线，效果如图 2-75 所示。

效果所在位置

资源包 > Ch02 > 效果 > 绘制糕点图标.fla。

图 2-75

绘制糕点图标

STEP 1 选择“文件 > 新建”命令，在弹出的“新建文档”对话框中选择“ActionScript 3.0”选项，单击“确定”按钮，进入新建文档舞台窗口。

STEP 2 将“图层 1”重新命名为“矩形框”。选择“矩形”工具，在矩形工具“属性”面板中将“填充颜色”设为无，“笔触颜色”设为褐色（#A46927），其他选项的设置如图 2-76 所示，在舞台窗口中绘制一个圆角矩形，效果如图 2-77 所示。

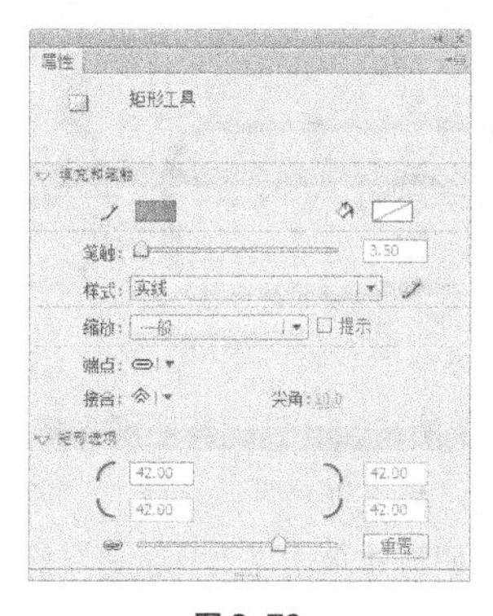

图 2-76

图 2-77

STEP 3 选择“选择”工具，按住 Shift 键的同时，框选需要的边线，按 Delete 键，将其删除，效果如图 2-78 所示。使用相同的方法再制作一个矩形框，效果如图 2-79 所示。

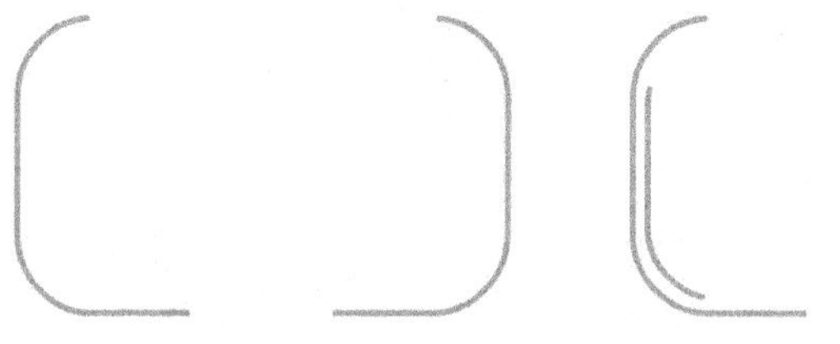

图 2-78

图 2-79

STEP 4 单击“时间轴”面板下方的“新建图层”按钮，创建新图层并将其命名为“糕点”。选择“矩形”工具，在矩形工具“属性”面板中将“填充颜色”设为白色，“笔触颜色”设为深棕色（#3D0E00），其他选项的设置如图 2-80 所示，在舞台窗口中绘制一个圆角矩形，效果如图 2-81 所示。

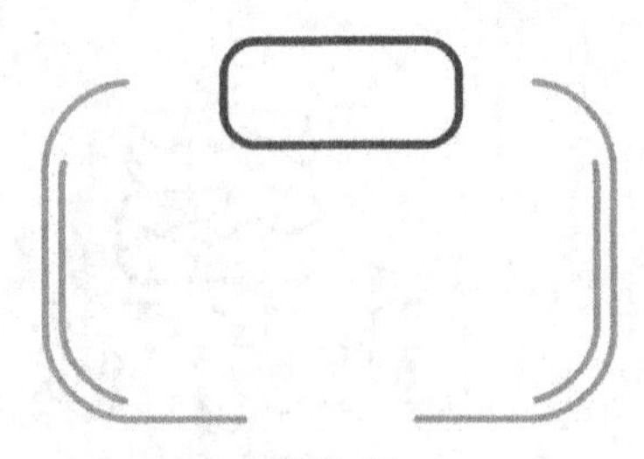

图 2-80　　　　图 2-81

STEP 5 选择“钢笔”工具，在钢笔工具“属性”面板中将“笔触颜色”设为深棕色（#3D0E00），“笔触”选项设为 4，在舞台窗口中绘制一条路径，效果如图 2-82 所示。

STEP 6 选择“椭圆”工具，在工具箱中将“填充颜色”设为深棕色（#3D0E00），按住 Shift 键的同时，在舞台窗口中分别绘制圆形，效果如图 2-83 所示。

STEP 7 选择“选择”工具，选中需要的圆形，在工具箱中将“填充颜色”设为褐色（#A46927），填充图形，效果如图 2-84 所示。使用相同方法制作其他糕点图形，效果如图 2-85 所示。

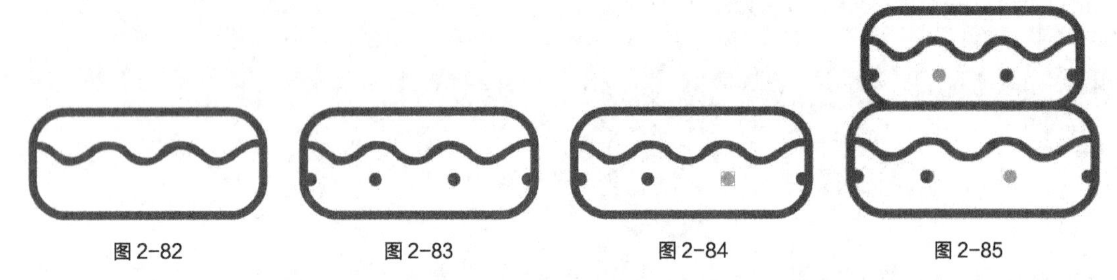

图 2-82　　　　图 2-83　　　　图 2-84　　　　图 2-85

STEP 8 单击“时间轴”面板下方的“新建图层”按钮，创建新图层并将其命名为“五角星”。选择“多角星形”工具，在多角星形“属性”面板中将“填充颜色”设为无，“笔触颜色”设为深棕色（#3D0E00），其他选项设置如图 2-86 所示。在“属性”面板中单击“工具设置”选项下的“选项”按钮 选项... ，弹出“工具设置”对话框，将“边数”选项设为 5，其他选项设置如图 2-87 所示，单击“确定”按钮，在图形的上方绘制 1 个星星，效果如图 2-88 所示。

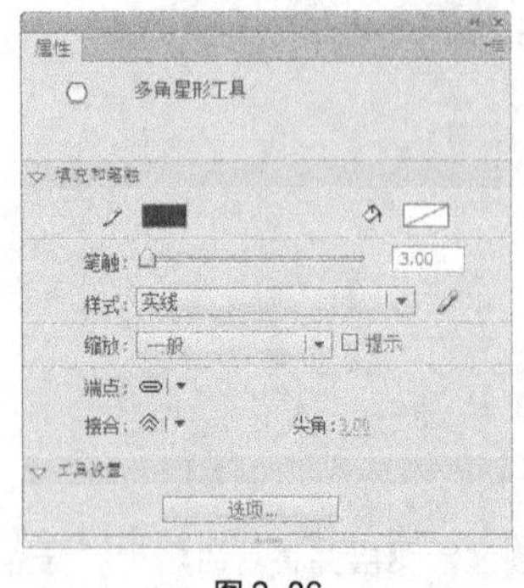

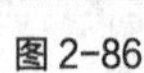

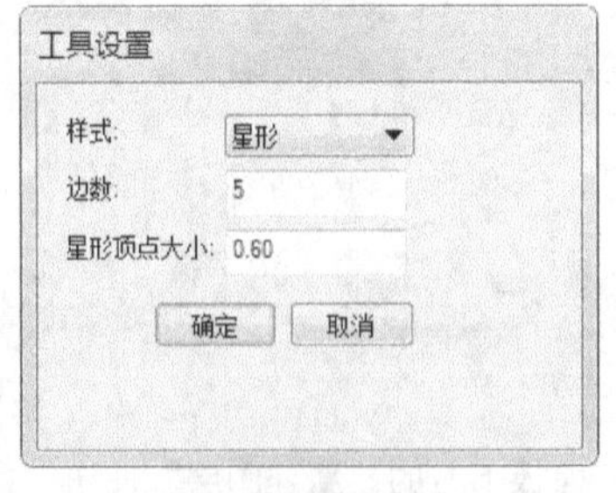

图 2-86　　　　图 2-87　　　　图 2-88

STEP 9 单击“时间轴”面板下方的“新建图层”按钮，创建新图层并将其命名为“文字”。

选择“文件 > 导入 > 导入到舞台”命令，在弹出的“导入”对话框中选择“Ch02 > 素材 > 绘制糕点图标 > 01”文件，单击“打开”按钮，文件被导入到舞台窗口中，选择“选择”工具，拖曳文字到适当的位置，效果如图 2-89 所示。

STEP 10 选择“线条”工具，在线条工具“属性”面板中将“笔触颜色”设为褐色（#A46927），“笔触”选项设为 2，在舞台窗口中绘制一条直线，效果如图 2-90 所示。糕点图标绘制完成，按 Ctrl+Enter 组合键即可查看效果。

图 2-89　　图 2-90

2.2.2 矩形工具

选择“矩形”工具，在舞台上单击鼠标，按住鼠标左键不放，向需要的位置拖曳，绘制出矩形图形，松开鼠标，矩形图形效果如图 2-91 所示。按住 Shift 键的同时绘制图形，可以绘制出正方形，效果如图 2-92 所示。

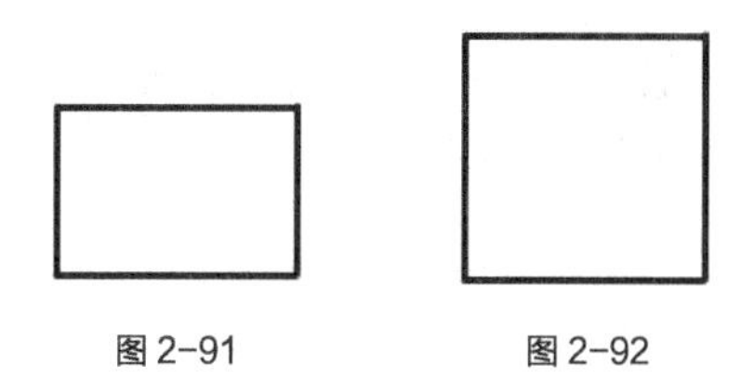

图 2-91　　图 2-92

可以在矩形工具“属性”面板中设置不同的笔触颜色、笔触粗细、笔触样式和填充颜色，如图 2-93 所示。设置不同的笔触属性和填充颜色后，绘制的图形如图 2-94 所示。

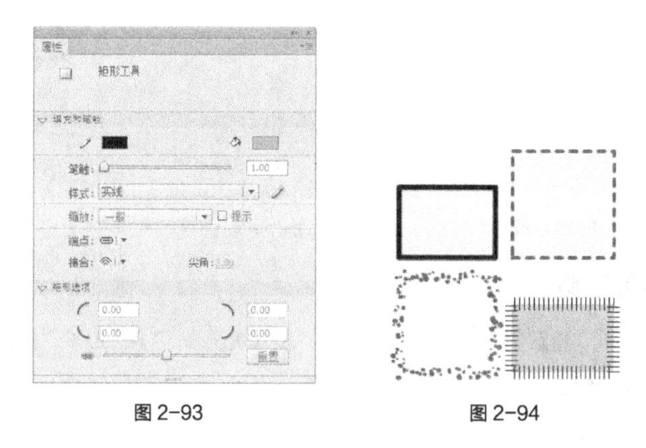

图 2-93　　图 2-94

可以应用矩形工具绘制圆角矩形。选择“属性”面板，在“矩形边角半径”选项的数值框中输入需要的数值，如图 2-95 所示。输入的数值不同，绘制出的圆角矩形也相对不同，效果如图 2-96 所示。

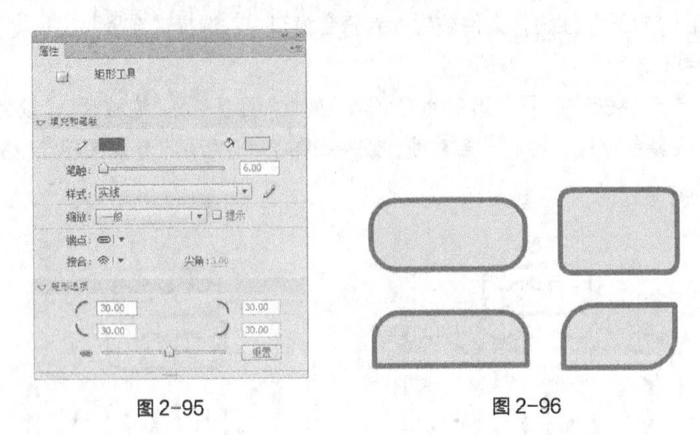

图 2-95　　图 2-96

2.2.3　基本矩形工具

"基本矩形"工具的使用方法和功能与"矩形"工具相同，唯一的区别在于"矩形"工具，必须要先设置矩形属性，然后在绘制，绘制好之后不可以再次更改矩形属性。而"基本矩形"工具，在绘制前设置属性和绘制后设置属性都是可以的。

2.2.4　椭圆工具

选择"椭圆"工具，在舞台上单击鼠标，按住鼠标左键不放，向需要的位置拖曳，绘制出椭圆图形后松开鼠标，图形效果如图 2-97 所示。若按住 Shift 键的同时绘制图形，可以绘制出圆形，效果如图 2-98 所示。

可以在椭圆工具"属性"面板中设置不同的笔触颜色、笔触粗细、笔触样式和填充颜色，如图 2-99 所示。设置不同的笔触属性和填充颜色后，绘制的图形如图 2-100 所示。

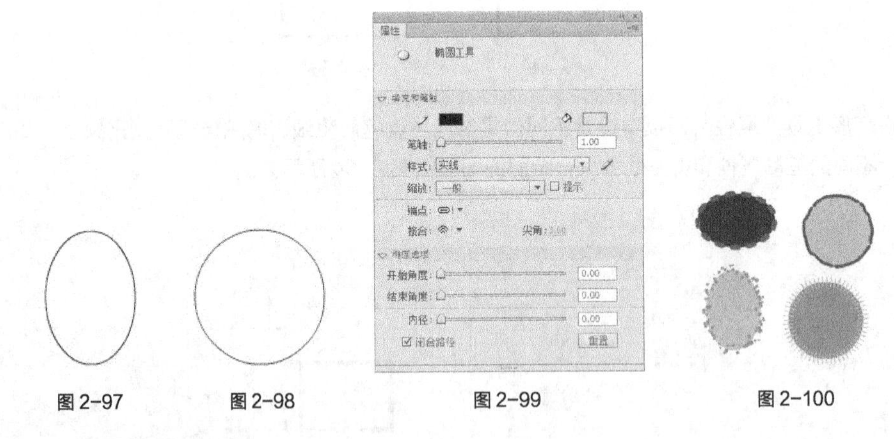

图 2-97　　图 2-98　　图 2-99　　图 2-100

2.2.5　基本椭圆工具

"基本椭圆"工具和"椭圆"工具的区别与"基本矩形"工具和"矩形"工具相同。

2.2.6　多角星形工具

应用多角星形工具可以绘制出不同样式的多边形和星形。选择"多角星形"工具，在舞台上按住鼠标左键不放，向需要的位置拖曳，绘制出多边形，松开鼠标，多边形效果如图 2-101 所示。

可以在多角星形工具“属性”面板中设置不同的笔触颜色、笔触粗细、笔触样式和填充颜色，如图 2-102 所示。设置不同的笔触属性和填充颜色后，绘制的图形如图 2-103 所示。

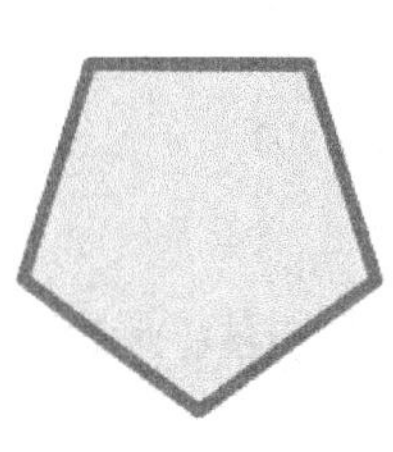

图 2-101

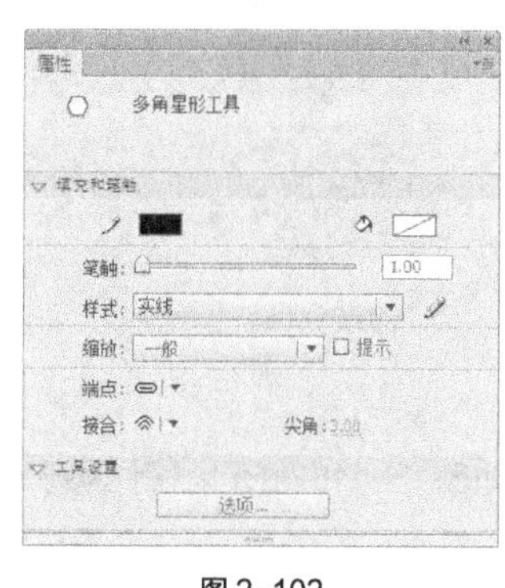

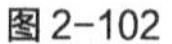
图 2-102

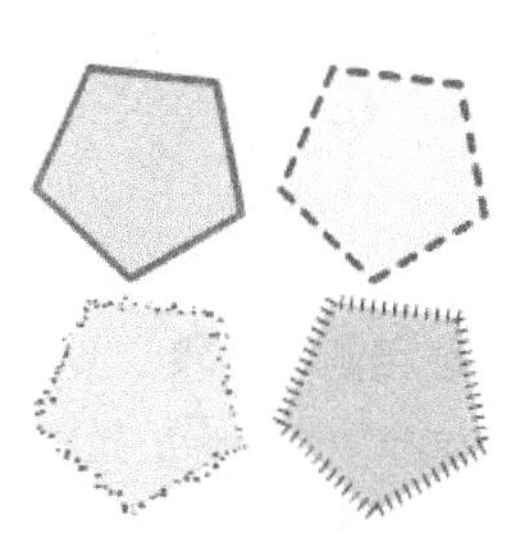
图 2-103

单击“属性”面板下方的“选项”按钮，弹出“工具设置”对话框，如图 2-104 所示，在对话框中可以自定义多边形的各种属性。

“样式”选项：在此选项中选择绘制多边形或星形。

“边数”选项：设置多边形的边数。其选取范围为 3～32。

“星形顶点大小”选项：输入一个 0～1 的数字以指定星形顶点的深度。此数字越接近 0，创建的顶点就越深。此选项在多边形形状绘制中不起作用。

设置不同数值后，绘制出的多边形和星形也相应不同，如图 2-105 所示。

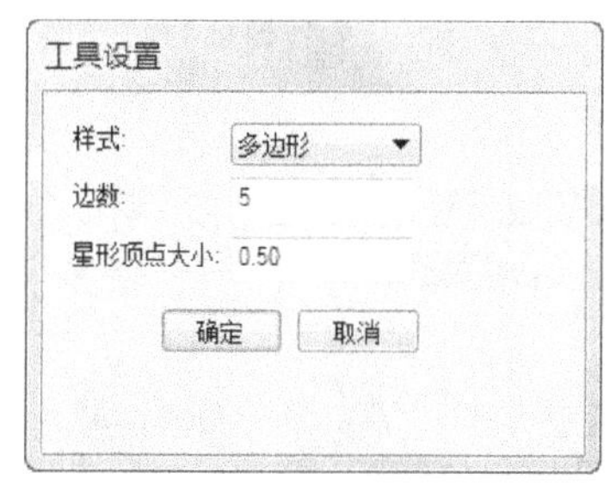

图 2-104

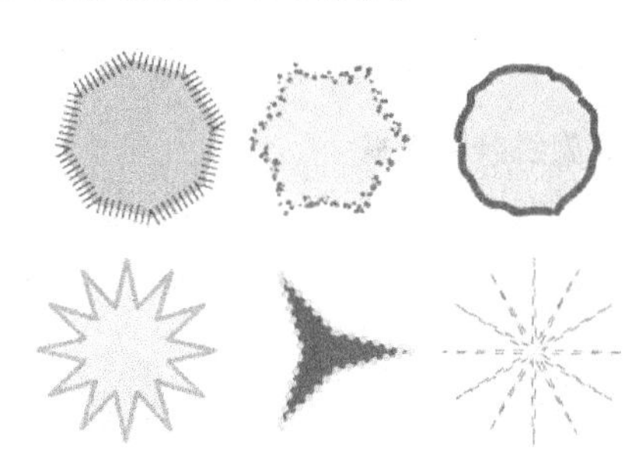
图 2-105

2.2.7 选择工具

选择“选择”工具，工具箱下方会出现如图 2-106 所示的按钮，利用这些按钮可以完成以下工作。

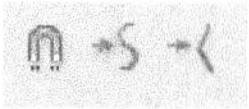

图 2-106

“贴紧至对象”按钮：自动将舞台上两个对象定位到一起，一般制作引导层动画时可利用此按钮将关键帧的对象锁定到引导路径上。此按钮还可以将对象定位到网格上。

“平滑”按钮：可以柔化选择的曲线条。当选中对象时，此按钮变为可用。

“伸直”按钮：可以锐化选择的曲线条。当选中对象时，此按钮变为可用。

1. 选择对象

选择“选择”工具，在舞台中的对象上单击鼠标进行点选，如图 2-107 所示，点选了头部。按住 Shift 键，可以同时选中多个对象，如图 2-108 所示，在选中头部的同时又选中了裙子。在舞台中拖曳出一个矩形可以框选对象，如图 2-109 所示。

图 2-107　　图 2-108　　图 2-109

2. 移动和复制对象

选择“选择”工具，选中对象，如图 2-110 所示。按住鼠标左键不放，直接将对象拖曳到任意位置，如图 2-111 所示。

选择“选择”工具，选中对象，按住 Alt 键，拖曳选中的对象到任意位置，选中的对象被复制，如图 2-112 所示。

图 2-110　　图 2-111　　图 2-112

3. 调整矢量线条和色块

选择“选择”工具，将光标移至对象上，光标下方出现圆弧，如图 2-113 所示。拖动鼠标，对选中的线条和色块进行调整，如图 2-114 所示，效果如图 2-115 所示。

图 2-113　　图 2-114　　图 2-115

2.2.8 部分选取工具

选择“部分选取”工具，在对象的外边线上单击，对象上出现多个节点，如图 2-116 所示。拖动节点来调整控制线的长度和斜率，从而改变对象的曲线形状，如图 2-117 所示。

若想增加图形上的节点，可选择“钢笔”工具在图形上单击来增加节点。

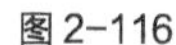

图2-116　　图2-117

在改变对象的形状时，“部分选取”工具的光标会产生不同的变化，其表示的含义也不同。

带黑色方块的光标：当光标放置在节点以外的线段上时，光标变为，如图2-118所示。这时，可以移动对象到其他位置，如图2-119和图2-120所示。

图2-118　　图2-119　　图2-120

带白色方块的光标：当光标放置在节点上时，光标变为，如图 2-121 所示。这时，可以移动单个的节点到其他位置，如图2-122和图2-123所示。

图2-121　　图2-122　　图2-123

变为小箭头的光标：当光标放置在节点调节手柄的尽头时，光标变为，如图2-124所示。这时，可以调节与该节点相连的线段的弯曲度，如图2-125和图2-126所示。

图2-124　　图2-125　　图2-126

在调整节点的手柄时，调整一个手柄，另一个相对的手柄也会随之发生变化。如果只想调整其中的一个手柄，按住Alt键，再进行调整即可。

可以将直线节点转换为曲线节点，并进行弯曲度调节。选择“部分选取”工具，在对象的外边线上单击，对象上显示出节点，如图 2-127 所示。用鼠标单击要转换的节点，节点从空心变为实心，表示可编辑，如图 2-128 所示。

按住 Alt 键，将节点向外拖曳，节点增加出两个可调节手柄，如图 2-129 所示。应用调节手柄可调节线段的弯曲度，如图 2-130 所示。

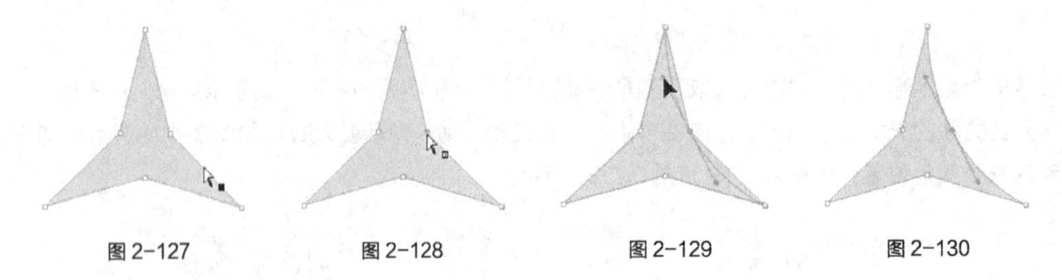

图 2-127　　图 2-128　　图 2-129　　图 2-130

2.2.9 套索工具

选择“套索”工具，在场景中导入一幅位图，按 Ctrl+B 组合键，将位图进行分离。用鼠标在位图上任意勾画想要的区域，形成一个封闭的选区，如图 2-131 所示。松开鼠标，选区中的图像被选中，如图 2-132 所示。

在选择“套索”工具后，工具箱的下方出现如图 2-133 所示的按钮。

图 2-131

图 2-132

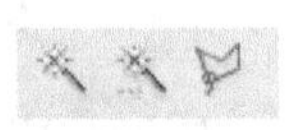

图 2-133

“魔术棒”按钮：以点选的方式选择颜色相似的位图图形。

选中“魔术棒”按钮，将光标放在位图上，光标变为，在要选择的位图上单击鼠标，如图 2-134 所示。与取点颜色相近的图像区域被选中，如图 2-135 所示。

“魔术棒设置”按钮：可以用来设置魔术棒的属性。应用不同的属性，魔术棒选取的图像区域大小各不相同。

单击“魔术棒设置”按钮，弹出“魔术棒设置”对话框，如图 2-136 所示。

图 2-134

图 2-135

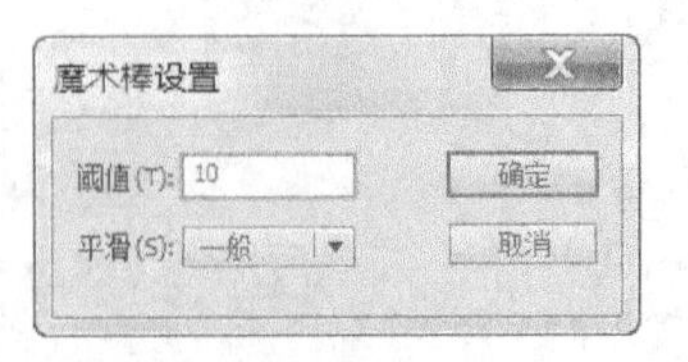

图 2-136

在“魔术棒设置”对话框中设置不同数值后，所产生的不同效果如图 2-137 所示。

（a）阈值为10时选取图像的区域　　（b）阈值为50时选取图像的区域

图2-137

“多边形模式”按钮：可以用鼠标精确地勾画想要选中的图像。

选中“多边形模式”按钮，在图像上单击鼠标，确定第一个定位点；松开鼠标并将鼠标移至下一个定位点，再次单击鼠标，用相同的方法直到勾画出想要的图像，并使选取区域形成一个封闭的状态，如图2-138所示。双击鼠标，选区中的图像被选中，如图2-139所示。

图2-138

图2-139

2.3 图形的编辑

图形的编辑工具可以改变图形的色彩、线条和形态等属性，可以创建充满变化的图形效果。

2.3.1 课堂案例——绘制卡通小丑

案例学习目标

学习使用不同的绘图工具绘制卡通小丑图形。

案例知识要点

使用“椭圆”工具、“钢笔”工具、“线条”工具、“颜料桶”工具来完成卡通小丑的绘制，效果如图2-140所示。

图2-140

效果所在位置

资源包 > Ch02 > 效果 > 绘制卡通小丑.fla。

1. 绘制头部图形

绘制卡通小丑 1

STEP 1 选择“文件 > 新建”命令，在弹出的“新建文档”对话框中选择“ActionScript 3.0”选项，单击“确定”按钮，进入新建文档舞台窗口。

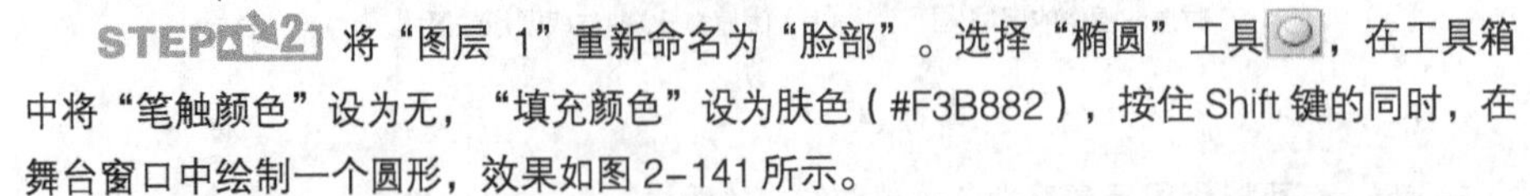

STEP 2 将“图层 1”重新命名为“脸部”。选择“椭圆”工具，在工具箱中将“笔触颜色”设为无，“填充颜色”设为肤色（#F3B882），按住 Shift 键的同时，在舞台窗口中绘制一个圆形，效果如图 2-141 所示。

STEP 3 单击“时间轴”面板下方的“新建图层”按钮，创建新图层并将其命名为“头发”。选择“椭圆”工具，在椭圆工具“属性”面板中将“笔触颜色”设为无，“填充颜色”设为红色（#CA3F22），在舞台窗口中分别绘制多个圆形，效果如图 2-142 所示。

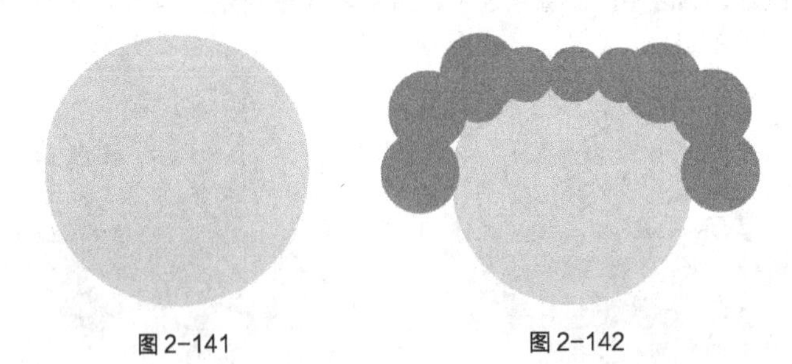

图 2-141　　图 2-142

STEP 4 在“库”面板下方单击“新建元件”按钮，弹出“创建新元件”对话框，在“名称”选项的文本框中输入“耳朵”，在“类型”选项的下拉列表中选择“图形”选项，单击“确定”按钮，新建图形元件“耳朵”，如图 2-143 所示，舞台窗口也随之转换为图形元件的舞台窗口。

STEP 5 选择“椭圆”工具，在工具箱中将“填充颜色”设为肤色（#F3B882），在舞台窗口中绘制一个椭圆形，效果如图 2-144 所示。

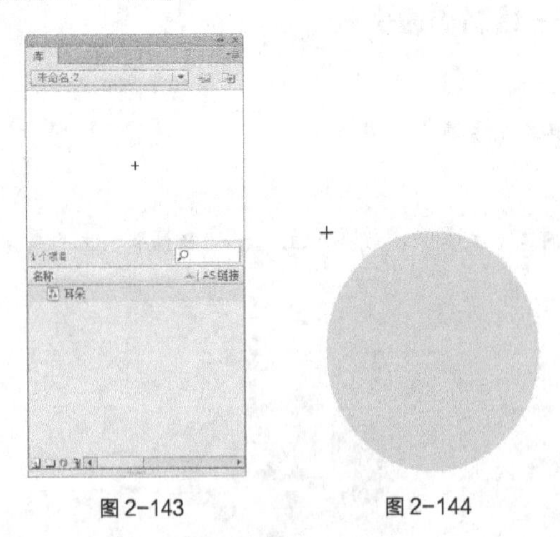

图 2-143　　图 2-144

STEP 6 新建“图层 2”，选择“钢笔”工具，绘制一个闭合路径，如图 2-145 所示。选择“颜料桶”工具，在工具箱中将“填充颜色”设为深肤色（#DAA675），在边线内部单击鼠标左键，填充图形，如图 2–146 所示。选择“选择”工具，在边线上双击选中边线，按 Delete 键，将其删除，效果如图 2–147 所示。

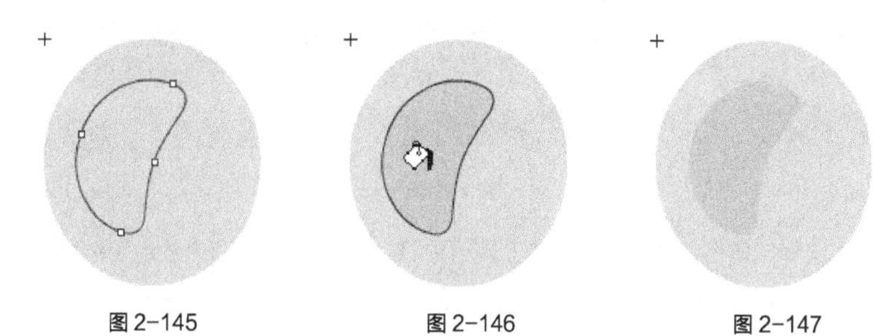

图 2–145　　图 2–146　　图 2–147

STEP 7 单击舞台窗口左上方的“场景 1”图标，进入“场景 1”的舞台窗口。单击“时间轴”面板下方的“新建图层”按钮，创建新图层并将其命名为“耳朵”。将“库”面板中的图形元件“耳朵”拖曳到舞台窗口中适当的位置，效果如图 2–148 所示。

STEP 8 选择“选择”工具，选中“耳朵”实例，按住 Alt+Shift 键的同时，水平向右拖曳到适当的位置，复制图形，效果如图 2–149 所示。选择“修改 > 变形 > 水平翻转”命令，将图形水平翻转，效果如图 2–150 所示。

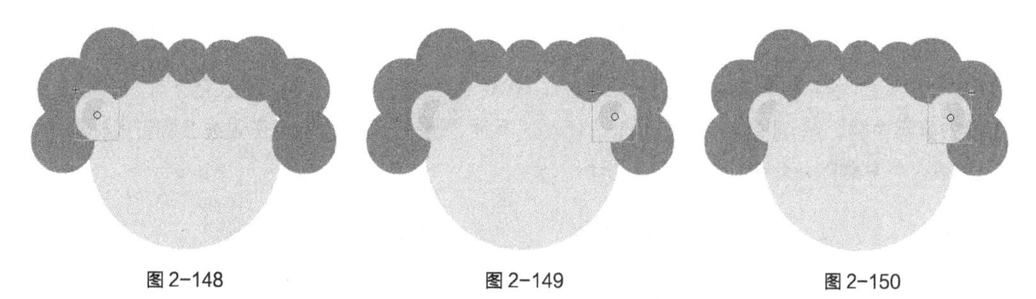

图 2–148　　图 2–149　　图 2–150

STEP 9 单击“时间轴”面板下方的“新建图层”按钮，创建新图层并将其命名为“眼鼻”。选择“椭圆”工具，在工具箱下方选择“对象绘制”按钮，将“填充颜色”设为白色，在舞台窗口中绘制一个椭圆形，效果如图 2–151 所示。

STEP 10 选择“椭圆”工具，在工具箱中将“填充颜色”设为黑色，在舞台窗口中绘制一个椭圆形，效果如图 2–152 所示。用相同方法再绘制一个白色椭圆形，效果如图 2–153 所示。

图 2–151　　图 2–152　　图 2–153

STEP 11 选择“选择”工具，按住 Shift 键的同时，将绘制的椭圆形同时选中，按 Ctrl+G 组合键，将其进行组合，如图 2–154 所示。按住 Alt+Shift 键的同时，水平向右拖曳图形到适当的位置，复制图形，效果如图 2–155 所示。选择“修改 > 变形 > 水平翻转”命令，将图形水平翻转，效果如图 2–156 所示。

图 2-154　　图 2-155　　图 2-156

STEP 12 选择“椭圆”工具，在工具箱中将“填充颜色”设为红色（#CA3F22），在舞台窗口中绘制一个圆形，效果如图 2-157 所示。单击“时间轴”面板下方的“新建图层”按钮，创建新图层并将其命名为“胡子”。选择“钢笔”工具，绘制一个闭合路径，如图 2-158 所示。

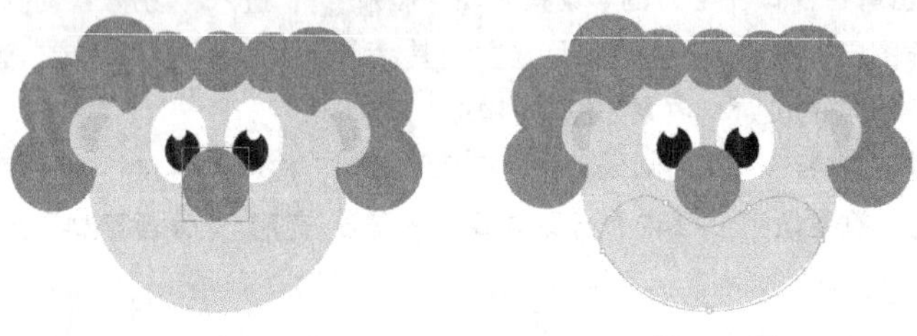

图 2-157　　图 2-158

STEP 13 选择“颜料桶”工具，在工具箱中将“填充颜色”设为浅灰色（#F5EEE3），在边线内部单击鼠标左键，填充图形，如图 2-159 所示。选择“选择”工具，在边线上双击鼠标选中边线，按 Delete 键，将其删除，效果如图 2-160 所示。

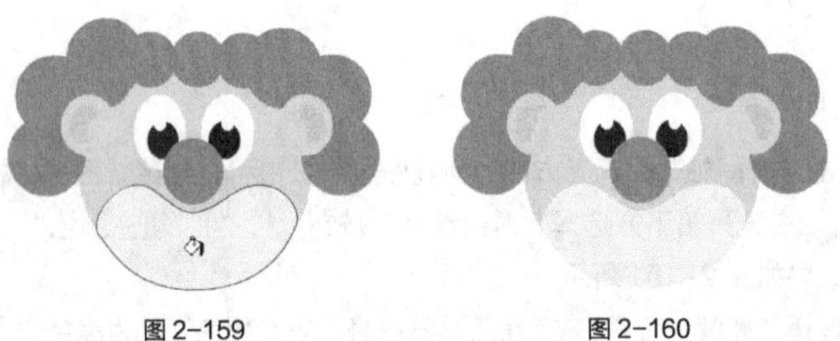

图 2-159　　图 2-160

STEP 14 单击“时间轴”面板下方的“新建图层”按钮，创建新图层并将其命名为“嘴巴”。选择“线条”工具，在线条工具“属性”面板中将“笔触颜色”设为红色（#CA3F22），“笔触”选项设为 5，在舞台窗口中绘制一条直线，效果如图 2-161 所示。

STEP 15 选择“选择”工具，将鼠标放置在线条的中心位置，当鼠标变为时，单击鼠标并向下拖曳到适当的位置，如图 2-162 所示，松开鼠标，改变线条的弧度，效果如图 2-163 所示。

图 2-161　　图 2-162　　图 2-163

STEP 16 选择"文件 > 导入 > 导入到库"命令，在弹出的"导入到库"对话框中选择"Ch02 > 素材 > 绘制卡通小丑 > 01、02"文件，单击"打开"按钮，文件被导入到"库"面板中，如图 2-164 所示。

STEP 17 单击"时间轴"面板下方的"新建图层"按钮，创建新图层并将其命名为"帽子"。将"库"面板中的图形元件"01.ai"拖曳到舞台窗口中适当的位置，效果如图 2-165 所示。

图 2-164

图 2-165

2. 绘制身体

STEP 1 单击"时间轴"面板上方的"锁定或解除锁定所有图层"按钮，面板中的所有图层将被同时锁定，如图 2-166 所示。单击面板下方的"新建图层"按钮，创建新图层并将其命名为"身体"，如图 2-167 所示。

绘制卡通小丑 2

图 2-166

图 2-167

STEP 2 选择"钢笔"工具，绘制一个闭合路径，如图 2-168 所示。选择"颜料桶"工具，在工具箱中将"填充颜色"设为褐色（#DB9B2D），在边线内部单击鼠标左键，填充图形，如图 2-169 所示。选择"选择"工具，在边线上双击选中边线，按 Delete 键，将其删除，效果如图 2-170 所示。

图 2-168　　图 2-169　　图 2-170

STEP 3 选择"选择"工具，按住 Shift 键的同时，框选需要的对象，如图 2-171 所示。在工具箱中将“填充颜色”设为红色（#CA3F22），填充图形，效果如图 2-172 所示。

图 2-171　　图 2-172

STEP 4 单击“时间轴”面板下方的“新建图层”按钮，创建新图层并将其命名为“手 1”。选择“椭圆”工具，取消选择工具箱下方的“对象绘制”按钮，将“填充颜色”设为棕色（#694B3B），在舞台窗口中绘制一个圆形，效果如图 2-173 所示。

STEP 5 选择“选择”工具，将鼠标放置在圆形下方边线上，当鼠标变为时，单击鼠标并向下拖曳到适当的位置，如图 2-174 所示，松开鼠标，改变圆形的弧度，效果如图 2-175 所示。

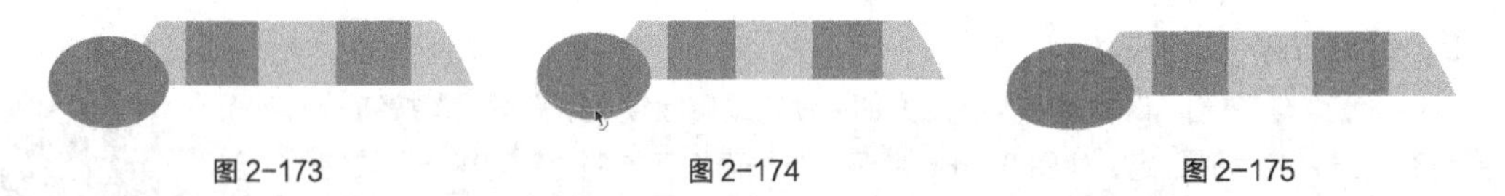

图 2-173　　图 2-174　　图 2-175

STEP 6 单击“时间轴”面板下方的“新建图层”按钮，创建新图层并将其命名为“手 2”。选择“椭圆”工具，在工具箱中将“填充颜色”设为红色（#C83F24），在舞台窗口中绘制一个圆形，效果如图 2-176 所示。

STEP 7 选择“选择”工具，将鼠标放置在圆形的下方边线上，当鼠标变为时，单击鼠标并向下拖曳到适当的位置，如图 2-177 所示，松开鼠标，改变圆形的弧度，效果如图 2-178 所示。

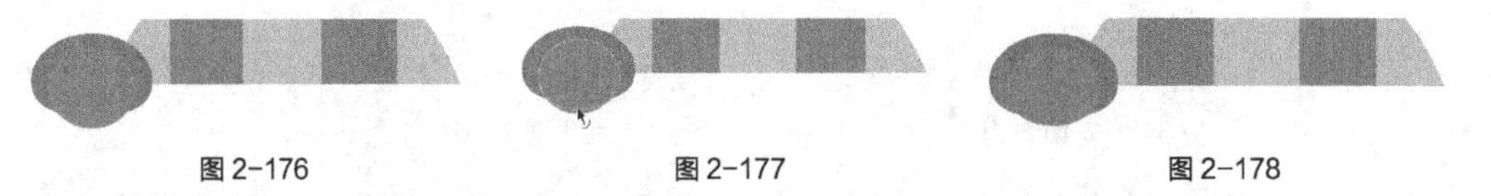

图 2-176　　图 2-177　　图 2-178

STEP 8 选择“选择”工具，按住 Shift 键，将绘制的圆形同时选中，如图 2-179 所示。按住 Alt+Shift 组合键的同时，水平向右拖曳圆形到适当的位置，复制圆形，效果如图 2-180 所示。

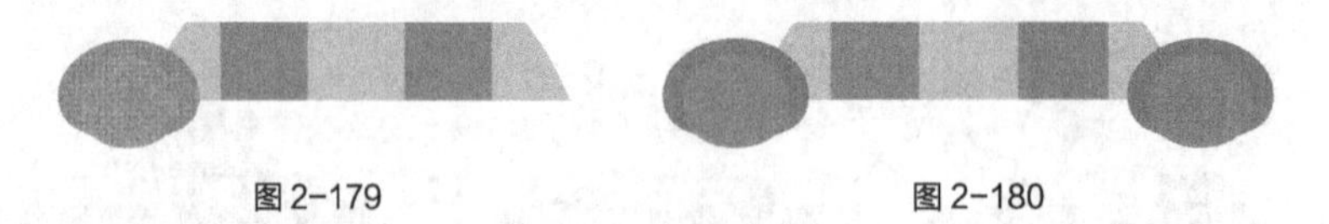

图 2-179　　图 2-180

3. 绘制蝴蝶结

STEP 1 单击“时间轴”面板下方的“新建图层”按钮，创建新图层并将其命名为“蝴蝶结”。选择“钢笔”工具，绘制一个闭合路径，如图 2-181 所示。选择“颜料桶”工具，在工具箱中将“填充颜色”设为棕色（#694B3A），在边线内部单击鼠标，填充图形，如图 2-182 所示。选择“选择”工具，在边线上双击鼠标选中边线，按 Delete 键，将其删除，效果如图 2-183 所示。

绘制卡通小丑 3

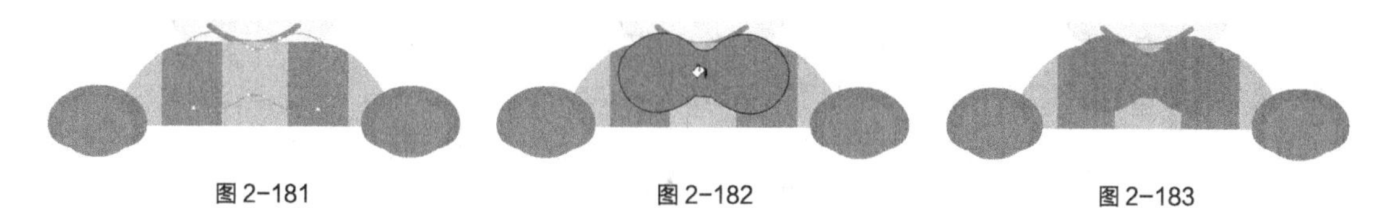

图 2–181　　图 2–182　　图 2–183

STEP 2 按 Alt+Shift+F9 组合键，弹出“颜色”面板，将“笔触颜色”设为无，单击“填充颜色”按钮，在“颜色类型”选项的下拉列表中选择“位图填充”，选择“滴管”工具，单击面板中的“圆点”图案，吸取图形为填充颜色，选择“颜料桶”工具，在棕色图形上单击鼠标填充图形，效果如图 2–184 所示。

STEP 3 选择“渐变变形”工具，在填充位图上单击，出现控制点。向内拖曳左下方的方形控制点改变大小，效果如图 2–185 所示。

STEP 4 选择“椭圆”工具，在工具箱下方选择“对象绘制”按钮，将“填充颜色”设为棕色（#694B3A），在舞台窗口中绘制一个圆形，效果如图 2–186 所示。

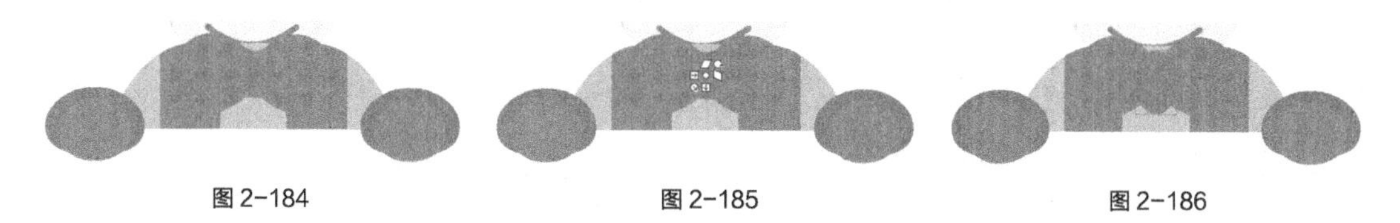

图 2–184　　图 2–185　　图 2–186

STEP 5 在“时间轴”面板中调整图层的顺序，如图 2–187 所示，舞台窗口中的效果如图 2–188 所示。卡通小丑绘制完成，按 Ctrl+Enter 组合键即可查看效果。

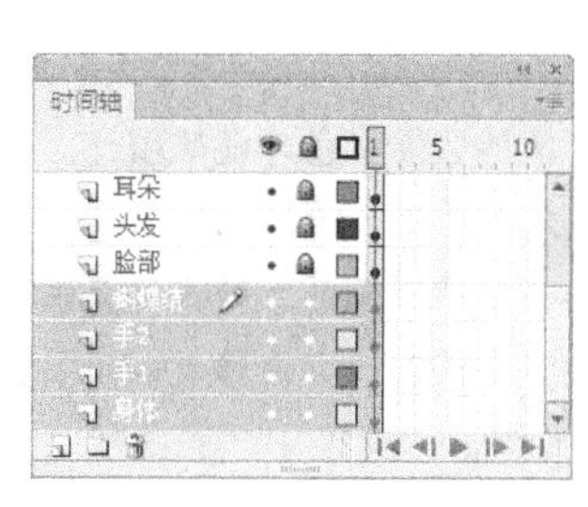

图 2–187

图 2–188

2.3.2 墨水瓶工具

使用墨水瓶工具可以修改矢量图形的边线。导入蜗牛图形，如图 2–189 所示。选择“墨水瓶”工具，在墨水瓶工具“属性”面板中设置笔触颜色、笔触及笔触样式，如图 2–190 所示。

图 2–189

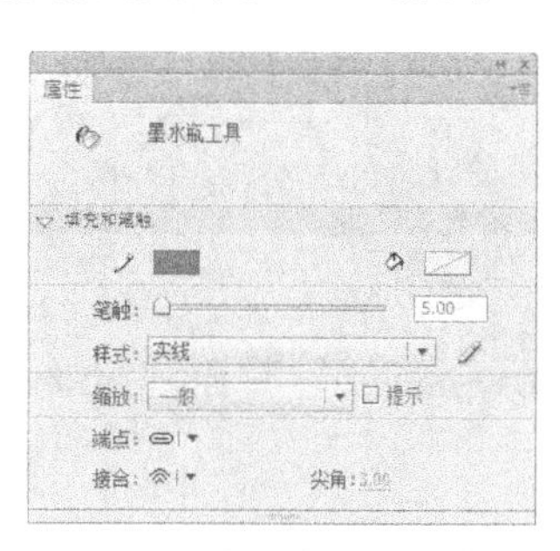

图 2–190

这时，光标变为，在图形上单击鼠标，为图形增加设置好的边线，如图 2-191 所示。在“属性”面板中设置不同的属性，所绘制的边线效果也不同，如图 2-192 所示。

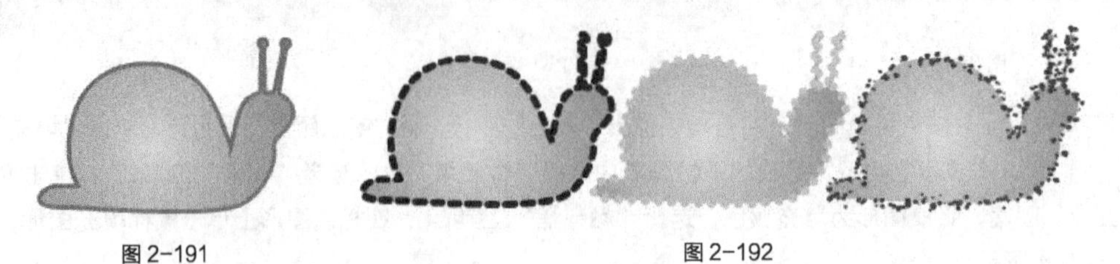

图 2-191　　　　图 2-192

2.3.3 颜料桶工具

绘制“四叶草”线框图形，如图 2-193 所示。选择“颜料桶”工具，在颜料桶工具“属性”面板中设置填充颜色，如图 2-194 所示。在“四叶草”线框内单击鼠标左键，线框内被填充颜色，如图 2-195 所示。

系统在工具箱的下方设置了 4 种填充模式可供选择，如图 2-196 所示。

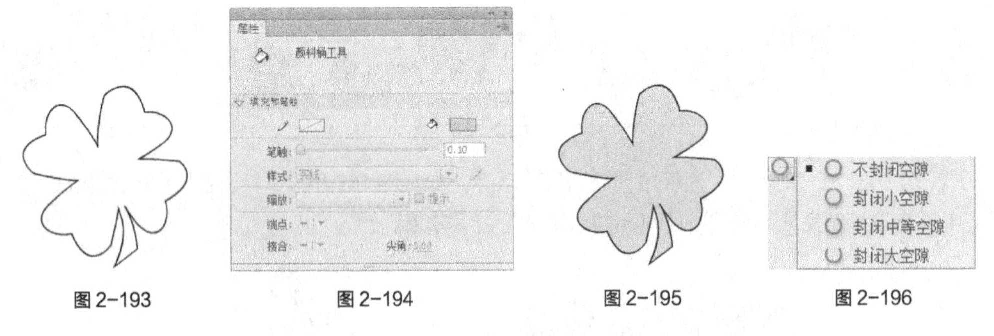

图 2-193　　　　图 2-194　　　　图 2-195　　　　图 2-196

“不封闭空隙”模式：选择此模式时，只有在完全封闭的区域颜色才能被填充。

“封闭小空隙”模式：选择此模式时，当边线上存在小空隙时，允许填充颜色。

“封闭中等空隙”模式：选择此模式时，当边线上存在中等空隙时，允许填充颜色。

“封闭大空隙”模式：选择此模式时，当边线上存在大空隙时，允许填充颜色。当选择“封闭大空隙”模式时，无论空隙是小空隙还是中等空隙，都可以填充颜色。

根据线框空隙的大小，应用不同的模式进行填充，效果如图 2-197 所示。

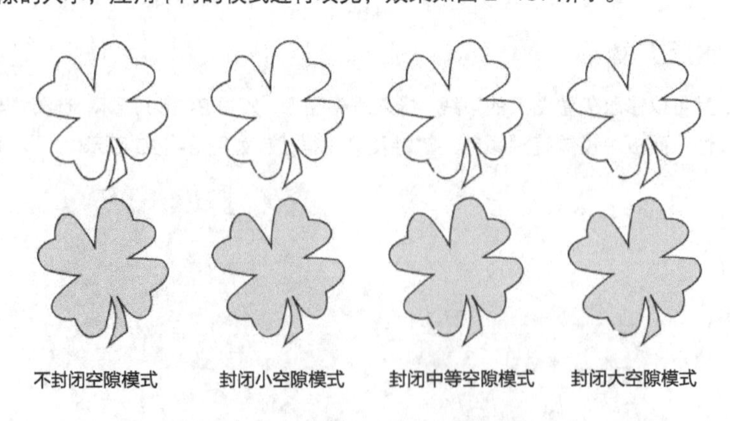

图 2-197

“锁定填充”按钮：可以对填充颜色进行锁定，锁定后填充颜色不能被更改。

没有选择此按钮时，填充颜色可以根据需要进行变更，如图 2-198 所示。

选择此按钮时，鼠标放置在填充颜色上，光标变为，填充颜色被锁定，不能随意变更，如图 2-199 所示。

图 2-198　　图 2-199

2.3.4 滴管工具

使用滴管工具可以吸取矢量图形的线型和色彩，然后利用颜料桶工具，快速修改其他矢量图形内部的填充色。利用墨水瓶工具，可以快速修改其他矢量图形的笔触颜色及线型。

1. 吸取填充色

选择“滴管”工具，将光标放在左边图形的填充色上，光标变为，在填充色上单击鼠标左键，吸取填充色样本，如图 2-200 所示。

单击鼠标左键后，光标变为，表示填充色被锁定。在工具箱的下方，取消对“锁定填充”按钮的选取，光标变为，在下边图形的填充色上单击鼠标，图形的颜色被修改，如图 2-201 所示。

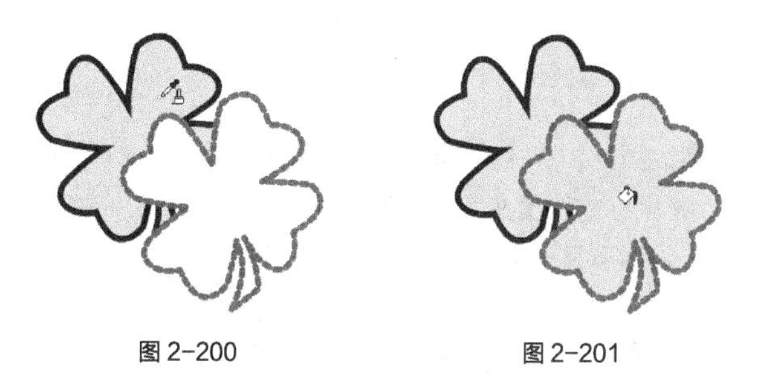
图 2-200　　图 2-201

2. 吸取边框属性

选择“滴管”工具，将光标放在右边图形的外边框上，光标变为，在外边框上单击鼠标左键，吸取边框样本，如图 2-202 所示。单击鼠标左键后，光标变为，在左边图形的外边框上单击鼠标，线条的颜色和样式被修改，如图 2-203 所示。

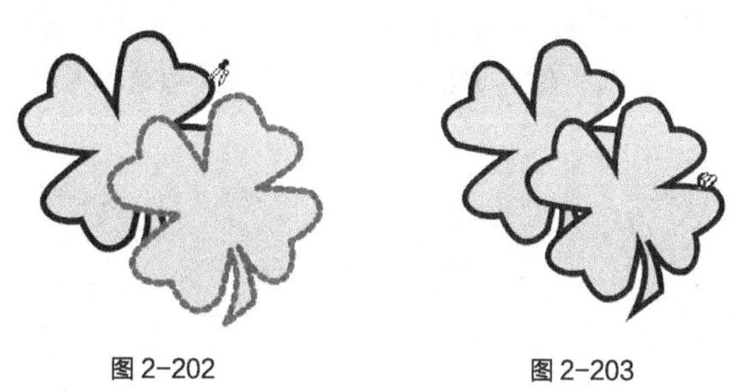
图 2-202　　图 2-203

3. 吸取位图图案

滴管工具可以吸取外部引入的位图图案。导入图片，如图 2-204 所示。按 Ctrl+B 组合键，将位图分离。

选择“多角星形”工具，在多角星形工具“属性”面板中进行设置，在舞台窗口中绘制一个六边形，如图 2-205 所示。

选择“滴管”工具，将光标放在位图上，光标变为，单击鼠标左键，吸取图案样本，如图 2-206 所示。单击鼠标左键后，光标变为，在六边形图形上单击鼠标，图案被填充，如图 2-207 所示。

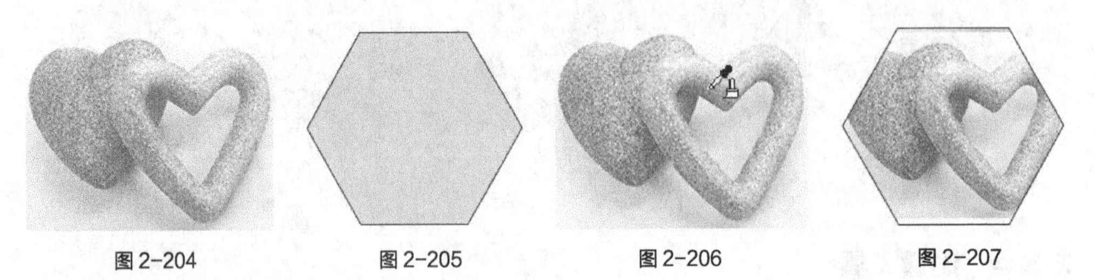

图 2-204　　图 2-205　　图 2-206　　图 2-207

选择“渐变变形”工具，单击被填充图案样本的六边形，出现控制点，如图 2-208 所示。按住 Shift 键，将左下方的控制点向中心拖曳，如图 2-209 所示。填充图案变小，效果如图 2-210 所示。

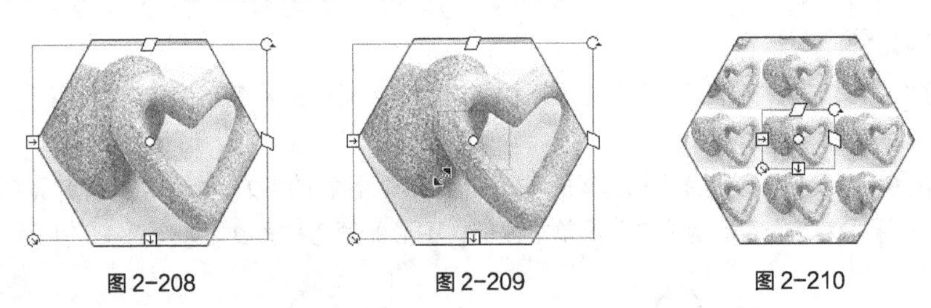

图 2-208　　图 2-209　　图 2-210

4. 吸取文字属性

滴管工具还可以吸取文字的颜色。选择要修改的目标文字，如图 2-211 所示。

选择“滴管”工具，将鼠标放在源文字上，光标变为，如图 2-212 所示。在源文字上单击鼠标左键，源文字的文字属性被应用到了目标文字上，如图 2-213 所示。

滴管工具 文字属性　　滴管工具 文字属性　　滴管工具 文字属性

图 2-211 　　图 2-212 　　图 2-213

2.3.5 橡皮擦工具

选择“橡皮擦”工具，在图形上想要删除的地方按下鼠标并拖动，图形被擦除，如图 2-214 所示。在工具箱下方的“橡皮擦形状”按钮的下拉菜单中，可以选择橡皮擦的形状与大小。

如果想得到特殊的擦除效果，系统在工具箱的下方设置了 5 种擦除模式可供选择，如图 2-215 所示。

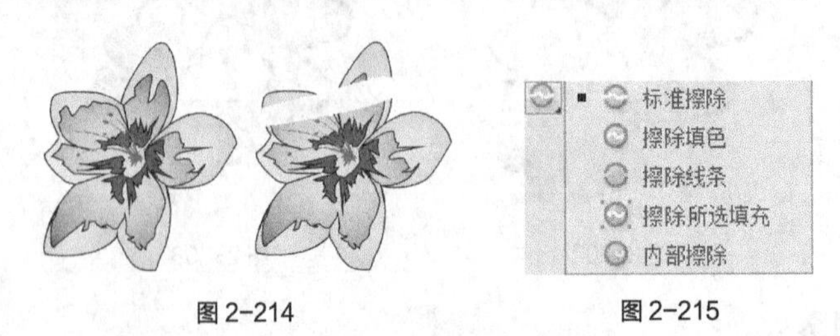

图 2-214　　图 2-215

“标准擦除”模式：擦除同一层的线条和填充。选择此模式擦除图形的前后对照效果如图 2-216 所示。

“擦除填色”模式：仅擦除填充区域，其他部分（如边框线）不受影响。选择此模式擦除图形的前后对照效果如图 2-217 所示。

“擦除线条”模式：仅擦除图形的线条部分，但不影响其填充部分。选择此模式擦除图形的前后对照效果如图 2-218 所示。

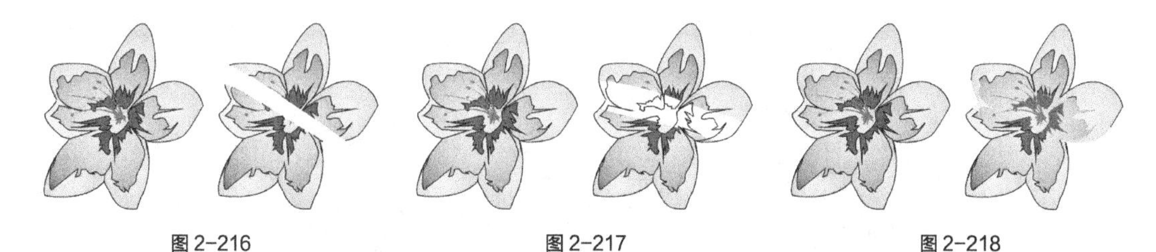

图 2-216　　图 2-217　　图 2-218

“擦除所选填充”模式：仅擦除已经选择的填充部分，但不影响其他未被选择的部分（如果场景中没有任何填充被选择，那么擦除命令无效）。选择此模式擦除图形的前后对照效果如图 2-219 所示。

“内部擦除”模式：仅擦除起点所在的填充区域部分，但不影响线条填充区域外的部分。选择此模式擦除图形的前后对照效果如图 2-220 所示。

图 2-219　　图 2-220

要想快速删除舞台上的所有对象，双击“橡皮擦”工具即可。

要想删除矢量图形上的线段或填充区域，选择“橡皮擦”工具，再选中工具箱中的“水龙头”按钮，然后单击舞台上想要删除的线段或填充区域即可，如图 2-221 和图 2-222 所示。

图 2-221　　图 2-222

因为导入的位图和文字不是矢量图形，不能擦除它们的部分或全部，所以必须先选择“修改 > 分离”命令，将它们分离成矢量图形，才能使用橡皮擦工具擦除它们的部分或全部。

2.3.6　任意变形工具和渐变变形工具

在制作图形的过程中，可以应用任意变形工具来改变图形的大小及倾斜度，也可以应用填充变形工具改变图形中渐变填充颜色的渐变效果。

1. 任意变形工具

选中图形，按 Ctrl+B 组合键，将其打散。选择“任意变形”工具，在图形的周围出现控制点，如图 2-223 所示。拖动控制点改变图形的大小，如图 2-224 和图 2-225 所示（按住 Shift 键，再拖动控制点，可成比例改变图形大小）。

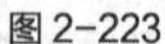

图 2-223

图 2-224

图 2-225

光标放在 4 个角的控制点上时，光标变为↺，如图 2-226 所示。拖动鼠标旋转图形，如图 2-227 和图 2-228 所示。

图 2-226

图 2-227

图 2-228

系统在工具箱的下方设置了 4 种变形模式可供选择，如图 2-229 所示。

“旋转与倾斜”模式：选中图形，选择“旋转与倾斜”模式，将鼠标放在图形上方中间的控制点上，光标变为⇌，按住鼠标左键不放，向右水平拖曳控制点，如图 2-230 所示，松开鼠标，图形变为倾斜，如图 2-231 所示。

图 2-229　　图 2-230　　图 2-231

“缩放”模式：选中图形，选择“缩放”模式，将鼠标放在图形右上方的控制点上，光标变为⤢，所示，按住鼠标左键不放，向右上方拖曳控制点，如图 2-232 所示，松开鼠标，图形变大，如图 2-233 所示。

“扭曲”模式：选中图形，选择“扭曲”模式，将鼠标放在图形右上方的控制点上，光标变为▷，按住鼠标左键不放，向左下方拖曳控制点，如图 2-234 所示，松开鼠标，图形扭曲，如图 2-235 所示。

图 2-232　　图 2-233　　图 2-234　　图 2-235

“封套”模式：选中图形，选择“封套”模式，图形周围出现一些节点，调节这些节点来改变图形的形状，光标变为，拖动节点，如图 2-236 所示，松开鼠标，图形扭曲，如图 2-237 所示。

图 2-236　　图 2-237

2. 渐变变形工具

使用渐变变形工具可以改变选中图形中的填充渐变效果。当图形填充色为线性渐变色时，选择“渐变变形”工具，用鼠标单击图形，出现 3 个控制点和 2 条平行线，如图 2-238 所示。向图形中间拖动方形控制点，渐变区域缩小，如图 2-239 所示，效果如图 2-240 所示。

图 2-238　　图 2-239　　图 2-240

将光标放置在旋转控制点上，光标变为，拖动旋转控制点来改变渐变区域的角度，如图 2-241 所示，效果如图 2-242 所示。

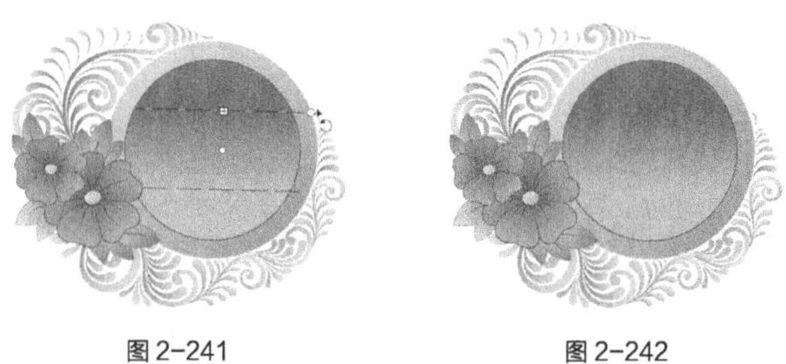

图 2-241　　图 2-242

当图形填充色为径向渐变色时，选择“渐变变形”工具，在图形上单击鼠标，出现 4 个控制点和 1

个圆形外框，如图 2-243 所示。向图形外侧水平拖动方形控制点，水平拉伸渐变区域，如图 2-244 所示，效果如图 2-245 所示。

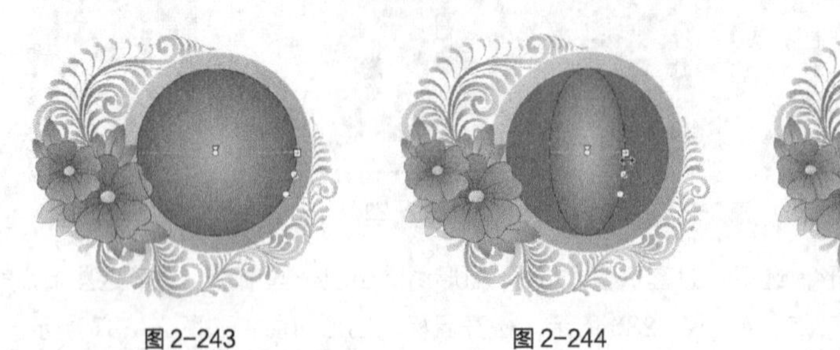

图 2-243　　图 2-244　　图 2-245

将光标放置在圆形边框中间的圆形控制点上，光标变为⊙，向图形内部拖动鼠标，缩小渐变区域，如图 2-246 所示，效果如图 2-247 所示。

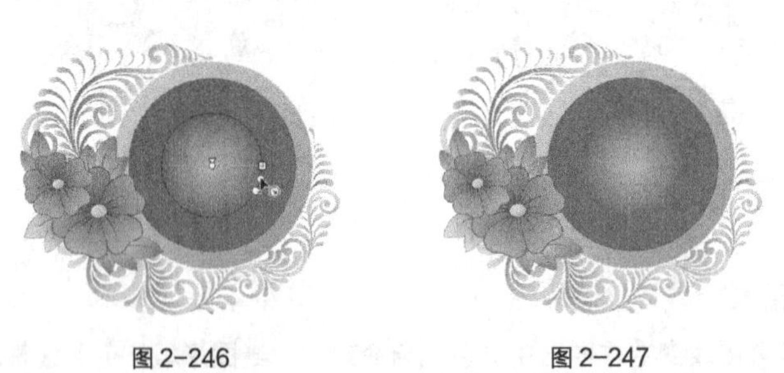

图 2-246　　图 2-247

将光标放置在圆形边框外侧的圆形控制点上，光标变为↻，向下旋转拖动控制点，改变渐变区域的角度，如图 2-248 所示，效果如图 2-249 所示。

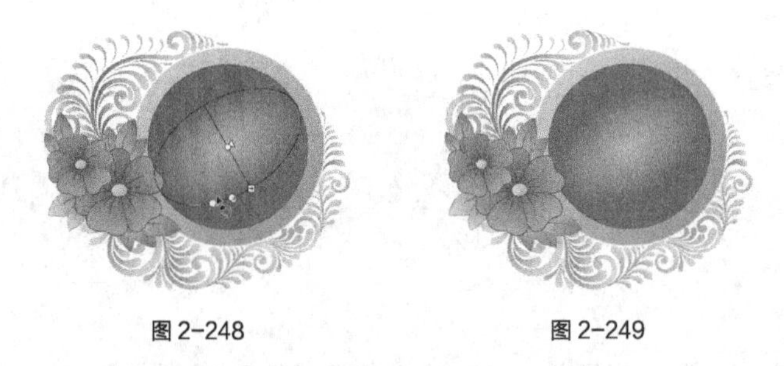

图 2-248　　图 2-249

通过移动中心控制点可以改变渐变区域的位置。

2.3.7 手形工具和缩放工具

手形工具和缩放工具都是辅助工具，它们本身并不直接创建和修改图形，而只是在创建和修改图形的过程中辅助用户进行操作。

1. 手形工具

如果图形很大或被放大得很大，那么需要利用“手形”工具调整观察区域。选择“手形”工具，光标变为手形，按住鼠标左键不放，拖动图像到需要的位置，如图 2-250 所示。

当使用其他工具时，按“空格”键即可切换到“手形”工具。双击“手形”工具，将自动调整图像大小以适合屏幕的显示范围。

2. 缩放工具

利用缩放工具放大图形以便观察细节，缩小图形以便观看整体效果。选择“缩放”工具，在舞台上单击可放大图形，如图 2-251 所示。

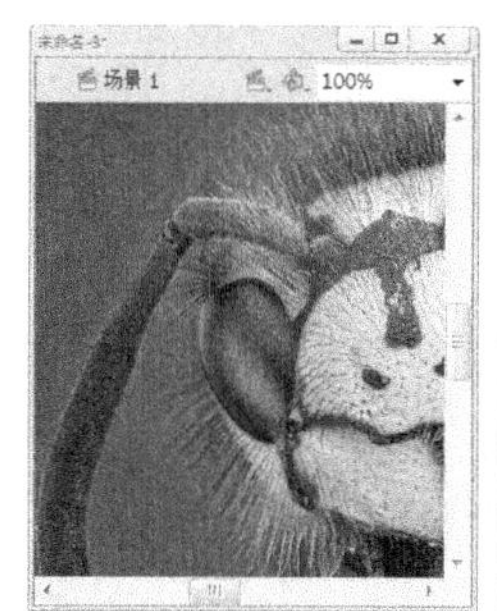

图 2-250

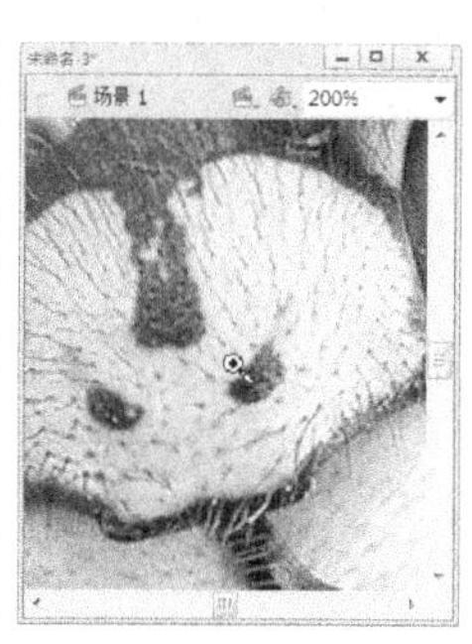

图 2-251

要想放大图像中的局部区域，可在图像上拖曳出一个矩形选取框，如图 2-252 所示，松开鼠标后，所选取的局部图像被放大，如图 2-253 所示。

选中工具箱下方的“缩小”按钮，在舞台上单击可缩小图像，如图 2-254 所示。

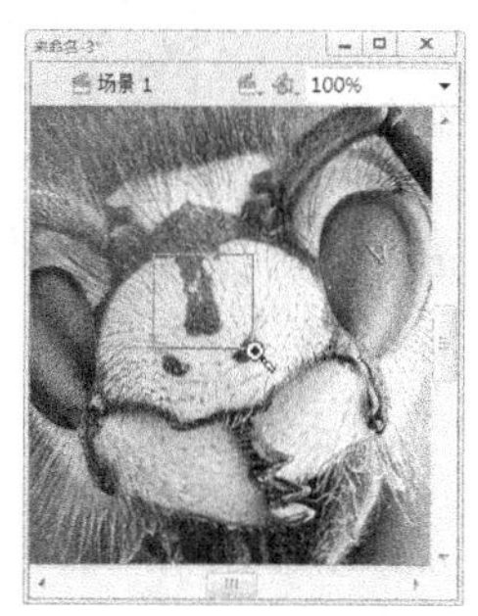

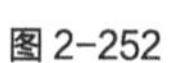
图 2-252

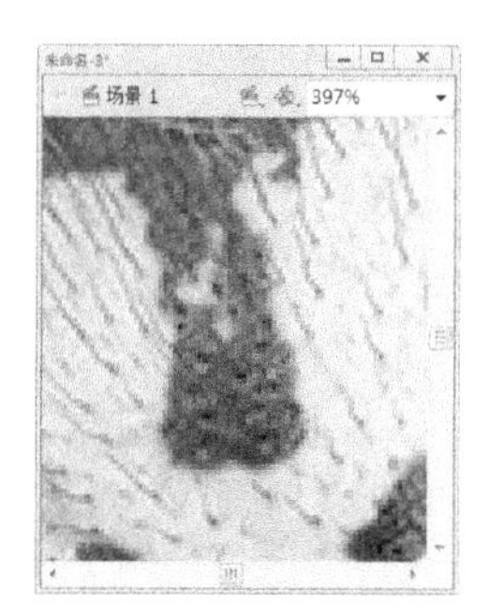

图 2-253

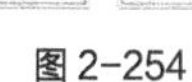
图 2-254

当使用“放大”按钮时，按住 Alt 键单击也可缩小图形。用鼠标双击“缩放”工具，可以使场景恢复到100%的显示比例。

2.4 图形的色彩

根据设计的要求，可以应用“纯色”编辑面板、“颜色”面板和“样本”面板来设置所需要的纯色、渐变色和颜色样本等。

2.4.1 课堂案例——绘制卡通按钮

案例学习目标

学习使用绘图工具绘制图形，使用浮动面板设置图形的颜色。

案例知识要点

使用“基本矩形”工具、“颜色”面板、“渐变变形”工具和“变形”面板，绘制按钮效果；使用“矩形”工具、“椭圆”工具和“钢笔”工具，绘制汽车图形，效果如图 2-255 所示。

效果所在位置

资源包 > Ch02 > 效果 > 绘制卡通按钮.fla。

图 2-255

1. 绘制金属框

STEP 1 选择“文件 > 新建”命令，在弹出的“新建文档”对话框中选择“ActionScript 3.0”选项，单击“确定”按钮，进入新建文档舞台窗口。

绘制卡通按钮 1

STEP 2 将“图层 1”重新命名为“金属框”。选择“窗口 > 颜色”命令，弹出“颜色”面板，单击“填充颜色”按钮，在“类型”选项的下拉列表中选择“线性渐变”，在色带上设置 3 个控制点，分别选中色带上两侧的控制点，并将其设为灰色（#D5D7DC）、浅灰色（#B2B6BB），选中色带上中间的控制点，将其设为淡黑色（#474E4F），生成渐变色，如图 2-256 所示，选择“基本矩形”工具，在基本矩形工具“属性”面板中将“笔触颜色”设为无，其他选项的设置如图 2-257 所示，按住 Shift 键的同时，在舞台窗口中绘制一个正方形，效果如图 2-258 所示。

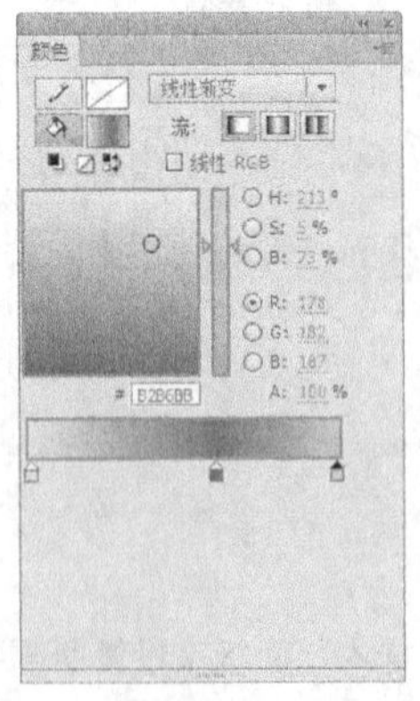

图 2-256

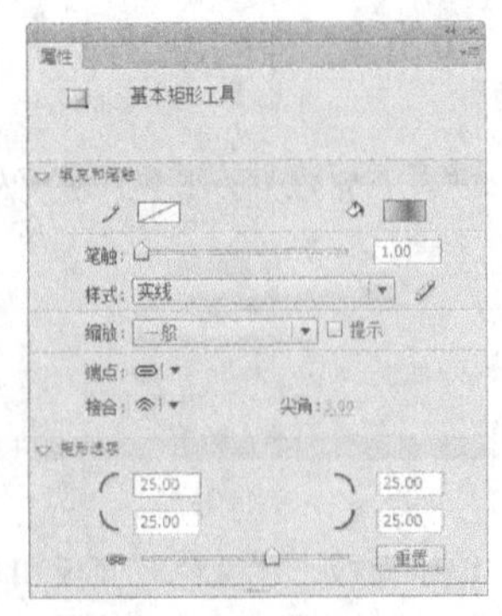

图 2-257

图 2-258

STEP 3 选择“渐变变形”工具，在舞台窗口中单击渐变色，出现控制点和控制线，如图 2-259 所示。将鼠标放在外侧圆形的控制点上，光标变为图标，向左上方拖曳控制点，改变渐变色的角度，效果如图 2-260 所示。

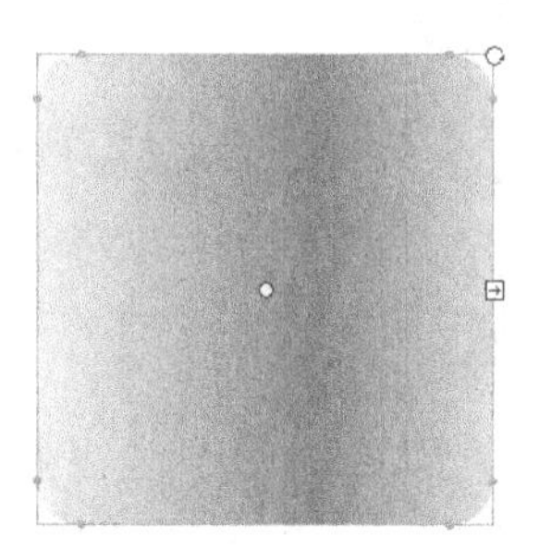
图 2-259

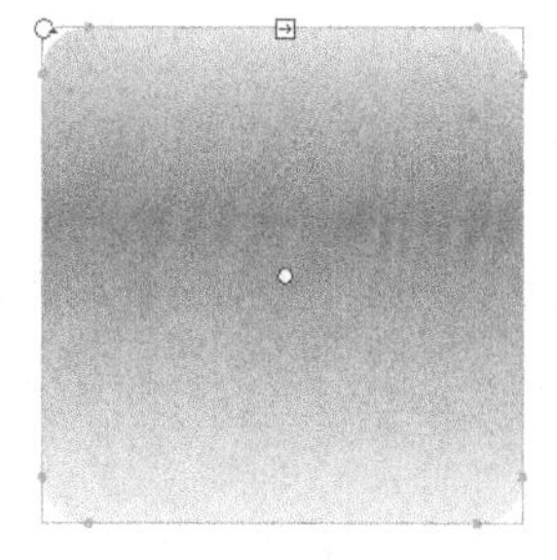
图 2-260

STEP 4 选择“选择”工具，选中图形，按 Ctrl+C 组合键，复制图形，按 Ctrl+Shift+V 组合键，将图形粘贴到当前位置。选择“窗口 > 变形”命令，弹出“变形”面板，在“变形”面板中将“缩放宽度”选项设为 90%，“缩放高度”选项也随之变为 90%，如图 2-261 所示，按 Enter 键确定操作，效果如图 2-262 所示。

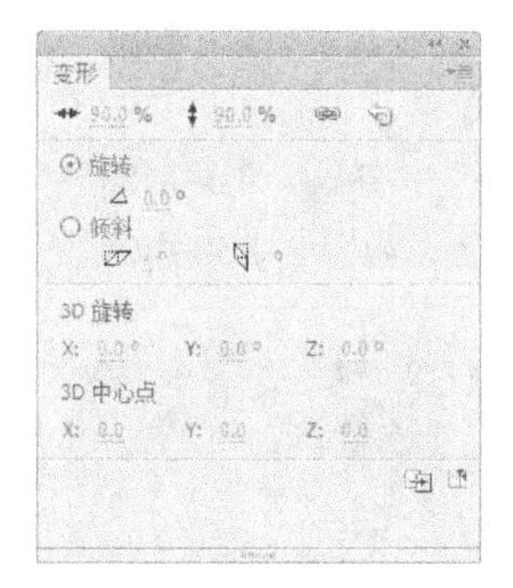

图 2-261

图 2-262

STEP 5 选择“渐变变形”工具，在舞台窗口中单击渐变色，出现控制点和控制线，如图 2-263 所示。将鼠标放在外侧圆形的控制点上，光标变为图标，向右上方拖曳控制点，改变渐变色的角度，效果如图 2-264 所示。

图 2-263

图 2-264

STEP 6 调出“颜色”面板，单击“交换颜色”按钮，将填充颜色和笔触颜色相互切换，效果如图 2-265 所示。单击“填充颜色”按钮，在“颜色类型”选项的下拉列表中选择“径向渐变”，在色带上设置 3 个控制点，分别选中色带上两侧的控制点，并将其设为橘黄色（#F0B048）、淡黑色（#360F08），选中色带上中间的控制点，将其设为红色（#E42920），生成渐变色，如图 2-266 所示，图形被填充渐变色，效果如图 2-267 所示。

图 2-265

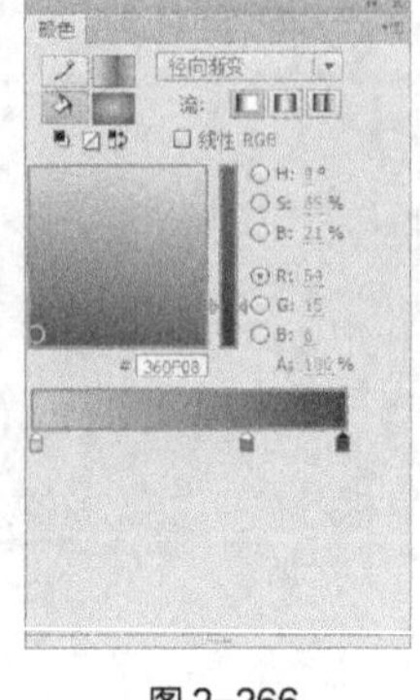
图 2-266

图 2-267

2. 绘制车头和车轮

绘制卡通按钮 2

STEP 1 单击“时间轴”面板下方的“新建图层”按钮，创建新图层并将其命名为“车架”。选择“矩形”工具，在工具箱下方选择“对象绘制”按钮，将“笔触颜色”设为无，“填充颜色”设为蓝黑色（#00384A），在舞台窗口中绘制一个矩形，效果如图 2-268 所示。

STEP 2 单击“时间轴”面板下方的“新建图层”按钮，创建新图层并将其命名为“头部”。选择“钢笔”工具，绘制一个闭合路径，如图 2-269 所示。

图 2-268

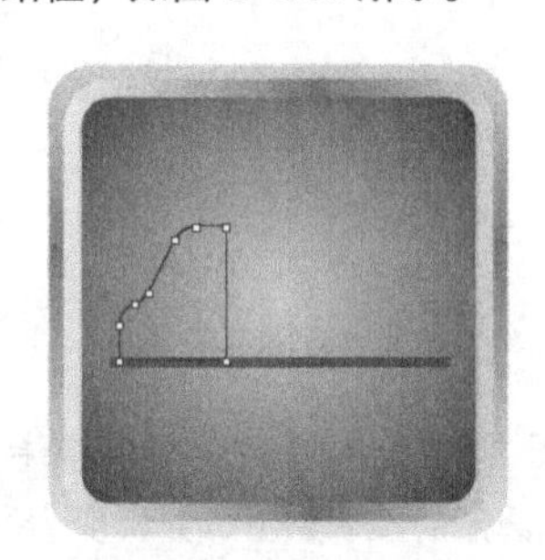
图 2-269

STEP 3 选择“颜料桶”工具，在工具箱中将“填充颜色”设为浅蓝色（#007C8E），在边线内部单击鼠标左键，填充图形，如图 2-270 所示。选择“选择”工具，在边线上双击鼠标选中边线，按 Delete 键，将其删除，效果如图 2-271 所示。

图 2-270

图 2-271

STEP 4 单击“时间轴”面板下方的“新建图层”按钮，创建新图层并将其命名为“车窗”。选择“钢笔”工具，绘制一个闭合路径，如图 2-272 所示。

STEP 5 选择“颜料桶”工具，在工具箱中将“填充颜色”设为淡绿色（#99D2C5），在边线内部单击鼠标左键，填充图形，如图 2-273 所示。选择“选择”工具，在边线上双击鼠标选中边线，按 Delete 键，将其删除，效果如图 2-274 所示。

STEP 6 选择“套索”工具，在工具箱下方选择“多边形模式”按钮，在图形上选取需要的区域，如图 2-275 所示。按 Ctrl+C 组合键，将其复制，单击“时间轴”面板下方的“新建图层”按钮，创建新图层并将其命名为“高光”。

STEP 7 按 Ctrl+Shift+V 组合键，将复制的图形原位粘贴到“高光”图层中，在形状“属性”面板中，将“填充颜色”设为白色，“Alpha”设为 50%，效果如图 2-276 所示。

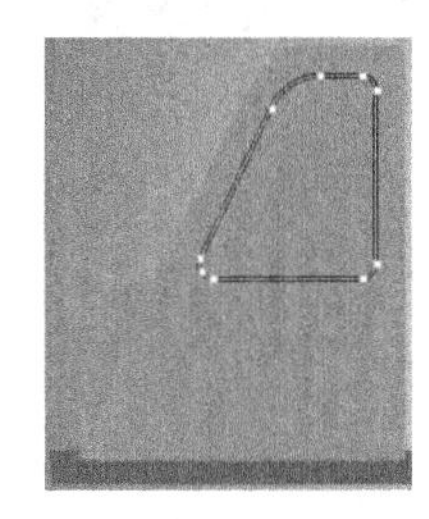
图 2-272

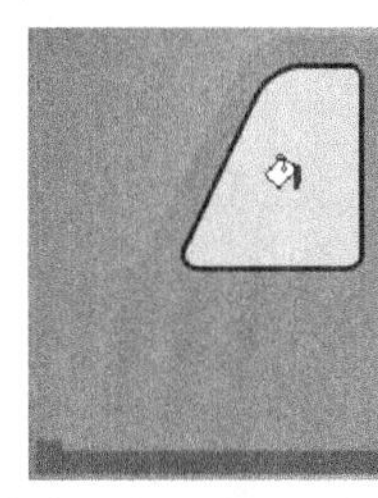
图 2-273

图 2-274

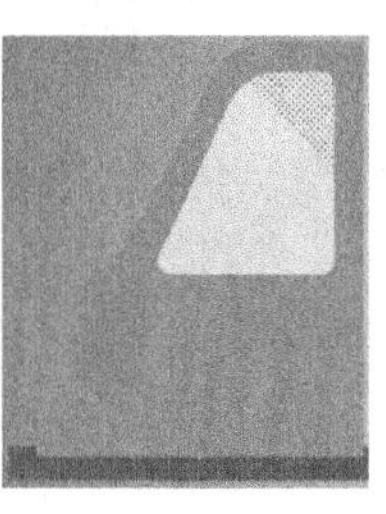
图 2-275

图 2-276

STEP 8 单击“时间轴”面板下方的“新建图层”按钮，创建新图层并将其命名为“车轮”。选择“椭圆”工具，在工具箱下方选择“对象绘制”按钮，将“填充颜色”设为蓝黑色（#00384A），按住 Shift 键的同时，在舞台窗口中绘制一个圆形，效果如图 2-277 所示。

STEP 9 选择“选择”工具，选中图形，按 Ctrl+C 组合键，复制图形，按 Ctrl+Shift+V 组合键，将图形粘贴到当前位置。调出“变形”面板，将“缩放宽度”选项设为 50%，“缩放高度”选项也随之变为 50%，如图 2-278 所示，按 Enter 键确定操作。在工具箱中将“填充颜色”设为深蓝色（#095D61），填充图形，效果如图 2-279 所示。

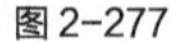
图 2-277

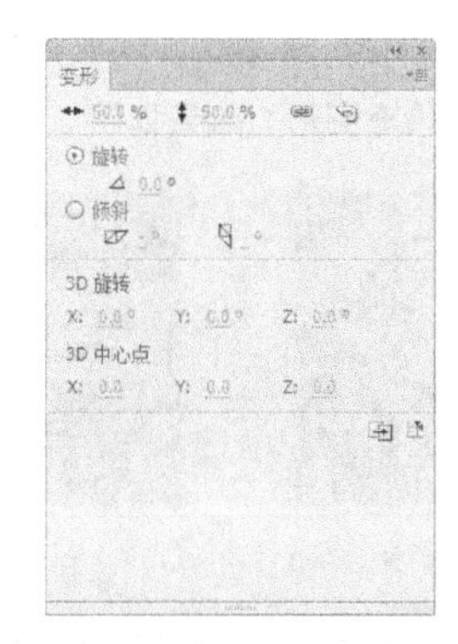

图 2-278

图 2-279

STEP 10 选择“选择”工具，按住 Shift 键的同时，单击第一个圆形，将其同时选中。按住 Alt+Shift 组合键的同时，水平向右拖曳图形到适当的位置，复制图形，效果如图 2-280 所示。按 Ctrl+Y 组合键，按需要再复制一个图形并调整其位置，效果如图 2-281 所示。

图 2-280

图 2-281

3. 绘制车厢

绘制卡通按钮 3

STEP 1 单击“时间轴”面板下方的“新建图层”按钮，创建新图层并将其命名为“车厢”。选择“矩形”工具，在矩形工具“属性”面板中将“笔触颜色”设为无，“填充颜色”设为橘黄色（#F18E27），其他选项的设置如图 2-282 所示，在舞台窗口中绘制一个矩形，效果如图 2-283 所示。

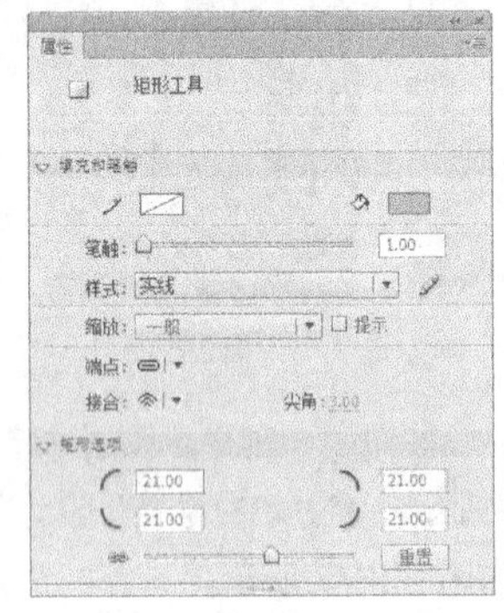

图 2-282

图 2-283

STEP 2 选择“选择”工具，选中图形，按 Ctrl+C 组合键，复制图形。单击“时间轴”面板下方的“新建图层”按钮，创建新图层并将其命名为“高光 1”。按 Ctrl+Shift+V 组合键，将复制的图形原位粘贴到“高光 1”图层中，按 Ctrl+B 组合键，将图形打散，如图 2-284 所示。

STEP 3 按住 Alt+Shift 组合键的同时，垂直向下拖曳图形到适当的位置，复制图形。在形状“属性”面板中，将“填充颜色”设为白色，填充图形，效果如图 2-285 所示。按 Delete 键，将其删除。

图 2-284

图 2-285

STEP 4 选择“选择”工具，选中需要的图形，如图 2-286 所示。在形状“属性”面板中，将“填充颜色”设为浅黄色（#F6AE54），填充图形，并调整其位置，效果如图 2-287 所示。

STEP 5 单击“时间轴”面板下方的“新建图层”按钮，创建新图层并将其命名为“车顶架”。选择“矩形”工具，在工具箱中将“笔触颜色”设为无，“填充颜色”设为浅黄色（#F6AE54），在舞台窗口中绘制一个矩形，效果如图 2-288 所示。

图 2-286

图 2-287

图 2-288

STEP 6 选择“矩形”工具，在舞台窗口中再绘制一个矩形，效果如图 2-289 所示。选择“选择”工具，按住 Alt+Shift 组合键的同时，水平向右拖曳图形到适当的位置，复制图形，效果如图 2-290 所示。

图 2-289

图 2-290

STEP 7 选择“矩形”工具，在舞台窗口中再绘制一个矩形，效果如图 2-291 所示。选择“选择”工具，按住 Alt+Shift 组合键的同时，垂直向上拖曳图形到适当的位置，复制图形，效果如图 2-292 所示。连续按 Ctrl+Y 组合键，按需要复制多个图形，效果如图 2-293 所示。

图 2-291

图 2-292

图 2-293

STEP 8 单击“时间轴”面板下方的“新建图层”按钮，创建新图层并将其命名为“水滴”。选择“钢笔”工具，绘制一个闭合路径，如图 2-294 所示。

STEP 9 选择“颜料桶”工具，在工具箱中将“填充颜色”设为蓝黑色（#00384A），在边线内部单击鼠标左键，填充图形，如图 2-295 所示。选择“选择”工具，在边线上双击鼠标选中边线，按 Delete 键，将其删除，效果如图 2-296 所示。

图 2-294

图 2-295

图 2-296

STEP 10 单击“时间轴”面板下方的“新建图层”按钮，创建新图层并将其命名为“货物架”。选择“矩形”工具，在工具箱中将“笔触颜色”设为无，“填充颜色”设为蓝黑色（#00384A），在舞台窗口中绘制一个矩形，效果如图 2-297 所示。卡通按钮绘制完成，效果如图 2-298 所示，按 Ctrl+Enter 组合键即可查看效果。

图 2-297

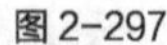

图 2-298

2.4.2 纯色编辑面板

在工具箱的下方单击“填充颜色”按钮，弹出“纯色”面板，如图 2-299 所示。在面板中可以选择系统设置好的颜色，如想自行设定颜色，单击面板右上方的颜色选择按钮，弹出“颜色”面板，在面板右侧的颜色选择区中选择要自定义的颜色，如图 2-300 所示。滑动面板右侧的滑动条来设定颜色的亮度，如图 2-301 所示。

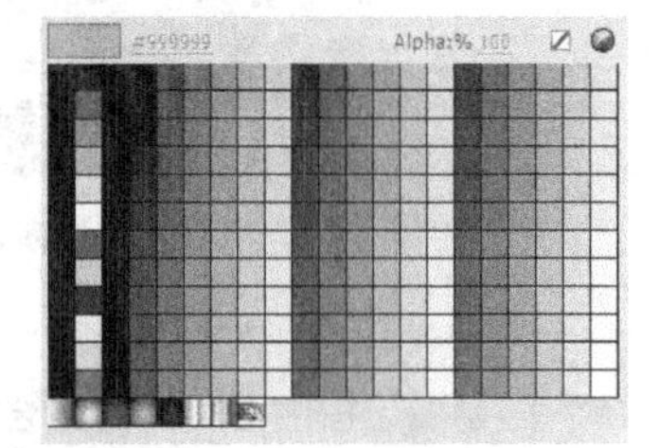

图 2-299

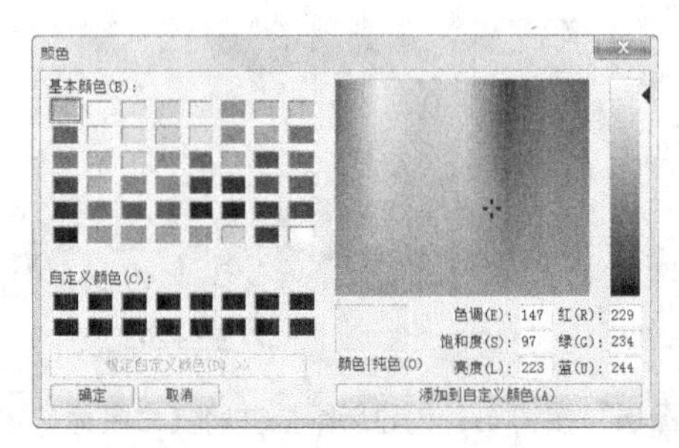

图 2-300

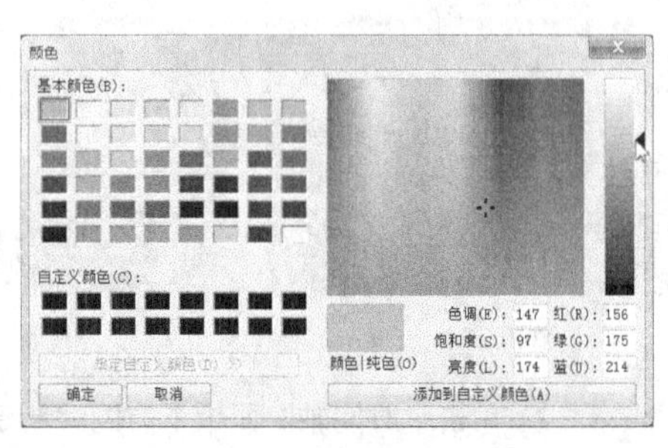

图 2-301

设定颜色后，可在“颜色|纯色”选项框中预览设定结果，如图 2-302 所示。单击面板右下方的“添加到自定义颜色”按钮，将定义好的颜色添加到面板左下方的“自定义颜色”区域中，如图 2-303 所示，单击“确定”按钮，自定义颜色完成。

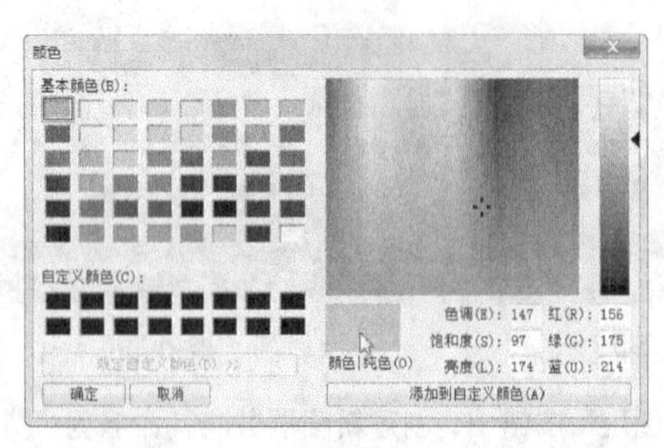

图 2-302

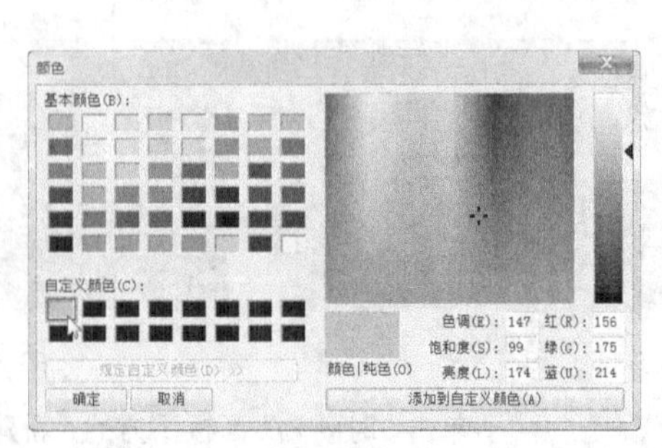

图 2-303

2.4.3 颜色面板

选择“窗口 > 颜色”命令，或按 Alt+Shift+F9 组合键，弹出“颜色”面板。

1. 自定义纯色

在“颜色”面板“颜色类型”选项中的下拉列表中选择“纯色”选项，面板效果如图 2-304 所示。

“笔触颜色”按钮：可以设定矢量线条的颜色。

“填充颜色”按钮：可以设定填充色的颜色。

“黑白”按钮：单击此按钮，线条与填充色恢复为系统默认的状态。

“没有颜色”按钮：用于取消矢量线条或填充色块。当选择“椭圆”工具或“矩形”工具时，此按钮为可用状态。

“交换颜色”按钮：单击此按钮，可以将线条颜色和填充色相互切换。

“H”“S”“B”和“R”“G”“B”选项：可以用精确数值来设定颜色。

“A”选项：用于设定颜色的不透明度，数值选取范围为 0~100。

在面板左侧中间的颜色选择区域内，可以根据需要选择相应的颜色。

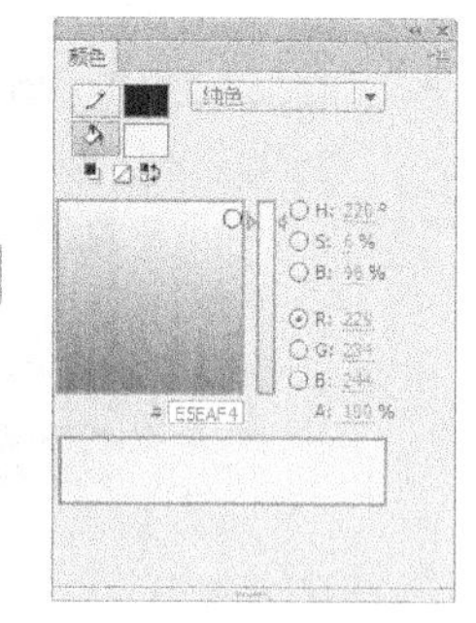
图 2-304

2. 自定义线性渐变色

在“颜色”面板的“颜色类型”选项中选择“线性渐变”选项，面板如图 2-305 所示。将光标放置在滑动色带上，光标变为，如图 2-306 所示，在色带上单击鼠标增加颜色控制点，并在面板下方为新增加的控制点设定颜色及明度，如图 2-307 所示。当要删除控制点时，只需将控制点向色带下方拖曳。

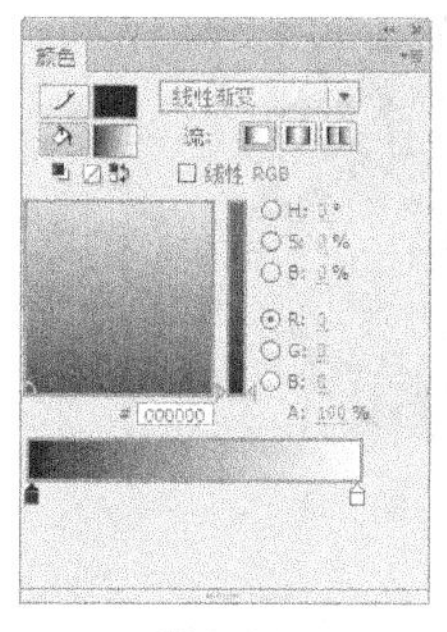
图 2-305

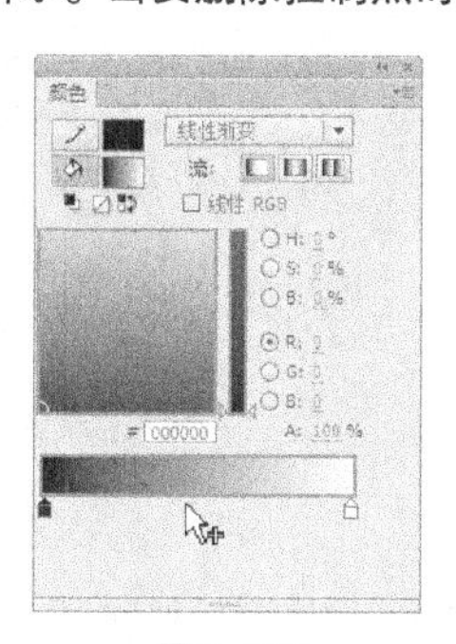
图 2-306

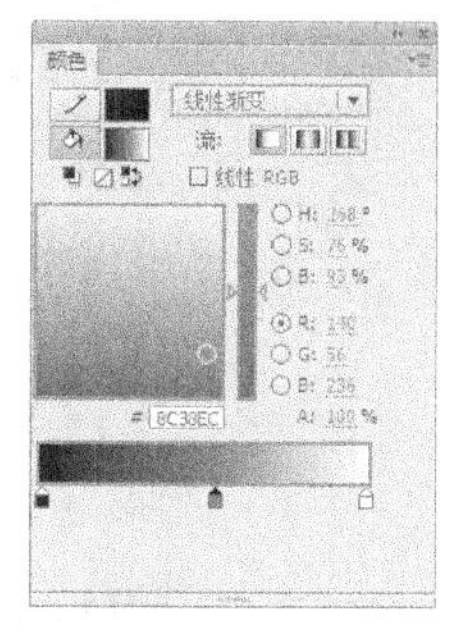
图 2-307

3. 自定义径向渐变色

在“颜色”面板的“颜色类型”选项中选择“径向渐变”选项，面板效果如图 2-308 所示。用与定义线性渐变色相同的方法在色带上定义径向渐变色，定义完成后，在面板的左下方显示出定义的渐变色，如图 2-309 所示。

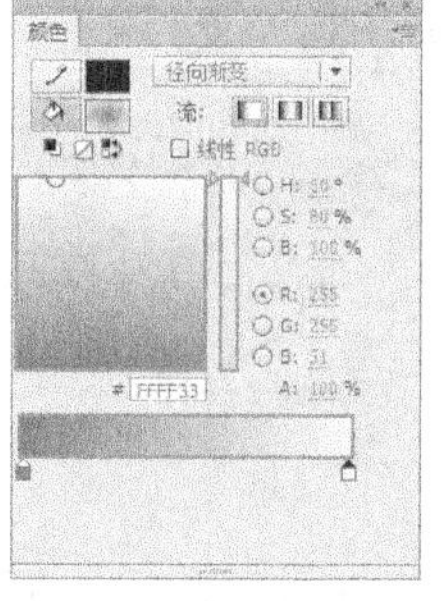
图 2-308

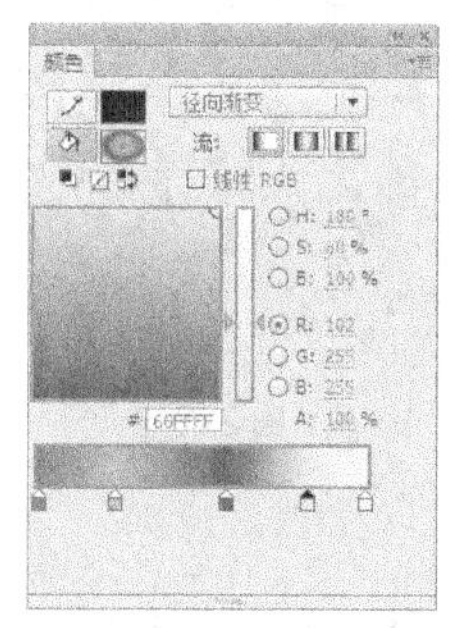
图 2-309

4. 自定义位图填充

在“颜色”面板的“颜色类型”选项中选择“位图填充”选项，如图 2-310 所示。弹出“导入到库”对话框，在对话框中选择要导入的图片，如图 2-311 所示。

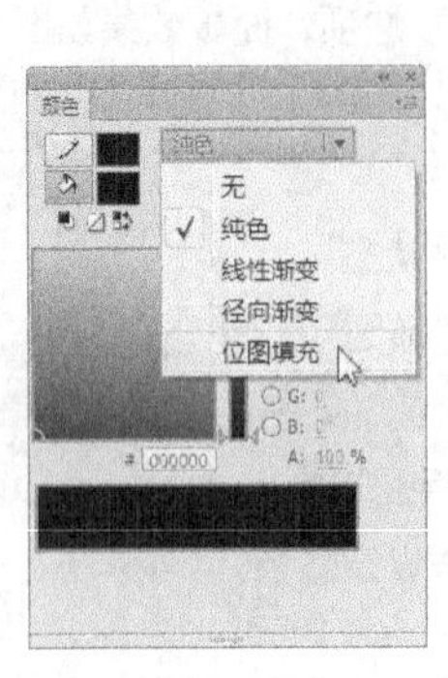

图 2-310

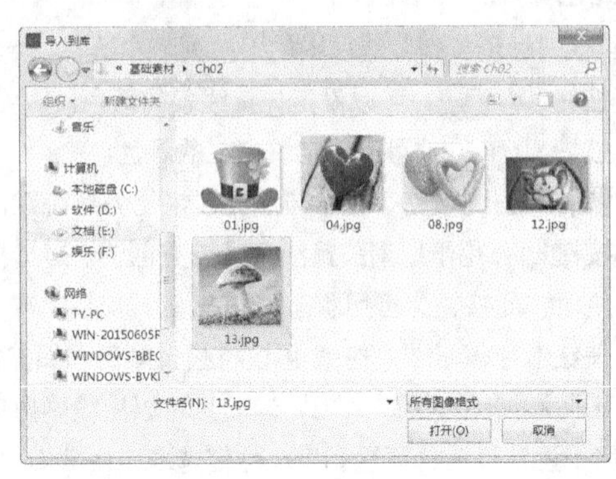

图 2-311

单击“打开”按钮，图片被导入“颜色”面板中，如图 2-312 所示。选择“椭圆形”工具，在舞台窗口中绘制出一个椭圆形，椭圆形被刚才导入的位图所填充，如图 2-313 所示。

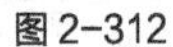

图 2-312　　图 2-313

选择“渐变变形”工具，在填充位图上单击，出现控制点。向内拖曳左下方的方形控制点，如图 2-314 所示。松开鼠标后效果如图 2-315 所示。

向下拖曳右上方的圆形控制点，改变填充位图的角度，如图 2-316 所示。松开鼠标后效果如图 2-317 所示。

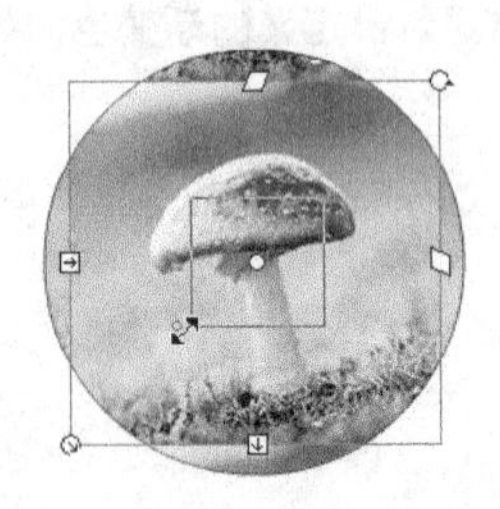

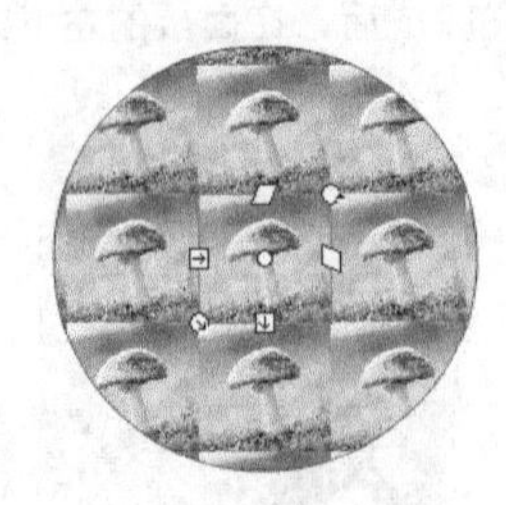

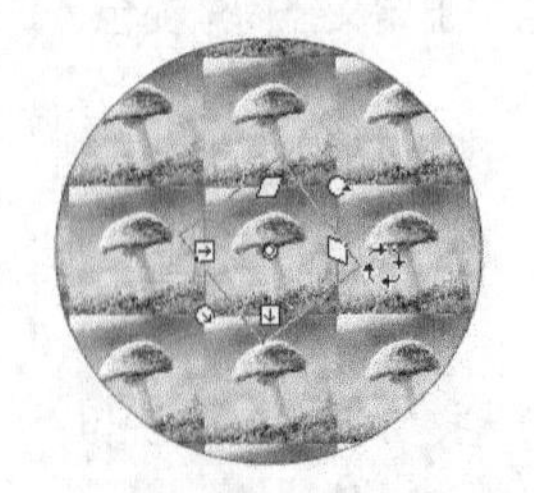

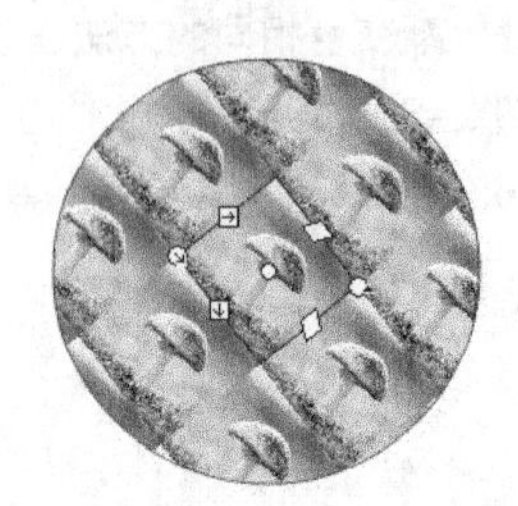

图 2-314　　图 2-315　　图 2-316　　图 2-317

2.4.4 样本面板

在“样本”面板中可以选择系统提供的纯色或渐变色。选择“窗口 > 样本”命令，或按 Ctrl+F9 组合键，弹出“样本”面板，如图 2-318 所示。在控制面板中部的纯色样本区，系统提供了 216 种纯色。控制面板下方是渐变色样本区。单击控制面板右上方的按钮，弹出下拉菜单，如图 2-319 所示。

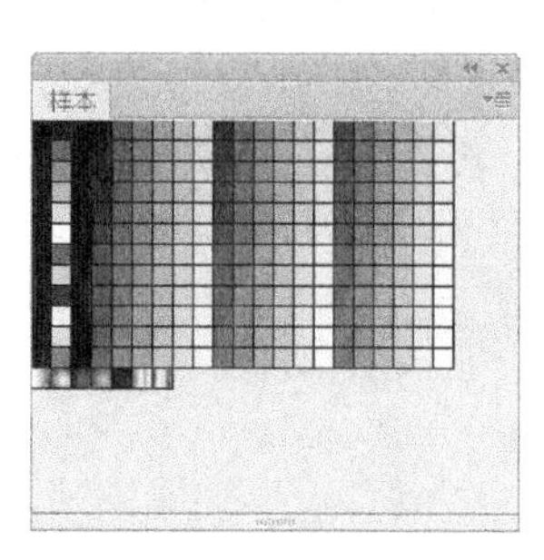

图 2-318

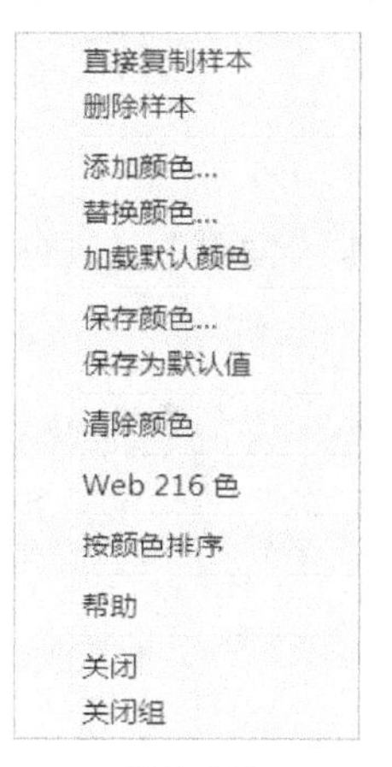

图 2-319

“直接复制样本”命令：可以将选中的颜色复制出一个新的颜色。
“删除样本”命令：可以将选中的颜色删除。
“添加颜色”命令：可以将系统中保存的颜色文件添加到面板中。
“替换颜色”命令：可以将选中的颜色替换成系统中保存的颜色文件。
“加载默认颜色”命令：可以将面板中的颜色恢复到系统默认的颜色状态中。
“保存颜色”命令：可以将编辑好的颜色保存到系统中，方便再次调用。
“保存为默认值”命令：可以将编辑好的颜色替换系统默认的颜色文件，在创建新文档时自动替换。
“清除颜色”命令：可以清除当前面板中的所有颜色，只保留黑色与白色。
“Web 216 色”命令：可以调出系统自带的符合 Internet 标准的色彩。
“按颜色排序”命令：可以将色标按色相进行排列。
“帮助”命令：选择此命令，将弹出帮助文件。

2.5 课堂练习——绘制吊牌

练习知识要点

使用“任意变形”工具、“颜色”面板和“变形”面板来完成吊牌的绘制，效果如图 2-320 所示。

效果所在位置

资源包 > Ch02 > 效果 > 绘制吊牌.fla。

图 2-320

绘制吊牌

2.6 课后习题——绘制网页图标

习题知识要点

使用“椭圆”工具和“颜色”面板，绘制网页图标，效果如图 2-321 所示。

效果所在位置

资源包 > Ch02 > 效果 > 绘制网页图标.fla。

图 2-321

绘制网页图标

第 3 章 对象的编辑与修饰

本章将详细介绍 Flash CS6 编辑和修饰对象的功能。通过对本章的学习，读者可以掌握编辑和修饰对象的各种方法和技巧，并能根据具体操作特点，灵活地应用编辑和修饰功能。

课堂学习目标

- 掌握对象的变形方法和技巧
- 掌握对象的修饰方法和技巧
- 熟练运用“对齐”面板与“变形”面板编辑对象

3.1 对象的变形与操作

应用变形命令可以对选择的对象进行变形修改，如扭曲、缩放、倾斜、旋转和封套等。还可以根据需要对对象进行组合、分离、叠放和对齐等一系列操作，从而达到制作的要求。

3.1.1 课堂案例——绘制环保插画

案例学习目标

学习使用不同的变形命令编辑图形。

案例知识要点

使用“椭圆”工具、“矩形”工具和“颜色”面板，绘制白云和树图形；使用“组合”命令，将图形编组；使用“变形”面板，调整图形大小，效果如图 3-1 所示。

效果所在位置

资源包 > Ch03 > 效果 > 绘制环保插画.fla。

图 3-1

绘制环保插画

STEP 1 选择“文件 > 打开”命令，在弹出的“打开”对话框中选择“Ch03 > 素材 > 绘制环保插画 > 01”文件，单击“打开”按钮，打开文件，如图 3-2 所示。

STEP 2 单击“时间轴”面板下方的“新建图层”按钮，创建新图层并将其命名为“云彩”。选择“椭圆”工具，在工具箱中将“笔触颜色”设为无，“填充颜色”设为浅蓝色（#AFEDED），在舞台窗口中绘制多个圆形，效果如图 3-3 所示。选择“矩形”工具，在舞台窗口中绘制一个矩形，效果如图 3-4 所示。

图 3-2

图 3-3

图 3-4

STEP 3 选择“选择”工具，选中刚绘制的图形，按住 Alt 键的同时，向左上方拖曳图形到适当的位置，复制图形。选择“任意变形”工具，按住 Alt+Shift 组合键的同时，用鼠标拖动右上方的的控制点，等比例缩小图形，效果如图 3-5 所示。使用相同方法再复制 2 个图形并调整其大小，效果如图 3-6 所示。

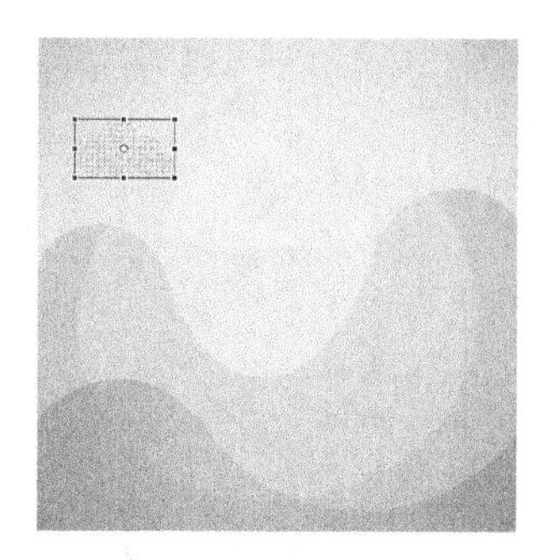
图 3-5

图 3-6

STEP 4 在“时间轴”面板中调整图层的顺序，如图 3-7 所示，舞台窗口中的效果如图 3-8 所示。

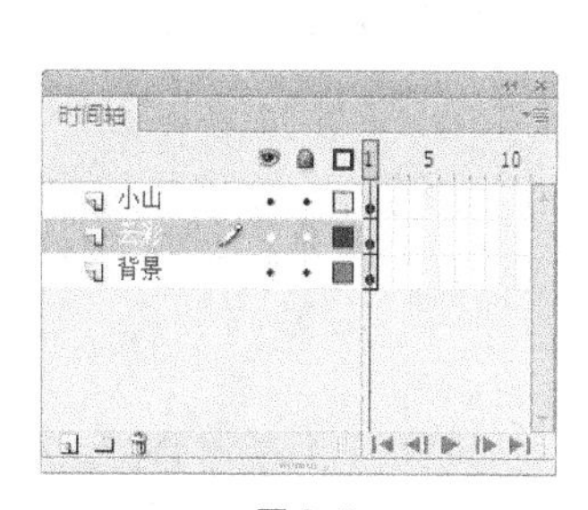

图 3-7

图 3-8

STEP 5 选中“小山”图层。单击“时间轴”面板下方的“新建图层”按钮，创建新图层并将其命名为“树”。选择“窗口 > 颜色”命令，弹出“颜色”面板，单击“填充颜色”按钮，在“类型”选项的下拉列表中选择“线性渐变”，选中色带上左侧的色块，将其设为深褐色（#643B18），选中色带上右侧的色块，将其设为褐色（#876818），生成渐变色，如图 3-9 所示。选择“矩形”工具，在工具箱下方选择“对象绘制”按钮，在舞台窗口中绘制一个矩形，效果如图 3-10 所示。

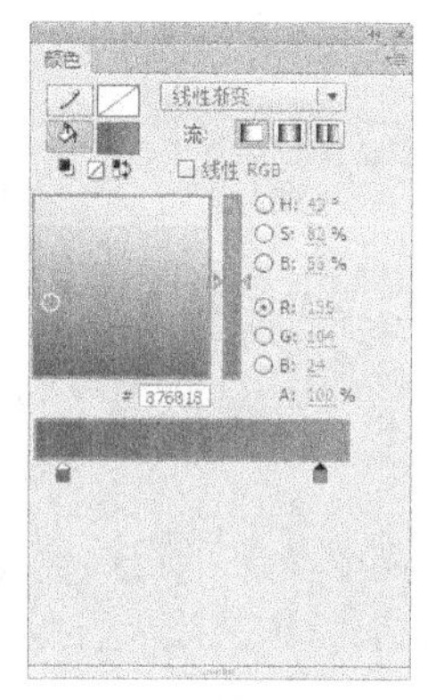

图 3-9

图 3-10

STEP 6 调出“颜色”面板，单击“填充颜色”按钮，在“类型”选项的下拉列表中选择“径向渐变”，选中色带上左侧的色块，将其设为黄绿色（#A3DB3D），选中色带上右侧的色块，将其设为绿色（#4AA442），生成渐变色，如图 3-11 所示。选择“椭圆”工具，在工具箱下方选择“对象绘制”按钮，按住 Shift 键的同时，在舞台窗口中绘制一个圆形，效果如图 3-12 所示。

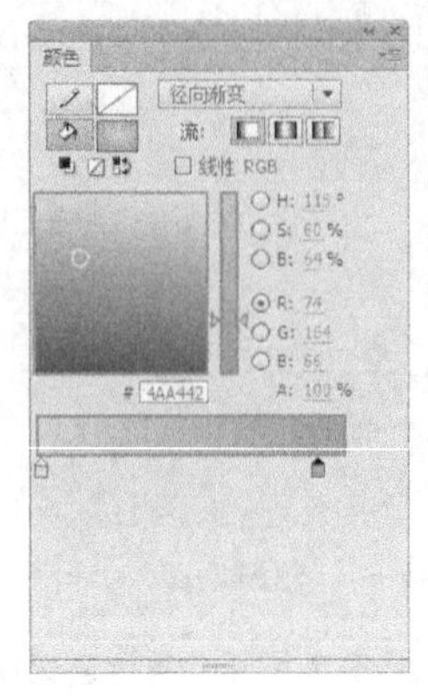
图 3-11

图 3-12

STEP 7 按 F8 键，在弹出的“转换为元件”对话框中进行设置，如图 3-13 所示，单击“确定”按钮，将图形转为影片剪辑元件，如图 3-14 所示。

图 3-13

图 3-14

STEP 8 选择“选择”工具，在舞台窗口中选中“圆形”实例，在图形“属性”面板中选择“色彩效果”选项组，在“样式”选项的下拉列表中选择“Alpha”，将其值设为 80%，如图 3-15 所示。舞台窗口中的效果如图 3-16 所示。

图 3-15

图 3-16

STEP 9 选择“选择”工具，按住 Shift 键的同时，单击下方矩形并将同时选中，按 Ctrl+G 组合键，将选中的图形进行组合，如图 3-17 所示。按住 Alt+Shift 组合键的同时，水平向右拖曳图形到适当的位置，复制图形。选择“任意变形”工具，缩放复制的“树”实例的大小，效果如图 3-18 所示。用相同的方法再次复制 1 个，缩放大小并放置在适当的位置，效果如图 3-19 所示。

图 3-17

图 3-18

图 3-19

STEP 10 按 Ctrl+F8 组合键，弹出“创建新元件”对话框，在“名称”选项的文本框中输入“太阳”，在“类型”选项下拉列表中选择“图形”选项，如图 3-20 所示，单击“确定”按钮，新建图形元件“太阳”。舞台窗口也随之转换为图形元件的舞台窗口。

STEP 11 调出“颜色”面板，单击“填充颜色”按钮，在“类型”选项的下拉列表中选择“径向渐变”，选中色带上左侧的色块，将其设为黄色（#FFE438），选中色带上右侧的色块，将其设为橘黄色（#FFBE11），生成渐变色，如图 3-21 所示。选择“椭圆”工具，按住 Shift 键的同时，在舞台窗口中绘制一个圆形，效果如图 3-22 所示。

图 3-20

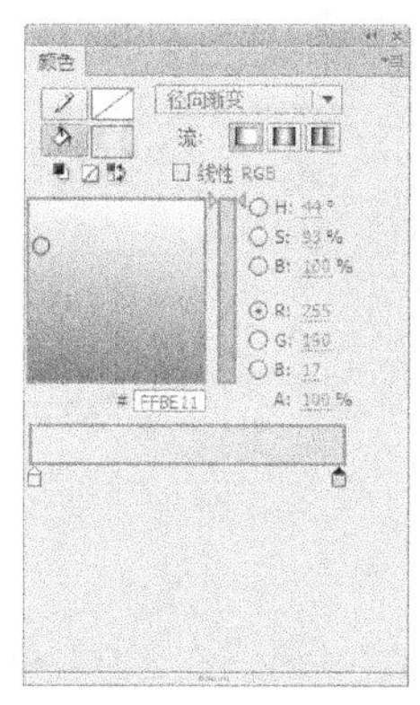

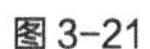
图 3-21

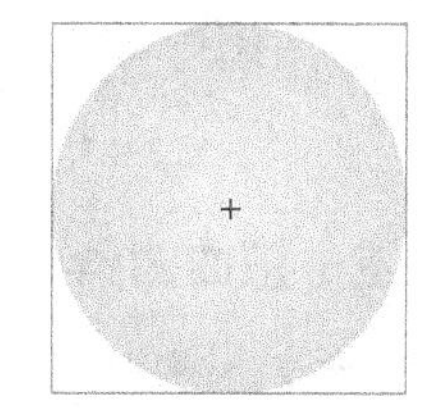
图 3-22

STEP 12 选择“选择”工具，选中图形，按 Ctrl+C 组合键，复制图形，按 Ctrl+Shift+V 组合键，将图形粘贴到当前位置。选择“窗口 > 变形”命令，弹出“变形”面板，在“变形”面板中将“缩放宽度”选项设为 120%，“缩放高度”选项也随之变为 120%，如图 3-23 所示，按 Enter 键确定操作，效果如图 3-24 所示。

STEP 13 调出“颜色”面板，单击“填充颜色”按钮，选中色带上左侧的色块，将其设为白色，在“Alpha”选项中将其不透明度设为 0，选中色带上右侧的色块，将其设为浅黄色（#FFD500），在“Alpha”选项中将其不透明度设为 50%，生成渐变色，如图 3-25 所示，舞台窗口中的效果如图 3-26 所示。

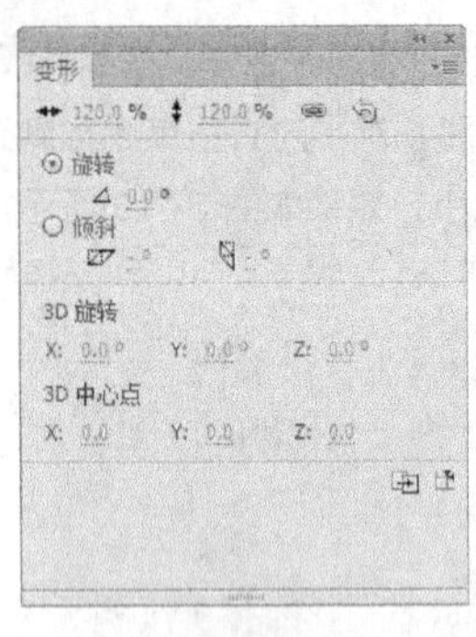

图 3-23

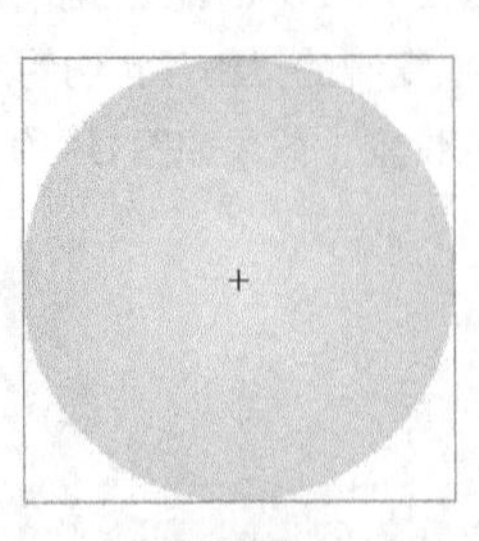

图 3-24

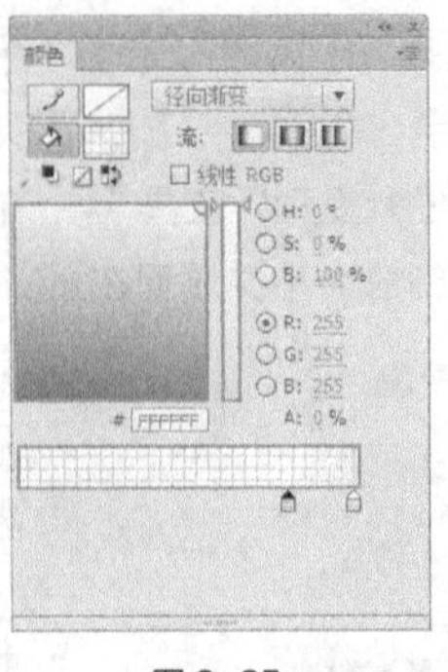

图 3-25

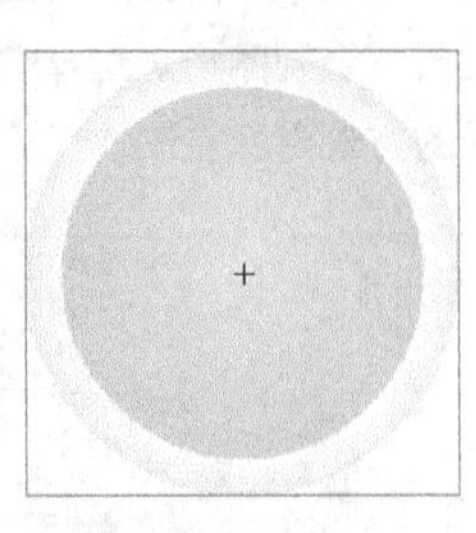

图 3-26

STEP 14 单击舞台窗口左上方的“场景 1”图标，进入“场景 1”的舞台窗口。单击“时间轴”面板下方的“新建图层”按钮，创建新图层并将其命名为“太阳”。将“库”面板中的图形元件“太阳”拖曳到舞台窗口中的适当位置，如图 3-27 所示。

STEP 15 选择“文件 > 导入 > 导入到库”命令，在弹出的“导入到库”对话框中选择“Ch02 > 素材 > 绘制环保插画 > 02”文件，单击“打开”按钮，文件被导入到“库”面板中，如图 3-28 所示。

STEP 16 单击“时间轴”面板下方的“新建图层”按钮，创建新图层并将其命名为“草丛”。将“库”面板中的图形元件“02”拖曳到舞台窗口中的适当位置，选择“任意变形”工具，等比例放大图形，效果如图 3-29 所示。环保插画绘制完成，按 Ctrl+Enter 组合键即可查看效果。

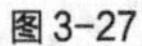

图 3-27

图 3-28

图 3-29

3.1.2 扭曲对象

选择“修改 > 变形 > 扭曲”命令，在当前选择的图形上出现控制点，如图 3-30 所示。光标变为，拖曳右上方控制点，如图 3-31 所示。拖动 4 角的控制点可以改变图形顶点的形状，效果如图 3-32 所示。

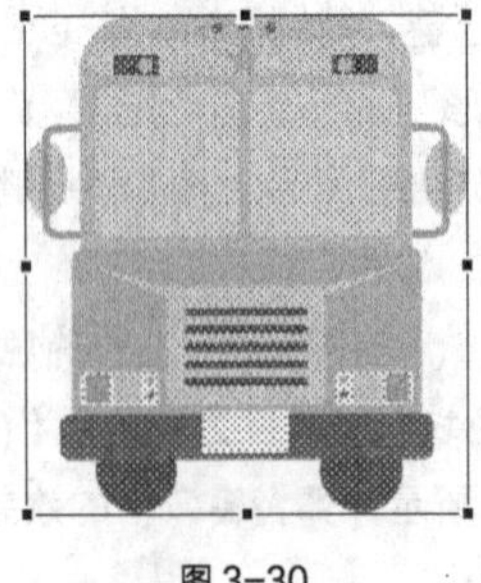

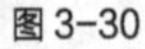

图 3-30

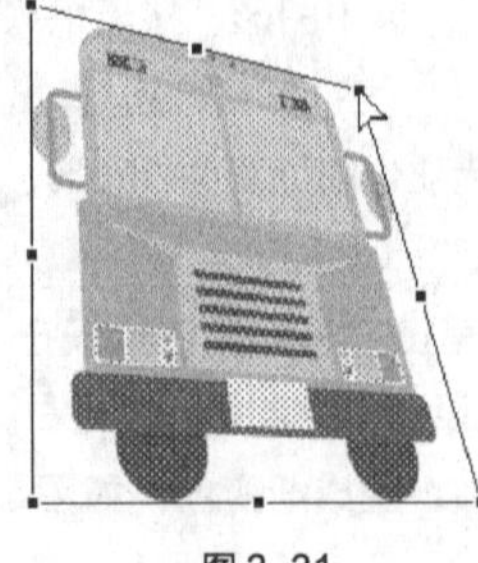

图 3-31

图 3-32

3.1.3 封套对象

选择“修改 > 变形 > 封套”命令，在当前选择的图形上出现控制点，如图 3-33 所示。光标变为，用鼠标拖动控制点，如图 3-34 所示，使图形产生相应的弯曲变化，效果如图 3-35 所示。

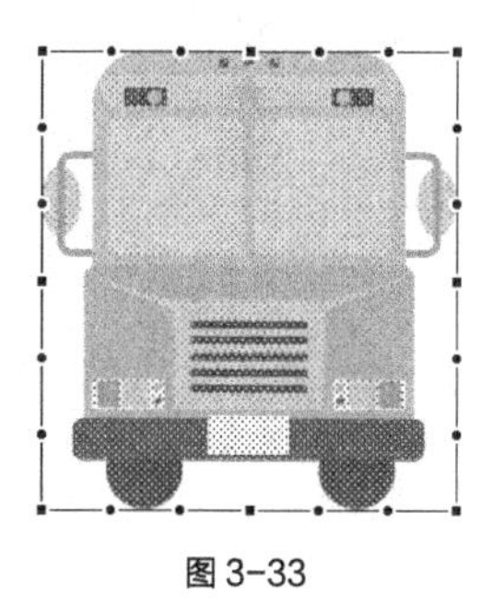

图 3-33

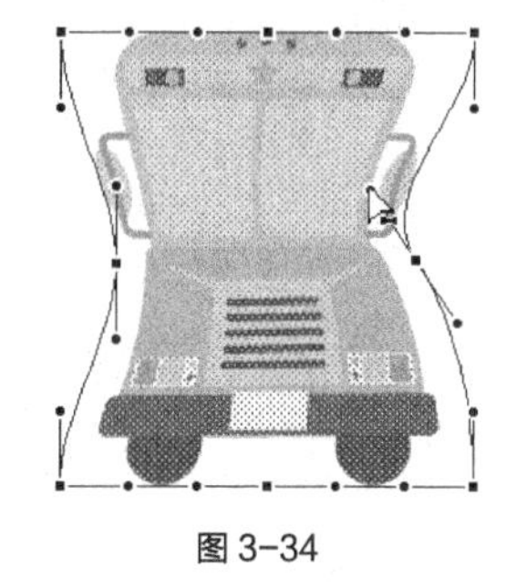

图 3-34

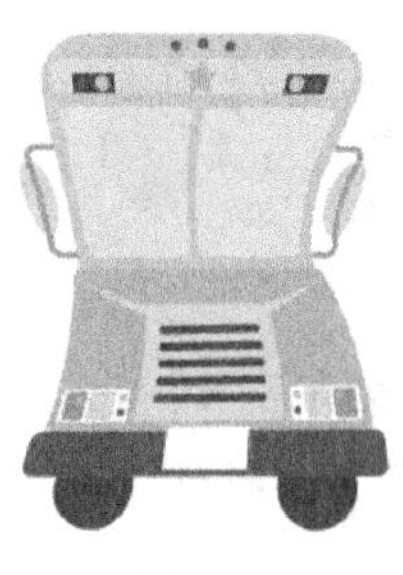

图 3-35

3.1.4 缩放对象

选择“修改 > 变形 > 缩放”命令，在当前选择的图形上出现控制点，如图 3-36 所示。光标变为，按住鼠标左键不放，向左下方拖曳控制点，如图 3-37 所示，用鼠标拖动控制点可成比例改变图形的大小，效果如图 3-38 所示。

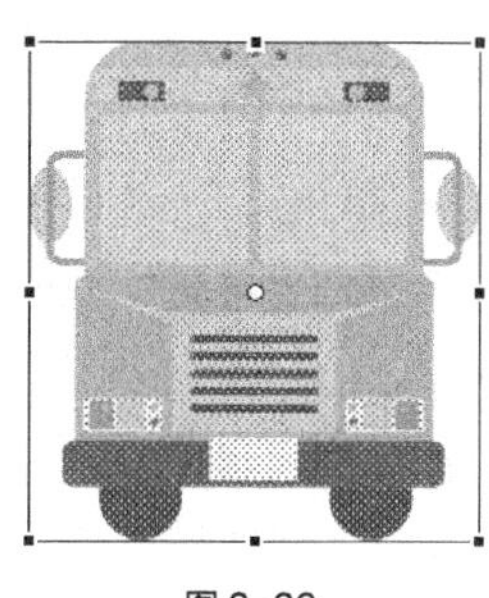

图 3-36

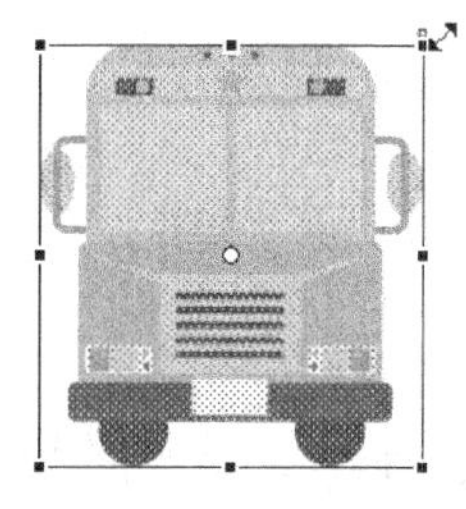

图 3-37

图 3-38

3.1.5 旋转与倾斜对象

选择“修改 > 变形 > 旋转与倾斜”命令，在当前选择的图形上出现控制点，如图 3-39 所示。用鼠标拖动中间的控制点倾斜图形，光标变为，按住鼠标左键不放，向右水平拖曳控制点，如图 3-40 所示，松开鼠标，图形变为倾斜，如图 3-41 所示。

将光标放在右上角的控制点上时，光标变为，如图 3-42 所示，拖动控制点旋转图形，如图 3-43 所示，旋转完成后效果如图 3-44 所示。

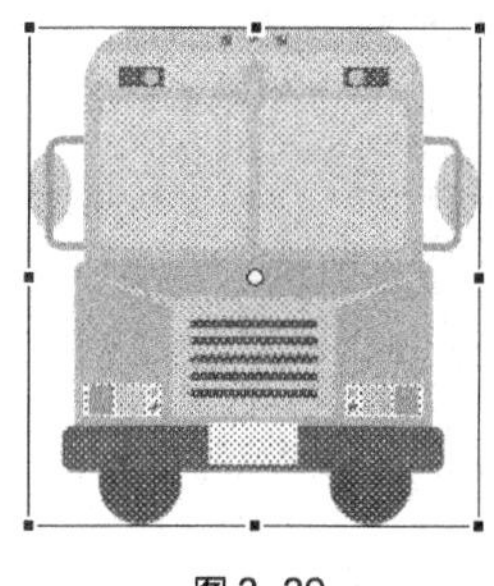

图 3-39

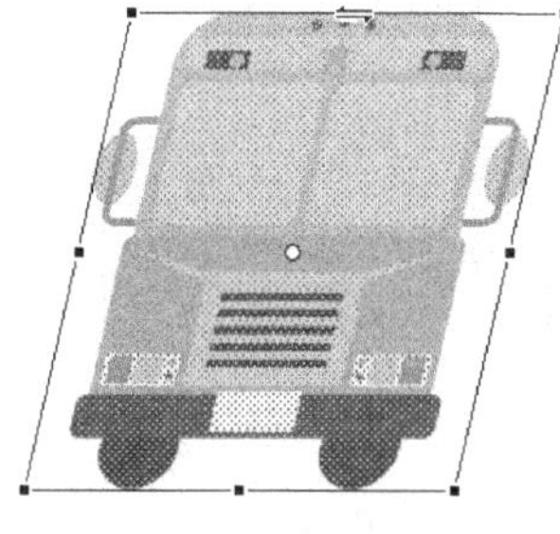

图 3-40

图 3-41

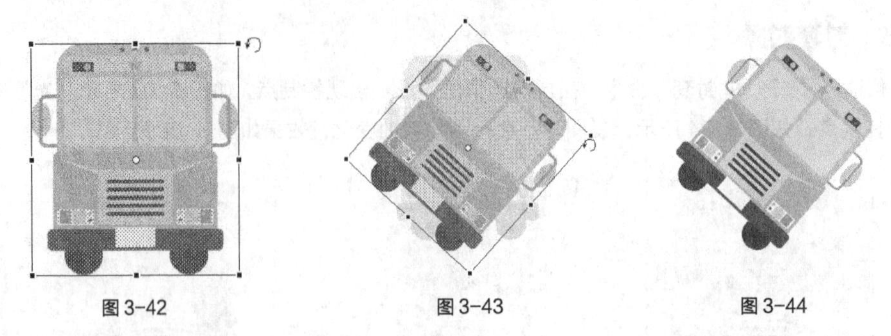

图 3-42　　图 3-43　　图 3-44

选择“修改 > 变形”中的“顺时针旋转 90 度”和“逆时针旋转 90 度”命令，可以将图形按照规定的度数进行旋转，效果如图 3-45 和图 3-46 所示。

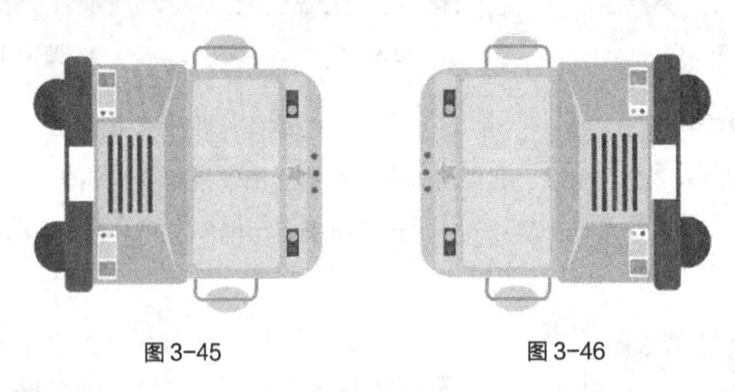

图 3-45　　图 3-46

3.1.6 翻转对象

选择“修改 > 变形”中的“垂直翻转”和“水平翻转”命令，可以将图形进行翻转，效果如图 3-47 和图 3-48 所示。

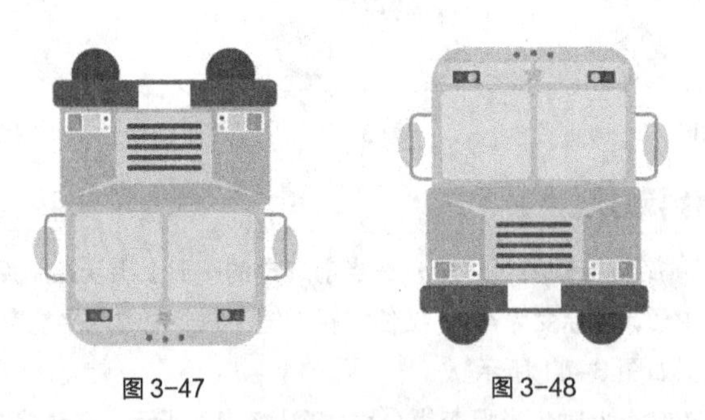

图 3-47　　图 3-48

3.1.7 组合对象

选中多个图形，如图 3-49 所示。选择“修改 > 组合”命令，或按 Ctrl+G 组合键，将选中的图形进行组合，如图 3-50 所示。

图 3-49　　图 3-50

3.1.8 分离对象

要修改多个组合图形、图像、文字或组件的一部分时，可以使用“修改 > 分离”命令。另外，制作变形动画时，需用使用“分离”命令将组合图形、图像、文字或组件转变成图形。

选中组合图形，如图 3-51 所示。选择“修改 > 分离”命令，或按 Ctrl+B 组合键，将组合的图形打散，多次使用“分离”命令的效果如图 3-52 所示。

图 3-51

图 3-52

3.1.9 叠放对象

制作复杂图形时，多个图形的叠放次序不同，会产生不同的效果，可以通过“修改 > 排列”中的命令实现不同的叠放效果。

如果要将图形移动到所有图形的顶层。选中要移动的人物图形，如图 3-53 所示。选择“修改 > 排列 > 移至顶层”命令，将选中的人物图形移动到所有图形的顶层，效果如图 3-54 所示。

图 3-53

图 3-54

叠放对象只能是图形的组合或组件。

3.1.10 对齐对象

当选择多个图形、图像、图形的组合和组件时，可以通过“修改 > 对齐”中的命令调整它们的相对位置。

如果要将多个图形的底部对齐。可选中多个图形，如图 3-55 所示，然后选择“修改 > 对齐 > 底对齐”命令，将所有图形的底部对齐，效果如图 3-56 所示。

图 3-55

图 3-56

3.2 对象的修饰

在制作动画的过程中，可以应用 Flash CS6 自带的一些命令，对曲线进行优化，将线条转换为填充，对填充色进行修改或对填充边缘进行柔化处理。

3.2.1 课堂案例——绘制沙滩风景

案例学习目标

学习使用不同的绘图工具绘制图形，使用形状命令编辑图形。

案例知识要点

使用“柔化填充边缘”命令，制作太阳发光效果；使用“钢笔”工具，绘制白云形状；使用“变形”面板，改变图形的大小，效果如图 3-57 所示。

效果所在位置

资源包 > Ch03 > 效果 > 绘制沙滩风景.fla。

图 3-57

绘制沙滩风景

STEP 1 选择“文件 > 新建”命令，在弹出的“新建文档”对话框中选择“ActionScript 3.0”选项，将“宽”选项设为 600，“高”选项设为 450，单击“确定”按钮，完成文档的创建。

STEP 2 将“图层 1”重新命名为“背景”，如图 3-58 所示。选择“矩形”工具，在工具箱中将“笔触颜色”设为无，“填充颜色”设为青色（#0099FF），在工具箱下方选择“对象绘制”按钮，在舞台窗口中绘制一个矩形，如图 3-59 所示。

图 3-58

图 3-59

STEP 3 选择“窗口 > 颜色”命令，弹出“颜色”面板，单击“填充颜色”按钮，在“颜色类型”选项的下拉列表中选择“线性渐变”选项，在色带上将左边的颜色控制点设为青色（# 81C8EB），将右边的颜色控制点设为蓝色（#3198CC），生成渐变色，如图 3-60 所示。

STEP 4 选择“颜料桶”工具，在矩形的内部从下向上拖曳鼠标填充渐变色，效果如图 3-61 所示。

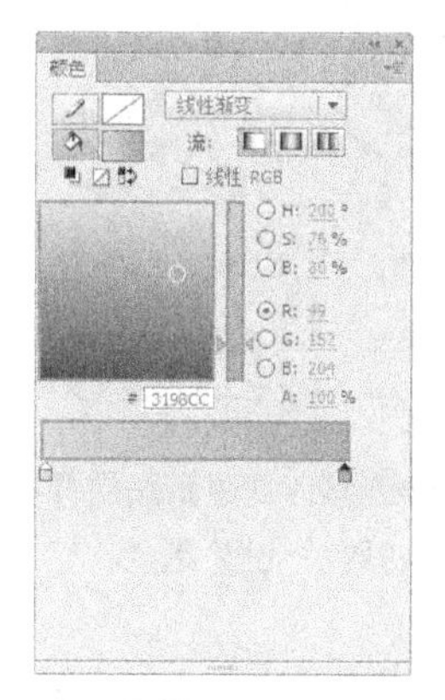

图 3-60

图 3-61

STEP 5 选择“文件 > 导入 > 导入到舞台”命令，在弹出的“导入”对话框中选择“Ch03 > 素材 > 绘制沙滩风景 > 01”文件，如图 3-62 所示，单击“打开”按钮，文件被导入到舞台窗口中，如图 3-63 所示。将“图层 1”重命名为“风景”。

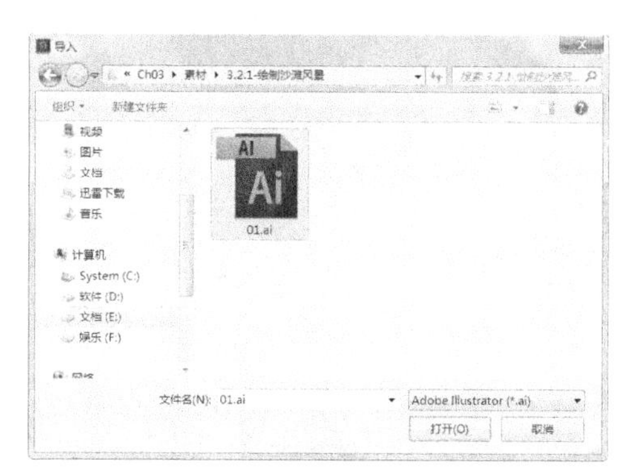

图 3-62

图 3-63

STEP 6 单击“时间轴”面板下方的“新建图层”按钮，创建新图层并将其命名为“太阳”。选择“椭圆”工具，在工具箱中将“笔触颜色”设为无，“填充颜色”设为黄色（#FFDC00），在舞台窗口中绘制一个圆形，如图 3-64 所示。选择“选择”工具，选中圆形，如图 3-65 所示。

图 3-64

图 3-65

STEP 7 选择“修改 > 形状 > 柔化填充边缘”命令，弹出“柔化填充边缘”对话框，在对话框中进行设置，如图 3-66 所示，单击“确定”按钮，效果如图 3-67 所示。

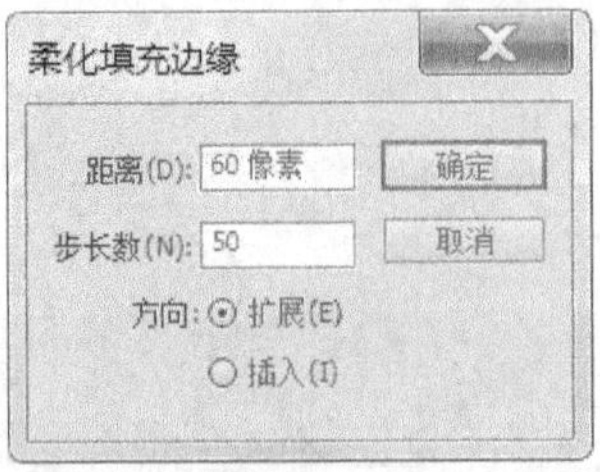

柔化填充边缘
距离(D): 60 像素 确定
步长数(N): 50 取消
方向: ⊙ 扩展(E)
○ 插入(I)

图 3-66

图 3-67

STEP 8 单击“时间轴”面板下方的“新建图层”按钮，创建新图层并将其命名为“云彩”。选择“钢笔”工具，在钢笔工具“属性”面板中，将“笔触颜色”设为黑色，“笔触”选项设为 1，在舞台窗口中绘制一个闭合边线，如图 3-68 所示。

STEP 9 调出“颜色”面板，单击“填充颜色”按钮，在“颜色类型”选项的下拉列表中选择“线性渐变”选项，在色带上将左边的颜色控制点设为白色，将右边的颜色控制点设为淡绿色（#DBEBC8），生成渐变色，如图 3-69 所示。

图 3-68

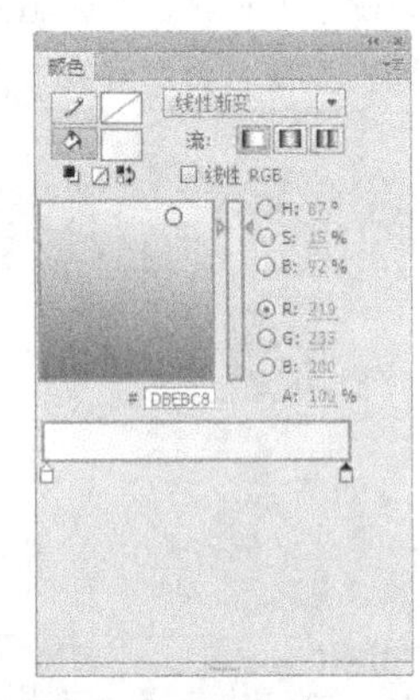

图 3-69

STEP 10 选择“颜料桶”工具，在闭合边线内部从左向右拖曳鼠标填充渐变色，效果如图 3-70 所示。选择“选择”工具，选中云彩图形，如图 3-71 所示，在工具箱中将“笔触颜色”设为无，效果如图 3-72 所示。

图 3-70

图 3-71

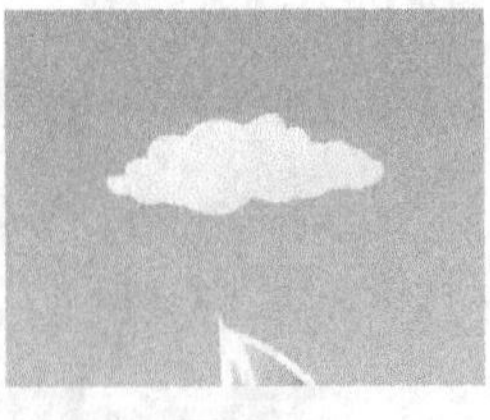

图 3-72

STEP 11 选中“云彩”图形，按住 Alt 键的同时拖曳鼠标到适当的位置，复制图形，效果如图 3-73 所示。选择“窗口 > 变形”命令，弹出“变形”面板，在“变形”面板中将“缩放宽度”选项设为 60%，“缩放高度”选项也随之变为 60%，如图 3-74 所示，按 Enter 键确定操作，效果如图 3-75 所示。

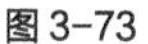

图 3-73

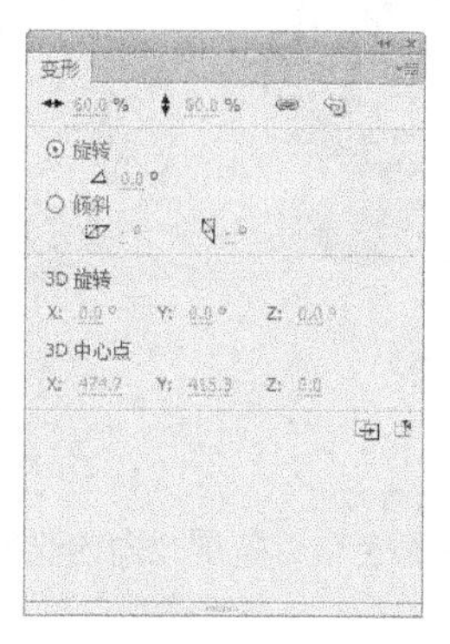

图 3-74

图 3-75

STEP 12 用相同的方法再复制几朵白云图形，拖曳到适当的位置并调整其大小，效果如图 3-76 所示。沙滩风景绘制完成，按 Ctrl+Enter 组合键即可查看，效果如图 3-77 所示。

图 3-76

图 3-77

3.2.2 优化曲线

应用优化曲线命令可以将线条优化得较为平滑。选中要优化的线条，如图 3-78 所示。选择“修改 > 形状 > 优化”命令，或按 Ctrl+Alt+Shift+C 组合键，弹出“优化曲线”对话框，在对话框中进行设置，如图 3-79 所示。单击“确定”按钮，弹出“Adobe Flash CS6”提示对话框，如图 3-80 所示。单击“确定”按钮，线条被优化，如图 3-81 所示。

图 3-78

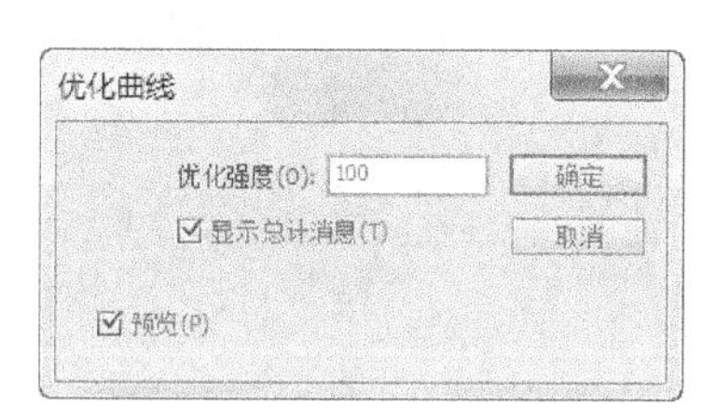

图 3-79

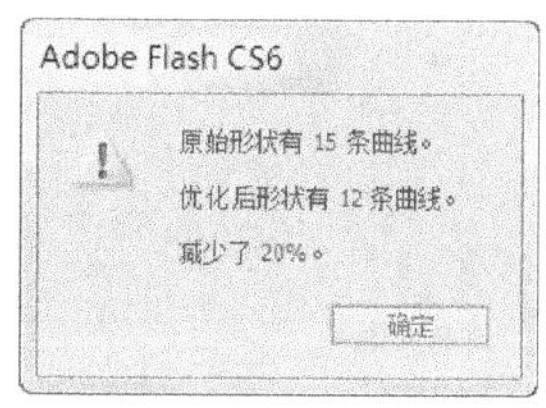

图 3-80

图 3-81

3.2.3 将线条转换为填充

应用“将线条转换为填充”命令，可以将矢量线条转换为填充色块。打开“03”文件，如图 3-82 所示。选择“墨水瓶”工具，为图形绘制外边线，如图 3-83 所示。

双击图形的外边线将其选中，选择“修改 > 形状 > 将线条转换为填充”命令，将外边线转换为填充色块，如图 3-84 所示。这时，可以选择“颜料桶”工具，为填充色块设置其他颜色，如图 3-85 所示。

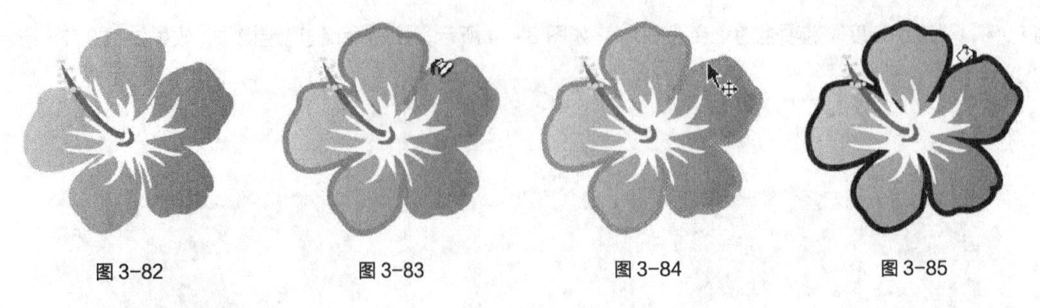

图 3-82　　图 3-83　　图 3-84　　图 3-85

3.2.4　扩展填充

应用“扩展填充”命令，可以将填充颜色向外扩展或向内收缩，扩展或收缩的数值可以自定义。

1．扩展填充色

选中图形的填充颜色，如图 3-86 所示。选择“修改 > 形状 > 扩展填充”命令，弹出“扩展填充”对话框，在“距离”选项的数值框中输入 6（取值范围为 0.05 ~ 144），单击“扩展”单选项，如图 3-87 所示。单击“确定”按钮，填充颜色向外扩展，效果如图 3-88 所示。

图 3-86

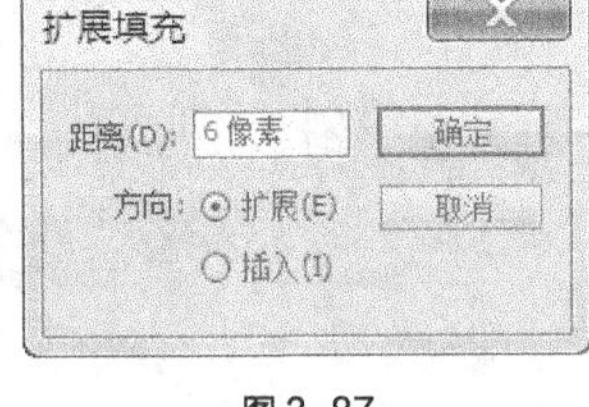

图 3-87

图 3-88

2．收缩填充色

选中图形的填充颜色，选择“修改 > 形状 > 扩展填充”命令，弹出“扩展填充”对话框，在“距离”选项的数值框中输入 10（取值范围为 0.05 ~ 144），单击“插入”单选项，如图 3-89 所示。单击“确定”按钮，填充色向内收缩，效果如图 3-90 所示。

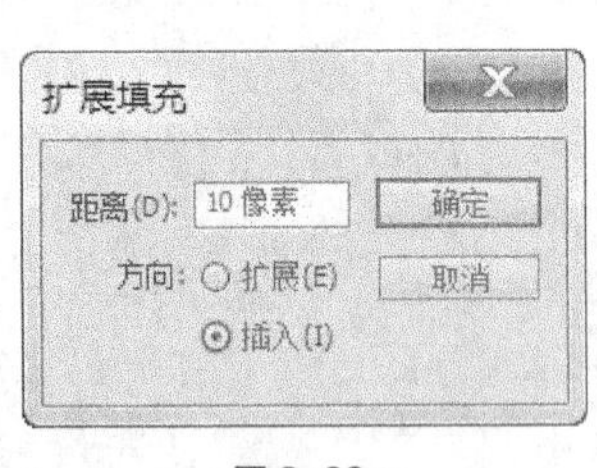

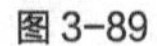

图 3-89

图 3-90

3.2.5　柔化填充边缘

1．向外柔化填充边缘

选中图形，如图 3-91 所示，选择“修改 > 形状 > 柔化填充边缘”命令，弹出“柔化填充边缘”对话框，在“距离”选项的数值框中输入 50，在“步长数”选项的数值框中输入 5，单击“扩展”单选项，如图 3-92 所示。单击“确定”按钮，效果如图 3-93 所示。

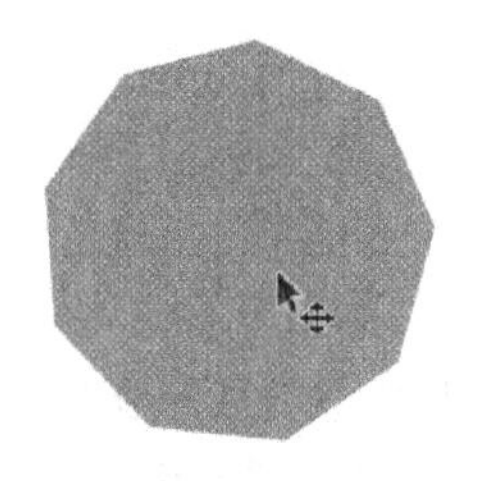

图 3-91

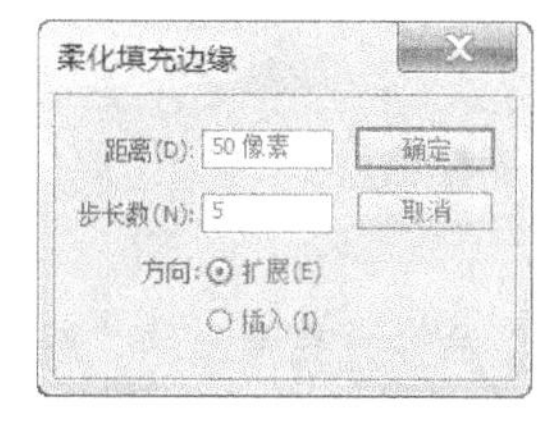

图 3-92

图 3-93

2. 向内柔化填充边缘

选中图形，如图 3-94 所示，选择“修改 > 形状 > 柔化填充边缘”命令，弹出“柔化填充边缘”对话框，在“距离”选项的数值框中输入 50，在“步长数”选项的数值框中输入 5，单击“插入”单选项，如图 3-95 所示。单击“确定”按钮，效果如图 3-96 所示。

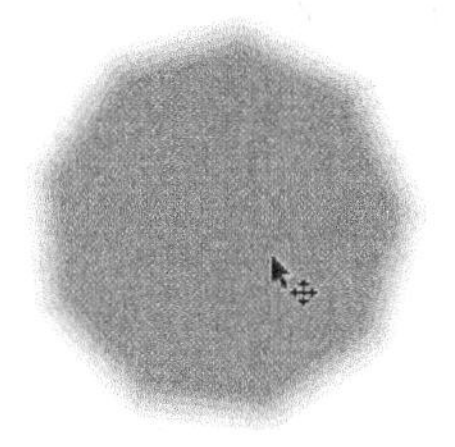

图 3-94

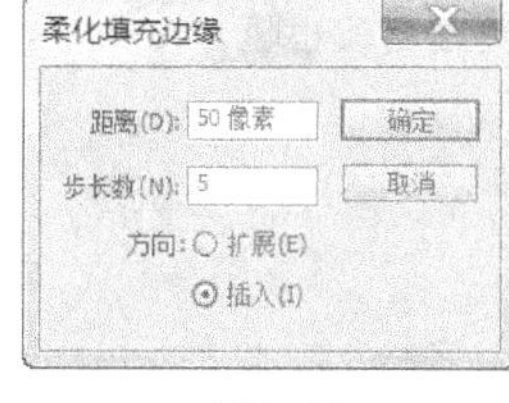

图 3-95

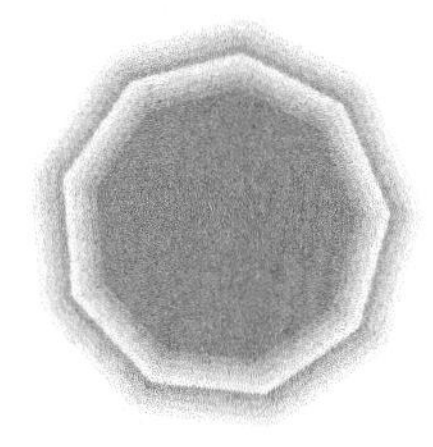

图 3-96

3.3 对齐面板与变形面板的使用

可以应用“对齐”面板来设置多个对象之间的对齐方式，还可以应用“变形”面板来改变对象的大小以及倾斜度。

3.3.1 课堂案例——绘制折扣吊签

案例学习目标

学习使用变形面板改变图形的大小。

案例知识要点

使用“钢笔”工具、“多角星形”工具、“水平翻转”命令，制作南瓜图形；使用“文本”工具，添加文字效果；使用“组合”命令，将图形组合；使用“变形”面板，改变图形的大小，效果如图 3-97 所示。

图 3-97

效果所在位置

资源包 > Ch03 > 效果 > 绘制折扣吊签.fla。

1. 导入素材并绘制南瓜图形

绘制折扣吊签 1

STEP 1 选择“文件 > 新建”命令，在弹出的“新建文档”对话框中选择“ActionScript 3.0”选项，将“宽”选项设为 800，“高”选项设为 800，单击“确定”按钮，完成文档的创建。

STEP 2 选择“文件 > 导入 > 导入到库”命令，在弹出的“导入”对话框当中选择“Ch03 > 素材 > 绘制折扣吊签 > 01、02”文件，单击“打开”按钮，文件被导入到“库”面板中，如图 3-98 所示。

STEP 3 在“库”面板下方单击“新建元件”按钮，弹出“创建新元件”对话框，在“名称”选项的文本框中输入“南瓜”，在“类型”选项的下拉列表中选择“图形”选项，单击“确定”按钮，新建图形元件“南瓜”，如图 3-99 所示，舞台窗口也随之转换为图形元件的舞台窗口。

图 3-98

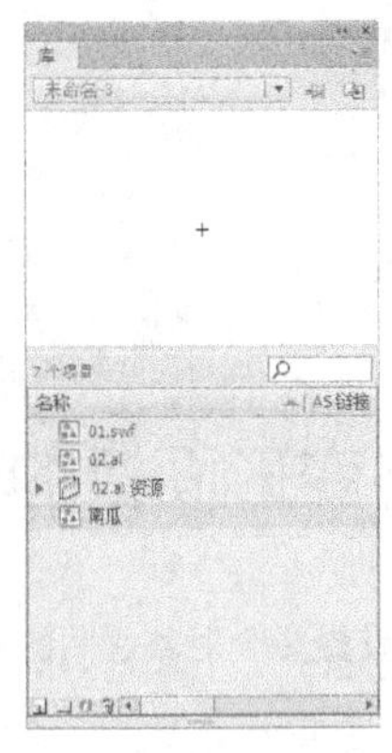
图 3-99

STEP 4 将“图层 1”重新命名为“外形”。选择“钢笔”工具，在钢笔工具“属性”面板中将“笔触颜色”设为黑色，“笔触”选项设为 1，在舞台窗口中绘制一个闭合边线，效果如图 3-100 所示。

STEP 5 选择“颜料桶”工具，在工具箱中将“填充颜色”设为深灰色（#263139），在边线内部单击鼠标，填充图形，如图 3-101 所示。选择“选择”工具，在边线上双击鼠标选中边线，按 Delete 键将其删除，效果如图 3-102 所示。

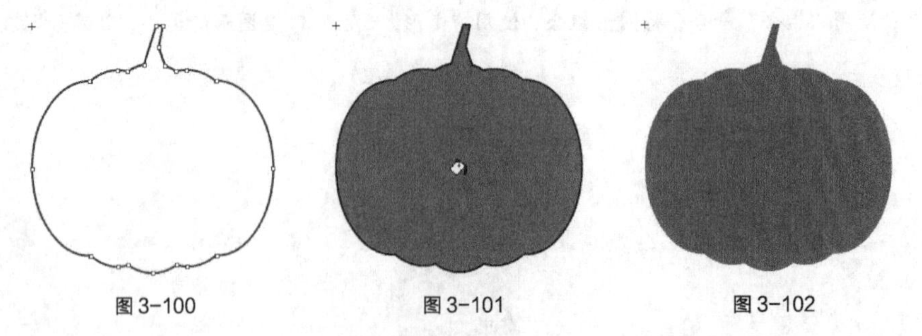
图 3-100　　图 3-101　　图 3-102

STEP 6 单击“时间轴”面板下方的“新建图层”按钮，创建新图层并将其命名为“五官”。选择“多角星形”工具，在多角星形“属性”面板中将“笔触颜色”设为无，“填充颜色”设为橘黄色

（#F18E1E），在“属性”面板中单击“工具设置”选项下的“选项”按钮［选项...］，弹出“工具设置”对话框，将“边数”选项设为 3，其他选项设置如图 3-103 所示，单击“确定”按钮，在图形的上方绘制 1 个三角形，效果如图 3-104 所示。

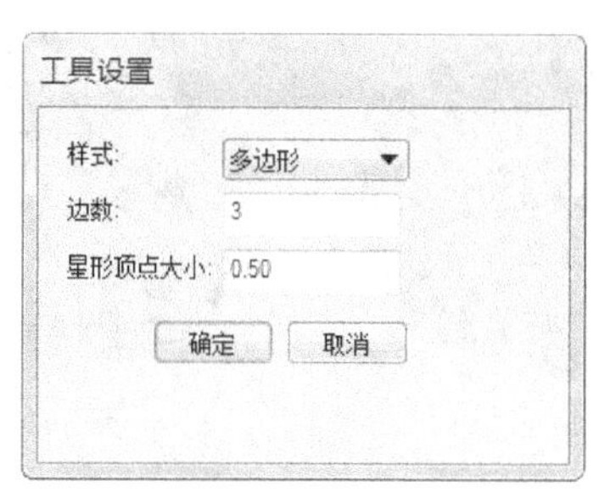

图 3-103

图 3-104

STEP 7 选择“选择”工具，按住 Alt+Shift 组合键的同时，水平向右拖曳三角形到适当的位置，复制三角形，效果如图 3-105 所示。选择“修改 > 变形 > 水平翻转”命令，将三角形水平翻转，效果如图 3-106 所示。

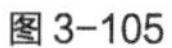

图 3-105

图 3-106

STEP 8 选择“多角星形”工具，在舞台窗口中再绘制一个三角形，效果如图 3-107 所示。选择“窗口 > 变形”命令，弹出“变形”面板，在“变形”面板中，单击“约束”按钮，将“缩放宽度”选项设为 80%，“缩放高度”选项则保持不变，如图 3-108 所示，按 Enter 键确定操作，效果如图 3-109 所示。

图 3-107

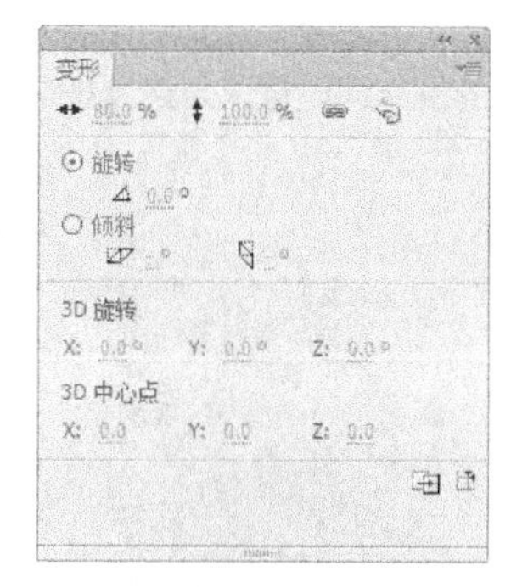

图 3-108

图 3-109

STEP 9 选择“钢笔”工具，在钢笔工具“属性”面板中将“笔触颜色”设为黑色，“笔触”选项设为 1，在舞台窗口中绘制一个闭合边线，效果如图 3-110 所示。

STEP 10 选择“颜料桶”工具，在工具箱中将“填充颜色”设为橘黄色（#F18E1E），在边线内部单击鼠标左键，填充图形，如图 3-111 所示。选择“选择”工具，在边线上双击鼠标选中边线，按 Delete 键将其删除，效果如图 3-112 所示。

图 3-110　　图 3-111　　图 3-112

2. 绘制底图

绘制折扣吊签 2

STEP 1 单击舞台窗口左上方的“场景 1”图标，进入“场景 1”的舞台窗口。将“图层 1”重新命名为“底图”。选择“矩形”工具，在矩形工具“属性”面板中将“填充颜色”设为橘黄色（#F18E1E），其他选项的设置如图 3-113 所示，在舞台窗口中绘制一个矩形，效果如图 3-114 所示。

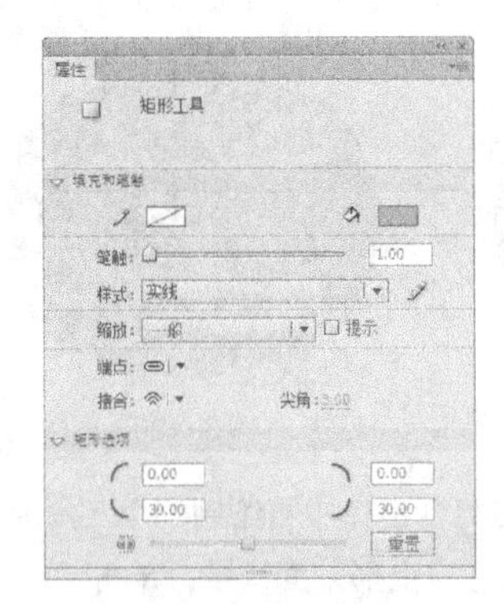

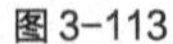

图 3-113　　图 3-114

STEP 2 选择“部分选取”工具，在图形的外边线上单击，图形上出现多个节点，如图 3-115 所示。选择“添加锚点”工具，在需要的位置分别单击添加锚点，如图 3-116 所示。选择“部分选取”工具，按住 Shift 键的同时，将添加的锚点同时选取，连续按向上方向键，调整锚点到适当的位置，如图 3-117 所示。

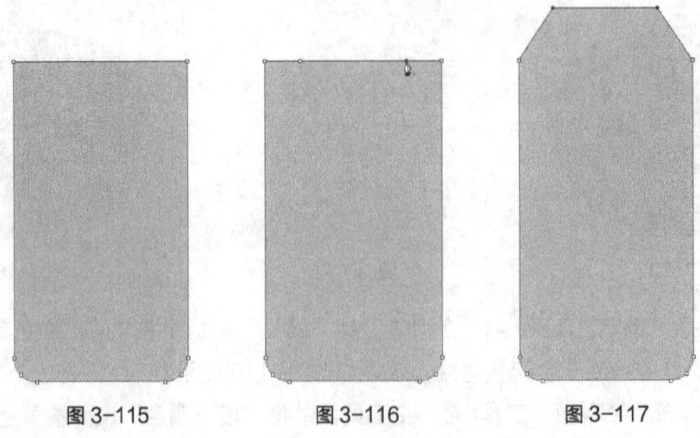

图 3-115　　图 3-116　　图 3-117

STEP 3 选择“窗口 > 颜色”命令，弹出“颜色”面板，单击“填充颜色”按钮，在“类型”选项的下拉列表中选择“线性渐变”，选中色带上左侧的色块，将其设为紫色（#8F4D95），选中色带上右侧的色块，将其设为深紫色（#662E8F），生成渐变色，如图3-118所示，

STEP 4 选择“颜料桶”工具，在图形内部从下至上拖曳光标，如图3-119所示，松开鼠标填充渐变色，效果如图3-120所示。

STEP 5 选择“选择”工具，在图形上选取需要的区域，在工具箱中将“填充颜色”设为深灰色（#263139），填充图形，效果如图3-121所示。

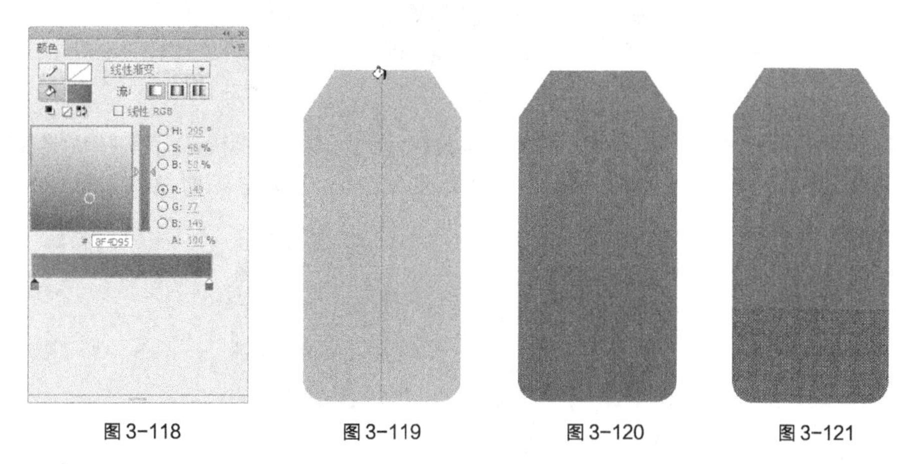

图3-118　图3-119　图3-120　图3-121

STEP 6 选择“选择”工具，将“库”面板中的图形元件“南瓜”拖曳到舞台窗口中的适当位置，效果如图3-122所示。按住Alt键的同时，向右下方拖曳图形到适当的位置，复制图形，效果如图3-123所示。

STEP 7 调出“变形”面板，在“变形”面板中将“缩放宽度”选项设为60%，“缩放高度”选项也随之变为60%，如图3-124所示，按Enter键确定操作，效果如图3-125所示。

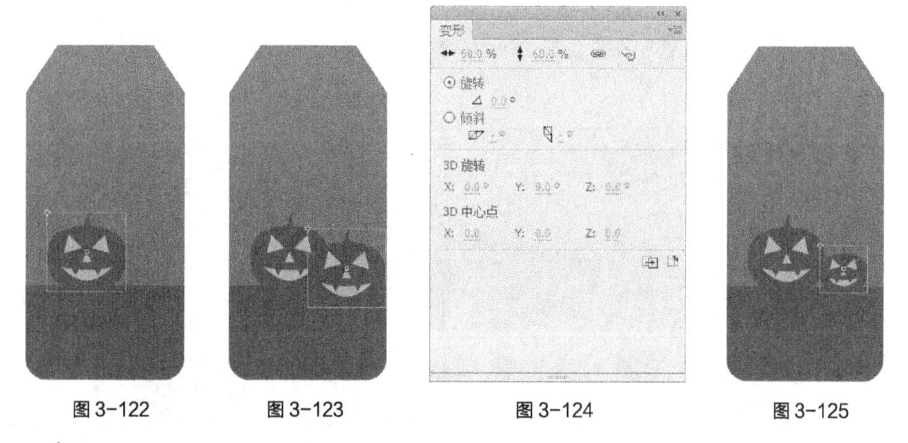

图3-122　图3-123　图3-124　图3-125

STEP 8 选择“选择”工具，按住Shift键的同时，选取需要的图形，如图3-126所示，按Ctrl+C组合键，复制图形。单击“时间轴”面板下方的“新建图层”按钮，创建新图层并将其命名为“虚线”。按Ctrl+Shift+V组合键，将复制的图形原位粘贴到“虚线”图层中，如图3-127所示。在工具箱中将“填充颜色”设为橘黄色（#F18E1E），填充图形，效果如图3-128所示。

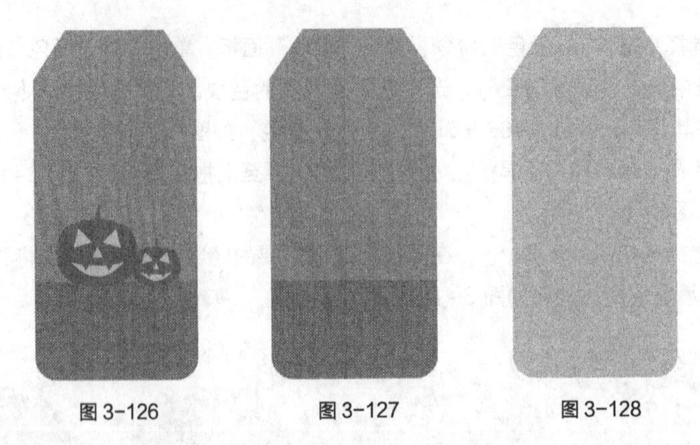

图 3-126　　图 3-127　　图 3-128

STEP 9 调出“变形”面板，在“变形”面板中，单击“约束”按钮，将“缩放宽度”选项设为 90%，“缩放高度”选项设为 95%，如图 3-129 所示，按 Enter 键确定操作，效果如图 3-130 所示。

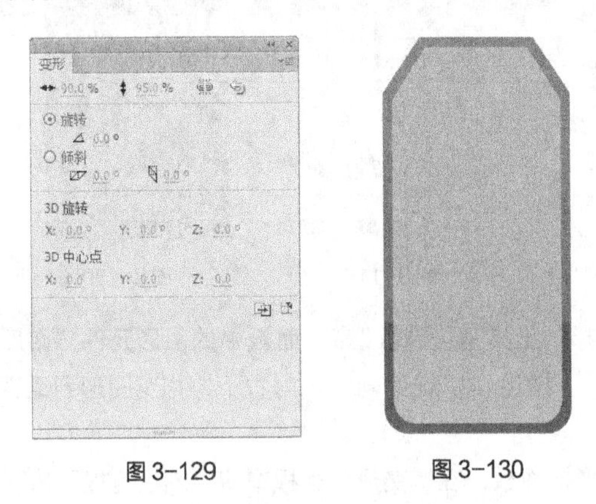

图 3-129　　图 3-130

STEP 10 选择“墨水瓶”工具，在墨水瓶工具“属性”面板中将“笔触颜色”设为白色，其他选项的设置如图 3-131 所示，鼠标光标变为，在图形外侧单击鼠标，勾画出图形轮廓，效果如图 3-132 所示。选择“选择”工具，选中图形，按 Delete 键将其删除，效果如图 3-133 所示。

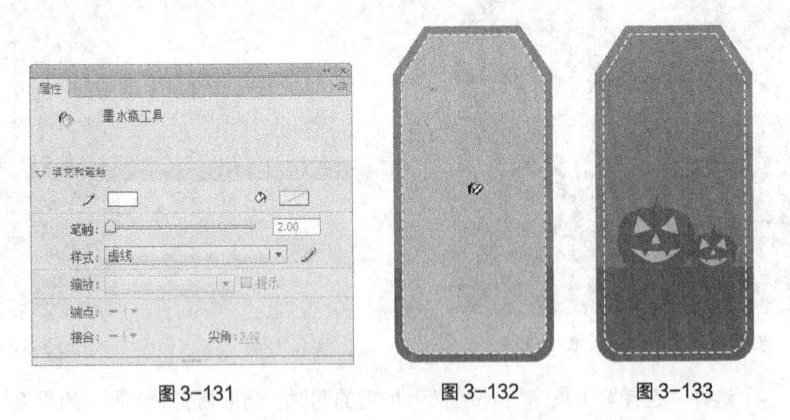

图 3-131　　图 3-132　　图 3-133

3. 输入文字

STEP 1 单击“时间轴”面板下方的“新建图层”按钮，创建新图层并将其命名为“蝙蝠”。将“库”面板中的图形元件“01”拖曳到舞台窗口中的适当位置，效果如图 3-134 所示。

绘制折扣吊签 3

STEP 2 在“时间轴”面板中创建新图层并将其命名为“文字”。选择“文本”工具T，在文本工具“属性”面板中进行设置，在舞台窗口中适当的位置分别输入大小为 70、34、60，字体为“Bebas”的白色文字，文字效果如图 3-135 所示。

STEP 3 选择“选择”工具，选取需要的文字，在工具箱中将“填充颜色”设为橘黄色（#F18E1E），填充文字，效果如图 3-136 所示。

图 3-134

图 3-135

图 3-136

STEP 4 选择“选择”工具，按住 Shift 键的同时，将输入的文字同时选取，如图 3-137 所示。按 Ctrl+K 组合键，弹出“对齐”面板，单击“水平中齐”按钮，将选中的文字水平对齐，效果如图 3-138 所示。按 Ctrl+G 组合键，将选中的文字进行组合，如图 3-139 所示。

图 3-137

图 3-138

图 3-139

STEP 5 选择“选择”工具，按住 Shift 键的同时，单击下方图形并将同时选中，如图 3-140 所示。调出“对齐”面板，单击“水平中齐”按钮，将选中的文字和图形水平对齐，效果如图 3-141 所示。

图 3-140

图 3-141

STEP 6 单击“时间轴”面板下方的“新建图层”按钮，创建新图层并将其命名为“圆孔”。选择“椭圆”工具，在椭圆工具“属性”面板中将“填充颜色”设为白色，“笔触颜色”设为黑色，“笔触”选项设为 5，按住 Shift 键的同时，在舞台窗口中绘制一个圆形，效果如图 3-142 所示。

STEP 7 单击“时间轴”面板下方的“新建图层”按钮，创建新图层并将其命名为“吊绳”。将“库”面板中的图形元件“02”拖曳到舞台窗口中的适当位置，效果如图 3-143 所示。折扣吊签绘制完成，按 Ctrl+Enter 组合键即可查看效果，如图 3-144 所示。

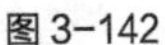
图 3-142

图 3-143

图 3-144

3.3.2 对齐面板

选择“窗口 > 对齐”命令，或按 Ctrl+K 组合键，弹出“对齐”面板，如图 3-145 所示。

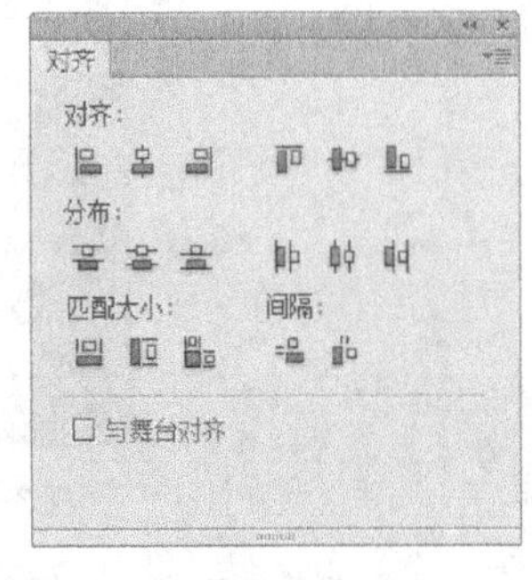

图 3-145

1. “对齐”选项组

“左对齐”按钮：设置选取对象左端对齐。

“水平中齐”按钮：设置选取对象沿垂直线中对齐。

“右对齐”按钮：设置选取对象右端对齐。

“顶对齐”按钮：设置选取对象上端对齐。

“垂直中齐”按钮：设置选取对象沿水平线中对齐。

“底对齐”按钮：设置选取对象下端对齐。

2. “分布”选项组

“顶部分布”按钮：设置选取对象在横向上上端间距相等。

“垂直居中分布”按钮：设置选取对象在横向上中心间距相等。

“底部分布”按钮：设置选取对象在横向上下端间距相等。

“左侧分布”按钮：设置选取对象在纵向上左端间距相等。

“水平居中分布”按钮：设置选取对象在纵向上中心间距相等。

“右侧分布”按钮：设置选取对象在纵向上右端间距相等。

3. “匹配大小”选项组

“匹配宽度”按钮：设置选取对象在水平方向上等尺寸变形（以所选对象中宽度最大的为基准）。

“匹配高度”按钮：设置选取对象在垂直方向上等尺寸变形（以所选对象中高度最大的为基准）。

“匹配宽和高”按钮：设置选取对象在水平方向和垂直方向同时进行等尺寸变形（同时以所选对象中宽度和高度最大的为基准）。

4. “间隔”选项组

“垂直平均间隔”按钮：设置选取对象在纵向上间距相等。

“水平平均间隔”按钮：设置选取对象在横向上间距相等。

5. “与舞台对齐”选项

“与舞台对齐”复选框：勾选此选项后，上述设置的操作都是以整个舞台的宽度或高度为基准的。

选中要对齐的图形，如图 3-146 所示。单击“顶对齐”按钮，图形上端对齐，如图 3-147 所示。

图 3-146

图 3-147

选中要分布的图形，如图 3-148 所示。单击“水平居中分布”按钮，图形在纵向上中心间距相等，如图 3-149 所示。

图 3-148

图 3-149

选中要匹配大小的图形，如图 3-150 所示。单击“匹配高度”按钮，图形在垂直方向上等尺寸变形，如图 3-151 所示。

图 3-150

图 3-151

勾选“与舞台对齐”复选框前后，应用同一个命令所产生的效果不同。选中图形，如图 3-152 所示。单击“左侧分布”按钮，效果如图 3-153 所示。勾选“与舞台对齐”复选框，单击“左侧分布”按钮，效果如图 3-154 所示。

图 3-152　　图 3-153　　图 3-154

3.3.3 变形面板

选择“窗口 > 变形”命令，或按 Ctrl+T 组合键，弹出“变形”面板，如图 3-155 所示。

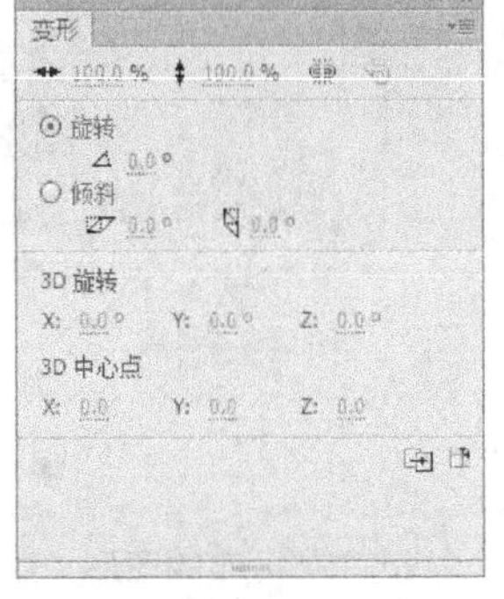

图 3-155

“缩放宽度” 和“缩放高度” 选项：用于设置图形的宽度和高度。

“约束”按钮：用于约束“宽度”和“高度”选项，使图形能够成比例地变形。

“旋转”选项：用于设置图形的角度。

“倾斜”选项：用于设置图形的水平倾斜或垂直倾斜。

“重制选区和变形”按钮：用于复制图形并将变形设置应用给图形。

“取消变形”按钮：用于将图形属性恢复到初始状态。

“变形”面板中的设置不同，所产生的效果也各不相同。打开“05”文件，如图 3-156 所示。

选中图形，在“变形”面板中将“缩放宽度”选项设为 50，按 Enter 键确定操作，如图 3-157 所示，图形的宽度被改变，效果如图 3-158 所示。

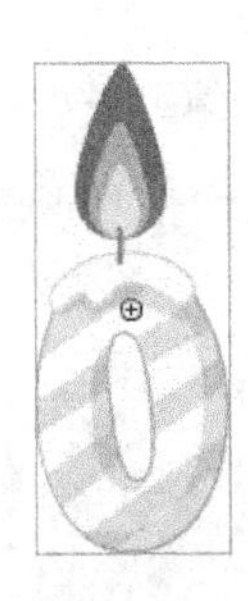

图 3-156

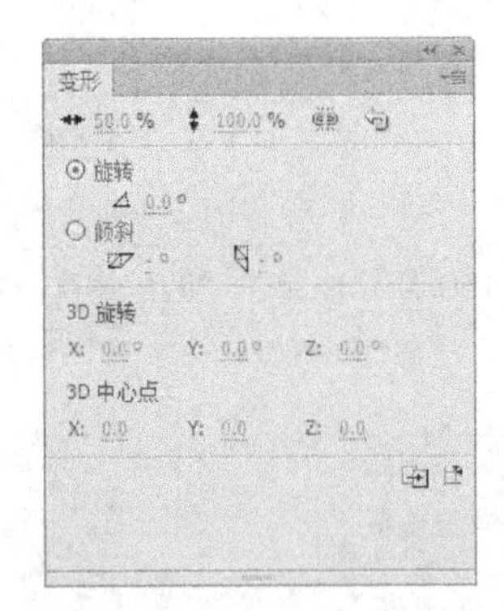

图 3-157

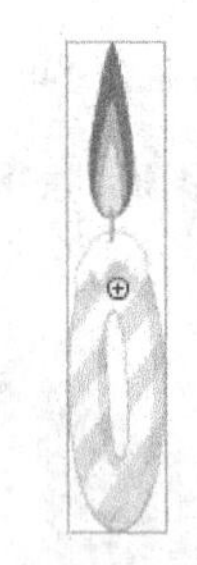

图 3-158

选中图形，在“变形”面板中，单击“约束”按钮，将“缩放宽度”选项设为 50，“缩放高度”选项也随之变为 50，按 Enter 键确定操作，如图 3-159 所示，图形的宽度和高度成比例缩小，效果如图 3-160 所示。

选中图形，将旋转角度设为 30°，按 Enter 键确定操作，如图 3-161 所示，图形被旋转，效果如图 3-162 所示。

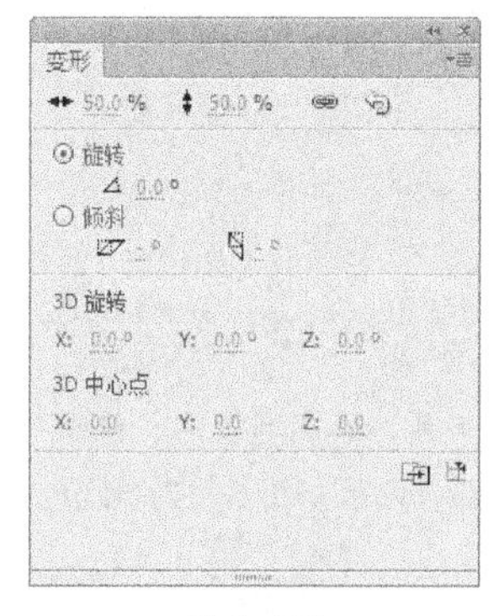

图 3-159

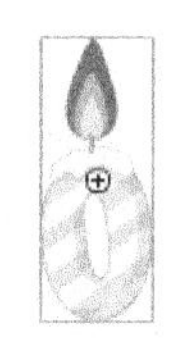

图 3-160

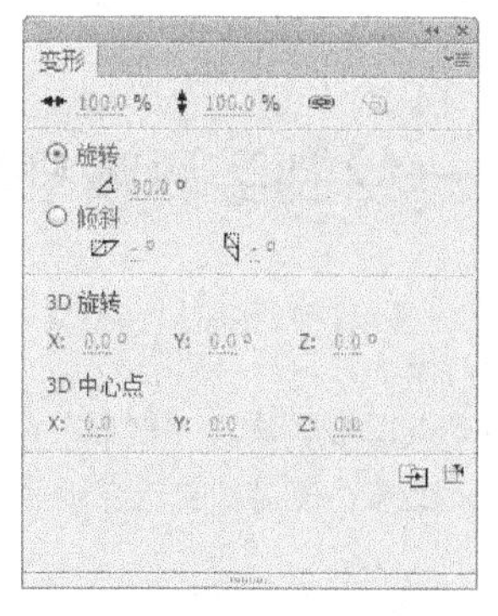

图 3-161

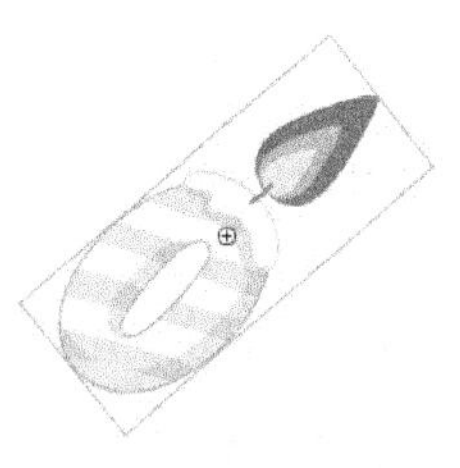

图 3-162

选中图形，在“变形”面板中选择“倾斜”选项，将水平倾斜设为 40°，按 Enter 键确定操作，如图 3-163 所示，图形进行水平倾斜变形，效果如图 3-164 所示。

选中图形，在“变形”面板中选择“倾斜”选项，将垂直倾斜设为-20°，按 Enter 键确定操作，如图 3-165 所示，图形进行垂直倾斜变形，效果如图 3-166 所示。

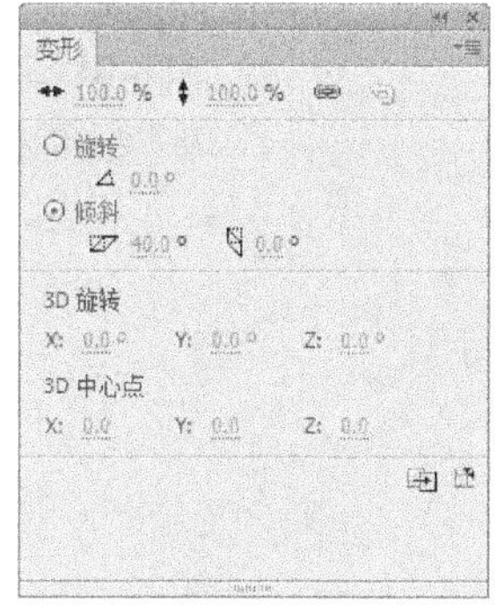

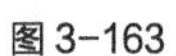

图 3-163

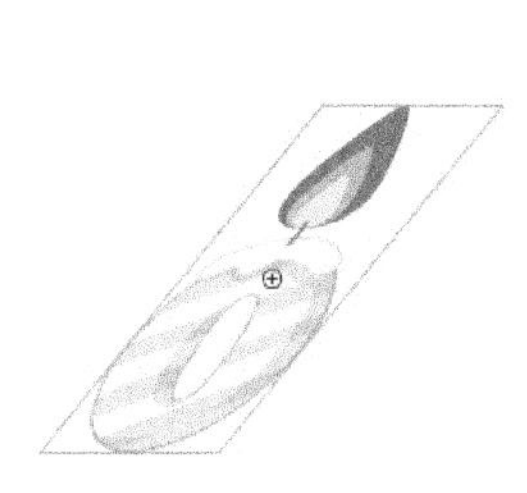

图 3-164

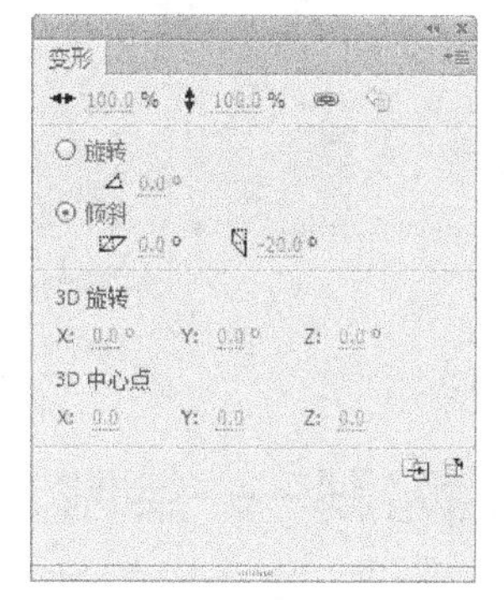

图 3-165

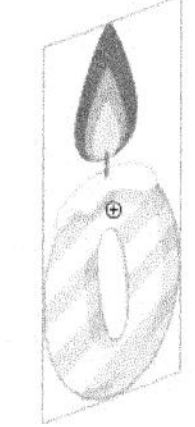

图 3-166

选中图形，在“变形”面板中，将旋转角度设为 60°，单击“重制选区和变形”按钮，如图 3-167 所示，图形被复制并沿其中心点旋转了 60°，效果如图 3-168 所示。

再次单击“重制选区和变形”按钮，图形再次被复制并旋转了 60°，如图 3-169 所示，此时，面板中显示旋转角度为 180°，表示复制出的图形当前角度为 180°，如图 3-170 所示。

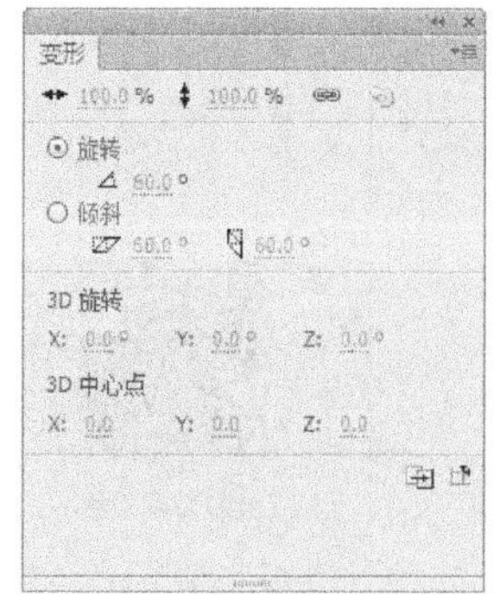

图 3-167

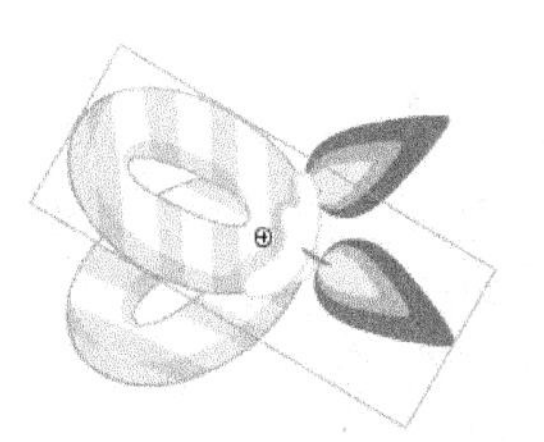

图 3-168

图 3-169

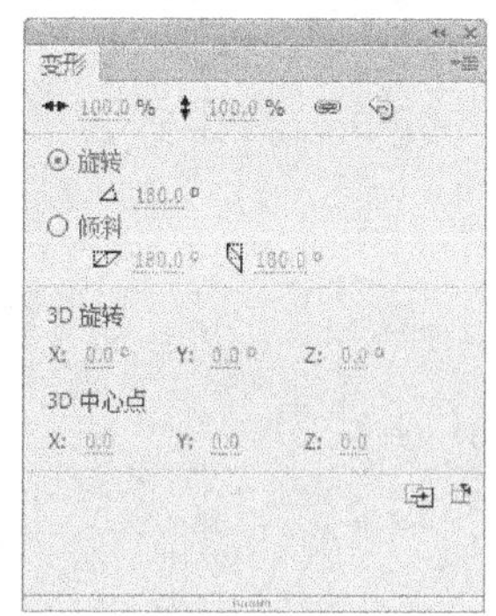

图 3-170

3.4 课堂练习——绘制圣诞夜插画

练习知识要点

使用“钢笔”工具，绘制雪山图形；使用“颜色”面板和“颜料桶”工具，填充渐变色；使用“柔化填充边缘”命令，制作图形虚化效果；使用“变形”面板，调整图像的大小，效果如图 3-171 所示。

效果所在位置

资源包 ＞Ch03＞ 效果 ＞ 绘制圣诞夜插画.fla。

图 3-171

绘制圣诞夜插画

3.5 课后习题——绘制海港景色

习题知识要点

使用“椭圆”工具和“选择”工具，绘制云彩图形；使用“钢笔”工具，绘制小树；使用“变形”面板，改变图形的大小，效果如图 3-172 所示。

效果所在位置

资源包 ＞Ch03＞ 效果 ＞ 绘制海港景色.fla。

图 3-172

绘制海港景色

第 4 章 文本的编辑

Flash CS6 具有强大的文本输入、编辑和处理功能。本章将详细讲解文本的编辑方法和应用技巧。通过对本章的学习，读者可以了解并掌握文本的功能及特点，并能在设计制作任务中充分地利用好文本的效果。

课堂学习目标

- 熟练掌握文本的创建和编辑方法
- 了解文本的类型及属性设置
- 熟练运用文本的转换来编辑文本

4.1 文本的类型及使用

建立动画时，常需要利用文字更清楚地表达创作者的意图，而建立和编辑文字必须利用 Flash CS6 提供的文字工具才能实现。

4.1.1 课堂案例——制作心情日记

案例学习目标

学习使用属性面板设置文字的属性。

案例知识要点

使用“文本”工具，输入需要的文字；使用“属性”面板，设置文字的字体、大小、颜色、行距和字符属性，效果如图 4-1 所示。

效果所在位置

资源包 > Ch04 > 效果 > 制作心情日记. fla。

图 4-1

制作心情日记

STEP 1 选择“文件 > 新建”命令，在弹出的“新建文档”对话框中选择“ActionScript 3.0”选项，将“宽”选项设为 800，“高”选项设为 800，单击“确定”按钮，完成文档的创建。

STEP 2 将“图层 1”重命名为“底图”。选择“文件 > 导入 > 导入到舞台”命令，在弹出的“导入”对话框中选择“Ch04 > 素材 > 制作心情日记 > 01”文件，如图 4-2 所示，单击“打开”按钮，文件被导入到舞台窗口中，如图 4-2 所示。

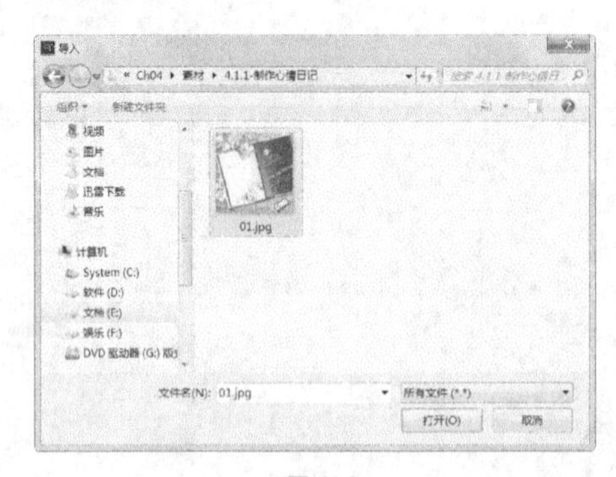

图 4-2

图 4-3

STEP 3 单击“时间轴”面板下方的“新建图层”按钮，创建新图层并将其命名为“标题”。选择“文本”工具，在文本工具“属性”面板中将“系列”选项设为“方正硬笔楷书简体”，设置“大小”选项为 30，“颜色”选项设为红色（#CC0400），其他选项的设置如图 4-4 所示，在舞台窗口中输入需要的文字，如图 4-5 所示。

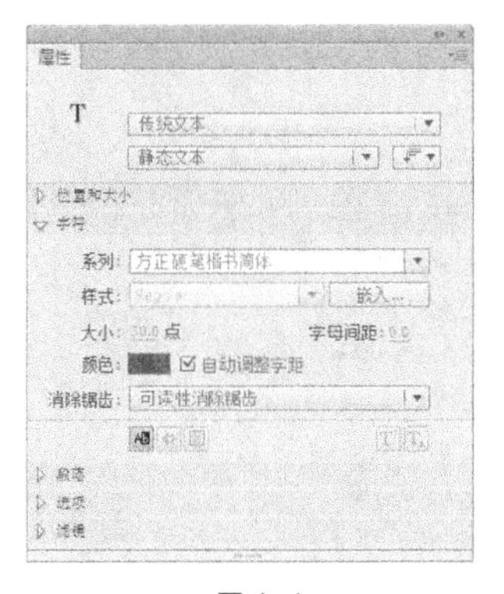

图 4-4

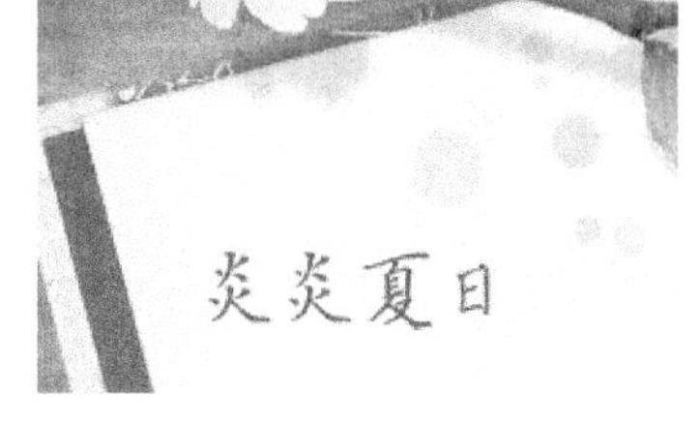

图 4-5

STEP 4 在文本工具“属性”面板中，将“系列”选项设为“方正硬笔楷书简体”，设置“大小”选项为 16，“字母间距”选项设为 4，“颜色”选项设为红色（#CC0400），其他选项的设置如图 4-6 所示，在舞台窗口中输入需要的文字，如图 4-7 所示。

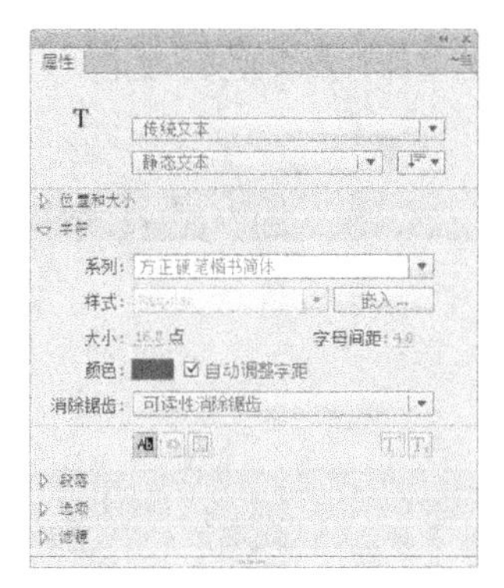

图 4-6

图 4-7

STEP 5 选择“选择”工具，选中图 4-8 所示的文字。按 Ctrl+T 组合键，弹出“变形”面板，将“旋转”选项设为-15°，如图 4-9 所示，按 Enter 键确定操作，效果如图 4-10 所示。

图 4-8

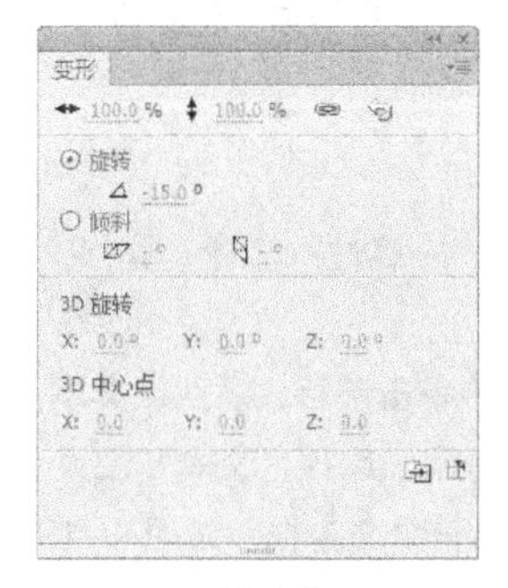

图 4-9

图 4-10

STEP 6 单击“时间轴”面板下方的“新建图层”按钮，创建新图层并将其命名为“正文”。选择“文本”工具T，在文本工具“属性”面板中将“系列”选项设为“方正硬笔楷书简体”，设置“大小”选项为 14，“颜色”选项设为黑色，“行距”选项设为 14，其他选项的设置如图 4-11 所示，在舞台窗口中输入需要的文字，如图 4-12 所示。

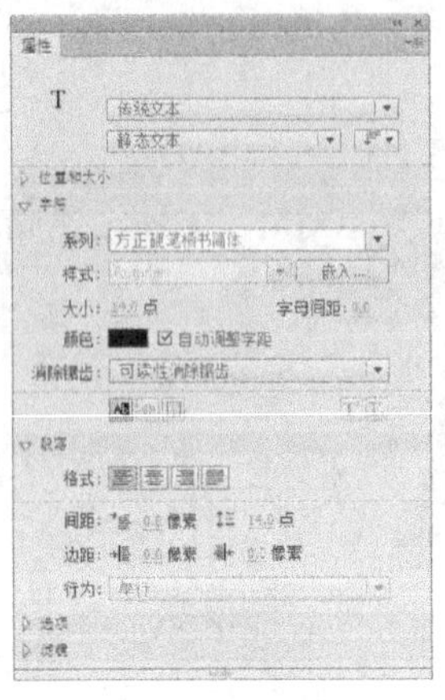

图 4-11

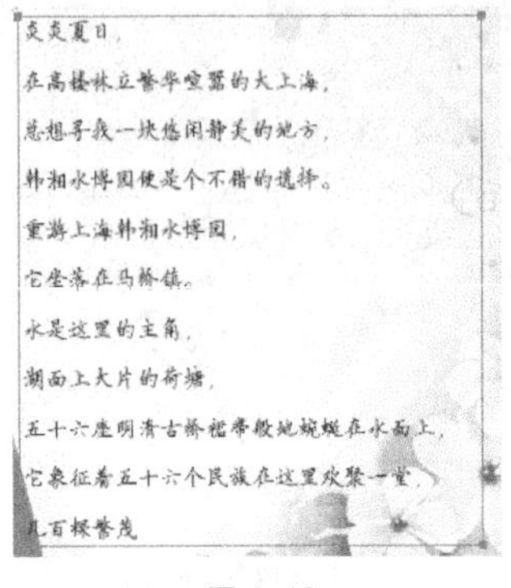

图 4-12

STEP 7 调出“变形”面板，将“旋转”选项设为-15°，如图 4-13 所示，按 Enter 键确定操作，效果如图 4-14 所示。

STEP 8 心情日记制作完成，按 Ctrl+Enter 组合键即可查看效果，如图 4-15 所示。

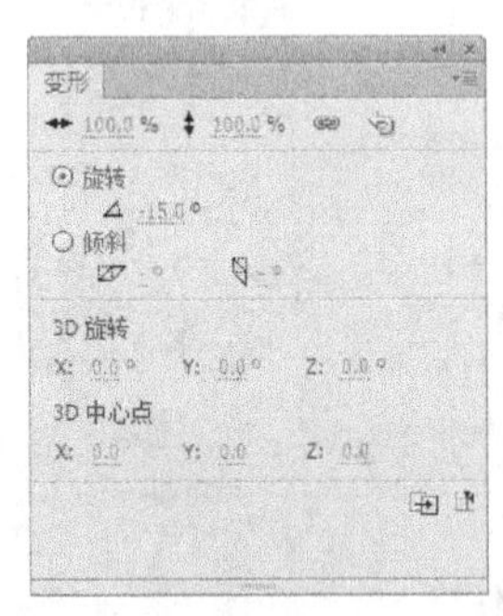

图 4-13

图 4-14

图 4-15

4.1.2 文本的类型

TLF 文本是 Flash CS6 中新添加的一种文本引擎，也是 Flash CS6 中的默认文本类型。

1. TLF 文本

选择“文本”工具T，选择“窗口 > 属性”命令，弹出文本工具“属性”面板，如图 4-16 所示。

选择“文本”工具T，在舞台窗口中单击鼠标，插入点文本，如图 4-17 所示，直接输入文本即可，如图 4-18 所示。选择“文本”工具T，在舞台窗口中单击并按住鼠标左键，向右拖曳出一个文本框，如图 4-19 所示，在文本框中输入文字，文字被限定在文本框中，如果输入的文字较多，文本将会挤

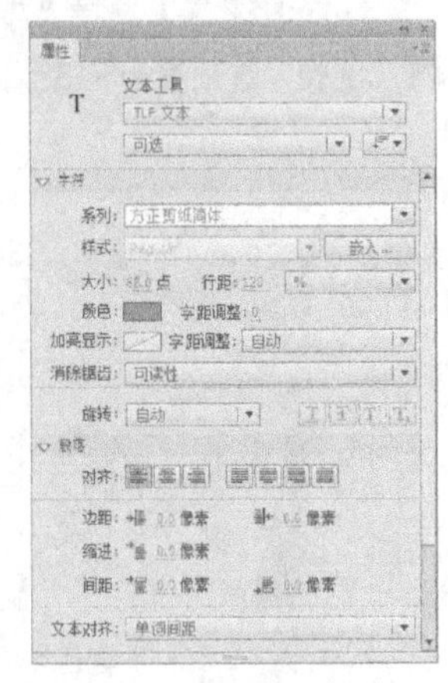

图 4-16

在一起，如图 4-20 所示。将鼠标放置在文本框右边的小方框上，光标变为↔，如图 4-21 所示，单击左键并向右拖曳文本框到适当的位置，如图 4-22 所示，文字将全部显示，效果如图 4-23 所示。

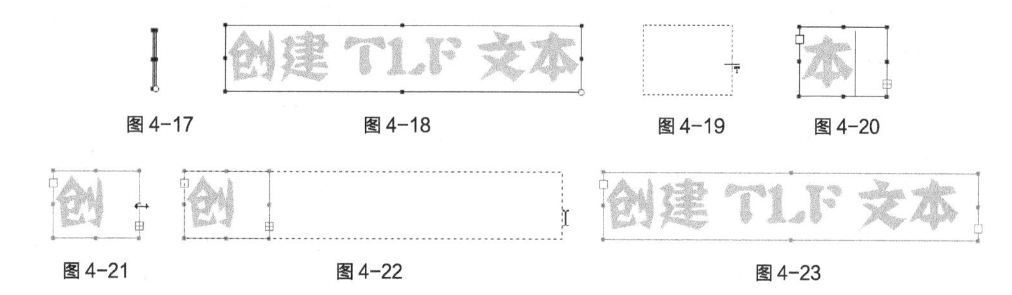

图 4-17　　图 4-18　　图 4-19　　图 4-20

图 4-21　　图 4-22　　图 4-23

单击文本工具“属性”面板中的“可选”后的倒三角按钮，弹出 TFL 文本的三种类型，如图 4-24 所示。

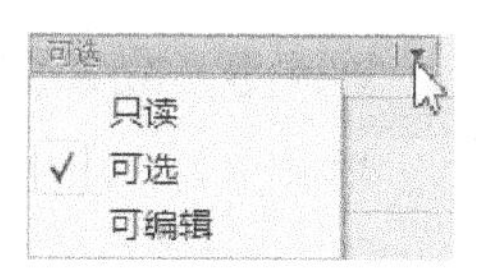

图 4-24

“只读”选项：当作为 SWF 文件发布时，文本无法选中或编辑。

“可选”选项：当作为 SWF 文件发布时，文本可以选中并可复制到剪贴板中，但不可以编辑。对于 TLF 文本，此设置是默认设置。

“可编辑”选项：当作为 SWF 文件发布时，文本是可以选中和编辑的。

提示

当使用 TLF 文本时，在“文本 > 字体”菜单中找不到“PostScript”字体。如果对 TLF 文本对象使用了某种“PostScript”字体，Flash 会将此字体替换为_sans 设备字体。

TLF 文本要求在 FLA 文件的发布设置中指定 ActionScript 3.0、Flash Player 10 或更高版本。

在创作时，不能将 TLF 文本用做图层蒙版。要创建带有文本的遮罩层，请使用 ActionScript 3.0 创建遮罩层，或者为遮罩层使用传统文本。

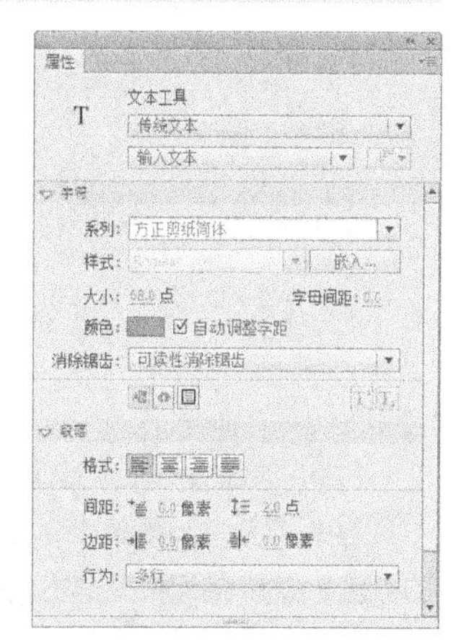

图 4-25

2. 传统文本

选择“文本”工具 T，选择“窗口 > 属性”命令，弹出文本工具“属性”面板，如图 4-25 所示。

将光标放置在舞台窗口中，光标变为十。在舞台窗口中单击鼠标，出现文本输入光标，如图 4-26 所示。直接输入文字即可，如图 4-27 所示。

在舞台窗口中单击并按住鼠标左键，向右下方拖曳出一个文本框，如图 4-28 所示。松开鼠标，出现文本输入光标，如图 4-29 所示。在文本框中输入文字，文字被限定在文本框中，如果输入的文字较多，会自动转到下一行显示，如图 4-30 所示。

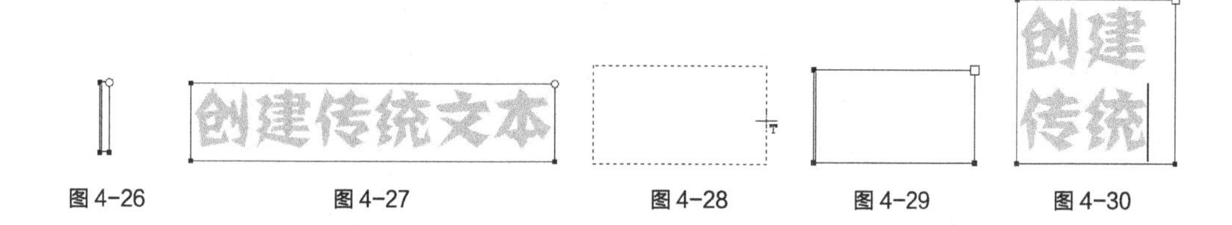

图 4-26　　图 4-27　　图 4-28　　图 4-29　　图 4-30

用鼠标向左拖曳文本框上方的方形控制点，可以缩小文字的行宽，如图 4-31 所示。向右拖曳控制点可以扩大文字的行宽，如图 4-32 所示。

双击文本框上方的方形控制点，如图 4-33 所示，文字将转换成单行显示状态，方形控制点转换为圆形控制点，如图 4-34 所示。

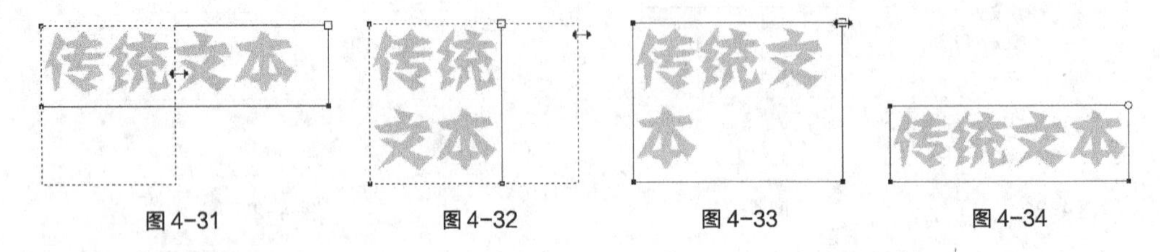

图 4-31　　图 4-32　　图 4-33　　图 4-34

4.1.3 文本属性

下面以“传统文本”为例对各文字调整选项逐一介绍。文本“属性”面板如图 4-35 所示。

1. 设置文本的字体、字体大小、样式和颜色

“系列”选项：设定选定字符或整个文本块的文字字体。

选中文字，如图 4-36 所示，选择文本工具“属性”面板，在“字符”选项组中单击“系列”选项，在弹出的下拉列表中选择需要转换的字体，如图 4-37 所示，单击鼠标左键，文字的字体被转换，效果如图 4-38 所示。

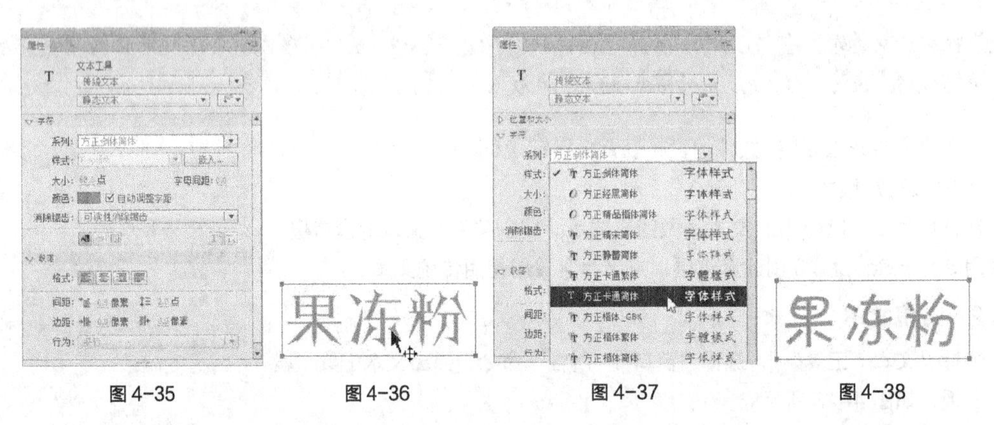

图 4-35　　图 4-36　　图 4-37　　图 4-38

“大小”选项：设定选定字符或整个文本块的文字大小。选项值越大，文字越大。

选中文字，如图 4-39 所示，在文本工具“属性”面板中选择“大小”选项，在其数值框中输入设定的数值，或用鼠标拖曳其右侧的滑动条来进行设定，如图 4-40 所示，文字的字号变小，如图 4-41 所示。

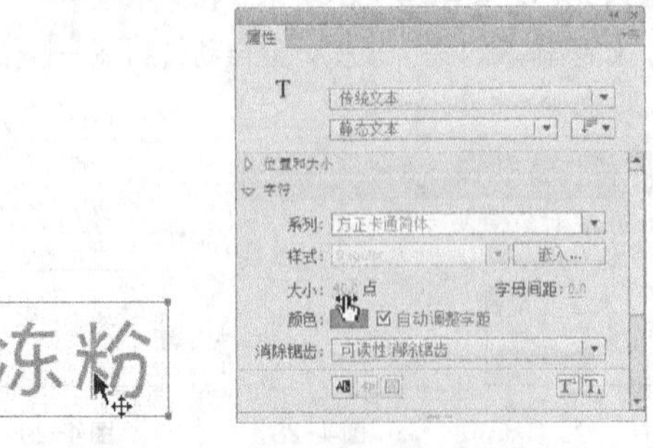

图 4-39　　图 4-40　　图 4-41

“颜色”按钮■：为选定字符或整个文本块的文字设定颜色。

选中文字，如图 4-42 所示，在文本工具“属性”面板中，单击“颜色”按钮■，弹出“颜色”面板，选择需要的颜色，如图 4-43 所示，为文字替换颜色，如图 4-44 所示。

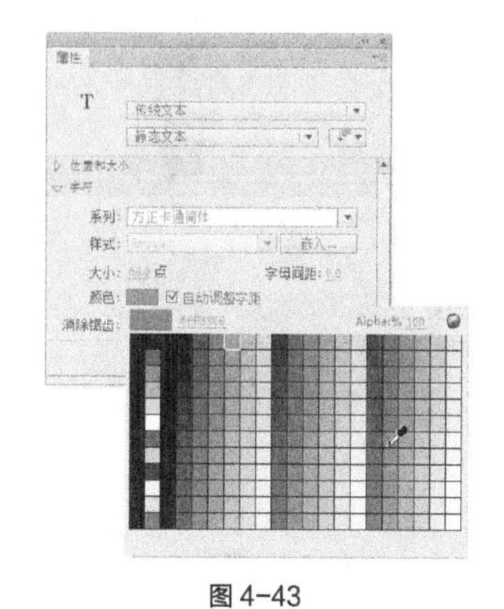

图 4-42　　图 4-43 　　图 4-44

提示

文字只能使用纯色，不能使用渐变色。要想为文本应用渐变，必须将该文本转换为组成它的线条和填充。

“改变文本方向”按钮：在其下拉列表中选择需要的选项可以改变文字的排列方向。

选中文字，如图 4-45 所示，单击“改变文本方向”按钮，在其下拉列表中选择“垂直”命令，如图 4-46 所示，文字将从右向左排列，效果如图 4-47 所示。如果在其下拉列表中选择“垂直，从左向右”命令，如图 4-48 所示，文字将从左向右排列，效果如图 4-49 所示。

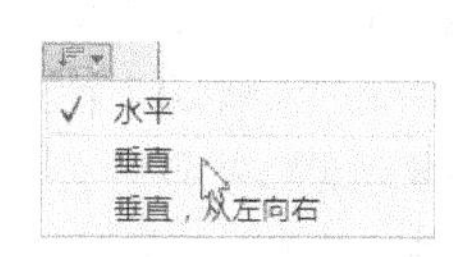

图 4-45　　图 4-46 　　图 4-47 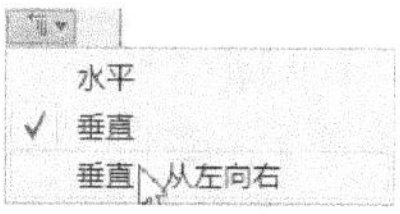　　图 4-48 　　图 4-49

“字母间距”选项：通过设置需要的数值，控制字符之间的相对位置。

设置不同的文字间距，文字的效果如图 4-50 所示。

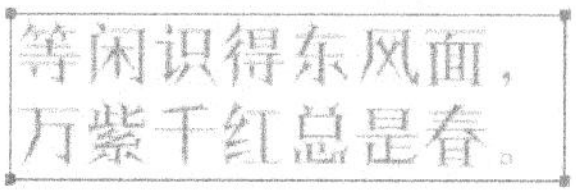

（a）间距为 0 时效果 　　（b）缩小间距后效果 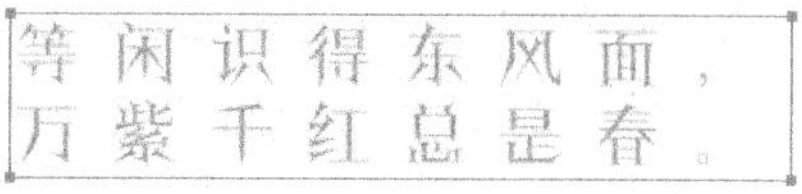　　（c）扩大间距后效果

图 4-50

“上标”按钮T¹：可将水平文本放在基线之上或将垂直文本放在基线的右边。

“下标”按钮T₁：可将水平文本放在基线之下或将垂直文本放在基线的左边。

选中要设置字符位置的文字，单击“上标”按钮，文字在基线以上，如图 4-51 所示。

图 4-51

设置不同字符位置，文字的效果如图 4-52 所示。

（a）正常位置　（b）上标位置　（c）下标位置

图 4-52

2. 字体呈现方法

Flash CS6 中有 5 种不同的字体呈现选项，如图 4-53 所示。通过设置可以得到不同的样式。

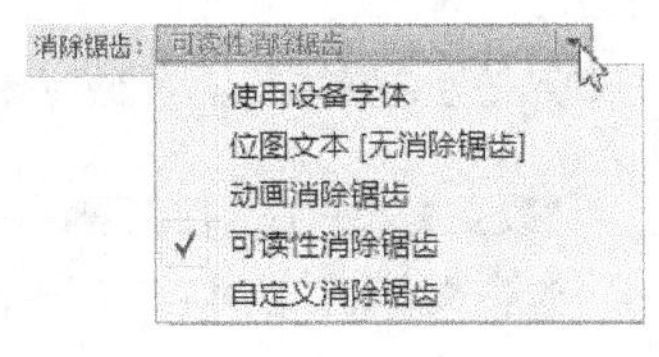

图 4-53

“使用设备字体”选项：此选项生成一个较小的 SWF 文件。此选项使用用户计算机上当前安装的字体来呈现文本。

“位图文本（无消除锯齿）”选项：此选项生成明显的文本边缘，没有消除锯齿。因为此选项生成的 SWF 文件中包含字体轮廓，所以生成一个较大的 SWF 文件。

“动画消除锯齿”选项：此选项生成可顺畅进行动画播放的消除锯齿文本。因为在文本动画播放时没有应用对齐和消除锯齿，所以在某些情况下，文本动画还可以更快地播放。在使用带有许多字母的大字体或缩放字体时，可能看不到性能上的提高。因为此选项生成的 SWF 文件中包含字体轮廓，所以生成一个较大的 SWF 文件。

“可读性消除锯齿”选项：此选项使用高级消除锯齿引擎。它提供了品质最高的文本，具有最易读的文本。因为此选项生成的文件中包含字体轮廓，以及特定的消除锯齿信息，所以生成最大的 SWF 文件。

“自定义消除锯齿”选项：此选项与“可读性消除锯齿”选项相同，但是可以直观地操作消除锯齿参数，以生成特定外观。此选项在为新字体或不常见的字体生成最佳的外观方面非常有用。

3. 设置字符与段落

文本排列方式按钮可以将文字以不同的形式进行排列。

“左对齐”按钮：将文字与文本框的左边线进行对齐。

“居中对齐”按钮：将文字与文本框的中线进行对齐。

“右对齐”按钮：将文字与文本框的右边线进行对齐。

“两端对齐”按钮：将文字与文本框的两端进行对齐。

在舞台窗口输入一段文字，选择不同的排列方式，文字排列的效果如图 4-54 所示。

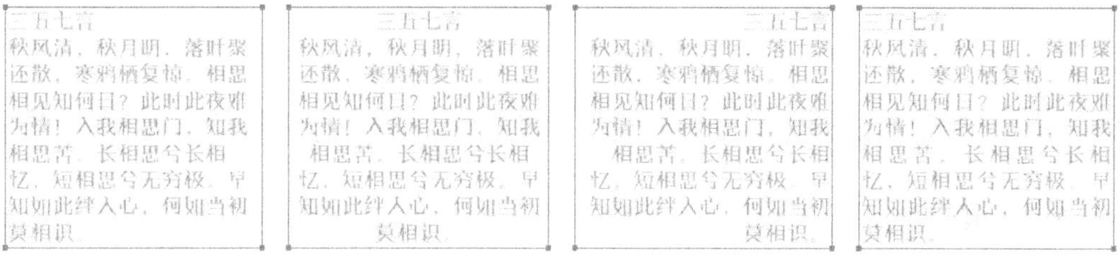

（a）左对齐　（b）居中对齐　（c）右对齐　（d）两端对齐

图 4-54

“缩进”选项：用于调整文本段落的首行缩进。

“行距”选项：用于调整文本段落的行距。

“左边距”选项：用于调整文本段落的左侧间隙。

“右边距”选项：用于调整文本段落的右侧间隙。

选中文本段落，如图 4-55 所示，在“段落”选项中进行设置，如图 4-56 所示，文本段落的格式发生改变，效果如图 4-57 所示。

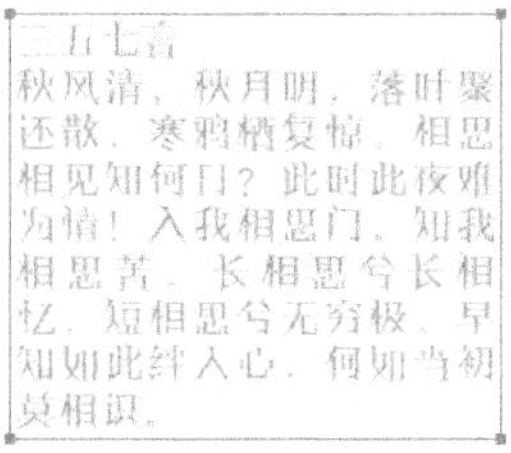

图 4-55

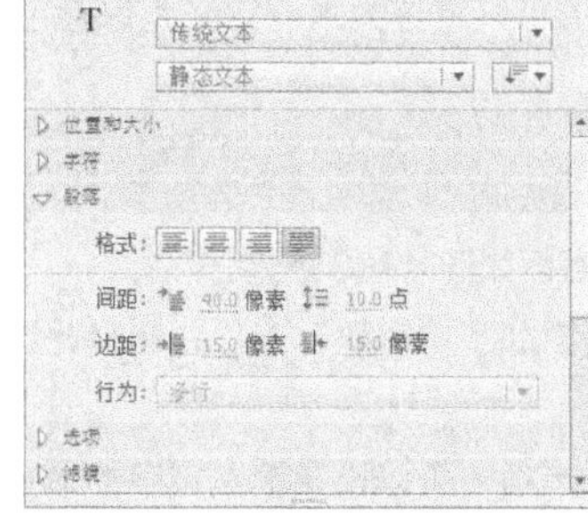

图 4-56

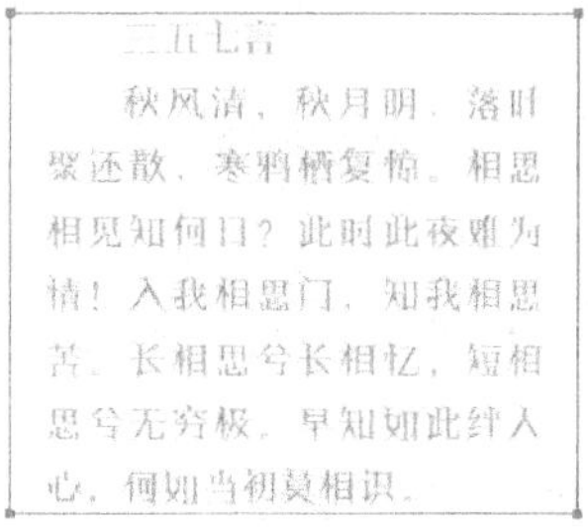

图 4-57

4. 设置文本超链接

“链接”选项：可以在选项的文本框中直接输入网址，使当前文字成为超链接文字。

“目标”选项：可以设置超链接的打开方式，共有 4 种方式可以选择。

“_blank”：链接页面在新开的浏览器中打开。

“_parent”：链接页面在父框架中打开。

“_self”：链接页面在当前框架中打开。

“_top”：链接页面在默认的顶部框架中打开。

选中文字，如图 4-58 所示，选择文本工具“属性”面板，在“链接”选项的文本框中输入链接的网址，如图 4-59 所示，在“目标”选项中设置好打开方式，设置完成后文字的下方出现下划线，表示已经链接，如图 4-60 所示。

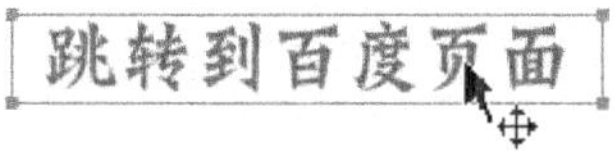

图 4-58

图 4-59

图 4-60

文本只有在水平方向排列时，超链接功能才可用。当文本为垂直方向排列时，超链接则不可用。

4.1.4　静态文本

选择“静态文本”选项，“属性”面板如图 4-61 所示。

“可选”按钮 ：选择此项，当文件输出为 SWF 格式时，可以对影片中的文字进行选取和复制操作。

4.1.5　动态文本

选择“动态文本”选项，“属性”面板如图 4-62 所示。动态文本可以作为对象来应用。

在“字符”选项组中“实例名称”选项可以设置动态文本的名称。“将文本呈现为 HTML”选项 ，文本支持 HTML 标签特有的字体格式、超链接等超文本格式。“在文本周围显示边框”选项 ，可以为文本设置白色的背景和黑色的边框。

在“段落”选项组中的“行为”选项包括单行、多行和多行不换行。“单行”文本以单行方式显示。“多行”文本，即输入的文本大于设置的文本限制，输入的文本将被自动换行。“多行不换行”，即输入的文本为多行时，不会自动换行。

在“选项”选项组中的“变量”选项可以将该文本框定义为保存字符串数据的变量。此选项需结合动作脚本使用。

4.1.6　输入文本

选择“输入文本”选项，“属性”面板如图 4-63 所示。

“段落”选项组中的“行为”选项新增加了“密码”选项，选择此选项，当文件输出为 SWF 格式时，影片中的文字将显示为星号 ***。

“选项”选项组中的“最多字符数”选项，可以设置输入文字的最多数值。默认值为 0，即为不限制。如设置数值，此数值即为输出 SWF 影片时，显示文字的最多数目。

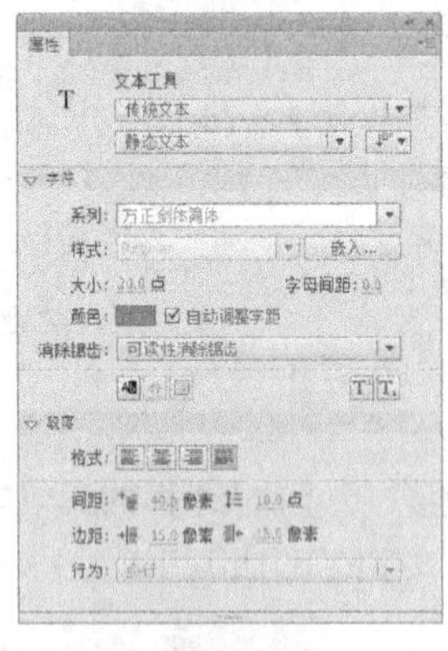

图 4-61

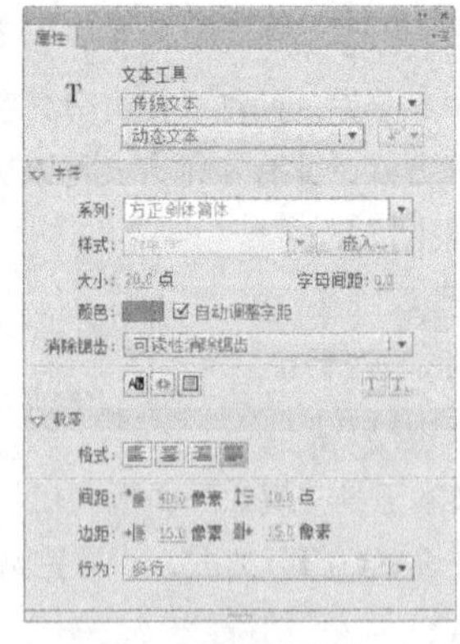

图 4-62

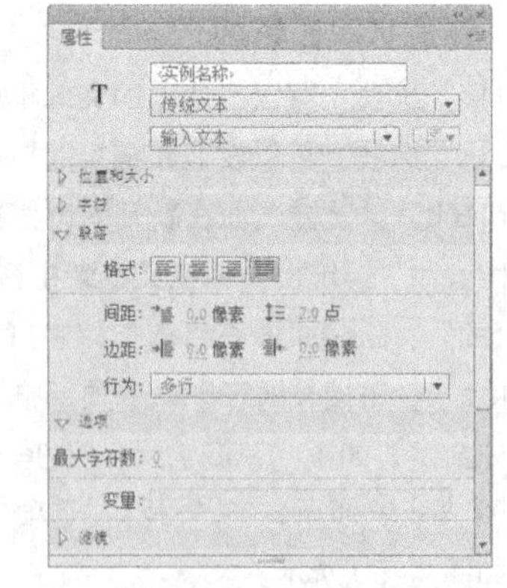

图 4-63

4.1.7　拼写检查

拼写检查功能用于检查文档中的拼写是否有错误。选择“文本 > 拼写设置”命令，弹出“拼写设置”对话框，如图 4-64 所示。

“文档选项”选项组：用于设定检查的范围，可以设定检查文本、场景、层名称、帧标签、注释等。

“词典”选项组：用于设定在检查中使用的内置词典。

“个人词典”选项组：用于创建用户自己添加单词或短语的个人词典。

“检查选项”选项组：用于设定在检查过程中处理特定单词和字符类型所使用的方式。

选择“文本”工具T，在场景中输入文字，如图 4-65 所示。选择“文本 > 检查拼写”命令，弹出“检查拼写”对话框，在对话框中标示出了拼写错误的单词，在“建议”选项下选择需要的单词，如图 4-66 所示。

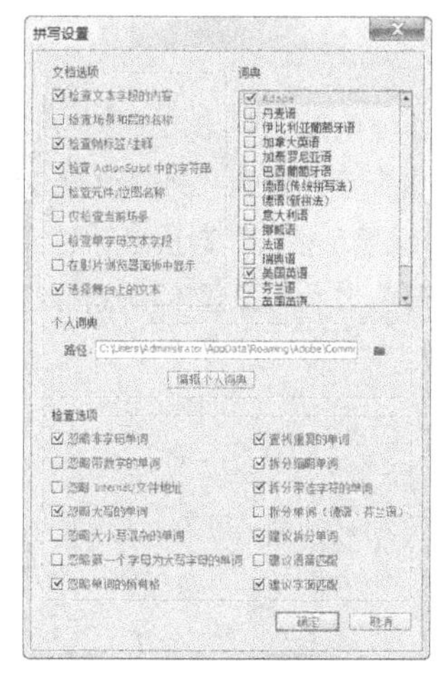

拼写设置
文档选项
词典
个人词典
检查选项

图 4-64

The pige is blue

图 4-65

检查拼写
The pige is blue
pig
Paige
pigged
pig
pie
pigeon
piglet

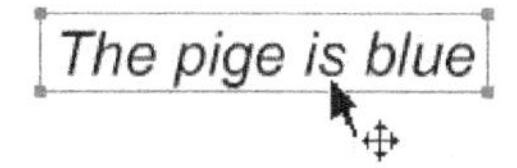

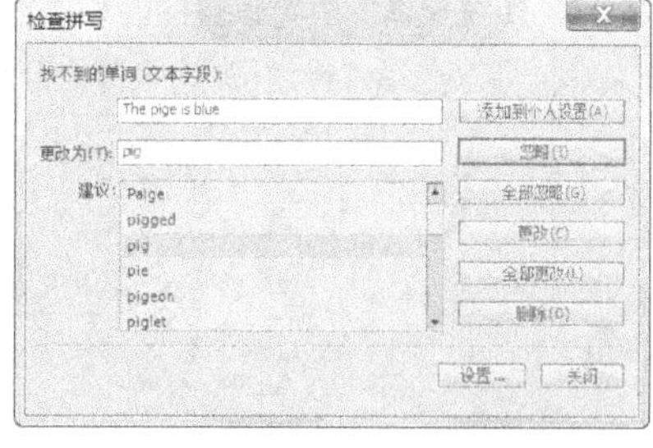

图 4-66

在对话框中单击“更改”按钮，对检查出的单词进行更改，弹出提示对话框，如图 4-67 所示，单击“确定”按钮，拼写检查完成，如图 4-68 所示。

Adobe Flash CS6
拼写检查完成。
确定

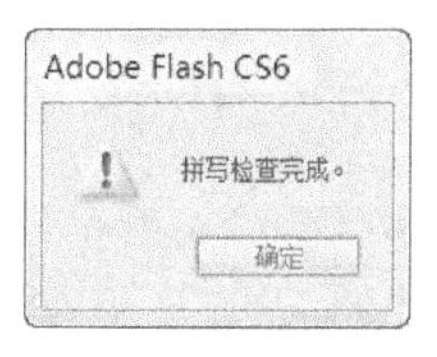

图 4-67

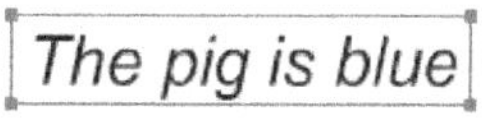

The pig is blue

图 4-68

4.1.8 嵌入字体

从 Flash CS6 开始，对于包含文本的任何文本对象使用的所有字符，Flash 均会自动嵌入。如果您自己创建嵌入字体元件，就可以使文本对象使用其他字符。对于“消除锯齿”属性设置为“使用设备字体”的文本对象，没有必要嵌入字体。指定要在 FLA 文件中嵌入的字体后，Flash 会在您发布 SWF 文件时嵌入指定的字体。

在文本工具“属性”面板中，单击“字符”选项下的“嵌入”按钮 嵌入... ，弹出“字体嵌入”对话框，如图 4-69 所示。

在“字体嵌入”对话框中可以单击“添加新字体”按钮+，将新嵌入字体添加到 FLA 文件。可以单击“删除所选字体”按钮-，将已添加的字体删除。在对话框中右侧的“选项”选项卡中可以选择要嵌入字体的“系列”和“样式”、要嵌入的字符范围。如果要嵌入任何其他特定字符，可以在“还包含这些字符”字段中输入这些字符。

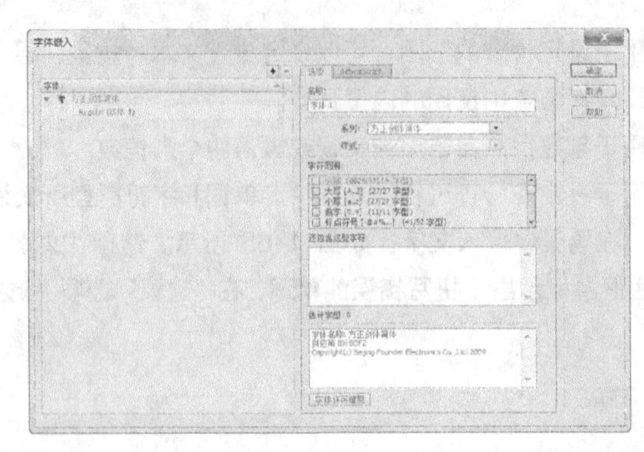

图 4-69

单击“ActionScript”选项，弹出“ActionScript”选项卡，如图 4-70 所示。勾选“为 ActionScript 导出”复制框，其他选项的设置进入可编辑状态，如图 4-71 所示。“分级显示格式”选项是针对“TLF 文本”和“传统文本”进行设置的。如果是 TLF 文本，可以选择“TLF (DF4)”作为分级显示格式；如果是传统文本，可以选择“传统(DF3)”作为分级显示格式。

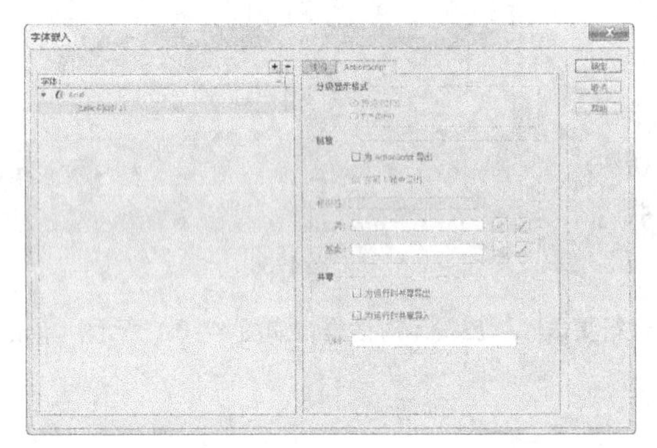

图 4-70

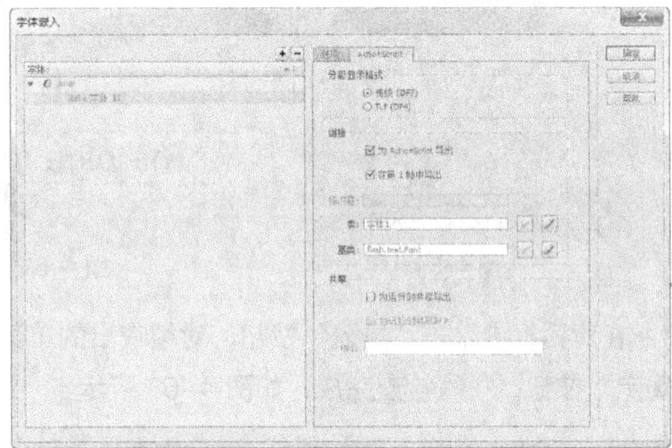

图 4-71

4.2 文本的转换

在 Flash CS6 中输入文本后，可以根据设计制作的需要对文本进行编辑，如对文本进行变形处理或为文本填充渐变色。

4.2.1 课堂案例——制作水果标牌

案例学习目标

学习使用变形文本和填充文本命令对文字进行变形。

案例知识要点

使用“文本”工具，输入需要的文字；使用“封套”命令，对文字进行变形；使用“墨水瓶”工具，为文字添加描边效果，效果如图 4-72 所示。

效果所在位置

资源包 > Ch04 > 效果 > 制作水果标牌. fla。

图 4-72

制作水果标牌

STEP 1 选择“文件 > 新建”命令，在弹出的“新建文档”对话框中选择“ActionScript 3.0”选项，将“宽”选项设为 600，“高”选项设为 517，单击“确定”按钮，完成文档的创建。

STEP 2 将“图层 1”重命名为“底图”。选择“文件 > 导入 > 导入到舞台”命令，在弹出的“导入”对话框中选择“Ch04 > 素材 > 制作水果标牌 > 01”文件，如图 4-73 所示，单击“打开”按钮，文件被导入到舞台窗口中，如图 4-74 所示。

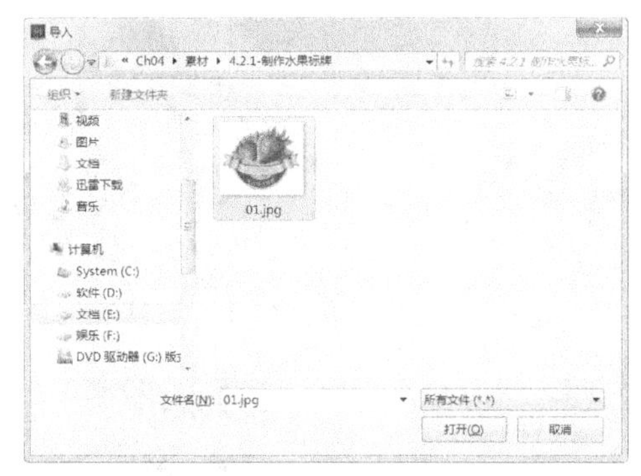

图 4-73

图 4-74

STEP 3 单击“时间轴”面板下方的“新建图层”按钮，创建新图层并将其命名为“文字”。选择“文本”工具，在文本工具“属性”面板中进行设置，在舞台窗口中适当的位置输入大小为 50，字体为“方正隶书简体”的深红色（# 76161B）文字，效果如图 4-75 所示。

STEP 4 选择“选择”工具，选中文字，按两次 Ctrl+B 组合键，将文字打散，效果如图 4-76 所示。选择“修改 > 变形 > 封套”命令，在文字图形上出现控制点，如图 4-77 所示。

图 4-75

图 4-76

图 4-77

STEP 5 将鼠标放在下方中间的控制点上，光标变为，用鼠标拖曳控制点，如图 4-78 所示，调整文字图形上的其他控制点，使文字图形产生相应的变形，如图 4-79 所示，效果如图 4-80 所示。

图 4-78

图 4-79

图 4-80

STEP 6 选中“文字”图层，选中该层中的所有对象，按 Ctrl+C 组合键，将其复制。选择“墨水瓶”工具，在墨水瓶工具“属性”面板中，将“笔触颜色”设为白色，“笔触”选项设为 5。将鼠标放置在文字的边缘，鼠标光标变为，在“天”文字外侧单击鼠标，为文字图形添加边线。使用相同的方法为其他文字添加边线，效果如图 4-81 所示。

STEP 7 单击“时间轴”面板下方的“新建图层”按钮，创建新图层并将其命名为“文字效果”。按 Ctrl+Shift+V 组合键，将复制的对象原位粘贴到“文字效果”图层中，效果如图 4-82 所示。水果标牌制作完成，按 Ctrl+Enter 组合键即可查看效果，如图 4-83 所示。

图 4-81

图 4-82

图 4-83

4.2.2 变形文本

选中文字，如图 4-84 所示，按两次 Ctrl+B 组合键，将文字打散，如图 4-85 所示。

图 4-84　　图 4-85

选择“修改 > 变形 > 封套”命令，在文字的周围出现控制点，如图 4-86 所示，拖动控制点，改变文字的形状，如图 4-87 所示，变形完成后文字效果如图 4-88 所示。

图 4-86

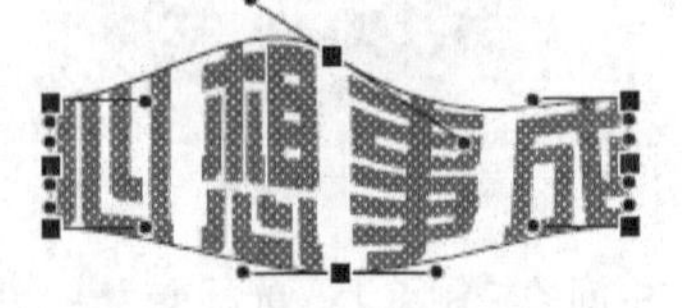

图 4-87

图 4-88

4.2.3 填充文本

选中文字，如图 4-89 所示，按两次 Ctrl+B 组合键，将文字打散，如图 4-90 所示。

图 4-89

图 4-90

选择“窗口 > 颜色”命令，弹出“颜色”面板，选择“填充颜色”选项，在“颜色类型”选项中选择“线性渐变”选项，在颜色设置条上设置渐变颜色，如图 4-91 所示，文字效果如图 4-92 所示。

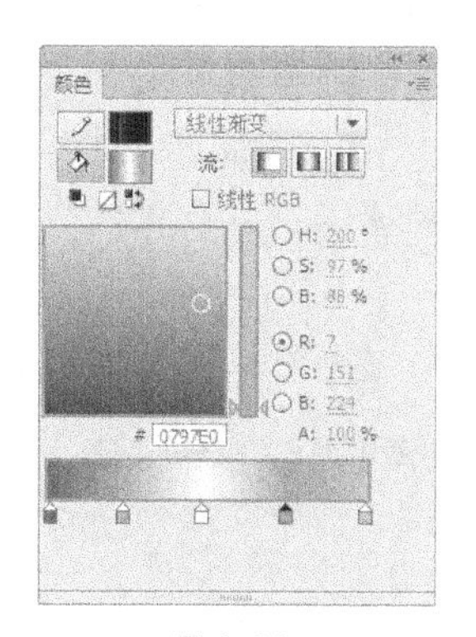

图 4-91

图 4-92

选择“墨水瓶”工具，在墨水瓶工具“属性”面板中，设置笔触颜色和笔触，如图 4-93 所示，在文字的外边线上单击，为文字添加外边框，如图 4-94 所示。

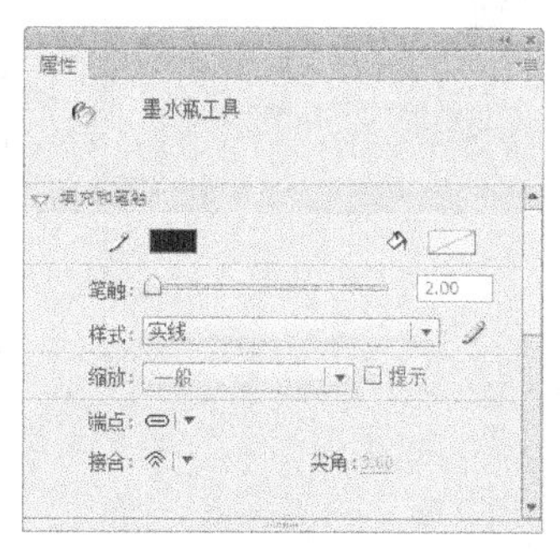

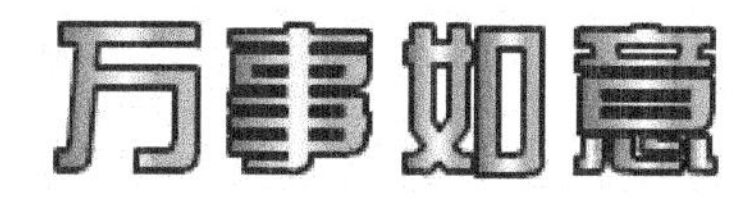

图 4-93

图 4-94

4.3 课堂练习——制作马戏团标志

练习知识要点

使用“文本”工具，输入文字；使用“分离”命令，将文字打散；使用“墨水瓶”工具，为文字添加笔触效果；使用“颜色”面板和“颜料桶”工具，为文字添加渐变色，效果如图 4-95 所示。

效果所在位置

资源包 > Ch04 > 效果 > 制作马戏团标志.fla。

图 4-95

制作马戏团标志

4.4 课后习题——制作变色文字

习题知识要点

使用“文本”工具，输入文字；使用“颜料桶”工具，改变文字颜色，效果如图 4-96 所示。

效果所在位置

资源包 > Ch04 > 效果 > 制作变色文字.fla。

图 4-96

制作变色文字

第 5 章 外部素材的应用

Flash CS6 可以导入外部的图像和视频素材来增强画面效果。本章将介绍导入外部素材，以及设置外部素材属性的方法。通过对本章的学习，读者可以了解并掌握如何应用 Flash CS6 的强大功能来处理和编辑外部素材，使其与内部素材充分结合，从而制作出更加生动的动画作品。

课堂学习目标

- 了解图像和视频素材的格式
- 掌握图像素材的导入和编辑方法
- 掌握视频素材的导入和编辑方法

5.1 图像素材的应用

Flash 可以导入各种文件格式的矢量图形和位图。

5.1.1 课堂案例——制作冰啤广告

案例学习目标

学习使用转换位图为矢量图命令进行图像的转换。

案例知识要点

使用“转换位图为矢量图”命令，将位图转换为矢量图形，效果如图 5-1 所示。

效果所在位置

资源包 > Ch05 > 效果 > 制作冰啤广告. fla。

图 5-1

制作冰啤广告

STEP 1 选择“文件 > 新建”命令，在弹出的“新建文档”对话框中选择“ActionScript 3.0”选项，将“宽”选项设为 600，“高”选项设为 800，单击“确定”按钮，完成文档的创建。

STEP 2 选择“文件 > 导入 > 导入到库”命令，在弹出的“导入到库”对话框中选择“Ch05 > 素材 > 制作冰啤广告 > 01、02、03”文件，如图 5-2 所示，单击“打开”按钮，文件被导入到“库”面板中，如图 5-3 所示。将“图层 1”重命名为“底图”。将“库”面板中的位图“01”拖曳到舞台窗口中并放置在与舞台中心重叠的位置，如图 5-4 所示。

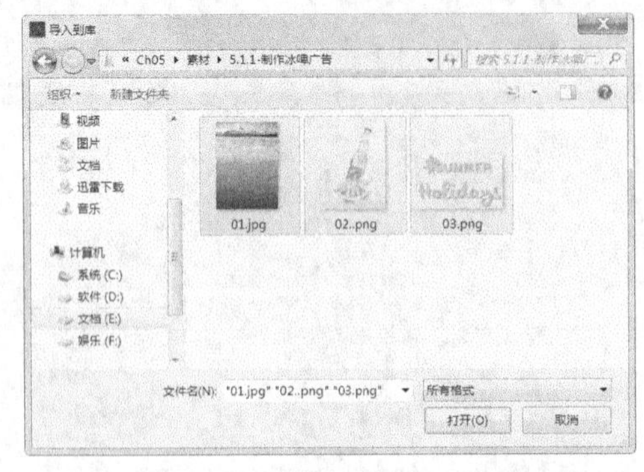

图 5-2

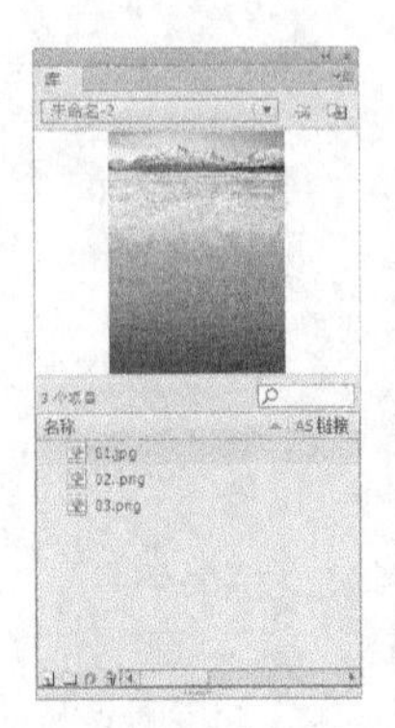

图 5-3

图 5-4

STEP 3 选择“修改 > 位图 > 转换位图为矢量图”命令，弹出“转换位图为矢量图”对话框，在对话框中进行设置，如图 5-5 所示，单击“确定”按钮，效果如图 5-6 所示。

STEP 4 单击“时间轴”面板下方的“新建图层”按钮，创建新图层并将其命名为“啤酒”。将“库”面板中的位图“02”拖曳到舞台窗口中，并放置在适当的位置，如图 5-7 所示。

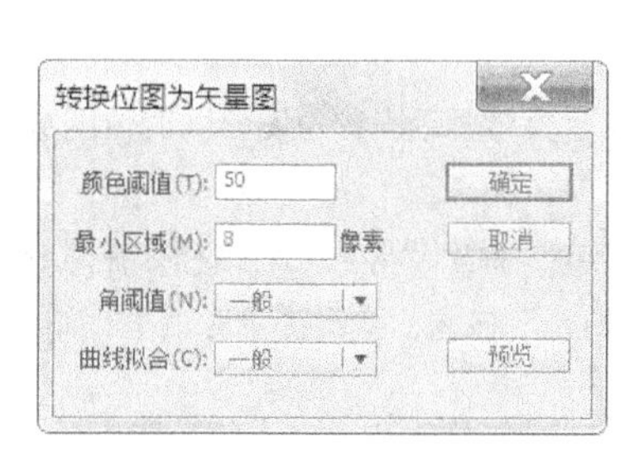

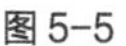

图 5-5

图 5-6

图 5-7

STEP 5 单击“时间轴”面板下方的“新建图层”按钮，创建新图层并将其命名为“文字”。将“库”面板中的位图“03”拖曳到舞台窗口中，并放置在适当的位置，如图 5-8 所示。冰啤广告制作完成，按 Ctrl+Enter 组合键即可查看效果，如图 5-9 所示。

图 5-8

图 5-9

5.1.2 图像素材的格式

Flash CS6 可以导入各种文件格式的矢量图形和位图。矢量图形文件格式包括：FreeHand 文件、Adobe Illustrator 文件、EPS 文件或 PDF 文件。位图格式包括：JPG、GIF、PNG 和 BMP 等格式。

FreeHand 文件：在 Flash 中导入 FreeHand 文件时，可以保留层、文本块、库元件和页面，还可以选择要导入的页面范围。

Illustrator 文件：此文件支持对曲线、线条样式和填充信息的非常精确的转换。

EPS 文件或 PDF 文件：可以导入任何版本的 EPS 文件以及 1.4 版本或更低版本的 PDF 文件。

JPG 格式：是一种压缩格式，可以应用不同的压缩比例对文件进行压缩。压缩后，文件质量损失小，文件量大大降低。

GIF 格式：即位图交换格式，是一种 256 色的位图格式，压缩率略低于 JPG 格式。

PNG 格式：能把位图文件压缩到极限以利于网络传输，能保留所有与位图品质有关的信息。PNG 格式支持透明位图。

BMP 格式：在 Windows 环境下使用最为广泛，而且使用时最不容易出问题。但由于文件量较大，一般在网上传输时，不考虑该格式。

5.1.3 导入图像素材

Flash CS6 可以识别多种不同的位图和向量图的文件格式，可以通过导入或粘贴的方法将素材引入到 Flash CS6 中。

1. 导入到舞台

STEP 1 导入位图到舞台：当导入位图到舞台上时，舞台上将显示出该位图，同时位图被保存在“库”面板中。

选择“文件 > 导入 > 导入到舞台”命令，或按 Ctrl+R 组合键，弹出“导入”对话框，在“导入”对话框中选中要导入的位图图片“01”，如图 5-10 所示，单击“打开”按钮，弹出提示对话框，如图 5-11 所示。

图 5-10

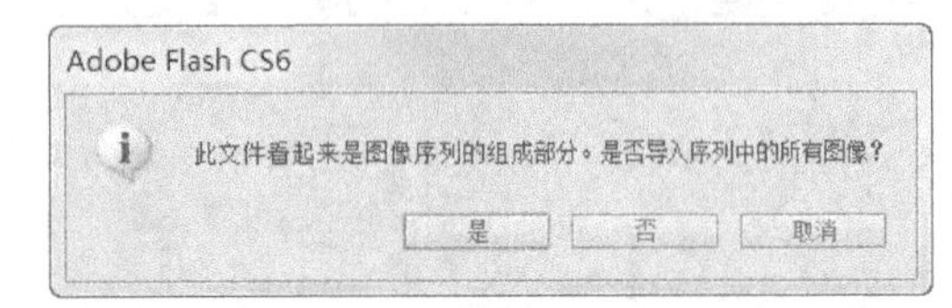

图 5-11

当单击“否”按钮时，选择的位图图片“01”被导入舞台上，这时，舞台、“库”面板和“时间轴”所显示的效果分别如图 5-12、图 5-13 和图 5-14 所示。

图 5-12

图 5-13

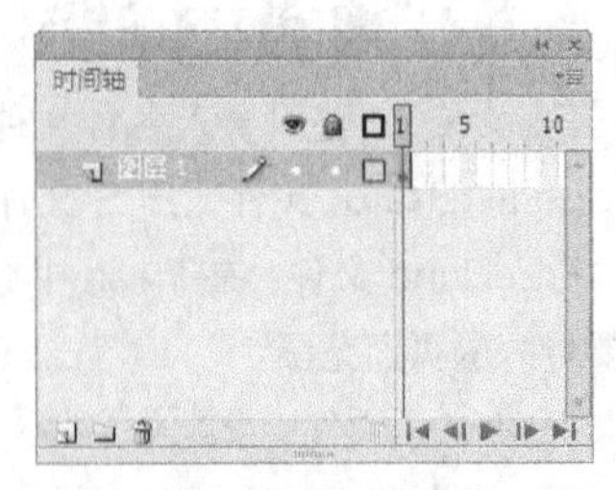

图 5-14

当单击“是”按钮时，位图图片 01 ~ 05 全部被导入舞台上，这时，舞台、“库”面板和“时间轴”所显示的效果分别如图 5-15、图 5-16 和图 5-17 所示。

图 5-15

图 5-16

图 5-17

可以用各种方式将多种位图导入到 Flash CS6 中，也可以从 Flash CS6 中启动 Fireworks 或其他外部图像编辑器，从而在这些编辑应用程序中修改导入的位图。可以对导入位图应用压缩和消除锯齿功能，以控制位图在 Flash CS6 中的大小和外观，还可以将导入位图作为填充应用到对象中。

STEP 2 导入矢量图到舞台：当导入矢量图到舞台上时，舞台上显示该矢量图，但矢量图并不会被保存到“库”面板中。

选择“文件 > 导入 > 导入到舞台”命令，或按 Ctrl+R 组合键，弹出“导入”对话框，在“导入”对话框中选中“06”文件，单击“打开”按钮，弹出“将‘06.ai’导入到舞台”对话框，如图 5-18 所示，单击“确定”按钮，矢量图被导入舞台上，如图 5-19 所示。此时，查看“库”面板，并没有保存矢量图。

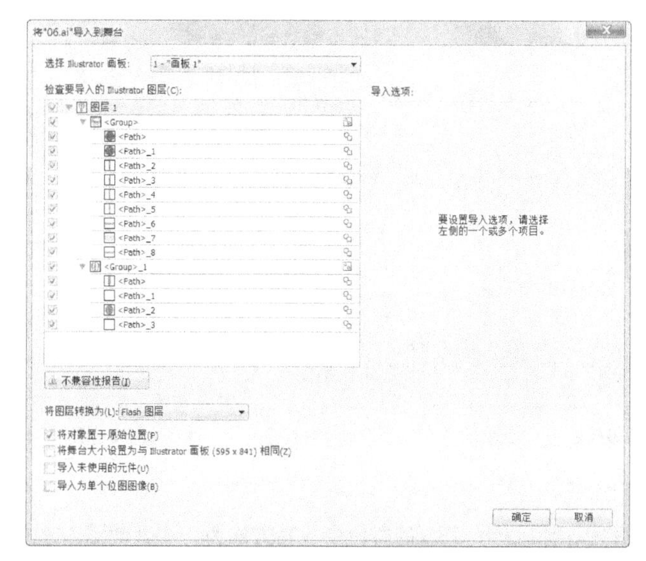

图 5-18

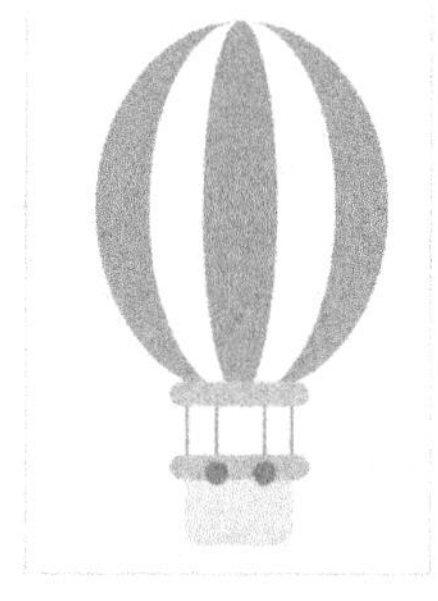

图 5-19

2. 导入到库

STEP 1 导入位图到库：当导入位图到“库”面板时，舞台上不显示该位图，只在“库”面板中进行显示。

选择“文件 > 导入 > 导入到库”命令，弹出“导入到库”对话框，在“导入到库”对话框中选中“02”文件，如图 5-20 所示，单击“打开”按钮，位图被导入“库”面板中，如图 5-21 所示。

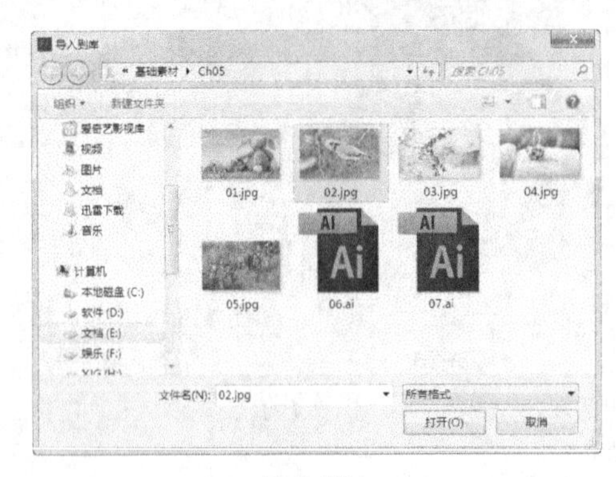

图 5-20　　　　图 5-21

STEP 2 导入矢量图到库：当导入矢量图到“库”面板时，舞台上不显示该矢量图，只在“库”面板中进行显示。

选择“文件 > 导入 > 导入到库”命令，弹出“导入到库”对话框，在对话框中选中“07”文件，单击“打开”按钮，弹出“将‘07.ai’导入到库”对话框，如图 5-22 所示，单击“确定”按钮，矢量图被导入“库”面板中，如图 5-23 所示。

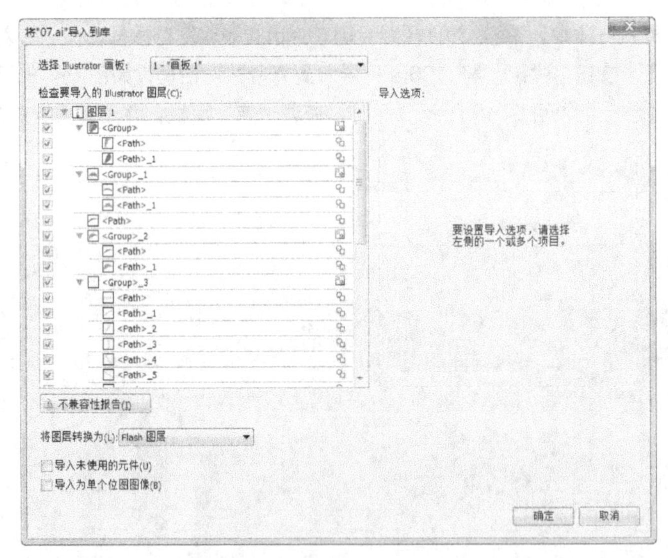

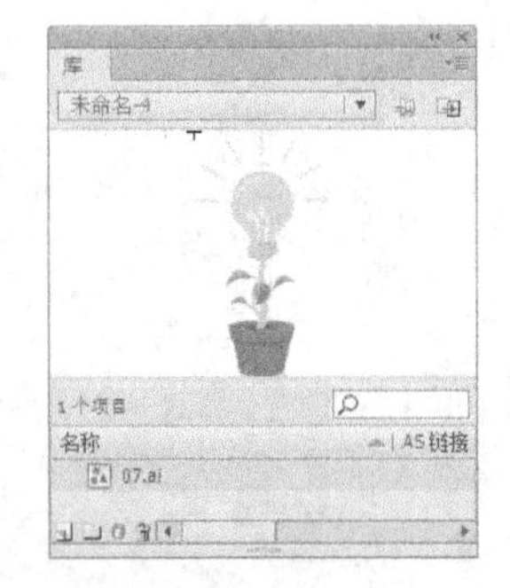

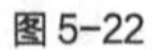

图 5-22　　　　图 5-23

3. 外部粘贴

可以将其他程序或文档中的位图粘贴到 Flash CS6 的舞台中，其方法为，在其他程序或文档中复制图像，选中 Flash CS6 文档，按 Ctrl+V 组合键，将复制的图像进行粘贴，图像出现在 Flash CS6 文档的舞台中。

5.1.4 设置导入位图属性

对于导入的位图，用户可以根据需要消除锯齿从而平滑图像的边缘，或选择压缩选项以减小位图文件的大小，以及格式化文件以便在 Web 上显示。这些变化都需要在“位图属性”对话框中进行设定。

在“库”面板中双击位图图标，如图 5-24 所示，弹出“位图属性”对话框，如图 5-25 所示。

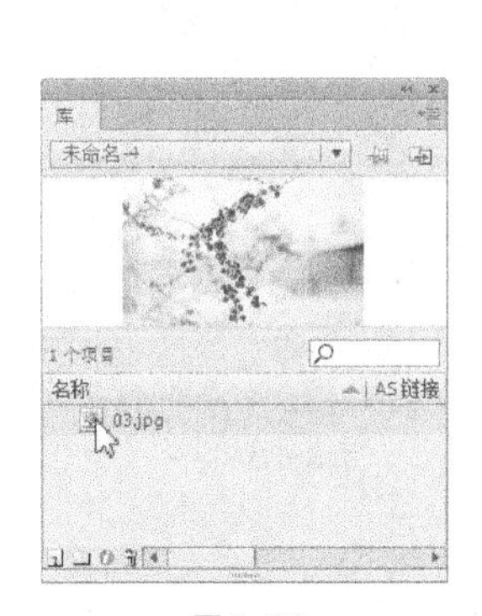

图 5-24

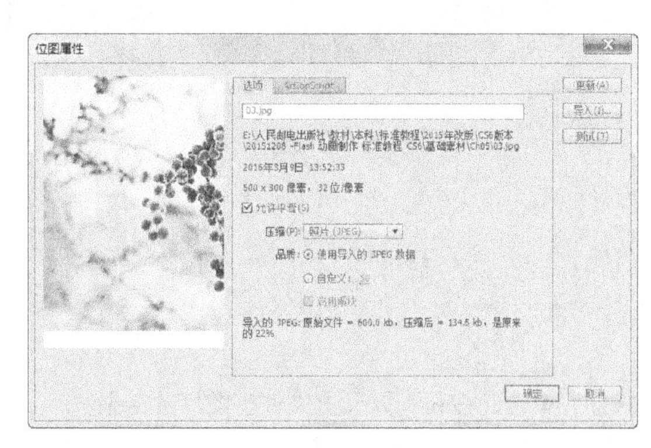

图 5-25

位图浏览区域：对话框的左侧为位图浏览区域，将光标放置在此区域，光标变为手形，拖动鼠标可移动区域中的位图。

位图名称编辑区域：对话框的上方为名称编辑区域，可以在此更换位图的名称。

位图基本情况区域：名称编辑区域下方为基本情况区域，该区域显示了位图的创建日期、文件大小、像素位数，以及位图在计算机中的具体位置。

“允许平滑”选项：利用消除锯齿功能平滑位图边缘。

“压缩”选项：设定通过何种方式压缩图像，它包含以下两种方式。“照片（JPEG）”，以 JPEG 格式压缩图像，可以调整图像的压缩比。“无损（PNG/GIF）”，将使用无损压缩格式压缩图像，这样不会丢失图像中的任何数据。

“使用导入的 JPEG 数据”选项：选择此选项，则位图应用默认的压缩品质。选择“自定义”选项，可以右侧的文本框中输入介于 1～100 的一个值，以指定新的压缩品质，如图 5-26 所示。输入的数值设置越高，保留的图像完整性越大，但是产生的文件量也越大。

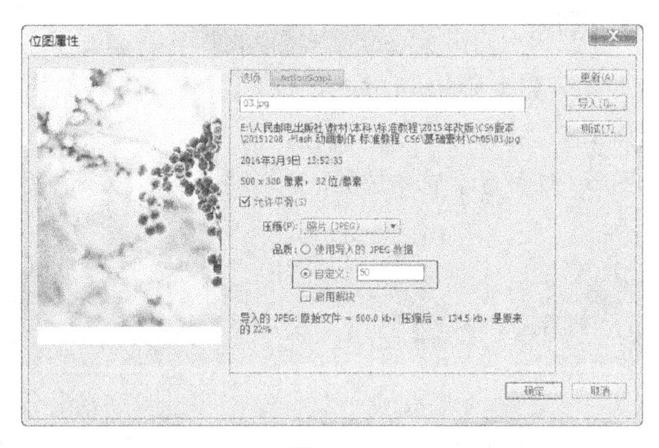

图 5-26

“更新”按钮：如果此图片在其他文件中被更改了，单击此按钮进行刷新。

“导入”按钮：可以导入新的位图，替换原有的位图。单击此按钮，弹出“导入位图”对话框，在对话框中选中要进行替换的位图，如图 5-27 所示，单击“打开”按钮，原有位图被替换，如图 5-28 所示。

图 5-27

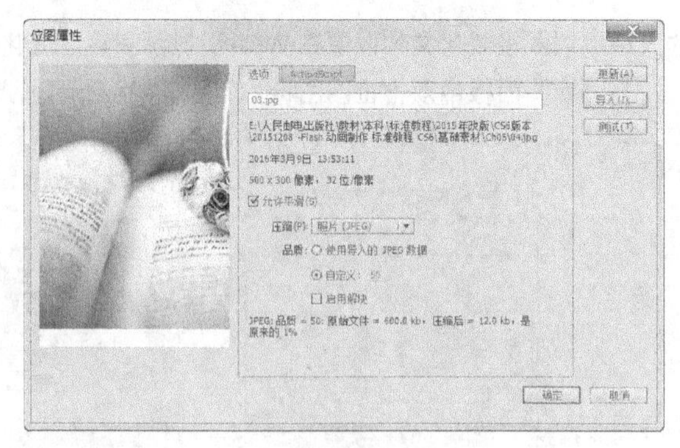

图 5-28

“测试”按钮：单击此按钮可以预览文件压缩后的结果。

在“自定义”选项的数值框中输入数值，如图 5-29 所示，单击“测试”按钮，在对话框左侧的位图浏览区域中，可以观察压缩后的位图质量效果，如图 5-30 所示。

当“位图属性”对话框中的所有选项设置完成后，单击“确定”按钮即可。

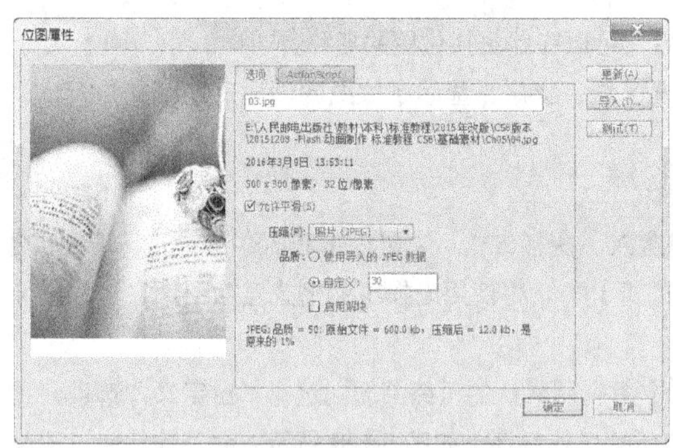

图 5-29

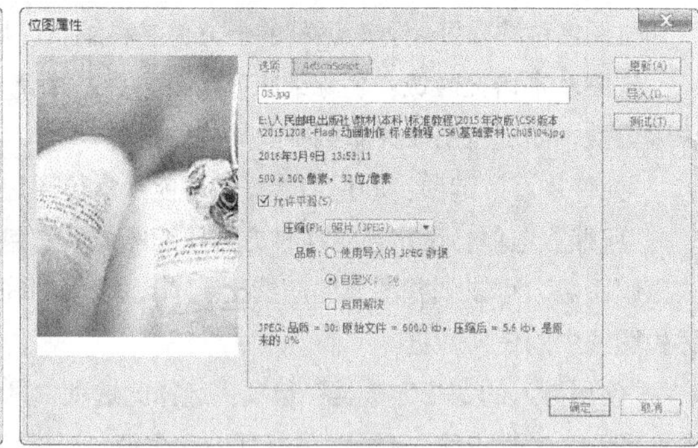

图 5-30

5.1.5 将位图转换为图形

使用 Flash CS6 可以将位图分离为可编辑的图形，位图仍然保留它原来的细节。分离位图后，可以使用绘画工具和涂色工具来选择和修改位图的区域。

在舞台中导入位图，如图 5-31 所示。选中位图，选择“修改 > 分离”命令，或按 Ctrl+B 组合键，将位图打散，如图 5-32 所示。

图 5-31

图 5-32

对打散后的位图进行编辑的方法如下。

选择“刷子”工具，在位图上进行绘制，如图 5-33 所示。若未将图形分离，绘制线条后，线条将在位图的下方显示，如图 5-34 所示。

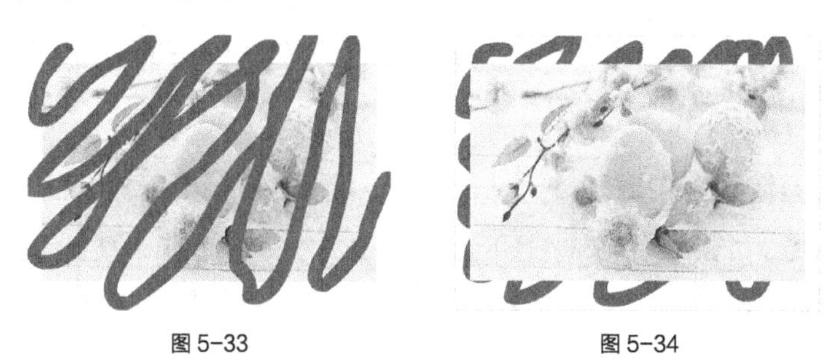

图 5-33　　图 5-34

选择“选择”工具，直接在打散后的图形上拖曳，改变图形形状或删减图形，如图 5-35 和图 5-36 所示。

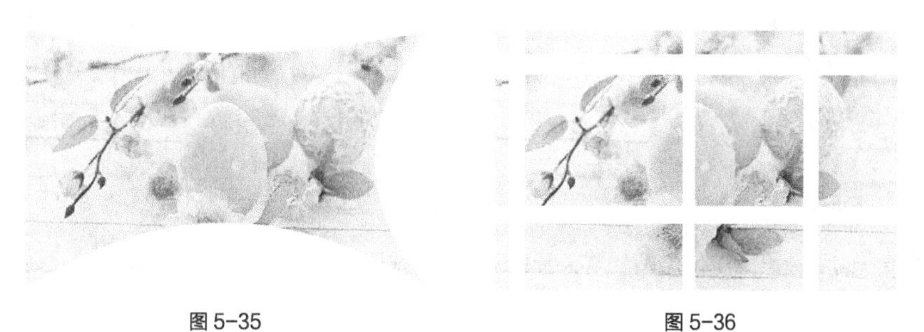

图 5-35　　图 5-36

选择“橡皮擦”工具，擦除图形，如图 5-37 所示。选择“墨水瓶”工具，为图形添加外边框，如图 5-38 所示。

图 5-37

图 5-38

选择“套索”工具，选中工具箱下方的“魔术棒”按钮，在图形的蓝色椭圆上单击鼠标左键，将图形上的蓝色部分选中，如图 5-39 所示，按 Delete 键，删除选中的图形，效果如图 5-40 所示。

图 5-39

图 5-40

将位图转换为图形后，图形不再链接到“库”面板中的位图组件。也就是说，当修改打散后的图形时，不会对“库”面板中相应的位图组件产生影响。

5.1.6 将位图转换为矢量图

在舞台中导入位图，如图 5-41 所示。选中位图，选择“修改 > 位图 > 转换位图为矢量图”命令，弹出“转换位图为矢量图”对话框，在对话框中设置参数，如图 5-42 所示，单击“确定”按钮，位图转换为矢量图，效果如图 5-43 所示。

图 5-41

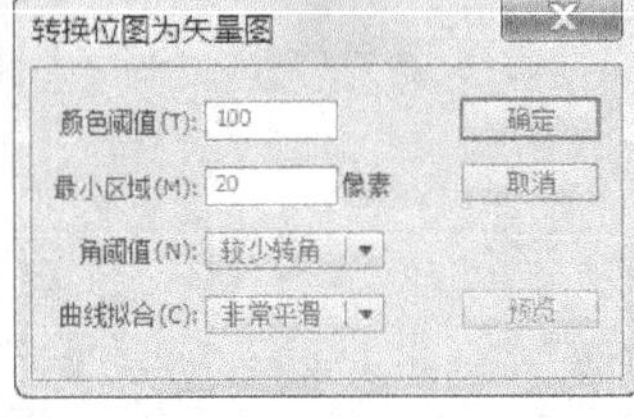

图 5-42

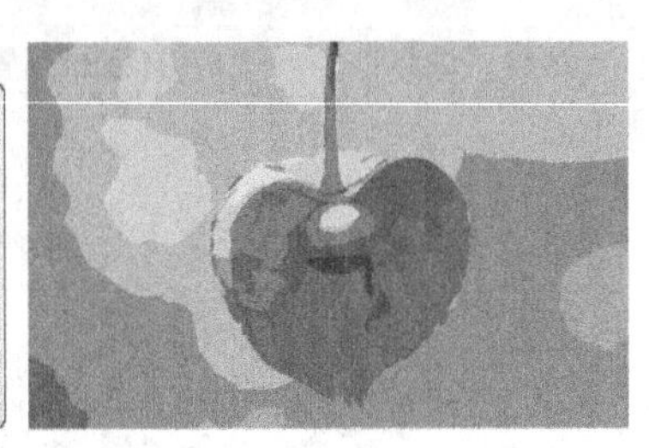

图 5-43

“颜色阈值”选项：设置将位图转化成矢量图形时的色彩细节。数值的输入范围为 0 ~ 500，该值越大，图像越细腻。

“最小区域”选项：设置将位图转化成矢量图形时色块的大小。数值的输入范围为 0 ~ 1000，该值越大，色块越大。

“曲线拟合”选项：设置在转换过程中对色块处理的精细程度。图形转化时边缘越光滑，对原图像细节的失真程度越高。

“角阈值”选项：定义角转化的精细程度。

在“转换位图为矢量图”对话框中，设置不同的数值，所产生的效果也不相同，如图 5-44 所示。

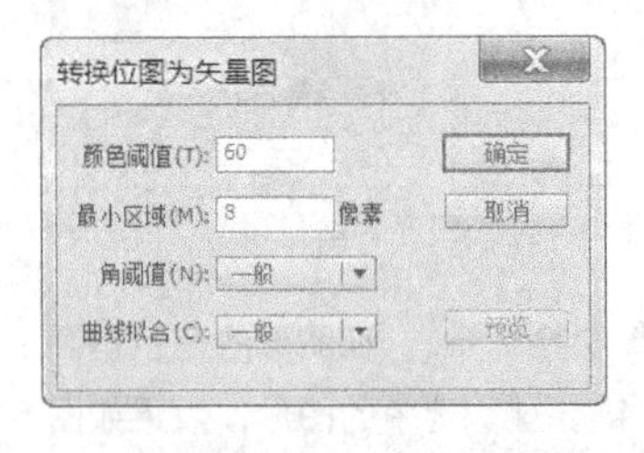

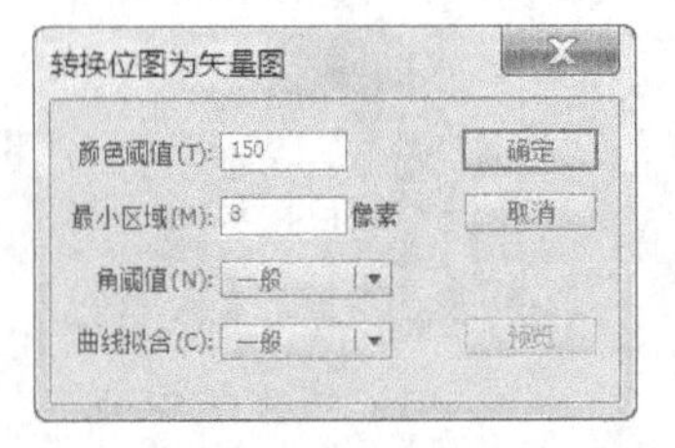

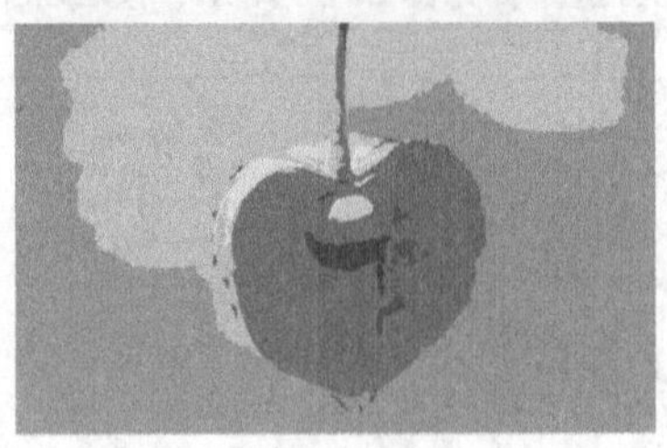

图 5-44

将位图转换为矢量图形后，可以应用“颜料桶”工具为其重新填色。选择“颜料桶”工具，将“填充颜色”设置为蓝色（0099FF），在图形的背景区域单击，将背景区域填充为蓝色，如图 5-45 所示。

将位图转换为矢量图形后，还可以用“滴管”工具对图形进行采样，然后将其用做填充。选择“滴管”工具，光标变为，在红色心形上单击，吸取心形的色彩值，如图 5-46 所示，吸取后，光标变为，在适当的位置上单击，用吸取的颜色进行填充，如图 5-47 所示。

图 5-45

图 5-46

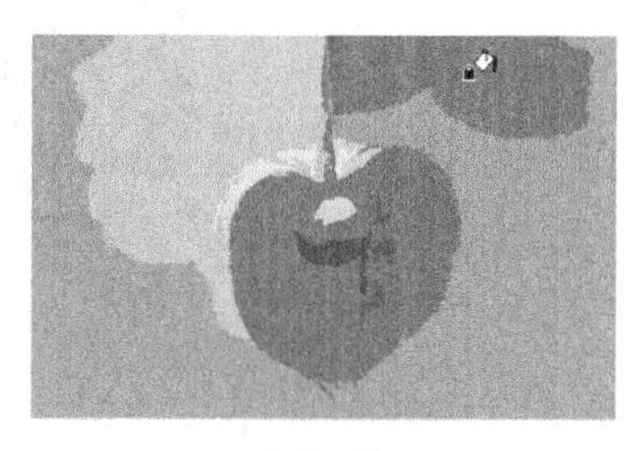

图 5-47

5.2 视频素材的应用

在 Flash CS6 中，可以导入外部的视频素材并将其应用到动画作品中，也可以根据需要导入不同格式的视频素材并设置视频素材的属性。

5.2.1 课堂案例——制作高尔夫广告

案例学习目标

学习使用导入命令导入视频，使用变形工具调整视频的大小。

案例知识要点

使用“导入”命令，导入视频；使用“任意变形”工具，调整视频的大小，效果如图 5-48 所示。

效果所在位置

资源包 > Ch05 > 效果 > 制作高尔夫广告. fla。

图 5-48

制作高尔夫广告

STEP 1 选择“文件 > 新建”命令，在弹出的“新建文档”对话框中选择“ActionScript 3.0”选项，将“宽”选项设为 600，“高”选项设为 600，单击“确定”按钮，完成文档的创建。

STEP 2 选择“文件 > 导入 > 导入到舞台”命令，在弹出的“导入”对话框中选择“Ch05 > 素材 > 制作高尔夫广告 > 01”文件，单击“打开”按钮，文件被导入到舞台窗口中，效果如图 5-49 所示。

在“时间轴”面板中将“图层 1”重新命名为“底图”，如图 5-50 所示。

图 5-49

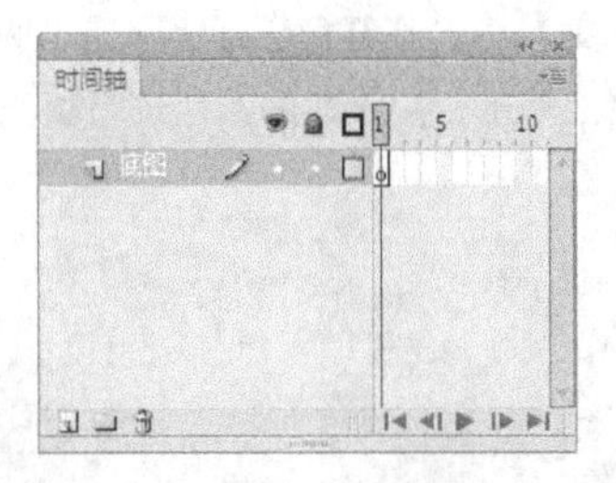

图 5-50

STEP 3 单击“时间轴”面板下方的“新建图层”按钮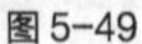，创建新图层并将其命名为“视频”。选择“文件 > 导入 > 导入视频”命令，在弹出的“导入视频”对话框中单击“浏览”按钮，在弹出的“打开”对话框中选择“Ch05 > 素材 > 制作高尔夫广告 > 02”文件，如图 5-51 所示，单击“打开”按钮，回到“导入视频”对话框中，点选“在 SWF 中嵌入 FLV 并在时间轴中播放”选项，如图 5-52 所示。

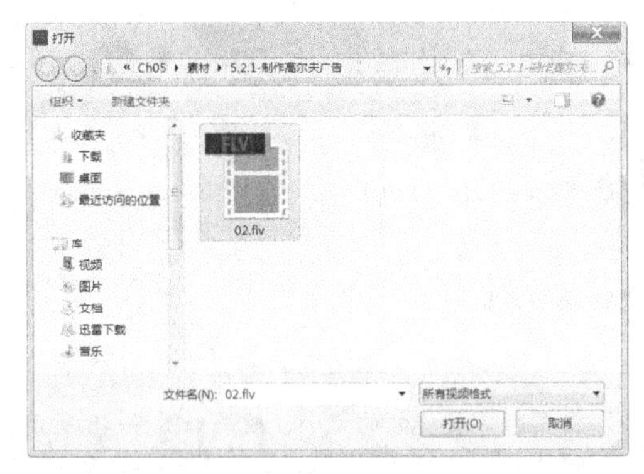

图 5-51

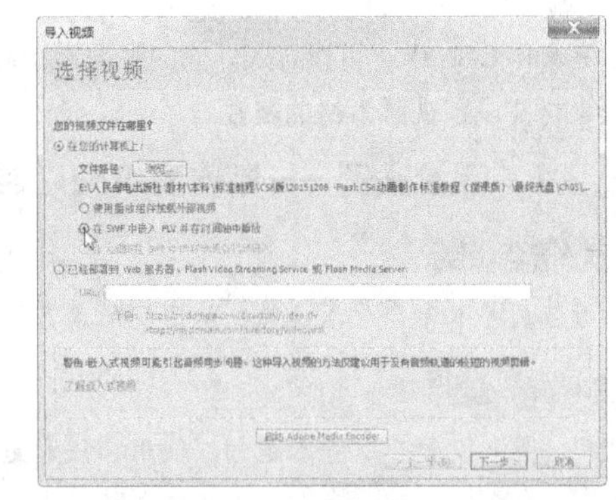

图 5-52

STEP 4 单击“下一步”按钮，弹出“嵌入”对话框，对话框中的设置如图 5-53 所示。单击“下一步”按钮，弹出“完成视频导入”对话框，如图 5-54 所示，单击“完成”按钮完成视频的导入，“02”视频文件被导入到舞台窗口中，如图 5-55 所示。

STEP 5 选中“底图”图层的第 173 帧，按 F5 键，插入普通帧，如图 5-56 所示。

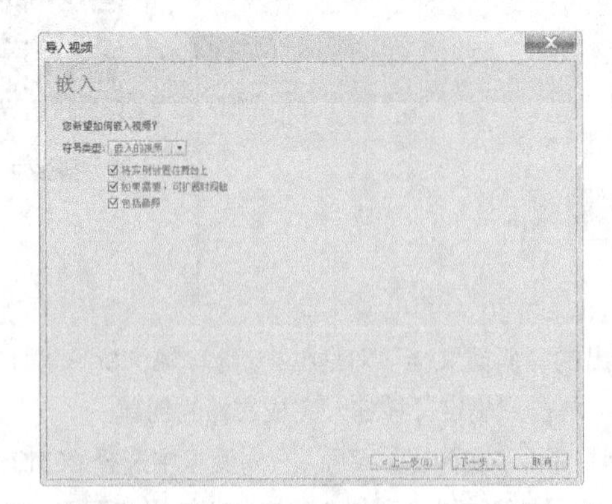

图 5-53

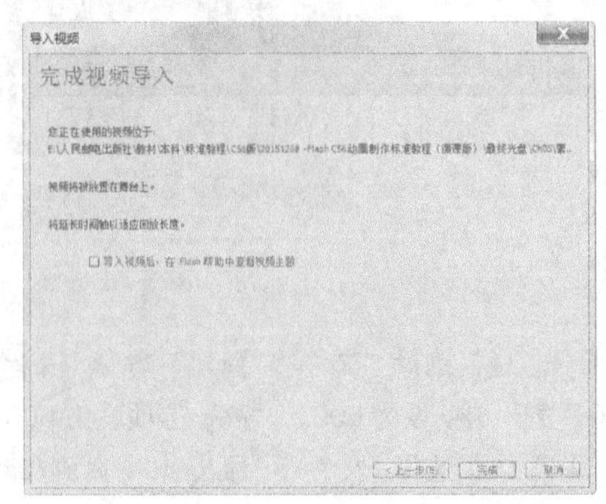

图 5-54

图 5-55

图 5-56

STEP 6 选中舞台窗口中的视频实例，选择“任意变形”工具，在视频的周围出现控制点，将光标放在视频右下方的控制点上，光标变为，按住 Alt 键的同时单击鼠标不放，向右侧拖曳控制点到适当的位置，松开鼠标，视频放大。将视频放置到适当的位置，在舞台窗口的任意位置单击鼠标，取消对视频的选取，效果如图 5-57 所示。高尔夫广告制作完成，按 Ctrl+Enter 组合键即可查看效果，效果如图 5-58 所示。

图 5-57

图 5-58

5.2.2 视频素材的格式

在 Flash CS6 中可以导入 MOV（QuickTime 影片）、AVI（音频视频交叉文件）和 MPG/MPEG（运动图像专家组文件）格式的视频素材，最终将带有嵌入视频的 Flash CS6 文档以 SWF 格式的文件发布，或将带有链接视频的 Flash CS6 文档以 MOV 格式的文件发布。

5.2.3 导入视频素材

Macromedia Flash Video（FLV）文件可以导入或导出带编码音频的静态视频流。适用于通信应用程序，如视频会议或包含从 Adobe 的 Macromedia Flash Media Server 中导出的屏幕共享编码数据的文件。

要导入 FLV 格式的文件，可以选择“文件 > 导入 > 导入视频”命令，弹出“导入视频”对话框，单击“浏览”按钮，弹出“打开”对话框，在对话框中选择“基础素材 > Ch05 > 10”文件，如图 5-59 所示。单击“打开”按钮，返回到“导入视频”对话框，在对话框中点选“在 SWF 中嵌入 FLV 并在时间轴中播放”单选项，如图 5-60 所示，单击“下一步”按钮。

进入“嵌入”对话框，如图 5-61 所示。单击“下一步”按钮，弹出“完成视频导入”对话框，如图 5-62 所示，单击“完成”按钮完成视频的编辑。

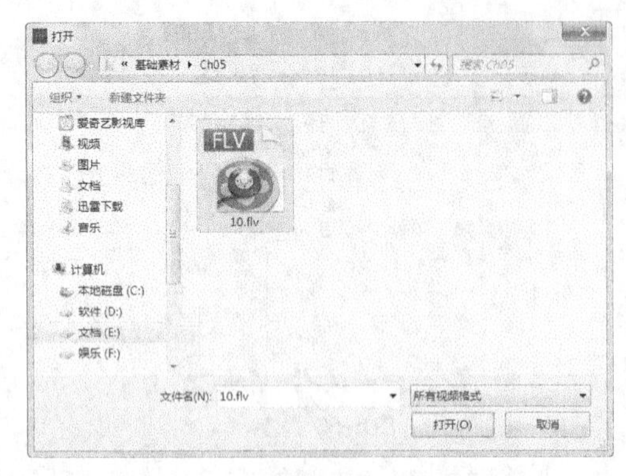

图 5-59

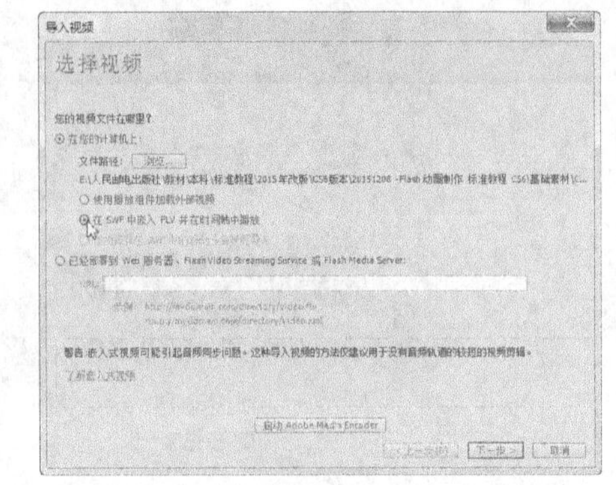

图 5-60

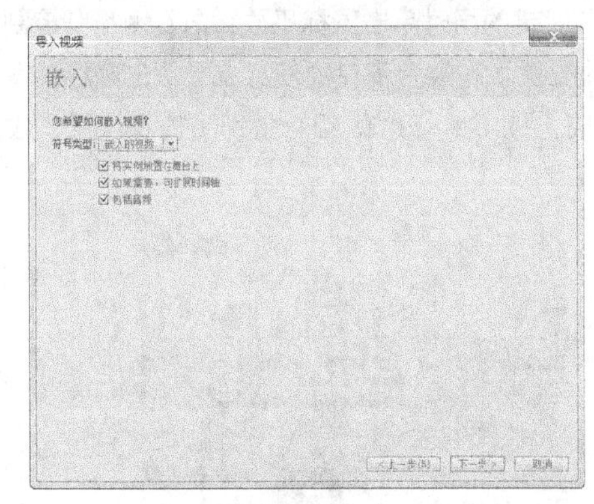

图 5-61

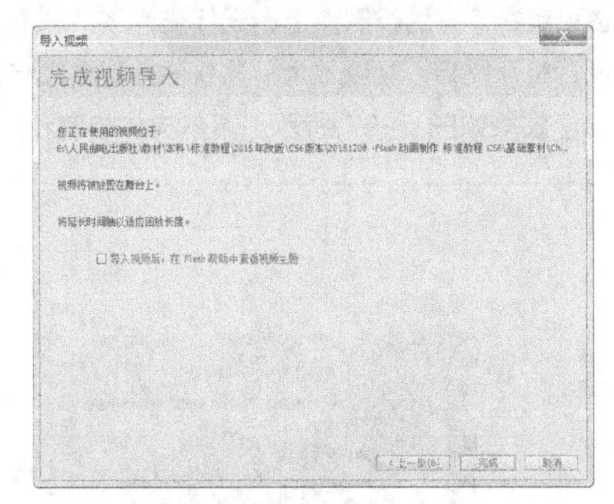

图 5-62

此时，“舞台窗口”“时间轴”和“库”面板中的效果如图 5-63、图 5-64 和图 5-65 所示。

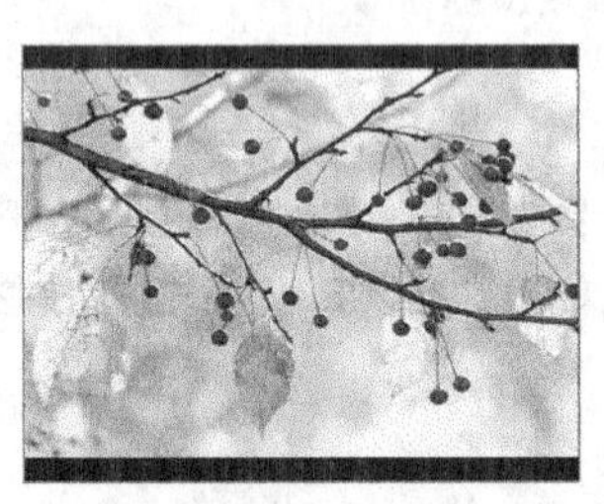

图 5-63

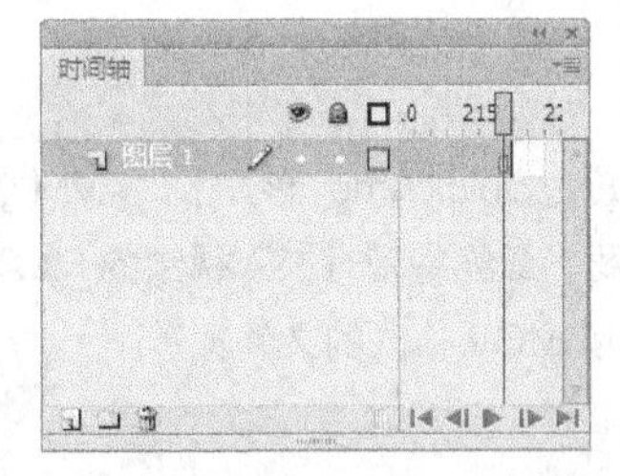

图 5-64

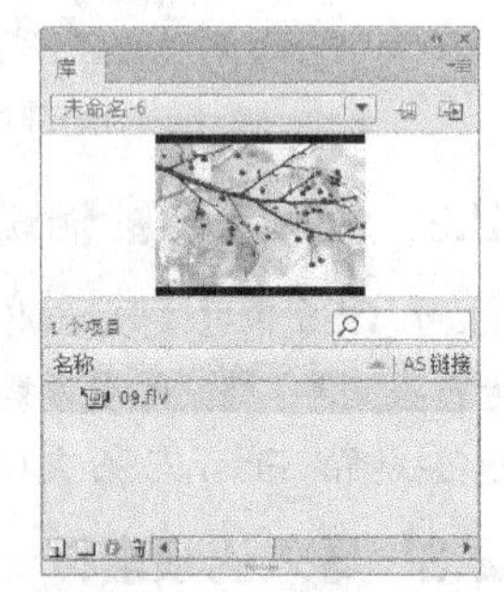

图 5-65

5.2.4 视频的属性

在“属性”面板中可以更改导入视频的属性。选中视频，选择“窗口 > 属性”命令，弹出视频“属性”面板，如图 5-66 所示。

“实例名称”选项：可以设定嵌入视频的名称。

“宽”“高”选项：可以设定视频的宽度和高度。

“X”“Y”选项：可以设定视频在场景中的位置。

“交换”按钮：单击此按钮，弹出“交换视频”对话框，可以将视频剪辑与另一个视频剪辑交换。

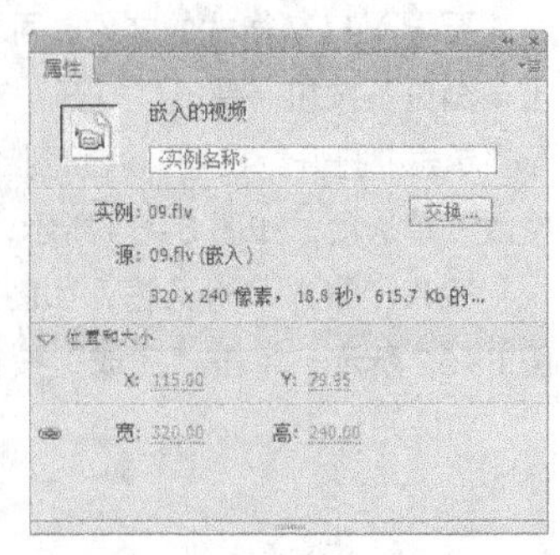

图 5-66

5.3 课堂练习——制作青花瓷鉴赏

练习知识要点

使用“转换位图为矢量图”命令，将位图转换为矢量图，效果如图 5-67 所示。

效果所在位置

资源包 > Ch05 > 效果 > 制作青花瓷鉴赏.fla。

图 5-67

制作青花瓷鉴赏

5.4 课后习题——制作旅游广告

习题知识要点

使用“导入视频”命令，导入视频；使用“任意变形”工具，调整视频的大小；使用“遮罩”命令，调整视频的显示外观，效果如图 5-68 所示。

效果所在位置

资源包 > Ch05 > 效果 > 制作旅游广告.fla。

图 5-68

制作旅游广告

第 6 章 元件和库

在 Flash CS6 中，元件起着举足轻重的作用。通过重复应用元件，可以提高工作效率、减少文件量。本章将介绍元件的创建、编辑、应用，以及“库”面板的使用方法。通过对本章的学习，读者可以了解并掌握如何应用元件的相互嵌套及重复应用来制作出变化无穷的动画效果。

课堂学习目标

- 掌握元件的类型和创建方法
- 熟悉运用“库”面板编辑元件
- 掌握实例的创建与应用方法

6.1 元件与库面板

元件就是可以被不断重复使用的特殊对象符号。当不同的舞台剧幕上有相同的对象进行表演时，用户可先建立该对象的元件，需要时只需在舞台上创建该元件的实例即可。在 Flash CS6 文档的“库”面板中可以存储创建的元件以及导入的文件。只要建立 Flash CS6 文档，就可以使用相应的库。

6.1.1 课堂案例——制作城市动画

案例学习目标

学习使用新建元件按钮添加图形和影片剪辑元件。

案例知识要点

使用“关键帧”命令和“创建传统补间”命令，制作汽车影片剪辑元件；使用“属性”面板，调整元件的色调，效果如图 6-1 所示。

效果所在位置

资源包 > Ch06 > 效果 > 制作城市动画.fla。

图 6-1

1. 导入素材制作文字动画

STEP 1 选择“文件 > 新建”命令，在弹出的“新建文档”对话框中选择“ActionScript 2.0”选项，将“宽”选项设为 600，“高”选项设为 600，单击“确定”按钮，完成文档的创建。

制作城市动画 1

STEP 2 选择“文件 > 导入 > 导入到库”命令，在弹出的“导入到库”对话框中选择“Ch06 > 素材 > 制作城市动画 > 01 ~ 03”文件，单击“打开”按钮，文件被导入到“库”面板中，如图 6-2 所示。

STEP 3 在“库”面板下方单击“新建元件”按钮，弹出“创建新元件”对话框，在“名称”选项的文本框中输入“车轮”，在“类型”选项的下拉列表中选择“图形”选项，单击“确定”按钮，新建图形元件“车轮”，如图 6-3 所示。舞台窗口也随之转换为图形元件的舞台窗口。

STEP 4 将“库”面板中的位图“03”文件拖曳到舞台窗口中，并放置在舞台中适当的位置，效果如图 6-4 所示。使用相同的方法将“库”面板中的位图“02”文件，制作成图形元件“车身”，如图 6-5 所示。

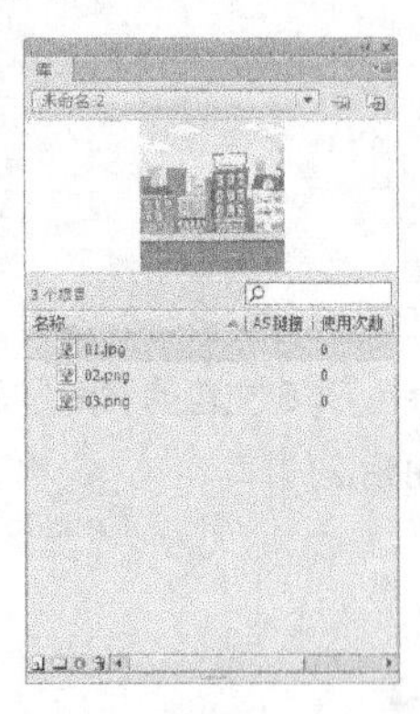
图 6-2

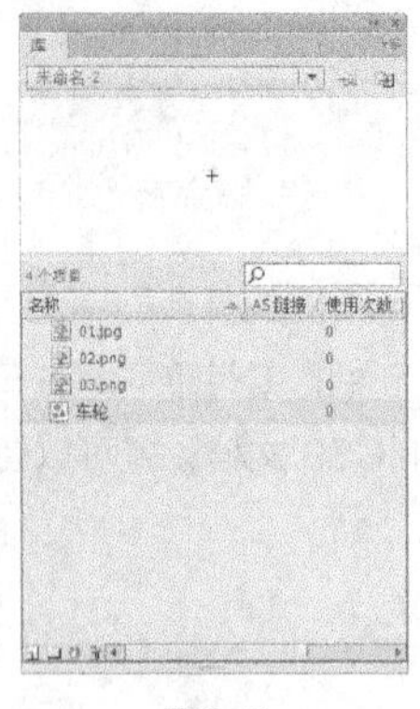
图 6-3

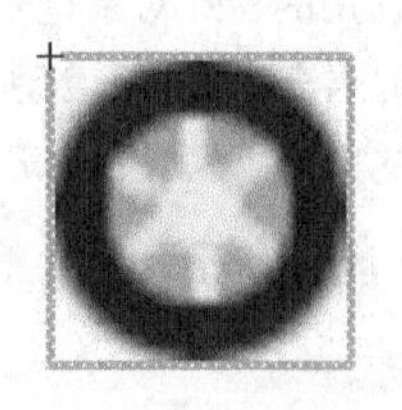
图 6-4

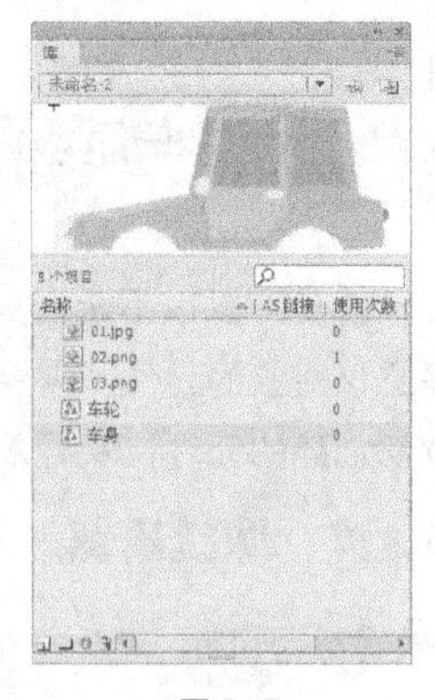
图 6-5

STEP 5 在“库”面板下方单击“新建元件”按钮，弹出“创建新元件”对话框，在“名称”选项的文本框中输入“文字动”，在“类型”选项的下拉列表中选择“影片剪辑”选项，单击“确定”按钮，新建影片剪辑元件“文字动”，如图 6-6 所示。舞台窗口也随之转换为影片剪辑元件的舞台窗口。

STEP 6 选择“文本”工具，在文本工具“属性”面板中进行设置，在舞台窗口中适当的位置输入大小为 30、字体为“方正毡笔黑简体”的黑色文字，文字效果如图 6-7 所示。

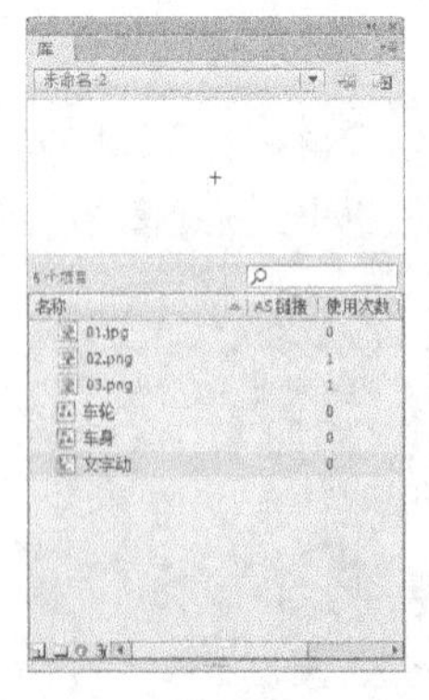
图 6-6

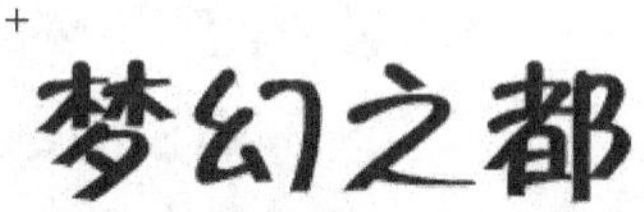

梦幻之都

图 6-7

STEP 7 选择“选择”工具，在舞台窗口中选中文字，如图 6-8 所示，按 Ctrl+T 组合键，弹出“变形”面板，将“旋转”选项设为-2.7，如图 6-9 所示，按 Enter 键确定操作，效果如图 6-10 所示。

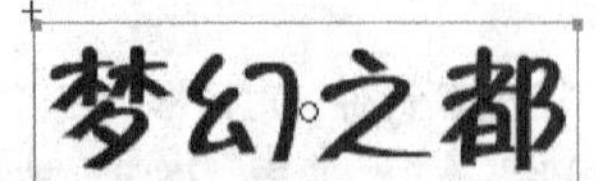

图 6-8

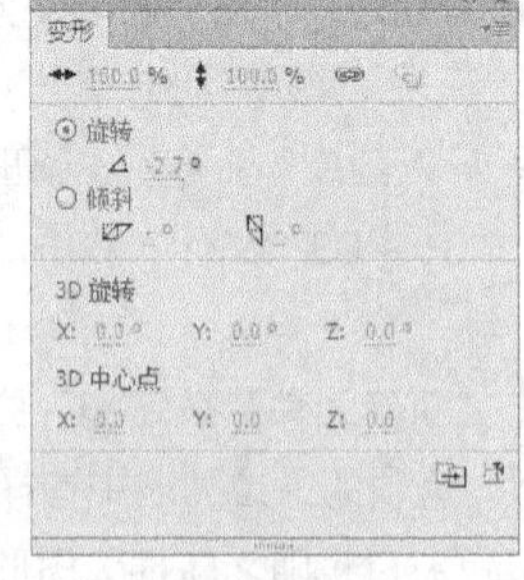

图 6-9

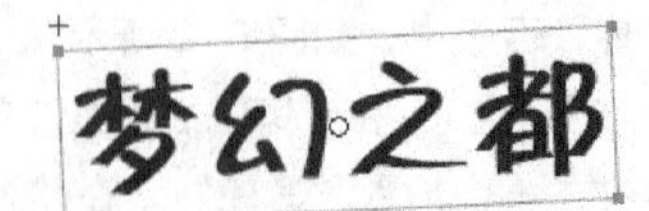

图 6-10

STEP 8 按两次 Ctrl+B 组合键，将文字打散。分别选中“图层 1”的第 15 帧和第 30 帧，按 F6 键，插入关键帧。选中“图层 1”的第 45 帧，按 F5 键，插入普通帧。选中“图层 1”的第 15 帧，在舞台窗口中选中文字，在工具箱中将“填充颜色”设为红色（#FF0000），效果如图 6-11 所示。选中“图层 1”的第 30 帧，在舞台窗口中选中文字，在工具箱中将“填充颜色”设为黄色（#FF9933），效果如图 6-12 所示。

梦幻之都

图 6-11

梦幻之都

图 6-12

2. 制作汽车动画

制作城市动画 2

STEP 1 在“库”面板下方单击“新建元件”按钮，弹出“创建新元件”对话框，在“名称”选项的文本框中输入“车轮动”，在“类型”选项的下拉列表中选择“影片剪辑”选项，单击“确定”按钮，新建影片剪辑元件“车轮动”。舞台窗口也随之转换为影片剪辑元件的舞台窗口。

STEP 2 将“库”面板中的图形元件“车轮”拖曳到舞台窗口中，如图 6-13 所示。选中“图层 1”的第 10 帧，按 F6 键，插入关键帧。用鼠标右键单击“图层 1”的第 1 帧，在弹出的快捷菜单中选择“创建传统补间”命令，生成传统补间动画，如图 6-14 所示。

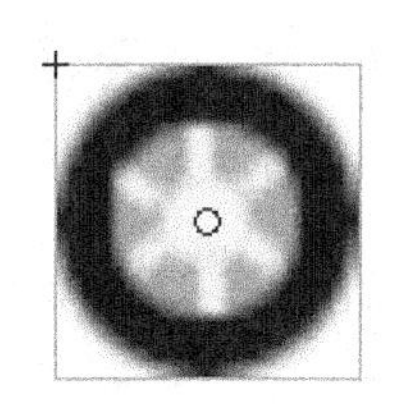

图 6-13

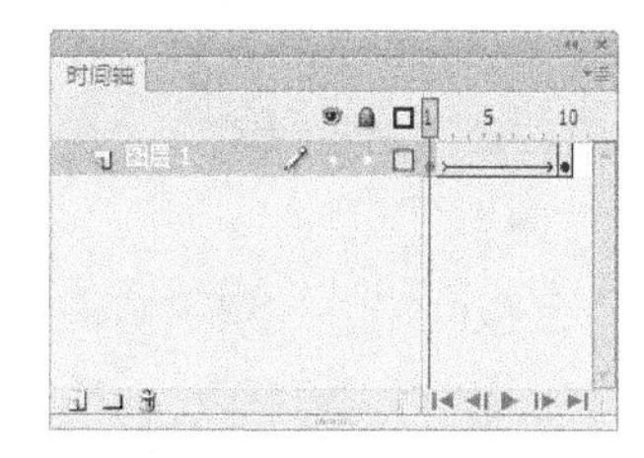

图 6-14

STEP 3 选中“图层 1”的第 1 帧，在帧“属性”面板中选择“补间”选项组，在“旋转”选项的下拉列表中选择“顺时针”，将“旋转次数”选项设为 1，如图 6-15 所示。

STEP 4 在“库”面板下方单击“新建元件”按钮，弹出“创建新元件”对话框，在“名称”选项的文本框中输入“汽车动 1”，在“类型”选项的下拉列表中选择“影片剪辑”选项，单击“确定”按钮，新建影片剪辑元件“汽车动 1”，如图 6-16 所示。舞台窗口也随之转换为影片剪辑元件的舞台窗口。

STEP 5 将“图层 1”重命名为“车身”。将“库”面板中的位图“02”拖曳到舞台窗口中，并放置在适当的位置，如图 6-17 所示。

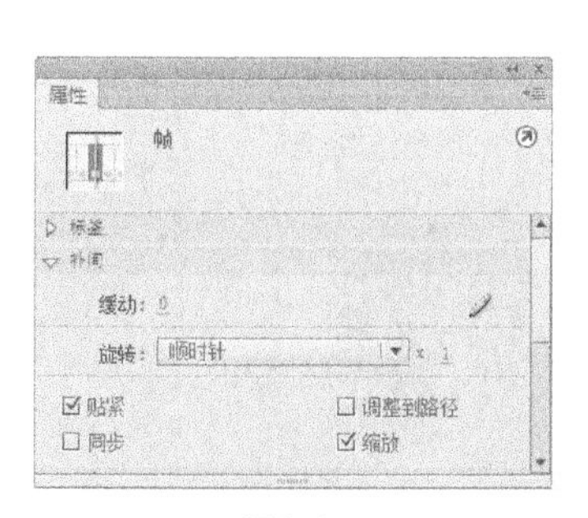

图 6-15

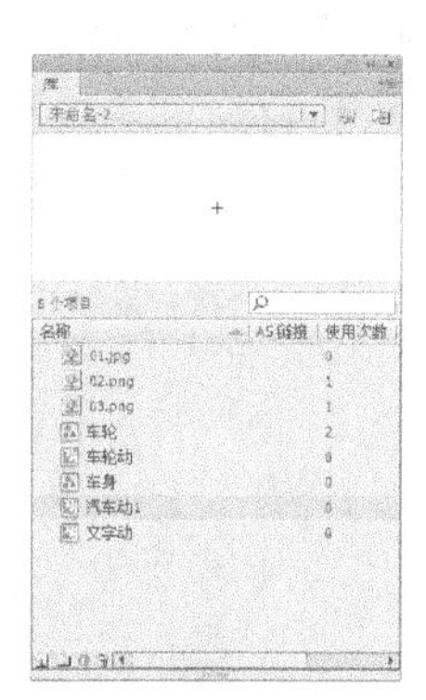

图 6-16

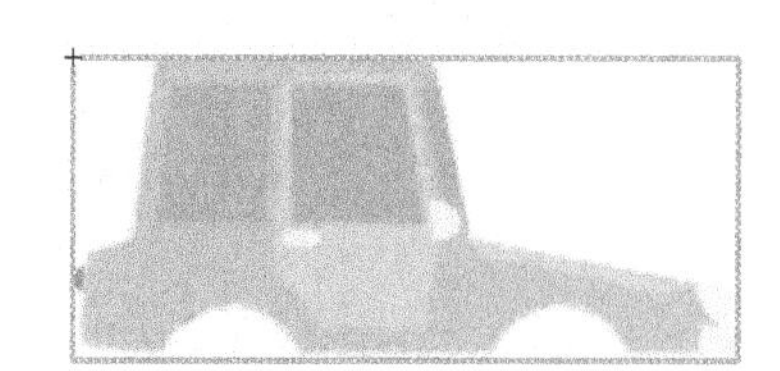

图 6-17

STEP 6 在“时间轴”面板中创建新图层并将其命名为“车轮”。将“库”面板中的影片剪辑元件“车轮动”拖曳到舞台窗口中，并放置在适当的位置，如图 6-18 所示。按住 Alt+Shift 组合键，用鼠标将“车轮动”实例拖曳到适当的位置，进行复制，效果如图 6-19 所示。

图 6-18　　图 6-19

STEP 7 在“时间轴”面板中将“车轮”图层拖曳到“车身”图层的下方，如图 6-20 所示，效果如图 6-21 所示。

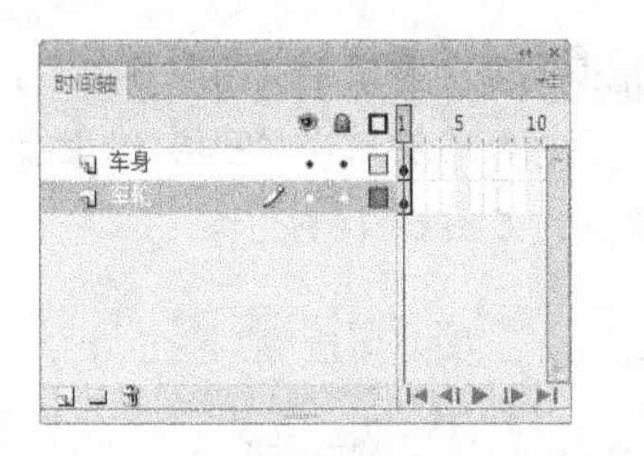

图 6-20

图 6-21

STEP 8 在“库”面板中新建一个影片剪辑元件“汽车动 2”。舞台窗口也随之转换为影片剪辑元件的舞台窗口。将“图层 1”重命名为“车身”。将“库”面板中的图形元件“车身”拖曳到舞台窗口中，并放置在适当的位置，如图 6-22 所示。选择“修改 > 变形 > 水平翻转”命令，将选中的实例水平翻转，效果如图 6-23 所示。

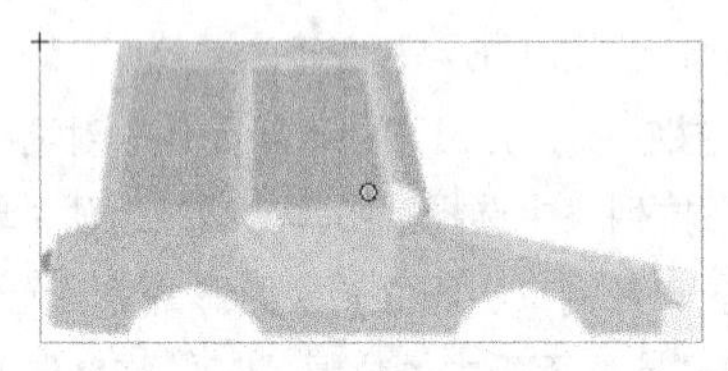

图 6-22

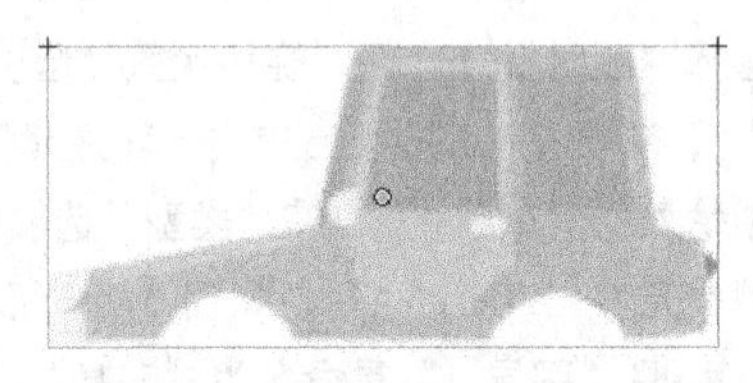

图 6-23

STEP 9 在图形“属性”面板中选择“色彩效果”选项组，在“样式”选项下拉列表中选择“高级”，各选项的设置如图 6-24 所示，舞台窗口中的效果如图 6-25 所示。

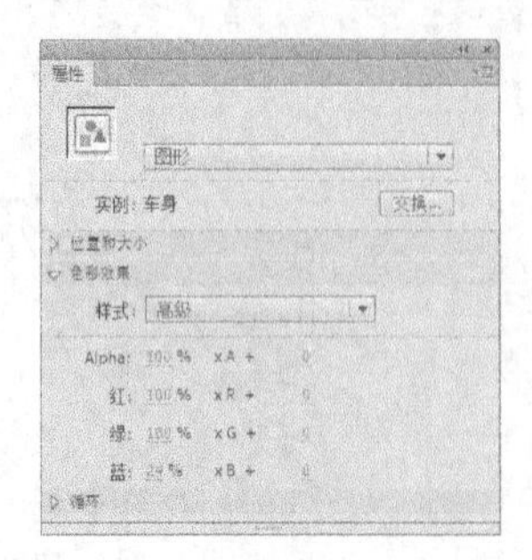

图 6-24

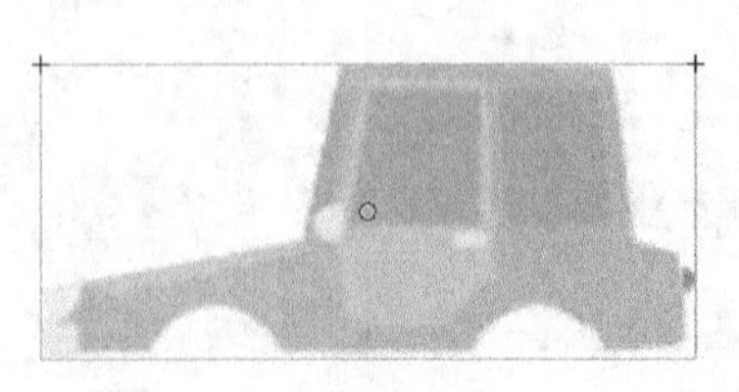

图 6-25

STEP 10 在“时间轴”面板中创建新图层并将其命名为“车轮”。将“库”面板中的影片剪辑元件“车轮动”拖曳到舞台窗口中，并放置在适当的位置，如图 6-26 所示。按住 Alt+Shift 组合键的同时，用鼠标将“车轮动”实例拖曳到适当的位置，进行复制，效果如图 6-27 所示。

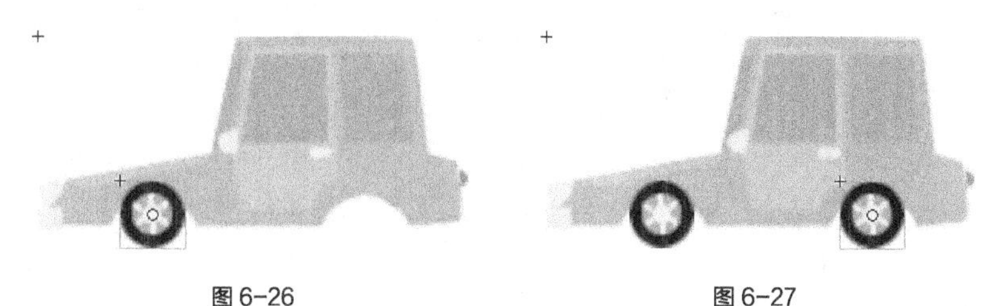

图 6-26　　图 6-27

STEP 11 在“时间轴”面板中将“车轮”图层拖曳到“车身”图层的下方，如图 6-28 所示，效果如图 6-29 所示。

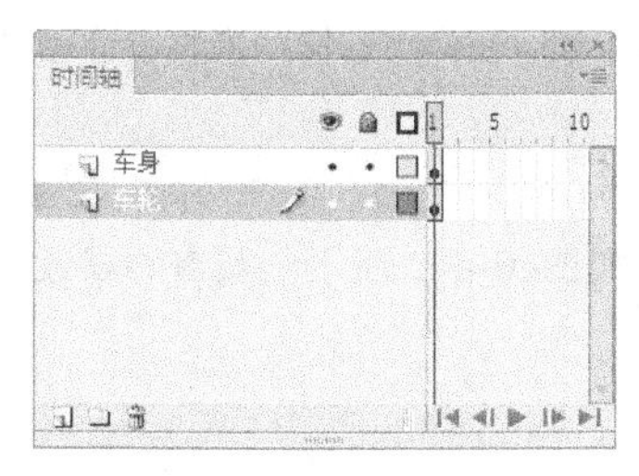

图 6-28

图 6-29

3. 制作场景动画

制作城市动画 3

STEP 1 单击舞台窗口左上方的“场景 1”图标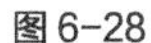，进入“场景 1”的舞台窗口。将“图层 1”重新命名为“底图”。将“库”面板中的位图“01”拖曳到舞台窗口的中心位置，效果如图 6-30 所示。选中“底图”图层的第 120 帧，按 F5 键，插入普通帧。

STEP 2 在“时间轴”面板中创建新图层并将其命名为“汽车动 2”。选中“汽车动 2”图层的第 25 帧，按 F6 键，插入关键帧。将“库”面板中的影片剪辑元件“汽车动 2”拖曳到舞台窗口的右外侧，如图 6-31 所示。

图 6-30

图 6-31

STEP 3 选中“汽车动 2”图层的第 120 帧，按 F6 键，插入关键帧。在舞台窗口中将“汽车动 2”实例水平向左拖曳到舞台窗口的左外侧，如图 6-32 所示。用鼠标右键单击“汽车动 2”图层的第 25 帧，在弹出的快捷菜单中选择“创建传统补间”命令，生成传统补间动，如图 6-33 所示。

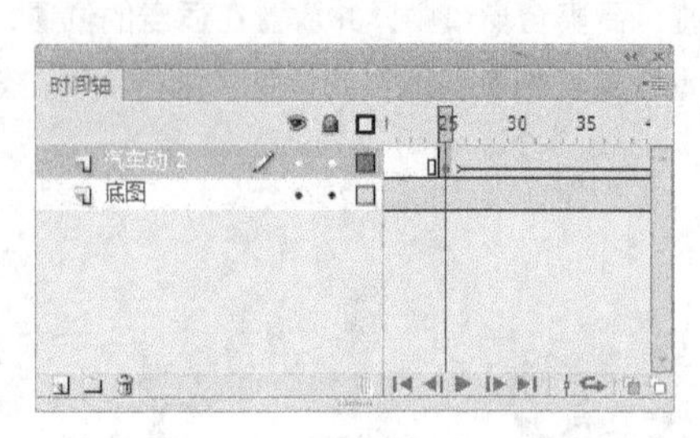

图 6-32　　图 6-33

STEP 4 在“时间轴”面板中创建新图层并将其命名为“汽车动 1”。将“库”面板中的影片剪辑元件“汽车动 1”拖曳到舞台窗口的左外侧，如图 6-34 所示。选中“汽车动 1”图层的第 90 帧，按 F6 键，插入关键帧。在舞台窗口中将“汽车动 1”实例水平向右拖曳到舞台窗口的右外侧，如图 6-35 所示。

STEP 5 用鼠标右键单击“汽车动 1”图层的第 1 帧，在弹出的快捷菜单中选择“创建传统补间”命令，生成传统补间动。

STEP 6 在“时间轴”面板中创建新图层并将其命名为“文字”。将“库”面板中的影片剪辑元件“文字”拖曳到舞台窗口中，并放置在适当的位置，如图 6-36 所示。城市动画效果制作完成，按 Ctrl+Enter 组合键即可查看效果。

图 6-34

图 6-35

图 6-36

6.1.2　元件的类型

1．图形元件

图形元件一般用于创建静态图像或创建可重复使用的、与主时间轴关联的动画，它有自己的编辑区和时间轴。如果在场景中创建元件的实例，那么实例将受到主场景中时间轴的约束。换句话说，图形元件中的时间轴与实例在主场景的时间轴同步。另外，在图形元件中可以使用矢量图、图像、声音和动画的元素，但不能为图形元件提供实例名称，也不能在动作脚本中引用图形元件，并且声音在图形元件中失效。

2．按钮元件

按钮元件是创建能激发某种交互行为的按钮。创建按钮元件的关键是设置 4 种不同状态的帧，即“弹起”（鼠标抬起）、“指针经过”（鼠标移入）、“按下”（鼠标按下）、“点击”（鼠标响应区域，在这个区域创建的图形不会出现在画面中）。

3．影片剪辑元件

影片剪辑元件也像图形元件一样有自己的编辑区和时间轴，但又不完全相同。影片剪辑元件的时间轴是独立的，它不受其实例在主场景时间轴（主时间轴）的控制。例如，在场景中创建影片剪辑元件的实例，此时即便场景中只有一帧，在电影片段中也可播放动画。另外，在影片剪辑元件中可以使用矢量图、图像、声音、影片剪辑元件、图形组件和按钮组件等，并且能在动作脚本中引用影片剪辑元件。

6.1.3 创建图形元件

选择“插入 > 新建元件”命令，或按 Ctrl+F8 组合键，弹出“创建新元件”对话框，在“名称”选项的文本框中输入“钻石”；在“类型”选项的下拉列表中选择“图形”选项，如图 6-37 所示。

图 6-37

单击“确定”按钮，创建一个新的图形元件“钻石”。图形元件的名称出现在舞台的左上方，舞台切换到了图形元件“钻石”的窗口，窗口中间出现十字“＋”，代表图形元件的中心定位点，如图 6-38 所示。在“库”面板中显示出图形元件，如图 6-39 所示。

选择“文件 > 导入 > 导入到舞台”命令，弹出“导入”对话框，在弹出的对话框中选择资源包中的“基础素材 > Ch06 > 01”文件，单击“打开”按钮，将素材导入舞台，如图 6-40 所示，完成图形元件的创建。单击舞台左上方的场景名称“场景 1”就可以返回到场景的编辑舞台。

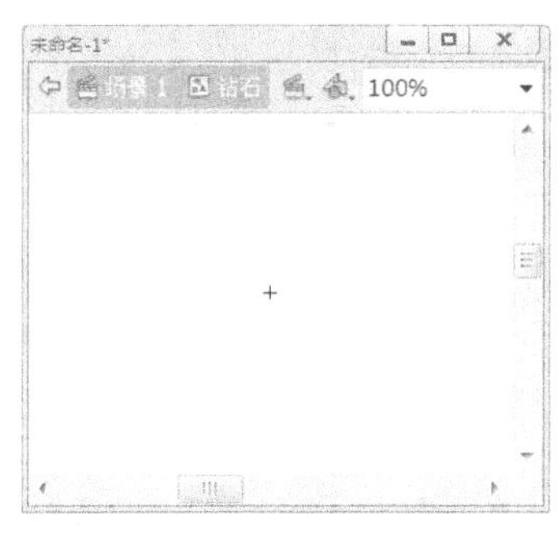

图 6-38

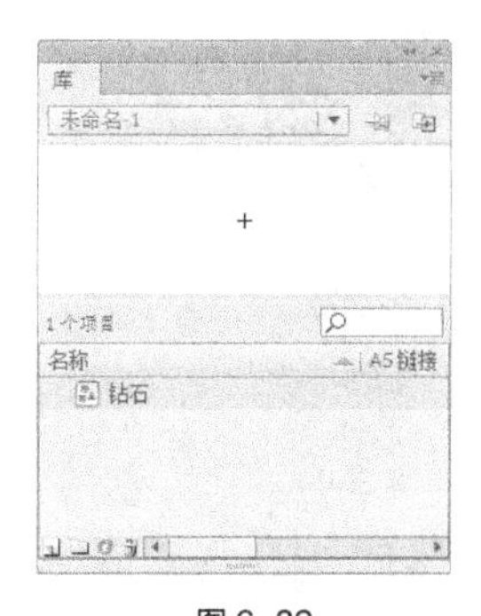

图 6-39

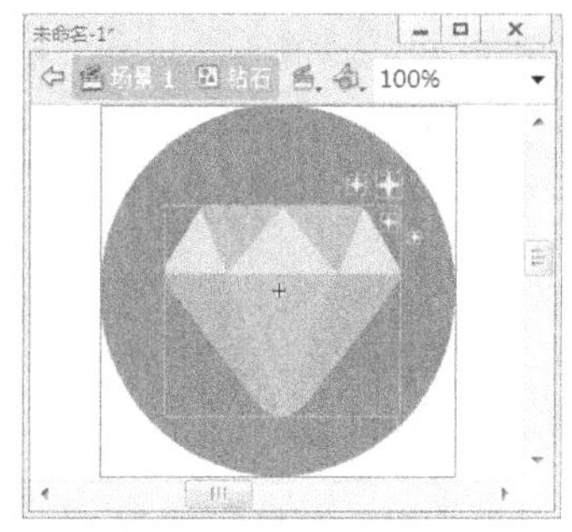

图 6-40

还可以应用“库”面板创建图形元件。单击“库”面板右上方的按钮，在弹出式菜单中选择“新建元件”命令，弹出“创建新元件”对话框，选中“图形”选项，单击“确定”按钮，创建图形元件。也可在“库”面板中创建按钮元件或影片剪辑元件。

6.1.4 创建按钮元件

虽然 Flash CS6 库中提供了一些按钮，但如果需要复杂的按钮，还是需要自己创建。

选择“插入 > 新建元件”命令，弹出“创建新元件”对话框，在“名称”选项的文本框中输入“蛋糕”，在“类型”选项的下拉列表中选择“按钮”选项，如图 6-41 所示。

单击“确定”按钮，创建一个新的按钮元件“蛋糕”。按钮元件的名称出现在舞台的左上方，舞台切换到了按钮元件“蛋糕”的窗口，窗口中间出现十字“＋”，代表按钮元件的中心定位点。在“时间轴”窗口中显示出 4 个状态帧，“弹起”“指针经过”“按下”和“点击”，如图 6-42 所示。

图 6-41 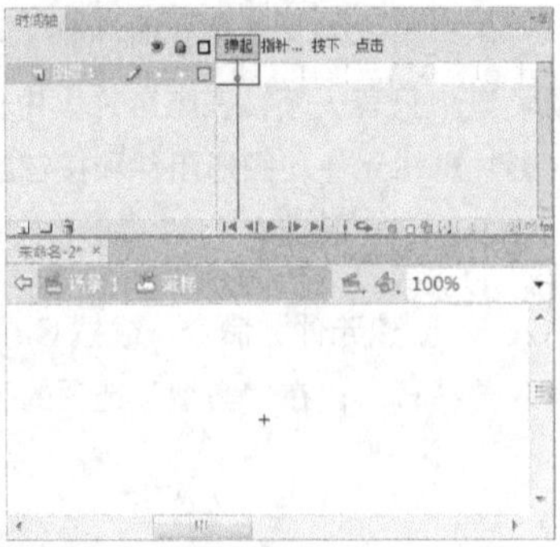　　　　图 6-42

“弹起”帧：设置鼠标指针不在按钮上时按钮的外观。

“指针经过”帧：设置鼠标指针放在按钮上时按钮的外观。

“按下”帧：设置按钮被单击时的外观。

“点击”帧：设置响应鼠标单击的区域，此区域在影片里不可见。

“库”面板中的效果如图 6-43 所示。选择“文件 > 导入 > 导入到舞台”命令，弹出“导入”对话框，在弹出的对话框中选择资源包中的“基础素材 > Ch06 > 02”文件，单击“打开”按钮，将素材导入舞台，如图 6-44 所示。在“时间轴”面板中选中“指针经过”帧，按 F7 键，插入空白关键帧，如图 6-45 所示。

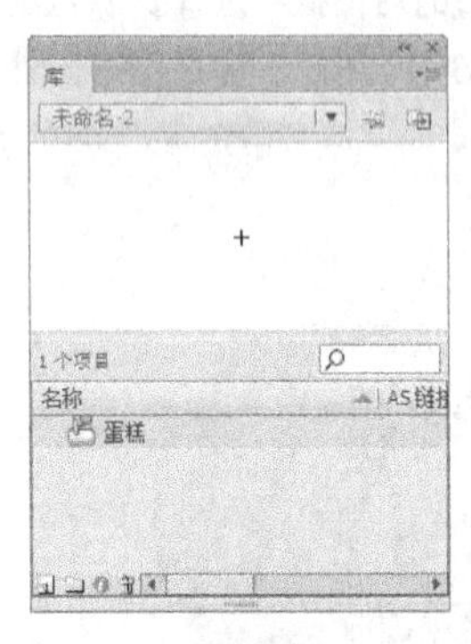

图 6-43 　　　　图 6-44

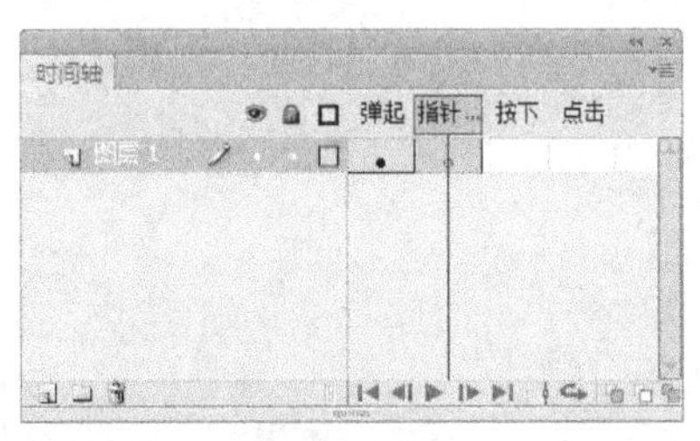

图 6-45

选择“文件 > 导入 > 导入到舞台”命令，弹出“导入”对话框，在弹出的对话框中选择资源包中的“基础素材 > Ch06 > 03”文件，单击“打开”按钮，将素材导入舞台，如图 6-46 所示。在“时间轴”面板中选中“按下”帧，按 F7 键，插入空白关键帧，如图 6-47 所示。

图 6-46

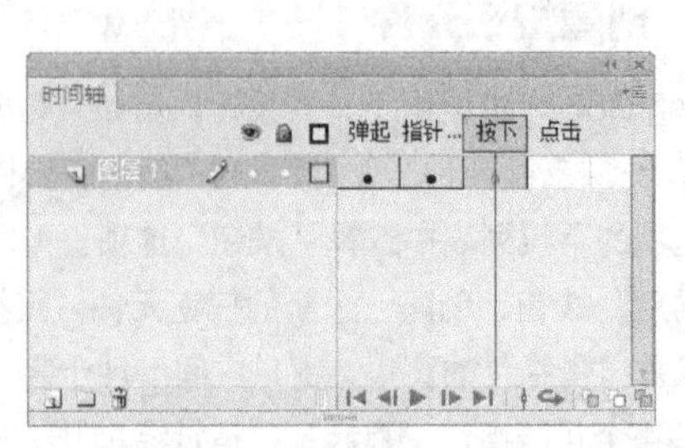

图 6-47

选择“文件 > 导入 > 导入到舞台”命令，弹出“导入”对话框，在弹出的对话框中选择资源包中的“基础素材 > Ch06 > 04”文件，单击“打开”按钮，将素材导入舞台，效果如图 6-48 所示。在“时间轴”面板中选中“点击”帧，按 F7 键，插入空白关键帧，如图 6-49 所示。

选择“矩形”工具，在工具箱中将“笔触颜色”设为无，“填充颜色”设为黑色，按住 Shift 键的同时在中心点上绘制出 1 个矩形，作为按钮动画应用时鼠标响应的区域，如图 6-50 所示。

图 6-48

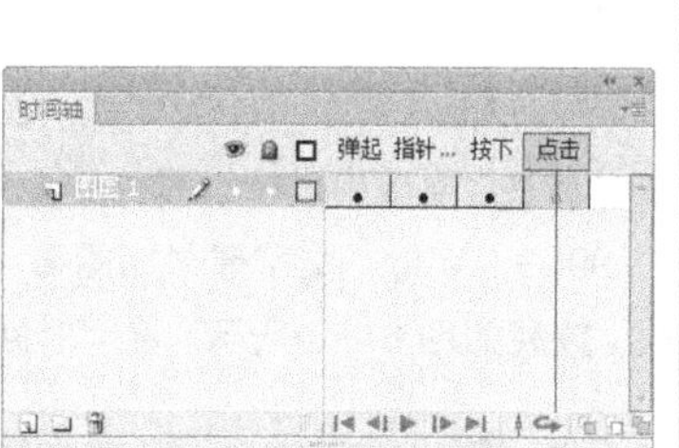

图 6-49

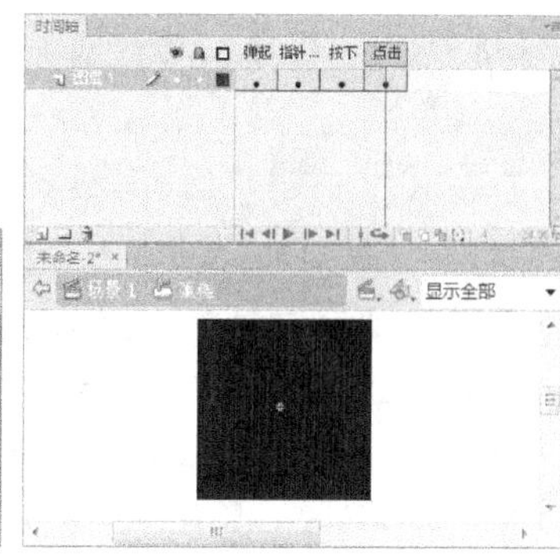

图 6-50

蛋糕按钮元件制作完成，在各关键帧上，舞台中显示的图形如图 6-51 所示。单击舞台左上方的场景名称“场景 1”就可以返回到场景的编辑舞台。

（a）弹起关键帧

（b）指针关键帧

（c）按下关键帧

（d）点击关键帧

图 6-51

6.1.5 创建影片剪辑元件

选择“插入 > 新建元件”命令，弹出“创建新元件”对话框，在“名称”选项的文本框中输入“字母变形”，在“类型”选项的下拉列表中选择“影片剪辑”选项，如图 6-52 所示。

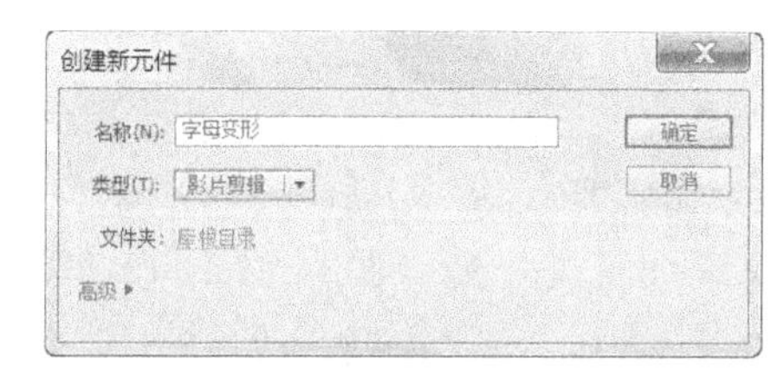

图 6-52

单击“确定”按钮，创建一个新的影片剪辑元件“字母变形”。影片剪辑元件的名称出现在舞台的左上方，舞台切换到了影片剪辑元件“字母变形”的窗口，窗口中间出现十字“＋”，代表影片剪辑元件的中心定位点，如图 6-53 所示。在“库”面板中显示出影片剪辑元件，如图 6-54 所示。

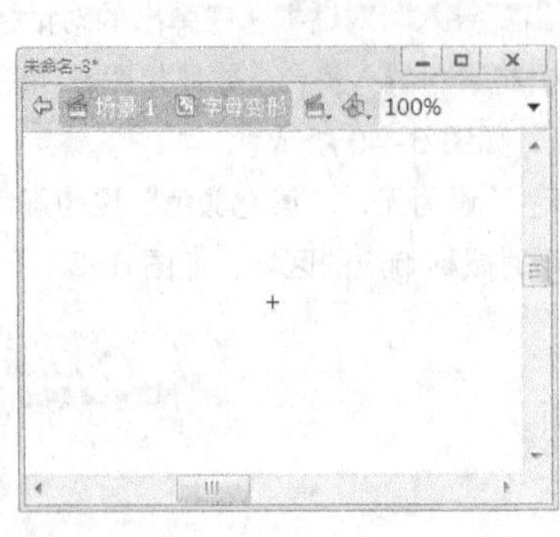

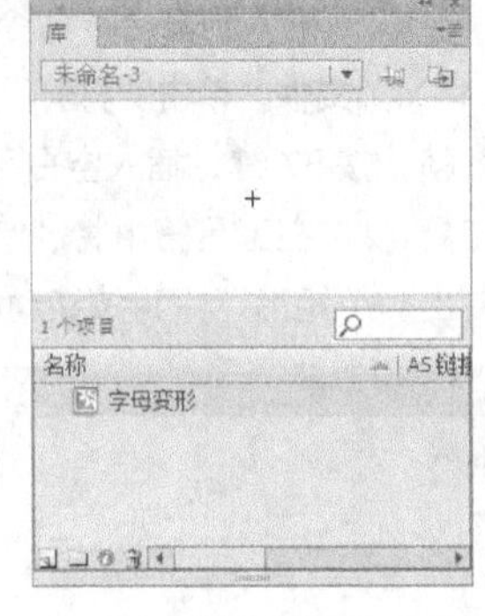

图 6-53　　图 6-54

选择“文本”工具T，在文本工具“属性”面板中进行设置，在舞台窗口中适当的位置输入大小为 200，字体为“方正水黑简体”的绿色（#009900）字母，文字效果如图 6-55 所示。选择“选择”工具，选中字母，按 Ctrl+B 组合键，将其打散，效果如图 6-56 所示。在“时间轴”面板中选中第 20 帧，按 F7 键，插入空白关键帧，如图 6-57 所示。

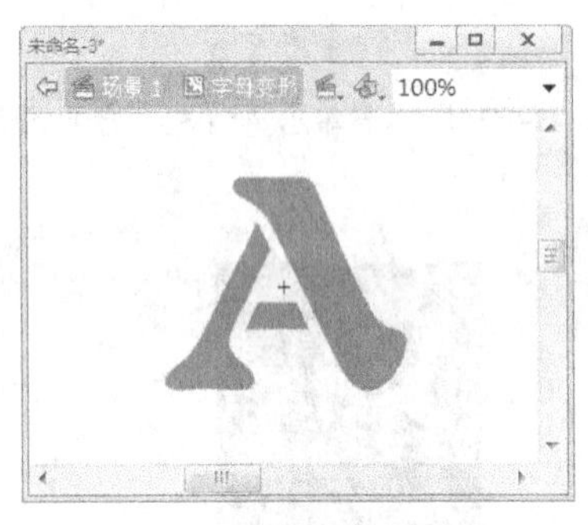

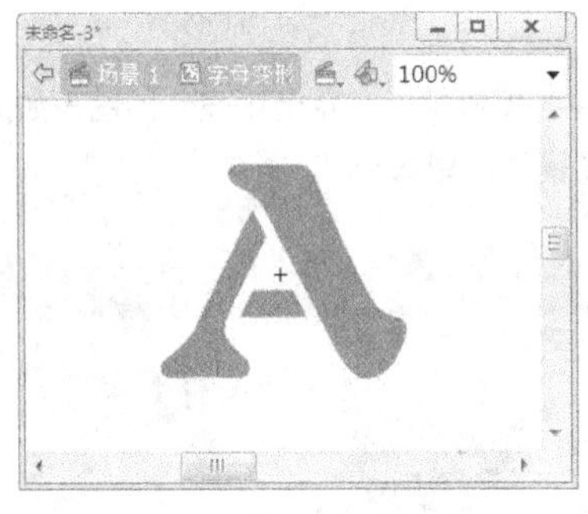

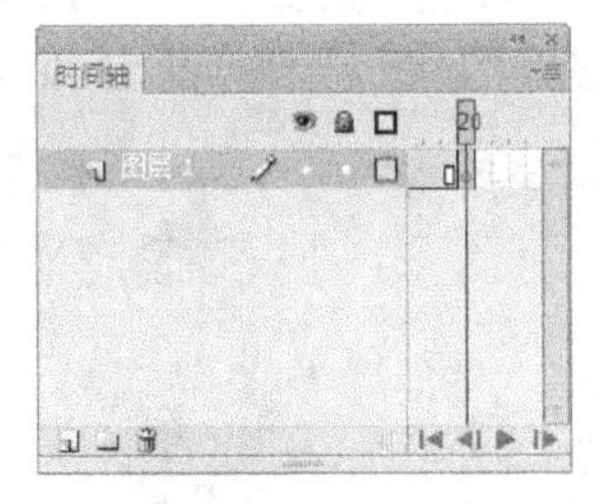

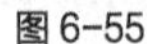
图 6-55　　图 6-56　　图 6-57

选择“文本”工具T，在文本工具“属性”面板中进行设置，在舞台窗口中适当的位置输入大小为 200，字体为“方正水黑简体”的橙黄色（#FF9900）字母，文字效果如图 6-58 所示。选择“选择”工具，选中字母，按 Ctrl+B 组合键，将其打散，效果如图 6-59 所示。

图 6-58　　图 6-59

在“时间轴”面板中选中第 1 帧，如图 6-60 所示；单击鼠标右键，在弹出的快捷菜单中选择“创建补间形状”命令，如图 6-61 所示。

在“时间轴”面板中出现箭头标志线，如图 6-62 所示。

图 6-60

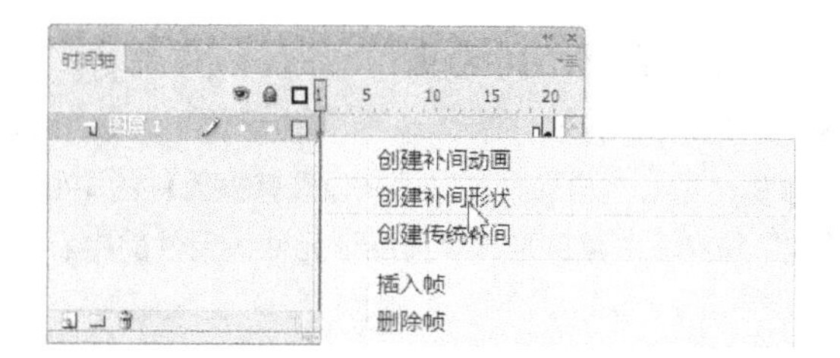

图 6-61

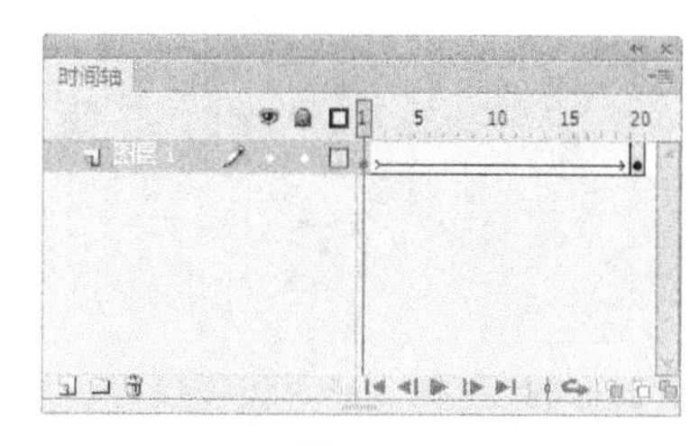

图 6-62

影片剪辑元件制作完成，在不同的关键帧上，舞台中显示出不同的变形图形，如图 6-63 所示。单击舞台左上方的场景名称“场景 1”就可以返回到场景的编辑舞台。

第 1 帧

第 5 帧

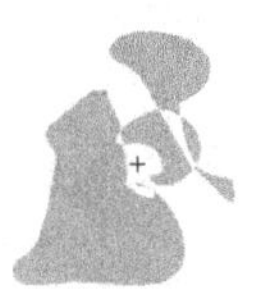

第 10 帧

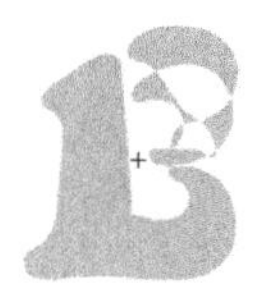

第 15 帧

第 20 帧

图 6-63

6.1.6 转换元件

1. 将图形转换为图形元件

如果在舞台上已经创建好矢量图形并且以后还要再次应用，可将其转换为图形元件。

选中矢量图形，如图 6-64 所示。选择“修改 > 转换为元件”命令，或按 F8 键，弹出“转换为元件”对话框，在“名称”选项的文本框中输入要转换元件的名称，在“类型”选项的下拉列表中选择“图形”元件，如图 6-65 所示；单击“确定”按钮，矢量图形被转换为图形元件，舞台和“库”面板中的效果如图 6-66 和图 6-67 所示。

图 6-64

图 6-65

图 6-66

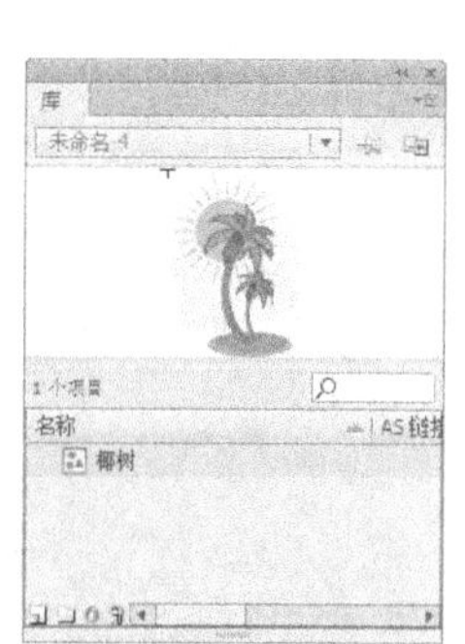

图 6-67

2. 设置图形元件的中心点

选中矢量图形，选择“修改 > 转换为元件”命令，弹出“转换为元件”对话框，在对话框的“对齐”选项中有 9 个中心定位点，可以用来设置转换元件的中心点。选中右下方的定位点，如图 6-68 所示；单击“确定”按钮，矢量图形转换为图形元件，元件的中心点在其右下方，如图 6-69 所示。

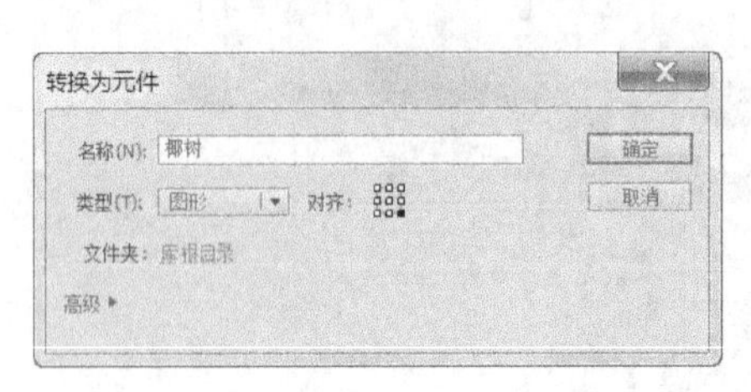

图 6-68

图 6-69

在“对齐”选项中设置不同的中心点，转换的图形元件效果如图 6-70 所示。

（a）中心点在左侧中心

（b）中心点在右上方

（c）中心点在底部中心

图 6-70

3. 转换元件

在制作的过程中，可以根据需要将一种类型的元件转换为另一种类型的元件。

选中“库”面板中的图形元件，如图 6-71 所示，单击面板下方的“属性”按钮，弹出“元件属性”对话框，在“类型”选项的下拉列表中选择“影片剪辑”选项，如图 6-72 所示，单击“确定”按钮，图形元件转化为影片剪辑元件，如图 6-73 所示。

图 6-71

图 6-72

图 6-73

6.1.7 库面板的组成

选择“窗口 > 库”命令，或按 Ctrl+L 组合键，弹出“库”面板，如图 6-74 所示。

在“库”面板的上方显示出与“库”面板相对应的文档名称。在文档名称的下方显示预览区域，可以在此观察选定元件的效果。如果选定的元件为多帧组成的动画，在预览区域的右上方显示出两个按钮 ，如图 6-75 所示。单击“播放”按钮 ，可以在预览区域里播放动画。单击“停止”按钮 ，停止播放动画。在预览区域的下方显示出当前“库”面板中的元件数量。

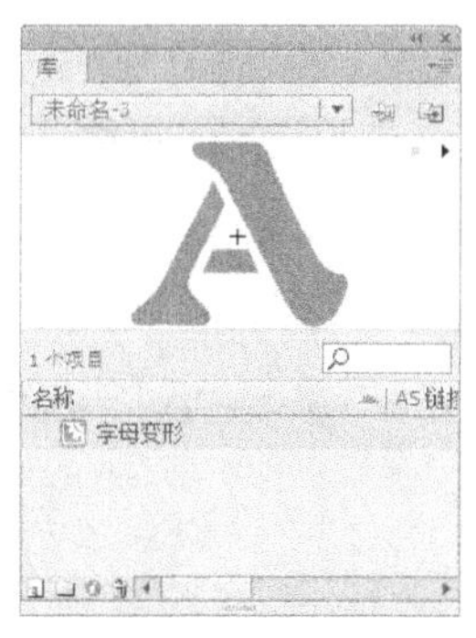

图 6-74

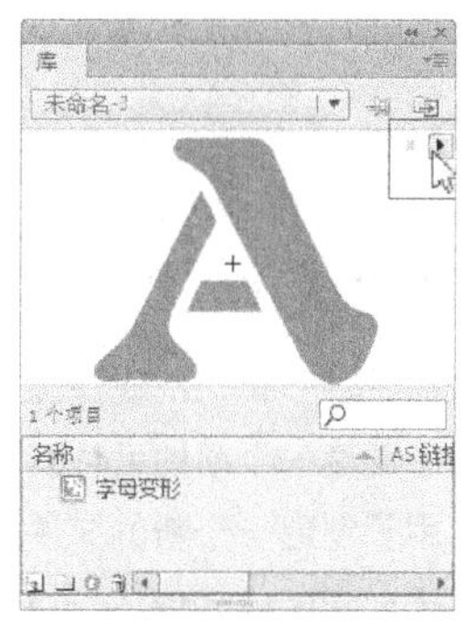

图 6-75

当“库”面板呈最大宽度显示时，将出现以下一些按钮。

“名称”按钮：单击此按钮，“库”面板中的元件将按名称排序，如图 6-76 所示。

“类型”按钮：单击此按钮，“库”面板中的元件将按类型排序，如图 6-77 所示。

“使用次数”按钮：单击此按钮，“库”面板中的元件将按被引用的次数排序。

“链接”按钮：与“库”面板弹出式菜单中“链接”命令的设置相关联。

“修改日期”按钮：单击此按钮，“库”面板中的元件通过被修改的日期进行排序，如图 6-78 所示。

图 6-76

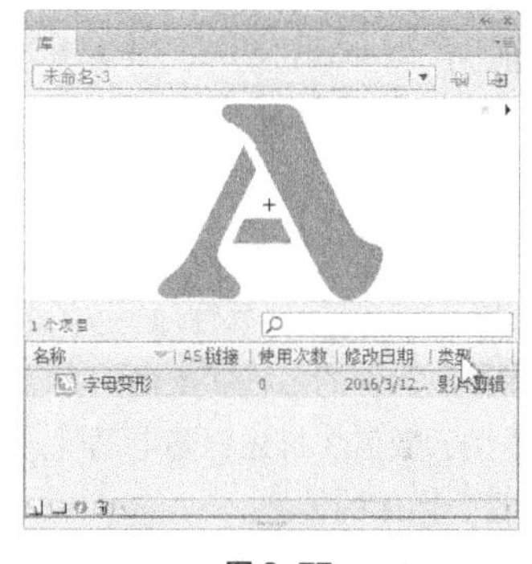

图 6-77

图 6-78

在“库”面板的下方有以下 4 个按钮。

“新建元件”按钮 ：用于创建元件。单击此按钮，弹出“创建新元件”对话框，可以通过设置创建新的元件，如图 6-79 所示。

“新建文件夹”按钮 ：用于创建文件夹。可以分门别类建立文件夹，将相关的元件调入其中，以方便管理。单击此按钮，在“库”面板中生成新的文件夹，可以设定文件夹的名称，如图 6-80 所示。

“属性”按钮 ：用于转换元件的类型。单击此按钮，弹出“元件属性”对话框，可以将元件类型相互转换，如图 6-81 所示。

"删除"按钮：删除"库"面板中被选中的元件或文件夹。单击此按钮，所选的元件或文件夹被删除。

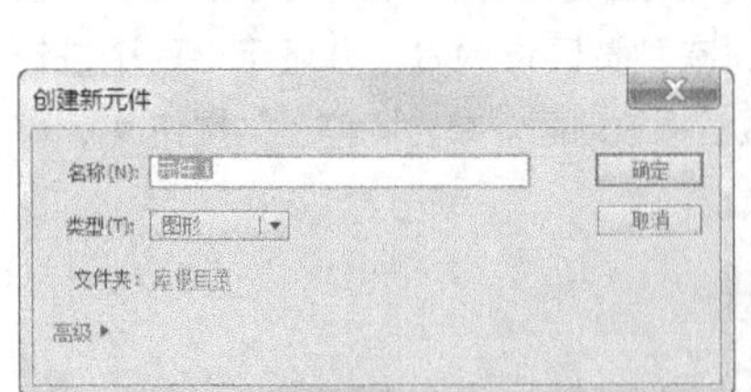

图 6-79

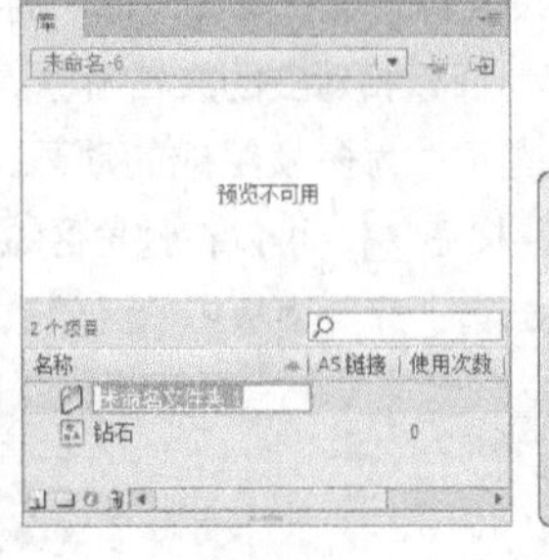

图 6-80

图 6-81

6.1.8 库面板弹出式菜单

单击"库"面板右上方的按钮，出现弹出式菜单，在菜单中提供了实用命令，如图 6-82 所示。

"新建元件"命令：用于创建一个新的元件。

"新建文件夹"命令：用于创建一个新的文件夹。

"新建字型"命令：用于创建字体元件。

"新建视频"命令：用于创建视频资源。

"重命名"命令：用于重新设定元件的名称。也可双击要重命名的元件，再更改名称。

"删除"命令：用于删除当前选中的元件。

"直接复制"命令：用于复制当前选中的元件。此命令不能用于复制文件夹。

"移至"命令：用于将选中的元件移动到新建的文件夹中。

"编辑"命令：选择此命令，主场景舞台被切换到当前选中元件的舞台。

"编辑方式"命令：用于编辑所选位图元件。

"编辑 Audition"命令：用于打开 Adobe Audition 软件，对音频进行润饰、音乐自定和添加声音效果等操作。

"编辑类"命令：用于编辑视频文件。

"播放"命令：用于播放按钮元件或影片剪辑元件中的动画。

"更新"命令：用于更新资源文件。

"属性"命令：用于查看元件的属性或更改元件的名称和类型。

"组件定义"命令：用于介绍组件的类型、数值和描述语句等属性。

"运行时共享库 URL"命令：用于设置公用库的链接。

"选择未用项目"：用于选出在"库"面板中未经使用的元件。

"展开文件夹"命令：用于打开所选文件夹。

"折叠文件夹"命令：用于关闭所选文件夹。

"展开所有文件夹"命令：用于打开"库"面板中的所有文件夹。

"折叠所有文件夹"命令：用于关闭"库"面板中的所有文件夹。

"帮助"命令：用于调出软件的帮助文件。

"关闭"：选择此命令可以将"库"面板关闭。

"关闭组"命令：选择此命令将关闭组合后的面板组。

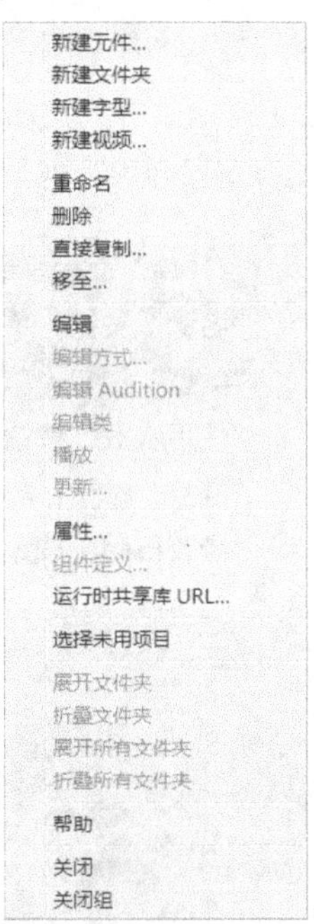

图 6-82

6.1.9 外部库的文件

可以在当前场景中使用其他 Flash CS6 文档的库信息。

选择“文件 > 导入 > 打开外部库”命令，弹出“作为库打开”对话框，在对话框中选中要使用的文件，如图 6-83 所示；单击“打开”按钮，选中文件的“库”面板被调入当前的文档中，如图 6-84 所示。

要在当前文档中使用选定文件库中的元件，可将元件拖到当前文档的“库”面板或舞台上。

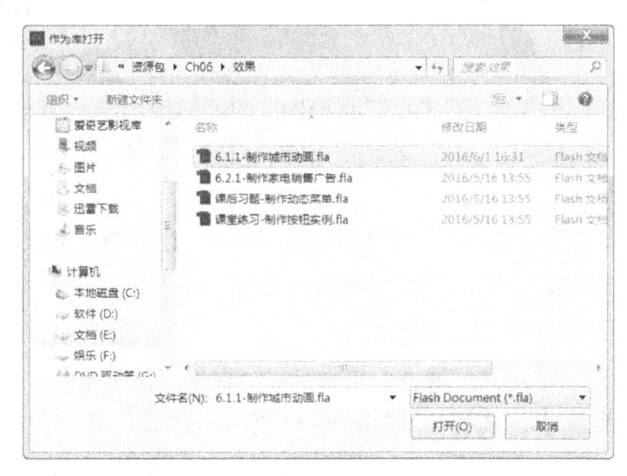

图 6-83

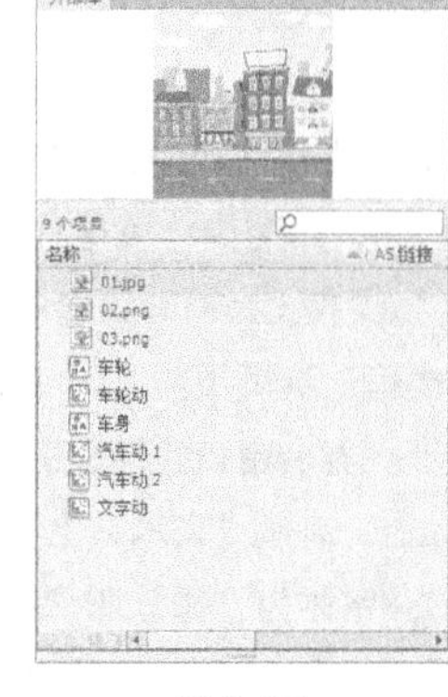

图 6-84

6.2 实例的创建与应用

实例是元件在舞台上的一次具体使用。当修改元件时，该元件的实例也随之被更改。重复使用实例不会增加动画文件的大小，这是使动画文件保持较小体积的一个很好的方法。每一个实例都有区别于其他实例的属性，这可以通过修改该实例“属性”面板的相关属性来实现。

6.2.1 课堂案例——制作家电促销广告

案例学习目标

学习使用元件“属性”面板改变元件的属性。

案例知识要点

使用“创建元件”命令，创建按钮元件；使用“文本”工具，添加文本说明；使用“属性”面板，调整元件的不透明度，如图 6-85 所示。

图 6-85

效果所在位置

资源包 > Ch06 > 效果 > 制作家电促销广告.fla。

1. 导入素材并制作图形元件

制作家电促销广告 1

STEP 1 选择“文件 > 新建”命令，在弹出的“新建文档”对话框中选择“ActionScript 3.0”选项，将“宽”选项设为 600，“高”选项设为 600，单击“确定”按钮，完成文档的创建。

STEP 2 选择“文件 > 导入 > 导入到库”命令，在弹出的“导入”对话框中选择“Ch06 > 素材 > 制作家电促销广告 > 01 ~ 04”文件，单击“打开”按钮，文件被导入到“库”面板中，如图 6-86 所示。

STEP 3 按 Ctrl+F8 组合键，弹出“创建新元件”对话框，在“名称”选项的文本框中输入“MP3 文字”，在“类型”选项下拉列表中选择“图形”选项，单击“确定”按钮，新建图形元件“MP3 文字”，如图 6-87 所示。舞台窗口也随之转换为图形元件的舞台窗口。

STEP 4 选择“文本”工具T，在文本工具“属性”面板中进行设置，在舞台窗口中适当的位置输入大小为 10，字体为“微软雅黑”的白色文字，文字效果如图 6-88 所示。

STEP 5 用上述的方法制作图形元件“打印机文字”“洗衣机文字”，如图 6-89 所示。

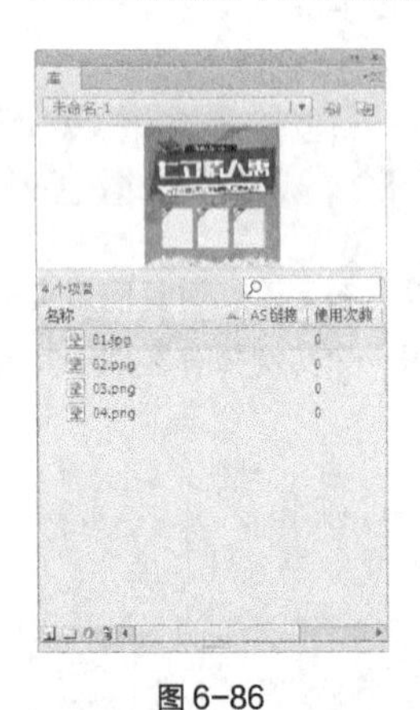

图 6-86

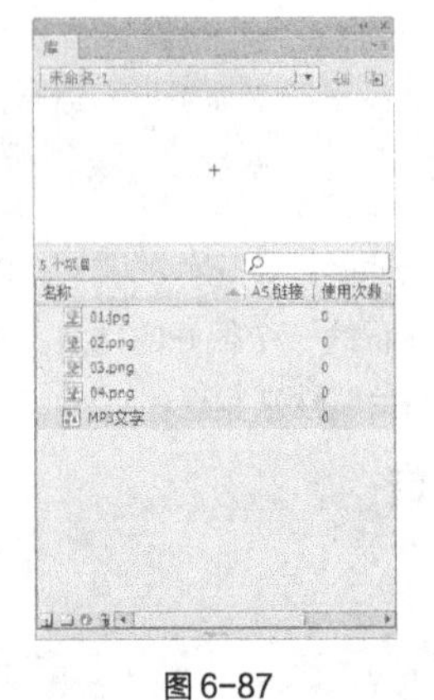

图 6-87

颜色：黑色
类型：MP3
存储类型：闪存式
容量：2G
外接扩展卡：不支持
最大支持容量：无

图 6-88

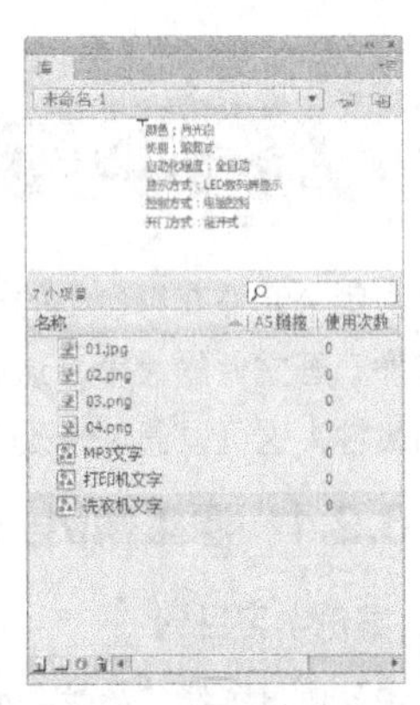

图 6-89

2. 制作影片剪辑元件

制作家电促销广告 2

STEP 1 按 Ctrl+F8 组合键，弹出“创建新元件”对话框，在“名称”选项的文本框中输入“MP3 文字动”，在“类型”选项下拉列表中选择“影片剪辑”选项，单击“确定”按钮，新建影片剪辑元件“MP3 文字动”，如图 6-90 所示。舞台窗口也随之转换为影片剪辑元件的舞台窗口。

STEP 2 将“库”面板中的图形元件“MP3 文字”拖曳到舞台窗口中，如图 6-91 所示。选中“图层 1”的第 30 帧，按 F6 键，插入关键帧。选中“图层 1”的第 1 帧，选择“选择”工具，在舞台窗口中选中“MP3 文字”实例，在图形“属性”面板中选择“色彩效果”选项组，在“样式”选项的下拉列表中选择“Alpha”，将其值设为 0%，如图 6-92 所示。

STEP 3 用鼠标右键单击“图层 1”的第 1 帧，在弹出的快捷菜单中选择“创建传统补间”命令，生成传统补间动画。

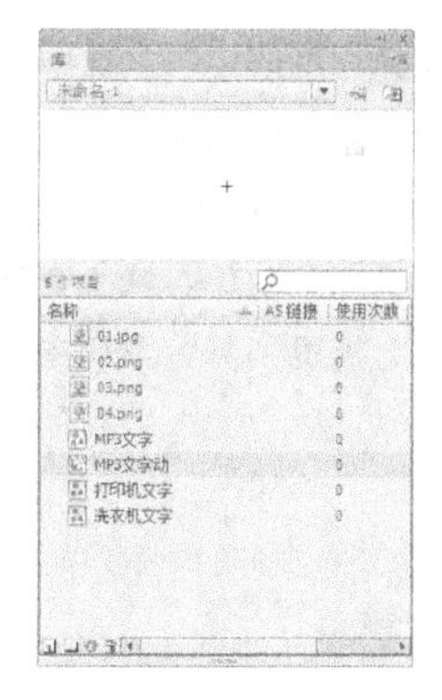

图 6-90

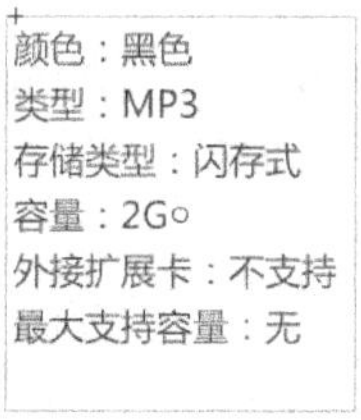

颜色：黑色
类型：MP3
存储类型：闪存式
容量：2G。
外接扩展卡：不支持
最大支持容量：无

图 6-91

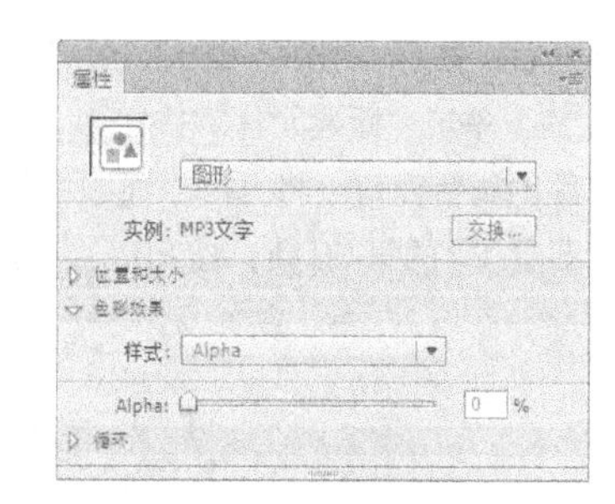

图 6-92

STEP 4 单击“时间轴”面板下方的“新建图层”按钮，新建“图层 2”。选中“图层 2”图层的第 30 帧，按 F6 键，插入关键帧。按 F9 键，在弹出的“动作”面板中输入动作脚本，如图 6-93 所示。设置好动作脚本后，关闭“动作”面板。在“动作脚本”的第 30 帧上显示出一个标记“a”。

STEP 5 单击“新建元件”按钮，新建影片剪辑元件“打印机文字动”，如图 6-94 所示。舞台窗口也随之转换为影片剪辑元件的舞台窗口。

图 6-93

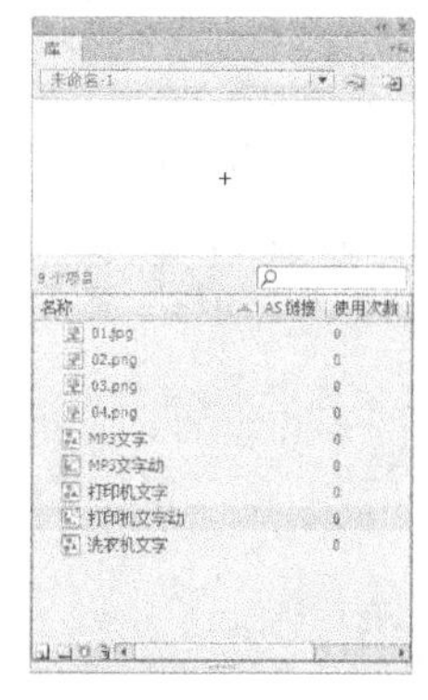

图 6-94

STEP 6 将“库”面板中的图形元件“打印机文字”拖曳到舞台窗口中，如图 6-95 所示。选中“图层 1”的第 30 帧，按 F6 键，插入关键帧。选中“图层 1”的第 1 帧，选择“选择”工具，在舞台窗口中选择“打印机文字”实例，在图形“属性”面板中选择“色彩效果”选项组，在“样式”选项的下拉列表中选择“Alpha”，将其值设为 0%。

STEP 7 用鼠标右键单击“图层 1”的第 1 帧，在弹出的快捷菜单中选择“创建传统补间”命令，生成传统补间动画，如图 6-96 所示。

尺　　寸：349 x 410
x 228毫米
重　　量：6.35千克
双面打印：手动操作
(提供驱动程
序支持)

图 6-95

图 6-96

STEP 8 单击"时间轴"面板下方的"新建图层"按钮，新建"图层 2"。选中"图层 2"图层的第 30 帧，按 F6 键，插入关键帧。按 F9 键，在弹出的"动作"面板中输入动作脚本，如图 6-97 所示。设置好动作脚本后，关闭"动作"面板。在"动作脚本"的第 30 帧上显示出一个标记"a"。

STEP 9 单击"新建元件"按钮，新建影片剪辑元件"洗衣机文字动"。舞台窗口也随之转换为影片剪辑元件的舞台窗口。将"库"面板中的图形元件"洗衣机文字"拖曳到舞台窗口中，如图 6-98 所示。选中"图层 1"的第 30 帧，按 F6 键，插入关键帧。

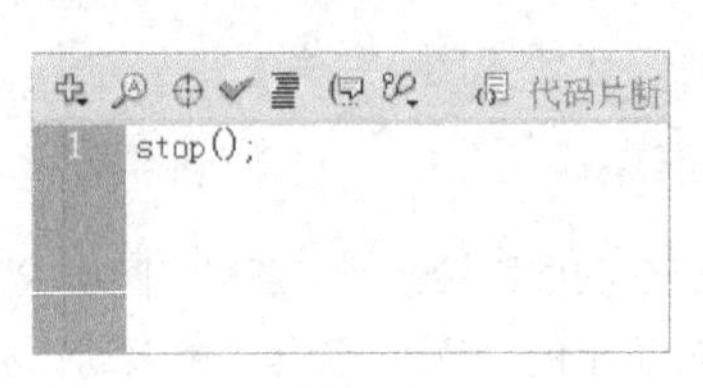

图 6-97

颜色：月光白
类别：滚筒式
自动化程度：全自动
显示方式：LED数码屏显示
控制方式：电脑控制
开门方式：前开式

图 6-98

STEP 10 选中"图层 1"的第 1 帧，选择"选择"工具，在舞台窗口中选择"打印机文字"实例，在图形"属性"面板中选择"色彩效果"选项组，在"样式"选项的下拉列表中选择"Alpha"，将其值设为 0%，如图 6-99 所示。用鼠标右键单击"图层 1"的第 1 帧，在弹出的菜单中选择"创建传统补间"命令，生成传统补间动画。

STEP 11 单击"时间轴"面板下方的"新建图层"按钮，新建"图层 2"。选中"图层 2"图层的第 30 帧，按 F6 键，插入关键帧。按 F9 键，在弹出的"动作"面板中输入动作脚本，如图 6-100 所示。设置好动作脚本后，关闭"动作"面板。在"动作脚本"的第 30 帧上显示出一个标记"a"。

图 6-99

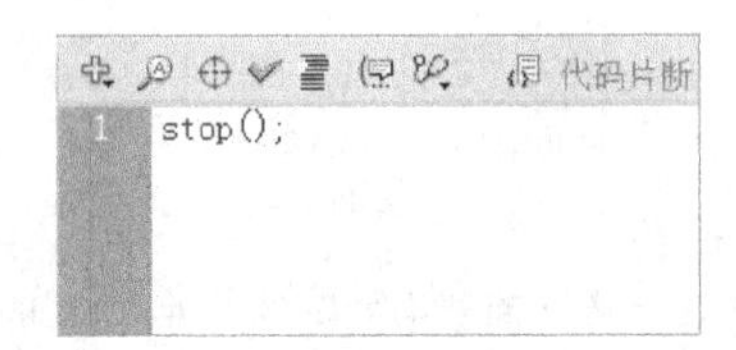

图 6-100

3. 制作按钮元件

STEP 1 按 Ctrl+F8 组合键，弹出"创建新元件"对话框，在"名称"选项的文本框中输入"MP3"，在"类型"选项下拉列表中选择"按钮"选项，单击"确定"按钮，新建按钮元件"MP3"，如图 6-101 所示。舞台窗口也随之转换为按钮元件的舞台窗口。

制作家电促销广告 3

STEP 2 将"库"面板中的位图"03"拖曳到舞台窗口中，效果如图 6-102 所示。选中"指针经过"帧，按 F7 键，插入空白关键，将"库"面板中的影片剪辑元件"MP3 文字动"拖曳到舞台窗口中，并放置在适当的位置，如图 6-103 所示。

STEP 3 按 Ctrl+F8 组合键，弹出"创建新元件"对话框，在"名称"选项的文本框中输入"洗衣机"，在"类型"选项下拉列表中选择"按钮"选项，单击"确定"按钮，新建按钮元件"洗衣机"，如图 6-104 所示。舞台窗口也随之转换为按钮元件的舞台窗口。

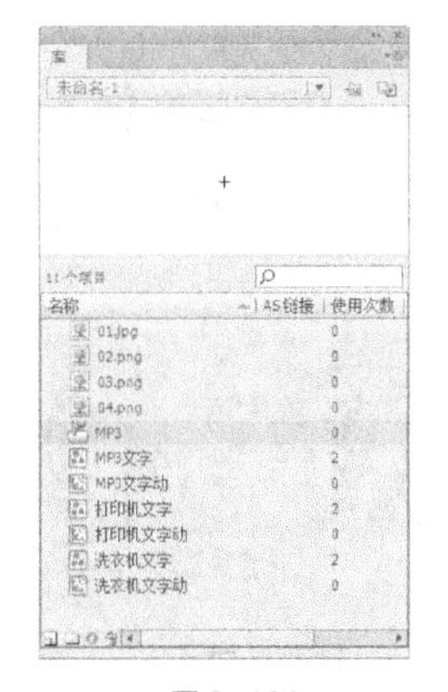

图 6-101

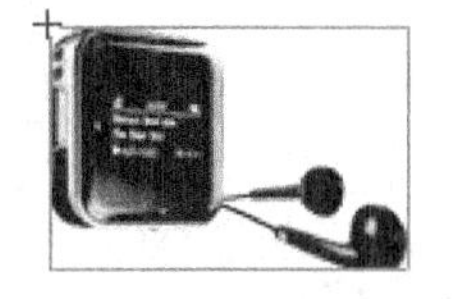

图 6-102

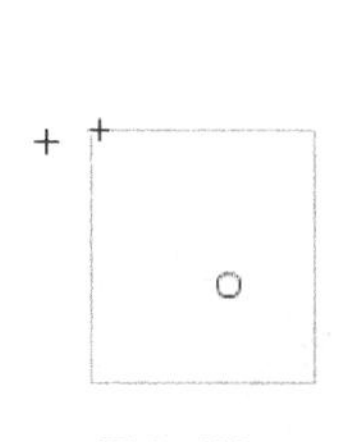

图 6-103

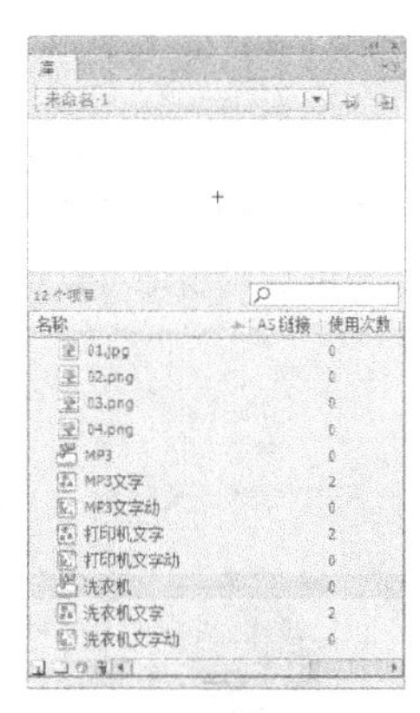

图 6-104

STEP 4 将“库”面板中的位图“02”拖曳到舞台窗口中，如图 6-105 所示。选中“指针经过”帧，按 F7 键，插入空白关键，将“库”面板中的影片剪辑元件“洗衣机文字动”拖曳到舞台窗口中，并放置在适当的位置，如图 6-106 所示。

STEP 5 按 Ctrl+F8 组合键，弹出“创建新元件”对话框，在“名称”选项的文本框中输入“打印机”，在“类型”选项下拉列表中选择“按钮”选项，单击“确定”按钮，新建按钮元件“打印机”。舞台窗口也随之转换为按钮元件的舞台窗口。

STEP 6 将“库”面板中的位图“04”拖曳到舞台窗口中，效果如图 6-107 所示。选中“指针经过”帧，按 F7 键，插入空白关键，将“库”面板中的影片剪辑元件“打印机文字动”拖曳到舞台窗口中，并放置在适当的位置，如图 6-108 所示。

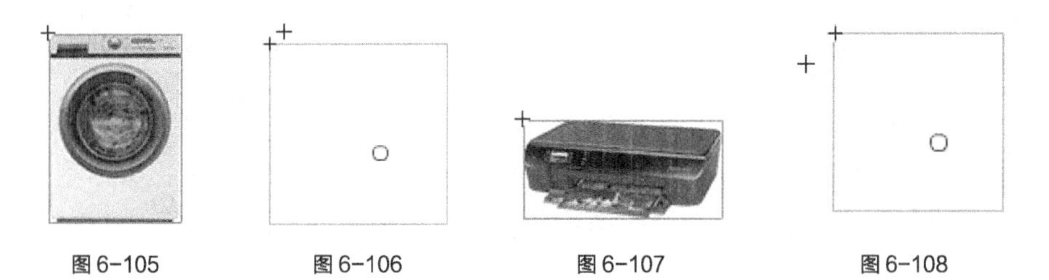

图 6-105　图 6-106　图 6-107　图 6-108

STEP 7 单击舞台窗口左上方的“场景 1”图标 场景 1，进入“场景 1”的舞台窗口。将“图层 1”重命名为“底图”。将“库”面板中的位图“01”拖曳到舞台窗口中，如图 6-109 所示。

STEP 8 在“时间轴”面板中创建新图层并将其命名为“按钮”。分别将“库”面板中的按钮元件“MP3”“洗衣机”和“打印机”拖曳到舞台窗口中，并放置到适当的位置，如图 6-110 所示。

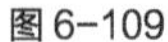

图 6-109

图 6-110

STEP 9 在“时间轴”面板中创建新图层并将其命名为“文字”。选择“文本”工具T，在文本工具“属性”面板中进行设置，在舞台窗口中适当的位置输入大小为 14，字体为“汉仪大黑简”的黑色文字，文字效果如图 6-111 所示。用相同的方法输入其他文字，如图 6-112 所示。家电促销广告制作完成，按 Ctrl+Enter 组合键即可查看，效果如图 6-113 所示。

图 6-111

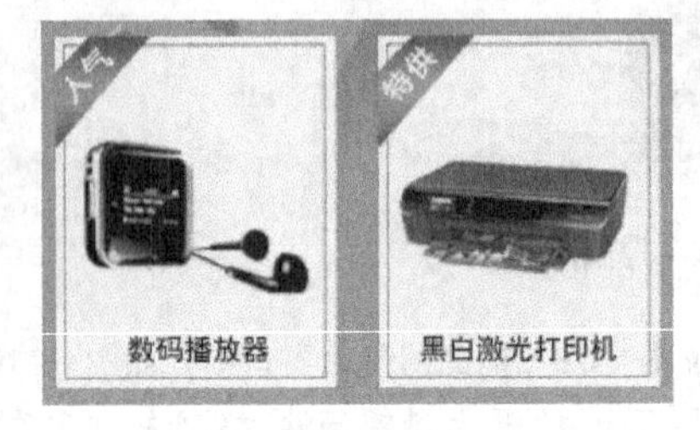

图 6-112

图 6-113

6.2.2 建立实例

1. 建立图形元件的实例

选择“窗口 > 库”命令，弹出“库”面板，在面板中选中图形元件“钻石”，如图 6-114 所示，将其拖曳到场景中，场景中的图形就是图形元件“钻石”的实例，如图 6-115 所示。

选中该实例，图形“属性”面板中的效果如图 6-116 所示。

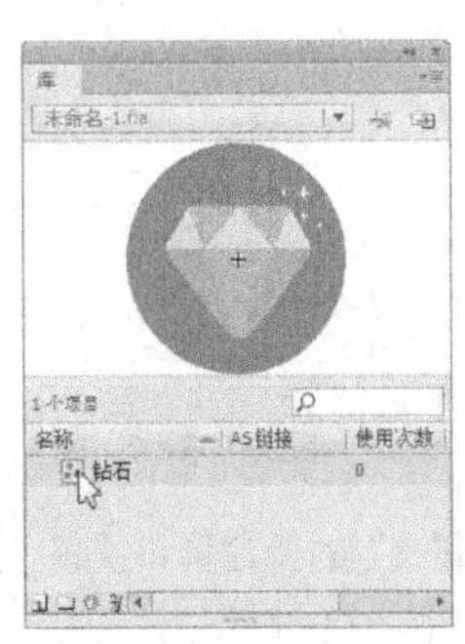

图 6-114

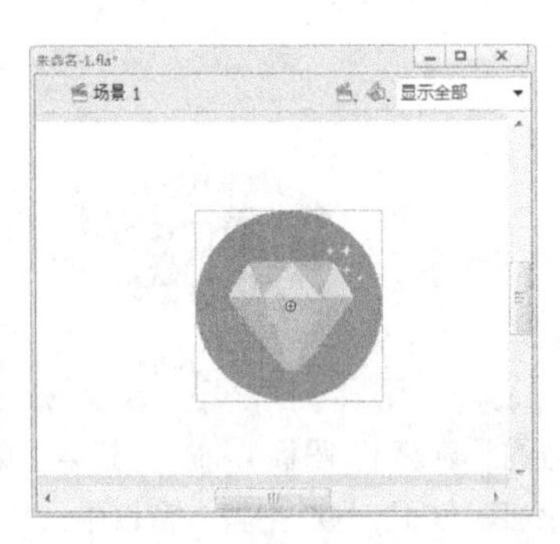

图 6-115

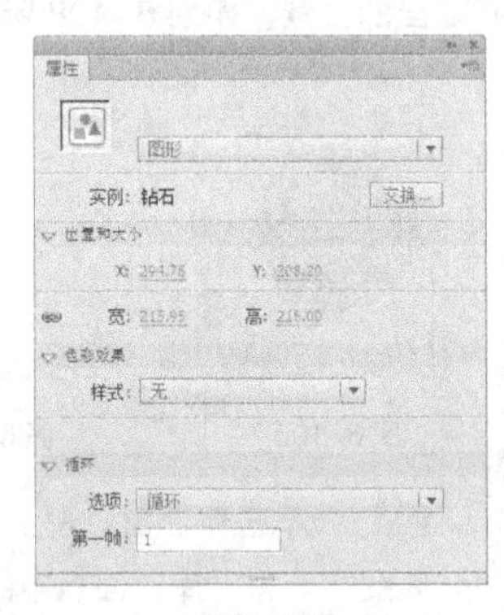

图 6-116

“交换”按钮：用于交换元件。

“X”“Y”选项：用于设置实例在舞台中的位置。

“宽”“高”选项：用于设置实例的宽度和高度。

“色彩效果”选项组中：

“样式”选项：用于设置实例的明亮度、色调和透明度。

“循环”选项组中：

“循环”：会按照当前实例占用的帧数来循环包含在该实例内的所有动画序列。

“播放一次”：从指定的帧开始播放动画序列，直到动画结束，然后停止。

“单帧”：显示动画序列的一帧。

“第一帧”选项：用于指定动画从哪一帧开始播放。

2. 建立按钮元件的实例

选中“库”面板中的按钮元件“蛋糕”，如图 6–117 所示，将其拖曳到场景中，场景中的图形就是按钮元件“蛋糕”的实例，如图 6–118 所示。

选中该实例，按钮“属性”面板中的效果如图 6–119 所示。

图 6–117

图 6–118

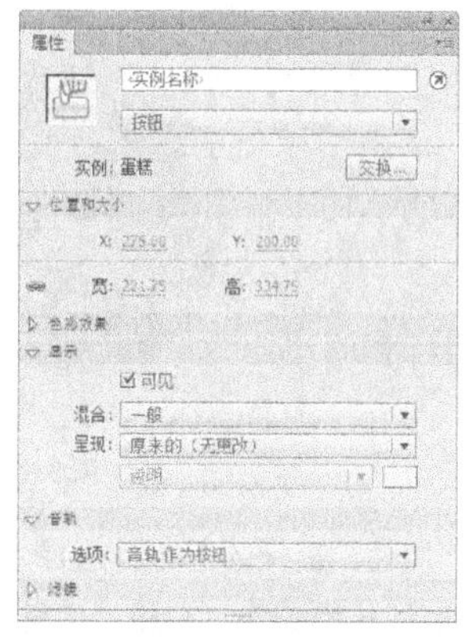

图 6–119

“实例名称”选项：可以在选项的文本框中为实例设置一个新的名称。

在“音轨”选项组中：

“音轨当作按钮”：选择此选项，在动画运行中，当按钮元件被按下时画面上的其他对象不再响应鼠标操作。

“音轨当作菜单项”：选择此选项，在动画运行中，当按钮元件被按下时其他对象还会响应鼠标操作。

按钮“属性”面板中的其他选项与图形“属性”面板中的选项作用相同，所以不再一一讲述。

3. 建立影片剪辑元件的实例

选中“库”面板中的影片剪辑元件“字母变形”，如图 6–120 所示，将其拖曳到场景中，场景中的字母变形图形就是影片剪辑元件“字母变形”的实例，如图 6–121 所示。

选中该实例，影片剪辑“属性”面板中的效果如图 6–122 所示。

图 6–120

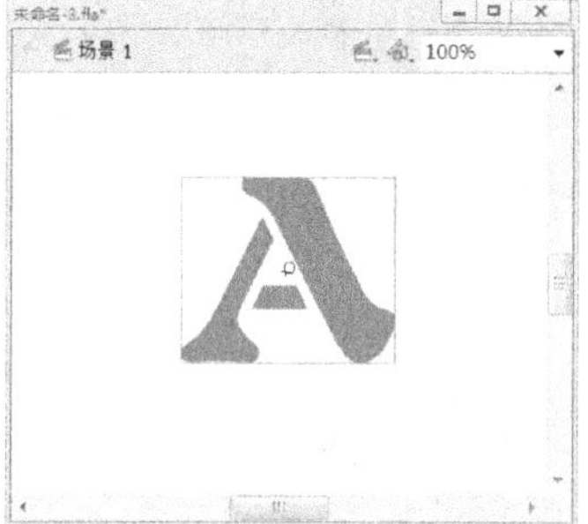

图 6–121

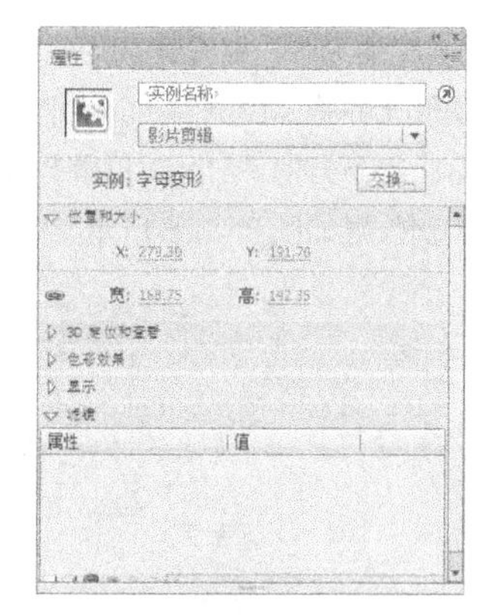

图 6–122

影片剪辑“属性”面板中的选项与图形“属性”面板、按钮“属性”面板中的选项作用相同，所以不再一一讲述。

6.2.3 转换实例的类型

每个实例最初的类型，都是延续了其对应元件的类型。可以将实例的类型进行转换。

在舞台上选择图形实例，如图 6-123 所示，图形“属性”面板如图 6-124 所示。

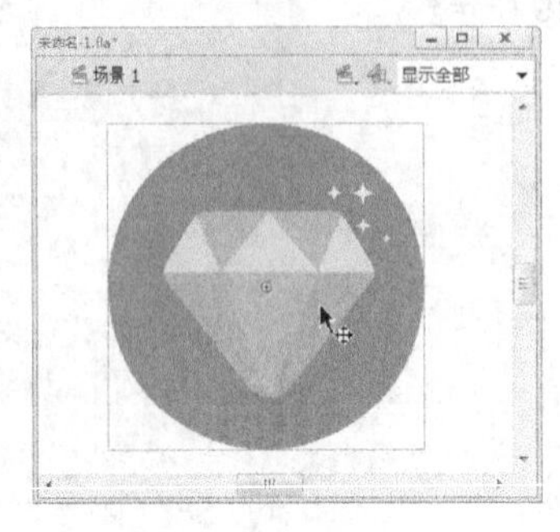

图 6-123

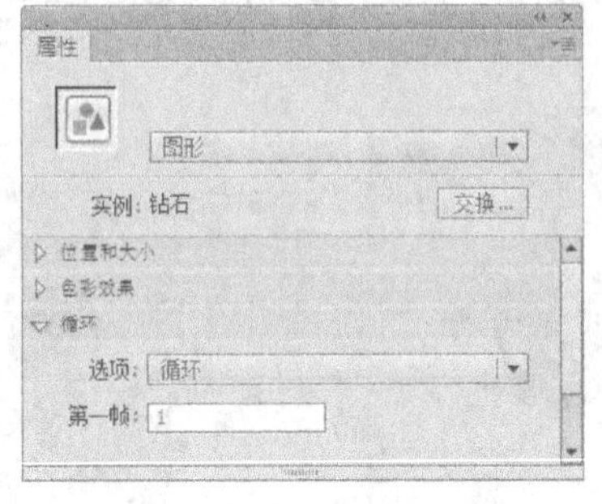

图 6-124

在“属性”面板的上方，选择“实例行为”选项下拉列表中的“影片剪辑”，如图 6-125 所示。图形“属性”面板转换为影片剪辑“属性”面板，实例类型从图形转换为影片剪辑，如图 6-126 所示。

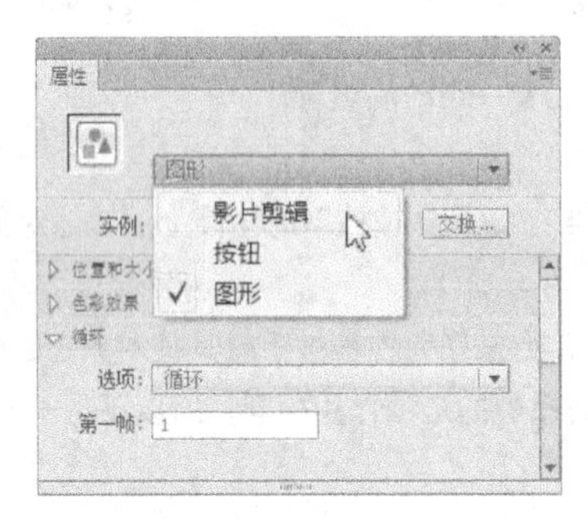

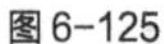
图 6-125

图 6-126

6.2.4 替换实例引用的元件

如果需要替换实例所引用的元件，但保留所有的原始实例属性（如色彩效果或按钮动作），可以通过 Flash 的“交换元件”命令来实现。

将图形元件拖曳到舞台中成为图形实例，选择图形“属性”面板，在“样式”选项的下拉列表中选择“Alpha”，在下方的“Alpha 数量”选项的数值框中输入 50%，将实例的不透明度设为 50%，如图 6-127 所示，实例效果如图 6-128 所示。

图 6-127

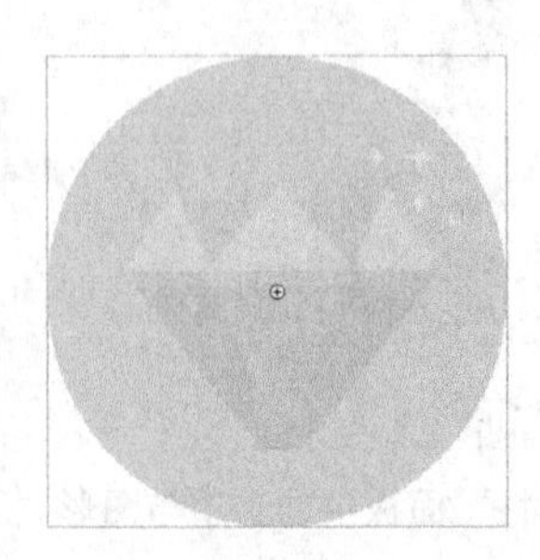

图 6-128

单击图形“属性”面板中的“交换元件”按钮 交换... ，弹出“交换元件”对话框，在对话框中选中按钮元件“蛋糕”，如图 6-129 所示；单击“确定”按钮，转换为按钮“蛋糕”，但实例的不透明度没有改变，如图 6-130 所示。

图形“属性”面板中的效果如图 6-131 所示，元件替换完成。

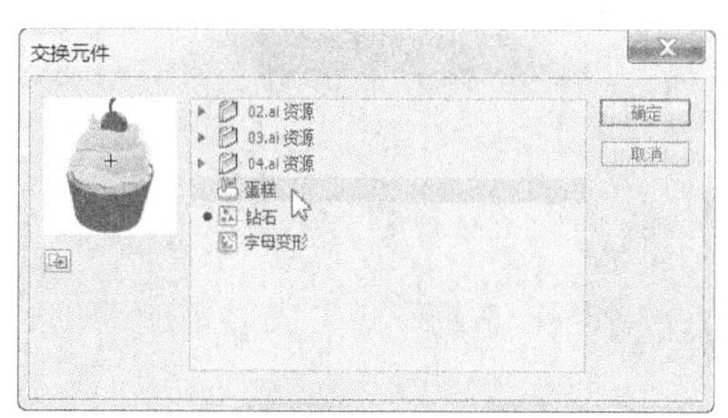

图 6-129

图 6-130

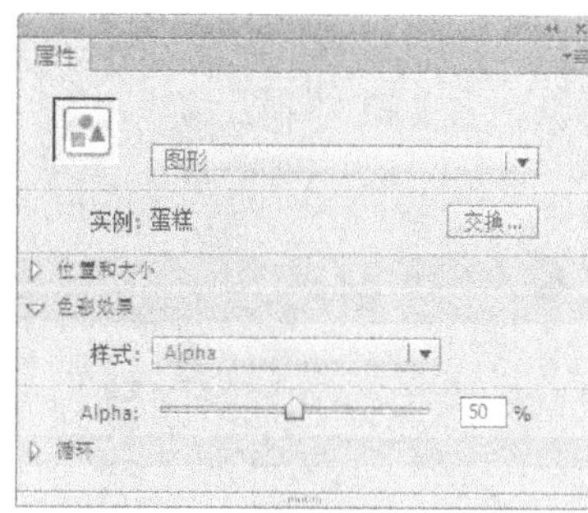

图 6-131

还可以在“交换元件”对话框中单击“直接复制元件”按钮，如图 6-132 所示，弹出“直接复制元件”对话框，在“元件名称”选项中可以设置复制元件的名称，如图 6-133 所示。

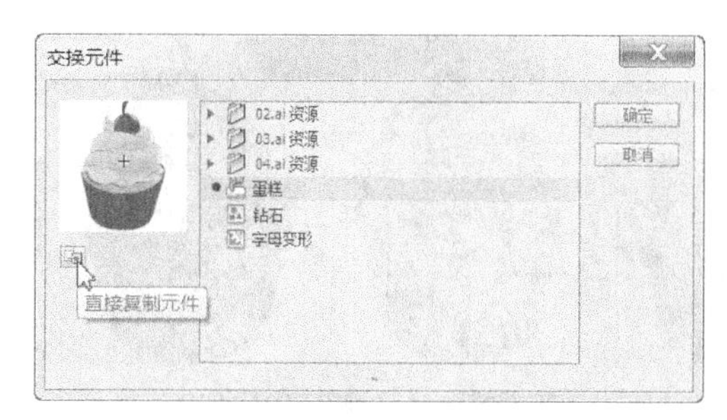

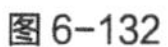

图 6-132

图 6-133

单击“确定”按钮，复制出新的元件“图形 副本”，如图 6-134 所示。单击“确定”按钮，元件被新复制的元件替换，图形“属性”面板中的效果如图 6-135 所示。

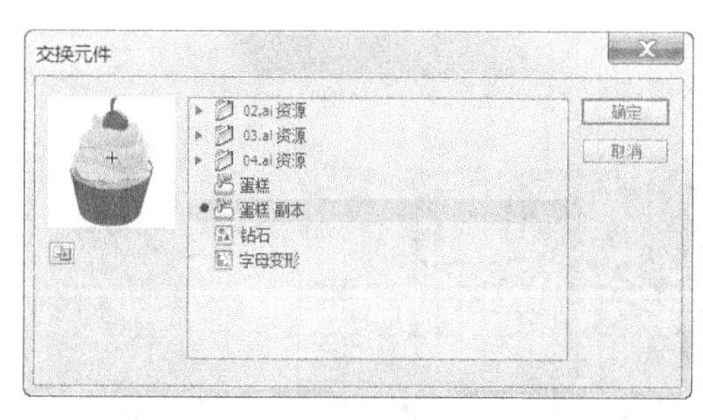

图 6-134

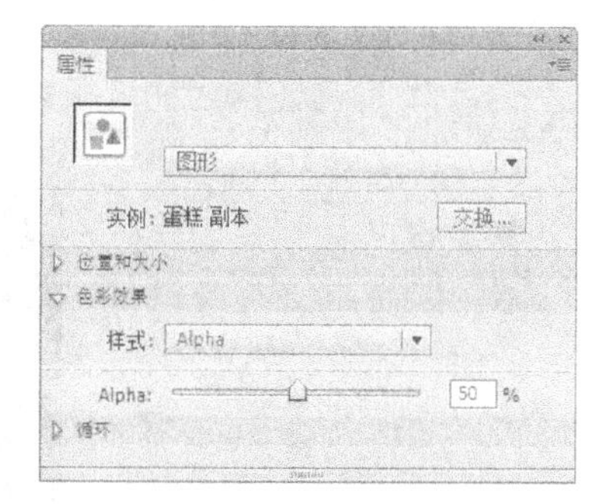

图 6-135

6.2.5 改变实例的颜色和透明效果

在舞台中选中实例，在“属性”面板中选择“样式”选项的下拉列表，如图 6-136 所示。

“无”选项：表示对当前实例不进行任何更改。如果对实例以前做的变化效果不满意，可以选择此选项，取消实例的变化效果，再重新设置新的效果。

“亮度”选项：用于调整实例的明暗对比度。

可以在“亮度数量”选项中直接输入数值，也可以拖动右侧的滑块来设置数值，如图 6-137 所示。其默认的数值为 0，取值范围为-100 ~ 100。当取值大于 0 时，实例变亮，当取值小于 0 时，实例变暗。

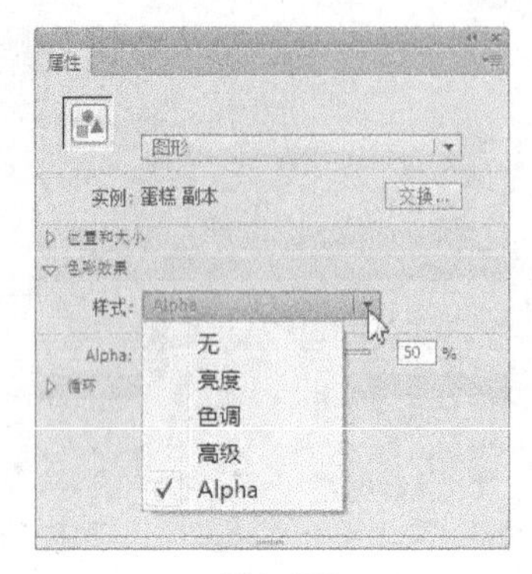

图 6-136

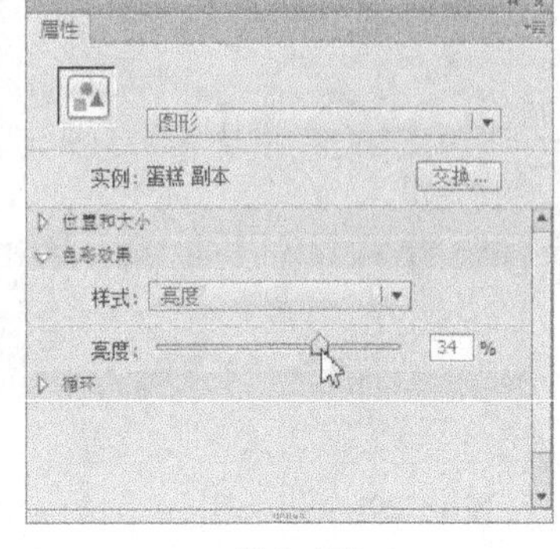

图 6-137

输入不同数值，实例的不同的亮度效果如图 6-138 所示。

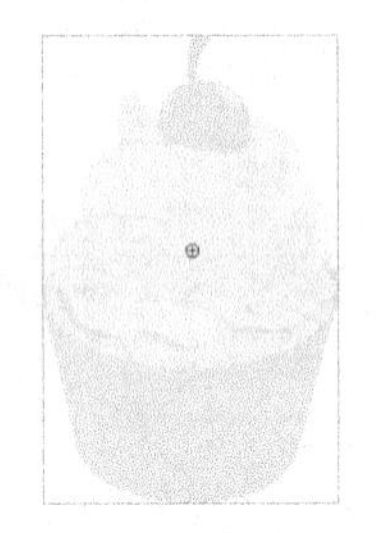

（a）数值为 80 时

（b）数值为 45 时

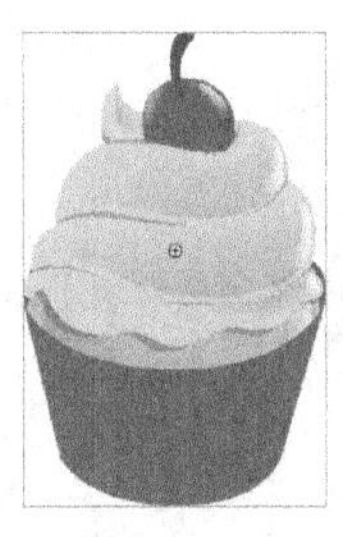

（c）数值为 0 时

（d）数值为－45 时

（e）数值为－80 时

图 6-138

“色调”选项：用于为实例增加颜色，如图 6-139 所示。可以单击“样式”选项右侧的色块，在弹出的色板中选择要应用的颜色，如图 6-140 所示。应用颜色后实例效果如图 6-141 所示。

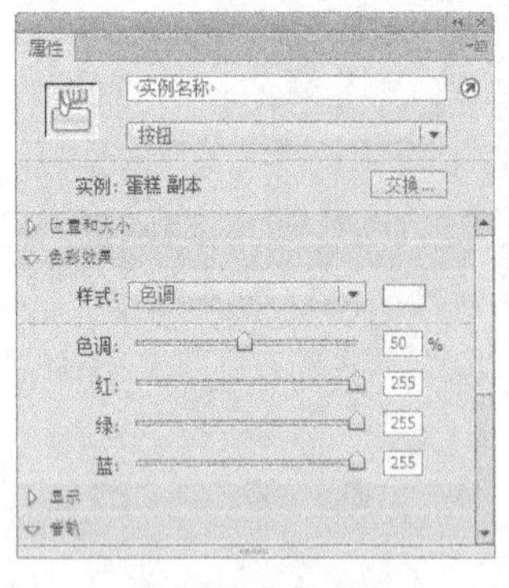

图 6-139

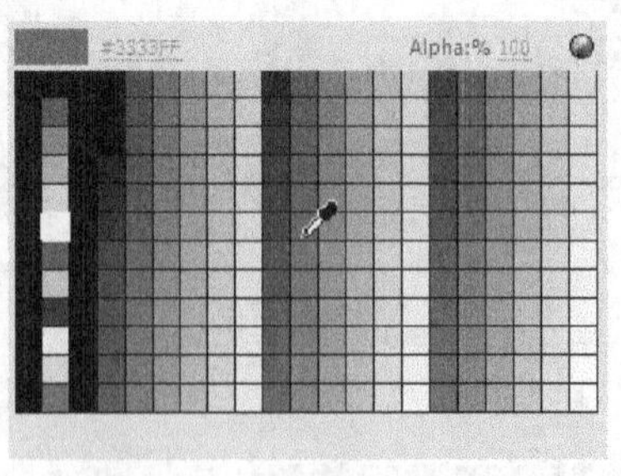

图 6-140

图 6-141

在颜色按钮右侧的“色彩数量”选项中设置数值，如图 6-142 所示。数值范围为 0 ~ 100。当数值为 0 时，实例颜色将不受影响。当数值为 100 时，实例的颜色将完全被所选颜色取代。也可以在“RGB”选项的数值框中输入数值来设置颜色。

“Alpha”选项：用于设置实例的透明效果，如图 6-143 所示。数值范围为 0～100。数值为 0 时实例不透明，数值为 100 时实例消失。

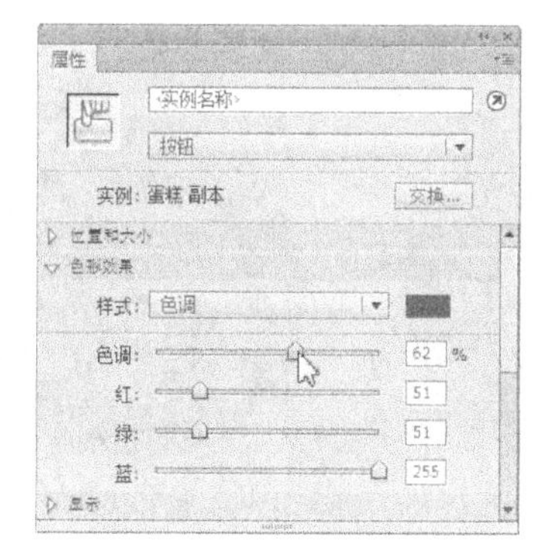
图 6-142

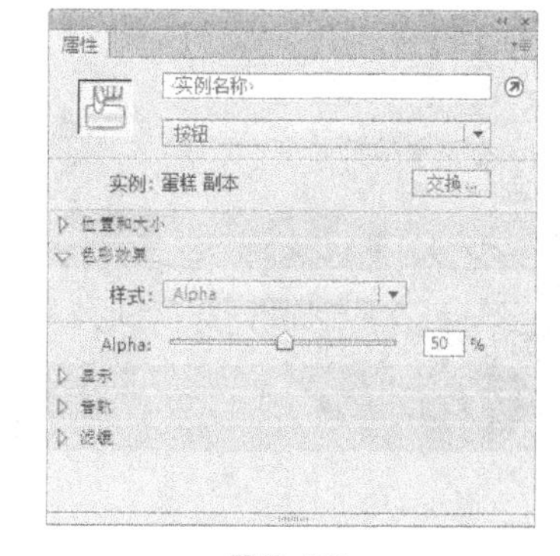
图 6-143

输入不同数值，实例的不透明度效果如图 6-144 所示。

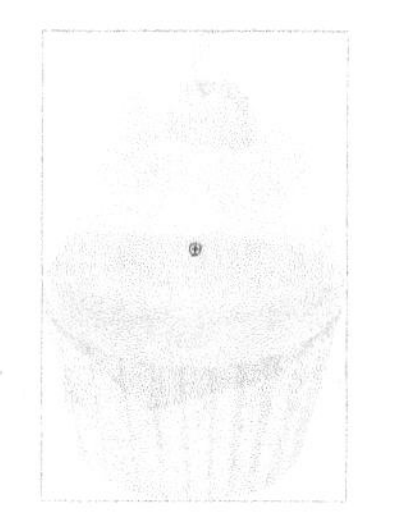
（a）数值为 10 时

（b）数值为 30 时

（c）数值为 60 时

（d）数值为 80 时

（e）数值为 100 时

图 6-144

“高级”选项：用于设置实例的颜色和透明效果，可以分别调节“红”“绿”“蓝”和“Alpha”的值。

在舞台中选中实例，如图 6-145 所示，在“样式”选项的下拉列表中选择“高级”选项，如图 6-146 所示，各个选项的设置如图 6-147 所示，效果如图 6-148 所示。

图 6-145

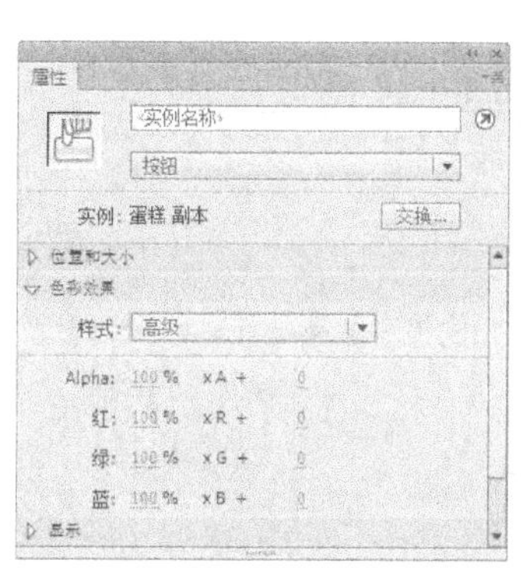
图 6-146

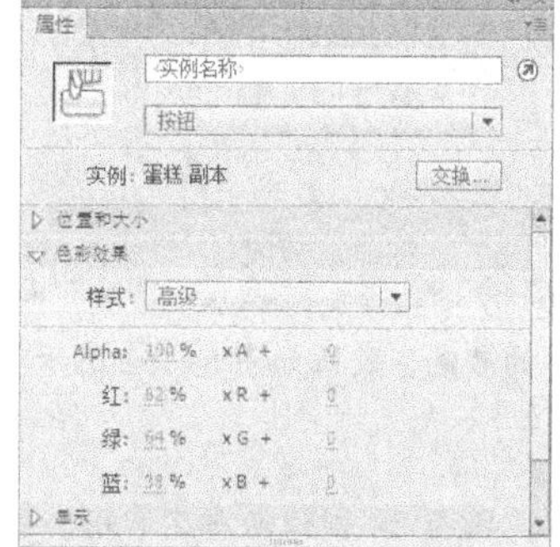
图 6-147

图 6-148

6.2.6 分离实例

选中实例，如图 6-149 所示。选择“修改 > 分离”命令，或按 Ctrl+B 组合键，将实例分离为图形，即填充色和线条的组合，如图 6-150 所示。选择“颜料桶”工具，设置不同的填充颜色，改变图形的填充色，如图 6-151 所示。

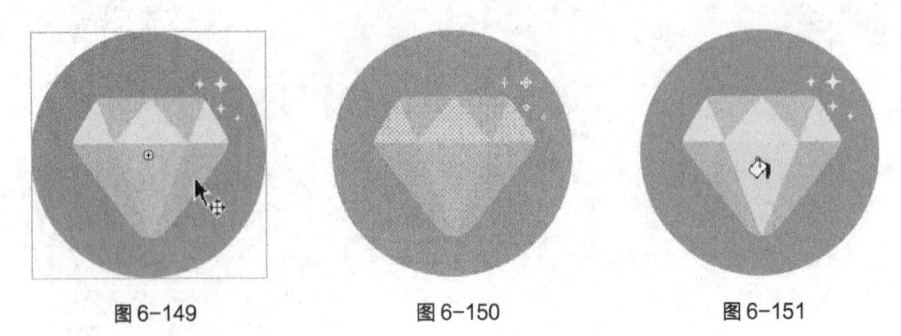

图 6-149　　图 6-150　　图 6-151

6.2.7 元件编辑模式

元件创建完毕后常常需要修改，此时需要进入元件编辑状态，修改完元件后又需要退出元件编辑状态进入主场景编辑动画。

1. 进入组件编辑模式，可以通过以下 5 种方式

STEP 1 在主场景中双击元件实例进入元件编辑模式。

STEP 2 在“库”面板中双击要修改的元件进入元件编辑模式。

STEP 3 在主场景中用鼠标右键单击元件实例，在弹出的菜单中选择“编辑”命令进入元件编辑模式。

STEP 4 在主场景中选择元件实例后，选择“编辑 > 编辑元件”命令进入元件编辑模式。

STEP 5 按 Ctrl+E 组合键，进入元件编辑模式。

2. 退出元件编辑模式，可以通过以下两种方式

STEP 1 单击舞台窗口左上方的场景名称，进入主场景窗口。

STEP 2 选择“编辑 > 编辑文档”命令，进入主场景窗口。

6.3 课堂练习——制作动态菜单

练习知识要点

使用“导入到库”命令，将素材导入到“库”面板；使用“创建元件”命令，制作按钮元件；使用“属性”面板，改变元件的颜色，效果如图 6-152 所示。

效果所在位置

资源包 > Ch06 > 效果 > 制作动态菜单.fla。

图 6-152

制作动态菜单

6.4 课后习题——制作按钮实例

习题知识要点

使用“任意变形”工具，调整元件的大小；使用实例“属性”面板，调整实例的不透明度，效果如图 6-153 所示。

效果所在位置

资源包 > Ch06 > 效果 > 制作按钮实例.fla。

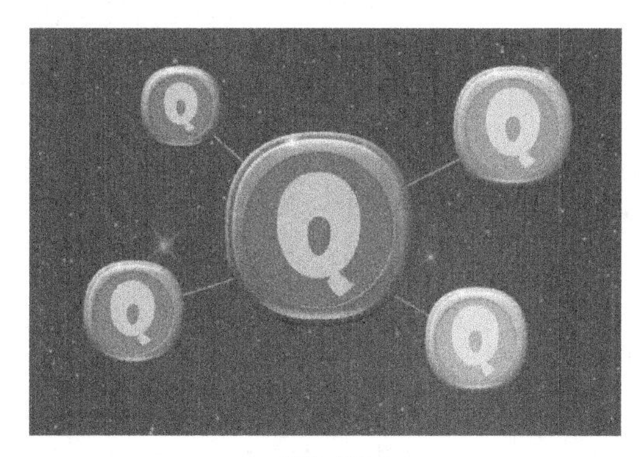

图 6-153

制作按钮实例

Chapter

7

第7章 基本动画的制作

在Flash CS6动画的制作过程中，时间轴和帧起到了关键性的作用。本章将介绍动画中帧和时间轴的使用方法及应用技巧。通过对本章的学习，读者可以了解并掌握如何灵活应用帧和时间轴，并根据设计需要制作出丰富多彩的动画效果。

课堂学习目标

- 了解帧和时间轴的基本概念
- 掌握帧动画、形状补间动画的制作方法
- 掌握动作补间动画的制作方法

7.1 帧与时间轴

要将一幅幅静止的画面按照某种顺序快速地、连续地播放，需要用时间轴和帧来为它们完成时间和顺序的安排。

7.1.1 课堂案例——制作打字效果

案例学习目标

学习使用不同的绘图工具绘制图形，使用时间轴制作动画。

案例知识要点

使用“刷子”工具，绘制光标图形；使用“文本”工具，添加文字；使用“翻转帧”命令，将帧进行翻转，效果如图 7-1 所示。

效果所在位置

资源包 > Ch07 > 效果 > 制作打字效果. fla。

图 7-1

1. 导入图片并制作元件

制作打字效果 1

STEP 1 选择“文件 > 新建”命令，在弹出的“新建文档”对话框中选择“ActionScript 3.0”选项，将“宽”选项设为 600，“高”选项设为 400，单击“确定”按钮，完成文档的创建。

STEP 2 选择“文件 > 导入 > 导入到库”命令，在弹出的“导入”对话框当中选择“Ch07 > 素材 > 制作打字效果 > 01”文件，单击“打开”按钮，文件被导入到“库”面板中，如图 7-2 所示。

STEP 3 按 Ctrl+F8 组合键，弹出“创建新元件”对话框，在“名称”选项的文本框中输入“光标”，在“类型”选项的下拉列表中选择“图形”选项，单击“确定”按钮，新建图形元件“光标”，如图 7-3 所示。舞台窗口也随之转换为图形元件的舞台窗口。

STEP 4 选择“刷子”工具，在刷子工具“属性”面板中将“平滑度”选项设为 0，在舞台窗口中绘制一条黑色直线，效果如图 7-4 所示。

STEP 5 按 Ctrl+F8 组合键，弹出“创建新元件”对话框，在“名称”选项的文本框中输入“文字动”，在“类型”选项的下拉列表中选择“影片剪辑”选项，单击“确定”按钮，新建影片剪辑元件“文字动”，如图 7-5 所示。舞台窗口也随之转换为影片剪辑元件的舞台窗口。

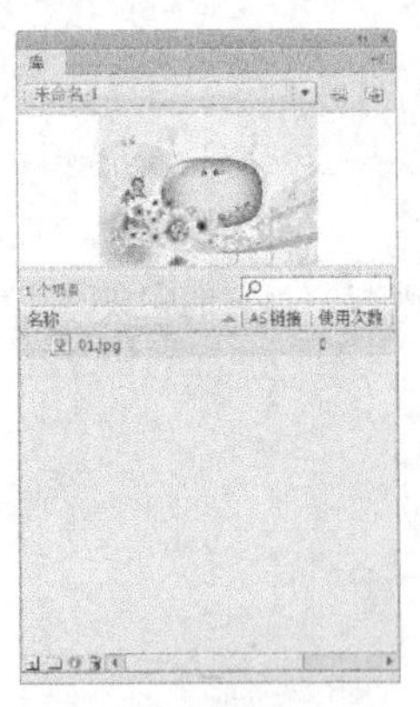

图 7-2

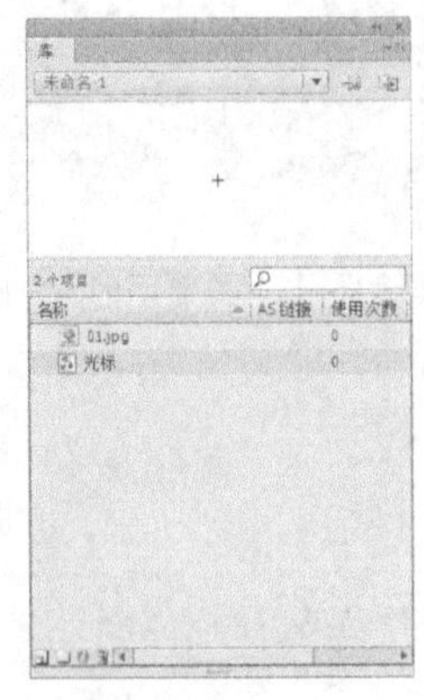

图 7-3

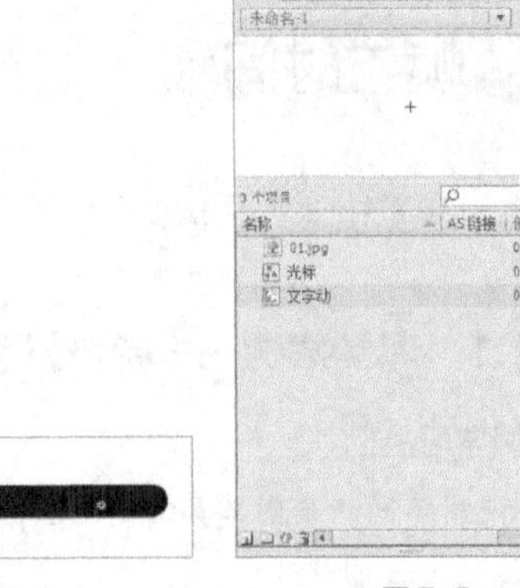

图 7-4　　图 7-5

2. 添加文字并制作打字效果

制作打字效果 2

STEP 1 将“图层 1”重新命名为“文字”。选择“文本”工具，在文本工具“属性”面板中进行设置，在舞台窗口中适当的位置输入大小为 12，字体为“方正综艺简体”的黑色文字，文字效果如图 7-6 所示。

STEP 2 单击“时间轴”面板下方的“新建图层”按钮，创建新图层并将其命名为“光标”。分别选中“文字”图层和“光标”图层的第 5 帧，按 F6 键，插入关键帧，如图 7-7 所示。将“库”面板中的图形元件“光标”拖曳到“光标”图层的舞台窗口中，选择“任意变形”工具，调整光标图形的大小，效果如图 7-8 所示。

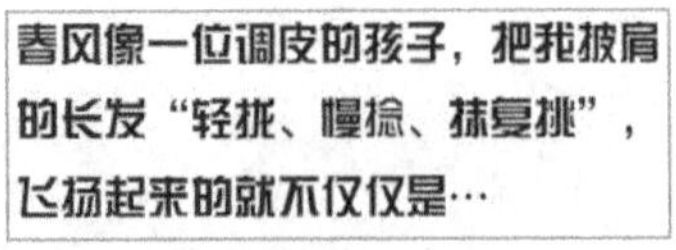

春风像一位调皮的孩子，把我披肩的长发“轻拢、慢捻、抹复挑”，飞扬起来的就不仅仅是…

图 7-6

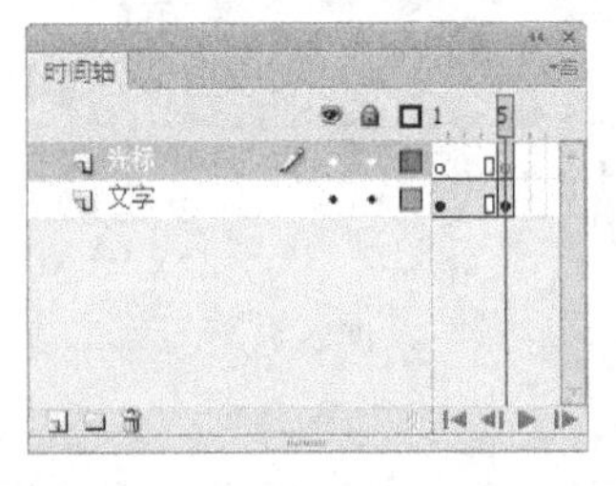

图 7-7

春风像一位调皮的孩子，把我披肩的长发“轻拢、慢捻、抹复挑”，飞扬起来的就不仅仅是…

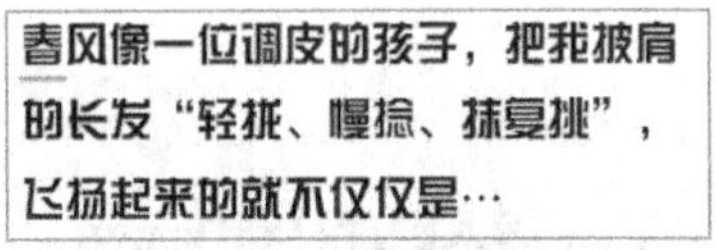

图 7-8

STEP 3 选择“选择”工具，将光标拖曳到文字中省略号的下方，如图 7-9 所示。选中“文字”图层的第 5 帧，选择“文本”工具，将光标上方的省略号删除，效果如图 7-10 所示。分别选中“文字”图层和“光标”图层的第 10 帧，按 F6 键，插入关键帧，如图 7-11 所示。

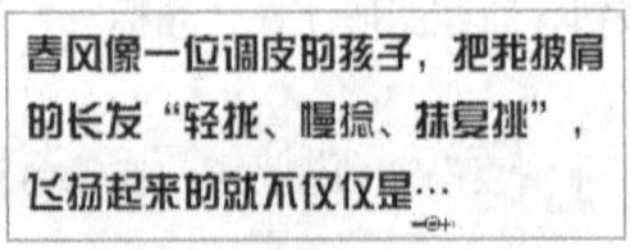

春风像一位调皮的孩子，把我披肩的长发“轻拢、慢捻、抹复挑”，飞扬起来的就不仅仅是…

图 7-9

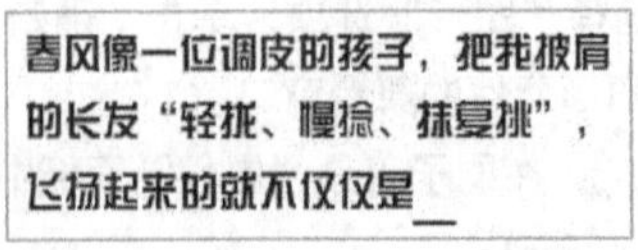

春风像一位调皮的孩子，把我披肩的长发“轻拢、慢捻、抹复挑”，飞扬起来的就不仅仅是

图 7-10

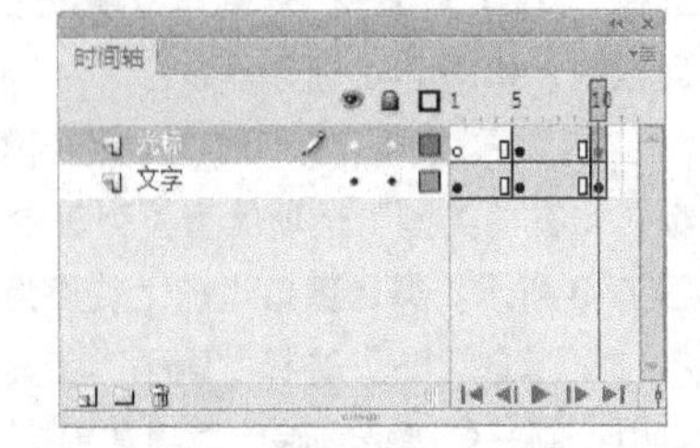

图 7-11

STEP 4 选中“光标”图层的第 10 帧，将光标平移到文字中“是”字的下方，如图 7-12 所示。选中“文字”图层的第 10 帧，将光标上方的“是”字删除，效果如图 7-13 所示。

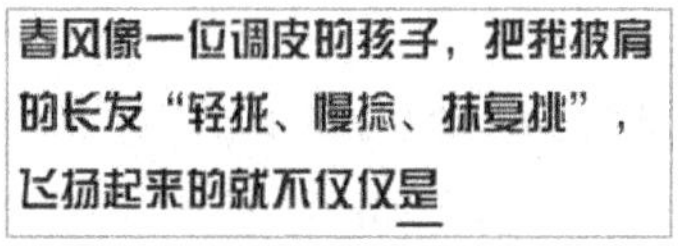

春风像一位调皮的孩子，把我披肩
的长发“轻拢、慢捻、抹复挑”，
飞扬起来的就不仅仅是_

图 7-12

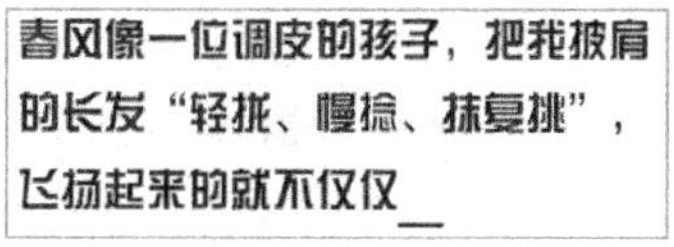

春风像一位调皮的孩子，把我披肩
的长发“轻拢、慢捻、抹复挑”，
飞扬起来的就不仅仅_

图 7-13

STEP 5 用相同的方法，每间隔 5 帧插入一个关键帧，在插入的帧上将光标移动到前一个字的下方，并删除该字，直到删除完所有的字，如图 7-14 所示，舞台窗口中效果如图 7-15 所示。

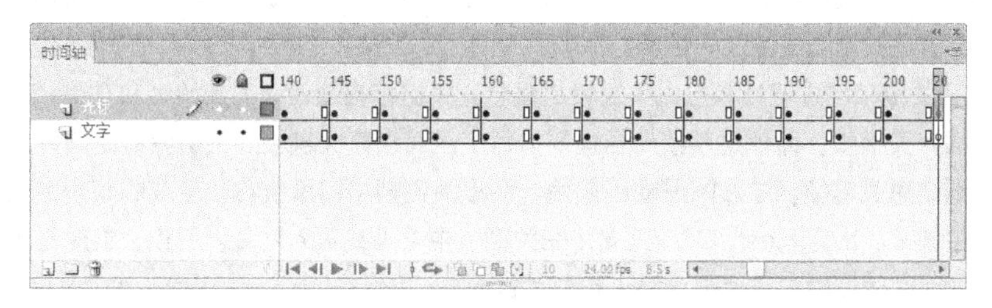

图 7-14

图 7-15

STEP 6 按住 Shift 键的同时单击“文字”图层和“光标”图层的图层名称，选中两个图层中的所有帧，选择“修改 > 时间轴 > 翻转帧”命令，对所有帧进行翻转，如图 7-16 所示。

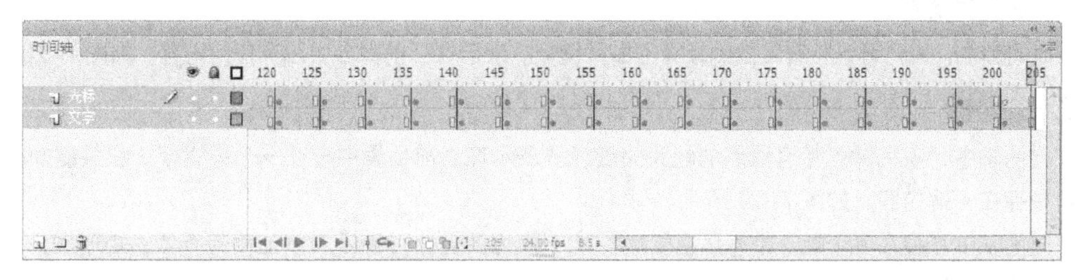

图 7-16

STEP 7 单击舞台窗口左上方的“场景 1”图标 场景 1，进入“场景 1”的舞台窗口，将“图层 1”重新命名为“底图”。将“库”面板中的位图“01”拖曳到舞台窗口的中心位置，效果如图 7-17 所示。将“库”面板中的影片剪辑元件“文字动”拖曳到舞台窗口中适当的位置，如图 7-18 所示。打字效果制作完成，按 Ctrl+Enter 组合键即可查看效果，如图 7-19 所示。

图 7-17

图 7-18

图 7-19

7.1.2 动画中帧的概念

医学证明，人类具有视觉暂留的特点，即人眼看到物体或画面后，在 1/24 秒内不会消失。利用这一原理，在一幅画没有消失之前播放下一幅画，就会给人造成流畅的视觉变化效果。所以，动画就是通过连续播放一系列静止画面，给视觉造成连续变化的效果。

在 Flash CS6 中，这一系列单幅的画面就叫帧，它是 Flash CS6 动画中最小时间单位里出现的画面。每秒钟显示的帧数叫帧率，如果帧率太慢就会给人造成视觉上不流畅的感觉。所以，按照人的视觉原理，一般将动画的帧率设为 24 帧/秒。

在 Flash CS6 中，动画制作的过程就是决定动画每一帧显示什么内容的过程。用户可以像传统动画一样自己绘制动画的每一帧，即逐帧动画。但逐帧动画所需的工作量非常大，为此，Flash CS6 还提供了一种简单的动画制作方法，即采用关键帧处理技术的插值动画。插值动画又分为运动动画和变形动画两种。

制作插值动画的关键是绘制动画的起始帧和结束帧，中间帧的效果由 Flash CS6 自动计算得出。为此，在 Flash CS6 中提供了关键帧、过渡帧和空白关键帧的概念。关键帧描绘动画的起始帧和结束帧。当动画内容发生变化时必须插入关键帧，即使是逐帧动画也要为每个画面创建关键帧。关键帧有延续性，开始关键帧中的对象会延续到结束关键帧。过渡帧是动画起始、结束关键帧中间系统自动生成的帧。空白关键帧是不包含任何对象的关键帧。因为 Flash CS6 只支持在关键帧中绘画或插入对象。所以，当动画内容发生变化而又不希望延续前面关键帧的内容时需要插入空白关键帧。

7.1.3 帧的显示形式

在 Flash CS6 动画制作过程中，帧有下述多种显示形式。

1. 空白关键帧

在时间轴中，白色背景带有黑圈的帧为空白关键帧。表示在当前舞台中没有任何内容，如图 7-20 所示。

2. 关键帧

在时间轴中，灰色背景带有黑点的帧为关键帧。表示在当前场景中存在一个关键帧，在关键帧相对应的舞台中存在一些内容，如图 7-21 所示。

在时间轴中，存在多个帧。带有黑色圆点的第 1 帧为关键帧，最后 1 帧上面带有黑的矩形框，为普通帧。除了第 1 帧以外，其他帧均为普通帧，如图 7-22 所示。

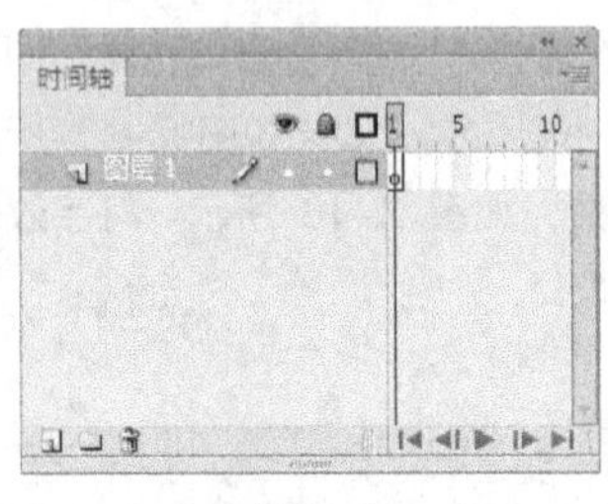

图 7-20

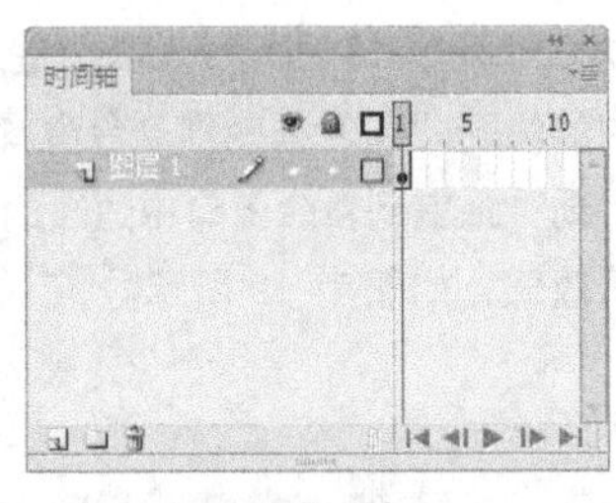

图 7-21

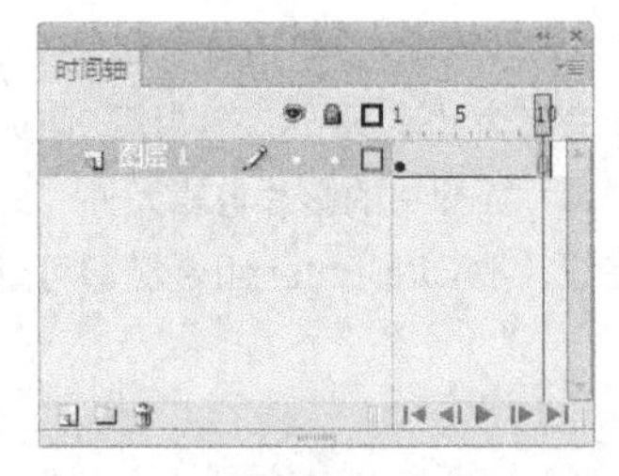

图 7-22

3. 传统补间帧

在时间轴中，带有黑色圆点的第 1 帧和最后 1 帧为关键帧，中间紫色背景带有黑色箭头的帧为补间帧，如图 7-23 所示。

4. 形状补间帧

在时间轴中，带有黑色圆点的第 1 帧和最后 1 帧为关键帧，中间绿色背景带有黑色箭头的帧为补间帧，如图 7-24 所示。

在时间轴中，帧上出现虚线，表示是未完成或中断了的补间动画，虚线表示不能够生成补间帧，如图 7-25 所示。

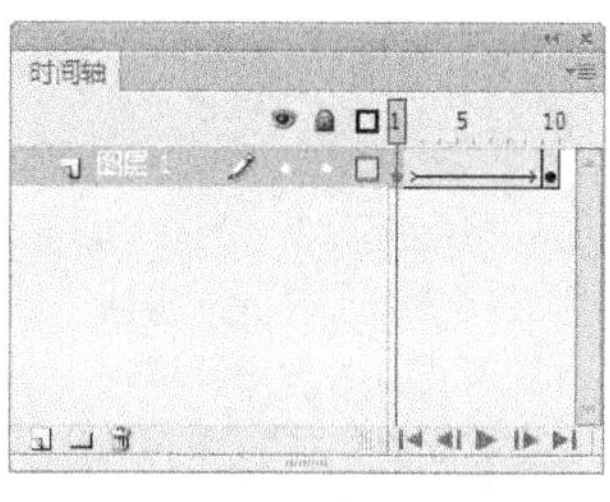
图 7-23

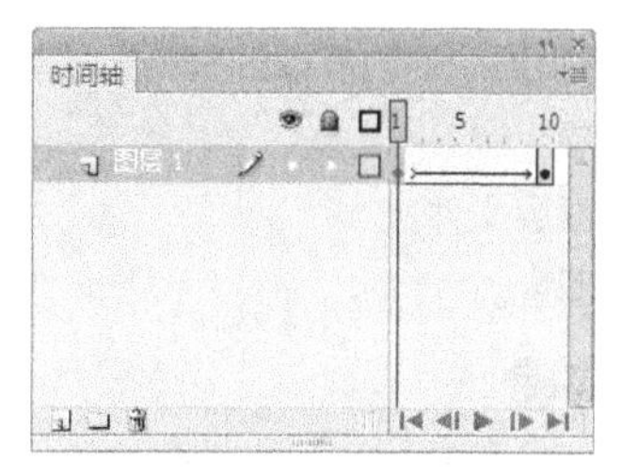
图 7-24

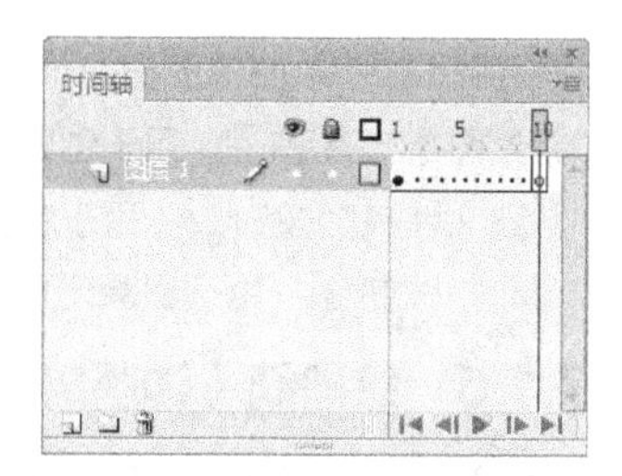
图 7-25

5. 包含动作语句的帧

在时间轴中，第 1 帧上出现一个字母“a”，表示这 1 帧中包含了使用“动作”面板设置的动作语句，如图 7-26 所示。

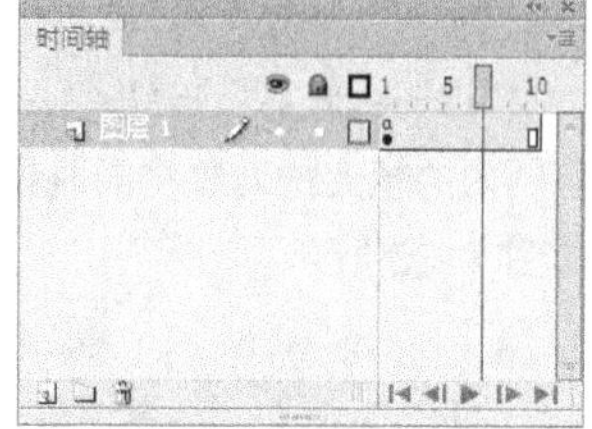
图 7-26

6. 帧标签

在时间轴中，第 1 帧上出现一只红旗，表示这一帧的标签类型是名称。红旗右侧的“mc”是帧标签的名称，如图 7-27 所示。

在时间轴中，第 1 帧上出现两条绿色斜杠，表示这一帧的标签类型是注释，如图 7-28 所示。帧注释是对帧的解释，帮助理解该帧在影片中的作用。

在时间轴中，第 1 帧上出现一个金色的锚，表示这一帧的标签类型是锚记，如图 7-29 所示。帧锚记表示该帧是一个定位，方便浏览者在浏览器中快进、快退。

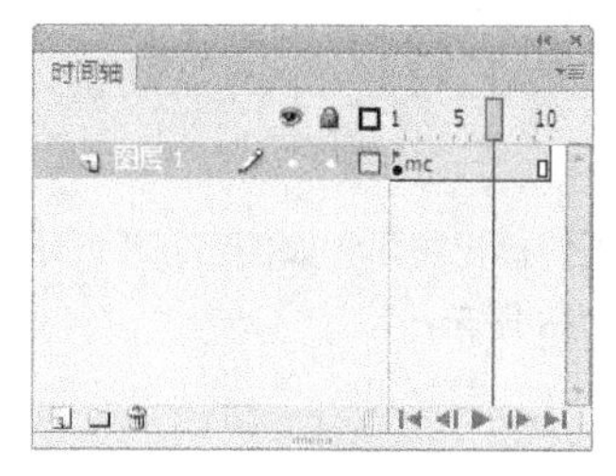
图 7-27

图 7-28

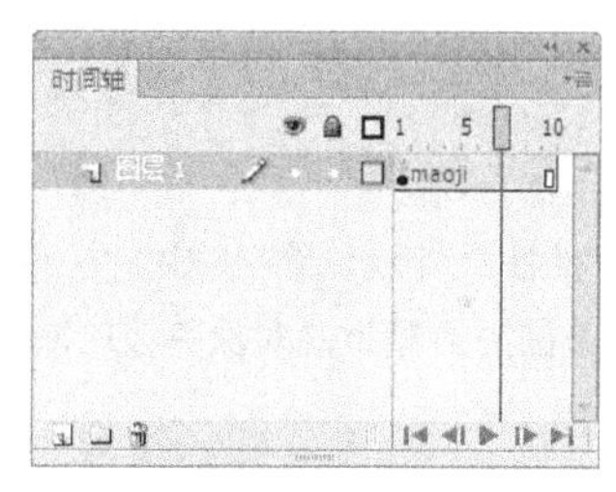
图 7-29

7.1.4 时间轴面板

“时间轴”面板由图层面板和时间轴组成，如图 7-30 所示。

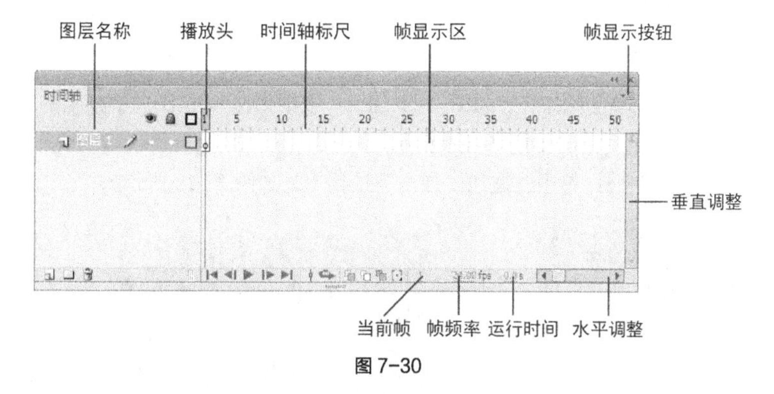

图 7-30

眼睛图标：单击此图标，可以隐藏或显示图层中的内容。

锁状图标：单击此图标，可以锁定或解锁图层。

线框图标：单击此图标，可以将图层中的内容以线框的方式显示。

“新建图层”按钮：用于创建图层。

“新建文件夹”按钮：用于创建图层文件夹。

“删除”按钮：用于删除无用的图层。

7.1.5 绘图纸（洋葱皮）功能

一般情况下，Flash CS6 的舞台只能显示当前帧中的对象。如果希望在舞台上出现多帧对象以帮助当前帧对象的定位和编辑，Flash CS6 提供的绘图纸（洋葱皮）功能可以将其实现。

在“时间轴”面板下方的按钮功能如下。

“帧居中”按钮：单击此按钮，播放头所在帧会显示在时间轴的中间位置。

“循环”按钮：单击此按钮，在标记范围内的帧上将以循环播放方式显示在舞台上。

“绘图纸外观”按钮：单击此按钮，时间轴标尺上出现绘图纸的标记显示，如图 7-31 所示，在标记范围内的帧上的对象将同时显示在舞台中，如图 7-32 所示。可以用鼠标拖曳标记点来增加显示的帧数，如图 7-33 所示。

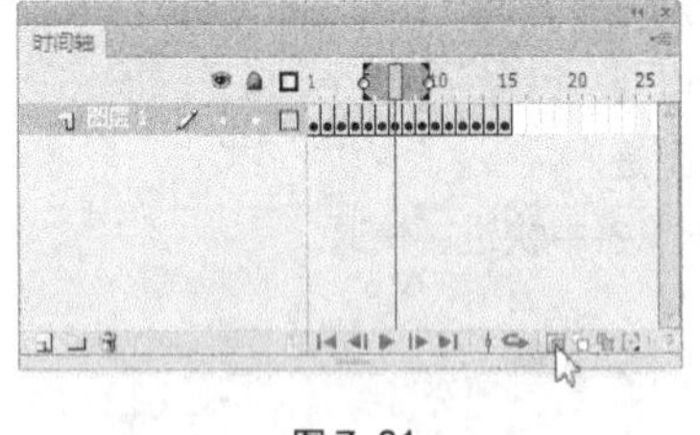

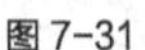
图 7-31

图 7-32

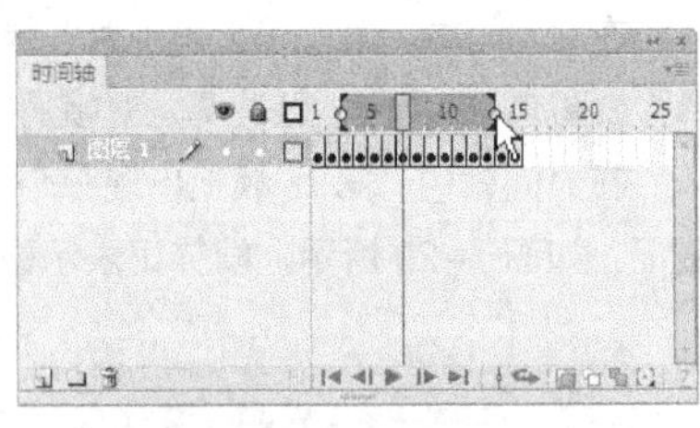

图 7-33

“绘图纸外观轮廓”按钮：单击此按钮，时间轴标尺上出现绘图纸的标记显示，如图 7-34 所示，在标记范围内的帧上的对象将以轮廓线的形式同时显示在舞台中，如图 7-35 所示。

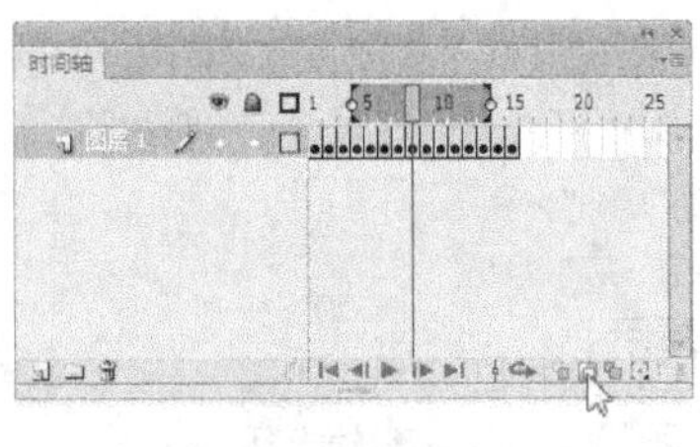

图 7-34

图 7-35

“编辑多个帧”按钮：单击此按钮，如图 7-36 所示，绘图纸标记范围内的帧上的对象将同时显示在舞台中，可以同时编辑所有的对象，如图 7-37 所示。

“修改绘图纸标记”按钮：单击此按钮，弹出下拉菜单，如图 7-38 所示。

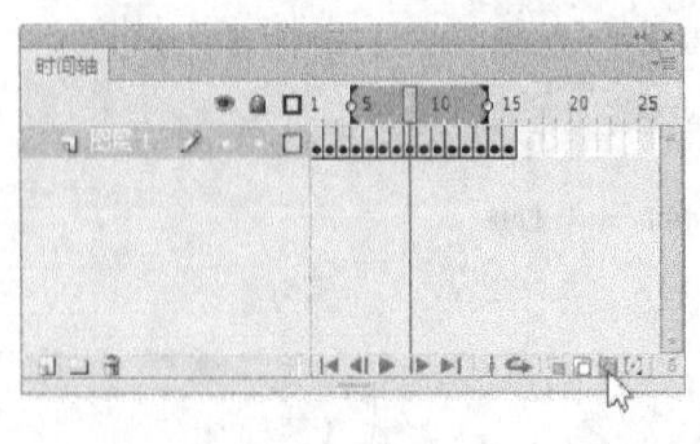

图 7-36

图 7-37

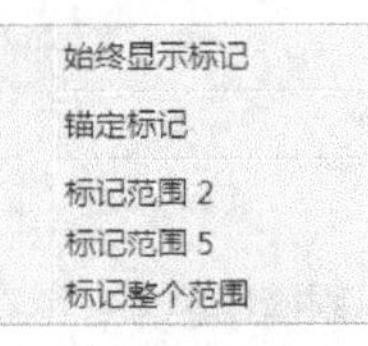

图 7-38

“始终显示标记”命令：在时间轴标尺上总是显示出绘图纸标记。

“锚定标记”命令：将锁定绘图纸标记的显示范围，移动播放头将不会改变显示范围，如图 7-39 所示。

“标记范围 2”命令：绘图纸标记显示范围为从当前帧的前 2 帧开始，到当前帧的后 2 帧结束，如图 7-40 所示，图形显示效果如图 7-41 所示。

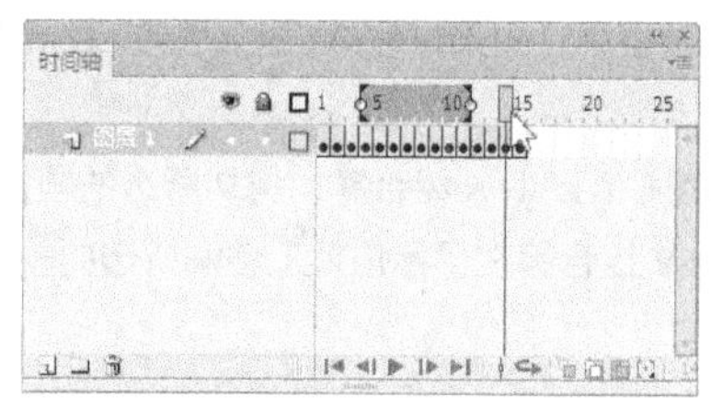

图 7-39

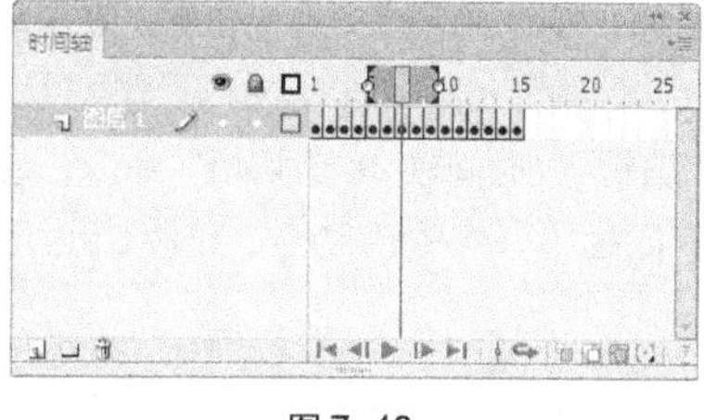

图 7-40

图 7-41

“标记范围 5”命令：绘图纸标记显示范围为从当前帧的前 5 帧开始，到当前帧的后 5 帧结束，如图 7-42 所示，图形显示效果如图 7-43 所示。

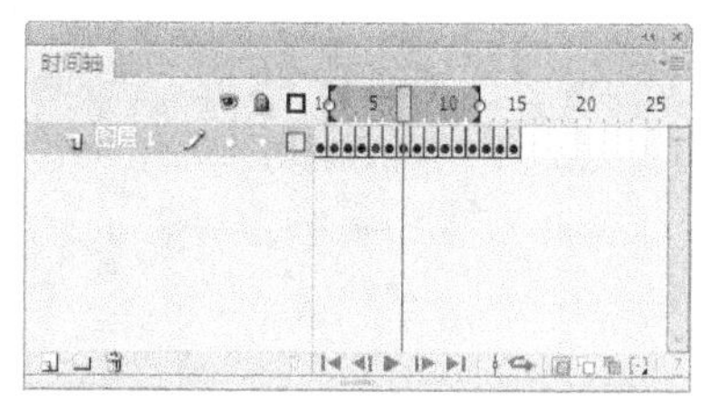

图 7-42

图 7-43

“标记整个范围”命令：绘图纸标记显示范围为时间轴中的所有帧，如图 7-44 所示，图形显示效果如图 7-45 所示。

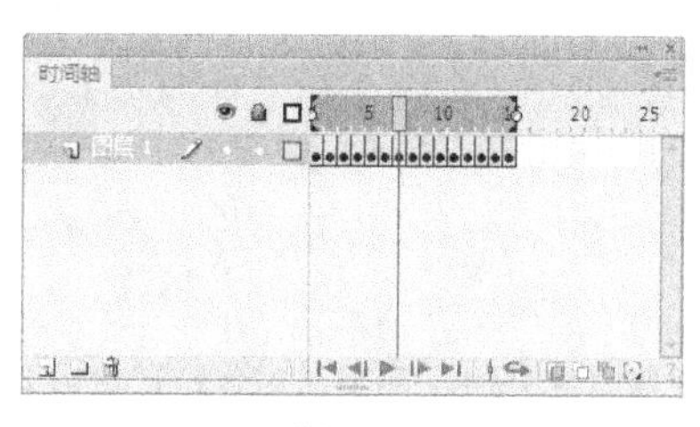

图 7-44

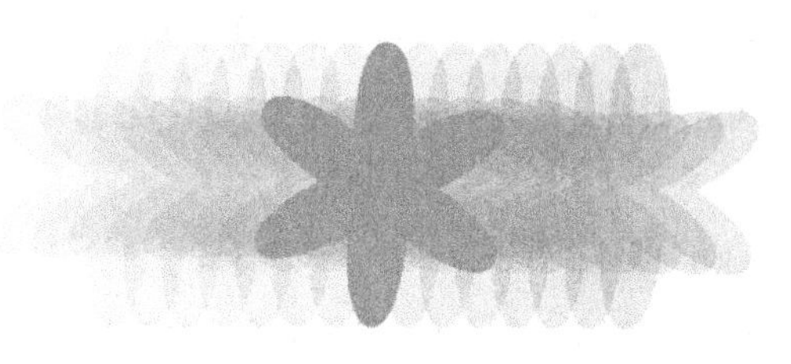

图 7-45

7.1.6 在时间轴面板中设置帧

在时间轴面板中，可以对帧进行一系列的操作。

1. 插入帧

选择“插入 > 时间轴 > 帧”命令，或按 F5 键，可以在时间轴上插入一个普通帧。

选择“插入 > 时间轴 > 关键帧”命令，或按 F6 键，可以在时间轴上插入一个关键帧。

选择“插入 > 时间轴 > 空白关键帧”命令，可以在时间轴上插入一个空白关键帧。

2. 选择帧

选择“编辑 > 时间轴 > 选择所有帧”命令，选中时间轴中的所有帧。

单击要选的帧，帧变为深色。

单击鼠标左键，选中要选择的帧，再向前或向后进行拖曳，其间光标经过的帧全部被选中。

按住 Ctrl 键的同时，用鼠标单击要选择的帧，可以选择多个不连续的帧。

按住 Shift 键的同时，用鼠标单击要选择的两个帧，这两个帧中间的所有帧都被选中。

3. 移动帧

选中一个或多个帧，按住鼠标，移动所选帧到目标位置。在移动过程中，如果按住 Alt 键，会在目标位置上复制出所选的帧。

选中一个或多个帧，选择“编辑 > 时间轴 > 剪切帧”命令，或按 Ctrl+Alt+X 组合键，剪切所选的帧；选中目标位置，选择“编辑 > 时间轴 > 粘贴帧”命令，或按 Ctrl+Alt+V 组合键在目标位置上粘贴所选的帧。

4. 删除帧

用鼠标右键单击要删除的帧，在弹出的菜单中选择“清除帧”命令。

选中要删除的普通帧，按 Shift+F5 组合键，删除帧。选中要删除的关键帧，按 Shift+F6 组合键，删除关键帧。

提示

在 Flash CS6 系统默认状态下，“时间轴”面板中每一个图层的第 1 帧都被设置为关键帧。后面插入的帧将拥有第 1 帧中的所有内容。

7.2 帧动画

应用帧可以制作帧动画或逐帧动画，利用在不同帧上设置不同的对象来实现动画效果。

7.2.1 课堂案例——制作小松鼠动画

案例学习目标

学习使用导入素材制作动画和逐帧动画。

案例知识要点

使用“导入到舞台”命令，导入松鼠的序列图；使用“创建传统补间”命令，制作松鼠运动效果；使用“变形”面板，改变图形的大小；使用“属性”面板，确定图形的具体位置，效果如图 7-46 所示。

效果所在位置

资源包 > Ch07 > 效果 > 制作小松鼠动画.fla。

图 7-46

1. 制作逐帧动画

制作小松鼠动画 1

STEP 1 选择“文件 > 新建”命令，在弹出的“新建文档”对话框中选择“ActionScript 3.0”选项，将“宽”选项设为 700，“高”选项设为 300，“背景颜色”选项设为淡蓝色（#99CCFF），单击“确定”按钮，完成文档的创建。

STEP 2 按 Ctrl+F8 组合键，弹出“创建新元件”对话框，在“名称”选项的文本框中输入“小松鼠”，在“类型”选项的下拉列表中选择“影片剪辑”选项，单击“确定”按钮，新建影片剪辑元件“小松鼠”，如图 7-47 所示。舞台窗口也随之转换为影片剪辑元件的舞台窗口。

STEP 3 选择“文件 > 导入 > 导入到舞台”命令，在弹出的“导入”对话框中选择“Ch07 > 素材 > 制作小松鼠动画 > 01”文件，单击“打开”按钮，弹出“Adobe Flash CS6”对话框，询问是否导入序列中的所有图像，单击“是”按钮，图片序列被导入舞台窗口中，效果如图 7-48 所示。

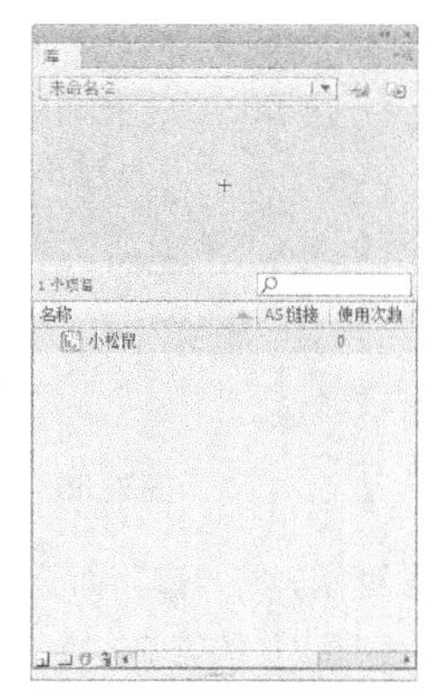

图 7-47

图 7-48

STEP 4 在“时间轴”面板中选中第 21 帧至第 28 帧之间的帧，如图 7-49 所示。按 Shift+F5 组合键，将选中的帧删除，效果如图 7-50 所示。

图 7-49

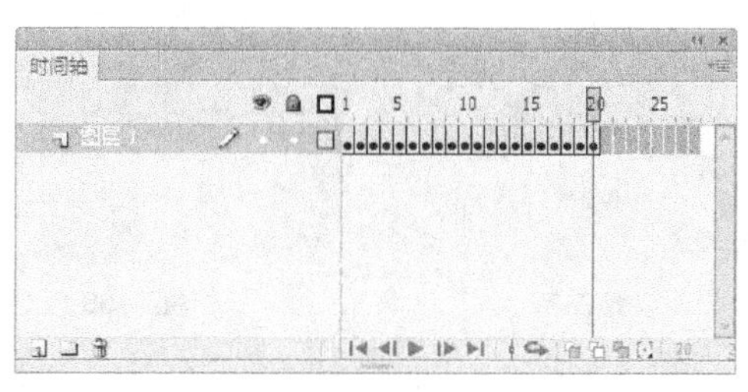

图 7-50

STEP 5 单击“时间轴”面板下方的“新建图层”按钮，新建“图层 2”。将“库”面板中的位图“21”拖曳到舞台窗口中，并放置在适当的位置，如图 7-51 所示。选中“图层 2”的第 3 帧，按 F7 键，插入空白关键帧。将“库”面板中的位图“22”拖曳到舞台窗口中，并放置在适当的位置，如图 7-52 所示。

STEP 6 选中“图层 2”的第 6 帧，按 F7 键，插入空白关键帧。将“库”面板中的位图“23”拖曳到舞台窗口中，并放置在适当的位置，如图 7-53 所示。

图 7-51

图 7-52

图 7-53

STEP 7 选中“图层 2”的第 9 帧，按 F7 键，插入空白关键帧。将“库”面板中的位图“24”拖曳到舞台窗口中，并放置在适当的位置，如图 7-54 所示。选中“图层 2”的第 12 帧，按 F7 键，插入空白关键帧。将“库”面板中的位图“25”拖曳到舞台窗口中，并放置在适当的位置，如图 7-55 所示。

STEP 8 选中“图层 2”的第 15 帧，按 F7 键，插入空白关键帧。将“库”面板中的位图“26”拖曳到舞台窗口中，并放置在适当的位置，如图 7-56 所示。

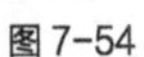

图 7-54

图 7-55

图 7-56

STEP 9 选中“图层 2”的第 18 帧，按 F7 键，插入空白关键帧。将“库”面板中的位图“27”拖曳到舞台窗口中，并放置在适当的位置，如图 7-57 所示。选中“图层 2”的第 20 帧，按 F7 键，插入空白关键帧。将“库”面板中的位图“28”拖曳到舞台窗口中，并放置在适当的位置，如图 7-58 所示。分别选中“图层 1”和“图层 2”的第 21 帧，按 F5 键，插入普通帧，如图 7-59 所示。

图 7-57

图 7-58

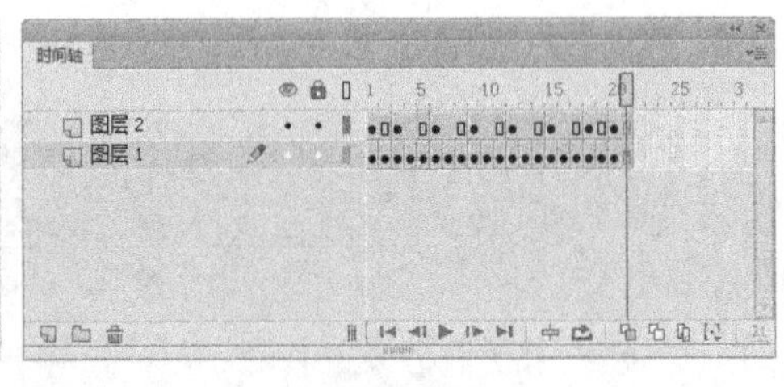

图 7-59

STEP 10 在“时间轴”面板中，将“图层 2”拖曳到“图层 1”的下方，如图 7-60 所示，效果如图 7-61 所示。

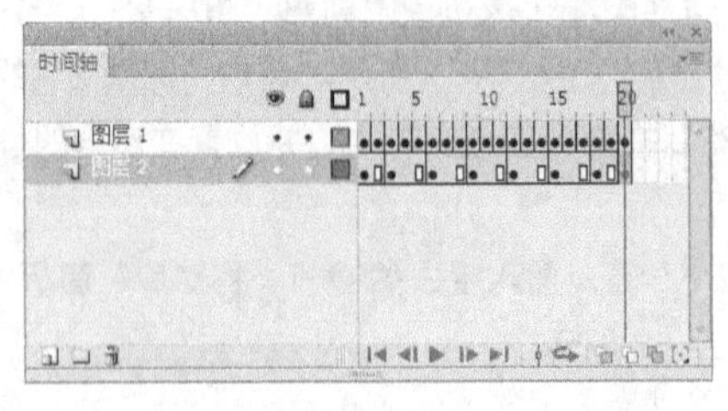

图 7-60

图 7-61

2. 制作小松鼠动画

制作小松鼠动画 2

STEP 1 按 Ctrl+F8 组合键，弹出“创建新元件”对话框，在“名称”选项的文本框中输入“小松鼠动”。在“类型”选项的下拉列表中选择“影片剪辑”选项，单击“确定”按钮，新建一个影片剪辑元件“小松鼠动”，如图 7-62 所示，舞台窗口也随之转换为影片剪辑元件的舞台窗口。将“库”面板中的影片剪辑元件“小松鼠”拖曳到舞台窗口中，如图 7-63 所示。

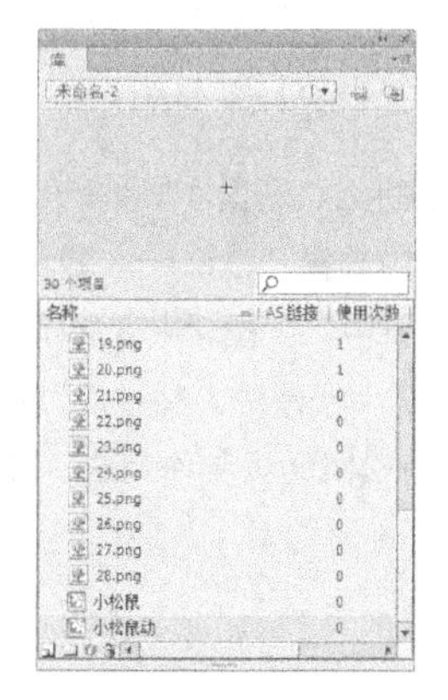

图 7-62

图 7-63

STEP 2 选择“选择”工具，在舞台窗口中选中“小松鼠”实例，按 Ctrl+T 组合键，弹出“变形”面板，将“缩放宽度”选项和“缩放高度”选项均设为 32.8%，如图 7-64 所示，效果如图 7-65 所示。

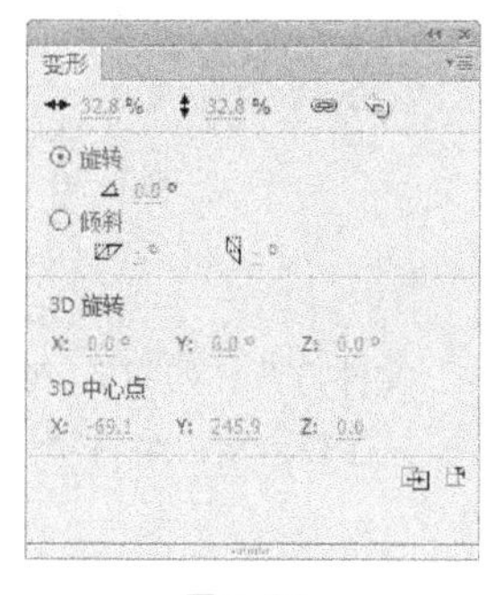

图 7-64

图 7-65

STEP 3 在影片剪辑“属性”面板中，将“X”选项和“Y”选项均设为 0，如图 7-66 所示，效果如图 7-67 所示。

图 7-66

图 7-67

STEP 4 选中“图层 1”图层的第 100 帧，按 F6 键，插入关键帧。在舞台窗口中选中“小松鼠”实例，在影片剪辑“属性”面板中，将“X”选项设为 720，“Y”选项均设为 0，效果如图 7-68 所示。用鼠标右键单击“图层 1”的第 1 帧，在弹出的快捷菜单中选择“创建传统补间”命令，生成传统补间动画。

图 7-68

STEP 5 单击舞台窗口左上方的“场景 1”图标，进入“场景 1”的舞台窗口。将“图层 1”重命名为“底图”。按 Ctrl+R 组合键，在弹出的“导入”对话框中选择“Ch07 > 素材 > 制作小松鼠动画 > 00”文件，单击“打开”按钮，选中的文件被导入到舞台窗口中，如图 7-69 所示。

STEP 6 在“时间轴”面板中创建新图层并将其命名为“小松鼠”。将“库”面板中的影片剪辑元件“小松鼠动”拖曳到舞台窗口的左外侧，如图 7-70 所示。小松鼠动画制作完成，按 Ctrl+Enter 组合键即可查看效果。

图 7-69

图 7-70

7.2.2 帧动画

选择“文件 > 打开”命令，将“基础素材 > Ch07 > 02.fla”文件打开，如图 7-71 所示。选中“气球”图层的第 5 帧，按 F6 键，插入关键帧。选择“选择”工具，在舞台窗口中将“气球”图形向左上方拖曳到适当的位置，效果如图 7-72 所示。

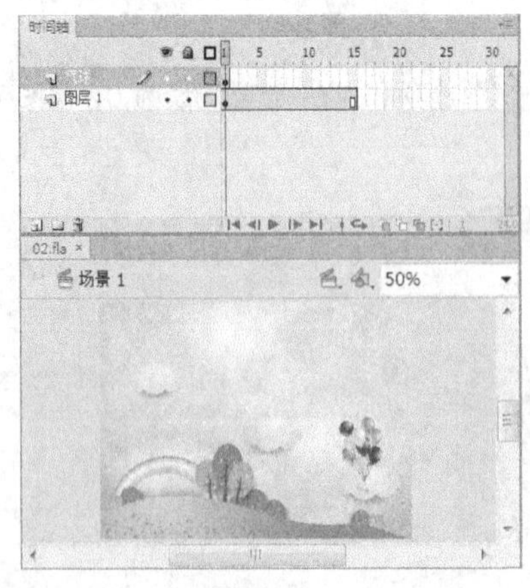

图 7-71

图 7-72

选中“气球”图层的第 10 帧，按 F6 键，插入关键帧，如图 7-73 所示，将“气球”图形向左上方拖曳到适当的位置，效果如图 7-74 所示。

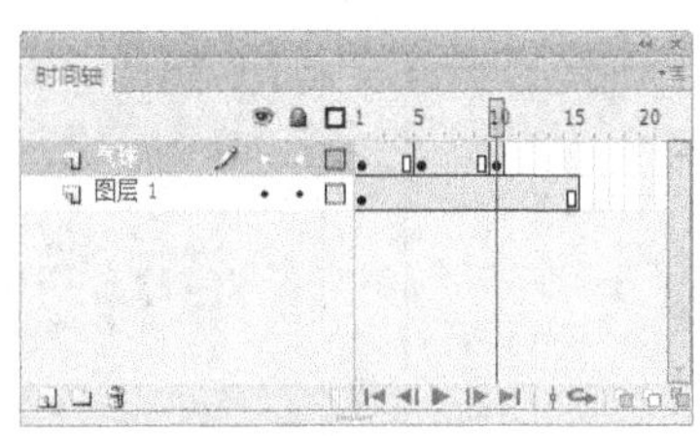

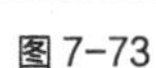
图 7-73

图 7-74

选中“气球”图层的第 15 帧，按 F6 键，插入关键帧，如图 7-75 所示，将“气球”图形向右拖曳到适当的位置，效果如图 7-76 所示。

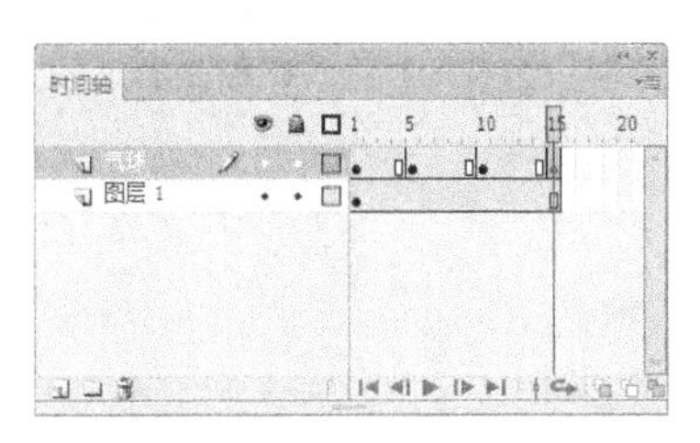

图 7-75

图 7-76

按 Enter 键，让播放头进行播放，即可观看制作效果。在不同的关键帧上动画显示的效果如图 7-77 所示。

（a）第 1 帧

（b）第 5 帧

（c）第 10 帧

（d）第 15 帧

图 7-77

7.2.3 逐帧动画

新建空白文档，选择“文本”工具T，在第 1 帧的舞台中输入文字“前”，如图 7-78 所示。在时间轴面板中选中第 2 帧，如图 7-79 所示。按 F6 键，在第 2 帧上插入关键帧，如图 7-80 所示。

图 7-78

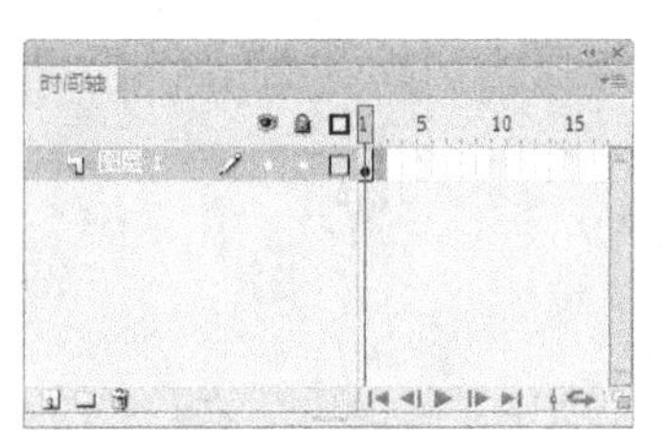

图 7-79

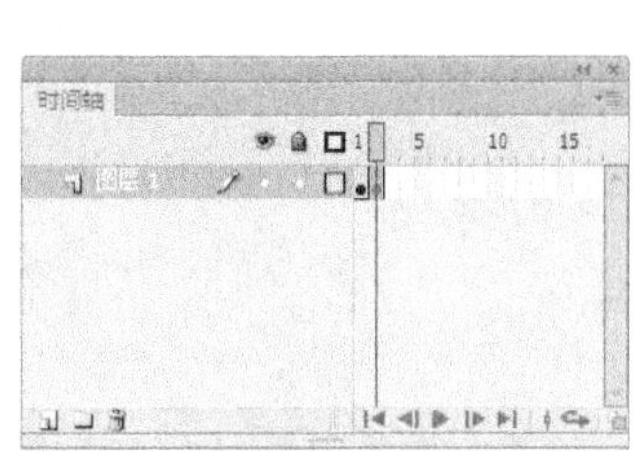

图 7-80

在第 2 帧的舞台中输入“程”字，如图 7-81 所示。用相同的方法在第 3 帧上插入关键帧，在舞台中输入“似”字，如图 7-82 所示。在第 4 帧上插入关键帧，在舞台中输入“锦”字，如图 7-83 所示。按 Enter 键，让播放头进行播放，即可观看制作效果。

前程

图 7-81

前程似

图 7-82

前程似锦

图 7-83

可以通过从外部导入图片组来实现逐帧动画的效果。

选择“文件 > 导入 > 导入到舞台”命令，弹出“导入”对话框，在对话框中选中素材文件，如图 7-84 所示，单击“打开”按钮，弹出提示对话框，询问是否将图像序列中的所有图像导入，如图 7-85 所示。

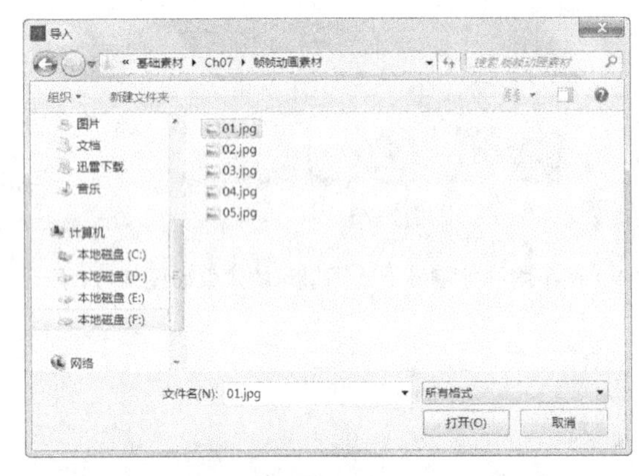

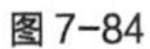

图 7-84

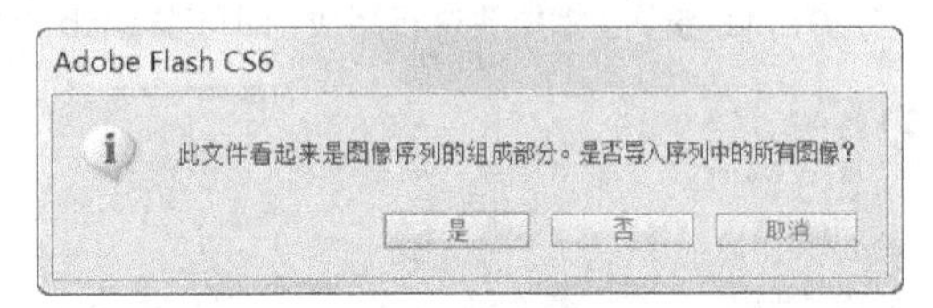

图 7-85

单击“是”按钮，将图像序列导入舞台中，如图 7-86 所示。按 Enter 键，让播放头进行播放，即可观看制作效果。

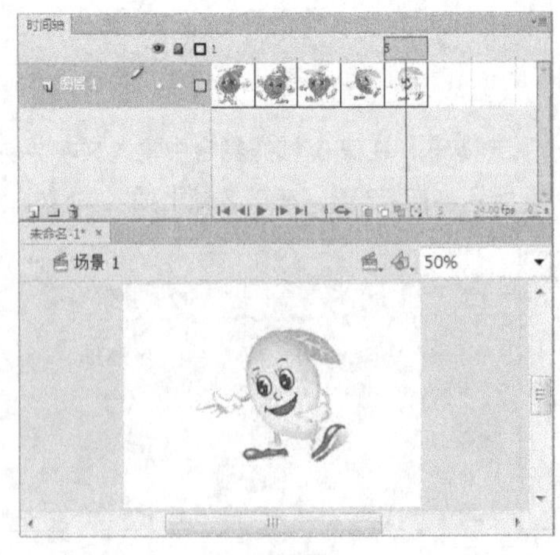

图 7-86

7.3 形状补间动画

形状补间动画是使图形形状发生变化的动画，形状补间动画所处理的对象必须是舞台上的图形。

7.3.1 课堂案例——制作幸福之旅

案例学习目标

学习使用创建补间形状命令制作形状补间动画。

案例知识要点

使用“新建元件”按钮，制作图形元件；使用“创建补间形状”命令，制作心形的大小缩放，效果如图 7-87 所示。

效果所在位置

资源包 > Ch07 > 效果 > 制作幸福之旅.fla。

图 7-87

1. 导入素材制作心动效果

制作幸福之旅 1

STEP 1 选择“文件 > 新建”命令，在弹出的“新建文档”对话框中选择“ActionScript 3.0”选项，将“宽度”选项设为 600，“高度”选项设为 848，“背景颜色”选项设为红色（#920000），单击“确定”按钮，完成页面的创建。

STEP 2 选择“文件 > 导入 > 导入到库”命令，在弹出的“导入到库”对话框中选择“Ch07 > 素材 > 制作幸福之旅 > 01 ~ 06”文件，单击“打开”按钮，文件被导入到“库”面板中，如图 7-88 所示。

STEP 3 在“库”面板下方单击“新建元件”按钮，弹出“创建新元件”对话框，在“名称”选项的文本框中输入“心动”，在“类型”选项的下拉列表中选择“影片剪辑”选项，单击“确定”按钮，新建影片剪辑元件“心动”。舞台窗口也随之转换为影片剪辑元件的舞台窗口。

STEP 4 将“库”面板中的位图“03”拖曳到舞台窗口中，保持图像的选取状态，按 Ctrl+B 组合键，将其打散，效果如图 7-89 所示。分别选中“图层 1”的第 10 帧和第 20 帧，按 F6 键，插入关键帧。选择“图层 1”的第 10 帧，选择“任意变形”工具，在舞台窗口中选中图形，按住 Alt+Shift 组合键的同时，以中心等比例缩小图形，效果如图 7-90 所示。

STEP 5 分别用鼠标右键单击“图层 1”的第 1 帧、第 10 帧，在弹出的快捷菜单中选择“创建补间形状”命令，生成形状补间动画，如图 7-91 所示。

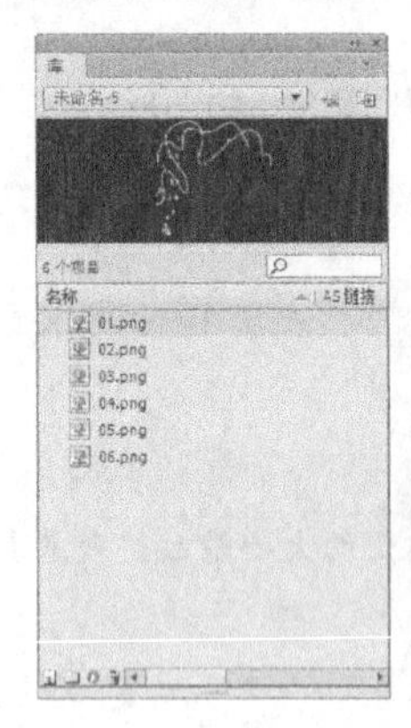
图 7-88

图 7-89

图 7-90

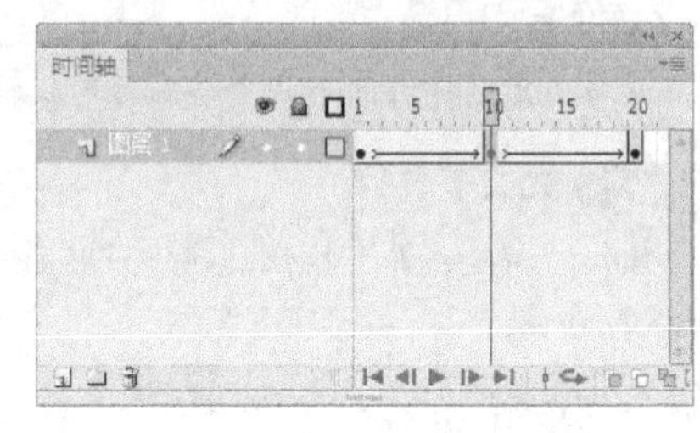

图 7-91

2. 制作场景动画效果

STEP 1 单击舞台窗口左上方的“场景 1”图标 场景 1，进入“场景 1”的舞台窗口。将“图层 1”命名为“半心”，如图 7-92 所示。将“库”面板中的位图“02”拖曳到舞台窗口中，并放置在适当的位置，按 Ctrl+B 组合键，将其打散，效果如图 7-93 所示。

制作幸福之旅 2

STEP 2 选中“半心”图层的第 25 帧，按 F6 键，插入关键帧。选中“半心”图层的第 200 帧，按 F5 键，插入普通帧。选中“半心”图层的第 1 帧，在舞台窗口中将“02”图形水平向右拖曳到适当的位置，如图 7-94 所示。

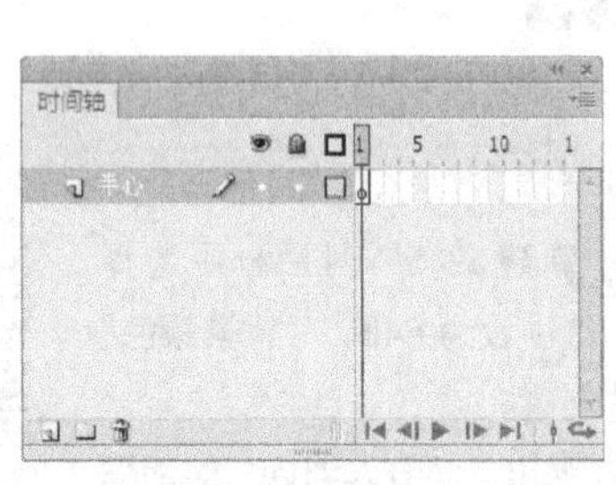

图 7-92

图 7-93

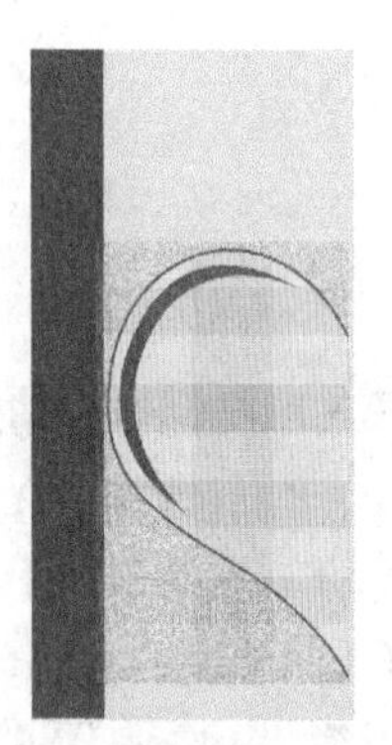
图 7-94

STEP 3 用鼠标右键单击“半心”图层的第 1 帧，在弹出的快捷菜单中选择“创建补间形状”命令，生成形状补间动画。

STEP 4 在“时间轴”中创建新图层并将其命名为“人物”。选中“人物”图层的第 10 帧，按 F6 键，插入关键帧。将“库”面板中的位图“04”拖曳到舞台窗口中，并放置在适当的位置，按 Ctrl+B 组合键，将其打散，效果如图 7-95 所示。

STEP 5 选中“人物”图层的第 30 帧，按 F6 键，插入关键帧。选中“人物”图层的第 10 帧，在舞台窗口中将“04”图形水平向左拖曳到适当的位置，如图 7-96 所示。用鼠标右键单击“人物”图层的第 10 帧，在弹出的快捷菜单中选择“创建补间形状”命令，生成形状补间动画，如图 7-97 所示。

图 7-95

图 7-96

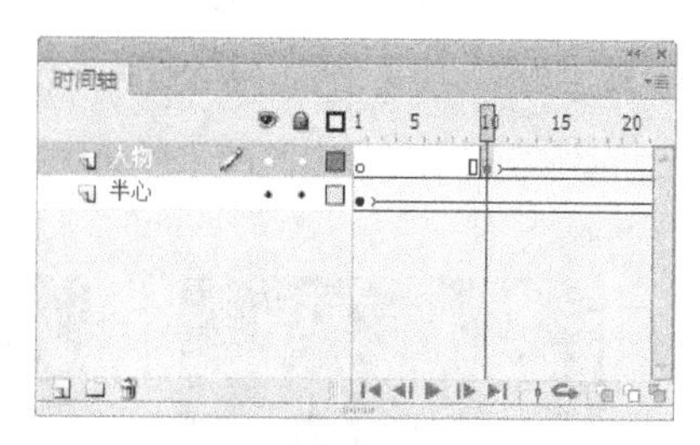

图 7-97

STEP 6 在“时间轴”中创建新图层并将其命名为“楼房”。选中“楼房”图层的第 15 帧，按 F6 键，插入关键帧。将“库”面板中的位图“05”拖曳到舞台窗口中，并放置在适当的位置，按 Ctrl+B 组合键，将其打散，效果如图 7-98 所示。

STEP 7 选中“楼房”图层的第 40 帧，按 F6 键，插入关键帧。选中“楼房”图层的第 15 帧，在舞台窗口中将“05”图形垂直向下拖曳到适当的位置，如图 7-99 所示。用鼠标右键单击“楼房”图层的第 15 帧，在弹出的快捷菜单中选择“创建补间形状”命令，生成形状补间动画，如图 7-100 所示。

图 7-98

图 7-99

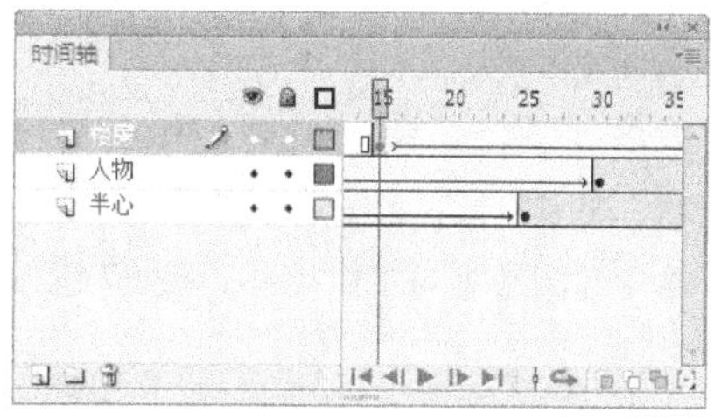

图 7-100

STEP 8 在“时间轴”中创建新图层并将其命名为“文字”。选中“文字”图层的第 25 帧，按 F6 键，插入关键帧。将“库”面板中的位图“06”拖曳到舞台窗口中，并放置在适当的位置，按 Ctrl+B 组合键，将其打散，效果如图 7-101 所示。

STEP 9 选中“文字”图层的第 45 帧，按 F6 键，插入关键帧。选中“文字”图层的第 25 帧，在舞台窗口中将“06”图形水平向左拖曳到适当的位置，效果如图 7-102 所示。用鼠标右键单击“文字”图层的第 15 帧，在弹出的快捷菜单中选择“创建补间形状”命令，生成形状补间动画，如图 7-103 所示。

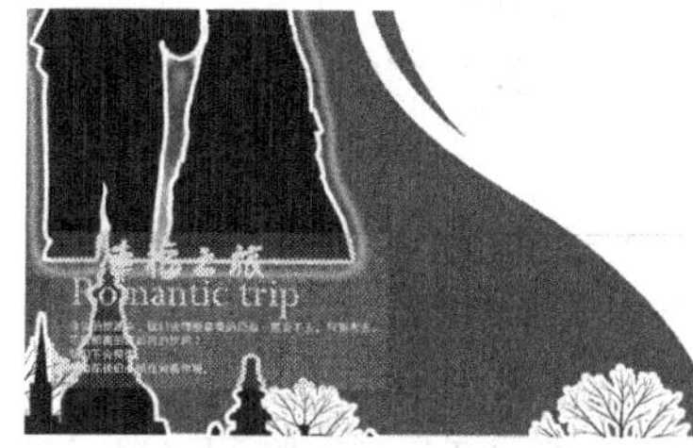

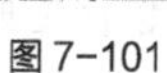
图 7-101

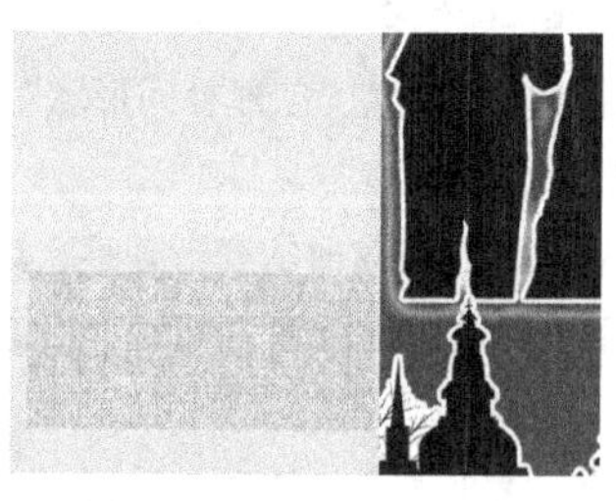

图 7-102

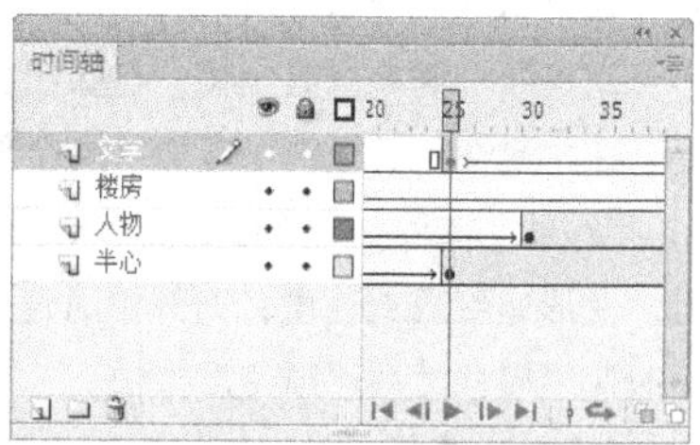

图 7-103

STEP 10 在“时间轴”面板中创建新图层并将其命名为“心”。选中“心”图层的第 45 帧，按 F6 键，插入关键帧。将“库”面板中的位图“01”拖曳到舞台窗口中，并放置在适当的位置，效果如

图 7-104 所示。

STEP 11 将“库”面板中的影片剪辑元件“心动”向舞台窗口中拖曳多次，调整大小并放置在适当的位置，如图 7-105 所示。幸福之旅制作完成，按 Ctrl+Enter 组合键即可查看效果，如图 7-106 所示。

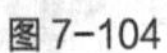

图 7-104

图 7-105

图 7-106

7.3.2 简单形状补间动画

如果舞台上的对象是组件实例、多个图形的组合、文字或导入的素材对象，必须先分离或取消组合，将其打散成图形，才能制作形状补间动画。利用这种动画，也可以实现上述对象的大小、位置、旋转、颜色及透明度等变化。

选择“文件 > 导入 > 导入到舞台”命令，将“03.ai”文件导入到舞台的第 1 帧中。多次按 Ctrl+B 组合键，将其打散，如图 7-107 所示。

选中“图层 1”的第 10 帧，按 F7 键，插入空白关键帧，如图 7-108 所示。

图 7-107

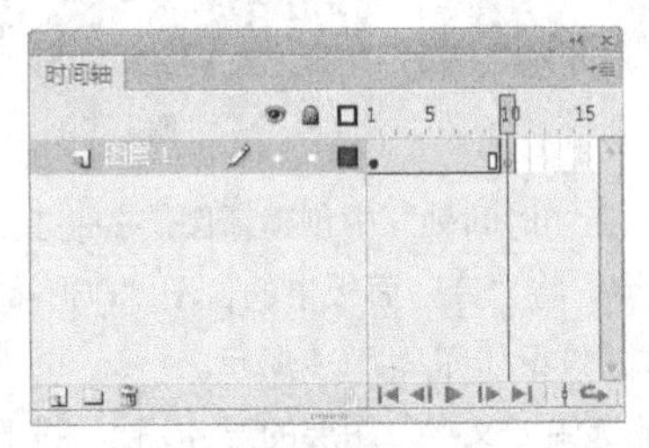

图 7-108

选择“文件 > 导入 > 导入到库”命令，将“04.ai”文件导入到库中。将“库”面板中的图形元件“04”拖曳到第 10 帧的舞台窗口中，多次按 Ctrl+B 组合键，将其打散，如图 7-109 所示。

用鼠标右键单击第 1 帧，在弹出的菜单中选择“创建补间形状”命令，如图 7-110 所示。

在“属性”面板中出现如下两个新的选项。

“缓动”选项：用于设定变形动画从开始到结束时的变形速度，其取值范围为-100 ~ 100。当选择正数时，变形速度呈减速度，即开始时速度快，然后逐渐速度减慢；当选择负数时，变形速度呈加速度，即开始时速度慢，然后逐渐速度加快。

“混合”选项：提供了“分布式”和“角形”2 个选项。选择“分布式”选项可以使变形的中间形状趋于平滑。“角形”选项则创建包含角度和直线的中间形状。

设置完成后，在“时间轴”面板中，第 1 帧到第 10 帧之间出现绿色的背景和黑色的箭头，表示生成形状补间动画，如图 7-111 所示。卡通图形之间的演变。按 Enter 键，让播放头进行播放，即可观看制作效果。

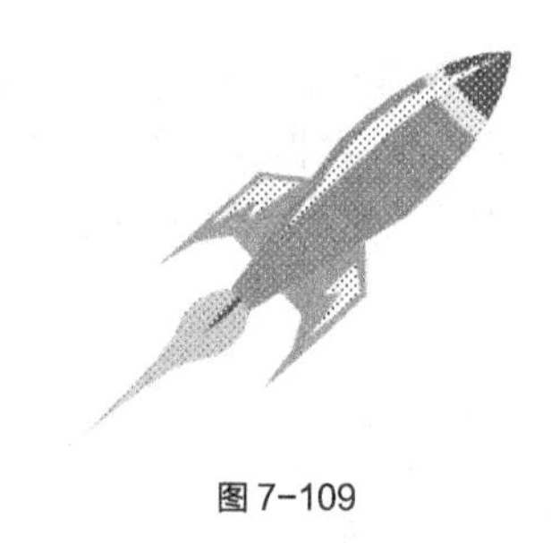

图 7-109

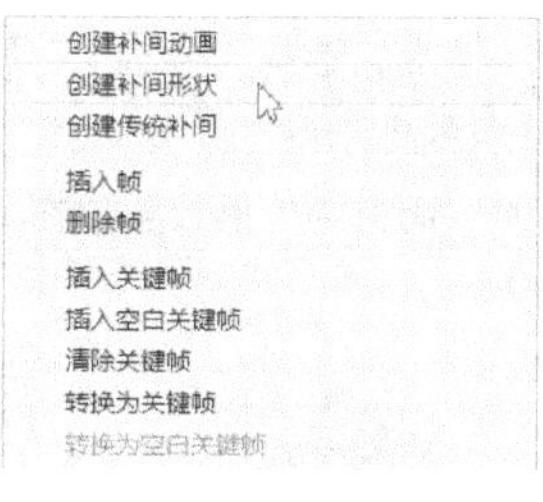

图 7-110

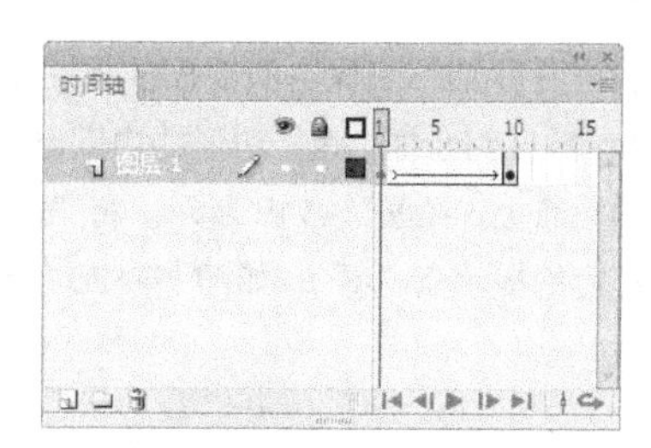

图 7-111

在变形过程中每一帧上的图形都发生不同的变化，如图 7-112 所示。

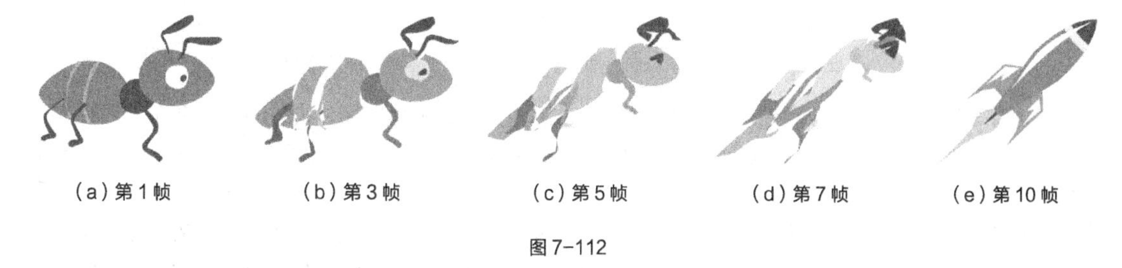

（a）第 1 帧　（b）第 3 帧　（c）第 5 帧　（d）第 7 帧　（e）第 10 帧

图 7-112

7.3.3 应用变形提示

使用变形提示，可以让原图形上的某一点变换到目标图形的某一点上。应用变形提示可以制作出各种复杂的变形效果。

使用“多角星形”工具在第 1 帧的舞台中绘制出 1 个多边形，如图 7-113 所示。选中第 10 帧，按 F7 键，插入空白关键帧，如图 7-114 所示。

图 7-113

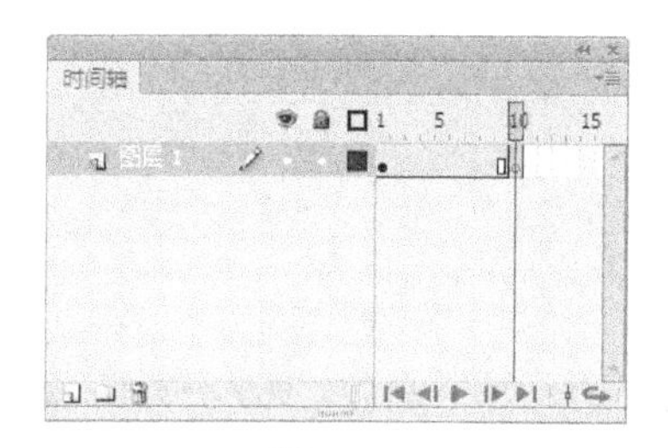

图 7-114

在第 10 帧的舞台中绘制一个树叶图形，如图 7-115 所示。用鼠标右键单击第 1 帧，在弹出的菜单中选择“创建补间形状”命令，如图 7-116 所示，在“时间轴”面板中，第 1 帧~第 10 帧之间出现绿色的背景和黑色的箭头，表示生成形状补间动画，如图 7-117 所示。

图 7-115

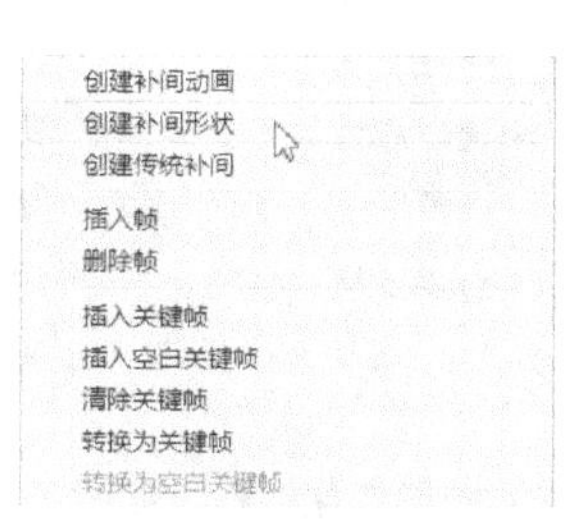

图 7-116

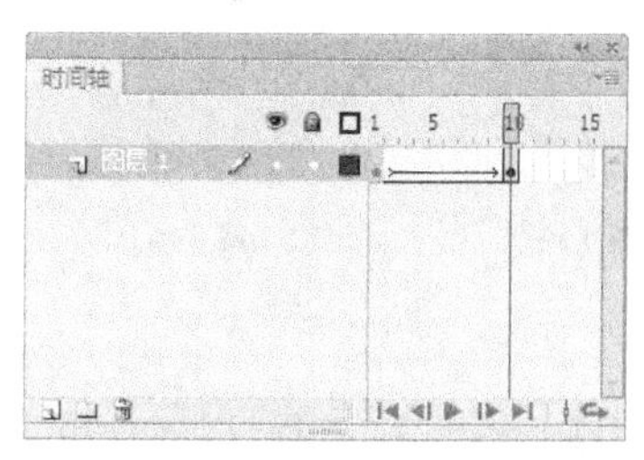

图 7-117

将“时间轴”面板中的播放头放在第 1 帧上，选择“修改 > 形状 > 添加形状提示”命令，或按Ctrl+Shift+H 组合键，在多边形的中间出现红色的提示点“a”，如图 7-118 所示。将提示点移动到多边形上方的角点上，如图 7-119 所示。将“时间轴”面板中的播放头放在第 10 帧上，第 10 帧的树叶图形上也出现红色的提示点“a”，如图 7-120 所示。

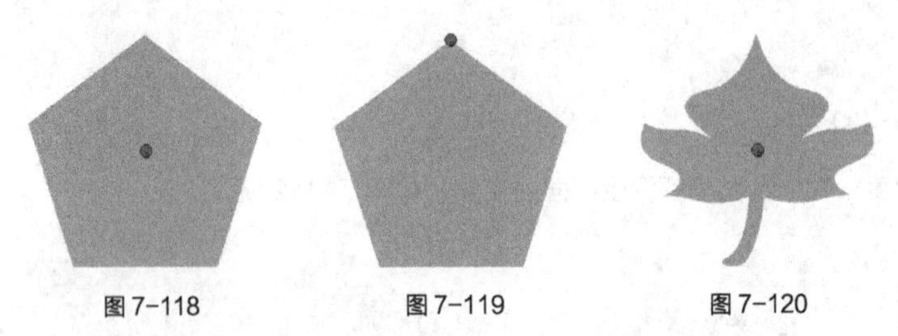

图 7-118　　图 7-119　　图 7-120

将树叶图形上的提示点移动到右上方的边线上，提示点从红色变为绿色，如图 7-121 所示。这时，再将播放头放置在第 1 帧上，可以观察到刚才红色的提示点变为黄色，如图 7-122 所示，这表示在第 1 帧中的提示点和第 10 帧的提示点已经相互对应。

用相同的方法在第 1 帧的多边形中再添加 2 个提示点，分别为“b”“c”，并将其放置在多边形的角点上，如图 7-123 所示。在第 10 帧中，将提示点按顺时针的方向分别设置在树叶图形的边线上，如图 7-124 所示。完成提示点的设置，按 Enter 键，让播放头进行播放，即可观看效果。

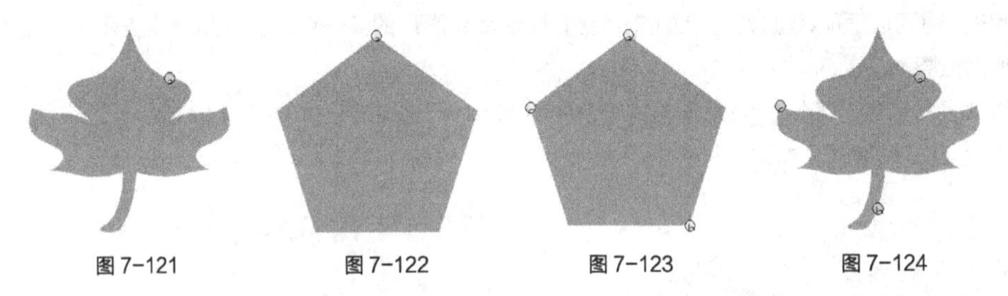

图 7-121　　图 7-122　　图 7-123　　图 7-124

提示

形状提示点一定要按顺时针的方向添加，顺序不能错，否则无法实现效果。

在未使用变形提示前，Flash CS6 系统自动生成的图形变化过程，如图 7-125 所示。

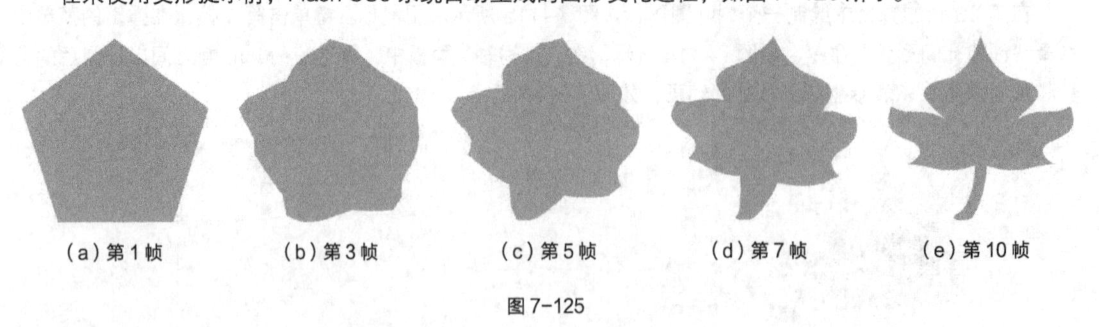

（a）第 1 帧　　（b）第 3 帧　　（c）第 5 帧　　（d）第 7 帧　　（e）第 10 帧

图 7-125

在使用变形提示后，在提示点的作用下生成的图形变化过程，如图 7-126 所示。

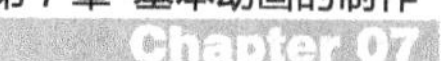

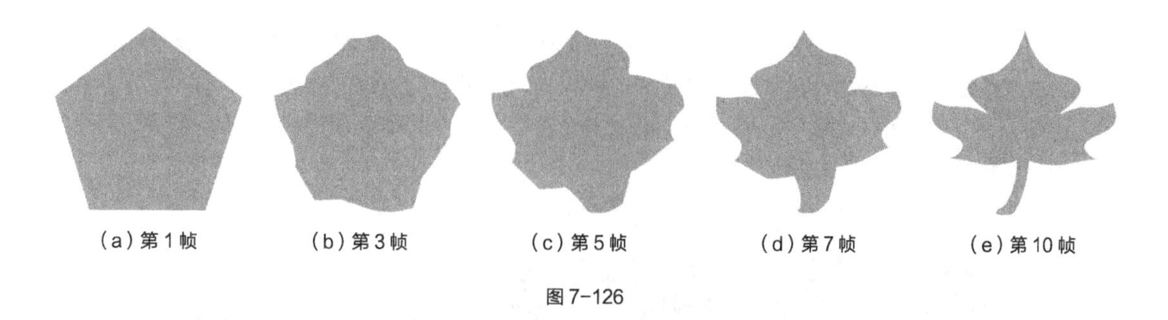

(a) 第1帧　(b) 第3帧　(c) 第5帧　(d) 第7帧　(e) 第10帧

图 7-126

7.4 动作补间动画

动作补间动画所处理的对象必须是舞台上的组件实例、多个图形的组合、文字或导入的素材对象。利用这种动画，可以实现上述对象的大小、位置、旋转、颜色及透明度等变化效果。

7.4.1 课堂案例——制作爱心巴士广告

案例学习目标

学习使用创建传统补间命令制作动画。

案例知识要点

使用“文本”工具，添加文字；使用“转换为元件”命令，将文字转换为元件；使用“创建传统补间”命令，制作文字动画效果；使用“变形”面板，缩放实例的大小及角度，效果如图 7-127 所示。

效果所在位置

资源包 > Ch07 > 效果 > 制作爱心巴士广告.fla。

图 7-127

1. 导入素材并制作文字元件

STEP 1 选择“文件 > 新建”命令，在弹出的“新建文档”对话框中选择“ActionScript 3.0”选项，将“宽度”选项设为 600，“高度”选项设为 500，“背景颜色”选项设为黑色，单击“确定”按钮，完成页面的创建。

制作爱心巴士广告 1

STEP 2 选择“文件 > 导入 > 导入到库”命令，在弹出的“导入到库”对话框中选择“Ch07 > 素材 > 制作爱心巴士广告 > 01、02”文件，单击“打开”按钮，文件被导入到“库”面板中，如图 7-128 所示。

STEP 3 按 Ctrl+F8 组合键，弹出“创建新元件”对话框，在“名称”选项的文本框中输入“汽车”，在“类型”选项下拉列表中选择“图形”选项，单击“确定”按钮，新建图形元件“汽车”，如图 7-129 所示。舞台窗口也随之转换为图形元件的舞台窗口。将“库”面板中的位图“02”拖曳到舞台窗口中，并放置在适当的位置，如图 7-130 所示。

图 7-128

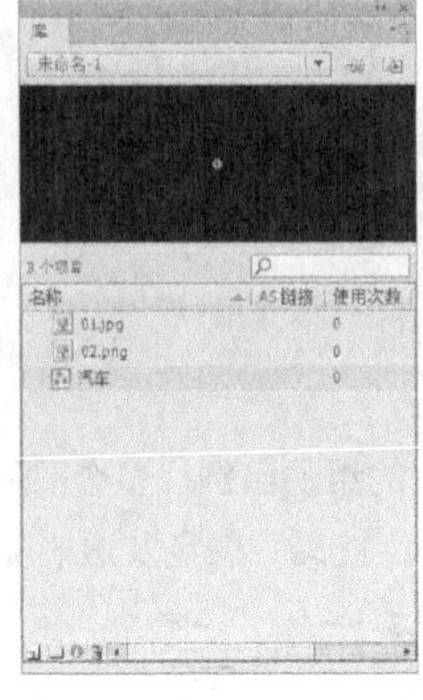

图 7-129

图 7-130

STEP 4 按 Ctrl+F8 组合键，弹出“创建新元件”对话框，在“名称”选项的文本框中输入“文字”，在“类型”选项下拉列表中选择“影片剪辑”选项，单击“确定”按钮，新建影片剪辑元件“文字”，如图 7-131 所示。舞台窗口也随之转换为影片剪辑元件的舞台窗口。

STEP 5 选择“文本”工具 T，在文本工具“属性”面板中进行设置，在舞台窗口中适当的位置输入大小为 45，字母间距为 5，字体为“华康海报体”的橘红色（#FD3000）文字，效果如图 7-132 所示。

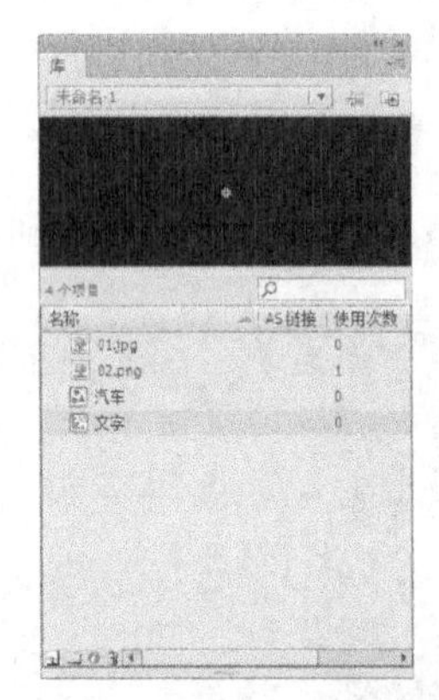

图 7-131

图 7-132

STEP 6 选择“选择”工具，在舞台窗口中选中刚输入的文字，如图 7-133 所示。按 Ctrl+B 组合键，将选中的文字打散为独立体，效果如图 7-134 所示。

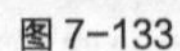
图 7-133

图 7-134

STEP 7 在舞台窗口中选中文字“山”，如图 7-135 所示，按 F8 键，在弹出的“转换为元件”

对话框中进行设置，如图 7-136 所示，单击“确定”按钮，将选中的文字转换为图形元件，“库”面板如图 7-137 所示。

STEP 8 用相同的方法将文字“与”“海”“的”“精”和“彩”，分别转换为图形元件“与”“海”“的”“精”和“彩”，这些字的“库”面板如图 7-138 所示。

图 7-135

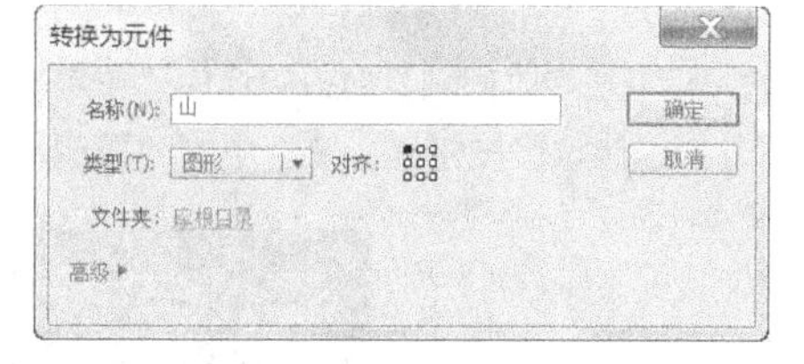

图 7-136

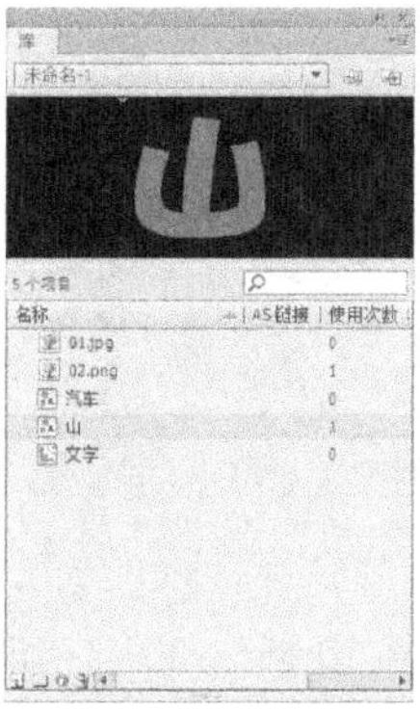

图 7-137

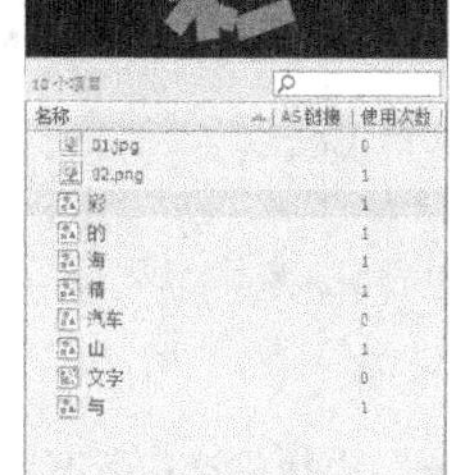

图 7-138

STEP 9 在“库”面板中双击图形元件“山”，进入图形元件的舞台窗口中。选中文字“山”，如图 7-139 所示，按 Ctrl+B 组合键，将选中的文字打散，效果如图 7-140 所示。按 Ctrl+C 组合键，将文字复制到剪切板。

STEP 10 选择“墨水瓶”工具，在墨水瓶工具“属性”面板中将“笔触颜色”设为白色，“笔触”选项设为 5，鼠标光标变为，在文字外侧单击鼠标，勾画出文字轮廓，效果如图 7-141 所示。单击“时间轴”面板下方的“新建图层”按钮，新建“图层 2”。按 Ctrl+Shift+V 组合键，将复制的文字原位粘贴到“图层 2”的舞台窗口中，效果如图 7-142 所示。

图 7-139

图 7-140

图 7-141

图 7-142

STEP 11 用上述的方法将“库”面板中的图形元件“与”“海”“的”“精”和“彩”中的文字添加描边，效果分别如图 7-143 ~ 图 7-147 所示。

图 7-143

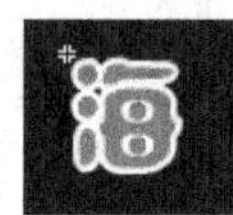

图 7-144

图 7-145

图 7-146

图 7-147

2. 制作影片剪辑动画

制作爱心巴士广告 2

STEP 1 在“库”面板中双击影片剪辑元件“文字”，进入影片剪辑元件的舞台窗口中。选择“选择”工具，选中舞台窗口中的所有图形元件，如图 7-148 所示。按 Ctrl+Shift+D 组合键，将选中的实例分散到独立的图层，“时间轴”面板如图 7-149 所示。

STEP 2 在“时间轴”面板中选中“图层 1”，如图 7-150 所示。单击“时间轴”面板下方的“删除”按钮，将选中的图层删除，如图 7-151 所示。

图 7-148

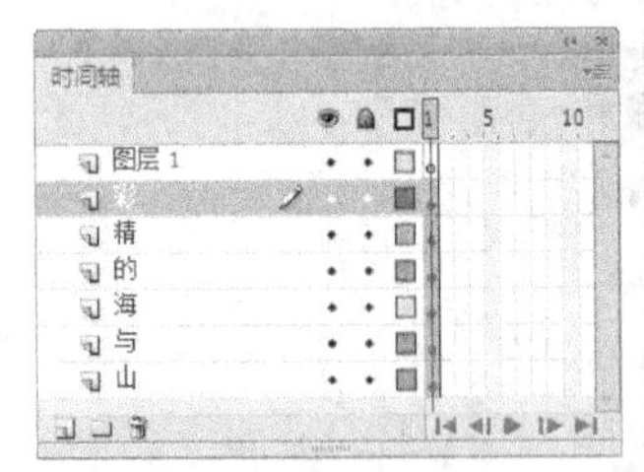

图 7-149

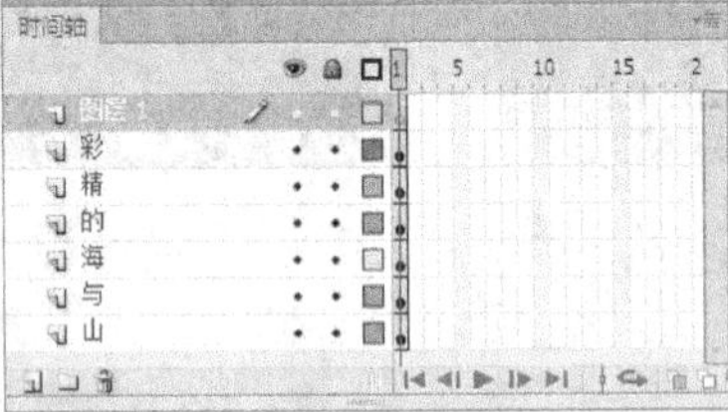

图 7-150

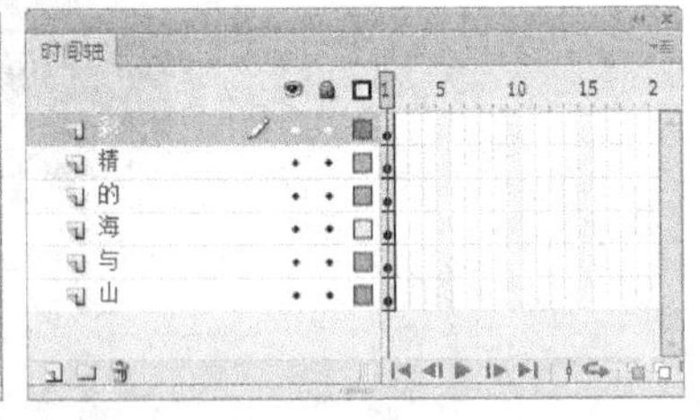

图 7-151

STEP 3 在“时间轴”面板中选中所有图层的第 10 帧，如图 7-152 所示，按 F6 键，插入关键帧，如图 7-153 所示。

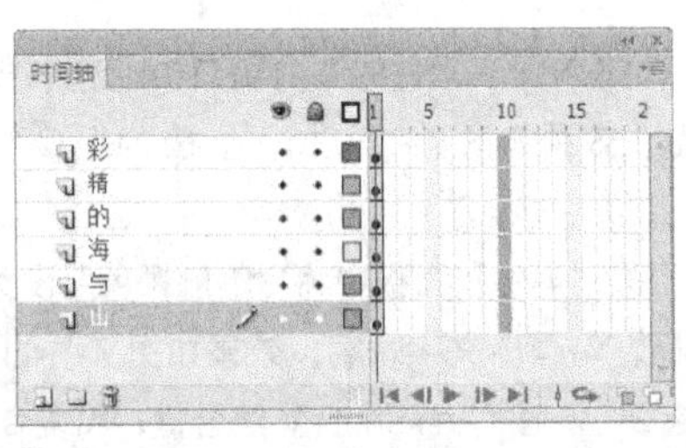

图 7-152

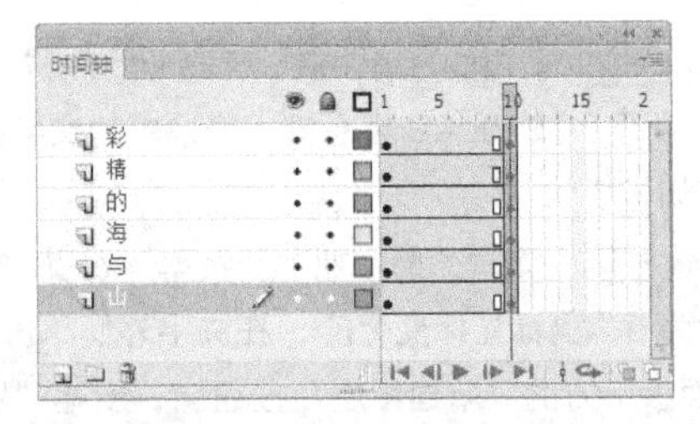

图 7-153

STEP 4 选择“选择”工具，在舞台窗口中选中所有实例，在实例“属性”面板中将“Y”选项设为 163，如图 7-154 所示，效果如图 7-155 所示。

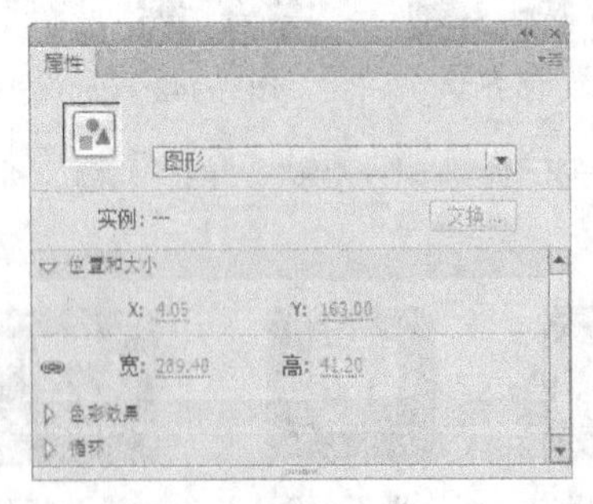

图 7-154

图 7-155

STEP 5 在“时间轴”面板中选中所有图层的第 15 帧，如图 7-156 所示，按 F6 键，插入关键帧，如图 7-157 所示。

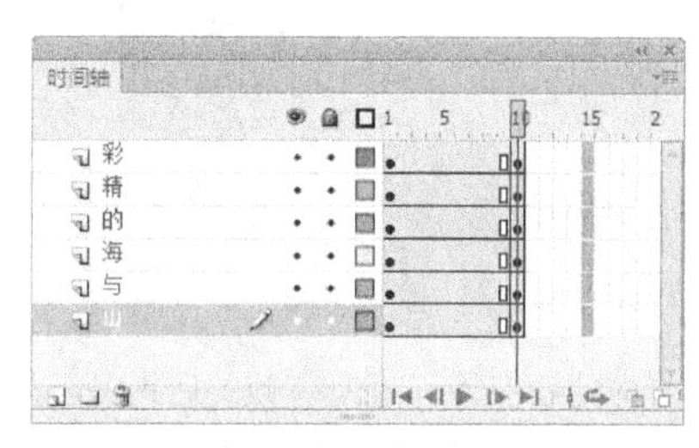

图 7-156

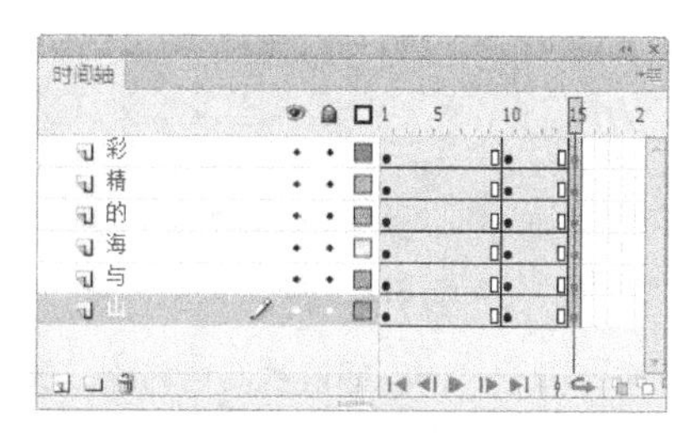

图 7-157

STEP 6 选中“山”图层的第 1 帧，在舞台窗口中选中“山”实例，在图形“属性”面板中选择“色彩效果”选项组，在“样式”选项的下拉列表中选择“Alpha”，将其值设为 0%，如图 7-158 所示，效果如图 7-159 所示。用相同的方法设置其他图中的实例。

图 7-158

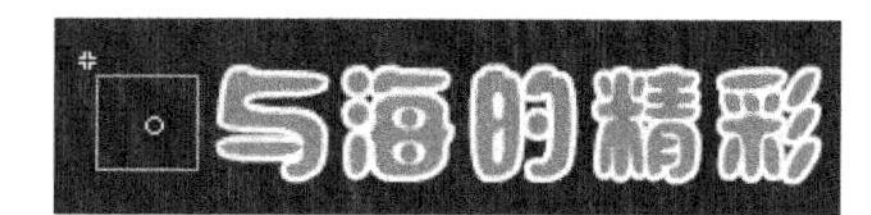

图 7-159

STEP 7 选中“山”图层的第 10 帧，在舞台窗口中选中“山”实例，按 Ctrl+T 组合键，弹出“变形”面板，将“缩放宽度”选项和“缩放高度”选项均设为 200%，如图 7-160 所示，按 Enter 键确认图形的缩放，效果如图 7-161 所示。用相同的方法设置其他图层的第 10 帧，效果如图 7-162 所示。

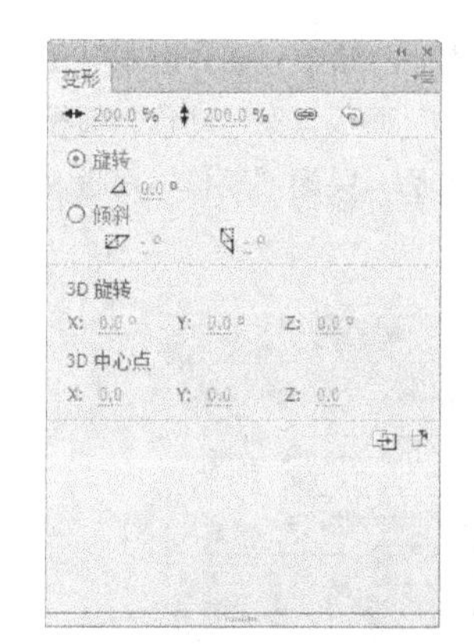

图 7-160

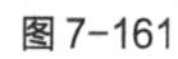

图 7-161

图 7-162

STEP 8 分别用鼠标右键单击所有图层的第 1 帧，在弹出的快捷菜单中选择“创建传统补间”命令，生成传统补间动画，如图 7-163 所示。分别用鼠标右键单击所有图层的第 10 帧，在弹出的快捷菜单中选择“创建传统补间”命令，生成传统补间动画，如图 7-164 所示。

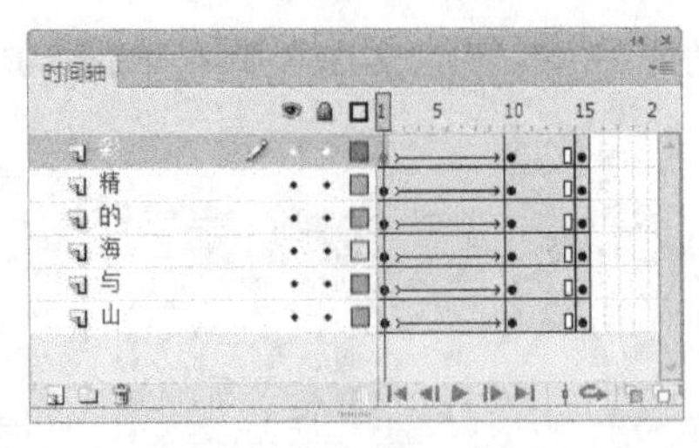

图 7-163

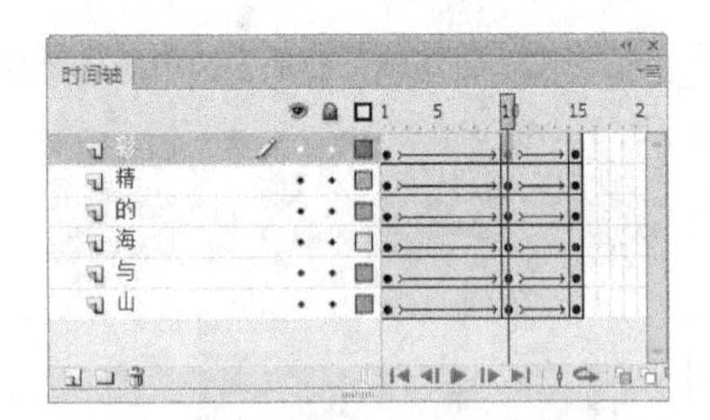

图 7-164

STEP 9 单击“与”图层的图层名称，选中该层中的所有帧，将所有帧向后拖曳至与“山”图层隔 5 帧的位置，如图 7-165 所示。用同样的方法依次对其他图层进行操作，如图 7-166 所示。分别选中所有图层的第 40 帧，按 F5 键，在选中的帧上插入普通帧，如图 7-167 所示。

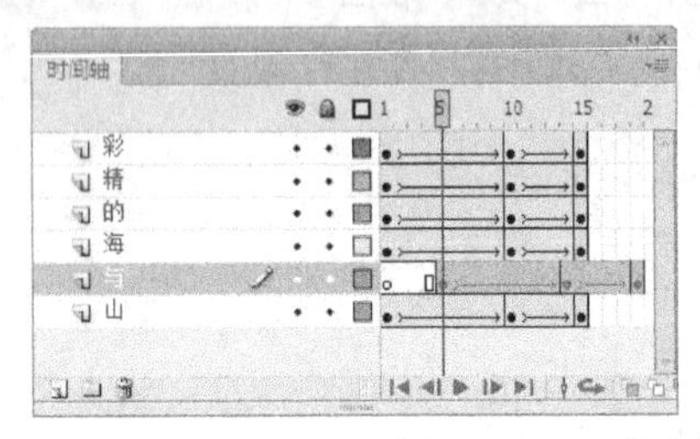

图 7-165

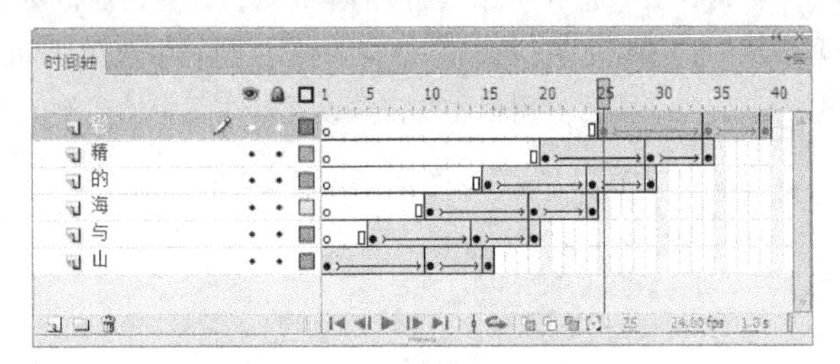

图 7-166

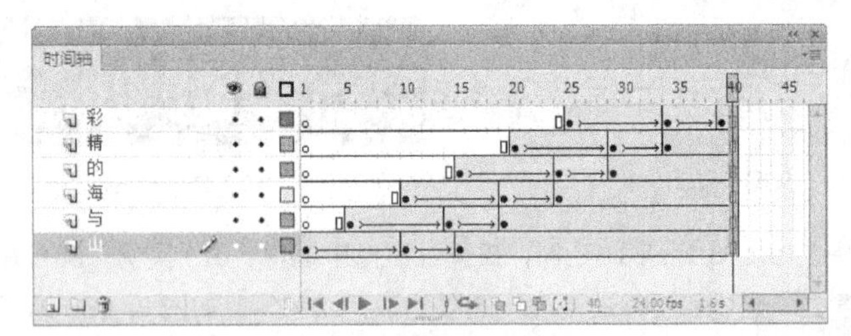

图 7-167

STEP 10 在“时间轴”面板中创建新图层并将其命名为“动作脚本”。选中“动作脚本”图层的第 40 帧，按 F6 键，插入关键帧。选择“窗口 > 动作”命令，弹出“动作”面板，在“动作”面板中设置脚本语言，“脚本窗口”中显示的效果如图 7-168 所示。设置好动作脚本后，关闭“动作”面板。在“动作脚本”图层的第 40 帧上显示出一个标记“a”，如图 7-169 所示。

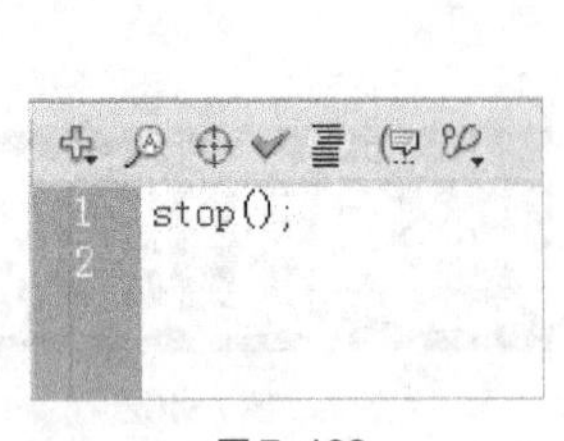

图 7-168

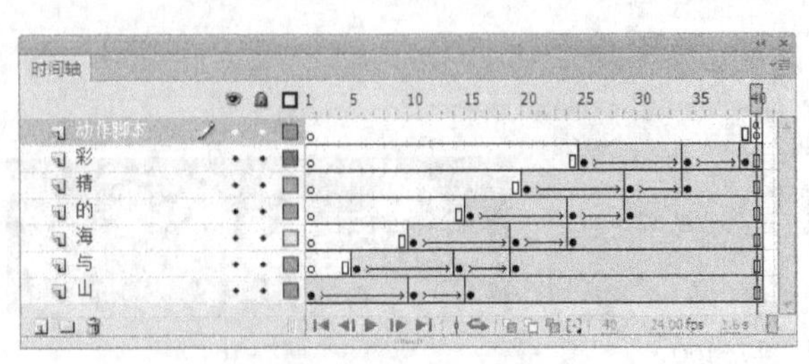

图 7-169

STEP 11 用上述的方法制作影片剪辑“文字 2”，“库”面板如图 7-170 所示，“时间轴”面板如图 7-171 所示。

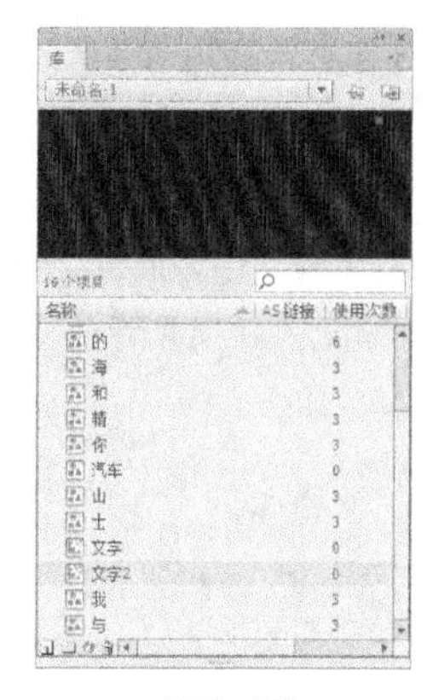

图 7-170

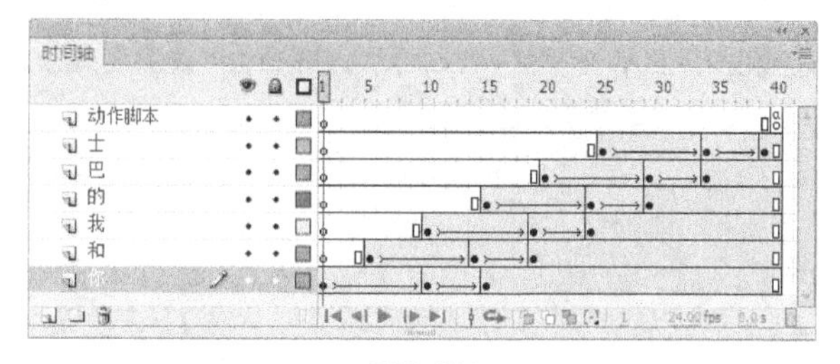

图 7-171

3. 制作场景动画效果

STEP 1 单击舞台窗口左上方的“场景 1”图标 场景 1，进入“场景 1”的舞台窗口。将“图层 1”重命名为“底图”，如图 7-172 所示。将“库”面板中的位图“01”拖曳到舞台窗口中，并放置在适当的位置，图 7-173 所示。选中“底图”图层的第 25 帧，按 F5 键，插入普通帧。

制作爱心巴士广告 3

图 7-172

图 7-173

STEP 2 在“时间轴”面板中创建新图层并将其命名为“汽车”。将“库”面板中的图形元件“汽车”拖曳到舞台窗口中，并放置在适当的位置，如图 7-174 所示。

STEP 3 选中“汽车”图层的第 25 帧，按 F6 键，插入关键帧。选中“汽车”图层的第 1 帧，选中“任意变形”工具，缩小实例并放置在适当的位置，效果如图 7-175 所示。

图 7-174

图 7-175

STEP 4 用鼠标右键单击“汽车”图层的第 1 帧，在弹出的快捷菜单中选择“创建传统补间”命令，生成传统补间动画。

STEP 5 在“时间轴”面板中创建新图层并将其命名为“文字”。选中“文字”图层的第 25 帧，按 F6 键，插入关键帧。将“库”面板中的影片剪辑元件“文字”拖曳到舞台窗口中，调出“变形”面板，将“旋转”选项设为-20，如图 7-176 所示，按 Enter 键确定操作，效果如图 7-177 所示。

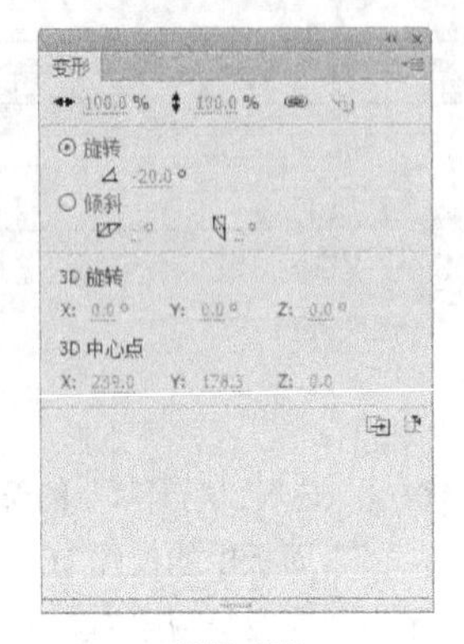

图 7-176

图 7-177

STEP 6 在影片剪辑“属性”面板中将“X”选项设为 109，“Y”选项设为-29，如图 7-178 所示，效果如图 7-179 所示。

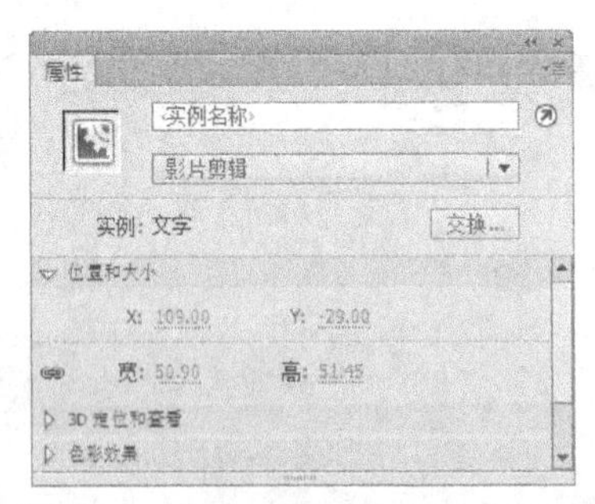

图 7-178

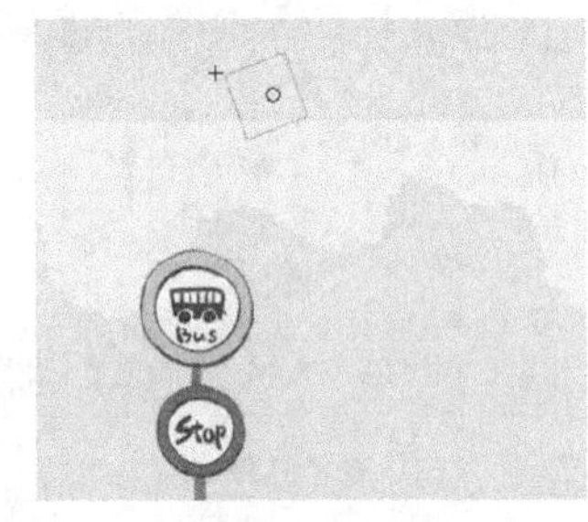

图 7-179

STEP 7 将“库”面板中的影片剪辑“文字 2”拖曳到舞台窗口中，调出“变形”面板，将“旋转”选项设为-15，如图 7-180 所示，按 Enter 键确定操作，效果如图 7-181 所示。

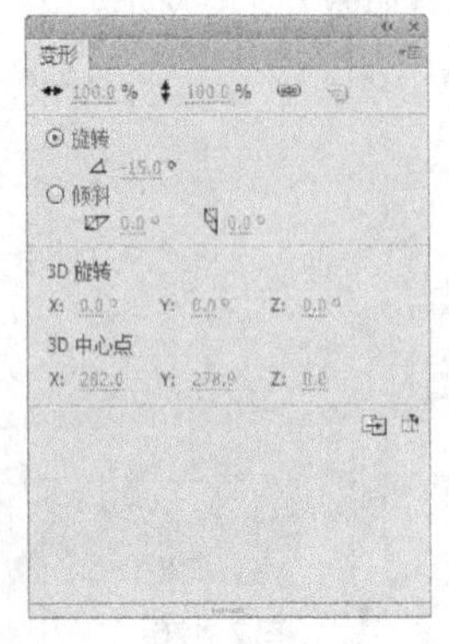

图 7-180

图 7-181

STEP 8 在影片剪辑“属性”面板中将“X”选项设为 289，“Y”选项设为 328，如图 7-182 所示，效果如图 7-183 所示。

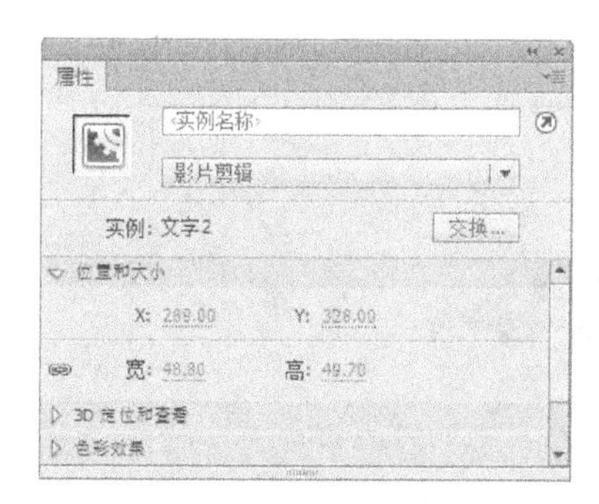

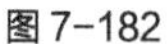

图 7-182

图 7-183

STEP 9 在“时间轴”面板中创建新图层并将其命名为“动作脚本”。选中“动作脚本”图层的第 25 帧，按 F6 键，插入关键帧。选择“窗口 > 动作”命令，弹出“动作”面板，在“动作”面板中设置脚本语言，“脚本窗口”中显示的效果如图 7-184 所示。设置好动作脚本后，关闭“动作”面板。在“动作脚本”图层的第 25 帧上显示出一个标记“a”，如图 7-185 所示。

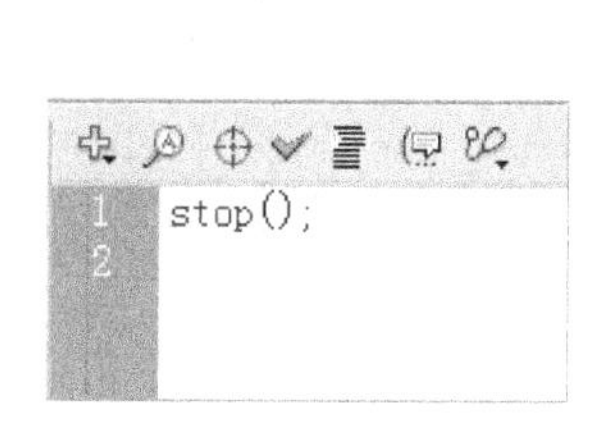

图 7-184

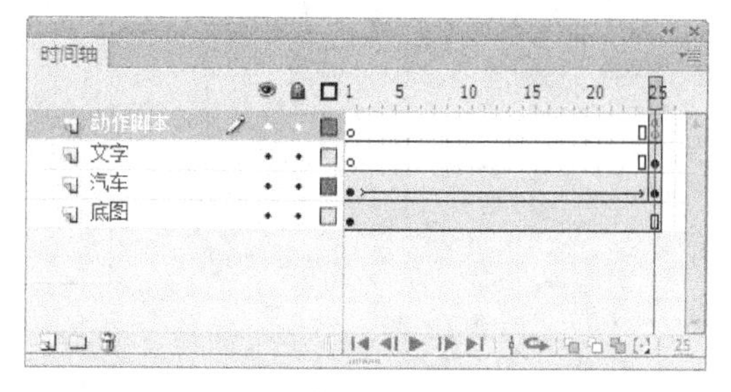

图 7-185

STEP 10 爱心巴士广告制作完成，按 Ctrl+Enter 组合键即可查看效果，如图 7-186 所示。

图 7-186

7.4.2 动作补间动画

新建空白文档，选择“文件 > 导入 > 导入到库”命令，将“05.ai”文件导入“库”面板中，如图 7-187 所示，将图形元件“05”拖曳到舞台的左侧，如图 7-188 所示。

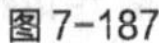

图 7-187

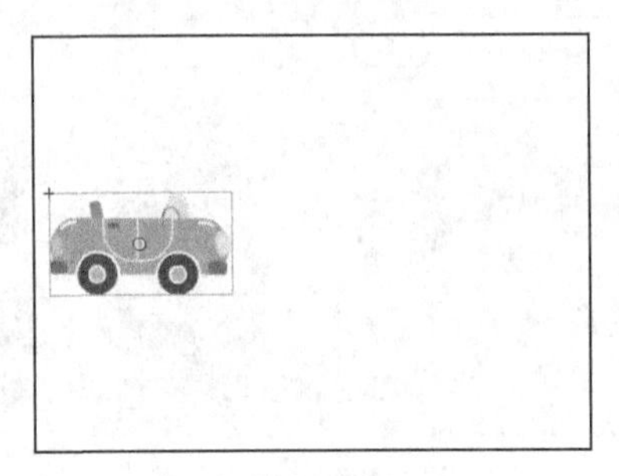

图 7-188

用鼠标右键单击“时间轴”面板中的第 10 帧，在弹出的快捷菜单中选择“插入关键帧”命令，在第 10 帧上插入一个关键帧，如图 7-189 所示。将汽车图形拖曳到舞台的右侧，如图 7-190 所示。

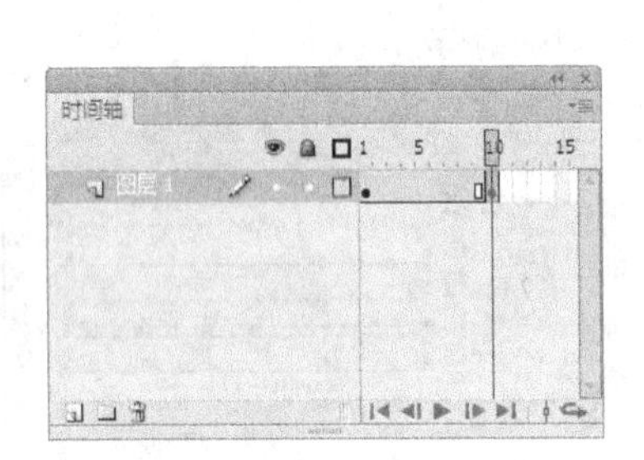

图 7-189

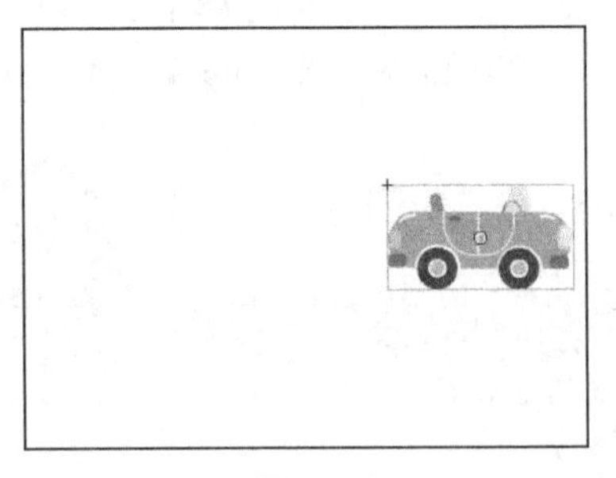

图 7-190

在“时间轴”面板中选中第 1 帧，单击鼠标右键，在弹出的快捷菜单中选择“创建传统补间”命令。

设为“动画”后，“属性”面板中出现多个新的选项，如图 7-191 所示。

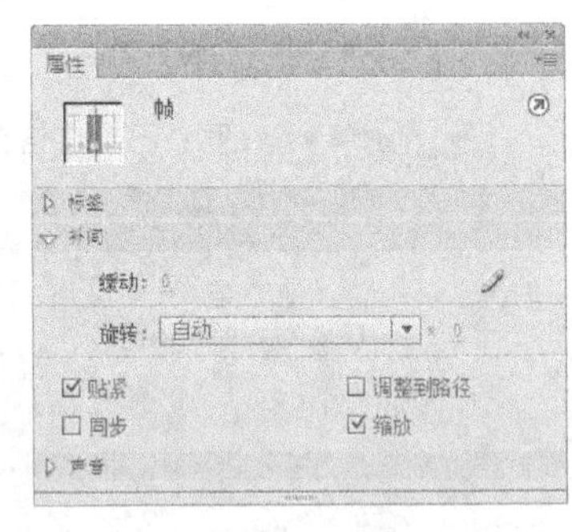

图 7-191

“缓动”选项：用于设定动作补间动画从开始到结束时的运动速度。其取值范围为-100～100。当选择正数时，运动速度呈减速度，即开始时速度快，然后逐渐速度减慢；当选择负数时，运动速度呈加速度，即开始时速度慢，然后逐渐速度加快。

“旋转”选项：用于设置对象在运动过程中的旋转样式和次数。

“贴紧”选项：勾选此选项，如果使用运动引导动画，则根据对象的中心点将其吸附到运动路径上。

“调整到路径”选项：勾选此选项，对象在运动引导动画过程中，可以根据引导路径的曲线改变变化的方向。

“同步”选项：勾选此选项，如果对象是一个包含动画效果的图形组件实例，其动画和主时间轴同步。

“缩放”选项：勾选此选项，对象在动画过程中可以改变比例。

在“时间轴”面板中，第 1 帧~第 10 帧出现蓝色的背景和黑色的箭头，表示生成动作补间动画，如图 7-192 所示。完成动作补间动画的制作，按 Enter 键，让播放头进行播放，即可观看制作效果。

如果想观察制作的动作补间动画中每 1 帧产生的不同效果，可以单击“时间轴”面板下方的“绘图纸外观”按钮，并将标记点的起始点设为第 1 帧，终止点设为第 10 帧，如图 7-193 所示。舞台中显示出在不同的帧中，图形位置的变化效果，如图 7-194 所示。

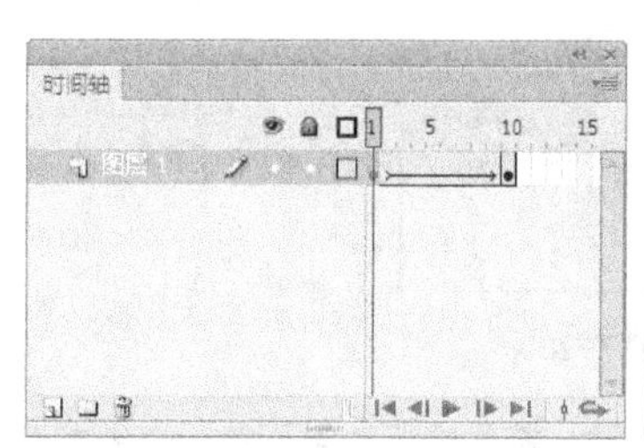

图 7-192

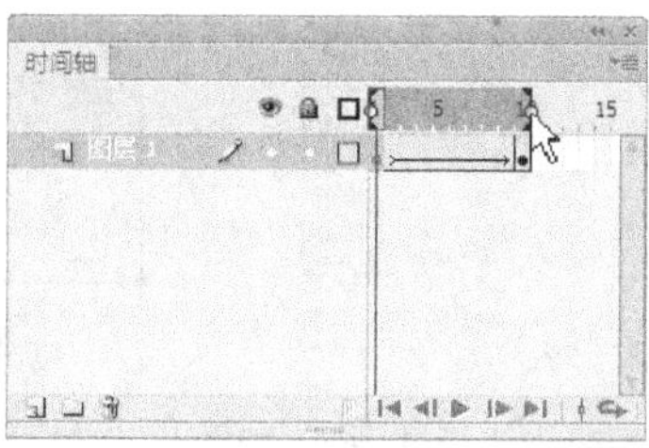

图 7-193

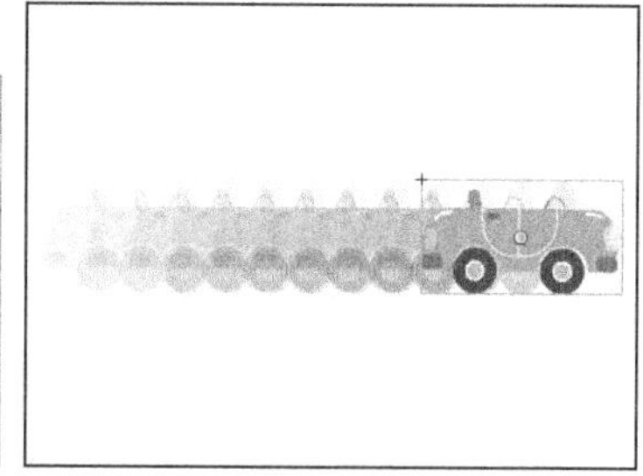

图 7-194

如果在帧“属性”面板中，将“旋转”选项设为“逆时针”，如图 7-195 所示，那么在不同的帧中，图形位置的变化效果，如图 7-196 所示。

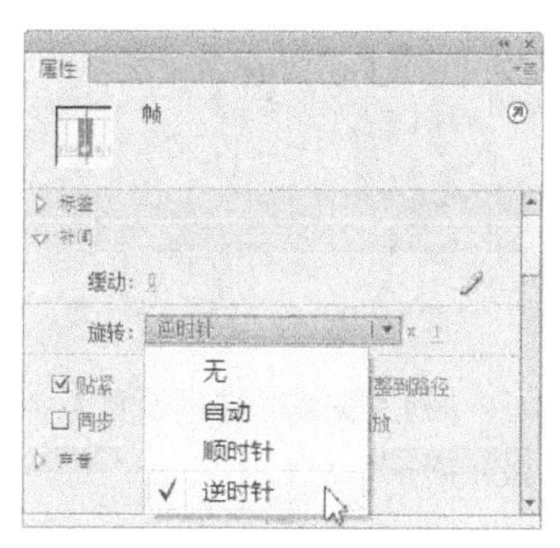

图 7-195

图 7-196

还可以在对象的运动过程中改变其大小和透明度等，下面将进行介绍。

新建空白文档，选择“文件 > 导入 > 导入到库”命令，将“06.ai”文件导入“库”面板中，如图 7-197 所示。将图形拖曳到舞台的中心，如图 7-198 所示。

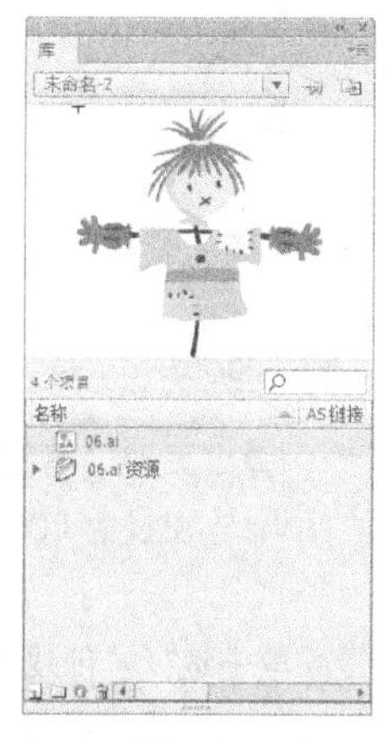

图 7-197

图 7-198

用鼠标右键单击“时间轴”面板中的第 10 帧，在弹出的菜单中选择“插入关键帧”命令，在第 10 帧上插入一个关键帧，如图 7-199 所示。选择“任意变形”工具，在舞台中单击图形，出现变形控制点，如图 7-200 所示。

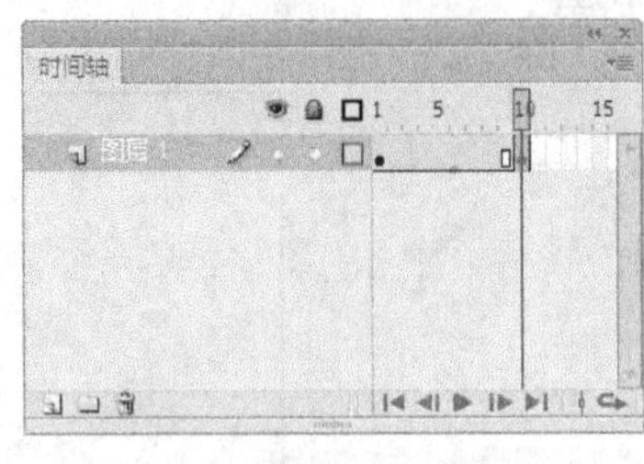

图 7-199

图 7-200

将光标放在左侧的控制点上，光标变为双箭头↔，如图 7-201 所示，按住鼠标左键不放，选中控制点向右拖曳，将图形水平翻转，松开鼠标后效果如图 7-202 所示。

图 7-201

图 7-202

按 Ctrl+T 组合键，弹出“变形”面板，将“缩放高度”和“缩放宽度”选项设置为 70%，其他选项为默认值，如图 7-203 所示。按 Enter 键确定操作，如图 7-204 所示。

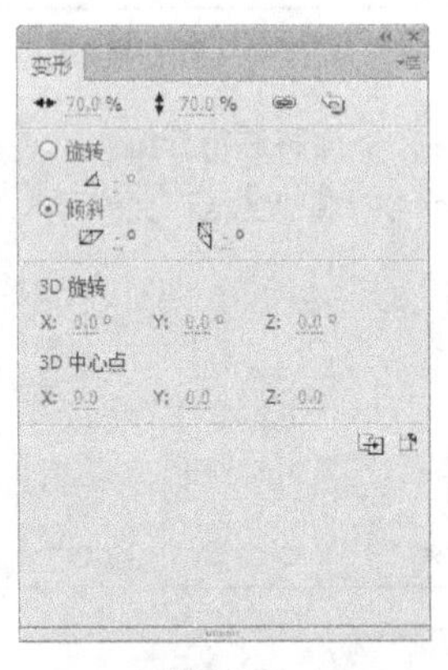

图 7-203

图 7-204

选择“选择”工具，选中图形，选择“窗口 > 属性”命令，弹出图形“属性”面板，在“色彩效果”选项组中的“样式”选项的下拉列表中选择“Alpha”，将“Alpha”值设为 20%，如图 7-205 所示，舞台中图形的不透明度被改变，如图 7-206 所示。

在“时间轴”面板中，用鼠标右键单击第 1 帧，在弹出的快捷菜单中选择“创建传统补间”命令，第 1 帧～第 10 帧生成动作补间动画，如图 7-207 所示。按 Enter 键，让播放头进行播放，即可观看制作效果。

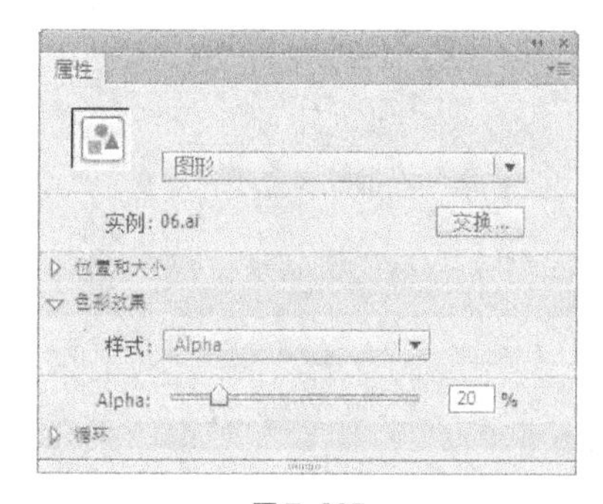

图 7-205

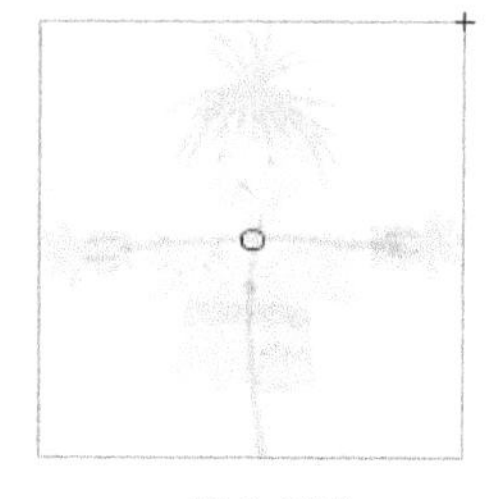

图 7-206

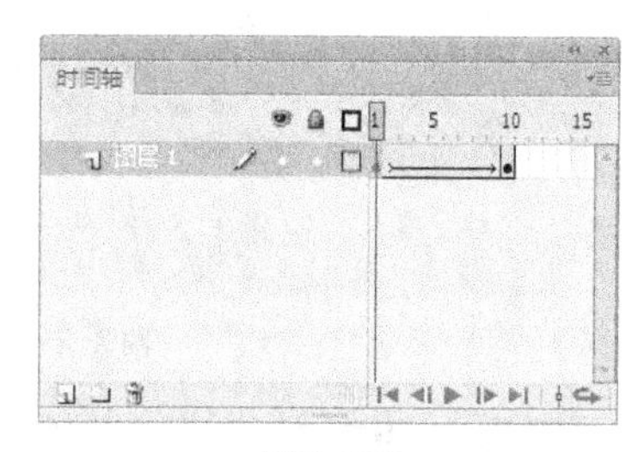

图 7-207

在不同的关键帧中，图形的动作变化效果如图 7-208 所示。

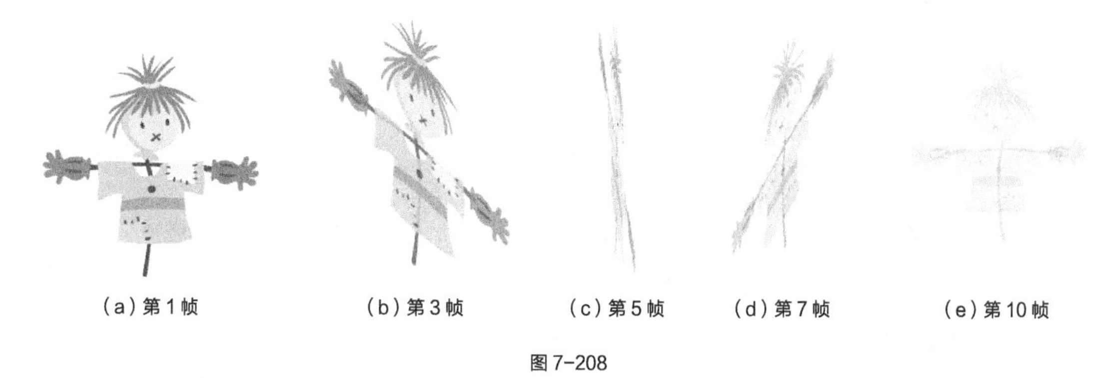

（a）第 1 帧　（b）第 3 帧　（c）第 5 帧　（d）第 7 帧　（e）第 10 帧

图 7-208

7.4.3 色彩变化动画

新建空白文档，选择“文件 > 导入 > 导入到舞台”命令，将“07.ai”文件导入到舞台中，如图 7-209 所示。选中图形，反复按 Ctrl+B 组合键，直到图形完全被打散，如图 7-210 所示。

选中第 10 帧，按 F6 键，插入关键帧，如图 7-211 所示，第 10 帧中也显示出第 1 帧中的图形。将图形全部选中，单击工具箱下方的“填充颜色”按钮，在弹出的色彩框中选择橙色（#FF9900），这时，纹理图形的颜色发生变化，被修改为橙色，如图 7-212 所示。

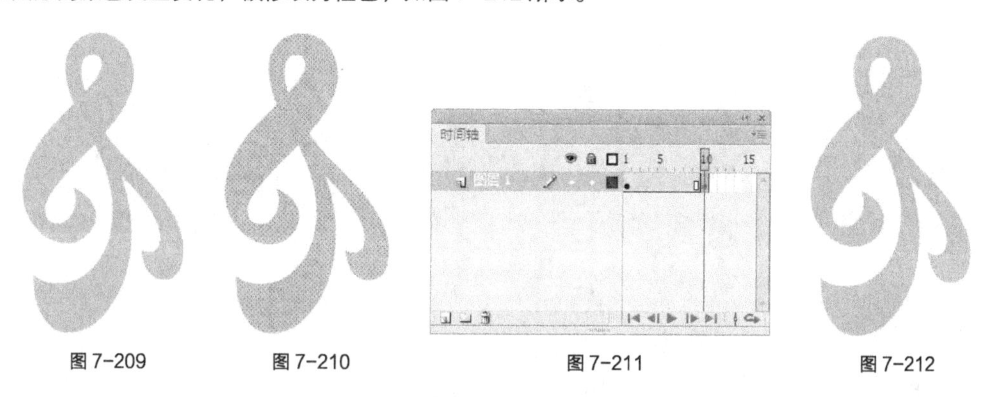

图 7-209　图 7-210　图 7-211　图 7-212

用鼠标右键单击第 1 帧，在弹出的菜单中选择“创建补间形状”命令，如图 7-213 所示。在“时间轴”面板中，第 1 帧 ~ 第 10 帧生成色彩变化动画，如图 7-214 所示。

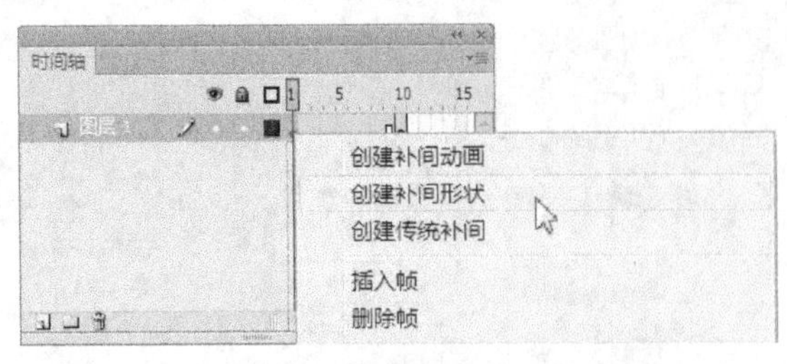

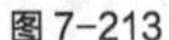
图 7-213

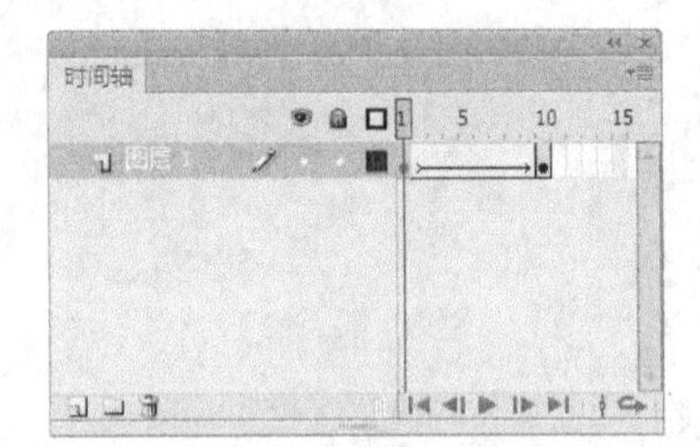

图 7-214

在不同的关键帧中，花图形的颜色变化效果如图 7-215 所示。

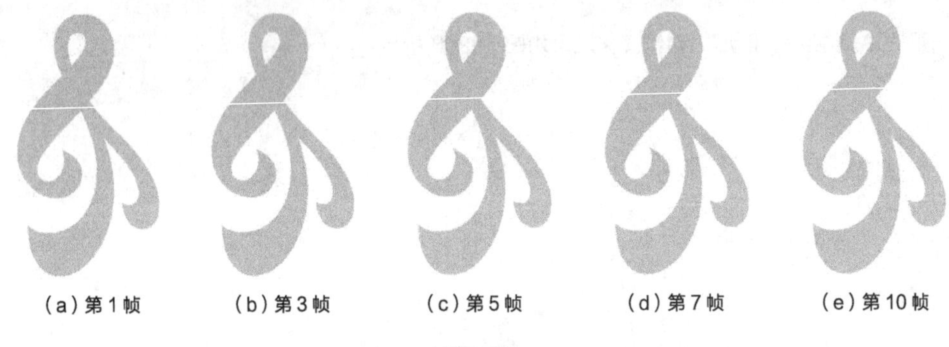

（a）第 1 帧　（b）第 3 帧　（c）第 5 帧　（d）第 7 帧　（e）第 10 帧

图 7-215

还可以应用渐变色彩来制作色彩变化动画，下面将进行介绍。

选择“窗口 > 颜色”命令，弹出“颜色”面板，在“颜色类型”选项的下拉列表中选择“径向渐变”命令，如图 7-216 所示。

在“颜色”面板中，在滑动色带上选中左侧的颜色控制点，如图 7-217 所示。在面板的颜色框中设置控制点的颜色，在面板右下方的颜色明暗度调节框中，通过拖曳鼠标来设置颜色的明暗度，如图 7-218 所示，将第 1 个控制点设为紫色（#8348D4）。再选中右侧的颜色控制点，在颜色选择框和明暗度调节框中设置颜色，如图 7-219 所示，将第 2 个控制点设为红色（#FF0000）。

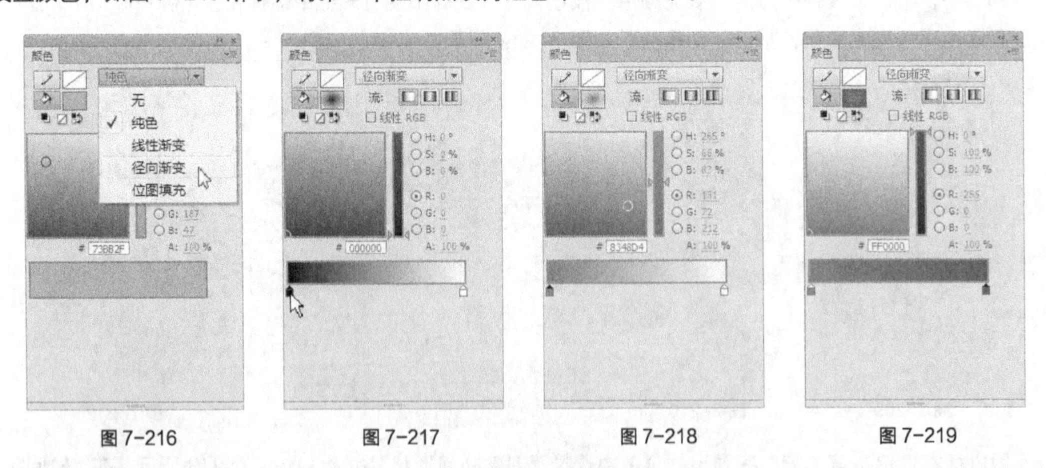

图 7-216　图 7-217　图 7-218　图 7-219

将第 2 个控制点向左拖动，如图 7-220 所示。选择“颜料桶”工具，在图形顶部单击鼠标，以图形的顶部为中心生成放射状渐变色，如图 7-221 所示。选中第 10 帧，按 F6 键，插入关键帧，如图 7-222 所示。第 10 帧中也显示出第 1 帧中的图形。

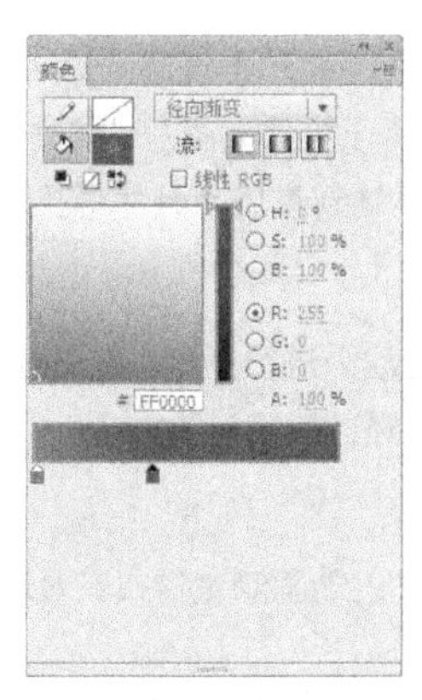

图 7-220

图 7-221

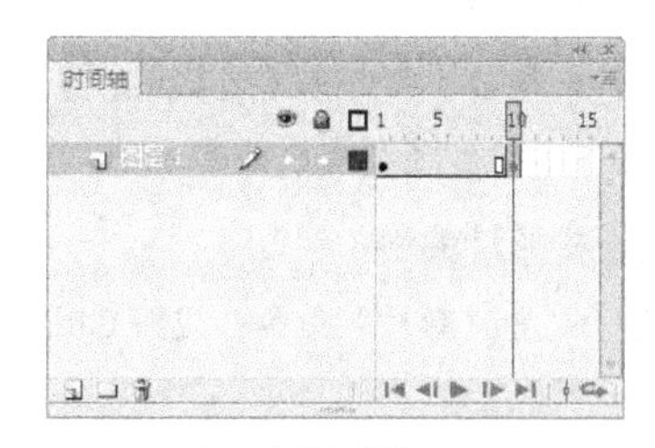

图 7-222

选择“颜料桶”工具，在花图形底部单击鼠标，以图形底部为中心生成放射状渐变色，如图 7-223 所示。在“时间轴”面板中选中第 1 帧，单击鼠标右键，在弹出的菜单中选择“创建补间形状”命令，如图 7-224 所示。在“时间轴”面板中，第 1 帧～第 10 帧生成色彩变化动画，如图 7-225 所示。

图 7-223

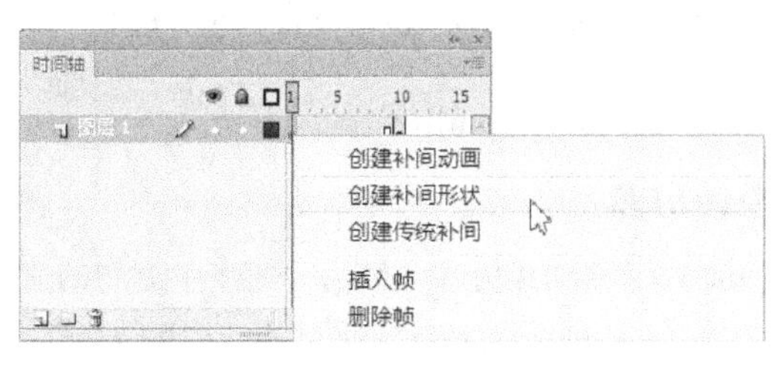

图 7-224

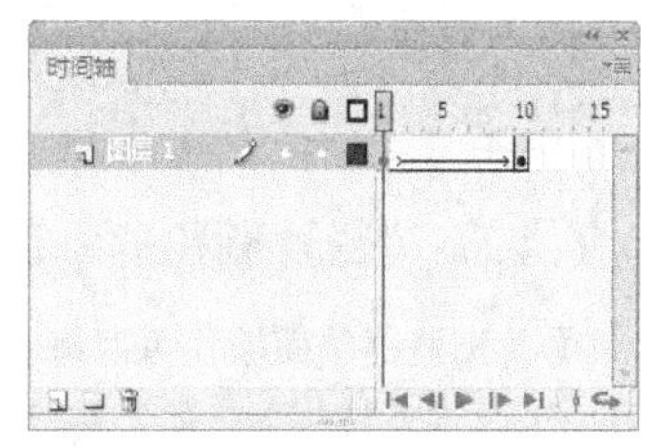

图 7-225

在不同的关键帧中，花图形的颜色变化效果如图 7-226 所示。

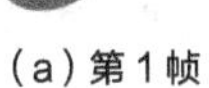

（a）第 1 帧

（b）第 3 帧

（c）第 5 帧

（d）第 7 帧

（e）第 10 帧

图 7-226

7.4.4 测试动画

在制作完成动画后，要对其进行测试。可以通过多种方法来测试动画。

1. 应用控制器面板

选择“窗口 > 工具栏 > 控制器”命令，弹出“控制器”面板，如图 7-227 所示。

图 7-227

"停止"按钮■：用于停止播放动画。"转到第一帧"按钮|◀：用于将动画返回到第1帧并停止播放。"后退一帧"按钮◀|：用于将动画逐帧向后播放。"播放"按钮▶：用于播放动画。"前进一帧"按钮|▶：用于将动画逐帧向前播放。"转到最后一帧"按钮▶|：用于将动画跳转到最后1帧并停止播放。

2. 应用播放命令

选择"控制 > 播放"命令，或按Enter键，可以对当前舞台中的动画进行浏览。在"时间轴"面板中，可以看见播放头在运动。随着播放头的运动，舞台中显示出播放头所经过的帧上的内容。

3. 应用测试影片命令

选择"控制 > 测试影片"命令，或按Ctrl+Enter组合键，可以进入动画测试窗口，对动画作品的多个场景进行连续的测试。

4. 应用测试场景命令

选择"控制 > 测试场景"命令，或按Ctrl+Alt+Enter组合键，可以进入动画测试窗口，测试当前舞台窗口中显示的场景或元件中的动画。

如果需要循环播放动画，可以选择"控制 > 循环播放"命令，再应用"播放"按钮或其他测试命令即可。

7.4.5 "影片浏览器"面板的功能

"影片浏览器"面板，可以将Flash CS6文件组成树型关系图，方便用户进行动画分析、管理或修改。在其中可以查看每一个元件，熟悉帧与帧之间的关系，查看动作脚本等，也可快速查找需要的对象。

选择"窗口 > 影片浏览器"命令，弹出"影片浏览器"面板，如图7-228所示。

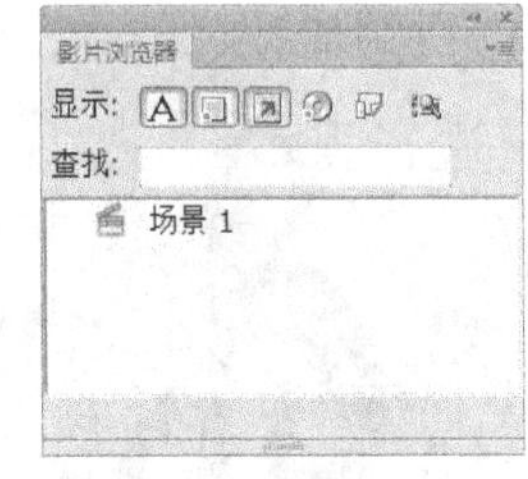

图7-228

"显示文本"按钮A：用于显示动画中的文字内容。

"显示按钮、影片剪辑和图形"按钮：用于显示动画中的按钮、影片剪辑和图形。

"显示动作脚本"按钮：用于显示动画中的脚本。

"显示视频、声音和位图"按钮：用于显示动画中的视频、声音和位图。

"显示帧和图层"按钮：用于显示动画中的关键帧和图层。

"自定义要显示的项目"按钮：单击此按钮，弹出"影片管理器设置"对话框，在对话框中可以自定义在"影片浏览器"面板中显示的内容。

"查找"选项：可以在此选项的文本框中输入要查找的内容，这样可以快速地找到需要的对象。

7.5 Deco 工具

Deco工具是Flash中另一种"喷涂刷"工具，它可以模拟类似藤蔓生长的动画，也可以快速完成大量相同形状图案的绘制，还可以制作出很多复杂的动画效果。

7.5.1 创建藤蔓

选择"Deco"工具，将鼠标移到舞台上，鼠标指针变成形状，在舞台上单击鼠标左键，即可看到藤蔓生长的效果，如图 7-229 所示。在生长的藤蔓图形上再次单击鼠标左键，即可停止当前藤蔓图形的生长，如图 7-230 所示。

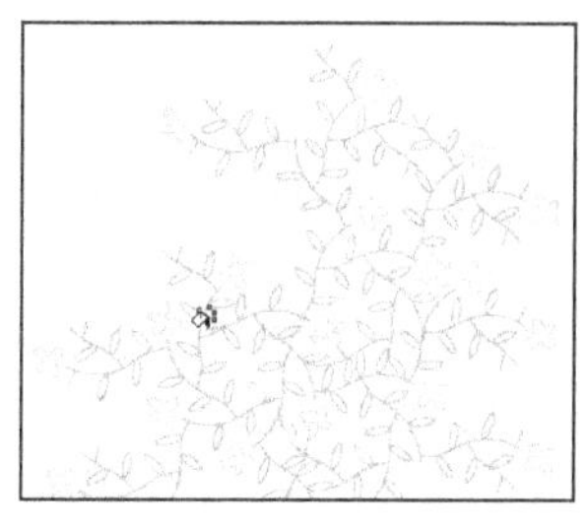

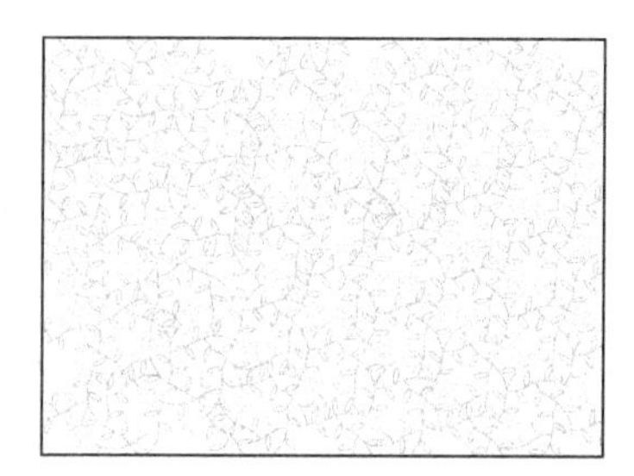

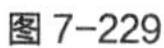

图 7-229　　图 7-230

如果在舞台的空白处单击鼠标左键，则是停止当前藤蔓图形的生长并且开始一个新的藤蔓图形生长，如图 7-231 所示。

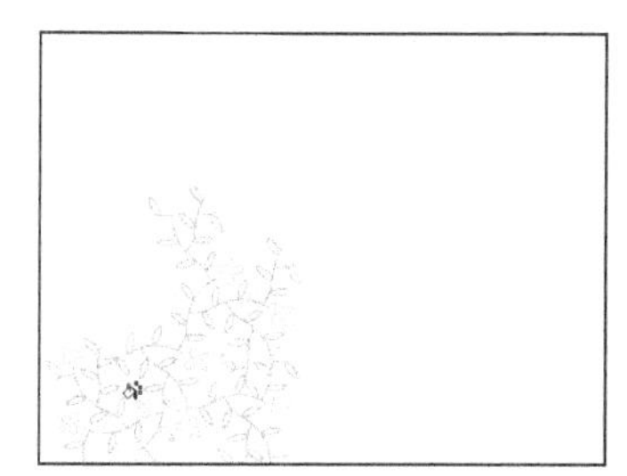

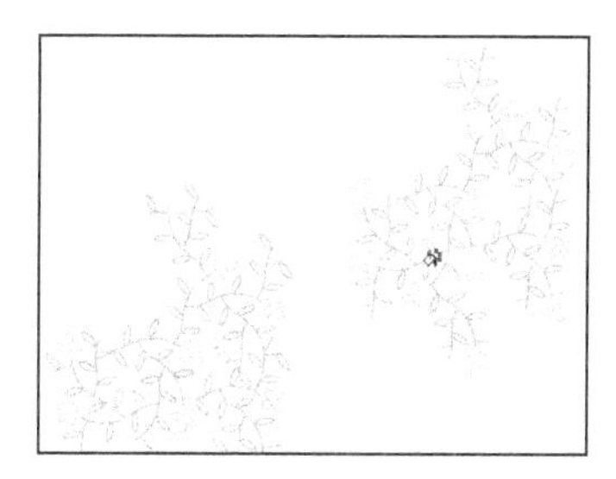

图 7-231

7.5.2 藤蔓属性

选择“Deco”工具，选择“窗口 > 属性”命令，弹出 Deco 工具的“属性”面板，如图 7-232 所示。在 Deco 工具“属性”面板中可以更改藤蔓的属性。

在“藤蔓式填充”选项的下拉列表中，包含了 13 种绘制效果：藤蔓式填充、网格填充、对称刷子、3D 刷子、建筑物刷子、装饰性刷子、火焰动画、火焰刷子、花刷子、闪电刷子、粒子系统、烟动画和树刷子，如图 7-233 所示。

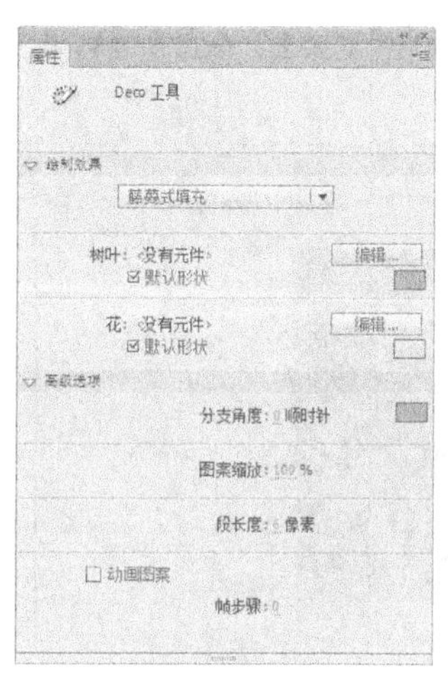

图 7-232

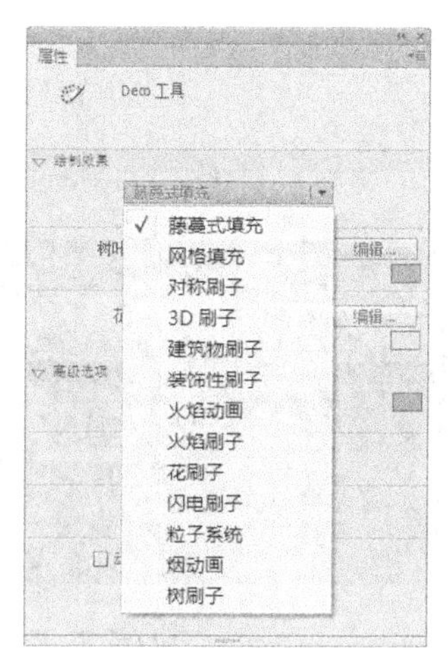

图 7-233

单击“树叶”和“花”选项后的“编辑”按钮，可以从库中选择一个自定义元件，替换默认花朵元件和叶子元件。

“库”面板中的任何影片剪辑或图形元件，都可替换默认的花朵和叶子元件，作为藤蔓式填充效果。

高级选项：不同的绘制效果中的“高级选项”不同，同时通过设置高级选项可以实现不同的绘制效果。

勾选“动画图案”选项，如图 7-234 所示，软件将自动以逐帧动画的形式来记录藤蔓的生长过程，如图 7-235 所示。

☑动画图案

帧步骤：1

图 7-234

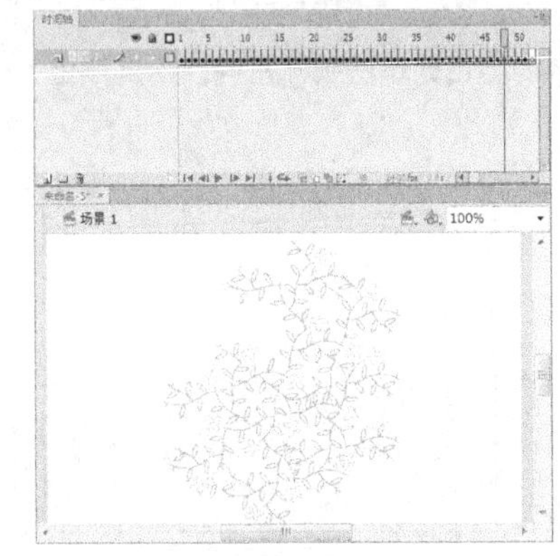

图 7-235

7.6 课堂练习——制作加载条动画

练习知识要点

使用“矩形”工具、“任意变形”工具和“创建补间形状”命令，制作下载条动画效果；使用“创建传统补间”命令，制作幕帘效果；使用“文本”工具，添加文本效果，如图 7-236 所示。

效果所在位置

资源包 > Ch07 > 效果 > 制作加载条动画.fla。

图 7-236

制作加载条动画

7.7 课后习题——制作创意城市动画

习题知识要点

使用“创建传统补间”命令，制作小汽车运动效果；使用“帧”命令，控制小汽车的运动速度，效果如图 7-237 所示。

效果所在位置

资源包 > Ch07 > 效果 > 制作创意城市动画.fla。

图 7-237

制作创意城市动画

第 8 章
层与高级动画

层在 Flash CS6 中有着举足轻重的作用。只有掌握层的概念和熟练应用不同性质的层，才有可能真正成为 Flash 的高手。本章详细介绍层的应用技巧和使用不同性质的层来制作高级动画。通过对本章的学习，读者可以了解并掌握层的强大功能，并能充分利用层来为自己的动画设计作品增光添彩。

课堂学习目标

- 掌握引导层和运动引导层动画的制作方法
- 掌握遮罩层与遮罩动画的制作方法
- 熟悉运用分散到图层功能编辑对象

8.1 层、引导层与运动引导层的动画

图层类似于叠在一起的透明纸，下面图层中的内容可以通过上面图层中不包含内容的区域透过来。除普通图层，还有一种特殊类型的图层——引导层。在引导层中，可以像其他层一样绘制各种图形和引入元件等，但最终发布时引导层中的对象不会显示出来。

8.1.1 课堂案例——制作神秘飞碟

案例学习目标

学习使用运动引导层制作飞碟动画效果。

案例知识要点

使用“添加传统运动引导层”命令，添加引导层；使用“创建传统补间”命令，制作传统补间动画；使用“钢笔”工具，绘制运动路线，效果如图 8-1 所示。

效果所在位置

资源包 > Ch08 > 效果 > 制作神秘飞碟.fla。

图 8-1

1. 导入素材制作元件

STEP 1 选择“文件 > 新建”命令，在弹出的“新建文档”对话框中选择“ActionScript 2.0”选项，将“宽”选项设为 800，“高”选项设为 300，“背景颜色”选项设为深灰色（#333333），单击“确定”按钮，完成文档的创建。

制作神秘飞碟 1

STEP 2 选择“文件 > 导入 > 导入到库”命令，在弹出的“导入到库”对话框中选择“Ch08 > 素材 > 制作神秘飞碟 > 01 ~ 07”文件，单击“打开”按钮，文件被导入到“库”面板中，如图 8-2 所示。

STEP 3 按 Ctrl+F8 组合键，弹出“创建新元件”对话框，在“名称”选项的文本框中输入“飞碟”，在“类型”选项的下拉列表中选择“图形”，单击“确定”按钮，新建图形元件“飞碟”，如图 8-3 所示，舞台窗口也随之转换为图形元件的舞台窗口。将“库”面板中的位图“06”拖曳到舞台窗口中，如图 8-4 所示。

STEP 4 按 Ctrl+F8 组合键，弹出“创建新元件”对话框，在“名称”选项的文本框中输入“卫星”，在“类型”选项的下拉列表中选择“影片剪辑”，如图 8-5 所示，单击“确定”按钮，新建影片剪辑元件“卫星”，如图 8-6 所示，舞台窗口也随之转换为影片剪辑元件的舞台窗口。将“库”面板中的位图“04”拖曳到舞台窗口中，如图 8-7 所示。

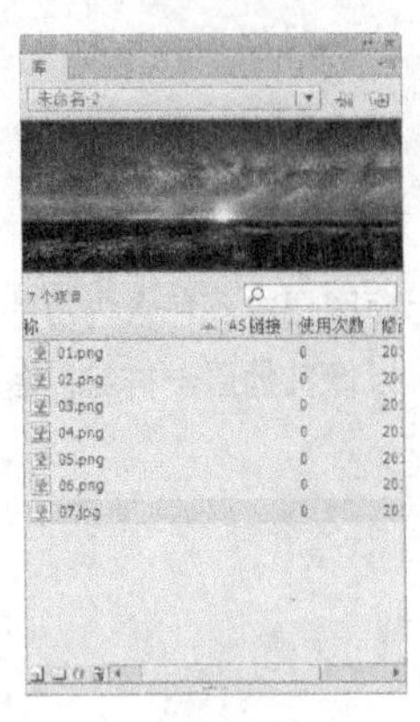

图 8-2

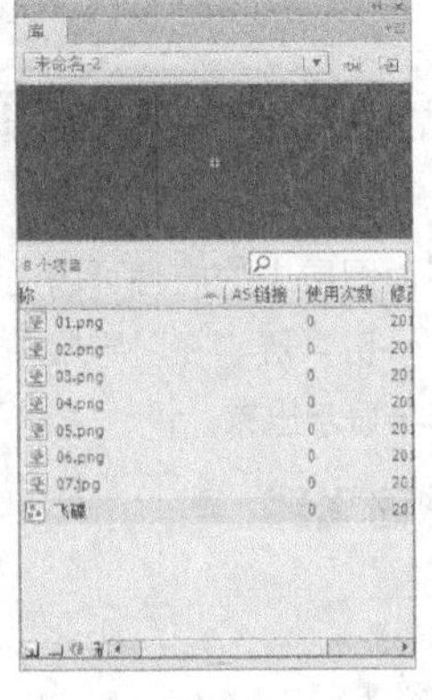

图 8-3

图 8-4

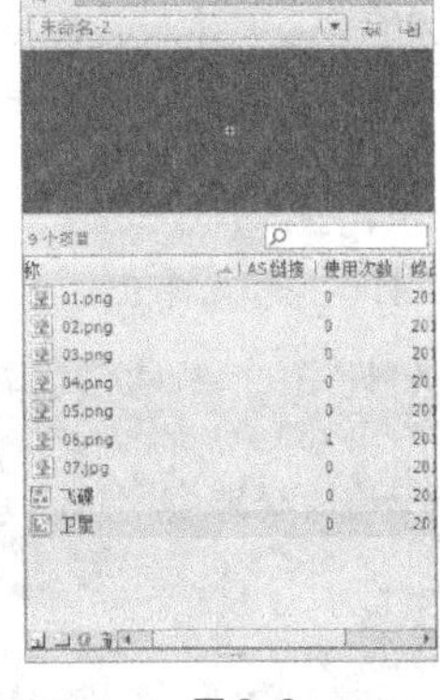

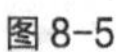

图 8-5　　图 8-6　　图 8-7

STEP 5 选中“图层 1”的第 20 帧，按 F5 键，插入普通帧。单击“时间轴”面板下方的“新建图层”按钮，新建“图层 2”。选中“图层 2”的第 5 帧，按 F6 键，插入关键帧。分别将“库”面板中的位图“01”“02”和“03”拖曳到舞台窗口中，并放置在适当的位置，如图 8-8 所示。

STEP 6 分别选中“图层 2”的第 10 帧和第 15 帧，按 F6 键，插入关键帧。选中“图层 2”的第 5 帧，选择“选择”工具，在舞台窗口中选中位图“01”，按住 Shift 键的同时选中位图“02”，如图 8-9 所示。按 Delete 键，将选中的图形删除，效果如图 8-10 所示。

图 8-8

图 8-9

图 8-10

STEP 7 选中“图层 2”的第 10 帧，在舞台窗口中选中位图“01”，按住 Shift 键的同时选中位图“03”，如图 8-11 所示。按 Delete 键，将选中的图形删除，效果如图 8-12 所示。选中“图层 2”的第 15 帧，在舞台窗口中选中位图“02”，按住 Shift 键的同时选中位图“03”，如图 8-13 所示。按 Delete 键，将选中的图形删除，效果如图 8-14 所示。

图 8-11

图 8-12

图 8-13

图 8-14

2. 制作引导动画

STEP 1 单击舞台窗口左上方的“场景 1”图标 场景 1，进入“场景 1”的舞台窗口。将“图层 1”图层重命名为“底图”。将“库”面板中的位图“07”拖曳到舞台窗口中，如图 8-15 所示。选中“底图”图层的第 100 帧，按 F5 键，插入普通帧，如图 8-16 所示。

制作神秘飞碟 2

图 8-15

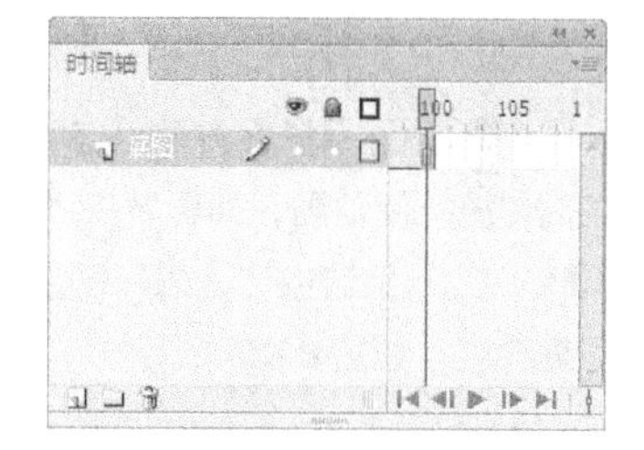

图 8-16

STEP 2 在“时间轴”面板中创建新图层并将其命名为“飞碟”，如图 8-17 所示。在“飞碟”图层上单击鼠标右键，在弹出的快捷菜单中选择“添加传统运动引导层”命令，效果如图 8-18 所示。

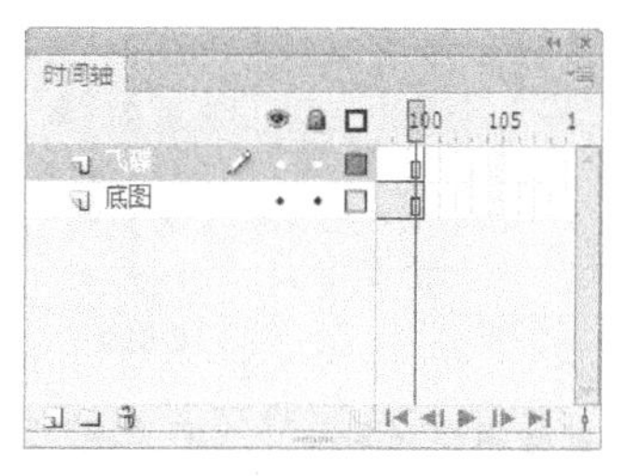

图 8-17

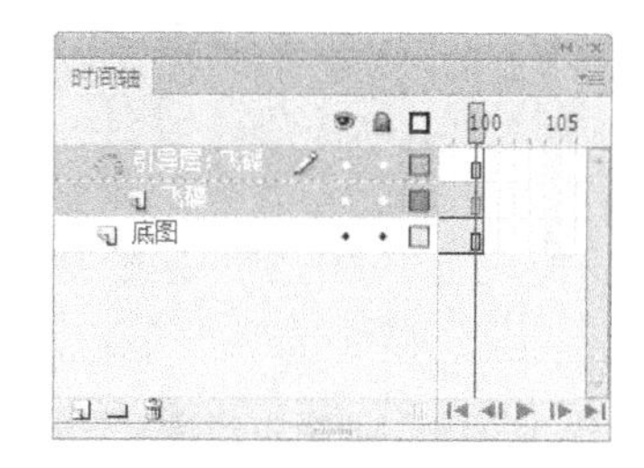

图 8-18

STEP 3 选中“引导层：飞碟”图层的第 1 帧，选择“钢笔”工具，在钢笔工具“属性”面板中，将“笔触颜色”设为白色，“填充颜色”设为无，“笔触”选项设为 1，在舞台窗口中绘制一条波浪线，效果如图 8-19 所示。

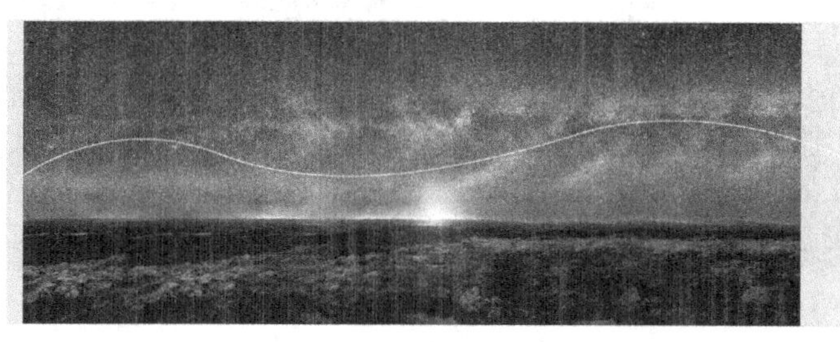

图 8-19

STEP 4 选中“飞碟”图层的第 1 帧，将“库”面板中的图形元件“飞碟”拖曳到舞台窗口中，并放置在波浪线的左方端点上，如图 8-20 所示。

STEP 5 选中“飞碟”图层的第 100 帧，按 F6 键，插入关键帧。在舞台窗口中将“飞碟”实例拖曳到波浪线的右方端点上，如图 8-21 所示。

图 8-20

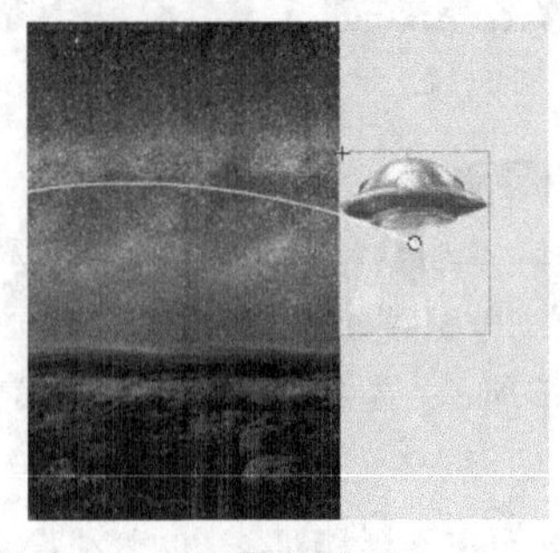

图 8-21

STEP 6 用鼠标右键单击“飞碟”图层的第 1 帧，在弹出的快捷菜单中选择“创建传统补间”命令，生成传统补间动画，如图 8-22 所示。

STEP 7 选中“飞碟”图层的第 1 帧，在帧“属性”面板中选择“补间”选项组，勾选“调整到路径”复选项，如图 8-23 所示。

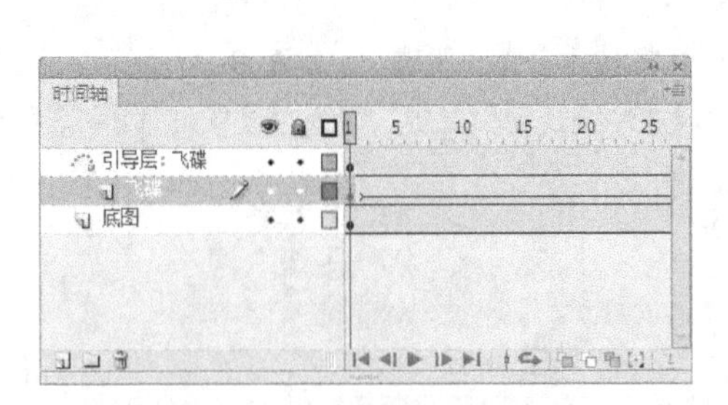

图 8-22

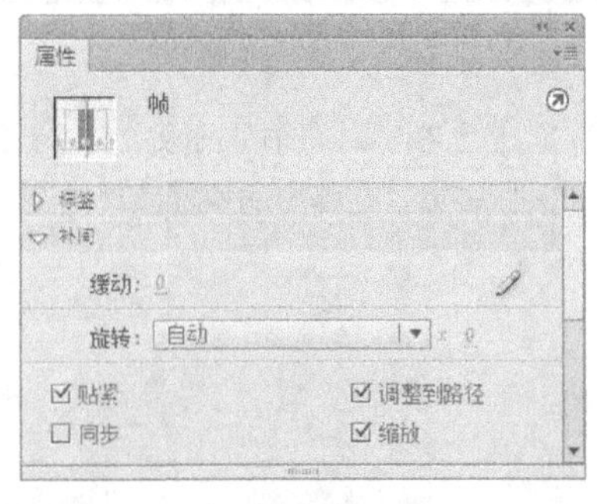

图 8-23

STEP 8 在“时间轴”面板中创建新图层并将其命名为“装饰”。将“库”面板中的位图“05”拖曳到背景图的右下方，如图 8-24 所示。将“库”面板中的影片剪辑元件“卫星”拖曳的背景图的左下方，如图 8-25 所示。神秘飞碟制作完成，按 Ctrl+Enter 组合键即可查看效果。

图 8-24

图 8-25

8.1.2 层的设置

1. 层的弹出式菜单

用鼠标右键单击“时间轴”面板中的图层名称，弹出其下拉菜单，如图 8-26 所示。

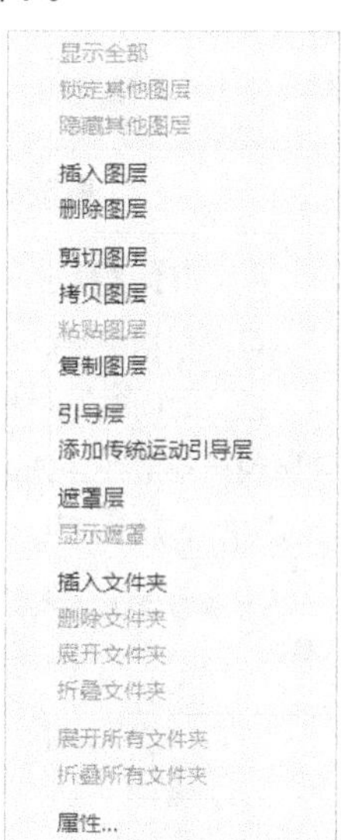

图 8-26

“显示全部”命令：用于显示所有的隐藏图层和图层文件夹。

“锁定其他图层”命令：用于锁定除当前图层以外的所有图层。

“隐藏其他图层”命令：用于隐藏除当前图层以外的所有图层。

“插入图层”命令：用于在当前图层上创建一个新的图层。

“删除图层”命令：用于删除当前图层。

“剪切图层”命令：用于将当前图层剪切到剪切板中。

“拷贝图层”命令：用于拷贝当前图层。

“粘贴图层”命令：用于粘贴所拷贝的图层。

“复制图层”命令：用于复制当前图层并生成一个复制图层。

“引导层”命令：用于将当前图层转换为普通引导层。

“添加传统运动引导层”命令：用于将当前图层转换为运动引导层。

“遮罩层”命令：用于将当前图层转换为遮罩层。

“显示遮罩”命令：用于在舞台窗口中显示遮罩效果。

“插入文件夹”命令：用于在当前图层上创建一个新的层文件夹。

“删除文件夹”命令：用于删除当前的层文件夹。

“展开文件夹”命令：用于展开当前的层文件夹，显示出其包含的图层。

“折叠文件夹”命令：用于折叠当前的层文件夹。

“展开所有文件夹”命令：用于展开“时间轴”面板中所有的层文件夹，显示出所包含的图层。

“折叠所有文件夹”命令：用于折叠“时间轴”面板中所有的层文件夹。

“属性”命令：用于设置图层的属性。

2. 创建图层

为了分门别类地组织动画内容，需要创建普通图层。选择“插入 > 时间轴 > 图层”命令，创建一个新的图层，或在“时间轴”面板下方单击“新建图层”按钮，创建一个新的图层。

系统默认状态下，新创建的图层按“图层 1”“图层 2”……的顺序进行命名，也可以根据需要自行设定图层的名称。

3. 选取图层

选取图层就是将图层变为当前图层，用户可以在当前层上放置对象、添加文本和图形以及进行编辑。要使图层成为当前图层的方法很简单，在“时间轴”面板中选中该图层即可。当前图层会在“时间轴”面板中以蓝色显示，铅笔图标表示可以对该图层进行编辑，如图 8-27 所示。

按住 Ctrl 键的同时，在要选择的图层上单击鼠标左键，可以一次选择多个图层，如图 8-28 所示。按住 Shift 键的同时，单击鼠标左键选中两个图层，在这两个图层中间的其他图层也会被同时选中，如图 8-29 所示。

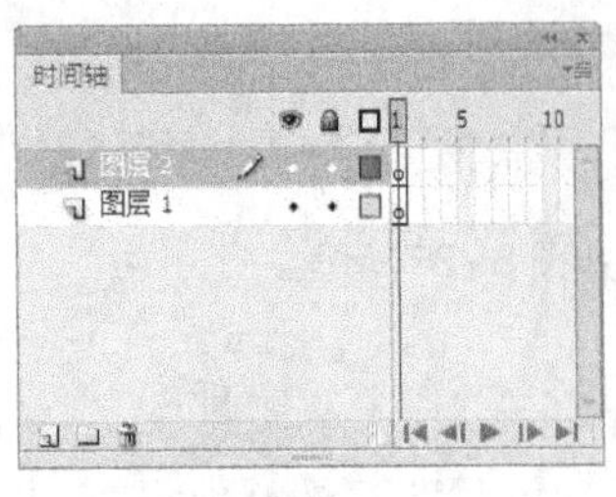

图 8-27

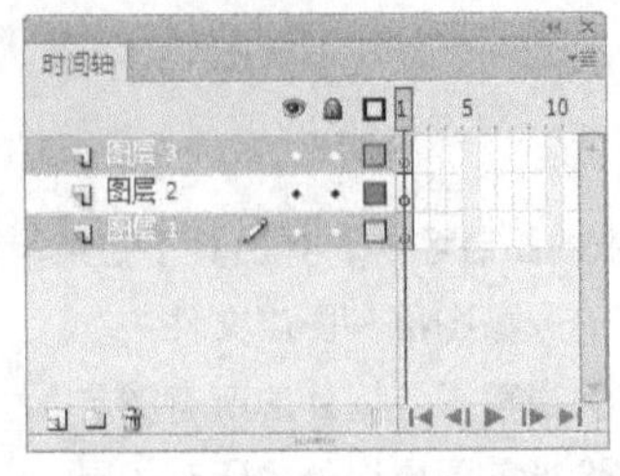

图 8-28

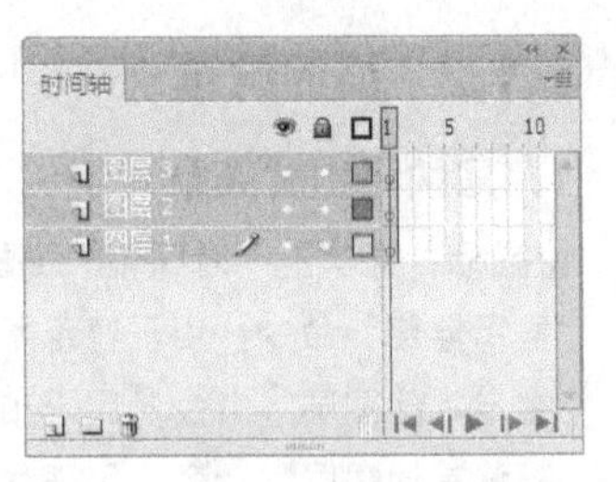

图 8-29

4. 排列图层

可以根据需要，在“时间轴”面板中为图层重新排列顺序。

在“时间轴”面板中选中“图层 3”，如图 8-30 所示，按住鼠标不放，将“图层 3”向下拖曳，这时会出现一条虚线，如图 8-31 所示，将虚线拖曳到“图层 1”的下方，松开鼠标，则“图层 3”移动到“图层 1”的下方，如图 8-32 所示。

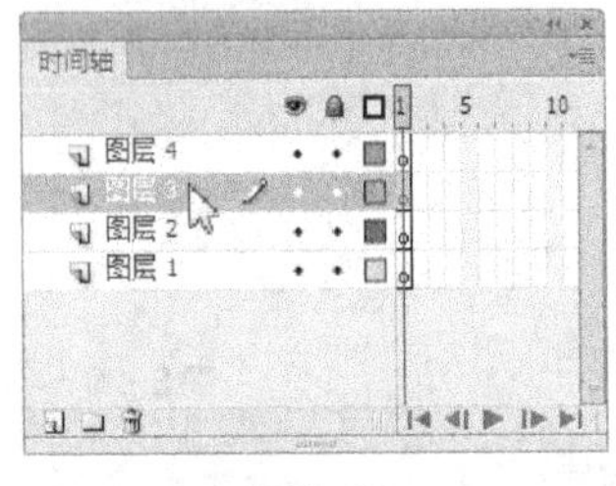

图 8-30

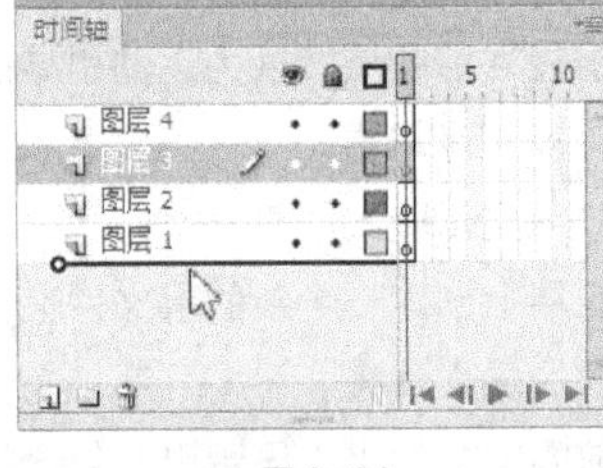

图 8-31

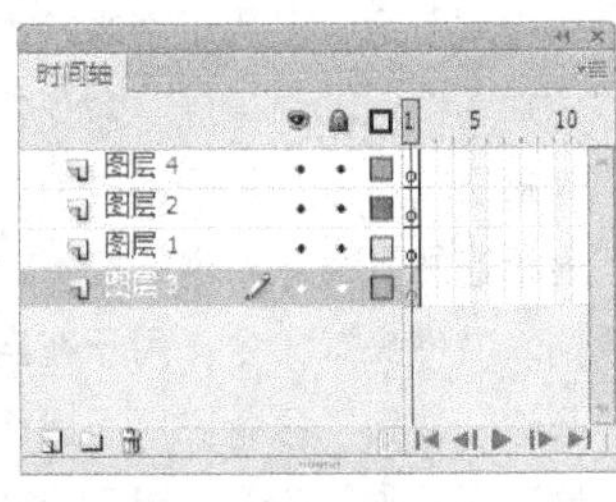

图 8-32

5. 复制、粘贴图层

可以根据需要，将图层中的所有对象复制并粘贴到其他图层或场景中。

在“时间轴”面板中单击要复制的图层，如图 8-33 所示，选择“编辑 > 时间轴 > 复制帧”命令，进行复制。在“时间轴”面板下方单击“新建图层”按钮，创建一个新的图层，选中新的图层，如图 8-34 所示，选择“编辑 > 时间轴 > 粘贴帧”命令，在新建的图层中粘贴复制过的内容，如图 8-35 所示。

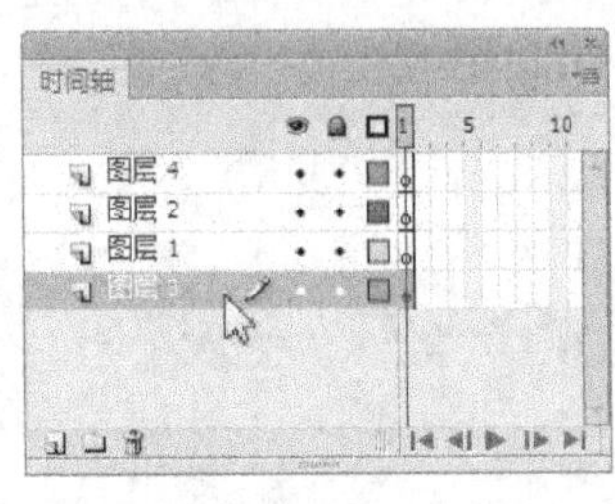

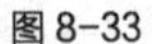

图 8-33

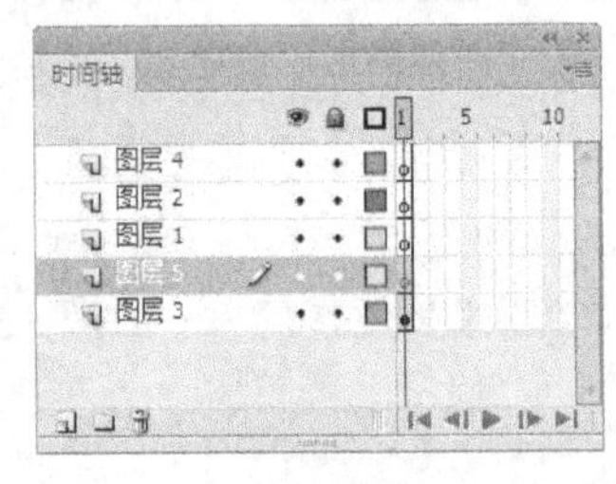

图 8-34

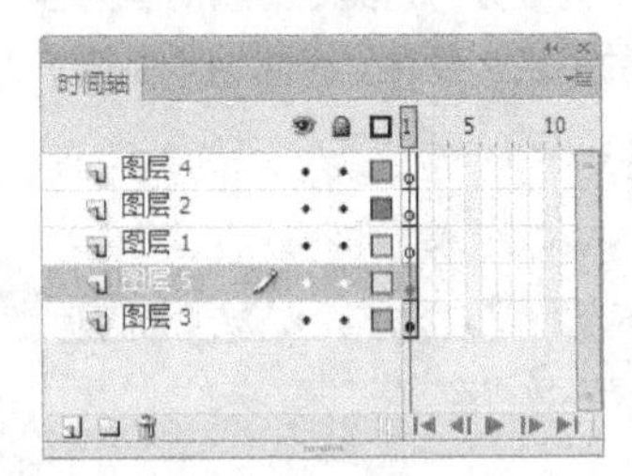

图 8-35

6. 删除图层

如果某个图层不再需要，可以将其进行删除。删除图层有以下两种方法：一种是在“时间轴”面板中选中要删除的图层，在面板下方单击“删除”按钮，即可删除选中图层，如图 8-36 所示；另一种是在“时间轴”面板中选中要删除的图层，按住鼠标不放，将其向下拖曳，这时会出现虚线，将虚线拖曳到“删除图层”按钮上进行删除，如图 8-37 所示。

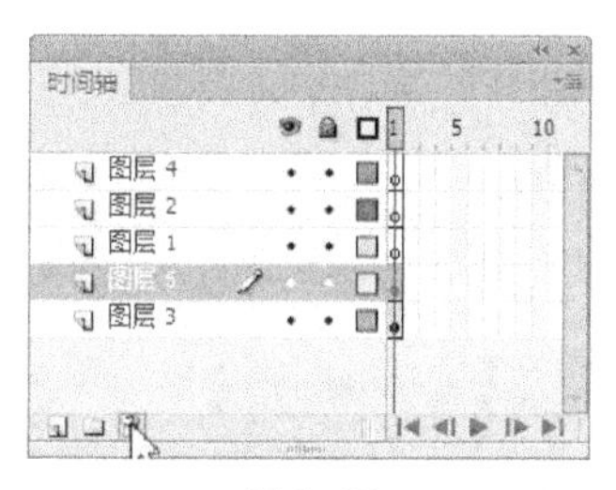

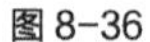

图 8-36

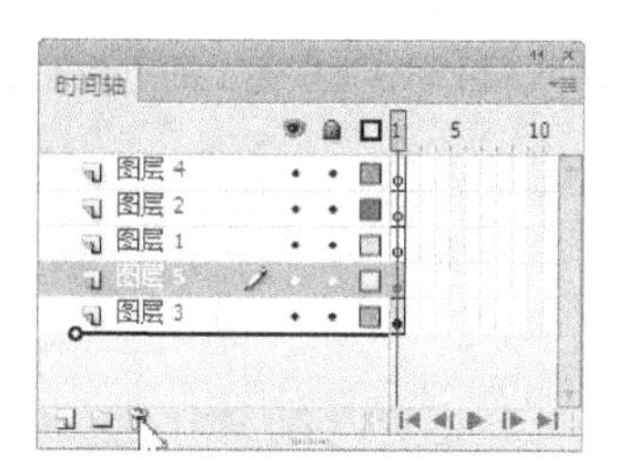

图 8-37

7．隐藏、锁定图层和图层的线框显示模式

隐藏图层：动画经常是多个图层叠加在一起的效果，为了便于观察某个图层中对象的效果，可以把其他的图层先隐藏起来。

在“时间轴”面板中单击“显示或隐藏所有图层”按钮 下方的小黑圆点，这时小黑圆点所在的图层就被隐藏，在该图层上显示出一个叉号图标，如图 8-38 所示，此时图层将不能被编辑。

在“时间轴”面板中单击“显示或隐藏所有图层”按钮，面板中的所有图层将被同时隐藏，如图 8-39 所示。再单击此按钮，即可解除隐藏。

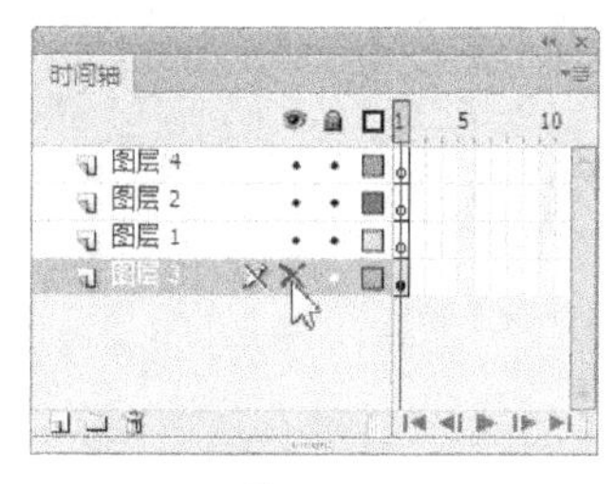

图 8-38

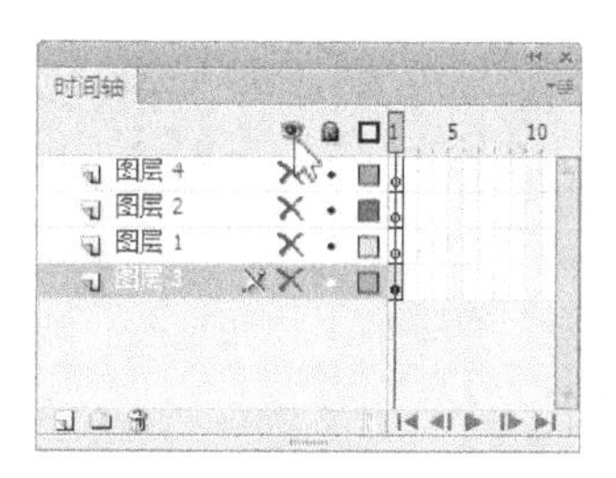

图 8-.39

锁定图层：如果某个图层上的内容已符合要求，则可以锁定该图层，以避免内容被意外地更改。

在“时间轴”面板中单击“锁定或解除锁定所有图层”按钮下方的小黑圆点，这时小黑圆点所在的图层就被锁定，在该图层上显示出一个锁状图标，如图 8-40 所示，此时图层将不能被编辑。

在“时间轴”面板中单击“锁定或解除锁定所有图层”按钮，面板中的所有图层将被同时锁定，如图 8-41 所示。再单击此按钮，即可解除锁定。

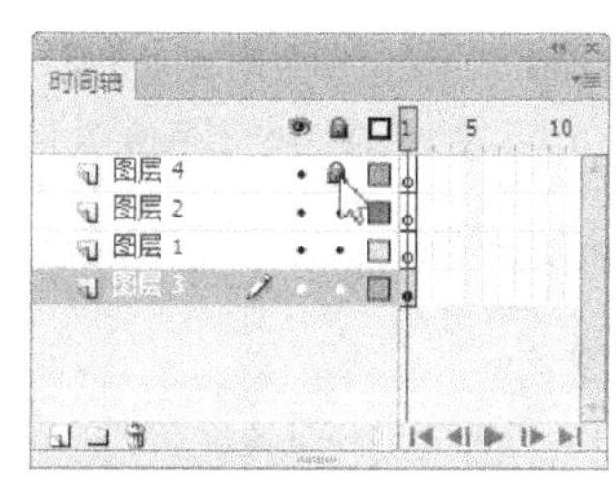

图 8-40

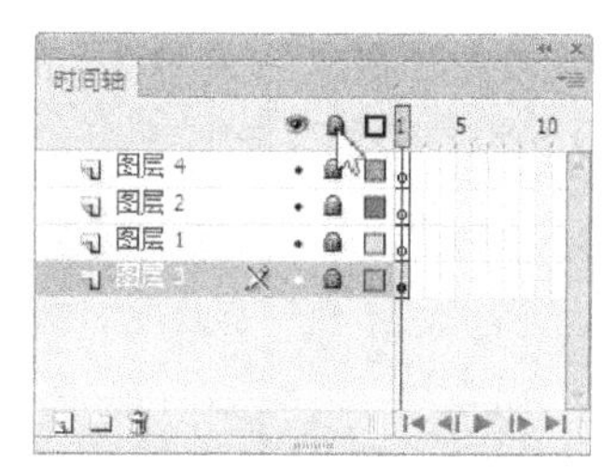

图 8-41

图层的线框显示模式：为了便于观察图层中的对象，可以将对象以线框的模式进行显示。

在“时间轴”面板中单击“将所有图层显示为轮廓”按钮下方的实色正方形，这时实色正方形所在图层中的对象就呈线框模式显示，在该图层上实色正方形变为线框图标，如图 8-42 所示，此时并不影响编辑图层。

在“时间轴”面板中单击“将所有图层显示为轮廓”按钮，面板中的所有图层将被同时以线框模式显示，如图 8-4.3 所示。再单击此按钮，即可返回到普通模式。

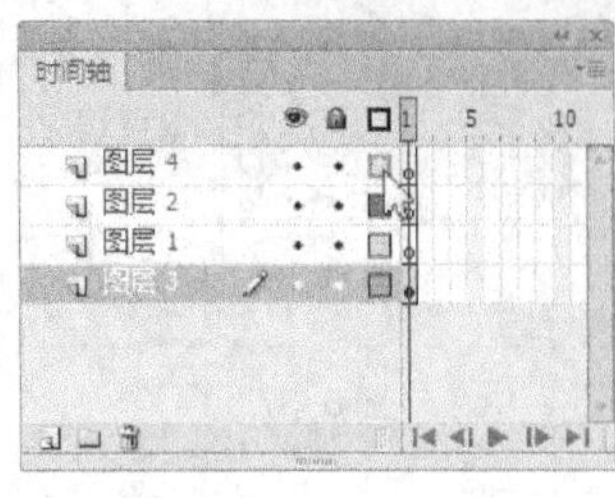

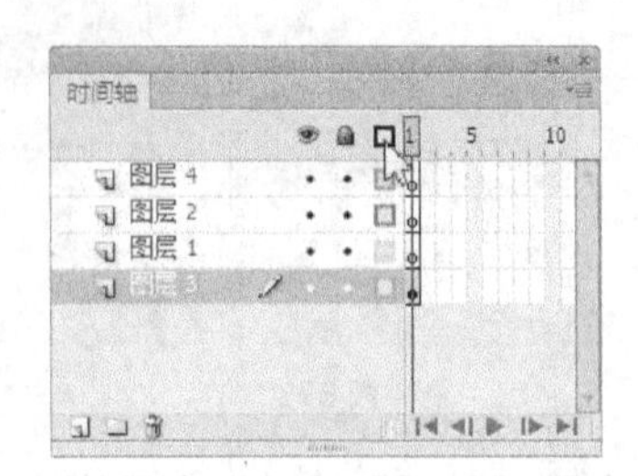

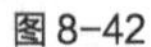
图 8-42　　图 8-43

8. 重命名图层

可以根据需要更改图层的名称。更改图层名称有以下两种方法。

双击“时间轴”面板中的图层名称，名称变为可编辑状态，如图 8-44 所示。输入要更改的图层名称，如图 8-45 所示。在图层旁边单击鼠标，完成图层名称的修改，如图 8-46 所示。

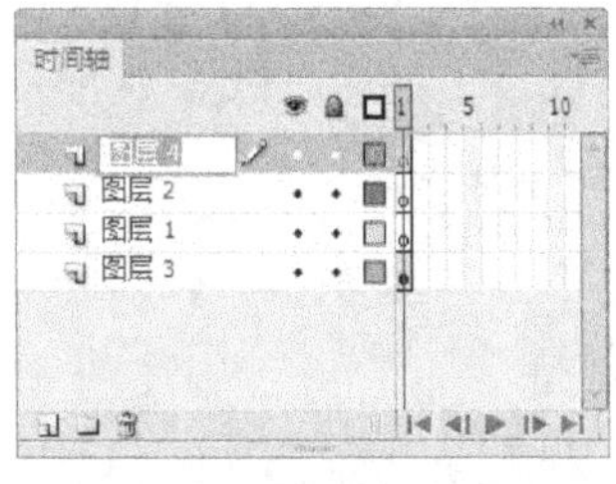

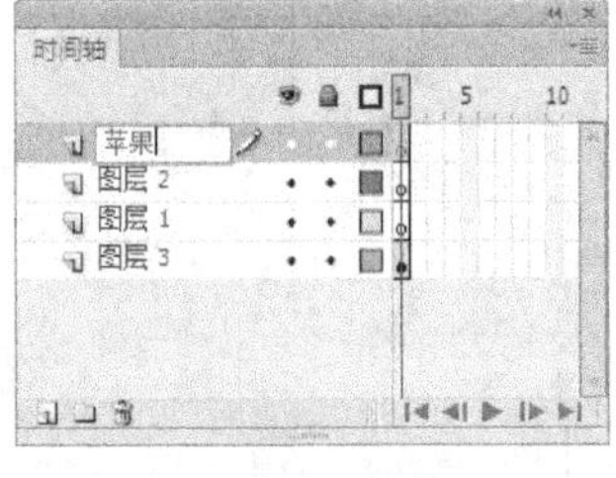

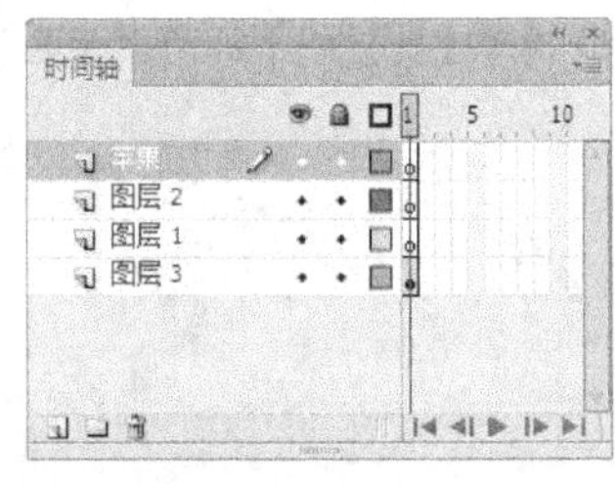

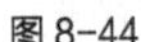
图 8-44　　图 8-45　　图 8-46

选中要修改名称的图层，选择“修改 > 时间轴 > 图层属性”命令，在弹出的“图层属性”对话框中修改图层的名称。

8.1.3 图层文件夹

在“时间轴”面板中可以创建图层文件夹来组织和管理图层，这样“时间轴”面板中图层的层次结构将非常清晰。

1. 创建图层文件夹

选择“插入 > 时间轴 > 图层文件夹”命令，在“时间轴”面板中创建图层文件夹，如图 8-47 所示。还可单击“时间轴”面板下方的“新建文件夹”按钮，在“时间轴”面板中创建图层文件夹，如图 8-48 所示。

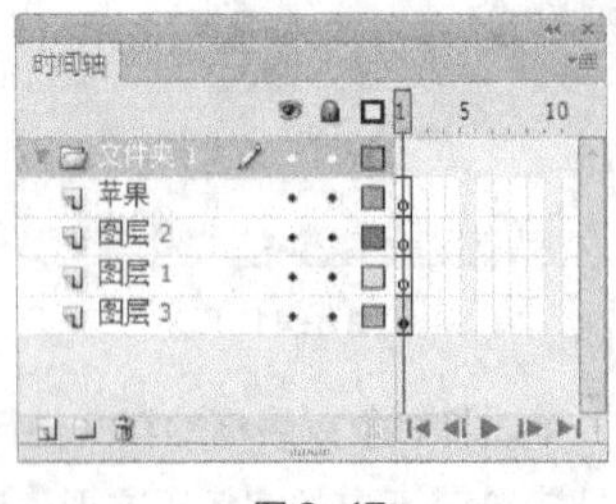

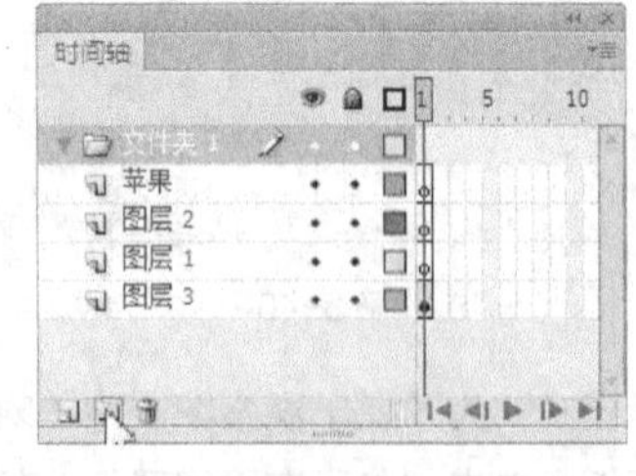

图 8-47　　图 8-48

2. 删除图层文件夹

在“时间轴”面板中选中要删除的图层文件夹，单击面板下方的“删除”按钮，即可删除图层文件夹，如图 8-49 所示。还可在“时间轴”面板中选中要删除的图层文件夹，按住鼠标不放，将其向下拖曳，这时会出现虚线，将虚线拖曳到“删除”按钮上进行删除，如图 8-50 所示。

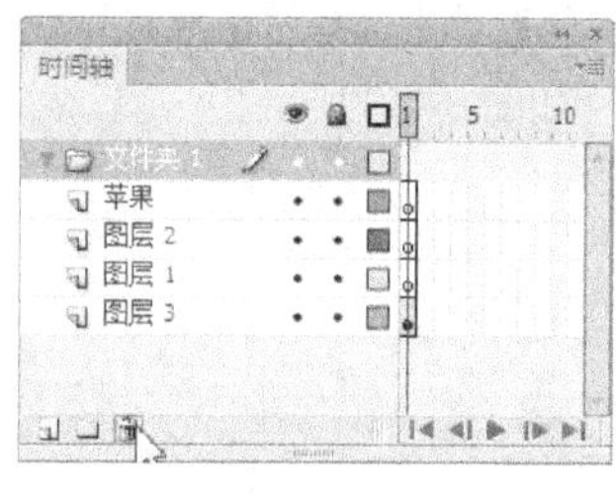

图 8-49

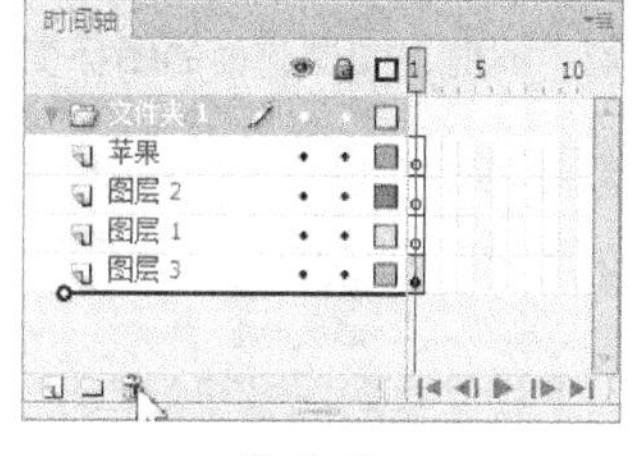

图 8-50

8.1.4 普通引导层

普通引导层主要用于为其他图层提供辅助绘图和绘图定位，引导层中的图形在播放影片时是不会显示的。

1. 创建普通引导层

用鼠标右键单击“时间轴”面板中的某个图层，在弹出的菜单中选择“引导层”命令，如图 8-51 所示，该图层转换为普通引导层，此时，图层前面的图标变为，如图 8-52 所示。

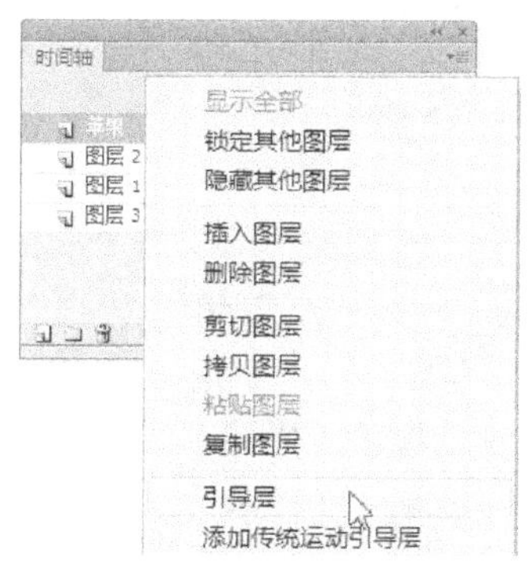

图 8-51

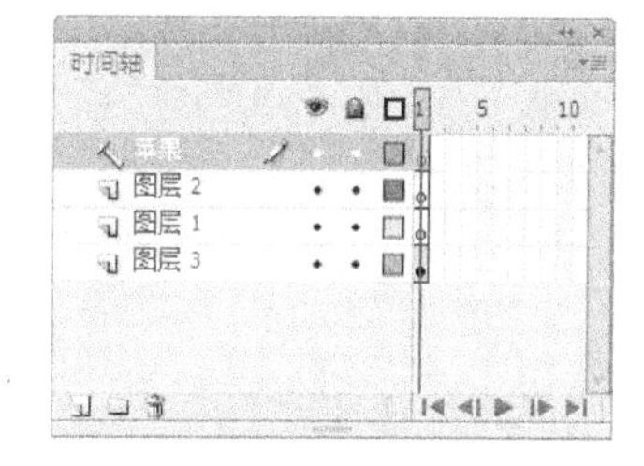

图 8-52

还可在“时间轴”面板中选中要转换的图层，选择“修改 > 时间轴 > 图层属性”命令，弹出“图层属性”对话框，在“类型”选项组中选择“引导层”单选项，如图 8-53 所示，单击“确定”按钮，选中的图层转换为普通引导层，此时，图层前面的图标变为，如图 8-54 所示。

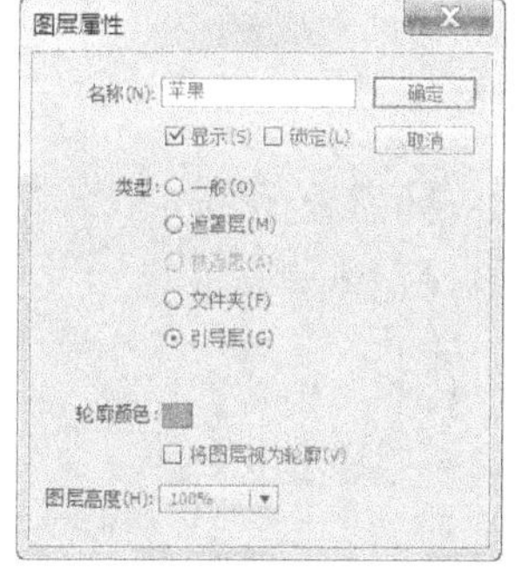

图 8-53

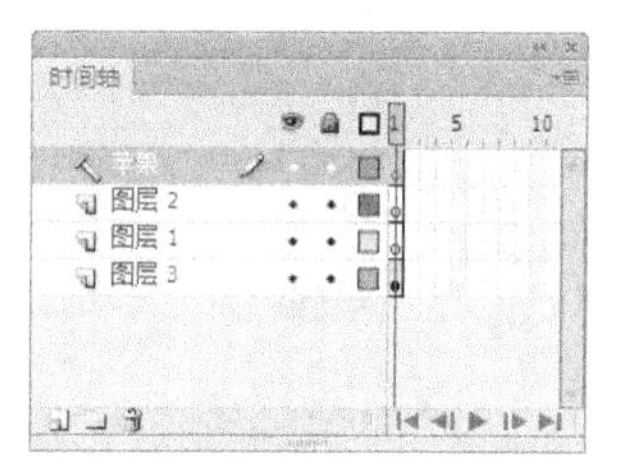

图 8-54

2. 将普通引导层转换为普通图层

如果要在播放影片时显示引导层上的对象，还可将引导层转换为普通图层。

用鼠标右键单击“时间轴”面板中的引导层，在弹出的菜单中选择“引导层”命令，如图 8-55 所示，引导层转换为普通图层，此时，图层前面的图标变为，如图 8-56 所示。

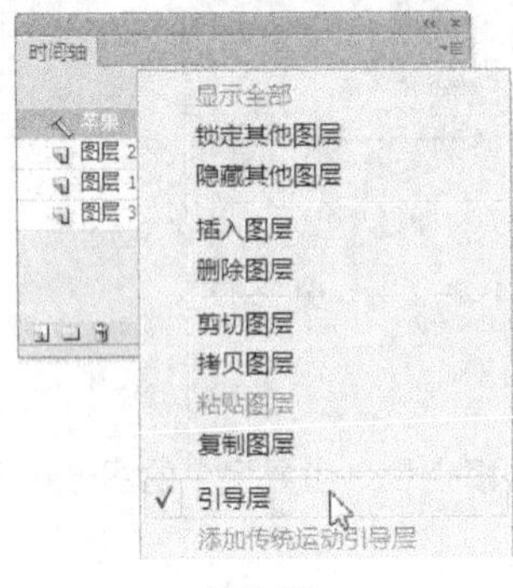

图 8-55

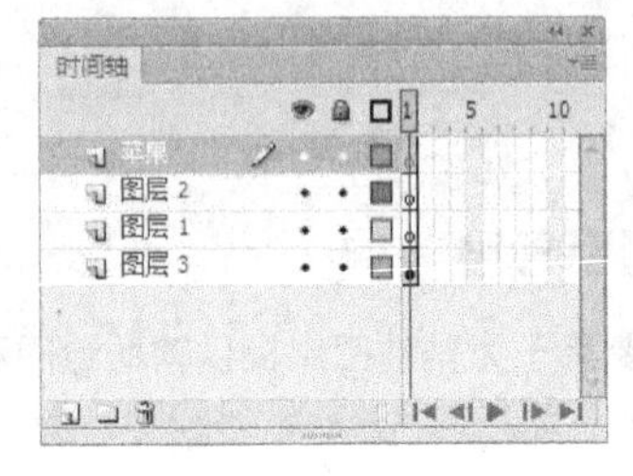

图 8-56

还可在“时间轴”面板中选中引导层，选择“修改 > 时间轴 > 图层属性”命令，弹出“图层属性”对话框，在“类型”选项组中选择“一般”单选项，如图 8-57 所示，单击“确定”按钮，选中的引导层转换为普通图层，此时，图层前面的图标变为，如图 8-58 所示。

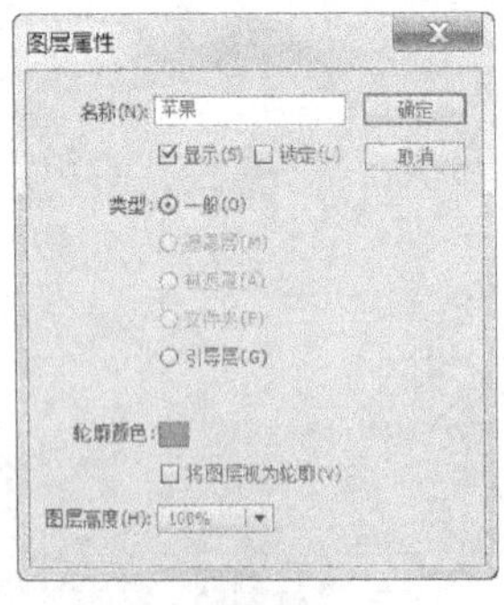

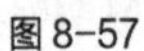

图 8-57

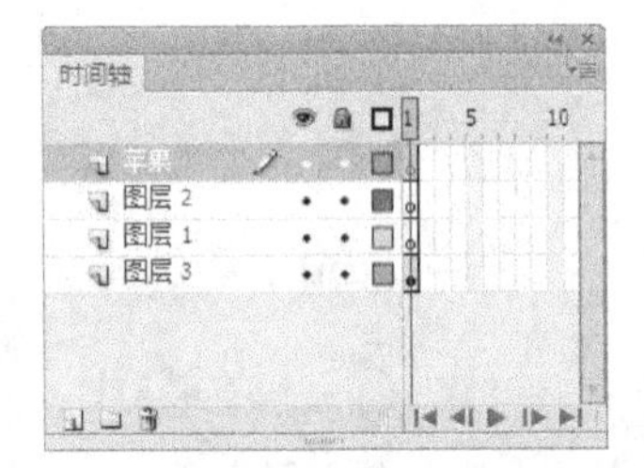

图 8-58

3. 应用普通引导层制作动画

新建空白文档，在“时间轴”面板中，用鼠标右键单击“图层 1”，在弹出的菜单中选择“引导层”命令，如图 8-59 所示。“图层 1”由普通图层转换为引导层，如图 8-60 所示。

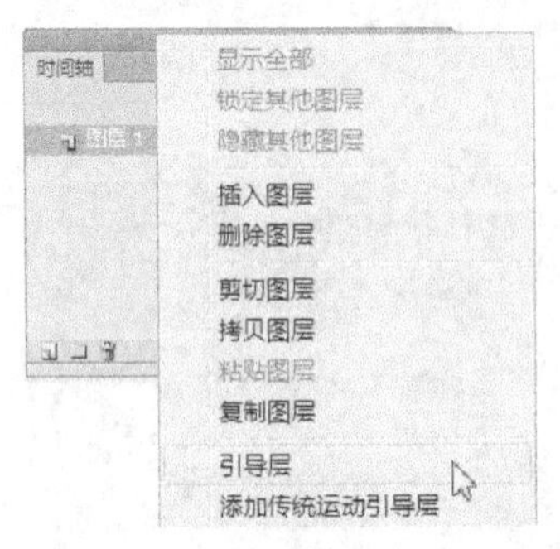

图 8-59

图 8-60

选择“椭圆”工具，在引导层的舞台窗口中绘制出一个正圆形，如图 8-61 所示。在“时间轴”面板下方单击“新建图层”按钮，创建新的图层“图层 2”，如图 8-62 所示。

图 8-61

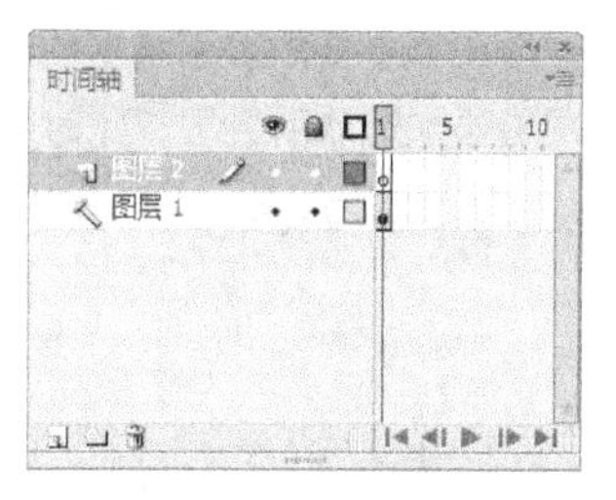

图 8-62

选择“多角星形”工具，按 Ctrl+F3 组合键，弹出多角星形工具“属性”面板，单击“选项”按钮 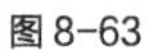，如图 8-63 所示，弹出“工具设置”对话框，在对话框中进行设置，如图 8-64 所示，单击“确定”按钮。

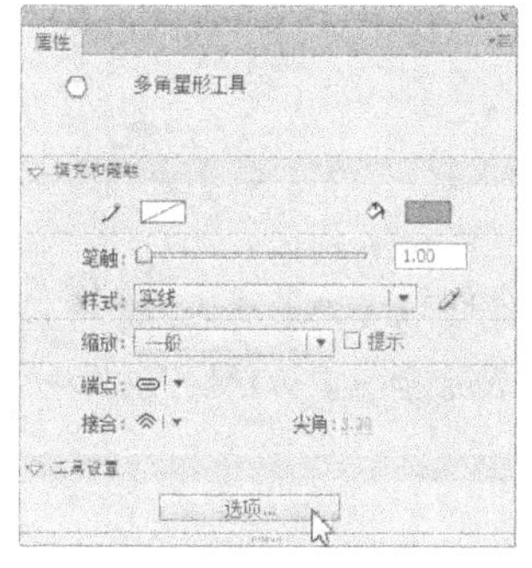

图 8-63

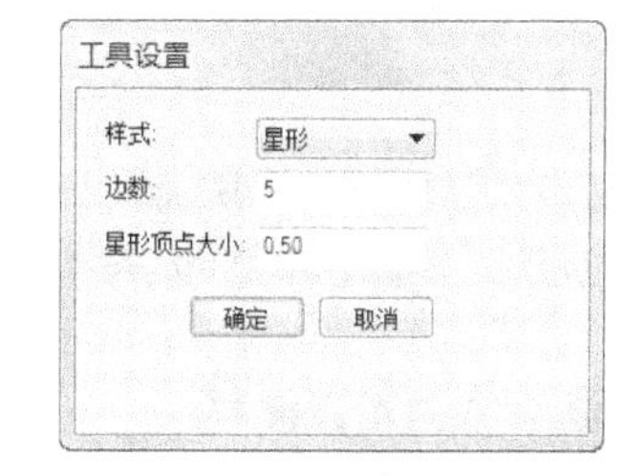

图 8-64

选中“图层 2”，在正圆形的上方绘制出一个星形图形，如图 8-65 所示。选择“选择”工具，按住 Alt 键的同时，用鼠标将星形图形向右侧拖曳，如图 8-66 所示，释放鼠标，星形图形被复制，如图 8-67 所示。

用相同的方法，再复制出多个星形图形，并将它们绕着正圆形的外边线进行排列，如图 8-68 所示。图形绘制完成，按 Ctrl+Enter 组合键，测试图形效果，如图 8-69 所示，引导层中的正圆形没有被显示。

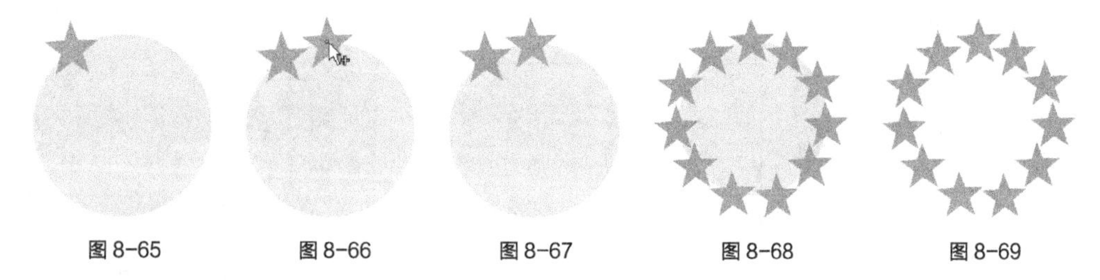

图 8-65　　图 8-66　　图 8-67　　图 8-68　　图 8-69

8.1.5 运动引导层

运动引导层的作用是设置对象运动路径的导向，使与之相链接的被引导层中的对象沿着路径运动，运动引导层上的路径在播放动画时不显示。在引导层上还可创建多个运动轨迹，以引导被引导层上的多个对象沿不同的路径运动。要创建按照任意轨迹运动的动画就需要添加运动引导层，但创建运动引导层动画时要求必须是动作补间动画，而形状补间动画、逐帧动画不可用。

1. 创建运动引导层

用鼠标右键单击“时间轴”面板中要添加引导层的图层，在弹出的菜单中选择“添加传统运动引导层”命令，如图 8-70 所示，为图层添加运动引导层，此时引导层前面出现图标，如图 8-71 所示。

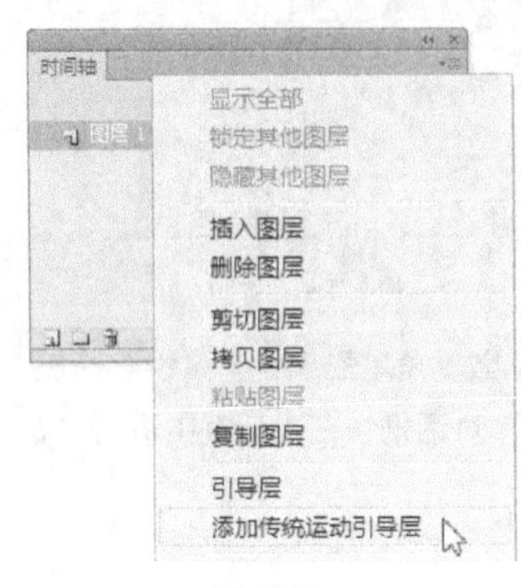

图 8-70

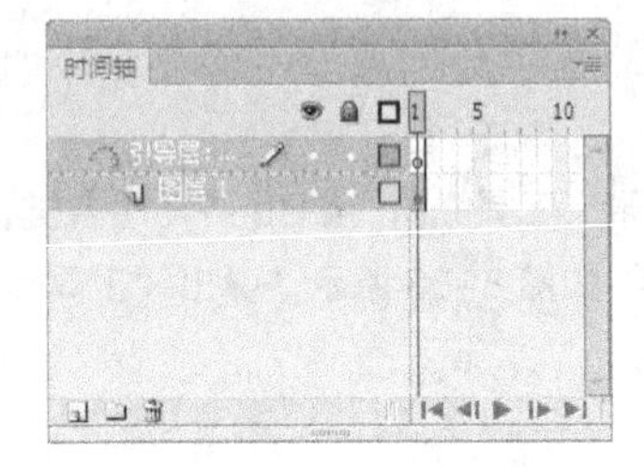

图 8-71

一个引导层可以引导多个图层上的对象按运动路径运动。如果要将多个图层变成某一个运动引导层的被引导层，只需在“时间轴”面板上将要变成被引导层的图层拖曳至引导层下方即可。

2. 将运动引导层转换为普通图层

将运动引导层转换为普通图层的方法与普通引导层转换的方法一样，这里不再赘述。

3. 应用运动引导层制作动画

打开“基础素材 > Ch08 > 01”文件，鼠标右键单击“时间轴”面板中的“图层 1”，在弹出的菜单中选择“添加传统运动引导层”命令，为“图层 1”添加运动引导层，如图 8-72 所示。选择“铅笔”工具，在引导层的舞台窗口中绘制 1 条曲线，如图 8-73 所示。选择“引导层”的第 60 帧，按 F5 键，插入普通帧，如图 8-74 所示。

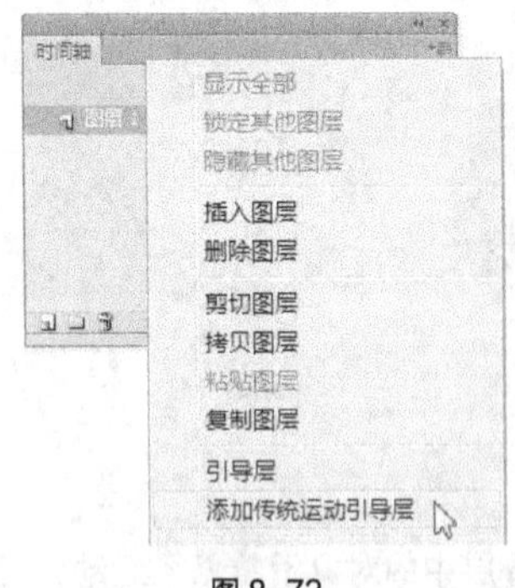

图 8-72

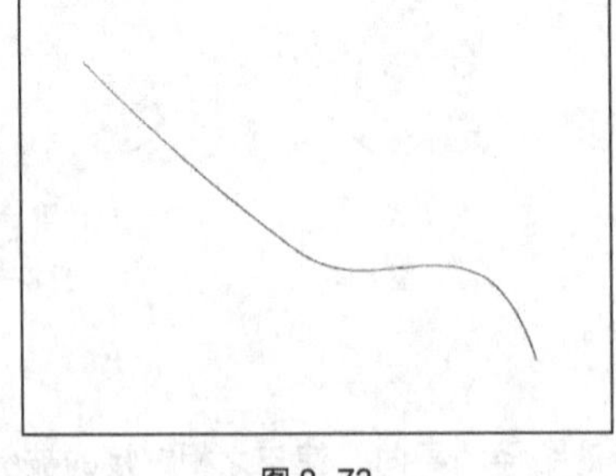

图 8-73

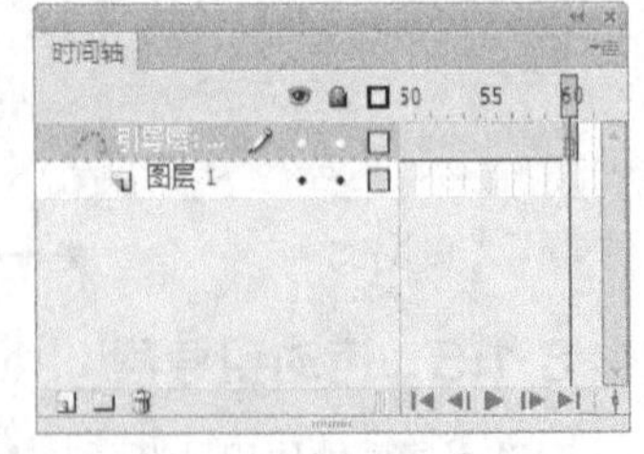

图 8-74

选中“图层 1”的第 1 帧，将“库”面板中的图形元件“蜻蜓”拖曳到舞台窗口中，放置在曲线的右端点上，如图 8-75 所示。选中“图层 1”中的第 60 帧，按 F6 键，插入关键帧，如图 8-76 所示。将舞台窗口中的“蜻蜓”实例拖曳到曲线的左端点，如图 8-77 所示。

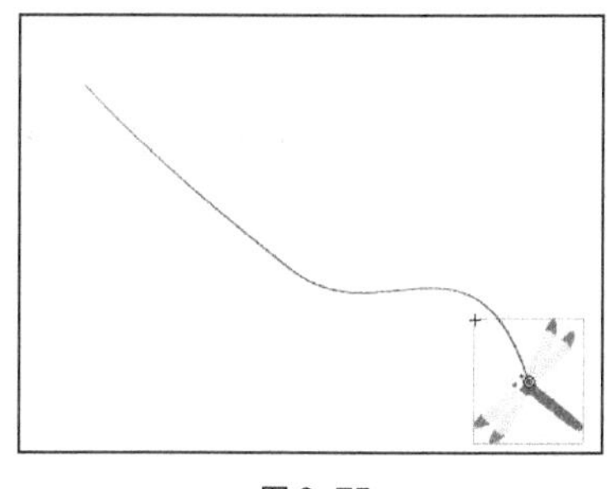

图 8-75

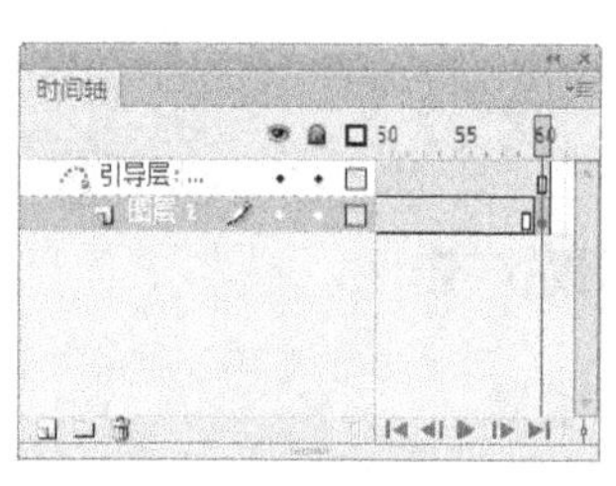

图 8-76

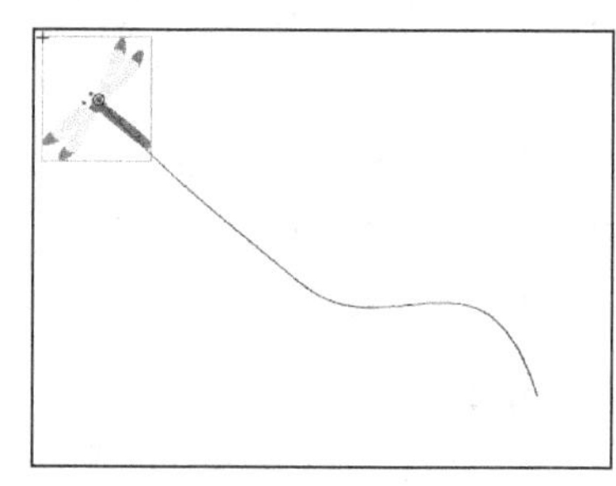

图 8-77

用鼠标右键单击“图层 1”的第 1 帧，在弹出的菜单中选择“创建传统补间”命令，如图 8-78 所示，在“图层 1”中，第 1 帧和第 60 帧之间生成动作补间动画，如图 8-79 所示。运动引导层动画制作完成。

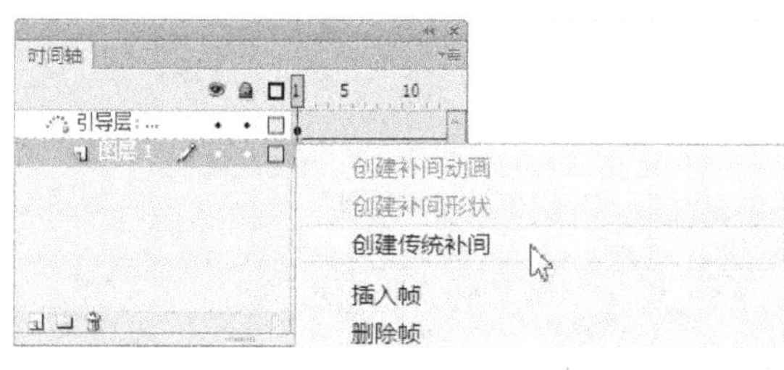

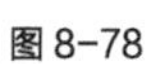

图 8-78

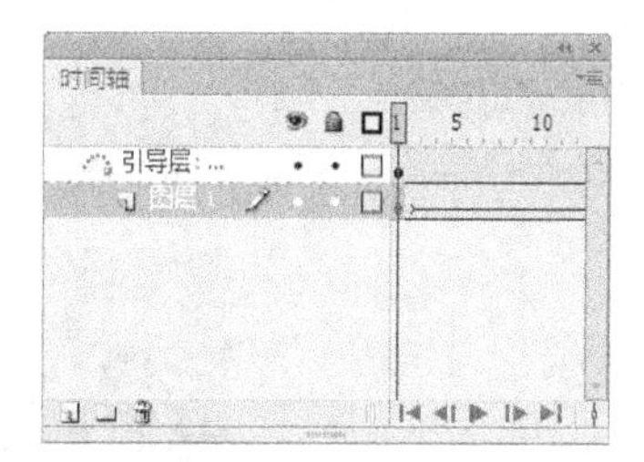

图 8-79

在不同的帧中，动画显示的效果如图 8-80 所示。按 Ctrl+Enter 组合键，测试动画效果，在动画中，曲线将不被显示。

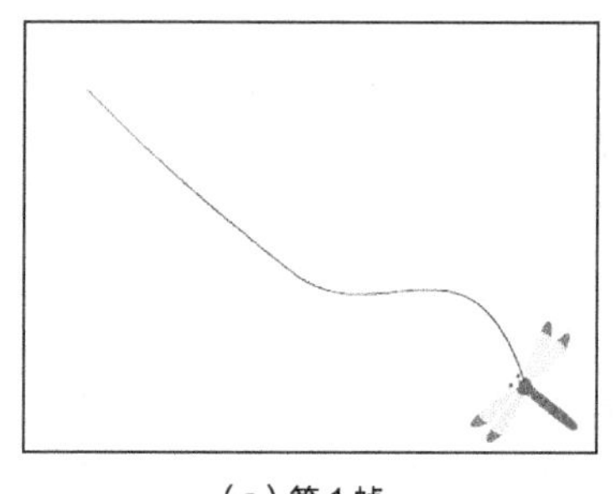

（a）第 1 帧

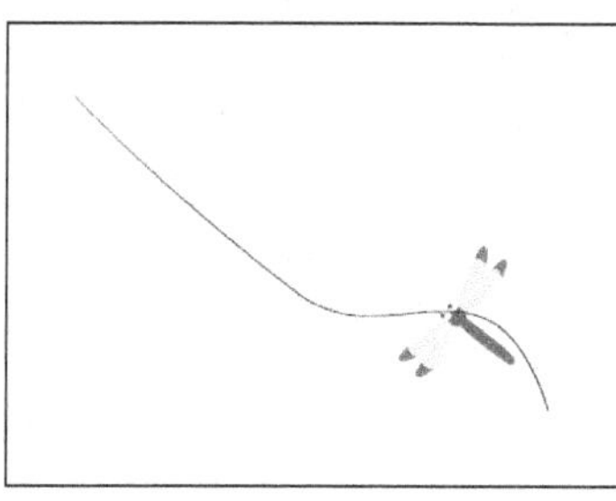

（b）第 15 帧

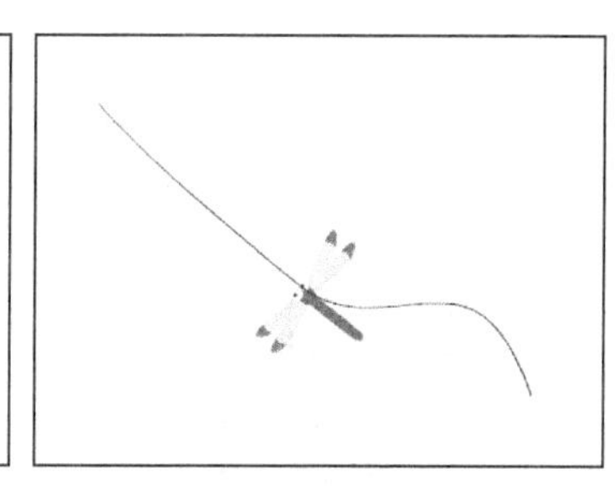

（c）第 30 帧

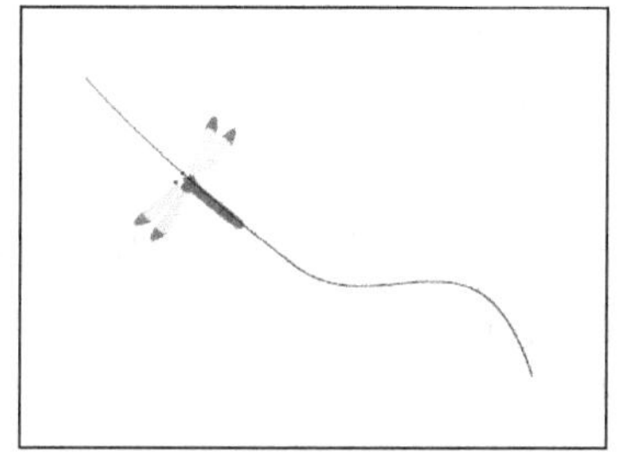

（d）第 45 帧

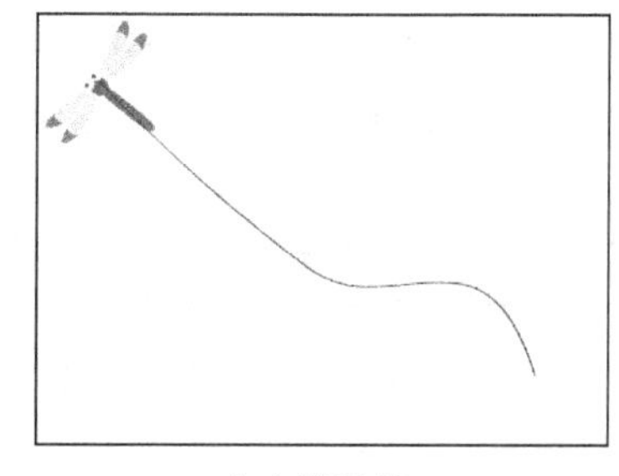

（e）第 60 帧

图 8-80

8.2 遮罩层与遮罩的动画制作

遮罩层就像一块不透明的板，如果要看到它下面的图像，只能在板上挖“洞”，而遮罩层中有对象的地方就可看成是“洞”，通过这个“洞”，将被遮罩层中的对象显示出来。

8.2.1 课堂案例——制作招贴广告

案例学习目标

学习使用遮罩层命令制作遮罩动画。

案例知识要点

使用“矩形”工具和“椭圆”工具，制作形状动画；使用“创建形状补间”命令，制作形状动画效果；使用“遮罩层”命令，制作遮罩动画效果，效果如图 8-81 所示。

效果所在位置

资源包 > Ch08 > 效果 > 制作招贴广告.fla。

图 8-81

1. 导入素材制作元件

制作招贴广告 1

STEP 1 选择“文件 > 新建”命令，在弹出的“新建文档”对话框中选择“ActionScript 3.0”选项，将“宽”选项设为 800，“高”选项设为 600，单击“确定”按钮，完成文档的创建。

STEP 2 选择“文件 > 导入 > 导入到库”命令，在弹出的“导入到库”对话框中选择“Ch08 >素材 > 制作招贴广告 > 01 ~ 07”文件，单击“打开”按钮，文件被导入到“库”面板中，如图 8-82 所示。

STEP 3 按 Ctrl+F8 组合键，弹出“创建新元件”对话框，在“名称”选项的文本框中输入“美食 1”，在“类型”选项的下拉列表中选择“图形”，单击“确定”按钮，新建图形元件“美食 1”，如图 8-83 所示，舞台窗口也随之转换为图形元件的舞台窗口。将“库”面板中的位图“02”拖曳到舞台窗口中，如图 8-84 所示。

STEP 4 用相同的方法将“库”面板中的位图“03”“04”“05”“06”“07”文件，分别制作成图形元件“美食 2”“冷饮”“美食 3”“文字”和“标题”，如图 8-85 所示。

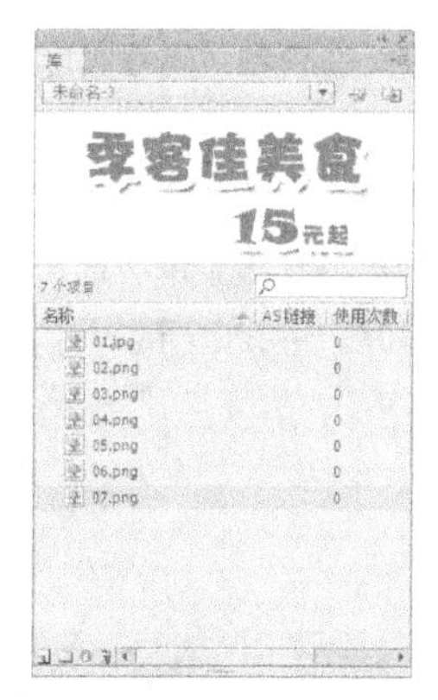
图 8-82

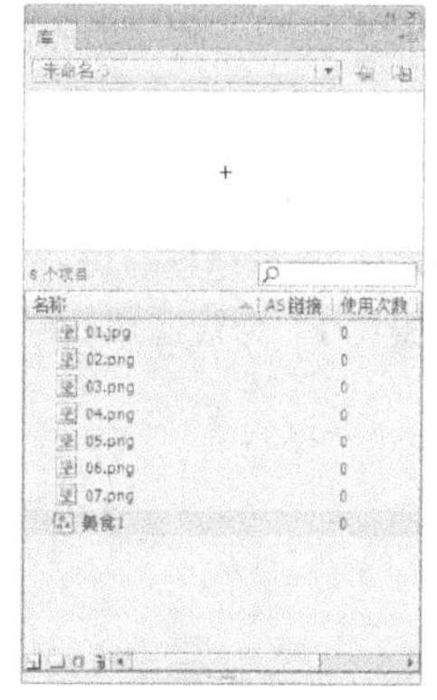
图 8-83

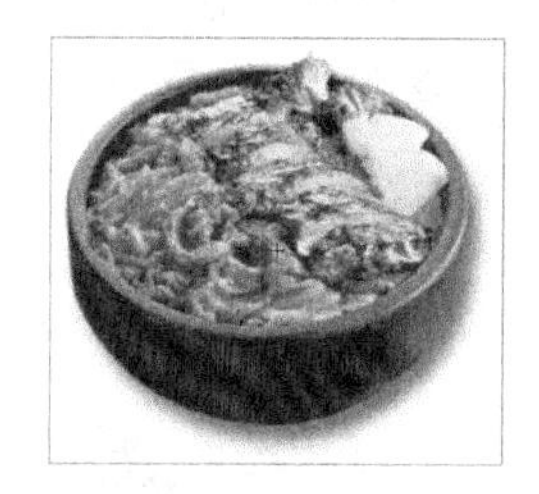
图 8-84

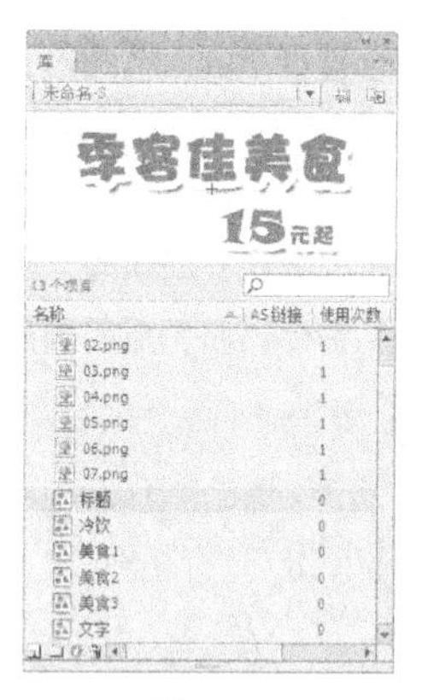
图 8-85

2. 制作场景动画 1

STEP 1 单击舞台窗口左上方的“场景 1”图标 场景 1，进入“场景 1”的舞台窗口。将“图层 1”图层重命名为“底图”。将“库”面板中的位图“01”拖曳到舞台窗口中，如图 8-86 所示。选中“底图”图层的第 135 帧，按 F5 键，插入普通帧，如图 8-87 所示。

制作招贴广告 2

图 8-86

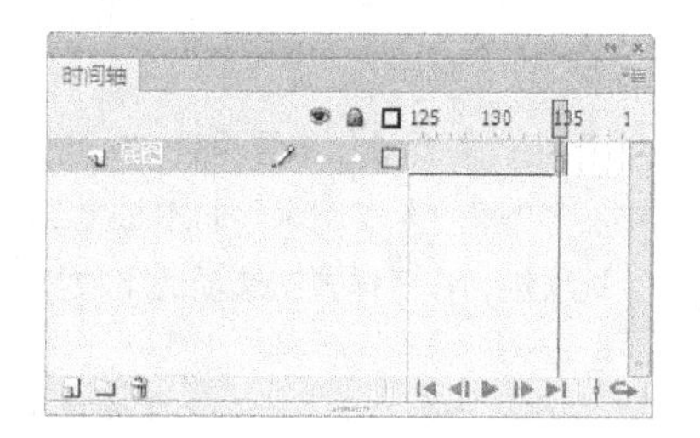

图 8-87

STEP 2 在“时间轴”面板中创建新图层并将其命名为“美食 1”。将“库”面板中的图形元件“美食 2”拖曳到图像窗口中，并放置在适当的位置，如图 8-88 所示。

STEP 3 在“时间轴”面板中创建新图层并将其命名为“圆形”。选择“椭圆”工具，在工具箱中将“笔触颜色”设为无，“填充颜色”设为白色，按住 Shift 键的同时在舞台窗口中绘制一个圆形，效果如图 8-89 所示。

图 8-88

图 8-89

STEP 4 选中“圆形”图层的第 25 帧，按 F6 键，插入关键帧。选中“圆形”图层的第 1 帧，选中舞台窗口中的白色圆形，按 Ctrl+T 组合键，弹出“变形”面板，将“缩放宽度”选项和“缩放高度”选项均设为 1%，如图 8-90 所示，按 Enter 键，确认图形的缩小。

STEP 5 用鼠标右键单击“圆形”图层的第 1 帧，在弹出的快捷菜单中选择“创建补间形状”命令，生成形状补间动画，如图 8-91 所示。在“圆形”图层上单击鼠标右键，在弹出的快捷菜单中选择“遮罩层”命令，将图层“圆形”设置为遮罩的层，图层“美食 1”为被遮罩的层，如图 8-92 所示。

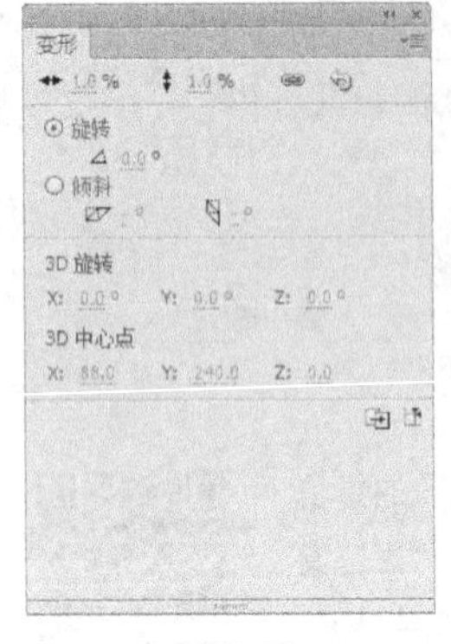
图 8-90

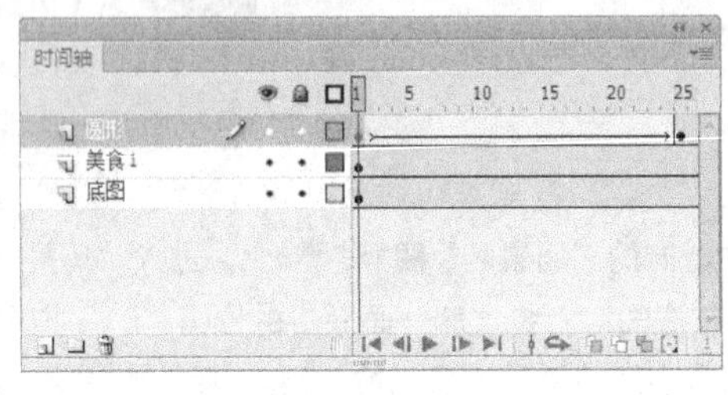
图 8-91

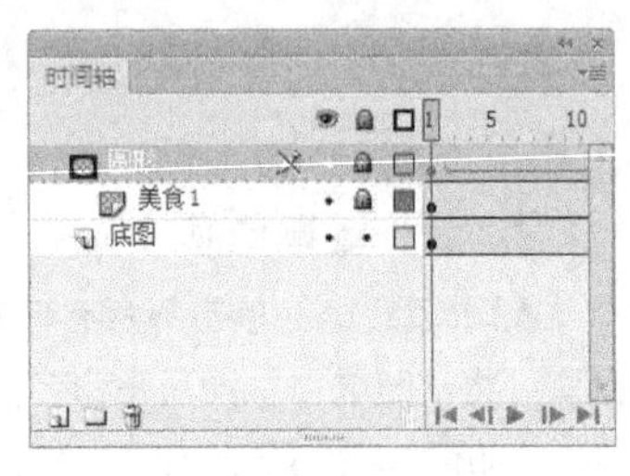
图 8-92

STEP 6 在“时间轴”面板中创建新图层并将其命名为“美食 2”。选中“美食 2”图层的第 25 帧，按 F6 键，插入关键帧。将“库”面板中的图形元件“美食 1”拖曳到舞台窗口中，并放置在适当的位置，如图 8-93 所示。

STEP 7 选中“美食 2”图层的第 50 帧，按 F6 键，插入关键帧。选中“美食 2”图层的第 25 帧，在舞台窗口中将“美食 1”实例水平向左拖曳到适当的位置，如图 8-94 所示。在图形“属性”面板中选择“色彩效果”选项组，在“样式”选项的下拉列表中选择“Alpha”，将其值设为 0%，效果如图 8-95 所示。

STEP 8 用鼠标右键单击“美食 2”图层的第 25 帧，在弹出的快捷菜单中选择“创建传统补间”命令，生成传统补间动画。

图 8-93

图 8-94

图 8-95

STEP 9 在“时间轴”面板中创建新图层并将其命名为“美食 3”。选中“美食 3”图层的第 35 帧，按 F6 键，插入关键帧。将“库”面板中的图形元件“美食 3”拖曳到舞台窗口中，并放置在适当的位置，如图 8-96 所示。

STEP 10 选中“美食 3”图层的第 55 帧，按 F6 键，插入关键帧。选中“美食 3”图层的第 35 帧，在舞台窗口中将“美食 3”实例垂直向下拖曳到适当的位置，如图 8-97 所示。用鼠标右键单击“美食 3”图层的第 35 帧，在弹出的快捷菜单中选择“创建传统补间”命令，生成传统补间动画。

图 8-96

图 8-97

3. 制作场景动画 2

制作招贴广告 3

STEP 1 在“时间轴”面板中创建新图层并将其命名为“冷饮”。选中“冷饮”图层的第 45 帧，按 F6 键，插入关键帧。将“库”面板中的图形元件“冷饮”拖曳到舞台窗口中，并放置在适当的位置，如图 8-98 所示。

STEP 2 选中“冷饮”图层的第 65 帧，按 F6 键，插入关键帧。选中“冷饮”图层的第 45 帧，在舞台窗口中将“冷饮”实例水平向右拖曳到适当的位置，如图 8-99 所示。用鼠标右键单击“冷饮”图层的第 45 帧，在弹出的快捷菜单中选择“创建传统补间”命令，生成传统补间动画。

图 8-98

图 8-99

STEP 3 在“时间轴”面板中创建新图层并将其命名为“文字”。选中“文字”图层的第 55 帧，按 F6 键，插入关键帧。将“库”面板中的图形元件“文字”拖曳到舞台窗口中，并放置在适当的位置，如图 8-100 所示。

STEP 4 选中“文字”图层的第 70 帧，按 F6 键，插入关键帧。选中“文字”图层的第 55 帧，在舞台窗口中选中“文字”实例，在图形“属性”面板中选择“色彩效果”选项组，在“样式”选项的下拉列表中选择“Alpha”，将其值设为 0%，如图 8-101 所示，效果如图 8-102 所示。

图 8-100

属性
图形
实例：文字 交换...
位置和大小
色彩效果
样式：Alpha
Alpha: 0 %
循环

图 8-101

图 8-102

STEP 5 用鼠标右键单击“文字”图层的第 55 帧，在弹出的快捷菜单中选择“创建传统补间”命令，生成传统补间动画。

STEP 6 在“时间轴”面板中创建新图层并将其命名为“标题”。选中“标题”图层的第 65 帧，按 F6 键，插入关键帧，如图 8-103 所示。将“库”面板中的图形元件“标题”拖曳到舞台窗口中，并放置在适当的位置，如图 8-104 所示。

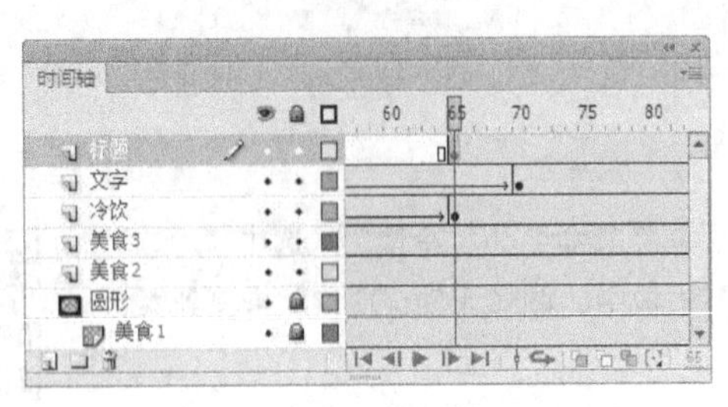

图 8-103

图 8-104

STEP 7 在“时间轴”面板中创建新图层并将其命名为“矩形”。选中“矩形”图层的第 65 帧，按 F6 键，插入关键帧。选择“矩形”工具，在工具箱中将“笔触颜色”设为无，“填充颜色”设为白色，在舞台窗口中适当的位置绘制一个矩形，如图 8-105 所示。

STEP 8 选中“矩形”图层的第 80 帧，按 F6 键，插入关键帧。选中“矩形”图层的第 65 帧，选择“任意变形”工具，在矩形周围出现控制点，选中矩形下侧中间的控制点向上拖曳到适当的位置，改变矩形的高度，效果如图 8-106 所示。

图 8-105

图 8-106

STEP 9 用鼠标右键单击“矩形”图层的第 65 帧，在弹出的快捷菜单中选择“创建补间形状”命令，生成形状补间动画，如图 8-107 所示。在“矩形”图层上单击鼠标右键，在弹出的快捷菜单中选择“遮罩层”命令，将图层“矩形”设置为遮罩的层，图层“标题”为被遮罩的层，如图 8-108 所示。招贴广告制作完成，按 Ctrl+Enter 组合键即可查看效果。

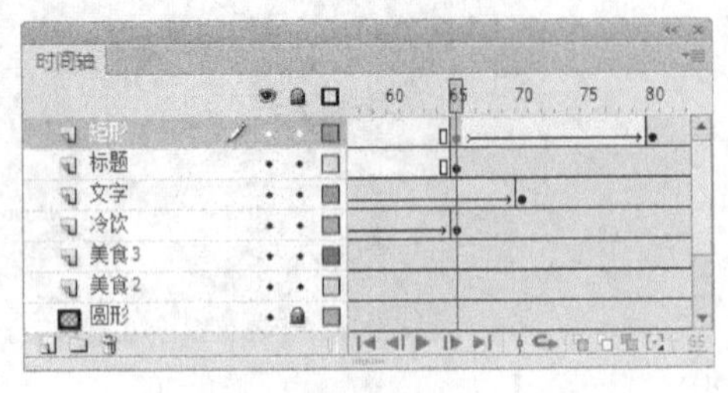

图 8-107

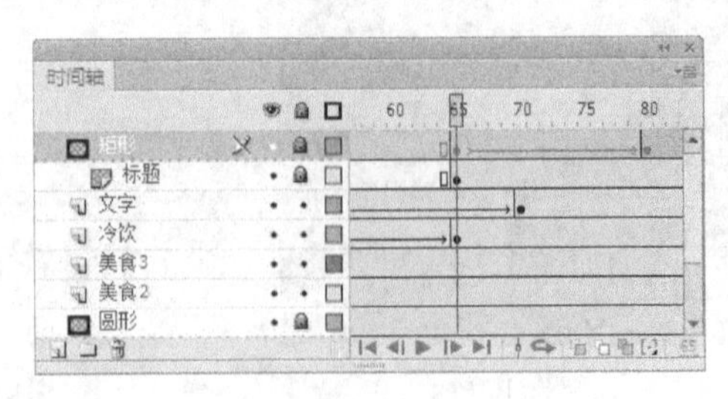

图 8-108

8.2.2 遮罩层

1. 创建遮罩层

要创建遮罩动画首先要创建遮罩层。在“时间轴”面板中，用鼠标右键单击要转换遮罩层的图层，在弹出的菜单中选择“遮罩层”命令，如图 8-109 所示。选中的图层转换为遮罩层，其下方的图层自动转换为被遮罩层，并且它们都自动被锁定，如图 8-110 所示。

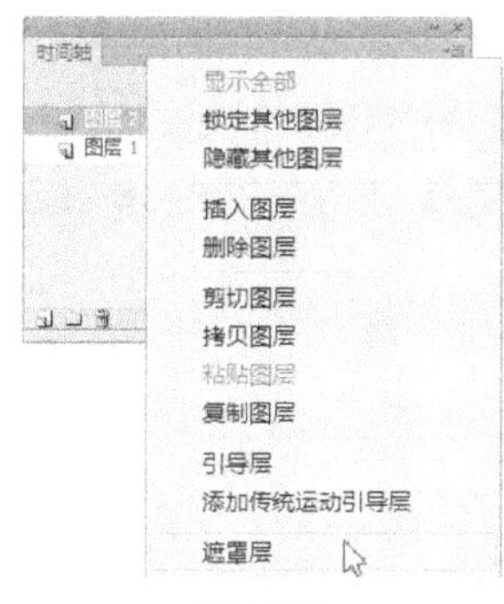

图 8-109

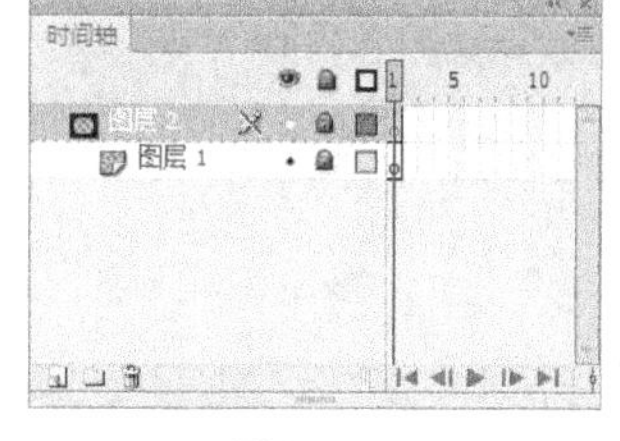

图 8-110

提示

如果想解除遮罩，只需单击“时间轴”面板上遮罩层或被遮罩层上的图标将其解锁。遮罩层中的对象可以是图形、文字、元件的实例等，但不显示位图、渐变色、透明色和线条。一个遮罩层可以作为多个图层的遮罩层，如果要将一个普通图层变为某个遮罩层的被遮罩层，只需将此图层拖曳至遮罩层下方。

2. 将遮罩层转换为普通图层

在“时间轴”面板中，用鼠标右键单击要转换的遮罩层，在弹出的菜单中选择“遮罩层”命令，如图 8-111 所示，遮罩层转换为普通图层，如图 8-112 所示。

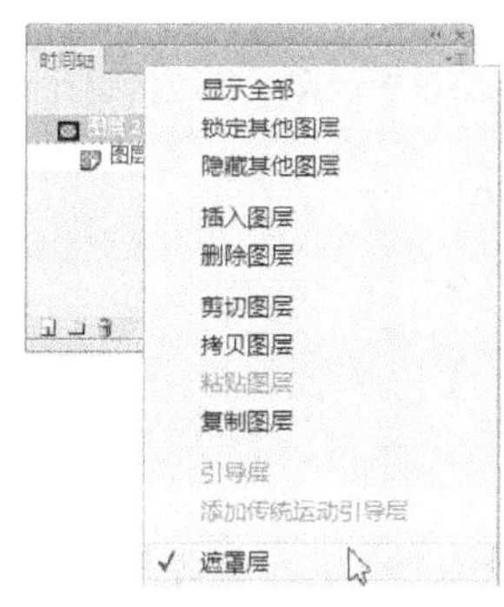

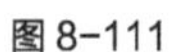

图 8-111

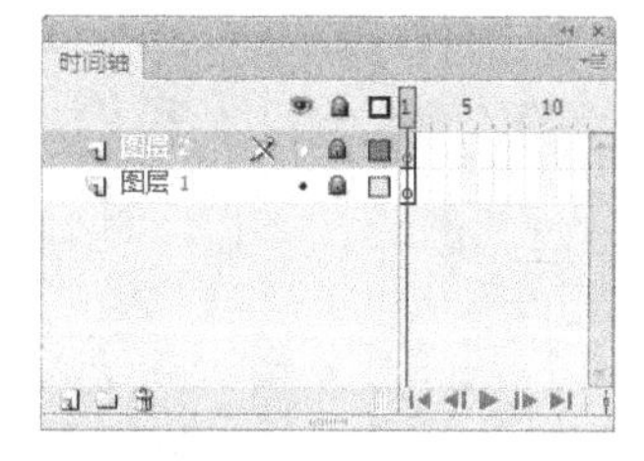

图 8-112

8.2.3 静态遮罩动画

打开“基础素材 > Ch08 > 02”文件，如图 8-113 所示。在“时间轴”面板下方单击“新建图层”按钮 ，创建新的图层“图层 3”，如图 8-114 所示。将“库”面板中的图形元件“02”拖曳到舞台窗口中的适当位置，如图 8-115 所示。反复按 Ctrl+B 组合键，将图形打散。

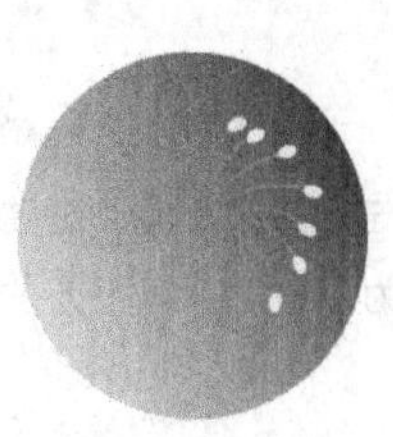

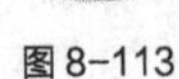

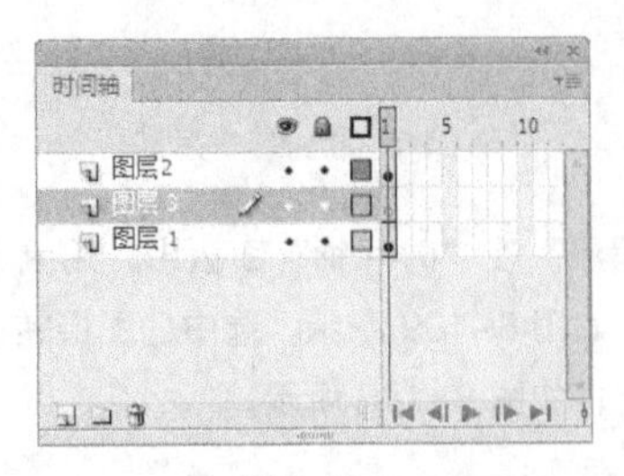

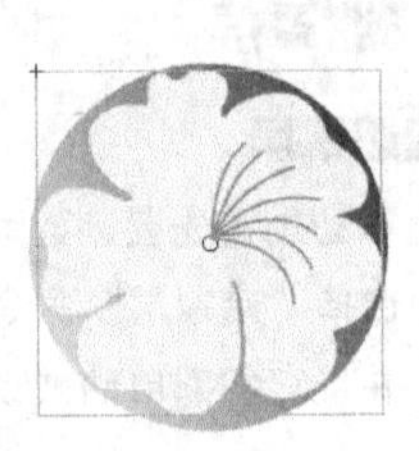

图 8-113　　图 8-114　　图 8-115

在“时间轴”面板中，用鼠标右键单击“图层 3”，在弹出的菜单中选择“遮罩层”命令，如图 8-116 所示。“图层 3”转换为遮罩层，“图层 1”转换为被遮罩层，两个图层被自动锁定，如图 8-117 所示。舞台窗口中图形的遮罩效果如图 8-118 所示。

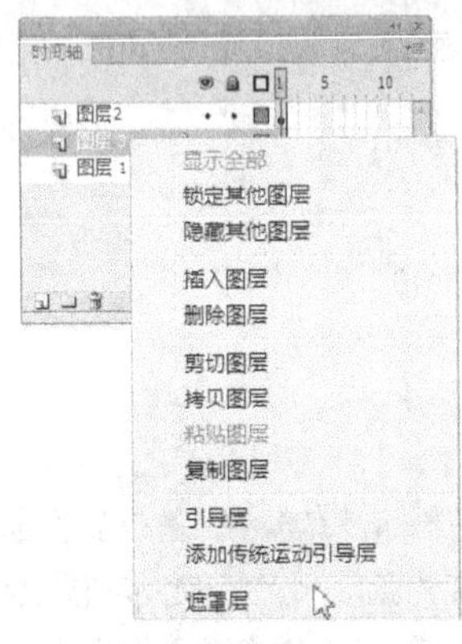

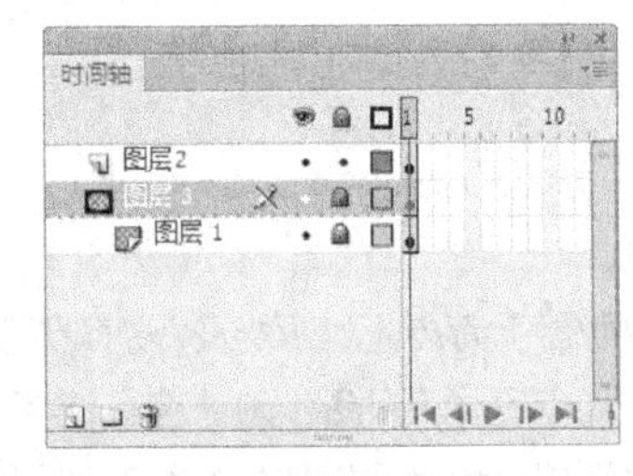

图 8-116　　图 8-117　　图 8-118

8.2.4 动态遮罩动画

打开“基础素材 > Ch08 > 03”文件。选中“底图”图层的第 10 帧，按 F5 键，插入普通帧。选中“矩形块”图层的第 10 帧，按 F6 键，插入关键帧，如图 8-119 所示。选择“选择”工具，在舞台窗口中将矩形块图形向右拖曳到适当的位置，效果如图 8-120 所示。

用鼠标右键单击“矩形块”图层的第 1 帧，在弹出的菜单中选择“创建传统补间”命令，生成传统补间动画，如图 8-121 所示。

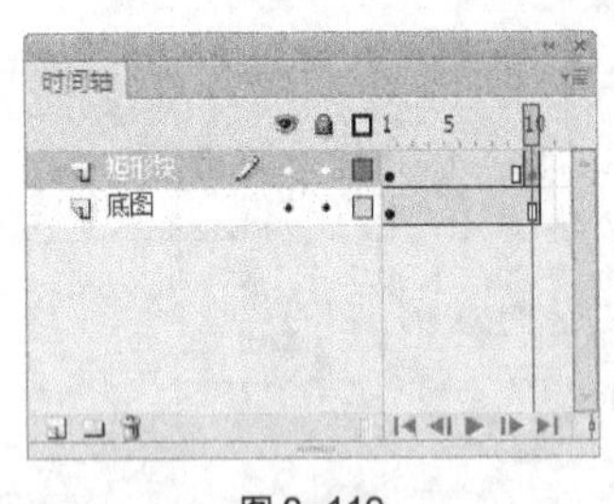

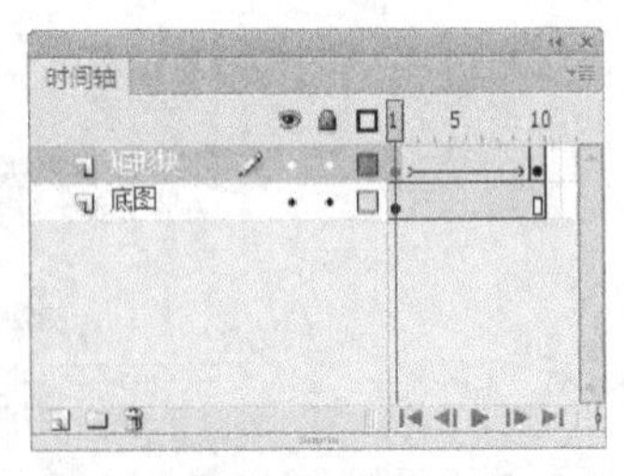

图 8-119　　图 8-120　　图 8-121

用鼠标右键单击“矩形块”的名称，在弹出的菜单中选择“遮罩层”命令，如图 8-122 所示，“矩形块”转换为遮罩层，“底图”图层转换为被遮罩层，如图 8-123 所示。动态遮罩动画制作完成，按 Ctrl+Enter 组合键测试动画效果。

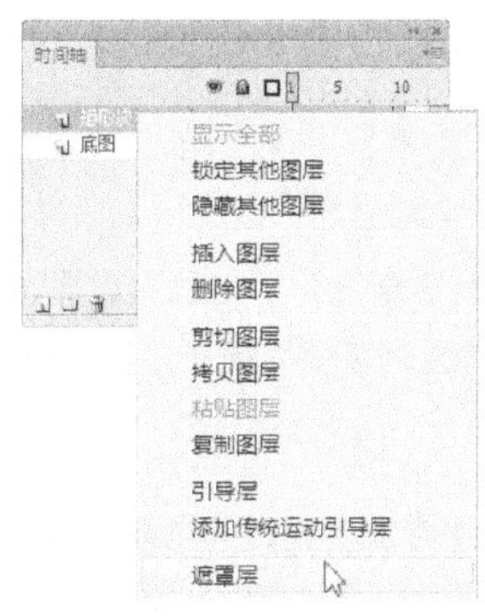

图 8-122

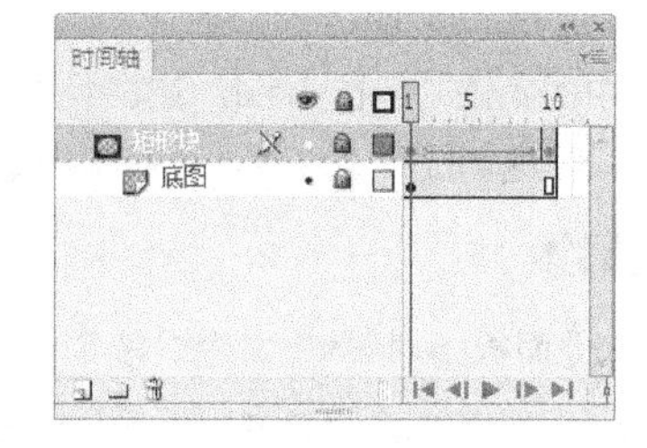

图 8-123

在不同的帧中，动画显示的效果如图 8-124 所示。

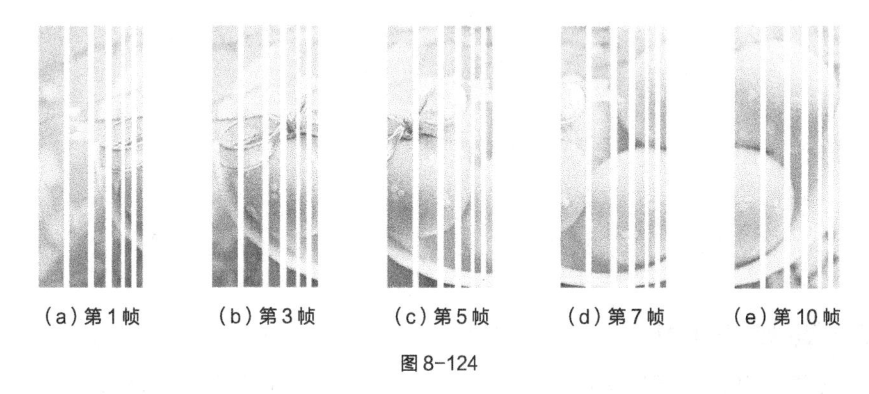

（a）第 1 帧　（b）第 3 帧　（c）第 5 帧　（d）第 7 帧　（e）第 10 帧

图 8-124

8.3 分散到图层

分散到图层命令是将同一层上的多个对象分散到多个图层当中。

新建空白文档，选择“文本”工具 T，在“图层 1”的舞台窗口中输入文字“分散到图层”，如图 8-125 所示。选中文字，按 Ctrl+B 组合键，将文字打散，如图 8-126 所示。选择“修改 > 时间轴 > 分散到图层”命令，将“图层 1”中的文字分散到不同的图层中并按文字设定图层名，如图 8-127 所示。

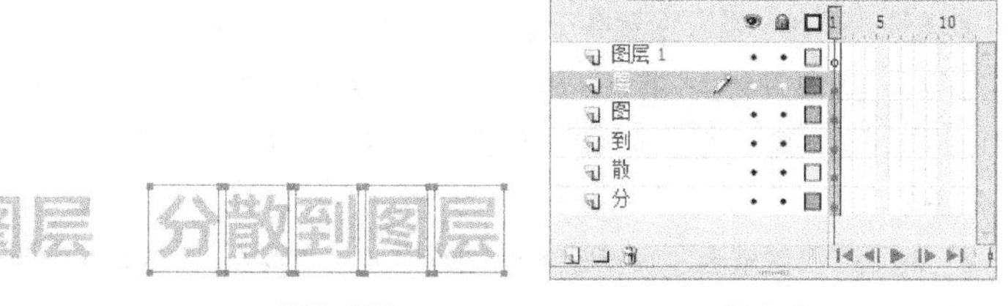

图 8-125　图 8-126　图 8-127

文字分散到不同的图层中后，“图层 1”图层中没有任何对象。

8.4 场景动画

场景是影视制作中的术语，但在 Flash CS6 中其含义有了新变化，它很像影视作品的一个镜头，将主要对象没有改变的一段动画制成一个场景。一般制作复杂动画时多使用场景，这样便于分工协作和修改。

8.4.1 创建场景

选择“窗口 > 其他面板 > 场景”命令或按 Shift+F2 组合键，弹出“场景”面板。单击“添加场景”按钮，创建新的场景，如图 8-128 所示。如果需要复制场景，可以选中要复制的场景，单击“重制场景”按钮，即可进行复制，如图 8-129 所示。

还可选择“插入 > 场景”命令，创建新的场景。

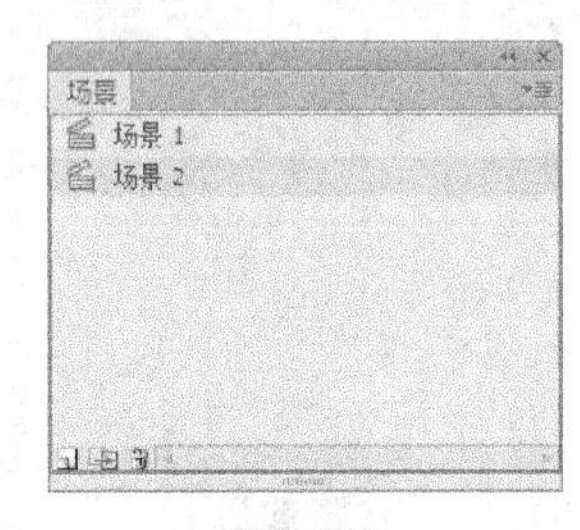

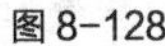

图 8-128

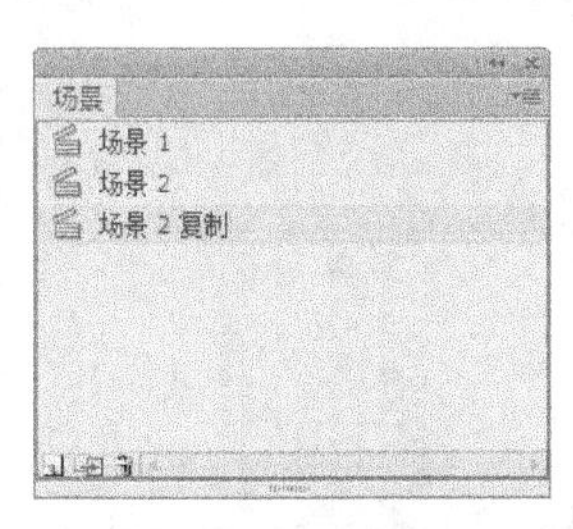

图 8-129

8.4.2 选择当前场景

在制作多场景动画时常需要修改某场景中的动画，此时应该将该场景设置为当前场景。

单击舞台窗口上方的“编辑场景”按钮，在弹出的下拉列表中选择要编辑的场景，如图 8-130 所示。

图 8-130

8.4.3 调整场景动画的播放次序

在制作多场景动画时常需要设置各个场景动画播放的先后顺序。

选择“窗口 > 其他面板 > 场景”命令，弹出“场景”面板。在面板中选中要改变顺序的“场景 3”，如图 8-131 所示，将其拖曳到“场景 2”的上方，这时出现一个场景图标，并在“场景 2”上方出现一条带圆环头的绿线，其所在位置表示“场景 3”移动后的位置，如图 8-132 所示。松开鼠标，“场景 3”移动到“场景 2”的上方，这就表示在播放场景动画时，“场景 3”中的动画要先于“场景 2”中的动画播放，如图 8-133 所示。

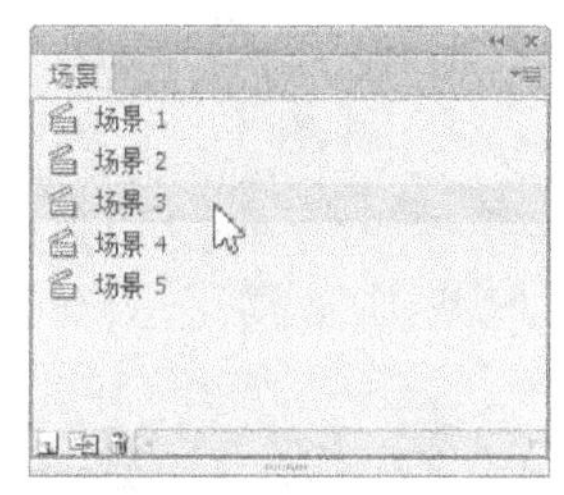

图 8-131

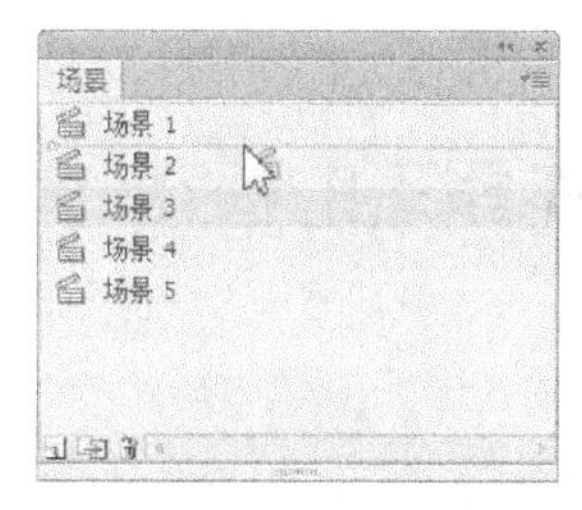

图 8-132

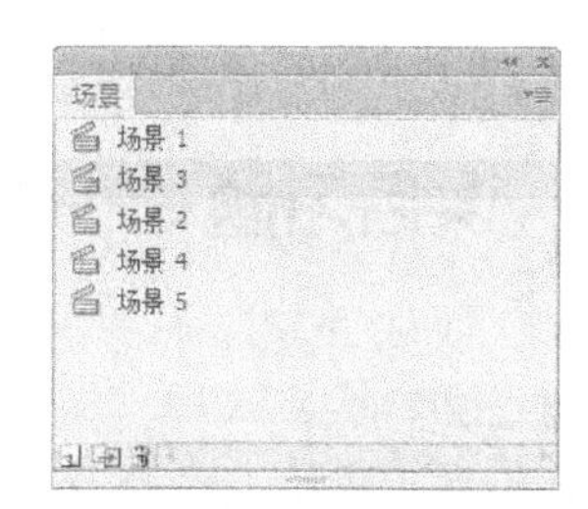

图 8-133

8.4.4 删除场景

在制作动画过程中，没有用的场景可以删除。

选择“窗口 > 其他面板 > 场景”命令，弹出“场景”面板。选中要删除的场景，单击“删除场景”按钮 ，如图 8-134 所示，弹出提示对话框，单击“确定”按钮，场景被删除，如图 8-135 所示。

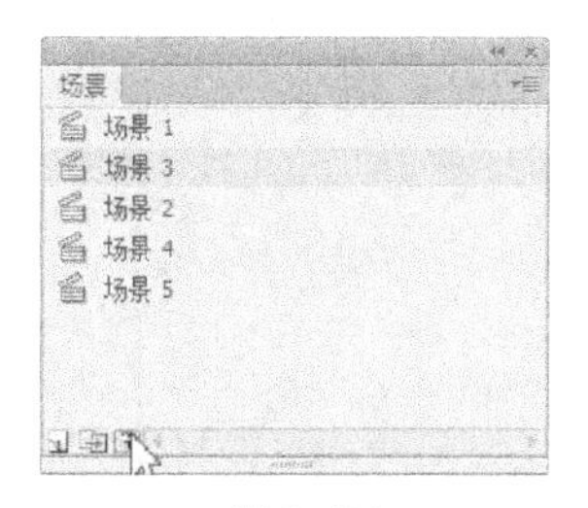

图 8-134

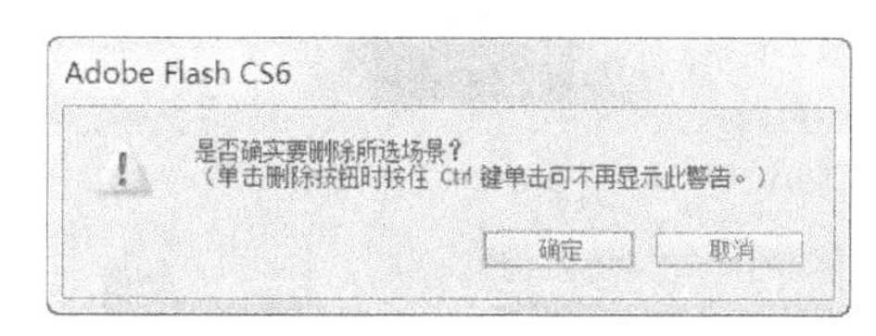

图 8-135

8.5 课堂练习——制作油画展示

练习知识要点

使用“矩形”工具，绘制矩形块；使用“创建形状补间”命令，制作形状动画效果；使用“遮罩层”命令，制作遮罩动画效果，如图 8-136 所示。

效果所在位置

资源包 > Ch08 > 效果 > 制作油画展示.fla。

图 8-136

制作油画展示

8.6 课后习题——制作飘落的梅花

习题知识要点

使用“导入”命令，导入素材制作图形元件；使用“添加传统运动引导层”命令，制作梅花飘落效果，效果如图 8-137 所示。

效果所在位置

资源包 > Ch08 > 效果 > 制作飘落的梅花.fla。

图 8-137

制作飘落的梅花

第 9 章 声音素材的导入和编辑

在 Flash CS6 中可以导入外部的声音素材作为动画的背景音乐或音效。本章主要讲解声音素材的多种格式，以及导入声音和编辑声音的方法。通过对本章的学习，读者可以了解并掌握如何导入声音、编辑声音，从而使制作的动画音效更加生动。

课堂学习目标

- 熟练掌握音频的基本知识
- 了解声音素材的几种常用格式
- 熟练掌握导入和编辑声音素材的方法和技巧

9.1 音频的基本知识及声音素材的格式

声音以波的形式在空气中传播，声音的频率单位是赫兹（Hz），一般人听到的声音频率在 20 ~ 20kHz，低于这个频率范围的声音为次声波，高于这个频率范围的声音为超声波。下面介绍一下关于音频的基本知识。

9.1.1 音频的基本知识

1. 取样率

取样率是指在进行数字录音时，单位时间内对模拟的音频信号进行提取样本的次数。取样率越高，声音越好。Flash 经常使用 44 kHz、22kHz 或 11kHz 的取样率对声音进行取样。例如，使用 22kHz 取样率取样的声音，每秒钟要对声音进行 22000 次分析，并记录每两次分析之间的差值。

2. 位分辨率

位分辨率是指描述每个音频取样点的比特位数。例如，8 位的声音取样表示 2 的 8 次方或 256 级。可以将较高位分辨率的声音转换为较低位分辨率的声音。

3. 压缩率

压缩率是指文件压缩前后大小的比率，用于描述数字声音的压缩效率。

9.1.2 声音素材的格式

Flash CS6 提供了许多使用声音的方式。它可以使声音独立于时间轴连续播放，或使动画和一个音轨同步播放；可以向按钮添加声音，使按钮具有更强的互动性；还可以通过声音淡入淡出产生更优美的声音效果。下面介绍如下几种可导入 Flash 中的常见的声音文件格式。

1. WAV 格式

WAV 格式可以直接保存对声音波形的取样数据，数据没有经过压缩，所以音质较好，但 WAV 格式的声音文件通常文件量比较大，会占用较多的磁盘空间。

2. MP3 格式

MP3 格式是一种压缩的声音文件格式。同 WAV 格式相比，MP3 格式的文件量只占 WAV 格式的十分之一。优点为体积小、传输方便、声音质量较好，已经被广泛应用到电脑音乐中。

3. AIFF 格式

AIFF 格式支持 MAC 平台，支持 16bit 44kHz 立体声。只有系统上安装了 QuickTime 4 或更高版本，才可使用此声音文件格式。

4. AU 格式

AU 格式是一种压缩声音文件格式，只支持 8bit 的声音，是互联网上常用的声音文件格式。只有系统上安装了 QuickTime 4 或更高版本，才可使用此声音文件格式。

声音要占用大量的磁盘空间和内存。所以，一般为提高作品在网上的下载速度，常使用 MP3 声音文件格式，因为它的声音资料经过了压缩，比 WAV 或 AIFF 格式的文件量小。在 Flash 中只能导入采样比率为 11 kHz、22 kHz 或 44 kHz，8 位或 16 位的声音。通常，为了作品在网上有较满意的下载速度而使用 WAV 或 AIFF 文件时，最好使用 16 位 22 kHz 单声。

9.2 导入并编辑声音素材

导入声音素材后，可以将其直接应用到动画作品中，也可以通过声音编辑器对声音素材进行编辑，然后再进行应用。

9.2.1 课堂案例——制作音乐贺卡

案例学习目标

学习使用声音文件为动画添加音效。

案例知识要点

使用“文本”工具，输入标题文字；使用“分离”命令和“颜色”面板，将文字转为图形并添加渐变色；使用“任意变形”工具，调整图像的大小；使用“声音”文件，为动画添加背景音乐效果，如图 9-1 所示。

效果所在位置

资源包 > Ch09 > 效果 > 制作音乐贺卡.fla。

图 9-1

1. 导入素材制作图形元件

STEP 1 选择“文件 > 新建”命令，在弹出的“新建文档”对话框中选择“ActionScript 2.0”选项，将“宽”选项设为 450，“高”选项设为 600，“背景颜色”选项设为黄色（#FF9900），单击“确定”按钮，完成文档的创建。

制作音乐贺卡 1

STEP 2 选择“文件 > 导入 > 导入到库”命令，在弹出的“导入到库”对话框中选择“Ch09 > 素材 > 制作音乐贺卡 > 01 ~ 09”文件，单击“打开”按钮，将文件导入“库”面板中，如图 9-2 所示。

STEP 3 按 Ctrl+F8 组合键，弹出“创建新元件”对话框，在“名称”选项的文本框中输入“心”，在“类型”选项下拉列表中选择“图形”选项，单击“确定”按钮，新建图形元件“心”，如图 9-3 所示。舞台窗口也随之转换为图形元件的舞台窗口。将“库”面板中的位图“02”拖曳到舞台窗口中，如图 9-4 所示。

STEP 4 用相同的方法将“库”面板中的位图“03”“04”“05”“06”“07”“08”文件，分别制作成图形元件“蓝花”“红花”“黄花”“装饰”“文字”和“文字 2”，如图 9-5 所示。

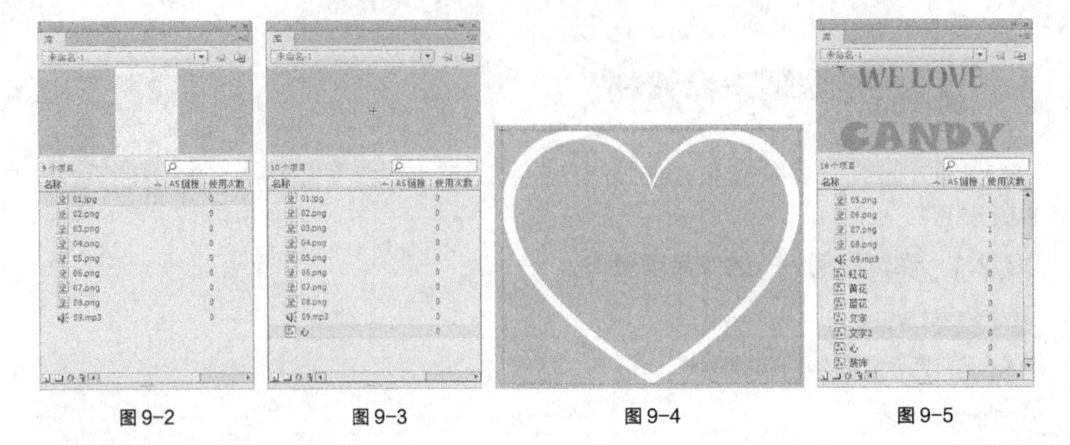

图 9-2　　图 9-3　　图 9-4　　图 9-5

2. 制作心动动画

STEP 1 按 Ctrl+F8 组合键，弹出“创建新元件”对话框，在“名称”选项的文本框中输入“心动”，在“类型”选项下拉列表中选择“影片剪辑”选项，单击“确定”按钮，新建影片剪辑元件“心动”，如图 9-6 所示。舞台窗口也随之转换为影片剪辑元件的舞台窗口。将“库”面板中的图形元件“心”拖曳到舞台窗口中，如图 9-7 所示。

制作音乐贺卡 2

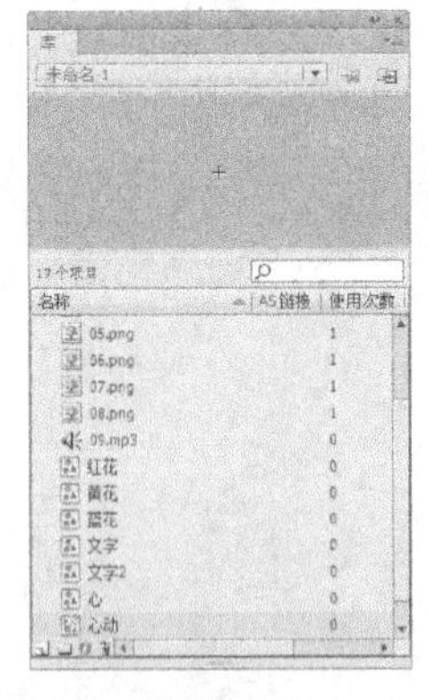

图 9-6

图 9-7

STEP 2 选中“图层 1”的第 20 帧，按 F6 键，插入关键帧，如图 9-8 所示。选中“图层 1”的第 1 帧，按 Ctrl+T 组合键，弹出“变形”面板，将“缩放宽度”选项和“缩放高度”选项均设为 18.8，如图 9-9 所示，按 Enter 键，确认实例的缩小，效果如图 9-10 所示。

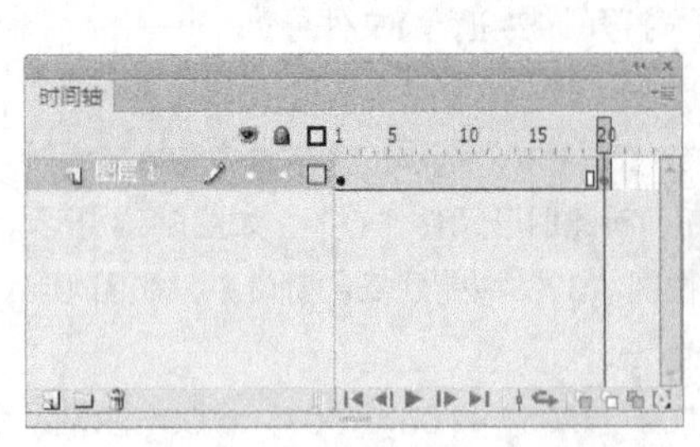

图 9-8

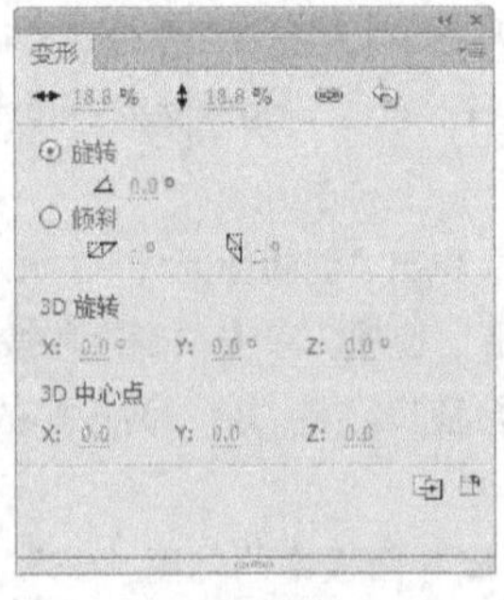

图 9-9

图 9-10

STEP 3 保持实例的选取状态，在图形“属性”面板中选择“色彩效果”选项组，在“样式”选项的下拉列表中选择“Alpha”，将其值设为 0，如图 9-11 所示，效果如图 9-12 所示。

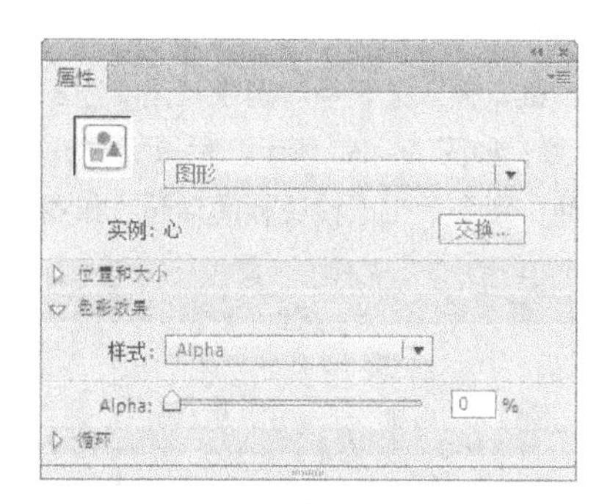

图 9-11

图 9-12

STEP 4 用鼠标右键单击“图层 1”的第 1 帧，在弹出的快捷菜单中选择“创建传统补间”命令，生成传统补间动画，如图 9-13 所示。

STEP 5 选中“图层 1”的第 20 帧，选择“窗口 > 动作”命令，弹出“动作”面板，在“动作”面板中设置脚本语言，“脚本窗口”中显示的效果如图 9-14 所示。设置好动作脚本后，关闭“动作”面板。

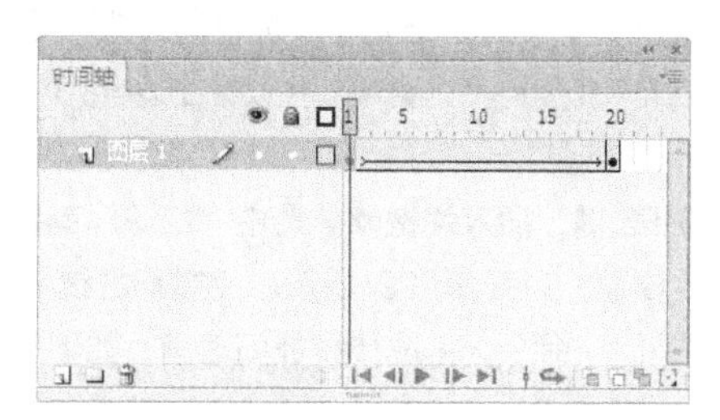

图 9-13

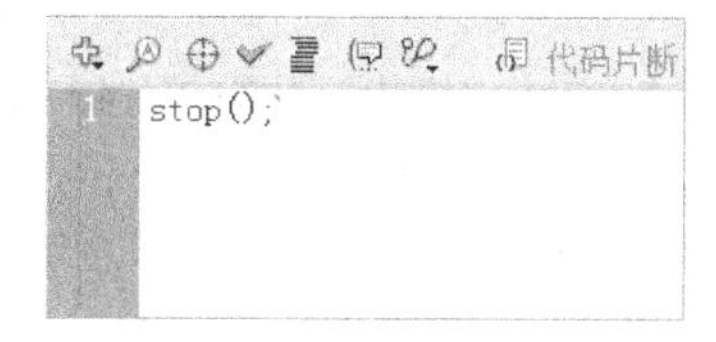

图 9-14

3. 制作场景动画

STEP 1 单击舞台窗口左上方的“场景 1”图标 场景 1，进入“场景 1”的舞台窗口。将“图层 1”图层重命名为“底图”。将“库”面板中的位图“01”拖曳到舞台窗口中，如图 9-15 所示。选中“底图”图层的第 100 帧，按 F5 键，插入普通帧，如图 9-16 所示。

制作音乐贺卡 3

STEP 2 在“时间轴”面板中创建新图层并将其命名为“心动”。将“库”面板中的影片剪辑元件“心动”拖曳到舞台窗口中，并放置在适当的位置，如图 9-17 所示。

图 9-15

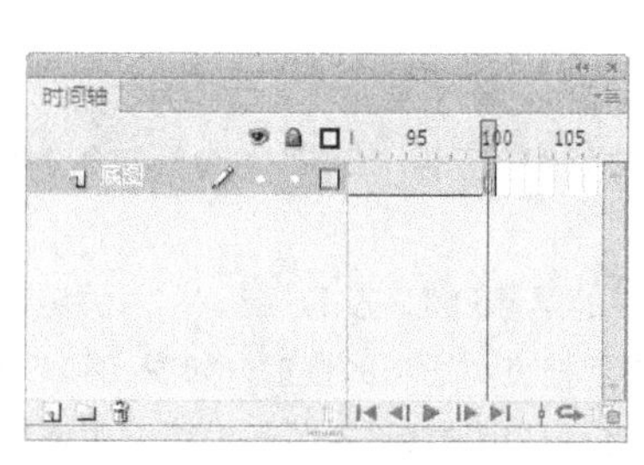

图 9-16

图 9-17

STEP 3 在“时间轴”面板中创建新图层并将其命名为“蓝花”。选中“蓝花”图层的第 20 帧，按 F6 键，插入关键帧。将“库”面板中的图形元件“蓝花”拖曳到舞台窗中，并放置在适当的位置，如图 9-18 所示。

STEP 4 选中“蓝花”图层的第 45 帧，按 F6 键，插入关键帧。选中“蓝花”图层的第 20 帧，在舞台窗口中将“蓝花”实例水平向左拖曳到适当的位置，如图 9-19 所示。用鼠标右键单击“蓝花”图层的第 20 帧，在弹出的快捷菜单中选择“创建传统补间”命令，生成传统补间动画，如图 9-20 所示。

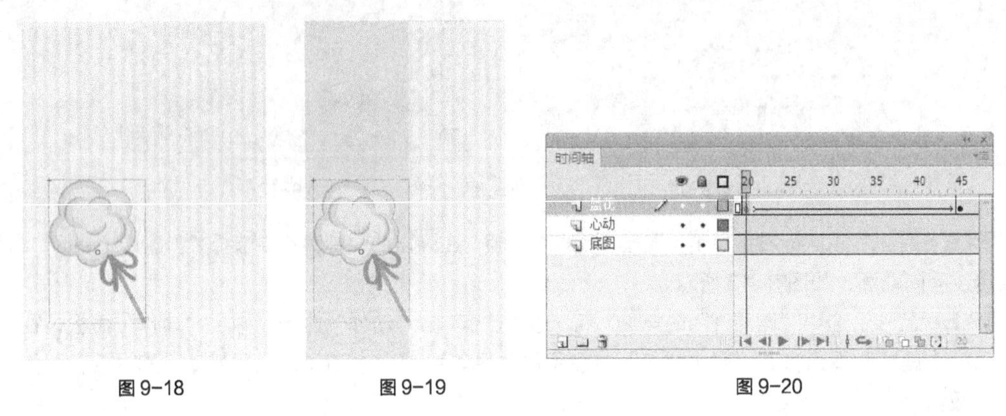

图 9-18　　图 9-19　　图 9-20

STEP 5 在“时间轴”面板中创建新图层并将其命名为“红花”。选中“红花”图层的第 20 帧，按 F6 键，插入关键帧。将“库”面板中的图形元件“红花”拖曳到舞台窗中，并放置在适当的位置，如图 9-21 所示。

STEP 6 选中“红花”图层的第 45 帧，按 F6 键，插入关键帧。选中“红花”图层的第 20 帧，在舞台窗口中将“红花”实例水平向右拖曳到适当的位置，如图 9-22 所示。用鼠标右键单击“红花”图层的第 20 帧，在弹出的快捷菜单中选择“创建传统补间”命令，生成传统补间动画，如图 9-23 所示。

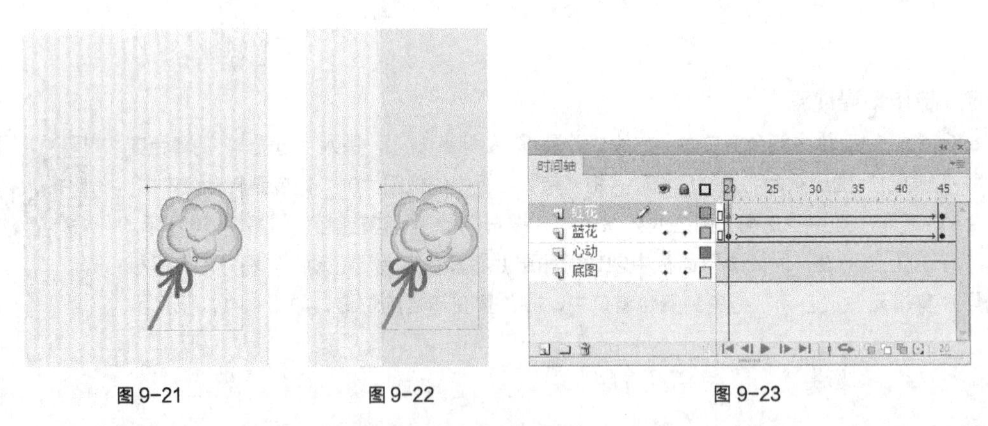

图 9-21　　图 9-22　　图 9-23

STEP 7 在“时间轴”面板中创建新图层并将其命名为“黄花”。选中“黄花”图层的第 20 帧，按 F6 键，插入关键帧。将“库”面板中的图形元件“黄花”拖曳到舞台窗中，并放置在适当的位置，如图 9-24 所示。

STEP 8 选中“黄花”图层的第 45 帧，按 F6 键，插入关键帧。选中“黄花”图层的第 20 帧，在舞台窗口中将“黄花”实例垂直向下拖曳到适当的位置，如图 9-25 所示。用鼠标右键单击“黄花”图层的第 20 帧，在弹出的快捷菜单中选择“创建传统补间”命令，生成传统补间动画，如图 9-26 所示。

图 9-24

图 9-25

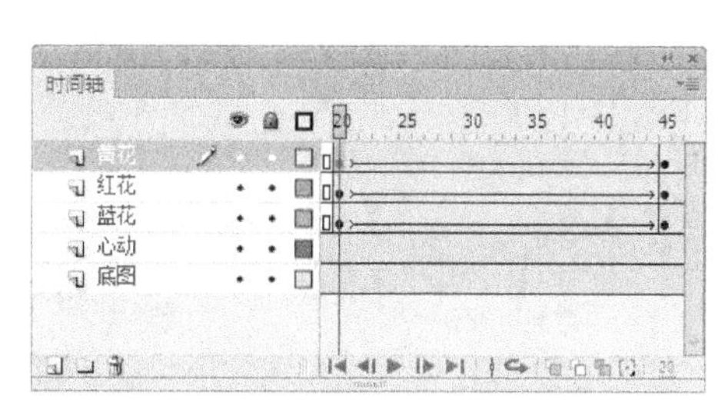

图 9-26

STEP 9 在“时间轴”面板中创建新图层并将其命名为“文字”。选中“文字”图层的第 45 帧，按 F6 键，插入关键帧。将“库”面板中的图形元件“文字”拖曳到舞台窗中，并放置在适当的位置，如图 9-27 所示。

STEP 10 选中“文字”图层的第 65 帧，按 F6 键，插入关键帧。选中“文字”图层的第 45 帧，在舞台窗口中选中“文字”实例，在图形“属性”面板中选择“色彩效果”选项组，在“样式”选项的下拉列表中选择“Alpha”，将其值设为 0，如图 9-28 所示，效果如图 9-29 所示。

STEP 11 用鼠标右键单击“文字”图层的第 45 帧，在弹出的快捷菜单中选择“创建传统补间”命令，生成传统补间动画。

图 9-27

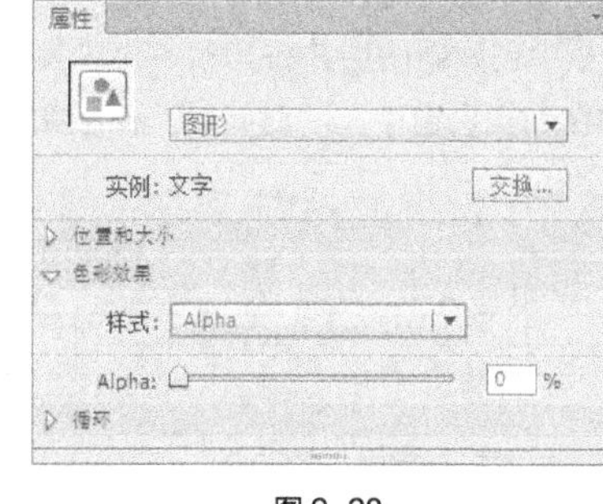

图 9-28

图 9-29

STEP 12 在“时间轴”面板中创建新图层并将其命名为“装饰”。选中“装饰”图层的第 65 帧，按 F6 键，插入关键帧。将“库”面板中的图形元件“装饰”拖曳到舞台窗中适当的位置，如图 9-30 所示。

STEP 13 选中“装饰”图层的第 80 帧，按 F6 键，插入关键帧。选中“装饰”图层的第 65 帧，在舞台窗口中选中“装饰”实例，在图形“属性”面板中选择“色彩效果”选项组，在“样式”选项的下拉列表中选择“Alpha”，将其值设为 0，效果如图 9-31 所示。

STEP 14 用鼠标右键单击“装饰”图层的第 65 帧，在弹出的快捷菜单中选择“创建传统补间”命令，生成传统补间动画，如图 9-32 所示。

STEP 15 在“时间轴”面板中创建新图层并将其命名为“文字 2”。选中“文字 2”图层的第 80 帧，按 F6 键，插入关键帧。将“库”面板中的图形元件“文字 2”拖曳到舞台窗中，并放置在适当的位置，如图 9-33 所示。

STEP 16 选中“文字 2”图层的第 100 帧，按 F6 键，插入关键帧。选中“文字 2”图层的第 80 帧，在舞台窗口将“文字 2”实例垂直向上拖曳到适当的位置，如图 9-34 所示。用鼠标右键单击“文字 2”图层的第 80 帧，在弹出的快捷菜单中选择“创建传统补间”命令，生成传统补间动画，如图 9-35 所示。

图 9-30

图 9-31

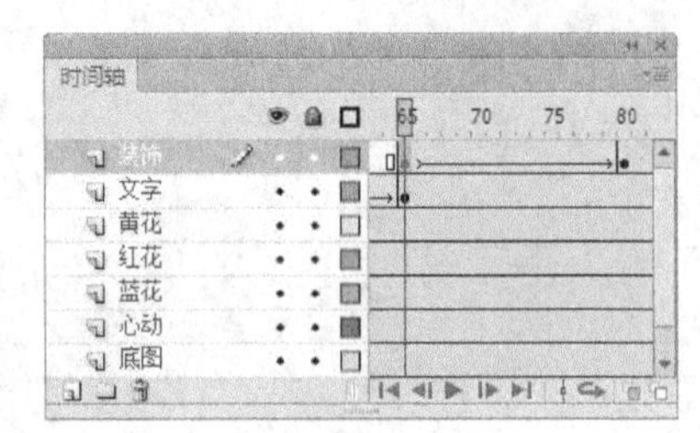
图 9-32

图 9-33

图 9-34

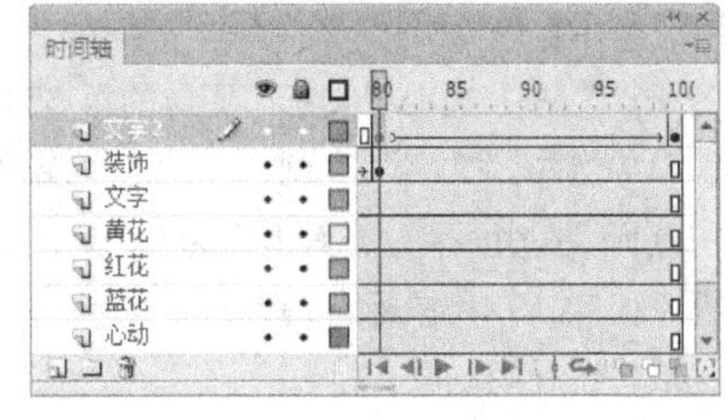
图 9-35

STEP 17 在“时间轴”面板中创建新图层并将其命名为“音乐”。选中“音乐”图层的第 1 帧，将“库”面板中的声音文件“09”拖曳到舞台窗中，“时间轴”面板如图 9-36 所示。

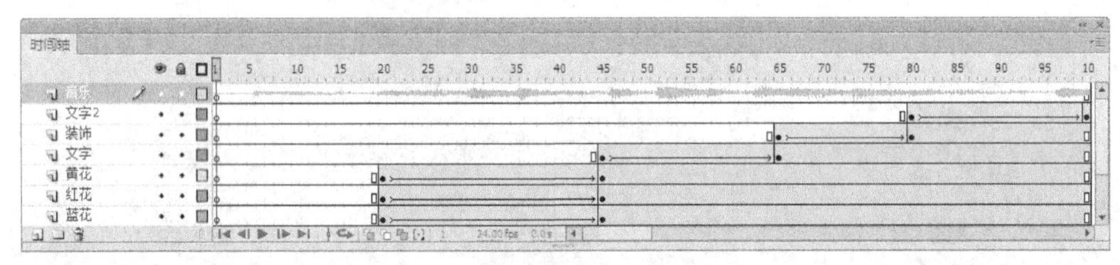
图 9-36

STEP 18 在“时间轴”面板中创建新图层并将其命名为“动作脚本”。选中“动作脚本”图层的第 100 帧，选择“窗口 > 动作”命令，弹出“动作”面板，在“动作”面板中设置脚本语言，“脚本窗口”中显示的效果如图 9-37 所示。设置好动作脚本后，关闭“动作”面板。在“动作脚本”图层的第 100 帧上显示出一个标记“a”，如图 9-38 所示。音乐贺卡制作完成，按 Ctrl+Enter 组合键即可查看效果。

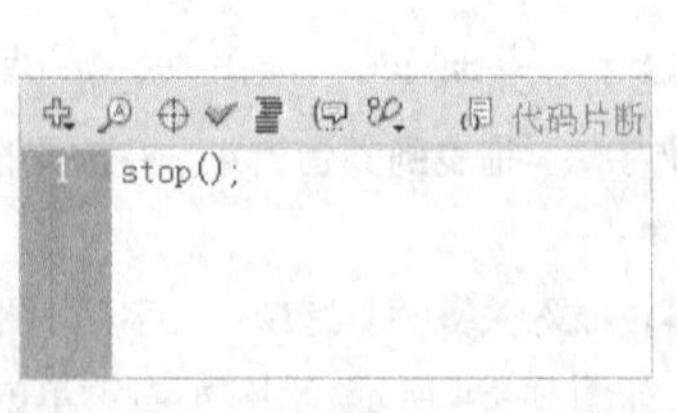

图 9-37

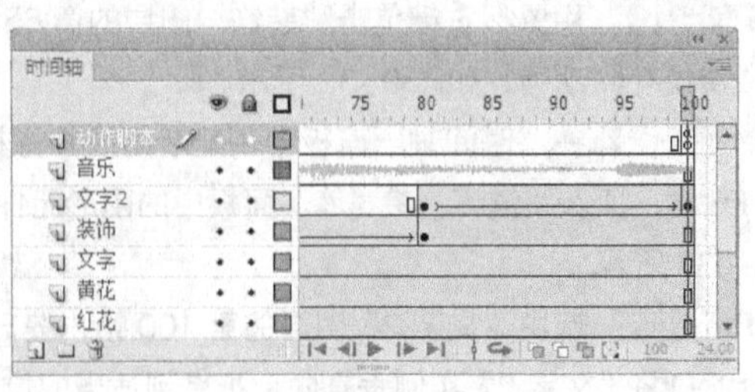
图 9-38

9.2.2 添加声音

1. 为动画添加声音

选择“文件 > 打开”命令，弹出“打开”对话框，选择动画文件，单击“打开”按钮，将文件打开，如图 9-39 所示。选择“文件 > 导入 > 导入到库”命令，在“导入到库”对话框中选择声音文件，单击“打开”按钮，将声音文件导入“库”面板中，如图 9-40 所示。

单击“时间轴”面板下方的“新建图层”按钮，创建新的图层并将其命名为“声音”，如图 9-41 所示。

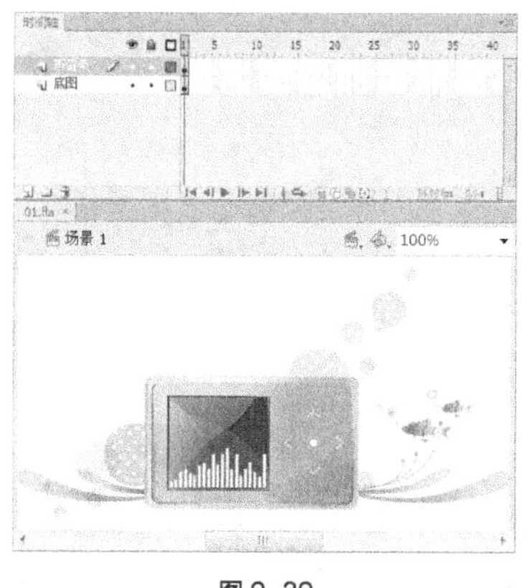

图 9-39

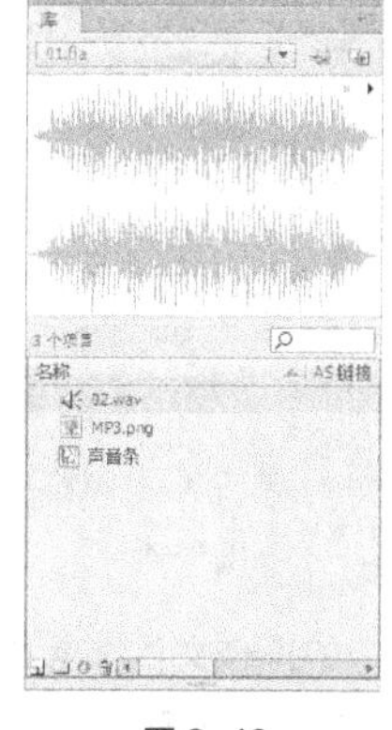

图 9-40

图 9-41

在“库”面板中选中声音文件，按住鼠标不放，将其拖曳到舞台窗口中，如图 9-42 所示。松开鼠标，在“声音”图层中出现声音文件的波形，如图 9-43 所示。声音添加完成，按 Ctrl+Enter 组合键，可以测试添加效果。

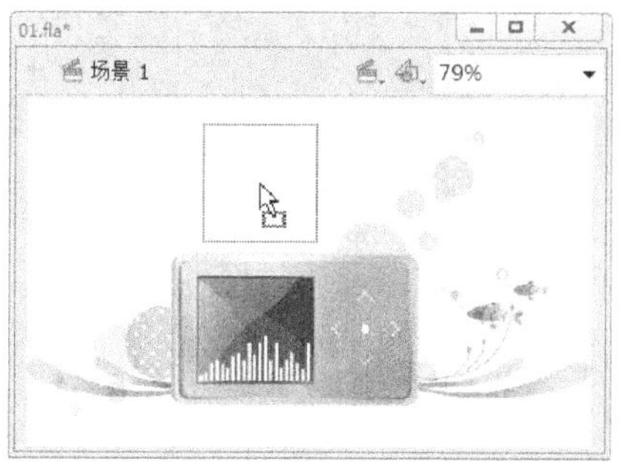

图 9-42

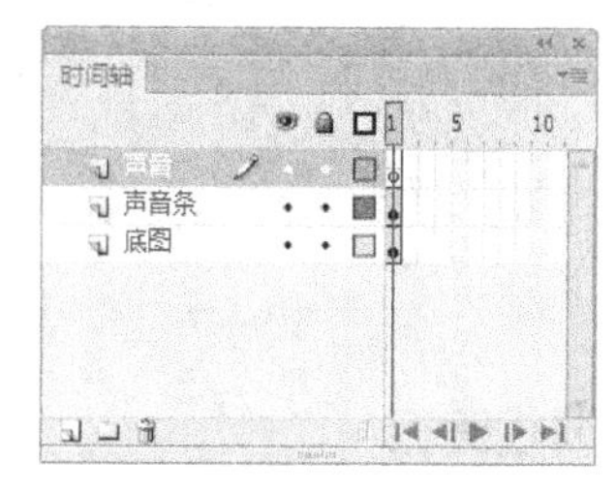

图 9-43

一般情况下，将每个声音放在一个独立的层上，每个层都作为一个独立的声音通道。当播放动画文件时，所有层上的声音将混合在一起。

2. 为按钮添加音效

选择“文件 > 打开”命令，弹出“打开”对话框，选择动画文件，单击“打开”按钮，将文件打开，在“库”面板中双击“停止”按钮元件，进入“按钮”的舞台编辑窗口，如图 9-44 所示。选择“文件 > 导

入 > 导入到库”命令，在“导入”对话框中选择声音文件，单击“打开”按钮，将声音文件导入“库”面板中，如图 9-45 所示。

单击“时间轴”面板下方的“新建图层”按钮，创建新图层并将其命名为“声音”，作为放置声音文件的图层，选中“声音”图层的“指针经过”帧，按 F6 键，在“指针经过”帧上插入关键帧，如图 9-46 所示。

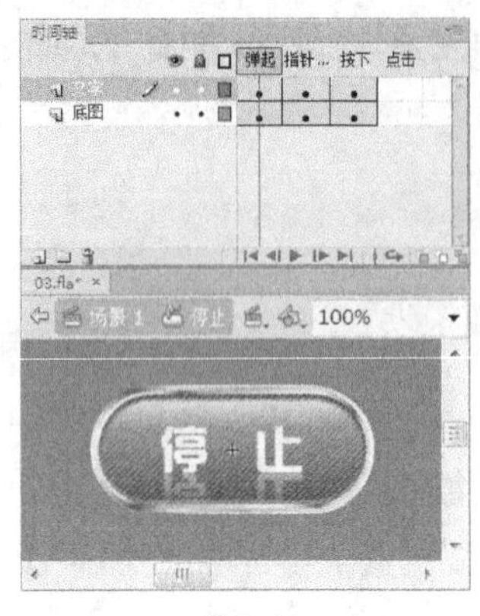

图 9-44

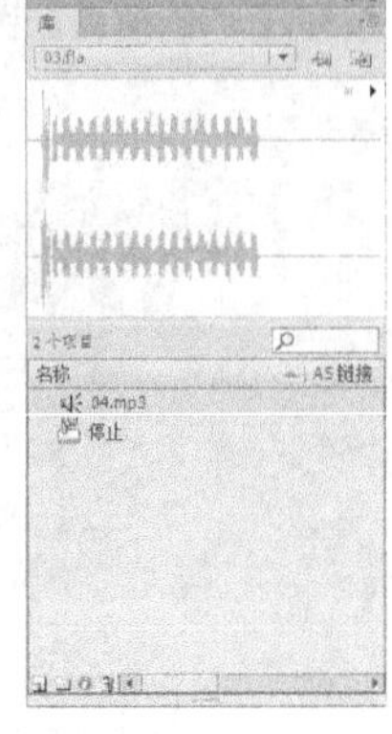

图 9-45

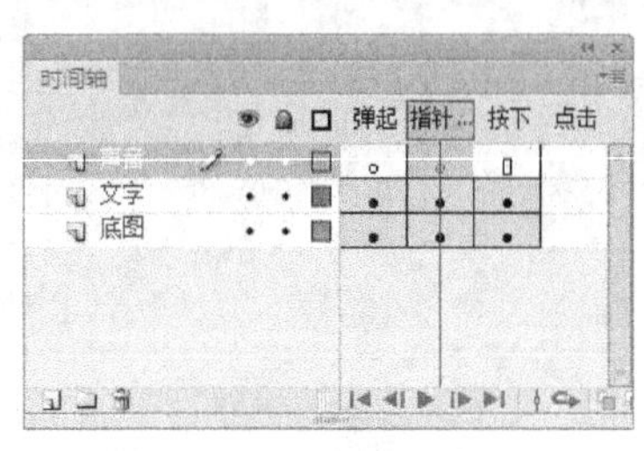

图 9-46

选中“指针经过”帧，将“库”面板中的声音文件拖曳到按钮元件的舞台编辑窗口中，如图 9-47 所示。

松开鼠标，在“指针”帧中出现声音文件的波形，这表示动画开始播放后，当鼠标指针经过按钮时，按钮将响应音效，如图 9-48 所示。按钮音效添加完成，按 Ctrl+Enter 组合键，可以测试添加效果。

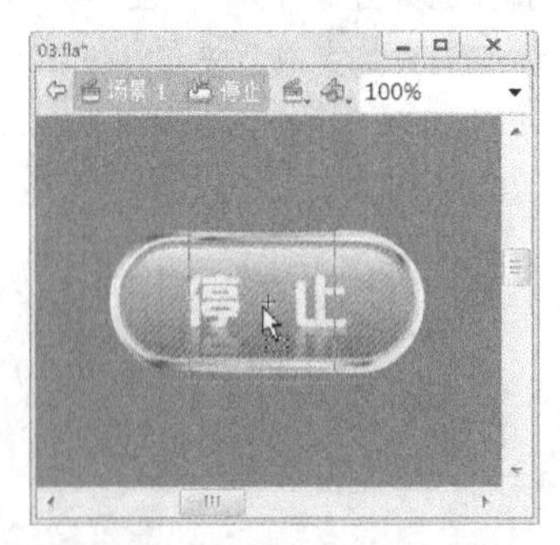

图 9-47

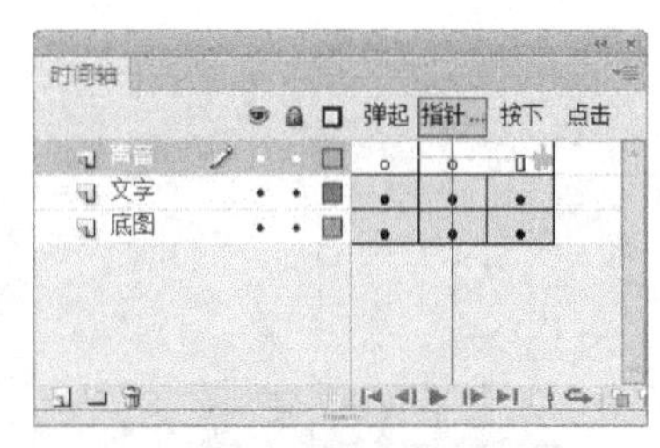

图 9-48

9.2.3 属性面板

在“时间轴”面板中选中声音文件所在图层的第 1 帧，按 Ctrl+F3 组合键，弹出帧“属性”面板，如图 9-49 所示。

“名称”选项：可以在此选项的下拉列表中选择“库”面板中的声音文件。

“效果”选项：可以在此选项的下拉列表中选择声音播放的效果，如图 9-50 所示。其中各选项的含义如下。

“无”选项：选择此选项，将不对声音文件应用效果。选择此选项后可以删除以前应用于声音的特效。

“左声道”选项：选择此选项，只在左声道播放声音。

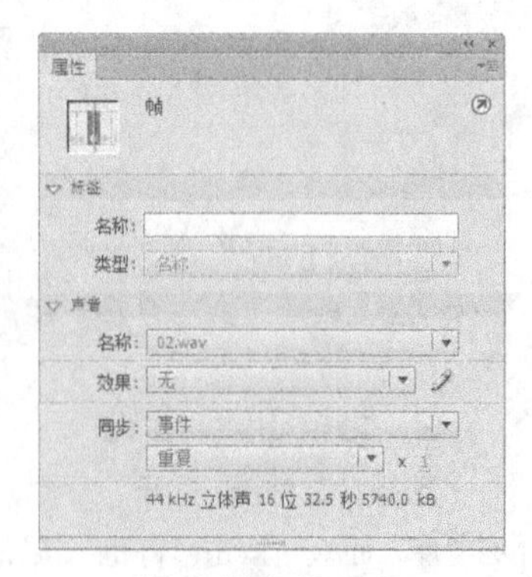

图 9-49

“右声道”选项：选择此选项，只在右声道播放声音。

“向右淡出”选项：选择此选项，声音从左声道渐变到右声道。

“向左淡出”选项：选择此选项，声音从右声道渐变到左声道。

“淡入”选项：选择此选项，在声音的持续时间内逐渐增加其音量。

“淡出”选项：选择此选项，在声音的持续时间内逐渐减小其音量。

“自定义”选项：选择此选项，弹出“编辑封套”对话框，通过自定义声音的淡入和淡出点，创建自己的声音效果。

“同步”选项：此选项用于选择何时播放声音及声音的播放设置，如图 9-51 所示。其中各选项的含义如下。

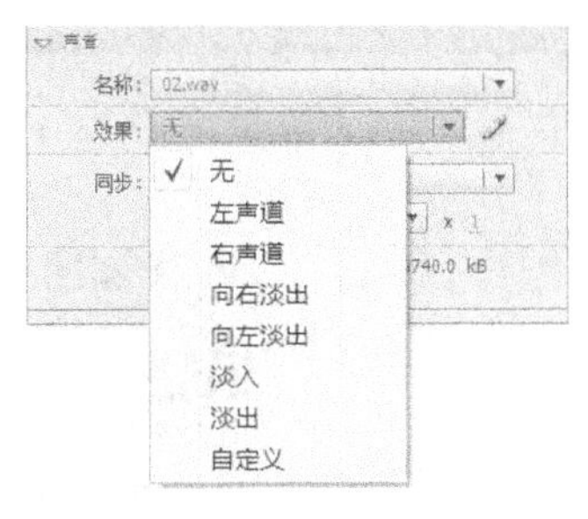

图 9-50

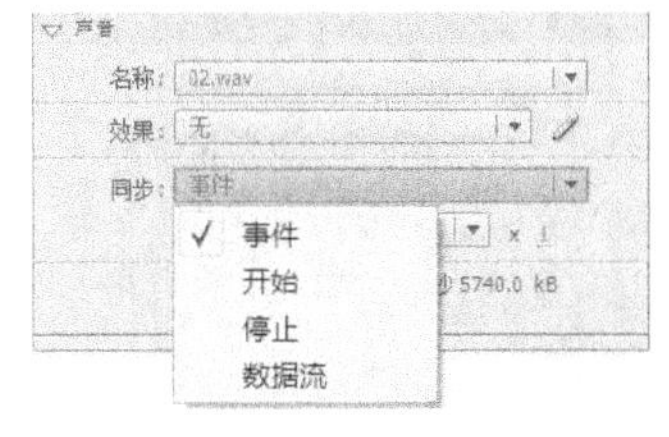

图 9-51

“事件”选项：将声音和发生的事件同步播放。事件声音在它的起始关键帧开始显示时播放，并独立于时间轴之外，即使影片文件停止也继续播放。当播放发布的 SWF 影片文件时，事件声音混合在一起。一般情况下，当用户单击一个按钮播放声音时选择事件声音。如果事件声音正在播放，而声音再次被实例化（如用户再次单击按钮），则第一个声音实例继续播放，另一个声音实例同时开始播放。

“开始”选项：与“事件”选项的功能相近，但如果所选择的声音实例已经在时间轴的其他地方播放，则不会播放新的声音实例。

“停止”选项：使指定的声音静音。在时间轴上同时播放多个声音时，可指定其中一个为静音。

“数据流”选项：使声音同步，以便在 Web 站点上播放。Flash 强制动画和音频流同步。换句话说，音频流随动画的播放而播放，随动画的结束而结束。当发布 SWF 文件时，音频流混合在一起。一般给帧添加声音时使用此选项。音频流声音的播放长度不会超过它所占帧的长度。

在 Flash 中有两种类型的声音：事件声音和音频流。事件声音必须完全下载后才能开始播放，除非明确停止，它将一直连续播放。音频流在前几帧下载了足够的资料后就开始播放，音频流可以和时间轴同步，以便在 Web 站点上播放。

“重复”选项：用于指定声音循环的次数。可以在选项后的数值框中设置循环次数。

“循环”选项：用于循环播放声音。一般情况下，不循环播放音频流。如果将音频流设为循环播放，帧就会添加到文件中，文件的大小就会根据声音循环播放的次数而倍增。

“编辑声音封套”按钮：选择此选项，弹出“编辑封套”对话框，通过自定义声音的淡入和淡出点，创建自己的声音效果。

9.3 课堂练习——制作茶品宣传单

练习知识要点

使用“导入”命令，导入素材制作图形元件；使用“创建传统补间”命令，制作传统补间动画，效果如图 9-52 所示。

效果所在位置

资源包 > Ch09 > 效果 > 制作茶品宣传单.fla。

图 9-52

制作茶品宣传单

9.4 课后习题——制作儿童英语

习题知识要点

使用“文本”工具和“变形”面板，绘制按钮元件；使用“导入到库”命令，导入声音文件，效果如图 9-53 所示。

效果所在位置

资源包 > Ch09 > 效果 > 制作儿童英语.fla。

图 9-53

制作儿童英语

第10章 动作脚本的应用

在 Flash CS6 中，要实现一些复杂多变的动画效果就要使用动作脚本，可以通过输入不同的动作脚本来实现高难度的动画制作。本章主要讲解动作脚本的基本术语和使用方法。通过对本章的学习，读者可以了解并掌握如何应用不同的动作脚本来实现千变万化的动画效果。

课堂学习目标

- 了解数据类型
- 掌握语法规则
- 掌握变量和函数
- 掌握表达式和运算符

10.1 动作脚本的使用

和其他脚本语言相同，动作脚本依照自己的语法规则，保留关键字、提供运算符，并且允许使用变量存储和获取信息。动作脚本包含内置的对象和函数，并且允许用户创建自己的对象和函数。动作脚本程序一般由语句、函数和变量组成，主要涉及数据类型、语法规则、变量、函数、表达式和运算符等。

10.1.1 课堂案例——制作系统时钟

案例学习目标

学习使用变形工具调整图片的中心点，使用动作面板为图形添加脚本语言。

案例知识要点

使用“文本”工具，输入文字；使用“动作”面板，设置脚本语言，效果如图 10-1 所示。

效果所在位置

资源包 > Ch10 > 效果 > 制作系统时钟.fla。

图 10-1

1. 导入素材创建元件

STEP 1 选择“文件 > 新建”命令，在弹出的“新建文档”对话框中选择“ActionScript 2.0”选项，将“宽”选项设为 800，“高”选项设为 800，单击“确定”按钮，完成文档的创建。

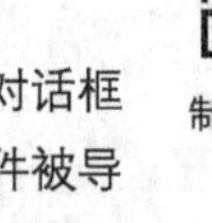

制作系统时钟 1

STEP 2 选择“文件 > 导入 > 导入到库”命令，在弹出的“导入到库”对话框中选择“Ch10 > 素材 > 制作系统时钟 > 01 ~ 06”文件，单击“打开”按钮，文件被导入到“库”面板中。

STEP 3 在“库”面板中新建一个图形元件“时钟”，舞台窗口也随之转换为图形元件的舞台窗口。将“库”面板中的位图“04”拖曳到舞台窗口中，如图 10-2 所示。用相同的方法分别用“库”面板中的位图“05”和“06”文件，制作图形元件“分针”和“秒针”，如图 10-3 所示。

STEP 4 在“库”面板中新建一个影片剪辑元件“hours”，舞台窗口也随之转换为影片剪辑元件的舞台窗口。将“库”面板中的图形元件“时针”拖曳到舞台窗口中，如图 10-4 所示。用相同的方法分别用“库”面板中的图形元件“分针”和“秒针”文件，制作影片剪辑元件“minutes”和“seconds”，如图 10-5 所示。

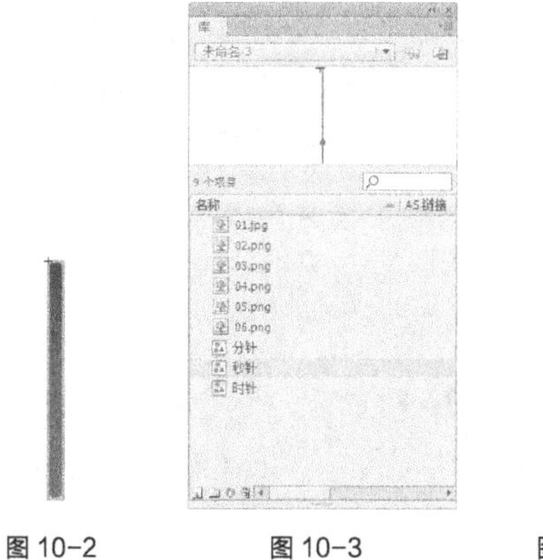

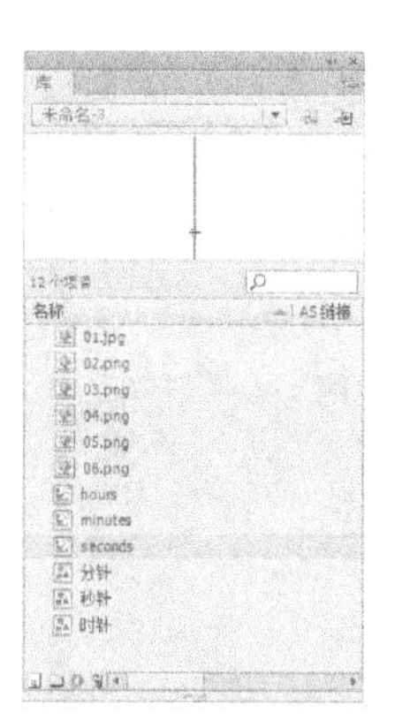

图 10-2　　图 10-3　　图 10-4　　图 10-5

2. 为实例添加脚本语言

STEP 1 单击舞台窗口左上方的“场景 1”图标 场景 1，进入“场景 1”的舞台窗口。将“图层 1”重新命名为“底图”。将“库”面板中的位图“01”拖曳到舞台窗口中，如图 10-6 所示。选中“底图”图层的第 2 帧，按 F5 键，插入普通帧。

制作系统时钟 2

STEP 2 在“时间轴”面板中创建新图层并将其命名为“钟表图”。将“库”面板中的位图“02”拖曳到舞台窗口中，并放置在适当的位置，如图 10-7 所示。

STEP 3 在“时间轴”面板中创建新图层并将其命名为“文字”。将“库”面板中的位图“03”拖曳到舞台窗口中，并放置在适当的位置，如图 10-8 所示。

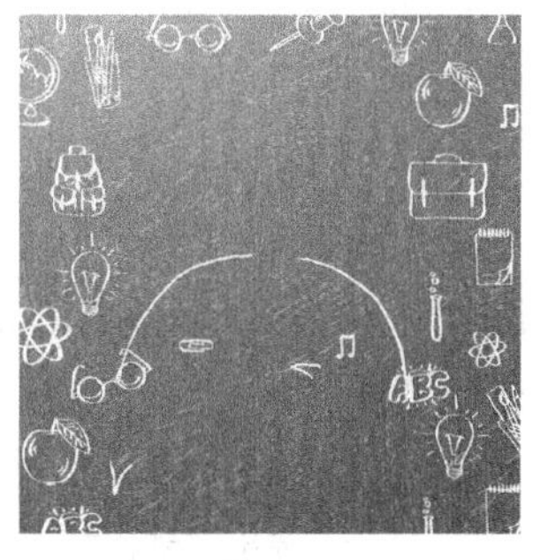

图 10-6

图 10-7

图 10-8

STEP 4 在“时间轴”面板中创建新图层并将其命名为“时针”。将“库”面板中的影片剪辑元件“hours”拖曳到舞台窗口中，并将实例下方的十字图标与表盘的中心点重合，如图 10-9 所示。在舞台窗口中选中“hours”实例，选择“窗口 > 动作”命令，弹出“动作”面板。在“脚本窗口”中输入脚本语言，“动作”面板中的效果如图 10-10 所示。

图 10-9

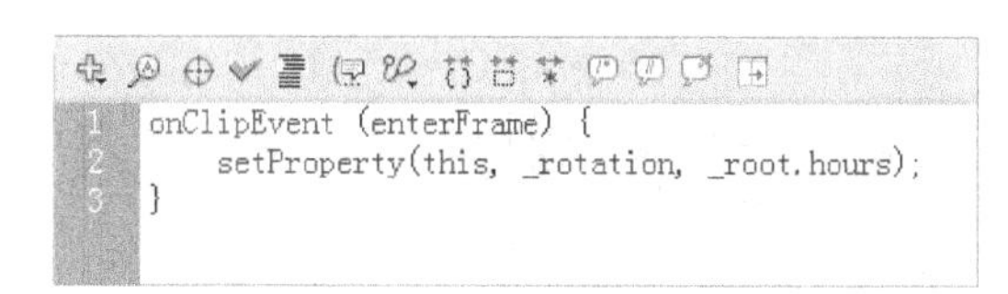

```
onClipEvent (enterFrame) {
    setProperty(this, _rotation, _root.hours);
}
```

图 10-10

STEP 5 在“时间轴”面板中创建新图层并将其命名为“分针”。将“库”面板中的影片剪辑元件“minutes”拖曳到舞台窗口中，并将实例下方的十字图标与表盘的中心点重合，如图 10-11 所示。在舞台窗口中选中“minutes”实例，选择“窗口 > 动作”命令，弹出“动作”面板。在“脚本窗口”中输入脚本语言，“动作”面板中的效果如图 10-12 所示。

图 10-11

```
1  onClipEvent (enterFrame) {
2      setProperty(this, _rotation, _root.minutes);
3  }
```

图 10-12

STEP 6 在“时间轴”面板中创建新图层并将其命名为“秒针”。将“库”面板中的影片剪辑元件“seconds”拖曳到舞台窗口中，并将实例下方的十字图标与表盘的中心点重合，如图 10-13 所示。在舞台窗口中选中“seconds”实例，选择“窗口 > 动作”命令，弹出“动作”面板。在“脚本窗口”中输入脚本语言，“动作”面板中的效果，如图 10-14 所示。

图 10-13

```
1  onClipEvent (enterFrame) {
2      setProperty(this, _rotation, _root.seconds);
3  }
```

图 10-14

STEP 7 在“时间轴”面板中创建新图层并将其命名为“动作脚本”。选中“动作脚本”图层的第 2 帧，按 F6 键，插入关键帧。选中“动作脚本”图层的第 1 帧，选择“窗口 > 动作”命令，弹出“动作”面板。在“脚本窗口”中输入脚本语言，“动作”面板中的效果，如图 10-15 所示。

STEP 8 选中“动作脚本”图层的第 2 帧，选择“窗口 > 动作”命令，弹出“动作”面板。在“脚本窗口”中输入脚本语言，“动作”面板中的效果，如图 10-16 所示。

```
1  time = new Date( );
2  hours = time.getHours( );
3  minutes = time.getMinutes( );
4  seconds = time.getSeconds( );
5  if (hours>12) {
6      hours = hours-12;
7  }
8  if (hours<1) {
9      hours = 12;
10 }
11 hours = hours*30+int(minutes/2);
12 minutes = minutes*6+int(seconds/10);
13 seconds = seconds*6;
```

图 10-15

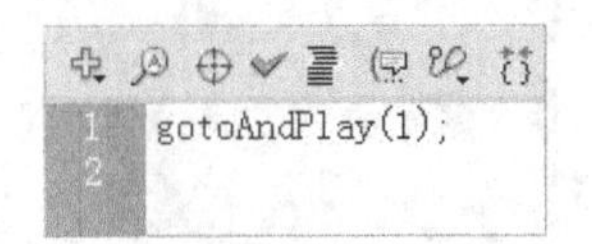

```
1  gotoAndPlay(1);
2
```

图 10-16

STEP 9 系统时钟制作完成，按 Ctrl+Enter 组合键即可查看效果，如图 10-17 所示。

图 10-17

10.1.2 数据类型

数据类型描述了动作脚本的变量或元素可以包含的信息种类。动作脚本有两种数据类型，即原始数据类型和引用数据类型。原始数据类型是指 String（字符串）、Number（数字）和 Boolean（布尔值），它们拥有固定类型的值，因此可以包含它们所代表元素的实际值。引用数据类型是指影片剪辑和对象，它们的值的类型是不固定的，因此它们包含对该元素实际值的引用。

下面将介绍各种数据类型。

（1）字符串（String）

字符串是字母、数字和标点符号等字符的序列。字符串必须用一对双引号标记。字符串被当作字符而不是变量进行处理。

例如，在下面的语句中，"L7" 是一个字符串：

```
favoriteBand = "L7";
```

（2）数字型（Number）

数字型是指数字的算术值，要进行正确的数学运算必须使用数字数据类型。可以使用算术运算符加（+）、减（-）、乘（*）、除（/）、求模（%）、递增（++）和递减（--）来处理数字，也可以使用内置的 Math 对象的方法处理数字。

例如，使用 sqrt( )（平方根）方法返回数字 100 的平方根：

```
Math.sqrt(100);
```

（3）布尔型（Boolean）

值为 true 或 false 的变量被称为布尔型变量。动作脚本也会在需要时将值 true 和 false 转换为 1 和 0。在确定“是/否”的情况下，布尔型变量是非常有用的。在进行比较以控制脚本流的动作脚本语句中，布尔型变量经常与逻辑运算符一起使用。

例如，在下面的脚本中，如果变量 userName 和 password 为 true，则会播放该 SWF 文件：

```
onClipEvent (enterFrame) {
if (userName == true && password == true){
play( );
}
}
```

（4）影片剪辑型（Movie Clip）

影片剪辑是 Flash 影片中可以播放动画的元件，它们是唯一引用图形元素的数据类型。Flash 中的每个影片剪辑都是一个 Movie Clip 对象，它们拥有 Movie Clip 对象中定义的方法和属性。通过点（.）运算符可以调用影片剪辑内部的属性和方法。

例如以下调用：

```
my_mc.startDrag(true);
parent_mc.getURL("http://www.macromedia.com/support/" + product);
```

（5）对象型（Object）

对象型指所有使用动作脚本创建的基于对象的代码。对象是属性的集合，每个属性都拥有自己的名称和值，属性的值可以是任何 Flash 数据类型，甚至可以是对象数据类型。通过（.）运算符可以引用对象中的属性。

例如，在下面的代码中，hoursWorked 是 weeklyStats 的属性，而后者是 employee 的属性：

```
employee.weeklyStats.hoursWorked
```

（6）空值（Null）

空值数据类型只有一个值，即 null。这意味着没有值，即缺少数据。null 可以用在各种情况中，如作为函数的返回值、表明函数没有可以返回的值、表明变量还没有接收到值、表明变量不再包含值等。

（7）未定义（Undefined）

未定义的数据类型只有一个值，即 undefined，用于尚未分配值的变量。如果一个函数引用了未在其他地方定义的变量，那么 Flash 将返回未定义数据类型。

10.1.3 语法规则

动作脚本拥有自己的一套语法规则和标点符号，下面将进行介绍。

（1）点运算符

在动作脚本中，点（.）用于表示与对象或影片剪辑相关联的属性或方法，也可以用于标识影片剪辑或变量的目标路径。点（.）运算符表达式以影片或对象的名称开始，中间为点（.）运算符，最后是要指定的元素。

例如，_x 影片剪辑属性指示影片剪辑在舞台上的 x 轴位置，而表达式 ballMC._x 则引用了影片剪辑实例 ballMC 的 _x 属性。

又例如，submit 是 form 影片剪辑中设置的变量，此影片剪辑嵌在影片剪辑 shoppingCart 之中，表达式 shoppingCart.form.submit = true 将实例 form 的 submit 变量设置为 true。

无论是表达对象的方法还是表达影片剪辑的方法，均遵循同样的模式。例如，ball_mc 影片剪辑实例的 play( ) 方法在 ball_mc 的时间轴中移动播放头，如下面的语句所示：

```
ball_mc.play( );
```

点语法还使用两个特殊别名——_root 和 _parent。别名 _root 是指主时间轴，可以使用 _root 别名创建一个绝对目标路径。例如，下面的语句调用主时间轴上影片剪辑 functions 中的函数 buildGameBoard( )：

```
_root.functions.buildGameBoard( );
```

可以使用别名 _parent 引用当前对象嵌入的影片剪辑，也可以使用 _parent 创建相对目标路径。例如，如果影片剪辑 dog_mc 嵌入影片剪辑 animal_mc 的内部，则实例 dog_mc 的如下语句会指示 animal_mc 停止：

```
_parent.stop( );
```

（2）界定符

大括号：动作脚本中的语句被大括号包括起来组成语句块。例如：

// 事件处理函数

```
on (release) {
  myDate = new Date( );
  currentMonth = myDate.getMonth( );
}
```

```
on(release)
{
  myDate = new Date( );
  currentMonth = myDate.getMonth( );
}
```

分号：动作脚本中的语句可以由一个分号结尾。如果在结尾处省略分号，Flash 仍然可以成功编译脚本。例如：

```
var column = passedDate.getDay( );
var row = 0;
```

圆括号：在定义函数时，任何参数定义都必须放在一对圆括号内。例如：

```
function myFunction (name, age, reader){
}
```

调用函数时，需要被传递的参数也必须放在一对圆括号内。例如：

```
myFunction ("Steve", 10, true);
```

可以使用圆括号改变动作脚本的优先顺序或增强程序的易读性。

（3）区分大小写

在区分大小写的编程语言中，仅大小写不同的变量名（book 和 Book）被视为互不相同。Action Script 2.0 中标识符区分大小写，例如，下面两条动作语句是不同的：

```
cat.hilite = true;
CAT.hilite = true;
```

对于关键字、类名、变量和方法名等，要严格区分大小写。如果关键字大小写出现错误，在编写程序时就会有错误信息提示。如果采用了彩色语法模式，那么正确的关键字将以深蓝色显示。

（4）注释

在“动作”面板中，使用注释语句可以在一个帧或者按钮的脚本中添加说明，有利于增加程序的易读性。注释语句以双斜线 // 开始，斜线显示为灰色，注释内容可以不考虑长度和语法，注释语句不会影响 Flash 动画输出时的文件量。例如：

```
on (release) {
  // 创建新的 Date 对象
  myDate = new Date( );
  currentMonth = myDate.getMonth( );
  // 将月份数转换为月份名称
  monthName = calcMonth(currentMonth);
  year = myDate.getFullYear( );
  currentDate = myDate.getDate( );
}
```

（5）关键字

动作脚本保留一些单词用于该语言总的特定用途，因此不能将它们用作变量、函数或标签的名称。如果在编写程序的过程中使用了关键字，动作编辑框中的关键字会以蓝色显示。为了避免冲突，在命名时可以展开动作工具箱中的 Index 域，检查是否使用了已定义的关键字。

（6）常量

常量中的值永远不会改变。所有的常量可以在“动作”面板的工具箱和动作脚本字典中找到。

例如，常数 BACKSPACE、ENTER、QUOTE、RETURN、SPACE 和 TAB 是 Key 对象的属性，指代键盘的按键。若要测试是否按了 Enter 键，可以使用下面的语句：

```
if(Key.getCode( ) == Key.ENTER) {
  alert = "Are you ready to play?";
  controlMC.gotoAndStop(5);
}
```

10.1.4 变量

变量是包含信息的容器。容器本身不会改变，但其内容可以更改。第一次定义变量时，最好为变量定义一个已知值，这就是初始化变量，通常在 SWF 文件的第 1 帧中完成。每一个影片剪辑对象都有自己的变量，而且不同的影片剪辑对象中的变量相互独立且互不影响。

变量中可以存储的常见信息类型包括 URL、用户名、数字运算的结果和事件发生的次数等。

为变量命名必须遵循以下规则。

① 变量名在其作用范围内必须是唯一的。

② 变量名不能是关键字或布尔值（true 或 false）。

③ 变量名必须以字母或下划线开始，由字母、数字或下划线组成，其间不能包含空格（变量名没有大小写的区别）。

变量的范围是指变量在其中已知并且可以引用的区域，它包含 3 种类型。

（1）本地变量

在声明它们的函数体（由大括号决定）内可用。本地变量的使用范围只限于它的代码块，会在该代码块结束时到期，其余的本地变量会在脚本结束时到期。若要声明本地变量，可以在函数体内部使用 var 语句。

（2）时间轴变量

可用于时间轴上的任意脚本。要声明时间轴变量，应在时间轴的所有帧上都初始化这些变量。应先初始化变量，然后再尝试在脚本中访问它。

（3）全局变量

对于文档中的每个时间轴和范围均可见。如果要创建全局变量，可以在变量名称前使用_global 标识符，不使用 var 语法。

10.1.5 函数

函数是用来对常量和变量等进行某种运算的方法，如产生随机数、进行数值运算或获取对象属性等。函数是一个动作脚本代码块，它可以在影片中的任何位置上重新使用。如果将值作为参数传递给函数，则函数将对这些值进行操作。函数也可以返回值。

调用函数可以用一行代码来代替一个可执行的代码块。函数可以执行多个动作，并为它们传递可选项。函数必须要有唯一的名称，以便在代码行中可以知道访问的是哪一个函数。

Flash 具有内置的函数，可以访问特定的信息或执行特定的任务。例如，获得 Flash 播放器的版本号等。属于对象的函数叫方法，不属于对象的函数叫顶级函数，可以在“动作”面板的“函数”类别中找到。

每个函数都具备自己的特性，而且某些函数需要传递特定的值。如果传递的参数多于函数的需要，多余的值将被忽略。如果传递的参数少于函数的需要，空的参数会被指定为 undefined 数据类型，这在导出脚本时，可能会导致出现错误。如果要调用函数，该函数必须存在于播放头到达的帧中。

动作脚本提供了自定义函数的方法，可以自行定义参数，并返回结果。在主时间轴上或影片剪辑时间轴的关键帧中添加函数时，即是在定义函数。所有的函数都有目标路径。所有的函数都需要在名称后跟一对括号（ ），但括号中是否有参数是可选的。一旦定义了函数，就可以从任何一个时间轴中调用它，包括加载的 SWF 文件的时间轴。

10.1.6 表达式和运算符

表达式是由常量、变量、函数和运算符按照运算法则组成的计算式。运算符是可以提供对数值、字符串和逻辑值进行运算的关系符号。运算符有很多种类，包括数值运算符、字符串运算符、比较运算符、逻辑运算符、位运算符和赋值运算符等。

（1）算术运算符及表达式

算术表达式是数值进行运算的表达式。它由数值、以数值为结果的函数和算术运算符组成，运算结果是数值或逻辑值。

在 Flash 中可以使用如下算术运算符。

+、-、*、/ —— 执行加、减、乘、除运算。

=、<> —— 比较两个数值是否相等、不相等。

< 、<= 、>、>= —— 比较运算符前面的数值是否小于、小于等于、大于、大于等于后面的数值。

（2）字符串表达式

字符串表达式是对字符串进行运算的表达式。它由字符串、以字符串为结果的函数和字符串运算符组成，运算结果是字符串或逻辑值。

在 Flash 中可以使用如下字符串表达式的运算符。

& —— 连接运算符两边的字符串。

Eq 、Ne —— 判断运算符两边的字符串是否相等、不相等。

Lt 、Le 、Qt 、Qe —— 判断运算符左边字符串的 ASCII 码是否小于、小于等于、大于、大于等于右边字符串的 ASCII 码。

（3）逻辑表达式

逻辑表达式是对正确、错误结果进行判断的表达式。它由逻辑值、以逻辑值为结果的函数、以逻辑值为结果的算术或字符串表达式和逻辑运算符组成，运算结果是逻辑值。

（4）位运算符

位运算符用于处理浮点数。运算时先将操作数转化为 32 位的二进制数，然后对每个操作数分别按位进行运算，运算后再将二进制的结果按照 Flash 的数值类型返回。

动作脚本的位运算符包括。

&（位与）、/（位或）、^（位异或）、~（位非）、<<（左移位）、>>（右移位）和>>>(填 0 右移位)等。

（5）赋值运算符

赋值运算符的作用是为变量、数组元素或对象的属性赋值。

10.2 课堂练习——制作漫天飞雪

练习知识要点

使用“椭圆”工具和“颜色”面板，绘制雪花图形；使用“动作”面板，添加脚本语言，效果如图 10-18 所示。

效果所在位置

资源包 > Ch10 > 效果 > 制作漫天飞雪.fla。

图 10-18

制作漫天飞雪

10.3 课后习题——制作鼠标跟随效果

习题知识要点

使用“椭圆”工具、“多角星形”工具和“颜色”面板，绘制鼠标跟随图形；使用“动作”面板，添加脚本语言，效果如图 10-19 所示。

效果所在位置

资源包 > Ch10 > 效果 > 制作鼠标跟随效果.fla。

图 10-19

制作鼠标跟随效果

Chapter

11

第 11 章
制作交互式动画

Flash CS6 动画存在着交互性，可以通过对按钮的更改来控制动画的播放形式。本章主要讲解控制动画播放、声音改变、按钮状态变化的方法。通过对本章的学习，读者可以了解并掌握如何制作动画的交互功能，从而实现人机交互的操作方式。

课堂学习目标

- 掌握播放和停止动画的方法
- 掌握按钮事件的应用方法
- 了解添加控制命令的方法

11.1 播放和停止动画

Flash 动画交互性就是用户通过菜单、按钮、键盘和文字输入等方式，来控制动画的播放。交互是为了用户与计算机之间产生互动性，使计算机对互相的指示做出相应的反应。交互式动画就是动画在播放时支持事件响应和交互功能的一种动画，动画在播放时不是从头播到尾，而是可以接受用户控制。

11.1.1 课堂案例——制作汽车展示

案例学习目标

学习使用动作面板添加动作脚本语言。

案例知识要点

使用“导入到库”命令，导入素材图片；使用“椭圆”工具和“颜色”面板，绘制按钮图形；使用“对齐”面板，调整图片的对齐效果；使用“创建传统补间”命令，制作传统补间动画；使用“动作”面板，添加脚本语言，效果如图 11–1 所示。

效果所在位置

资源包 > Ch11 > 效果 > 制作汽车展示.fla。

图 11–1

1. 导入素材制作元件

STEP 1 选择“文件 > 新建”命令，在弹出的“新建文档”对话框中选择“ActionScript 3.0”选项，将“宽”选项设为 550，“高”选项设为 375，单击“确定”按钮，完成文档的创建。

制作汽车展示 1

STEP 2 选择“文件 > 导入 > 导入到库”命令，在弹出的“导入到库”对话框中选择“Ch11 > 素材 > 制作汽车展示 > 01~05”文件，单击“打开”按钮，文件被导入到“库”面板中，如图 11–2 所示。

STEP 3 按 Ctrl+F8 组合键，弹出“创建新元件”对话框，在“名称”选项的文本框中输入“图片”，在“类型”选项下拉列表中选择“图形”选项，如图 11–3 所示，单击“确定”按钮，新建图形元件“图片”，如图 11–4 所示。舞台窗口也随之转换为图形元件的舞台窗口。

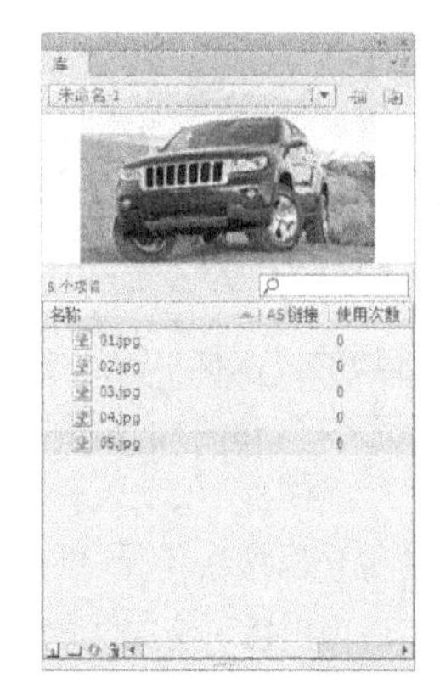

图 11-2

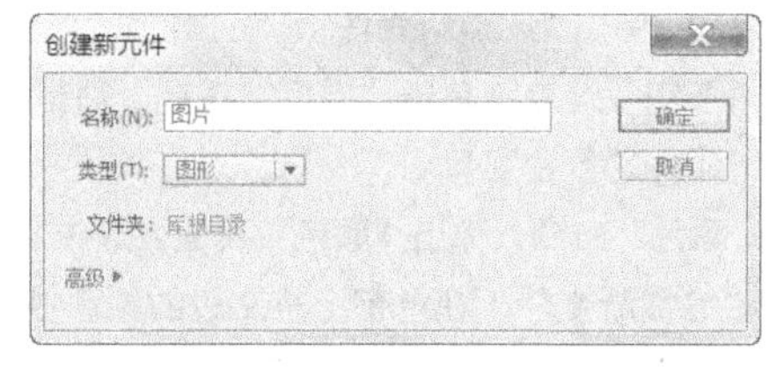

图 11-3

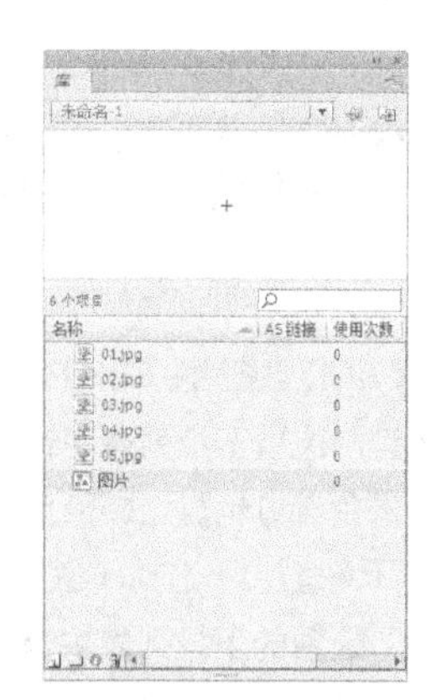

图 11-4

STEP 4 分别将“库”面板中的位图“02”“03”“04”“05”拖曳到舞台窗口中的适当的位置，如图 11-5 所示。选择“选择”工具，将所有的图片同时选取，如图 11-6 所示。

图 11-5

图 11-6

STEP 5 选择“窗口 > 对齐”命令，弹出“对齐”面板，在“对齐”面板中分别单击“垂直中齐”按钮、“水平居中分布”按钮，将图片垂直居中并水平居中分布，效果如图 11-7 所示。按 Ctrl+G 组合键，将选中的对象编组，效果如图 11-8 所示。

图 11-7

图 11-8

STEP 6 选择“选择”工具，选择组合对象，按住 Alt+Shift 组合键的同时向右拖曳鼠标到适当的位置，复制组合对象，效果如图 11-9 所示。

图 11-9

STEP 7 按 Ctrl+F8 组合键，弹出“创建新元件”对话框，在“名称”选项的文本框中输入“play”，在“类型”选项下拉列表中选择“按钮”选项，单击“确定”按钮，新建按钮元件“play”，如图 11-10 所示。舞台窗口也随之转换为按钮元件的舞台窗口。

STEP 8 选择“窗口 > 颜色”命令，弹出“颜色”面板，选中“填充颜色”按钮，在“颜色类型”选项的下拉列表中选择“线性渐变”，在色带上将左边的颜色控制点设为白色，将右边的颜色控制点设为深灰色（#666666），生成渐变色，如图 11-11 所示。

STEP 9 选择“椭圆”工具，在椭圆工具“属性”面板中，将“笔触颜色”设为深灰色（#333333），“笔触”选项设为 1，在舞台窗口中绘制一个圆形，如图 11-12 所示。

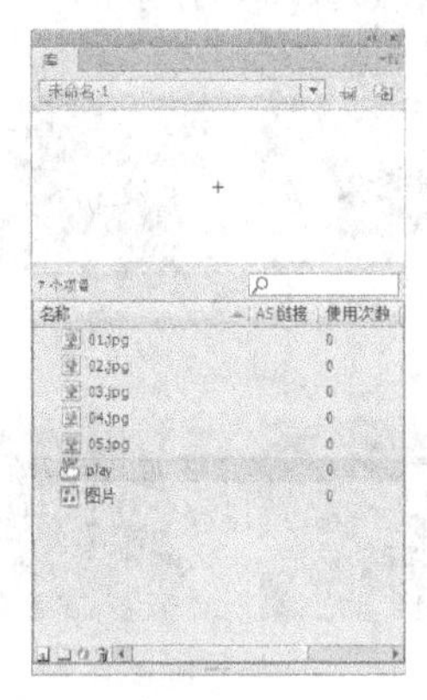

图 11-10

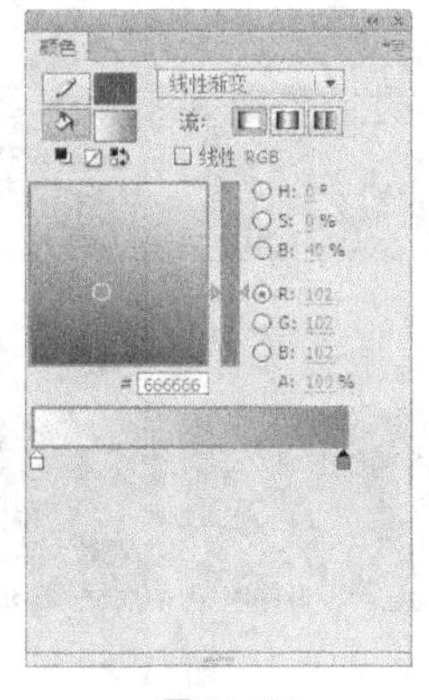

图 11-11

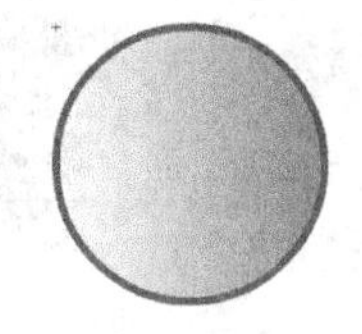

图 11-12

STEP 10 选择“选择”工具，在舞台窗口中选中椭圆图形，如图 11-13 所示。按 Ctrl+C 组合键，将其复制。按 Ctrl+Shift+V 组合键，将复制的图形原位粘贴。按 Ctrl+T 组合键，弹出“变形”面板，将“缩放宽度”和“缩放高度”选项均设为 85，将“旋转”选项设为-180°，如图 11-14 所示，按 Enter 键，确认缩小图形并旋转角度，效果如图 11-15 所示。

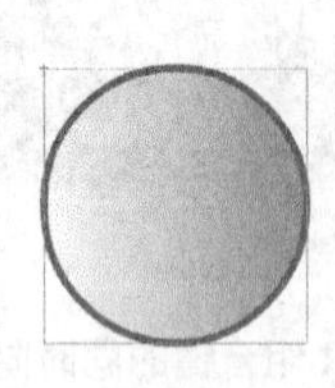

图 11-13

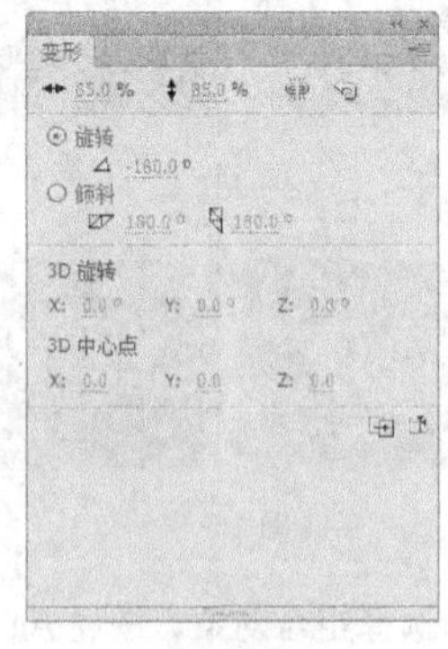

图 11-14

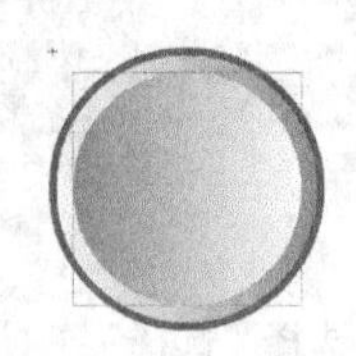

图 11-15

STEP 11 单击“时间轴”面板下方的“新建图层”按钮，新建“图层 2”。选择“文本”工具T，在文本工具“属性”面板中进行设置，在舞台窗口中适当的位置输入大小为 10、字体为“汉真广标”的黑色文字，文字效果如图 11-16 所示。

STEP 12 选择“选择”工具，在舞台窗口中选中英文，按住 Alt 键的同时向左上方拖曳鼠标到适当的位置，复制图形，如图 11-17 所示。在工具箱中将“填充颜色”设为白色，效果如图 11-18 所示。用相同的方法制作按钮元件“stop”，效果如图 11-19 所示。

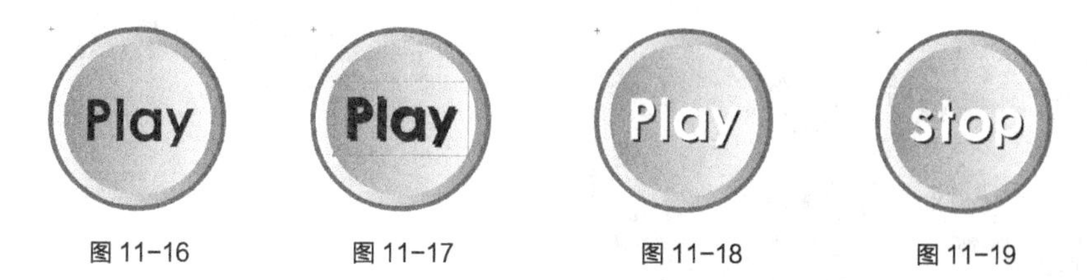

图 11-16　　图 11-17　　图 11-18　　图 11-19

2. 制作照片浏览动画

制作汽车展示 2

STEP 1 单击舞台窗口左上方的“场景 1”图标 场景 1，进入“场景 1”的舞台窗口。将“图层 1”重新命名为“底图”。将“库”面板中的位图“01.jpg”拖曳到舞台窗口的中心位置，如图 11-20 所示。选中“底图”图层的第 100 帧，按 F5 键，插入普通帧。

STEP 2 选择“矩形”工具，按 Alt+Shift+F9 组合键，弹出“颜色”面板，将“笔触颜色”设为无，“填充颜色”设为白色，将“Alpha”选项设为 50%，在舞台窗口中绘制一个矩形，效果如图 11-21 所示。

图 11-20

图 11-21

STEP 3 单击“时间轴”面板下方的“新建图层”按钮，创建新图层并将其命名为“矩形”。在舞台窗口中绘制多个矩形，效果如图 11-22 所示。单击“时间轴”面板下方的“新建图层”按钮，创建新图层并将其命名为“图片”。将“库”面板中的图形元件“图片”拖曳到舞台窗口中，并放置在适当的位置，如图 11-23 所示。

图 11-22

图 11-23

STEP 4 选中“图片”图层的第 100 帧，按 F6 键，插入关键帧。在舞台窗口中将“图片”实例水平向右拖曳到适当的位置，如图 11-24 所示。用鼠标右键单击“图片”图层的第 1 帧，在弹出的快捷菜单中选择“创建传统补间”命令，生成传统补间动画，如图 11-25 所示。

图 11-24

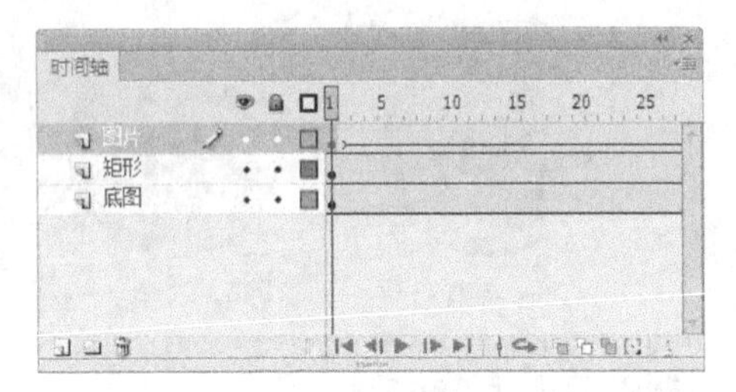

图 11-25

STEP 5 单击“时间轴”面板下方的“新建图层”按钮，创建新图层并将其命名为“遮罩”。在“时间轴”面板中选中“矩形”图层，将该层中的对象全部选中，按 Ctrl+C 组合键，复制图形。选中“遮罩”图层，按 Ctrl+Shift+V 组合键，将复制的图形原位粘贴到“遮罩”图层中，如图 11-26 所示。选中如图 11-27 所示的矩形，按 Ctrl+X 组合键，将其剪切。

图 11-26

图 11-27

STEP 6 用鼠标右键单击“遮罩”图层，在弹出的菜单中选择“遮罩层”命令，将“遮罩”图层转换为遮罩层，“图片”图层转为被遮罩的层，如图 11-28 所示，舞台窗口中的效果如图 11-29 所示。

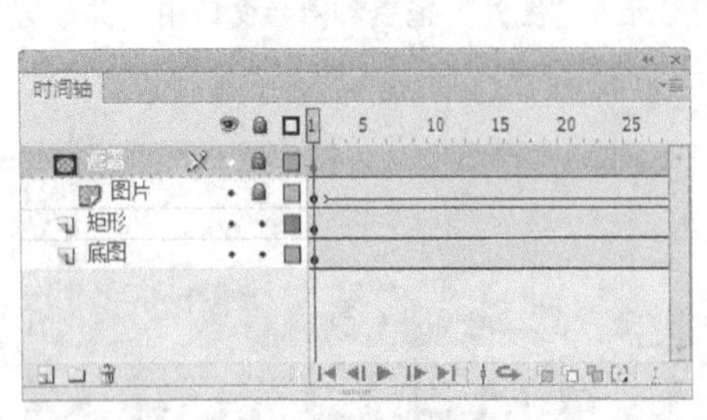

图 11-28

图 11-29

STEP 7 单击“时间轴”面板下方的“新建图层”按钮，创建新图层并将其命名为“装饰”。按 Ctrl+Shift+V 组合键，将剪切的矩形原位粘贴到“装饰”图层中，保持矩形的选取状态，在工具箱中将

“填充颜色”设为深蓝色（#111C23），效果如图 11-30 所示。

STEP 8 选择“矩形”工具，在舞台窗口中绘制 2 个矩形，如图 11-31 所示。用相同的方法制作出图 11-32 所示的效果。

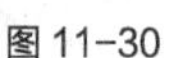

图 11-30

图 11-31

图 11-32

3. 添加按钮及动作脚本

制作汽车展示 3

STEP 1 单击“时间轴”面板下方的“新建图层”按钮，创建新图层并将其命名为“按钮”。分别将“库”面板中的按钮元件“play”和“stop”拖曳到舞台窗口中，并放置在适当的位置，如图 11-33 所示。

STEP 2 选择“选择”工具，选中“play”实例，在按钮实例“属性”面板“实例名称”选项的文本框中输入“start_Btn”，如图 11-34 所示。选中“stop”实例，在按钮实例“属性”面板“实例名称”选项的文本框中输入“stop_Btn”，如图 11-35 所示。

图 11-33

图 11-34

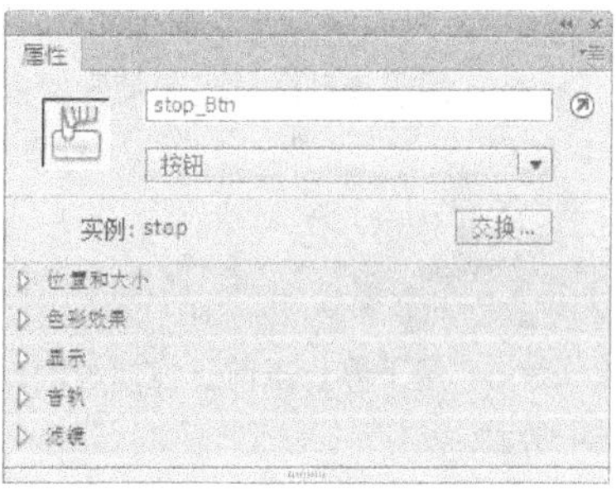

图 11-35

STEP 3 单击“时间轴”面板下方的“新建图层”按钮，创建新图层并将其命名为“动作脚本”。选中“动作脚本”图层的第 1 帧，按 F9 键，弹出“动作”面板。在“动作”面板中设置脚本语言，“脚本窗口”中显示的效果如图 11-36 所示。

```
1  stop();
2  start_Btn.addEventListener(MouseEvent.CLICK,nowstart);
3  function nowstart(event:MouseEvent):void{
4      play();
5  }
6  stop_Btn.addEventListener(MouseEvent.CLICK,nowstop);
7  function nowstop(event:MouseEvent):void{
8      stop();
9  }
10 
```

图 11-36

STEP 4 选中"动作脚本"图层的第 100 帧，按 F6 键，插入关键帧。按 F9 键，在弹出的"动作"面板中设置脚本语言，"脚本窗口"中显示的效果如图 11-37 所示。汽车展示制作完成，按 Ctrl+Enter 组合键即可查看效果，如图 11-38 所示。

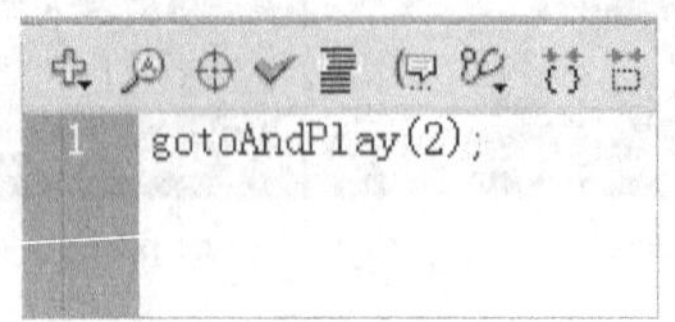

图 11-37

图 11-38

11.1.2 播放和停止动画

控制动画的播放和停止所使用的动作脚本如下。

on：事件处理函数，指定触发动作的鼠标事件或按键事件。

例如，

```
on (press) {
}
```

此处的"press"代表发生的事件，可以将"press"替换为任意一种对象事件。

play：用于使动画从当前帧开始播放。

例如，

```
on (press) {
play();
}
```

stop：用于停止当前正在播放的动画，并使播放头停留在当前帧。

例如，

```
on (press) {
stop();
}
```

addEventListener()：用于添加事件的方法。

例如，

```
所要接收事件的对象.addEventListener（事件类型.事件名称,事件响应函数的名称）;
{
//此处是为响应的事件所要执行的动作
}
```

打开"基础素材 > Ch11 > 01"文件。在"库"面板中新建一个图形元件"热气球"，如图 11-39 所示，舞台窗口也随之转换为图形元件的舞台窗口，将"库"面板中的位图"02"拖曳到舞台窗口中，效果如图 11-40 所示。

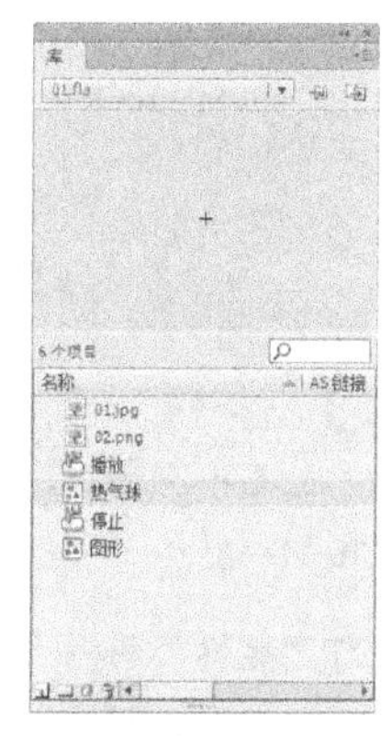

图 11-39

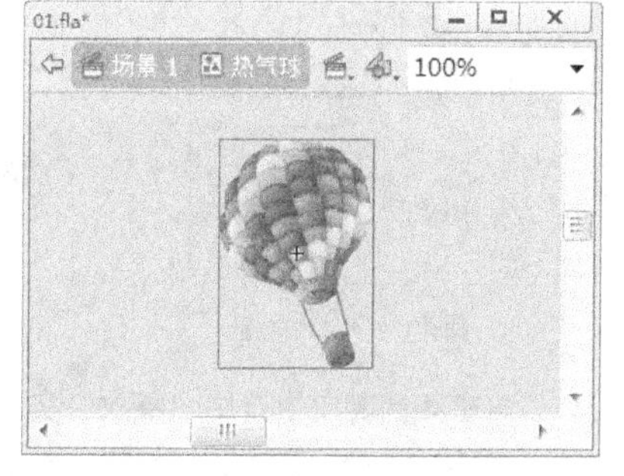

图 11-40

单击舞台窗口左上方的“场景 1”图标，进入“场景 1”的舞台窗口。单击“时间轴”面板下方的“新建图层”按钮，创建新图层并将其命名为“热气球”，如图 11-41 所示。将“库”面板中的图形元件“热气球”拖曳到舞台窗口中，效果如图 11-42 所示。选中“底图”图层的第 30 帧，按 F5 键，插入普通帧，如图 11-43 所示。

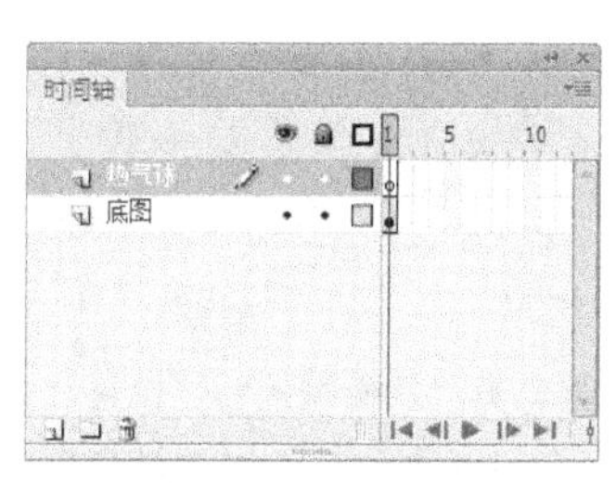

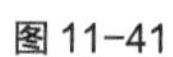
图 11-41

图 11-42

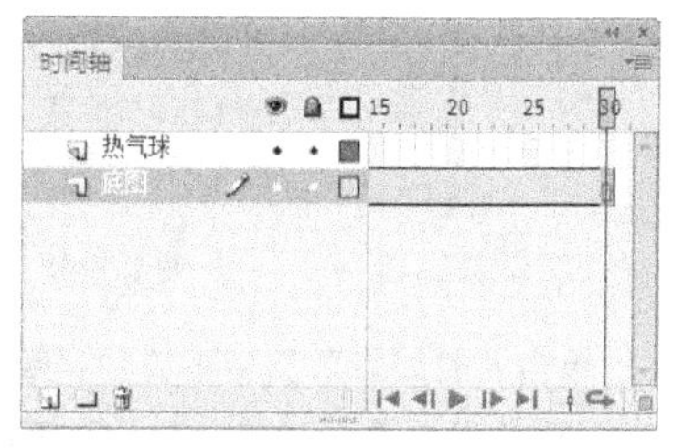

图 11-43

选中“热气球”图层的第 30 帧，按 F6 键，插入关键帧，如图 11-44 所示。选择“选择”工具，在舞台窗口中将“热气球”实例向上拖曳到适当的位置，如图 11-45 所示。

用鼠标右键单击“热气球”图层的第 1 帧，在弹出的菜单中选择“创建传统补间”命令，创建动作补间动画，如图 11-46 所示。

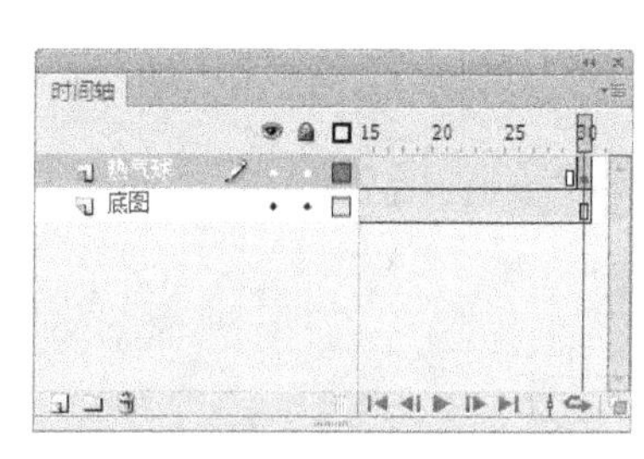

图 11-44

图 11-45

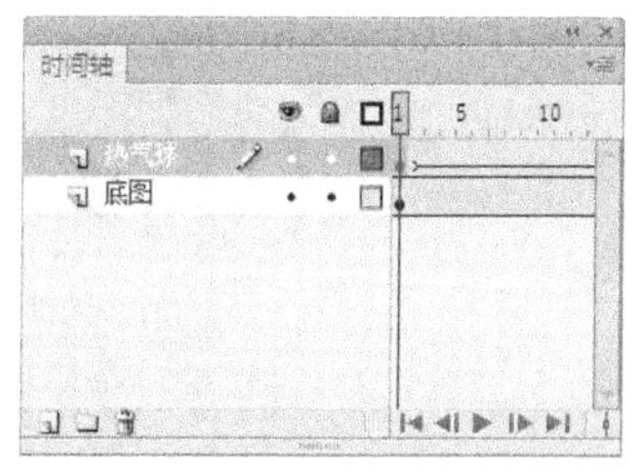

图 11-46

单击“时间轴”面板下方的“新建图层”按钮，创建新图层并将其命名为“按钮”，如图 11-47 所示。分别将“库”面板中的按钮元件“播放”“停止”拖曳到舞台窗口中，并放置在适当的位置，效果如图 11-48 所示。

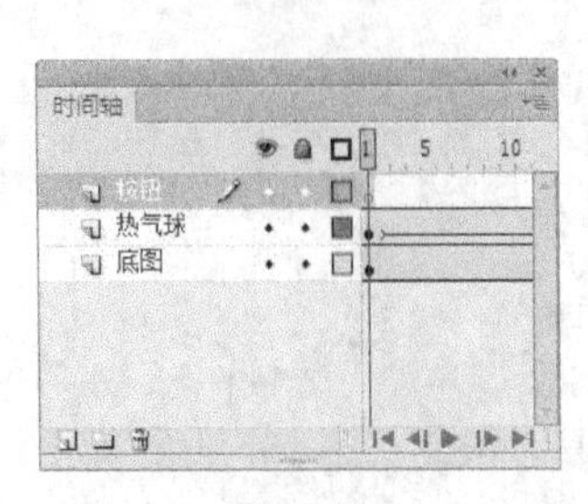

图 11-47

图 11-48

选择“选择”工具，在舞台窗口中选中“播放”实例，在按钮“属性”面板“实例名称”选项的文本框中输入“start_Btn”，如图 11-49 所示。用相同的方法在“停止”按钮实例的“实例名称”选项的文本框中输入“stop_Btn”，如图 11-50 所示。

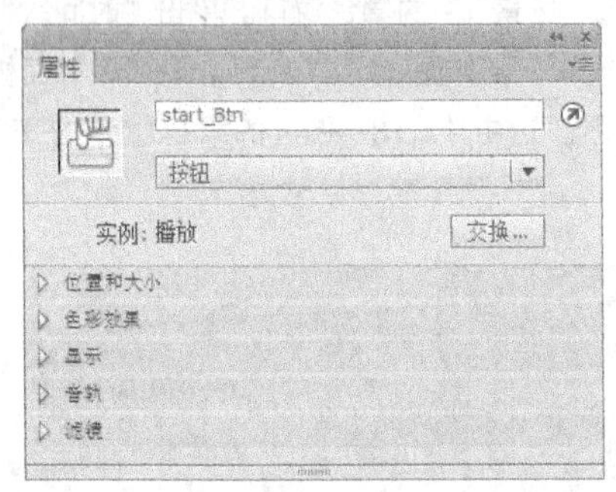

图 11-49

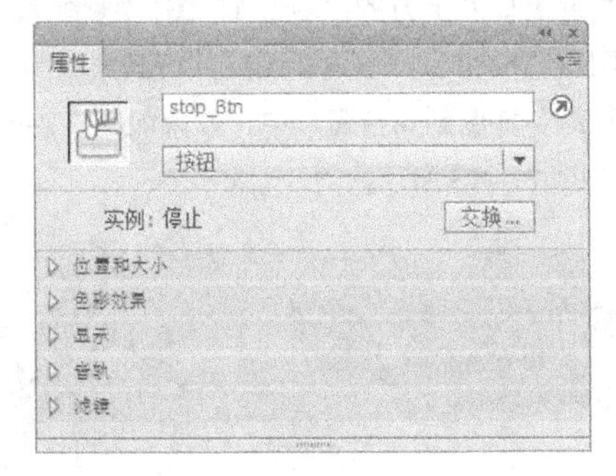

图 11-50

单击“时间轴”面板下方的“新建图层”按钮，创建新图层并将其命名为“动作脚本”。选择“窗口 > 动作”命令，弹出“动作”面板，在“动作”面板中设置脚本语言，“脚本窗口”中显示的效果如图 11-51 所示。设置完成动作脚本后，关闭“动作”面板。在“动作脚本”图层中的第 1 帧上显示出一个标记“a”，如图 11-52 所示。

按 Ctrl+Enter 组合键，查看动画效果。当单击停止按钮时，动画停止在正在播放的帧上，效果如图 11-53 所示。单击播放按钮后，动画将继续播放。

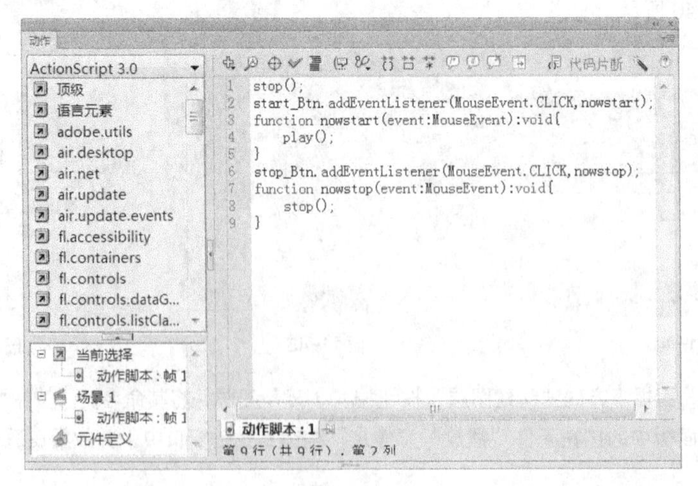

图 11-51

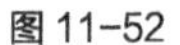

图 11-52　　　　图 11-53

11.1.3 按钮事件

按钮是交互动画的常用控制方式，可以利用按钮来控制和影响动画的播放，实现页面的链接和场景的跳转等功能。

打开“基础素材 > Ch11 > 02”文件。按 Ctrl+L 组合键，弹出“库”面板，如图 11-54 所示。在“库”面板中，用鼠标右键单击按钮元件“Play”，在弹出的菜单中选择“属性”命令，弹出“元件属性”对话框，勾选“为 ActionScript 导出”复选框，在“类”文本框中输入类名称“playbutton”，如图 11-55 所示，单击“确定”按钮。

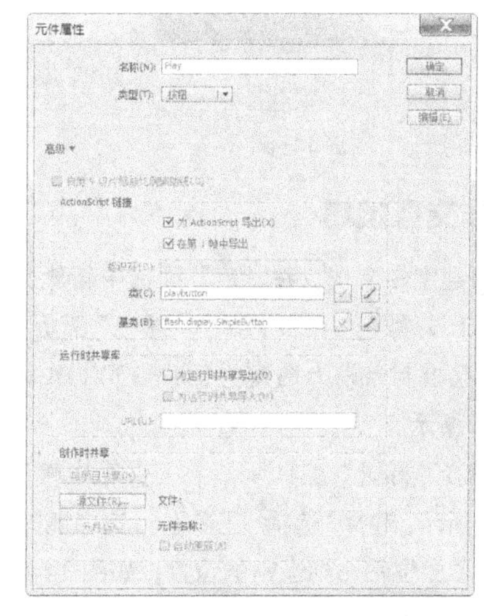

图 11-54　　　　图 11-55

单击“时间轴”面板下方的“新建图层”按钮，创建新图层并将其命名为“动作脚本”。选择“动作脚本”图层的第 1 帧，选择“窗口 > 动作”命令，弹出“动作”面板（其快捷键为 F9 键）。在“脚本窗口”中输入脚本语言，“动作”面板中的效果如图 11-56 所示。按 Ctrl+Enter 组合键即可查看效果，如图 11-57 所示。

```
stop();
//处于静止状态
var playBtn:playbutton = new playbutton();
//创建一个按钮实例
playBtn.addEventListener( MouseEvent.CLICK, handleClick );
//为按钮实例添加监听器
var stageW=stage.stageWidth;
var stageH=stage.stageHeight;
```

```
//依据舞台的宽和高
playBtn.x=stageW/1.1;
playBtn.y=stageH/1.1;
this.addChild(playBtn);
//添加按钮到舞台中，并将其放置在舞台的左下角（“stageW/1.2”、“stageH/1.1”宽和高在 x 和 y 轴的坐标）
function handleClick( event:MouseEvent ) {
            gotoAndPlay(2);
    }
//单击按钮时跳到下一帧并开始播放动画
```

图 11-56

图 11-57

11.1.4 制作交互按钮

STEP 1 新建空白文档，在“库”面板中新建一个按钮元件，舞台窗口也随之转换为按钮元件的舞台窗口。选择“窗口 > 颜色”命令，弹出“颜色”面板，在“类型”选项的下拉列表中选择“线性渐变”，在色带上将左边的颜色控制点设为橘黄色（#FF9900），将右边的颜色控制点设为红色（#FF0000），生成渐变色，如图 11-58 所示。

STEP 2 选择“椭圆”工具，在工具箱中将“笔触颜色”设为无，在舞台窗口中绘制 1 个椭圆形，效果如图 11-59 所示。选择“选择”工具，选中椭圆形，按 Ctrl+C 组合键，复制图形。按 Crtl+Shift+V 组合键，将复制的图形原位粘贴到当前的位置，如图 11-60 所示。选择“任意变形”工具，将粘贴的椭圆形缩小并旋转适当的角度，效果如图 11-61 所示。

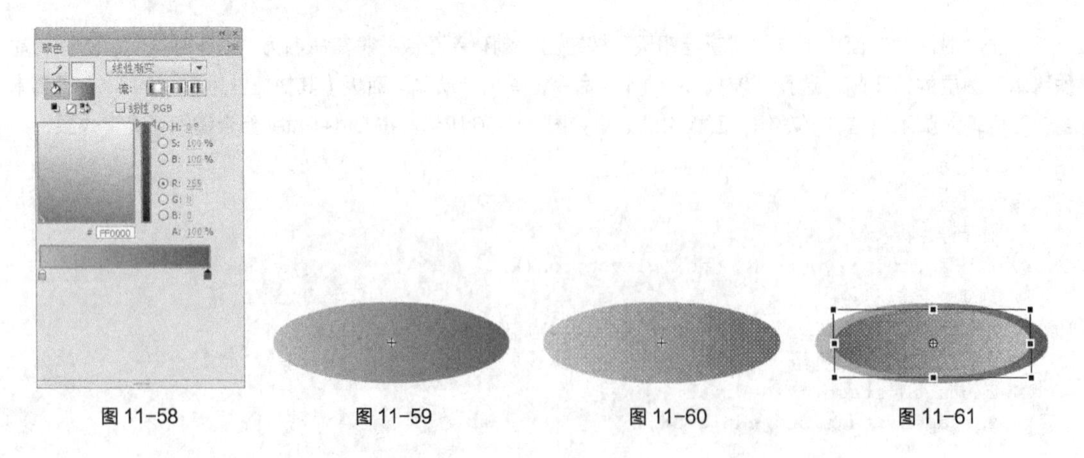

图 11-58　图 11-59　图 11-60　图 11-61

STEP 3 选择“墨水瓶”工具，在墨水瓶“属性”面板中将“笔触颜色”设为白色，“笔触”选项设为 2，其他选项的设置如图 11-62 所示。用鼠标在粘贴的椭圆边线上单击，勾画出椭圆形的轮廓，效果如图 11-63 所示。选择“选择”工具，选中上方的椭圆形，按 Ctrl+C 组合键，复制圆形。

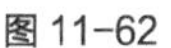
图 11-62

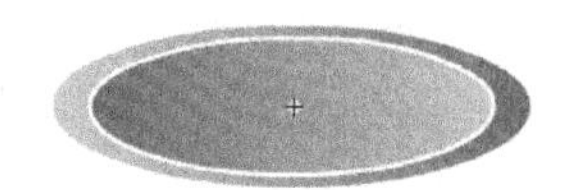
图 11-63

STEP 4 将“背景颜色”设为黑色。在“库”面板中新建一个图形元件“椭圆”，舞台窗口也随之转换为图形元件的舞台窗口。选择“编辑 > 粘贴到当前位置”命令，将复制过的椭圆形进行粘贴，效果如图 11-64 所示。在工具箱中将“填充颜色”设为白色，椭圆形也随之改变，效果如图 11-65 所示。

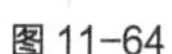
图 11-64

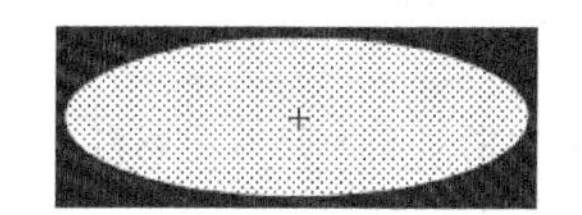
图 11-65

STEP 5 在“库”面板中新建一个影片剪辑元件“高光动”，如图 11-66 所示，舞台窗口也随之转换为影片剪辑元件的舞台窗口。将图形元件“椭圆”拖曳到舞台窗口中，选中第 10 帧，按 F6 键，插入关键帧。选中舞台窗口中的“椭圆”实例，在图形“属性”面板中选择“色彩效果”选项组，在“样式”选项的下拉列表中选择“Alpha”，将其值设为 0。

STEP 6 选中第 1 帧，选中舞台窗口中的“椭圆”实例，在图形“属性”面板中选择“色彩效果”选项组，在“样式”选项的下拉列表中选择“Alpha”，将其值设为 80，效果如图 11-67 所示。

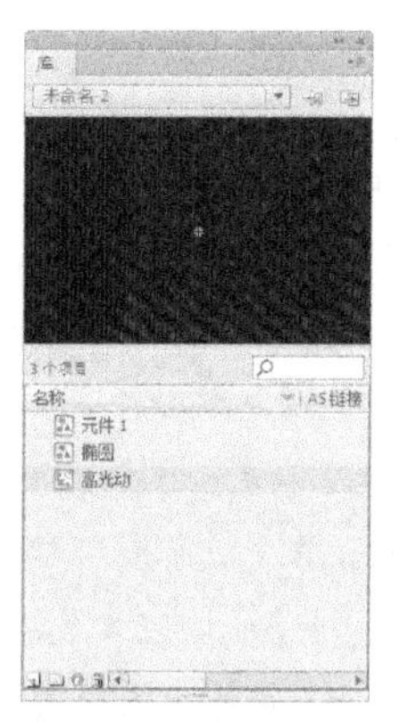

图 11-66

图 11-67

STEP 7 用鼠标右键单击第 1 帧，在弹出的菜单中选择“创建传统补间”命令，在第 1 帧～第 10 帧之间创建传统补间，如图 11-68 所示。双击“库”面板中的按钮元件，舞台窗口转换为按钮元件的舞台窗口。在“时间轴”面板中分别选中“指针经过”帧和“按下”帧，按 F6 键，插入关键帧，如图 11-69 所示。

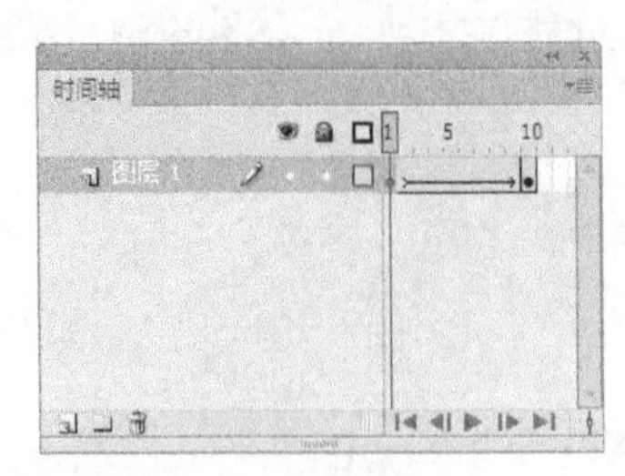

图 11-68

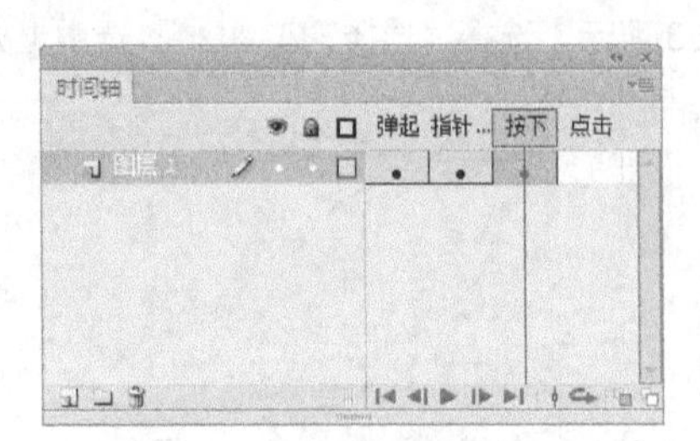

图 11-69

STEP 8 选中“指针经过”帧，将“库”面板中的影片剪辑元件“高光动”拖曳到舞台窗口中，放置的位置和舞台窗口中上方的椭圆形重合，效果如图 11-70 所示。选中“按下”帧，选中舞台窗口中的所有图形，在“变形”面板中，将“宽度”和“高度”选项分别设为 80%，效果如图 11-71 所示。

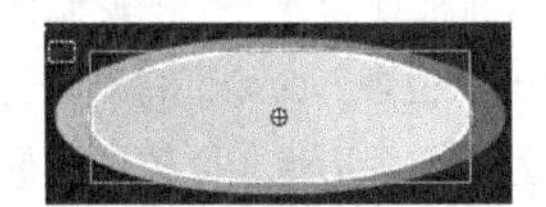
图 11-70

图 11-71

STEP 9 单击舞台窗口左上方的“场景 1”图标 场景 1，进入“场景 1”的舞台窗口。将“库”面板中的按钮元件拖曳到舞台窗口中。交互按钮制作完成，按 Ctrl+Enter 组合键即可查看效果。按钮在不同状态时的效果如图 11-72 所示。

（a）按钮的“弹起”状态

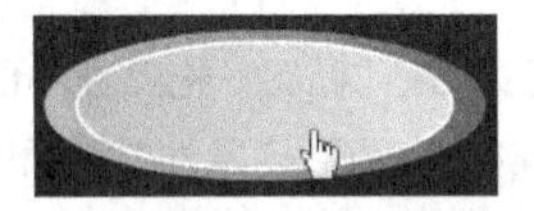
（b）按钮的“指针经过”状态

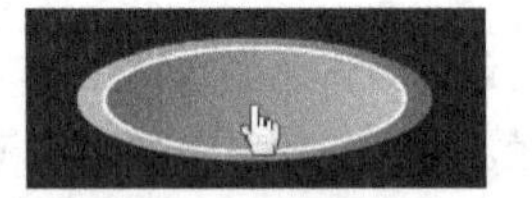
（c）按钮的“按下”状态

图 11-72

11.1.5 添加控制命令

控制鼠标跟随所使用的脚本如下。

```
root.addEventListener(Event.ENTER_FRAME,元件实例);
function 元件实例(e:Event) {
    var h: 元件= new 元件();
    h.x=root.mouseX;
    h.y=root.mouseY;
//设置元件实例在 x 轴和 y 轴的坐标位置
    root.addChild(h);
//将元件实例放入场景
}
```

STEP 1 新建空白文档。调出“库”面板，在“库”面板下方单击“新建元件”按钮，弹出“创建新元件”对话框，在“名称”选项的文本框中输入“多边形”，在“类型”选项的下拉列表中选择“图形”选项，单击“确定”按钮，新建一个图形元件“多边形”。舞台窗口也随之转换为图形元件的舞台窗口。

STEP 2 选择“窗口 > 颜色”命令，弹出“颜色”面板，在“类型”选项的下拉列表中选择“线性渐变”，在色带上将左边的颜色控制点设为橘黄色（#FF9900），将右边的颜色控制点设为红色（#FF0000），生成渐变色，如图 11-73 所示。

STEP 3 选择“多角星形”工具，单击多角星形工具“属性”面板中的“选项”按钮，弹出“工具设置”对话框，在“样式”选项的下拉列表中选择“多边形”，将“边数”选项设为 6，其他选项的设置如图 11-74 所示，单击“确定”按钮。在多角星形工具“属性”面板中将“笔触颜色”设为无，其他选项的设置如图 11-75 所示。在舞台窗口中绘制多边形，效果如图 11-76 所示。

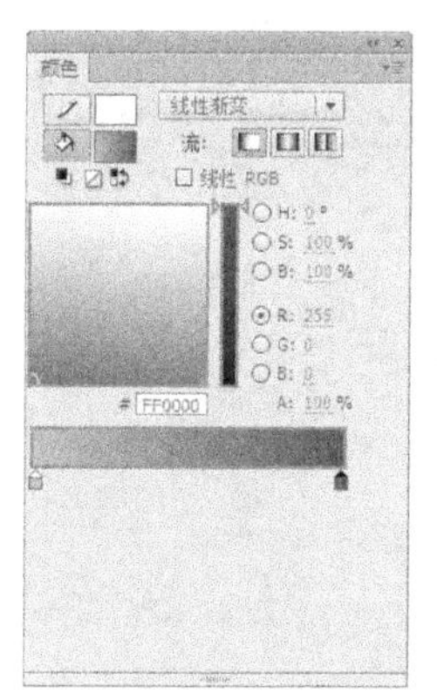

图 11-73

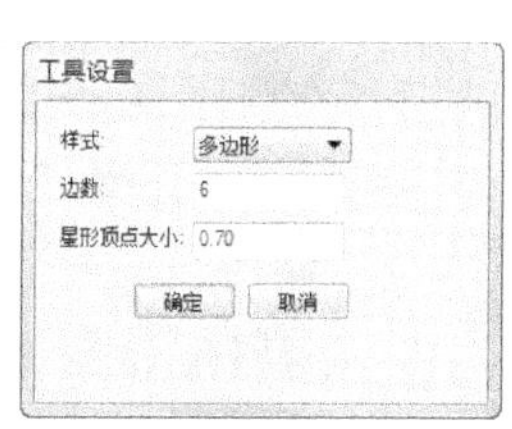

图 11-74

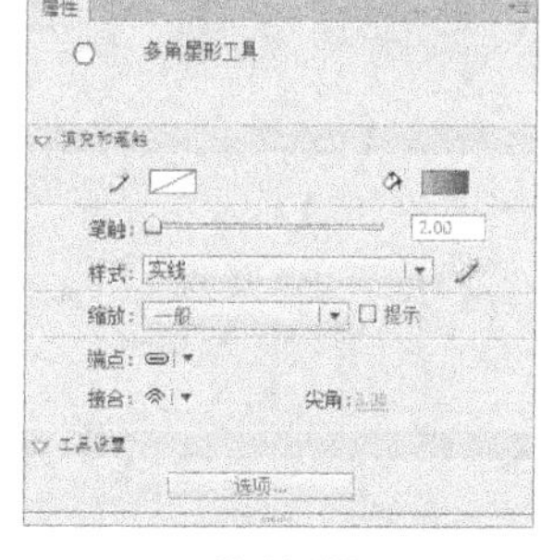

图 11-75

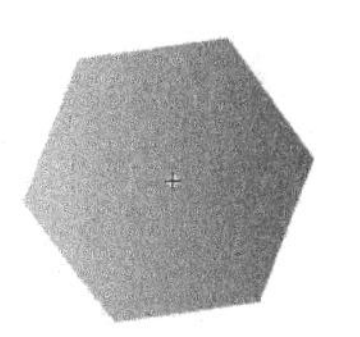
图 11-76

STEP 4 在“库”面板下方单击“新建元件”按钮，弹出“创建新元件”对话框，在“名称”选项的文本框中输入“多边形动”，在“类型”选项的下拉列表中选择“影片剪辑”选项，单击“确定”按钮，新建一个影片剪辑元件“多边形动”，如图 11-77 所示。舞台窗口也随之转换为影片剪辑元件的舞台窗口。将“库”面板中的图形元件“多边形”拖曳到舞台窗口中，如图 11-78 所示。

STEP 5 选中“图层 1”图层的第 20 帧，按 F6 键，插入关键帧。选中第 1 帧，选择“任意变形”工具，在舞台窗口中选择“多边形”实例，并将其缩小，效果如图 11-79 所示。用鼠标右键单击“图层 1”图层的第 1 帧，在弹出的菜单中选择“创建传统补间”命令，生成传统补间动画，如图 11-80 所示。

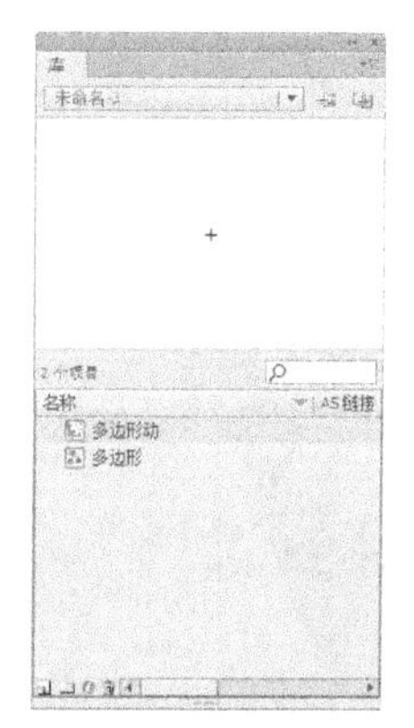

图 11-77

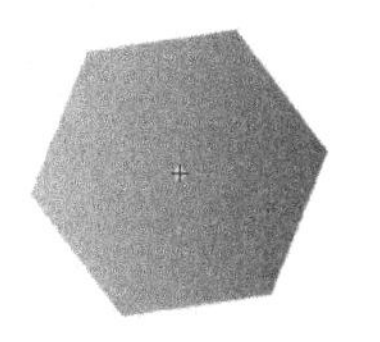
图 11-78

图 11-79

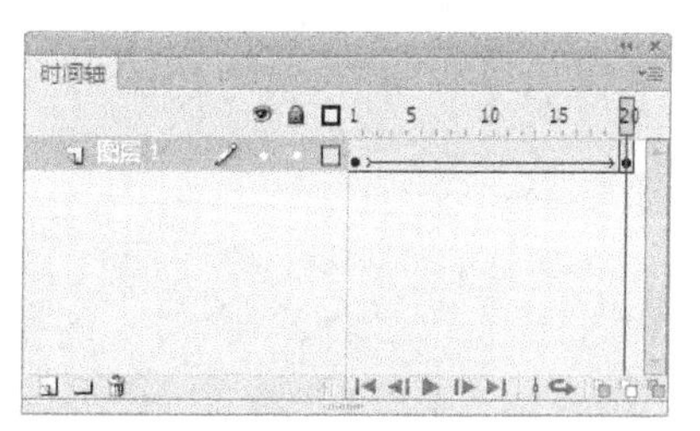

图 11-80

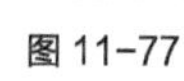 单击舞台窗口左上方的“场景 1”图标，进入“场景 1”的舞台窗口。用鼠标右键单击“库”面板中的影片剪辑元件“多边形动”，在弹出的菜单中选择“属性”命令，弹出“元件属性”

对话框，勾选“为 ActionScript 导出”复选框，在“类”文本框中输入类名称“Circle”，如图 11-81 所示，单击“确定”按钮。

STEP 7 选择“窗口 > 动作”命令，弹出“动作”面板（其快捷键为 F9 键）。在“脚本窗口”中输入脚本语言，“动作”面板中的效果如图 11-82 所示。

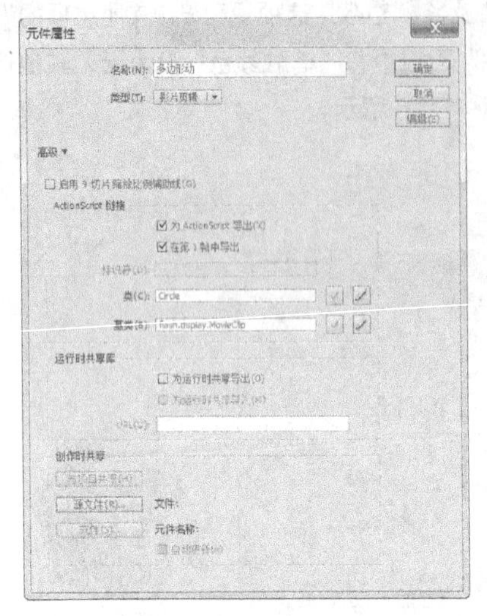

图 11-81

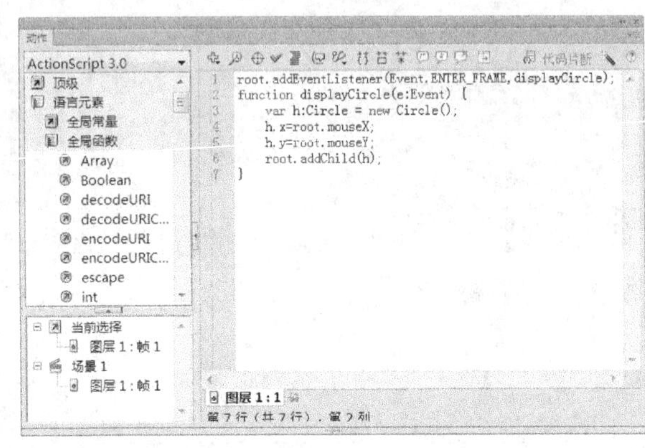

图 11-82

STEP 8 选择“文件 > ActionScript 设置”命令，弹出“高级 ActionScript 3.0 设置”对话框，在对话框中单击“严谨模式”选项前的复选框，去掉该选项的勾选，如图 11-83 所示，单击“确定”按钮。鼠标跟随效果制作完成，按 Ctrl+Enter 组合键即可查看效果，如图 11-84 所示。

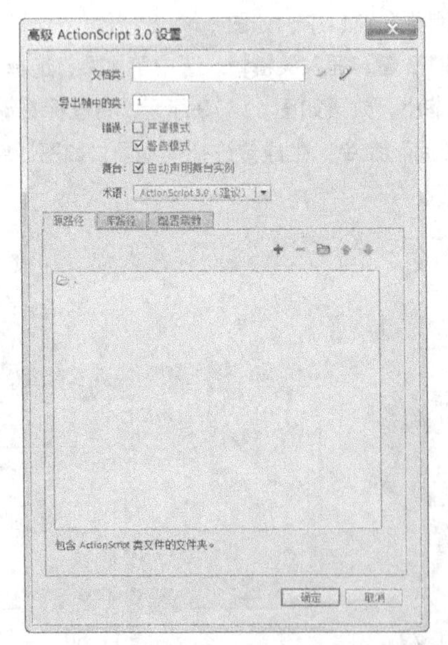

图 11-83

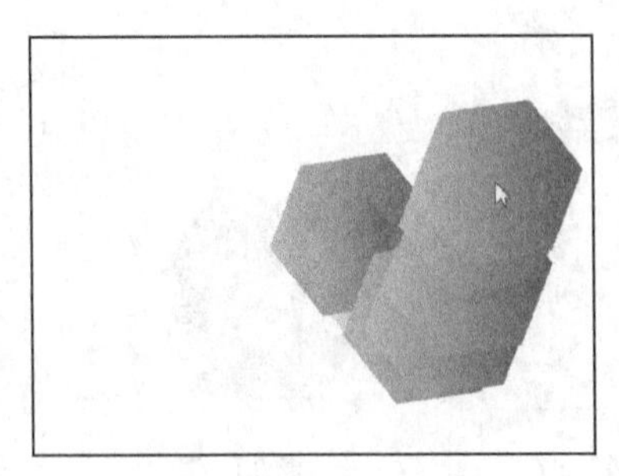

图 11-84

11.2 课堂练习——制作珍馐美味相册

练习知识要点

使用“矩形”工具和“颜色”面板，绘制按钮图形；使用“创建传统补间”命令，制作传统补间动画；使用“动作”面板，添加脚本语言，效果如图 11-85 所示。

效果所在位置

资源包 > Ch11 > 效果 > 制作珍馐美味相册.fla。

图 11-85

制作珍馐美味相册 1

制作珍馐美味相册 2

11.3 课后习题——制作动态按钮

习题知识要点

使用“矩形”工具，制作透明矩形条动画；使用“文本”工具，输入文本，效果如图 11-86 所示。

效果所在位置

资源包 > Ch11 > 效果 > 制作动态按钮.fla。

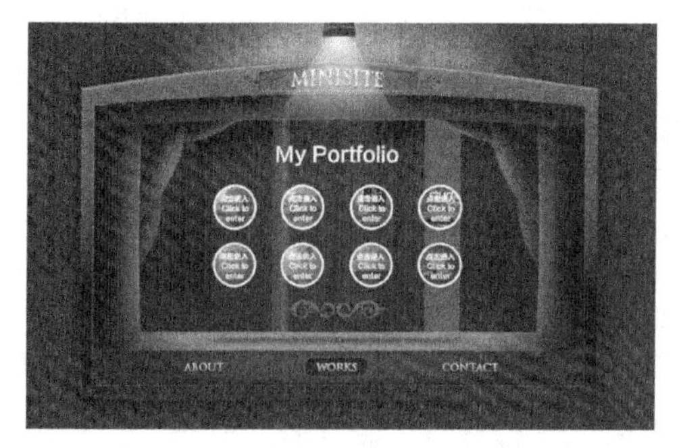

图 11-86

制作动态按钮

Chapter

12

第12章 组件与行为

在 Flash CS6 中，系统预先设定了组件、行为、模板等功能来协助用户制作动画，从而提高制作效率。本章将分别介绍组件、行为的分类及使用方法。读者通过学习要了解并掌握如何应用系统的自带功能高效地完成动画的制作。

课堂学习目标

- 掌握组件的设置、分类与应用
- 掌握行为的应用方法和技巧

12.1 组件

组件是一些复杂的带有可定义参数的影片剪辑符号。组件的目的在于让开发人员重用和共享代码，封装复杂功能，这样在没有“动作脚本”时也能使用和自定义这些功能。

12.1.1 设置组件

选择“窗口 > 组件”命令，弹出“组件”面板，如图 12-1 所示。组件包含 3 个类别：Flex 组件、用于创建界面的 User Interface 组件和控制视频播放的 Video 组件。

可以在“组件”面板中双击要使用的组件，组件显示在舞台窗口中，如图 12-2 所示。

可以在“组件”面板中选中要使用的组件，将其直接拖曳到舞台窗口中，如图 12-3 所示。

图 12-1

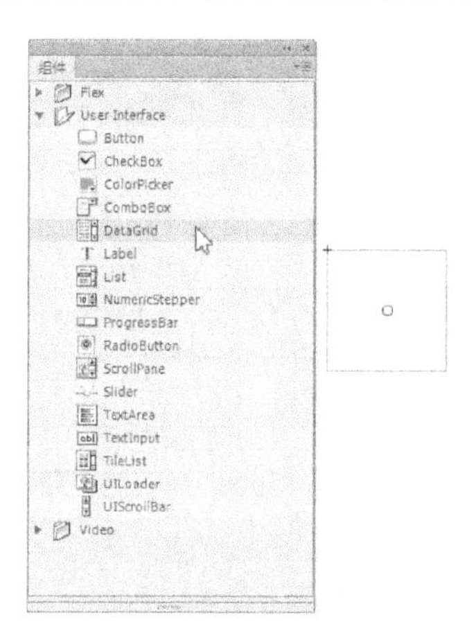

图 12-2

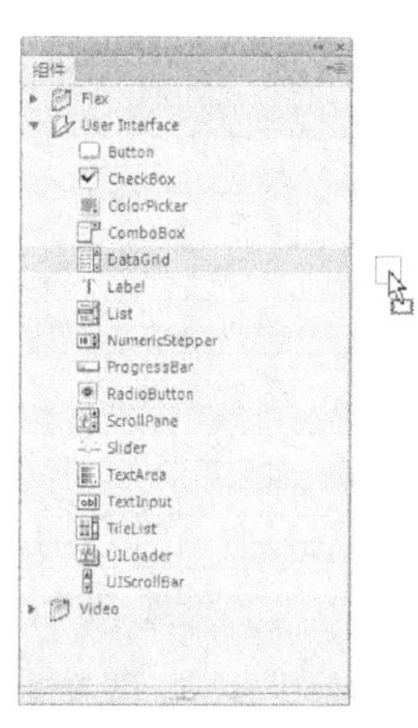

图 12-3

在舞台窗口中选中组件，如图 12-4 所示，按 Ctrl+F3 组合键，弹出“属性”面板，单击“组件参数”选项，展开组件的参数属性，如图 12-5 所示。可以在参数值上单击，在数值框中输入数值，如图 12-6 所示，也可以在其下拉列表中选择相应的选项，如图 12-7 所示。

图 12-4

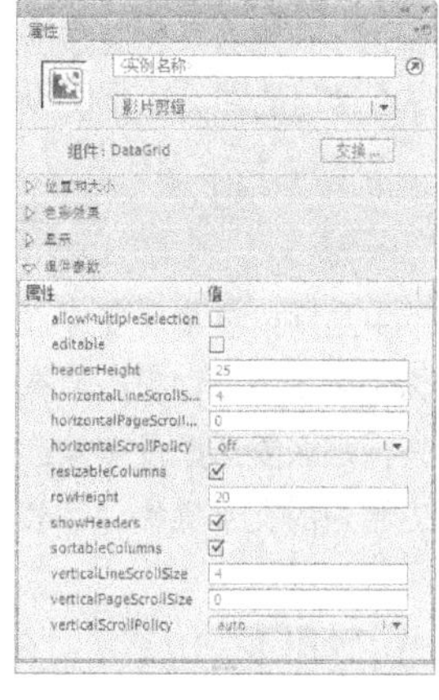

图 12-5

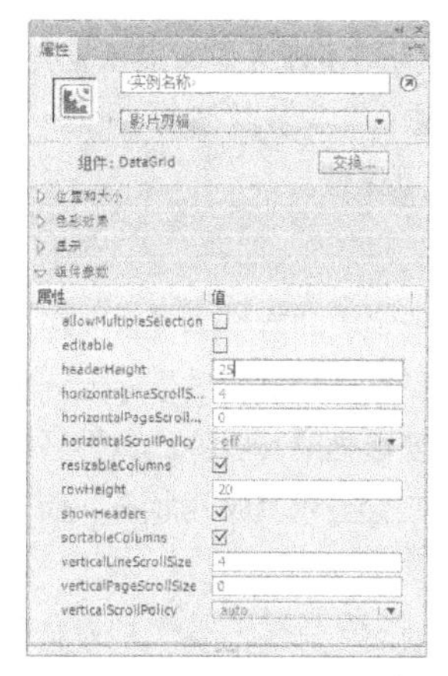

图 12-6

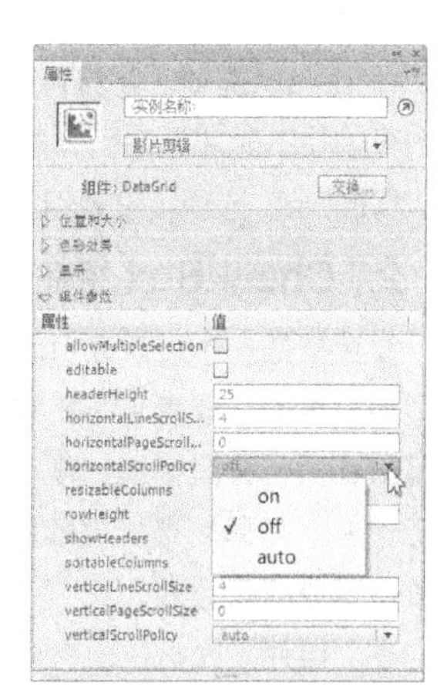

图 12-7

12.1.2 组件分类与应用

下面将介绍几个典型组件的参数设置与应用。

1. Button 组件

Button 组件是一个可调整大小的矩形用户界面按钮，可以给按钮添加一个自定义图标，也可以将按钮的行为从按下改为切换。在单击切换按钮后，它将保持按下状态，直到再次单击时才会返回到弹起状态。可以在应用程序中启用或者禁用按钮。在禁用状态下，按钮不接收鼠标或键盘输入。

在“组件”面板中，将 Button 组件拖曳到舞台窗口中，如图 12-8 所示。在“属性”面板中，显示出组件的参数，如图 12-9 所示。

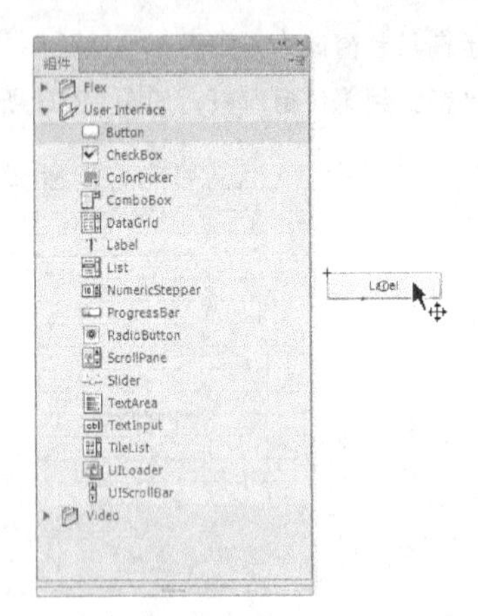

图 12-8

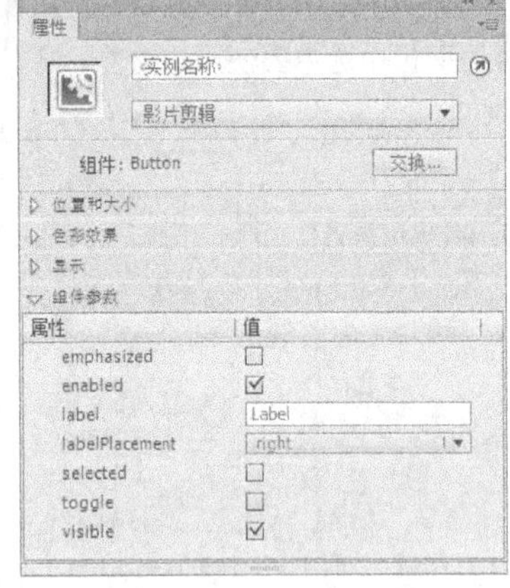

图 12-9

“emphasized”选项：设置组件是否加重显示。

“enabled”选项：设置组件是否为激活状态。

“label”选项：设置组件上显示的文字，默认状态下为“Button”。

“labelPlacement”选项：确定组件上的文字相对于图标的方向。

“selected”选项：如果“toggle”参数值为“true”，则该参数指定组件是处于按下状态“true”还是释放状态“false”。

“toggle”选项：将组件转变为切换开关。如果参数值为“true”，那么按钮在按下后保持按下状态，直到再次按下时才返回到弹起状态；如果参数值为“false”，那么按钮的行为与普通按钮相同。

“visible”选项：设置组件的可见性。

2. CheckBox 组件

复选框是一个可以选中或取消选中的方框。可以在应用程序中启用或者禁用复选框。如果复选框已启用，用户单击它或者它的名称，复选框会出现对号标记显示为选中状态。如果用户在复选框或其名称上按下鼠标后，将鼠标指针移动到复选框或其名称的边界区域之外，那么复选框没有被选中，也不会出现对号标记。如果复选框被禁用，它会显示其禁用状态，而不响应用户的交互操作。在禁用状态下，按钮不接收鼠标或键盘输入。

在“组件”面板中，将 CheckBox 组件拖曳到舞台窗口中，如图 12-10 所示。在“属性”面板中，显示出组件的参数，如图 12-11 所示。

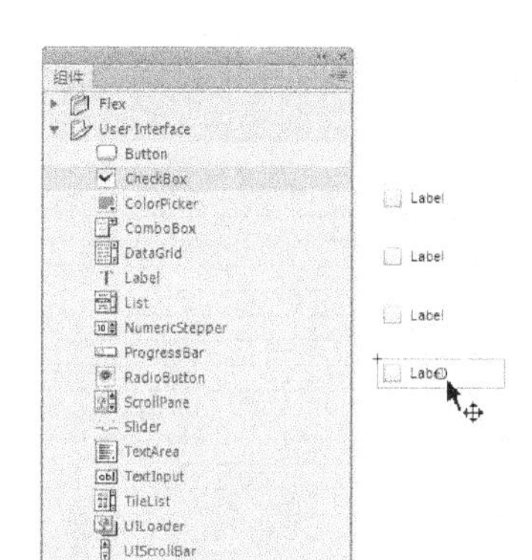

图 12-10

图 12-11

"enabled"选项：设置组件是否为激活状态。

"label"选项：设置组件的名称，默认状态下为"CheckBox"。

"labelPlacement"选项：设置名称相对于组件的位置，默认状态下，名称在组件的右侧。

"selected"选项：将组件的初始值设为勾选或取消勾选。

"visible"选项：设置组件的可见性。

下面将介绍 CheckBox 组件的应用。

将 CheckBox 组件拖曳到舞台窗口中，选择"属性"面板，在"label"选项的文本框中输入"星期一"，如图 12-12 所示，组件的名称也随之改变，如图 12-13 所示。

用相同的方法再制作四个组件，如图 12-14 所示。按 Ctrl+Enter 组合键测试影片，可以随意勾选多个复选框，如图 12-15 所示。

在"labelPlacement"选项中可以选择名称相对于复选框的位置，如果选择"left"，那么名称在复选框的左侧，如图 12-16 所示。

如果勾选"星期一"组件的"selected"选项，那么"星期一"复选框的初始状态为被选中，如图 12-17 所示。

图 12-12　图 12-13　图 12-14　图 12-15　图 12-16　图 12-17

3. ComboBox 组件

ComboBox 组件可以向 Flash 影片中添加可滚动的单选下拉列表。组合框可以是静态的，也可以是可编辑的。使用静态组合框，用户可以从下拉列表中做出一项选择。使用可编辑的组合框，用户可以在列表顶部的文本框中直接输入文本，也可以从下拉列表中选择一项。如果下拉列表超出文档底部，该列表将会向上打开，而不是向下。

在“组件”面板中，将 ComboBox 组件拖曳到舞台窗口中，如图 12-18 所示。在“属性”面板中，显示出组件的参数，如图 12-19 所示。

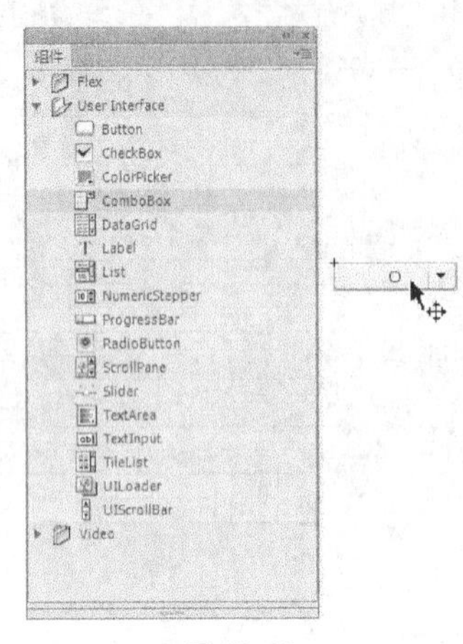

图 12-18

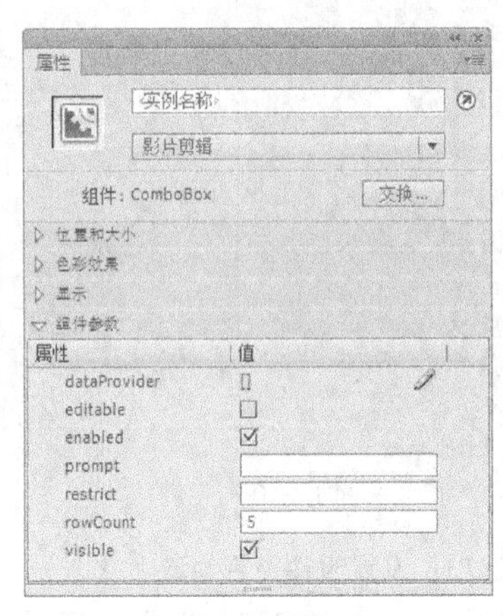

图 12-19

“dataProvider”选项：设置下拉列表中显示的内容。

“editable”选项：设置组件为可编辑的“true”还是静态的“false”。

“enabled”选项：设置组件是否为激活状态。

“prompt”选项：设置组件的初始显示内容。

“restrict”选项：设置限定的范围。

“rowCount”选项：设置在组件下拉列表中不使用滚动条的话，一次最多可显示的项目数。

“visible”选项：设置组件的可见性。

下面将介绍 ComboBox 组件的应用。

将 ComboBox 组件拖曳到舞台窗口中，选择“属性”面板，双击“dataProvider”选项右侧的[]，弹出“值”对话框，如图 12-20 所示，在对话框中单击“加号”按钮，单击值，输入第一个要显示的值文字“一年级”，如图 12-21 所示。

用相同的方法添加多个值，如图 12-22 所示。如果想删除一个值，可以先选中这个值，再单击“减号”按钮进行删除。如果想改变值的顺序，可以单击“向下箭头”按钮或“向上箭头”按钮进行调序。例如，要将值“六年级”向上移动，可以先选中它（被选中的值，显示出灰色长条），再单击“向上箭头”按钮5 次，值“六年级”就移动到了值“一年级”的上方，如图 12-23 和图 12-24 所示。

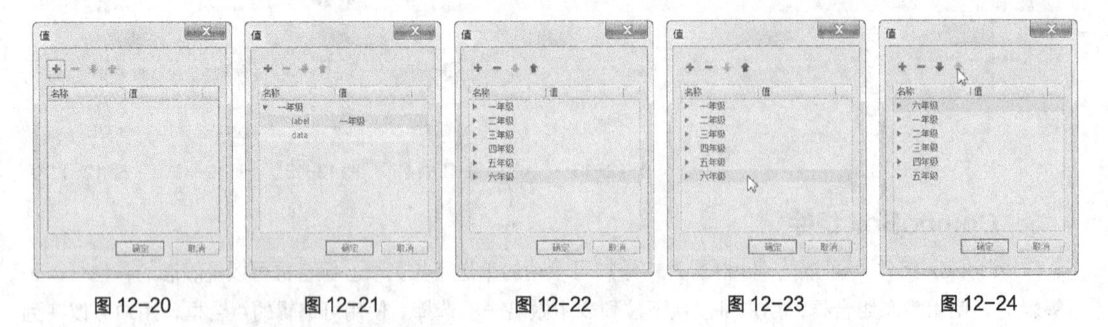

图 12-20　图 12-21　图 12-22　图 12-23　图 12-24

设置好值后，单击“确定”按钮，“属性”面板的显示如图 12-25 所示。

按 Ctrl+Enter 组合键测试影片，显示出下拉列表，如图 12-26 所示。

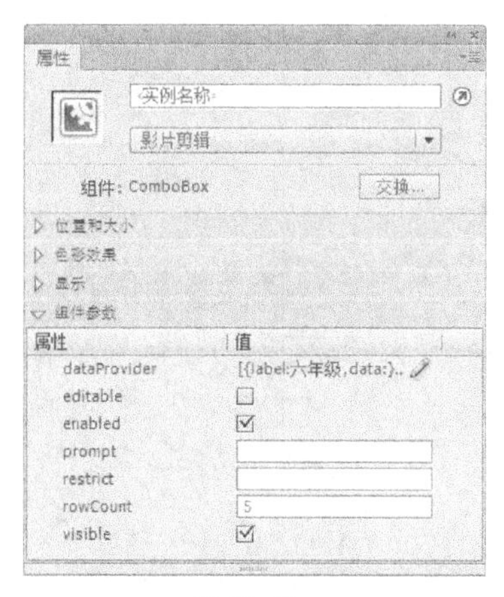

图 12-25

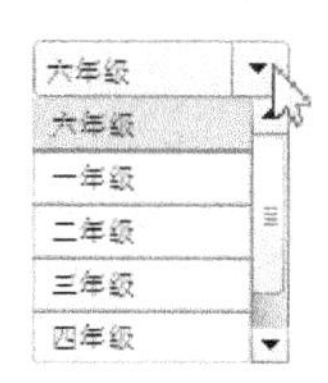

图 12-26

如果在“属性”面板中将“rowCount”选项的数值设置为“3”，如图 12-27 所示，表示下拉列表一次最多可显示的项目数为 3。按 Ctrl+Enter 组合键测试影片，显示出的下拉列表有滚动条，可以拖曳滚动条来查看选项，如图 12-28 所示。

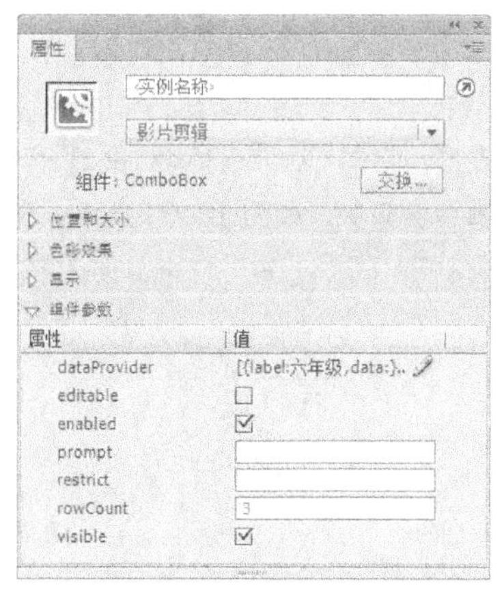

图 12-27

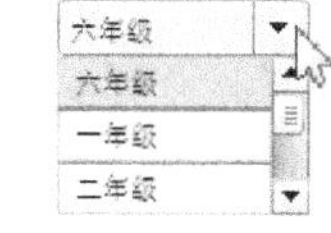

图 12-28

4. Label 组件

一个标签组件就是一行文本。可以指定一个标签采用 HTML 格式，也可以控制标签的对齐和大小。Label 组件没有边框，不能具有焦点，并且不广播任何事件。

每个 Label 实例的实时预览反映了创作时在“属性”面板中或在“组件检查器”面板中对参数所做的更改。标签没有边框，因此，查看它实时预览的唯一方法就是设置其文本参数。如果文本太长，并且选择设置“autoSize”参数，那么实时预览将不支持“autoSize”参数，而且不能调整标签边框大小。

在“组件”面板中，将 Label 组件拖曳到舞台窗口中，如图 12-29 所示。在“属性”面板中，显示出组件的参数，如图 12-30 所示。

“autoSize”选项：设置组件中文本相对的对齐方向。

“condenseWhite”选项：设置删除组件中的额外空白，如空格和换行符。

“enabled”选项：设置组件是否为激活状态。

“htmlText”选项：设置文本是否采用 HTML 格式。

“selectable”选项：设置文本的可选性。

“text”选项：设置组件显示出的文本。

“visible”选项：设置组件的可见性。

“wordWrap”选项：设置文本是否自动换行。

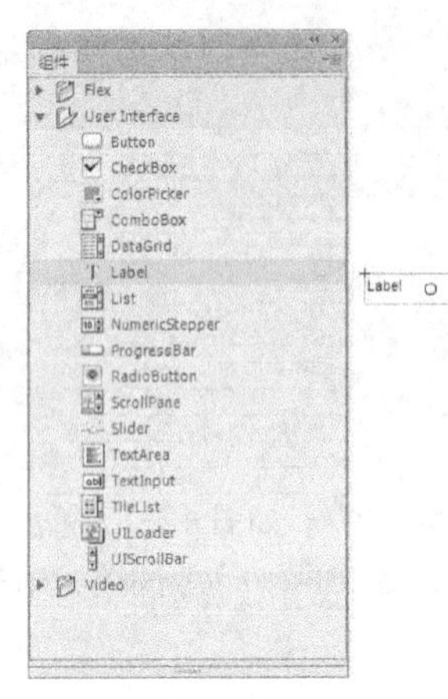

图 12-29

图 12-30

5. List 组件

List 组件是一个可滚动的单选或多选列表框，它同 ComboBox 组件有相似的功能和用法。

在“组件”面板中，将 List 组件拖曳到舞台窗口中，如图 12-31 所示。在“属性”面板中，显示出组件的参数，如图 12-32 所示。

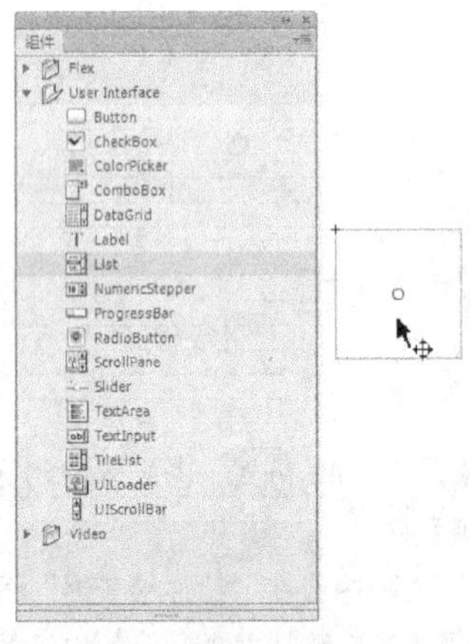

图 12-31

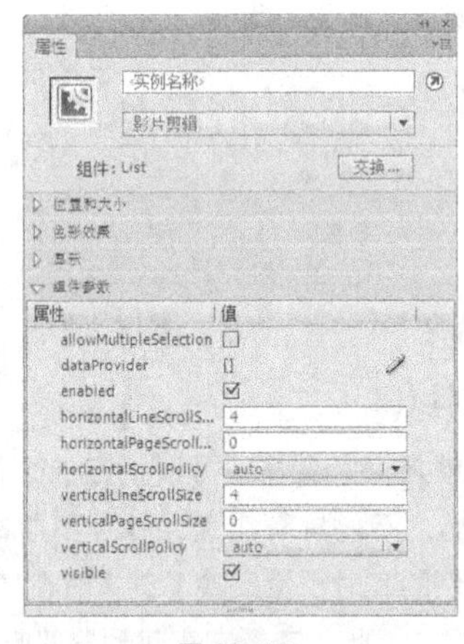

图 12-32

“allowMultipleSelection”选项：用于设置在列表框中是否可以同时选择多个选项。

“dataProvider”选项：设置列表框中显示的内容。

“enabled”选项：设置组件是否为激活状态。

“horizontalLineScrollSize”选项：设置每次按下箭头时水平滚动条移动多少个单位，其默认值为 4。

“horizontalPageScrollSize”选项：设置每次按轨道时水平滚动条移动多少个单位，其默认值为 0。

“horizontalScrollPolicy”选项：用于设置是否显示水平方向的滚动条。

“verticalLineScrollSize”选项：设置每次按下箭头时垂直滚动条移动多少个单位，其默认值为 4。

“verticalPageScrollSize”选项：设置每次按轨道时垂直滚动条移动多少个单位，其默认值为 0。

“verticalScrollPolicy”选项：用于设置是否显示垂直方向的滚动条。

“visible”选项：设置组件的可见性。

6. NumericStepper 组件

NumericStepper 组件允许用户逐个使用一组经过排序的数字。该组件由显示在上下箭头按钮旁边的数字组成。当用户按下这些按钮时，数字将逐渐增大或减小。如果用户单击其中任一箭头按钮，数字将根据“stepSize”参数的值增大或减小，直到用户释放鼠标按钮或达到最大/最小值为止。NumericStepper 组件只处理数值数据。

在“组件”面板中，将 NumericStepper 组件拖曳到舞台窗口中，如图 12-33 所示。在“属性”面板中，显示出组件的参数，如图 12-34 所示。

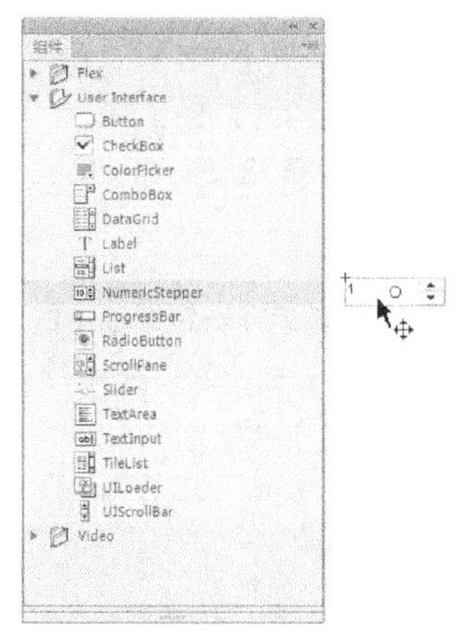

图 12-33

图 12-34

“enabled”选项：设置组件是否为激活状态。

“maximum”选项：设置数值范围的最大值。

“minimum”选项：设置数值范围的最小值。

“stepSize”选项：设置每一次操作数值变动的大小。

“value”选项：设置在初始状态下，组件中显示的数值。数值只能设置为“stepSize”中的数值或数值的整数倍数。

“visible”选项：设置组件的可见性。

7. ProgressBar 组件

ProgressBar 组件在用户等待加载内容时，会显示加载进程。加载进程可以是确定的也可以是不确定的。确定的进程栏是一段时间内任务进程的线性表示，当要载入的内容量已知时使用。不确定的进程栏在不知道要加载的内容量时使用。可以添加标签来显示加载内容的进程。默认情况下，组件被设置为在第一帧导出。这意味着这些组件在第一帧呈现前被加载到应用程序中。

在“组件”面板中，将 ProgressBar 组件拖曳到舞台窗口中，如图 12-35 所示。在组件“属性”面板中，显示出组件的参数，如图 12-36 所示。

“direction”选项：设置加载进度条的方向

“enabled”选项：设置组件是否为激活状态。

“mode”选项：设置进度栏运行的模式。此值可以是事件、轮询或手动事件之一。默认值为事件。

“source”选项：一个要转换为对象的字符串，它表示源的实例名。

“visible”选项：设置组件的可见性。

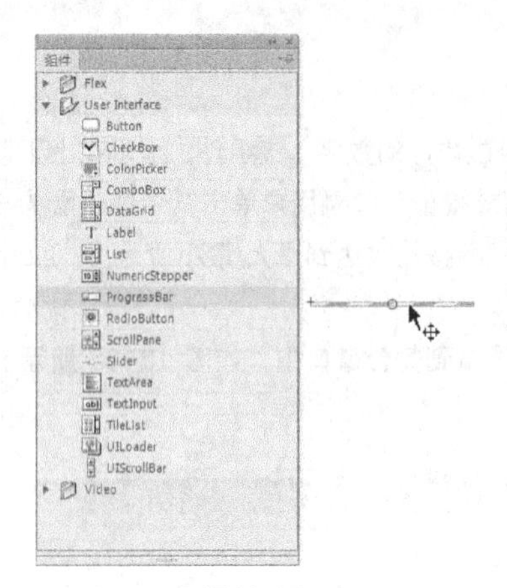

图 12-35

图 12-36

8. RadioButton 组件

RadioButton 组件是单选按钮，使用该组件可以强制用户只能选择一组选项中的一项。RadioButton 组件必须用于至少有两个 RadioButton 实例的组。在任何选定的时刻，都只有一个组成员被选中。选择组中的一个单选按钮，将取消选择组内当前选定的单选按钮。

在“组件”面板中，将 RadioButton 组件拖曳到舞台窗口中，如图 12-37 所示。在“属性”面板中，显示出组件的参数，如图 12-38 所示。

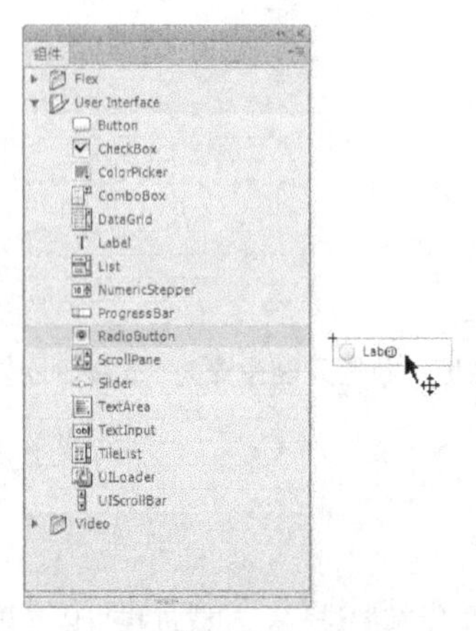

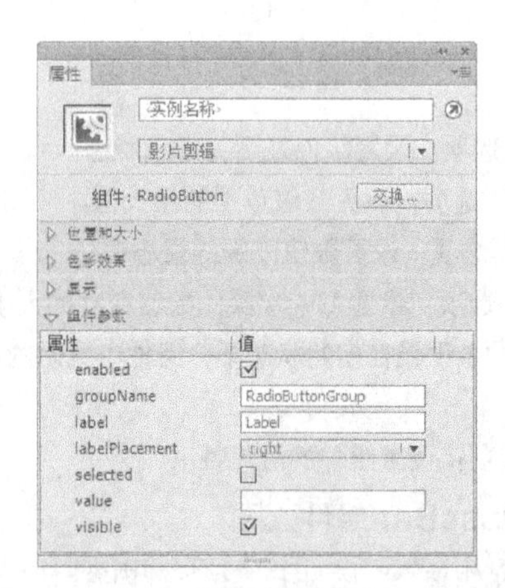

图 12-37

图 12-38

“enabled”选项：设置组件是否为激活状态。

“groupName”选项：设置单选按钮的组名称，默认状态下为“radioGroup”。

“label”选项：设置单选按钮的名称，默认状态下为“Radio Button”。

“labelPlacement“选项：设置名称相对于单选按钮的位置，默认状态下，名称在单选按钮的右侧。

“selected”选项：设置单选按钮初始状态下，是处于选中状态“true”还是未选中状态“false”。

“value”选项：设置在初始状态下，组件中显示的数值。

"visible"选项：设置组件的可见性。

9. ScrollPane 组件

ScrollPane 组件能够在一个可滚动区域中显示影片剪辑、JPEG 文件和 SWF 文件，可以让滚动条在一个有限的区域中显示图像，以及显示从本地位置或网络加载的内容。ScrollPane 组件既可以显示含有大量内容的区域，又不会占用大量的舞台空间。该组件只能显示影片剪辑，不能应用于文字。

在"组件"面板中，将 ScrollPane 组件拖曳到舞台窗口中，如图 12-39 所示。在"属性"面板中，显示出组件的参数，如图 12-40 所示。

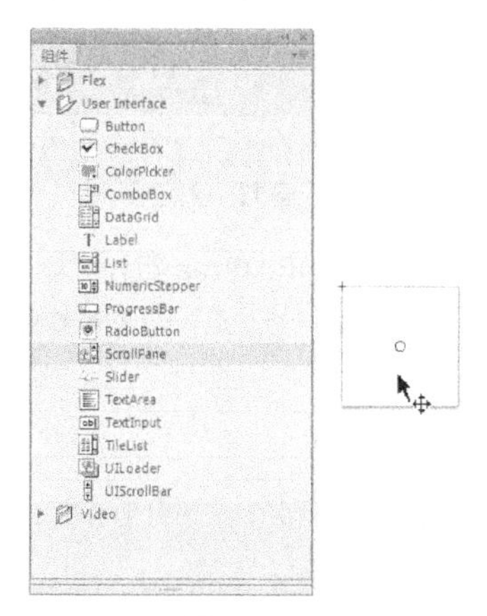

图 12-39

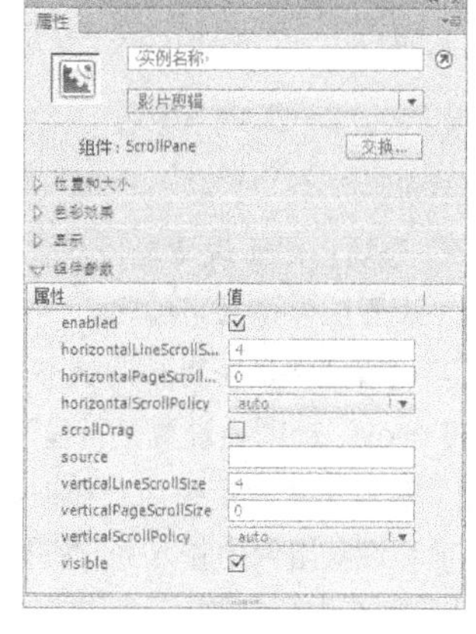

图 12-40

"enabled"选项：设置组件是否为激活状态。

"horizontalLineScrollSize"选项：设置每次按下箭头时水平滚动条移动多少个单位，其默认值为 4。

"horizontalPageScrollSize"选项：设置每次按轨道时水平滚动条移动多少个单位，其默认值为 0。

"horizontalScrollPolicy"选项：设置是否显示水平滚动条。

选择"auto"时，可以根据电影剪辑与滚动窗口的相对大小来决定是否显示水平滚动条，在电影剪辑水平尺寸超出滚动窗口的宽度时会自动出现滚动条；选择"on"时，无论电影剪辑与滚动窗口的大小如何都显示水平滚动条；选择"off"时，无论电影剪辑与滚动窗口的大小如何都不显示水平滚动条。

"scrollDrag"选项：设置是否允许用户使用鼠标拖曳滚动窗口中的对象。选择"true"时，用户可以不通过滚动条而使用鼠标直接拖曳窗口中的对象。

"source"选项：一个要转换为对象的字符串，它表示源的实例名。

"verticalLineScrollSize"选项：设置每次按下箭头时垂直滚动条移动多少个单位，其默认值为 4。

"verticalPageScrollSize"选项：设置每次按轨道时垂直滚动条移动多少个单位，其默认值为 0。

"verticalScrollPolicy"选项：设置是否显示垂直滚动条。其用法与"horizontalScrollPolicy"相同。

"visible"选项：设置组件的可见性。

10. TextArea 组件

TextArea 组件是动作脚本 TextField 对象的多行组件。需要多行文本字段时，可以使用 TextArea 组件。TextArea 组件也可以采用 HTML 格式。

在"组件"面板中，将 TextArea 组件拖曳到舞台窗口中，如图 12-41 所示。在"属性"面板中，显示出组件的参数，如图 12-42 所示。

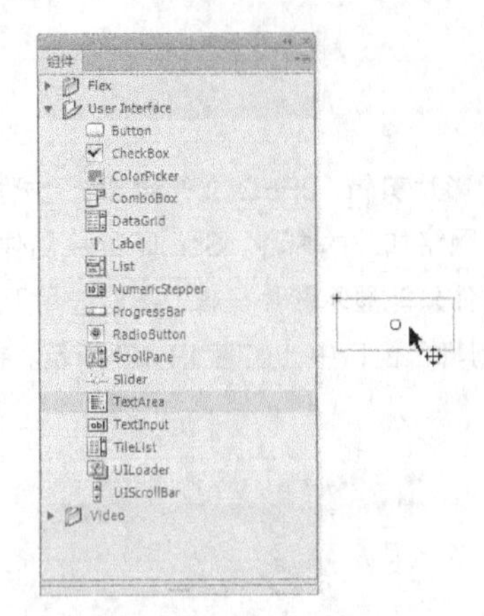

图 12-41

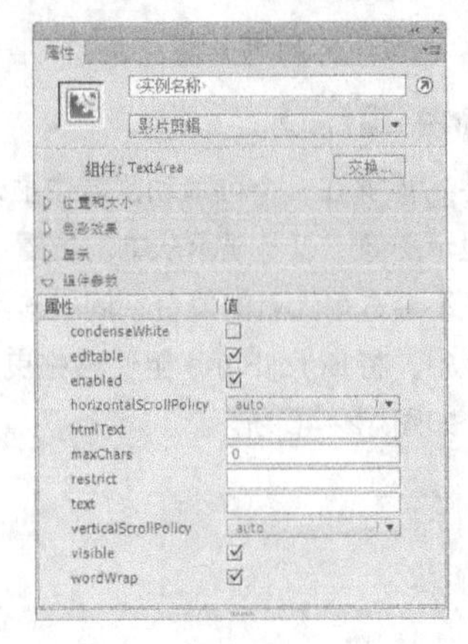

图 12-42

“condenseWhite”选项：用于设置是否从包含 HTML 文本的 TextArea 组件中删除多余的空白。

“editable”选项：设置组件是否可编辑。“true”为可编辑，“false”为不可编辑。

“enabled”选项：设置组件是否为激活状态。

“horizontalScrollPolicy”选项：设置是否显示水平滚动条。

“htmlText”选项：设置文本是否采用 HTML 格式。

“maxChars”选项：设置组件中输入的字符数。

“restrict”选项：设置限定的范围。

“text”选项：设置在组件中显示的文本。

“verticalScrollPolicy”选项：设置是否显示垂直流动条。

“visible”选项：设置组件的可见性。

“wordWrap”选项：设置文本是否自动换行。

11. TextInput 组件 abl

TextInput 组件 abl 是动作脚本 TextField 对象的单行组件，当需要单行文本字段时，可以使用 TextInput 组件 abl。TextInput 组件 abl 也可以采用 HTML 格式，或作为掩饰文本的密码字段。

在“组件”面板中，将 TextInput 组件 abl 拖曳到舞台窗口中，如图 12-43 所示。在“属性”面板中，显示出组件的参数，如图 12-44 所示。

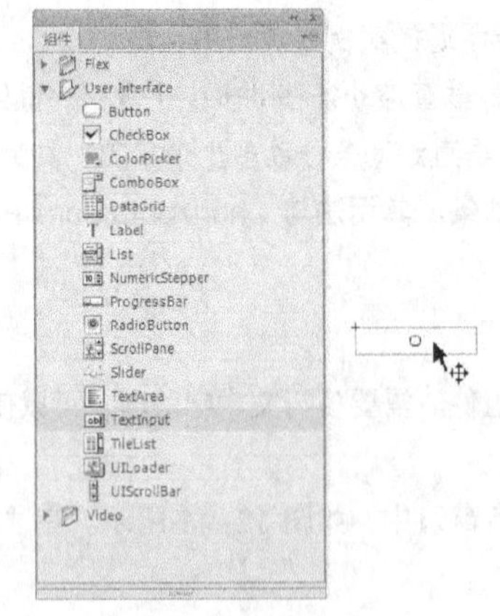

图 12-43

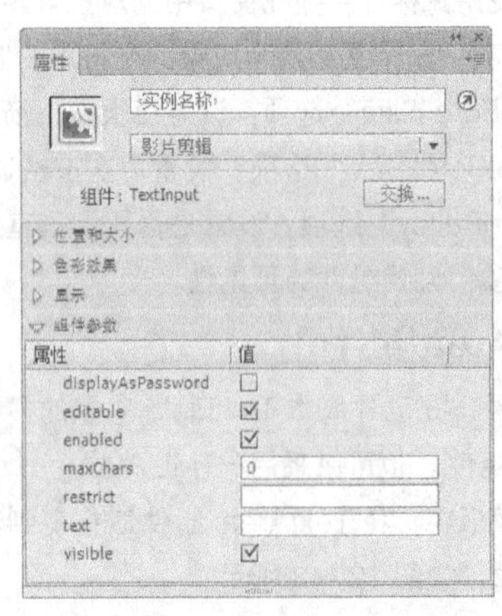

图 12-44

“displayAsPassword”选项：设置是否作为密码显示。

“editable”选项：设置组件是否可编辑。“true”为可编辑，“false”为不可编辑。

“enabled”选项：设置组件是否为激活状态。

“maxChars”选项：设置组件中输入的字符数。

“restrict”选项：设置限定的范围。

“text”选项：设置在组件中显示的文本。

“visible”选项：设置组件的可见性。

12.2 行为

除了应用自定义的动作脚本，还可以应用行为控制文档中的影片剪辑和图形实例。行为是程序员预先编写好的动作脚本，用户可以根据自身需要来灵活运用脚本代码。行为命令只适用于 ActionScript 1.0~ActionScript 2.0 脚本中，它不适用于 ActionScript 3.0 脚本。

12.2.1 课堂案例——制作脑筋急转弯问答

案例学习目标

学习使用组件制作脑筋急转弯欣赏效果。

案例知识要点

使用“文本”工具，添加文字；使用“组件”面板，添加组件，效果如图 12-45 所示。

效果所在位置

资源包 > Ch12 > 效果 > 制作脑筋急转弯问答.fla。

图 12-45

1. 导入素材制作按钮元件

STEP 1 选择“文件 > 新建”命令，在弹出的“新建文档”对话框中选择“ActionScript 2.0”选项，将“宽”选项设为 800，“高”选项设为 525，单击“确定”按钮，完成文档的创建。

制作脑筋急转弯问答 1

STEP 2 将“图层 1”重命名为“底图”。选择“文件 > 导入 > 导入到舞台”命令，在弹出的“导入”对话框中选择“Ch12 > 素材 > 制作脑筋急转弯问答 > 01”文件，单击“打开”按钮，文件被导入到舞台窗口中，效果如图 12-46 所示。选中“底图”图层的第 3 帧，按 F5 键，插入普通帧，如图 12-47 所示。

STEP 3 按 Ctrl+F8 组合键，弹出“创建新元件”对话框，在“名称”选项的文本框中输入“下一题”，在“类型”选项的下拉列表中选择“按钮”，单击“确定”按钮，新建按钮元件“下一题”，如图 12-48 所示，舞台窗口也随之转换为按钮元件的舞台窗口。

图 12-46

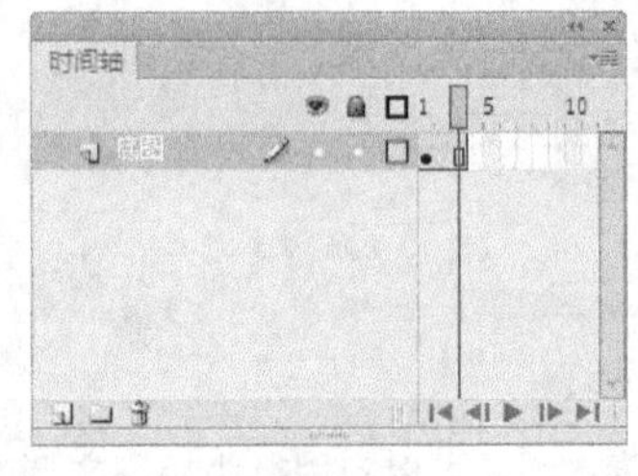

图 12-47

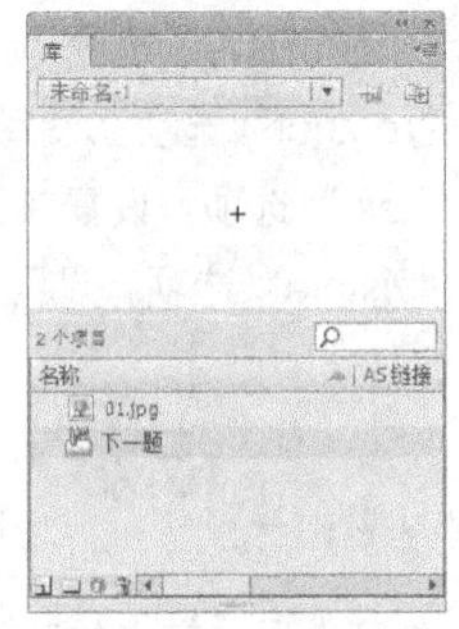

图 12-48

STEP 4 选择“文本”工具，在文本工具“属性”面板中进行设置，在舞台窗口中适当的位置输入大小为 12，字体为“方正大黑简体”的蓝色（#0033FF）文字，文字效果如图 12-49 所示。

STEP 5 选中“点击”帧，按 F6 键，插入关键帧，如图 12-50 所示。选择“矩形”工具，在工具箱中将“笔触颜色”设为无，“填充颜色”设为灰色（#666666），在舞台窗口中绘制一个矩形，效果如图 12-51 所示。

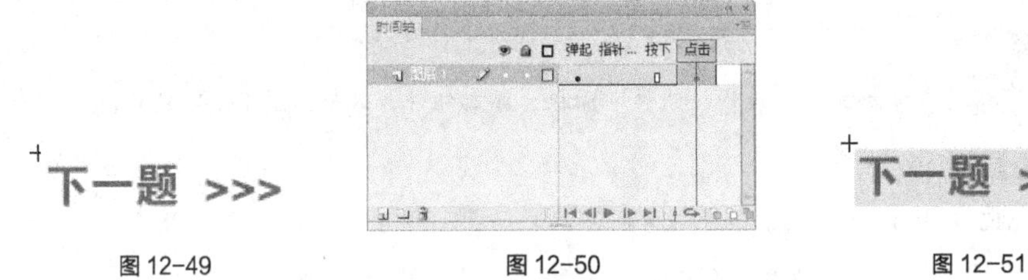

图 12-49　　图 12-50　　图 12-51

2. 制作动画

STEP 1 单击舞台窗口左上方的“场景 1”图标，进入“场景 1”的舞台窗口。在“时间轴”面板中创建新图层并将其命名为“标题描边”。选择“文本”工具，在文本工具“属性”面板中进行设置，在舞台窗口中适当的位置输入大小为 44，字体为“方正胖头鱼简体”的深蓝色（#012B5F）文字，文字效果如图 12-52 所示。

制作脑筋急转弯问答 2

STEP 2 选择“选择”工具，选中文字，按两次 Ctrl+B 组合键，将文字打散，效果如图 12-53 所示。保持文字图形的选取状态，按 Ctrl+C 组合键，将其复制到剪切板。按 Esc 键，取消文字选取。

图 12-52

图 12-53

STEP 3 选择“墨水瓶”工具，在墨水瓶工具“属性”面板中将“笔触颜色”设为白色，“笔触”选项设为 5，鼠标光标变为，在文字外侧单击鼠标，勾画出文字轮廓，效果如图 12-54 所示。

STEP 4 在“时间轴”面板中创建新图层并将其命名为“标题”。按 Ctrl+Shift+V 组合键，将复制的文字原位粘贴到“标题”图层的舞台窗口中，效果如图 12-55 所示。

图 12-54

图 12-55

STEP 5 在“时间轴”面板中创建新图层并将其命名为“问题”。选择“文本”工具，在文本工具“属性”面板中进行设置，在舞台窗口中适当的位置输入大小为 24，字体为“方正兰亭粗黑简体”的深蓝色（#012B5F）文字，文字效果如图 12-56 所示。再次输入大小为 15，字体为“汉仪竹节体简”的黑色文字，文字效果如图 12-57 所示。

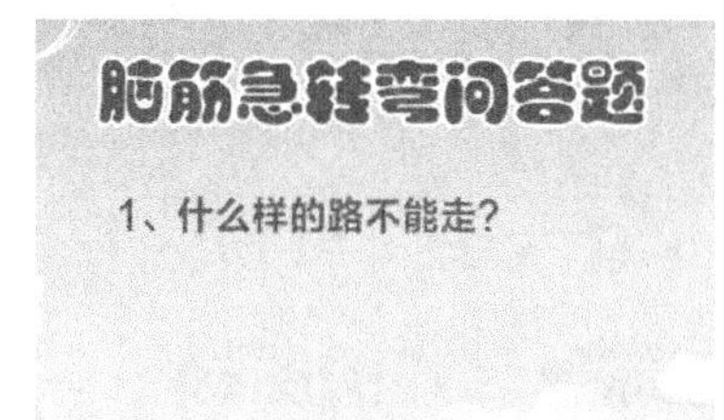

图 12-56

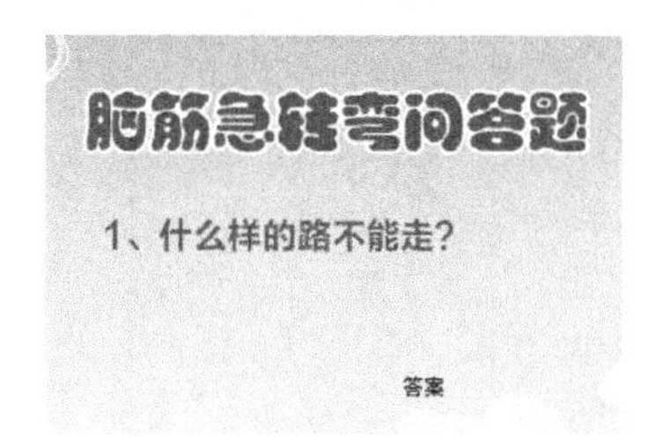

图 12-57

STEP 6 选择“文本”工具，调出文本工具“属性”面板，在“文本类型”选项的下拉列表中选择“动态文本”，如图 12-58 所示。在舞台窗口中文字“答案”的右侧拖曳出一个动态文本框，效果如图 12-59 所示。

STEP 7 选中动态文本框，调出动态文本“属性”面板，在“选项”选项组中的“变量”文本框中输入“answer”，如图 12-60 所示。

图 12-58

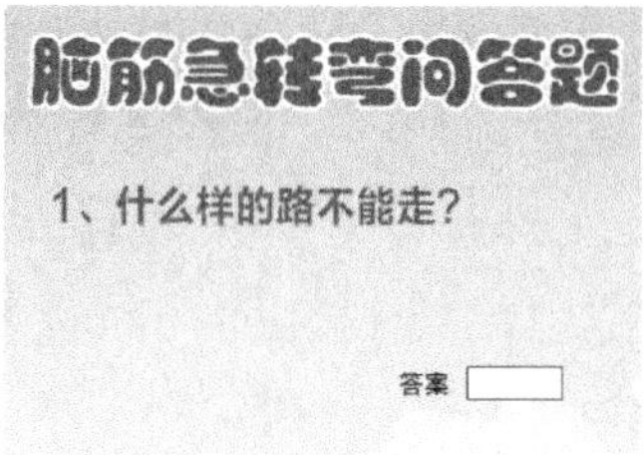

图 12-59

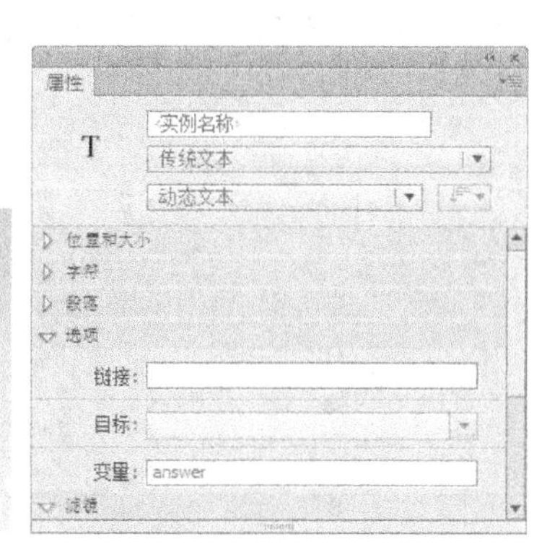

图 12-60

STEP 8 分别选中“问题”图层的第 2 帧和第 3 帧，按 F6 键，插入关键帧。选中第 2 帧，将舞台窗口中的文字“1、什么样的路不能走?”更改为“2、世界上除了火车啥车最长?”，效果如图 12-61 所示。

STEP 9 选中“问题”图层的第 3 帧，将舞台窗口中文字“1、什么样的路不能走?”更改为“3、哪儿的海不产鱼?”，效果如图 12-62 所示。

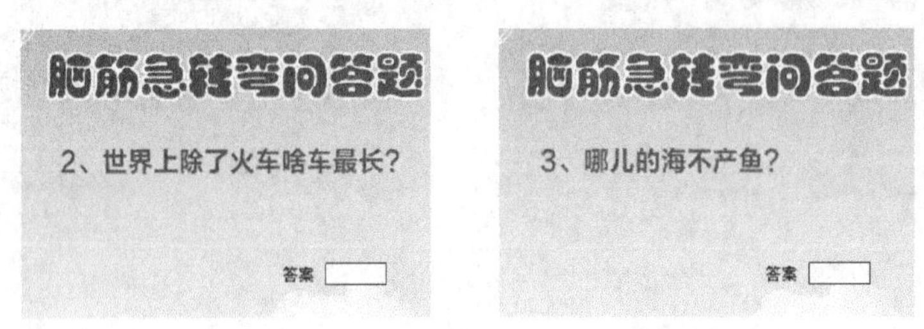

图 12-61　　图 12-62

STEP 10 在“时间轴”中创建新图层并将其命名为“确定按钮”。选择“窗口 > 组件”命令，弹出“组件”面板，选中“User Interface”组中的“Butto”组件，如图 12-63 所示。将“Button”组件拖曳到舞台窗口中，并放置在适当的位置，效果如图 12-64 所示。

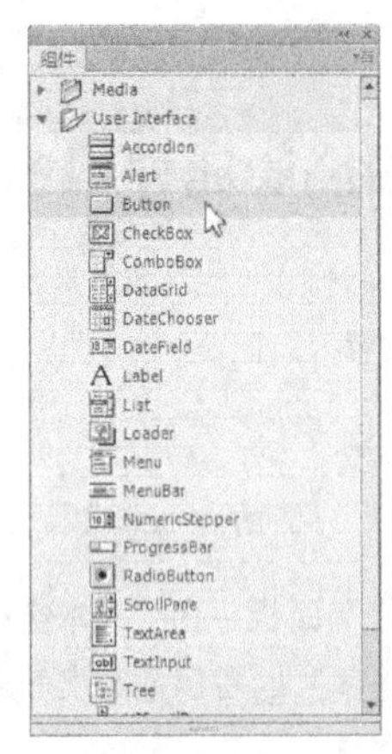

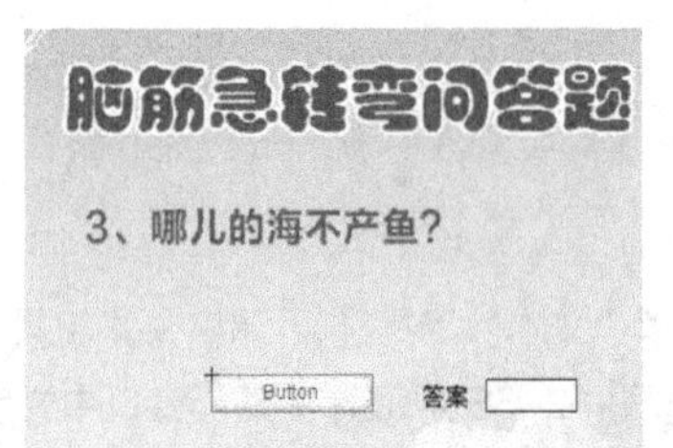

图 12-63　　图 12-64

STEP 11 选中“Button”组件，选择组件“属性”面板，在“组件参数”组中的“label”选项的文本框中输入“确定”，如图 12-65 所示。“Button”组件上的文字变为“确定”，效果如图 12-66 所示。

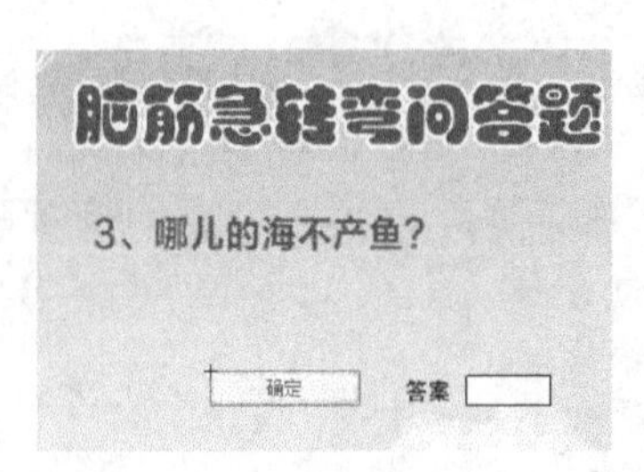

图 12-65　　图 12-66

STEP 12 选中“Button”组件，选择“窗口 > 动作”命令，弹出“动作”面板，在“动作”面板中设置脚本语言，“脚本窗口”中显示的效果如图 12-67 所示。设置好动作脚本后，关闭“动作”面板。

STEP 13 在“时间轴”中创建新图层并将其命名为“答案”。选中“答案”图层的第 1 帧，在“组件”面板中，选中“User Interface”组中的“CheckBox”组件，如图 12-68 所示。将“CheckBox”组件拖曳到舞台窗口中，并放置在适当的位置，效果如图 12-69 所示。

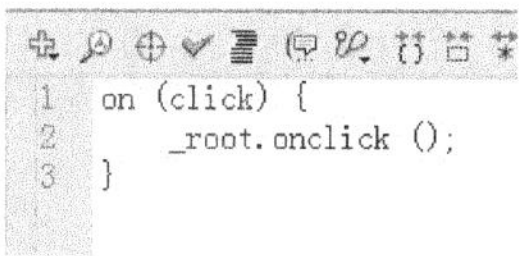

```
1  on (click) {
2      _root.onclick ();
3  }
```

图 12-67

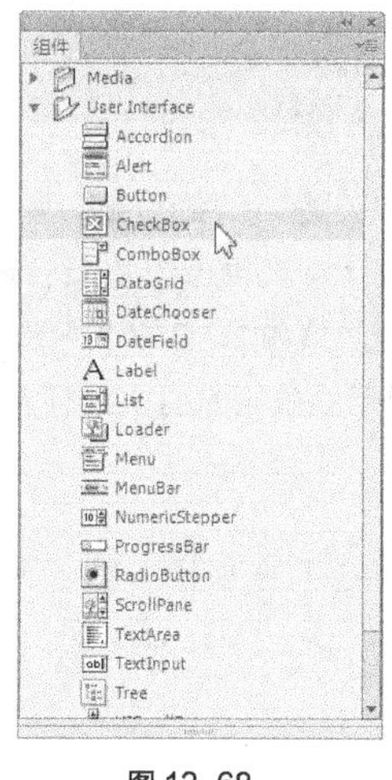

图 12-68

图 12-69

STEP 14 选中“CheckBox”组件，在组件“属性”面板“实例名称”选项的文本框中输入“gonglu”，在“组件参数”选项组中的“label”选项的文本框中输入“公路”，如图 12-70 所示。“CheckBox”组件上的文字变为“公路”，效果如图 12-71 所示。

图 12-70

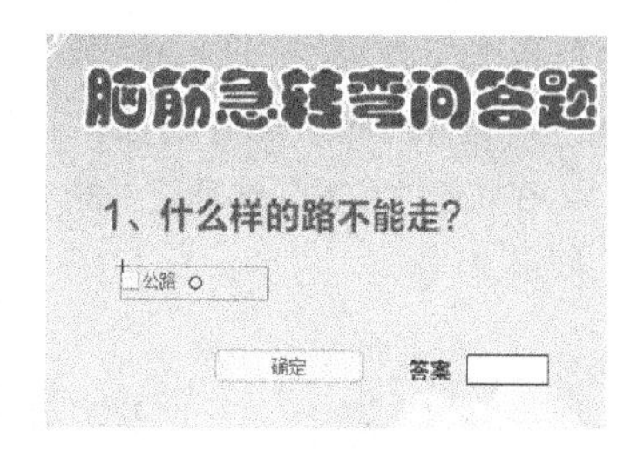

图 12-71

STEP 15 用相同的方法再拖曳舞台窗口中 1 个“CheckBox”组件，在组件“属性”面板“实例名称”选项的文本框中输入“shuilu”，在“组件参数”选项组中的“label”选项的文本框中输入“水路”，如图 12-72 所示。

STEP 16 再拖曳舞台窗口中 1 个“CheckBox”组件，在组件“属性”面板“实例名称”选项的文本框中输入“dianlu”，在“组件参数”选项组中的“label”选项的文本框中输入“电路”，如图 12-73 所示，舞台窗口中组件的效果如图 12-74 所示。

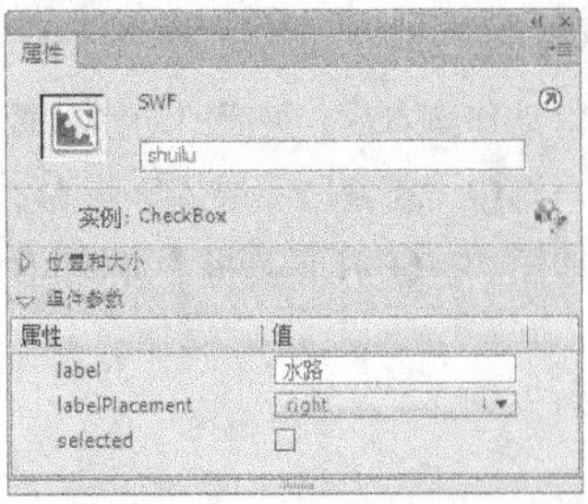

图 12-72

图 12-73

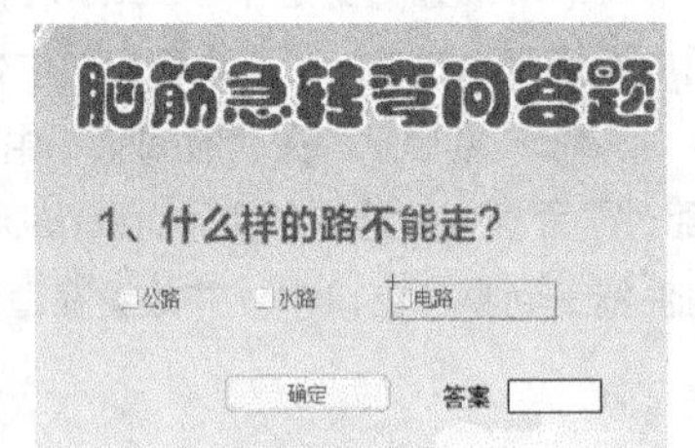

图 12-74

STEP 17 在舞台窗口中选中组件“公路”，按 F9 键，弹出“动作”面板，在“动作”面板中设置脚本语言，“脚本窗口”中显示的效果如图 12-75 所示。在舞台窗口中选中组件“水路”，在“动作”面板中设置脚本语言，“脚本窗口”中显示的效果如图 12-76 所示。在舞台窗口中选中“电路”，在“动作”面板中设置脚本语言，“脚本窗口”中显示的效果如图 12-77 所示。设置好动作脚本后，关闭“动作”面板。

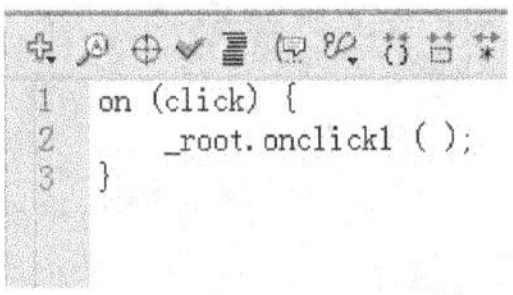

```
1 on (click) {
2     _root.onclick1 ( );
3 }
```

图 12-75

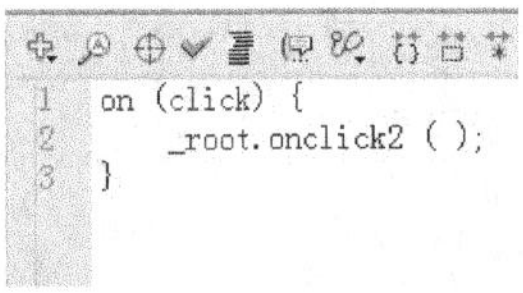

```
1 on (click) {
2     _root.onclick2 ( );
3 }
```

图 12-76

```
1 on (click) {
2     _root.onclick3 ( );
3 }
```

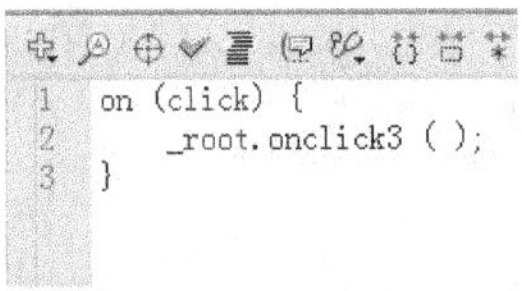

图 12-77

STEP 18 选中“答案”图层的第 2 帧，按 F6 键，插入关键帧。选择“选择”工具，在舞台窗口中选中组件“公路”，在组件“属性”面板“实例名称”选项的文本框中输入“qiche”，在“组件参数”选项组中的“label”选项的文本框中输入“汽车”，舞台窗口中组件的效果如图 12-78 所示。

STEP 19 在舞台窗口中选中组件“水路”，在组件“属性”面板“实例名称”选项的文本框中输入“saiche”，在“组件参数”选项组中的“label”选项的文本框中输入“塞车”，舞台窗口中组件的效果如图 12-79 所示。

STEP 20 在舞台窗口中选中组件“电路”，在组件“属性”面板“实例名称”选项的文本框中输入“dianche”，在“组件参数”选项组中的“label”选项的文本框中输入“电车”，舞台窗口中组件的效果如图 12-80 所示。

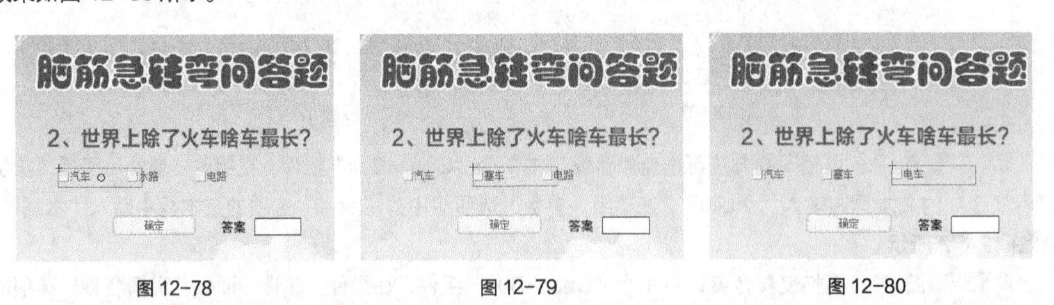

图 12-78　　图 12-79　　图 12-80

STEP 21 选中“答案”图层的第 3 帧，按 F6 键，插入关键帧。选择“选择”工具，在舞台窗口中选中组件“汽车”，在组件“属性”面板“实例名称”选项的文本框中输入“donghai”，在“组件参数”选项组中的“label”选项的文本框中输入“东海”，舞台窗口中组件的效果如图 12-81 所示。

STEP 22 在舞台窗口中选中组件“塞车”，在组件“属性”面板“实例名称”选项的文本框中输入“beihai”，在“组件参数”选项组中的“label”选项的文本框中输入“北海”，舞台窗口中组件的效果如图 12-82 所示。

STEP 23 在舞台窗口中选中组件“电车”，在组件“属性”面板“实例名称”选项的文本框中输入“cihai”，在“组件参数”选项组中的“label”选项的文本框中输入“辞海”，舞台窗口中组件的效果如图 12-83 所示。

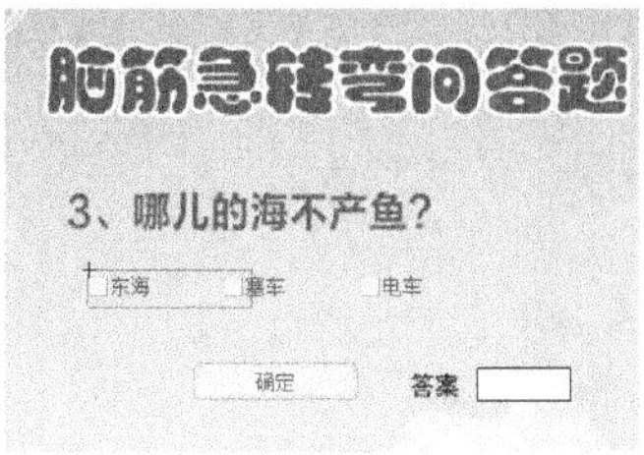

图 12-81

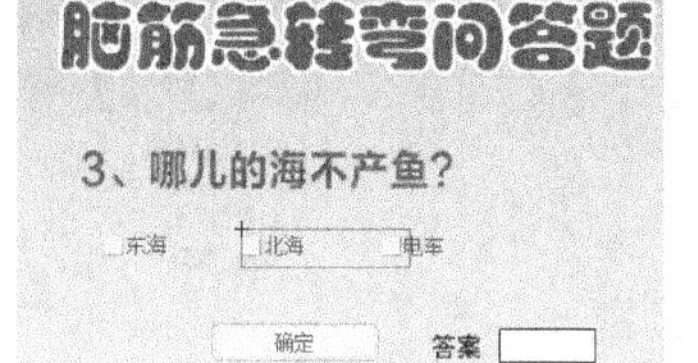

图 12-82

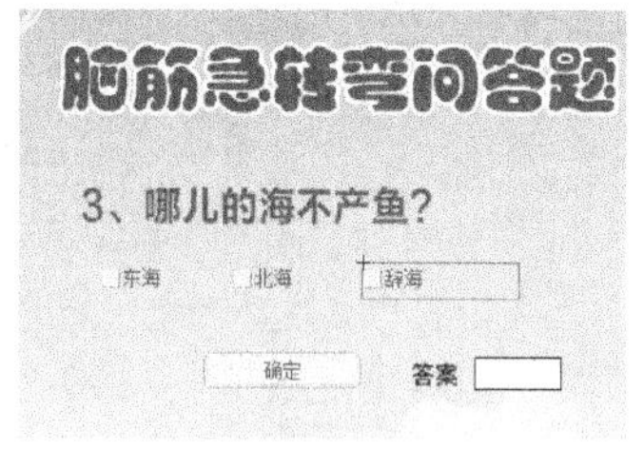

图 12-83

STEP 24 在“时间轴”面板中创建新图层并将其命名为“下一题”，如图 12-84 所示。将“库”面板中的按钮元件“下一题”拖曳到舞台窗口中，放置在底图的右下角，效果如图 12-85 所示。

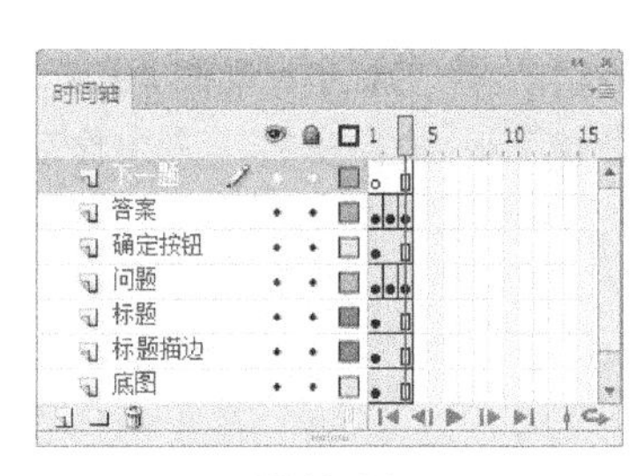

图 12-84

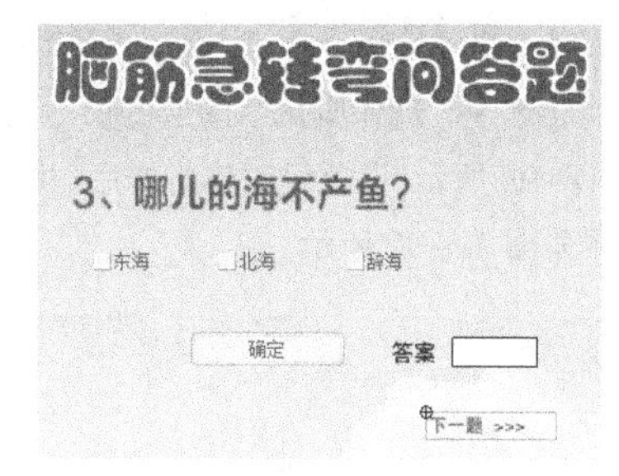

图 12-85

STEP 25 分别选中“下一题”图层的第 2 帧、第 3 帧，按 F6 键，插入关键帧。选中“按钮”图层的第 1 帧，选择“选择”工具，在舞台窗口中选中“下一题”实例，按 F9 键，弹出“动作”面板，在“动作”面板中设置脚本语言，“脚本窗口”中显示的效果如图 12-86 所示。

STEP 26 选中“下一题”图层的第 2 帧，选中舞台窗口中的“下一题”实例，在“动作”面板中设置脚本语言，“脚本窗口”中显示的效果如图 12-87 所示。选中“下一题”图层的第 3 帧，选中舞台窗口中的“下一题”实例，在“动作”面板中设置脚本语言，“脚本窗口”中显示的效果如图 12-88 所示。设置好动作脚本后，关闭“动作”面板。

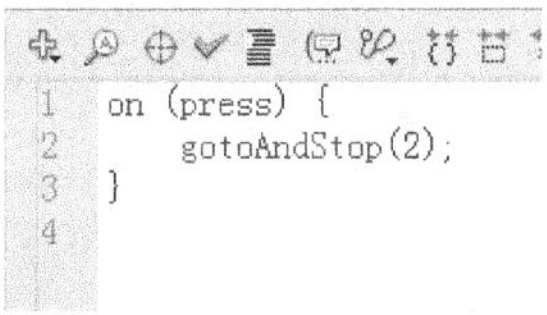

```
1  on (press) {
2      gotoAndStop(2);
3  }
4
```

图 12-86

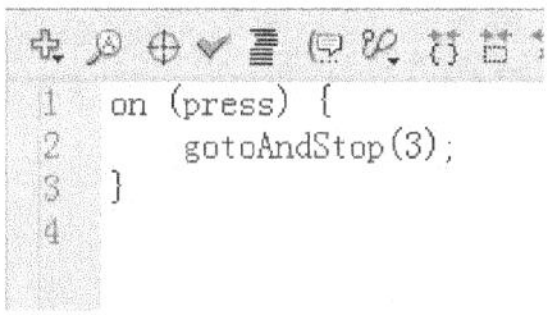

```
1  on (press) {
2      gotoAndStop(3);
3  }
4
```

图 12-87

```
1  on (press) {
2      gotoAndStop(1);
3  }
4
```

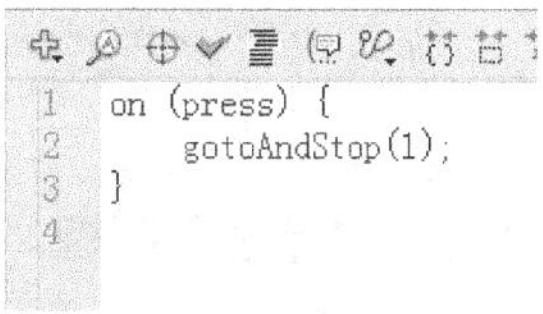

图 12-88

STEP 27 在“时间轴”面板中创建新图层并将其命名为“动作脚本”。分别选中“动作脚本”图层的第 2 帧、第 3 帧，插入关键帧。选中“动作脚本”图层的第 1 帧，按 F9 键，弹出“动作”面板，在“动作”面板中设置脚本语言，“脚本窗口”中显示的效果如图 12-89 所示。

STEP 28 选中“动作脚本”图层的第 2 帧，在“动作”面板中设置脚本语言，“脚本窗口”中显示的效果如图 12-90 所示。

图 12-89

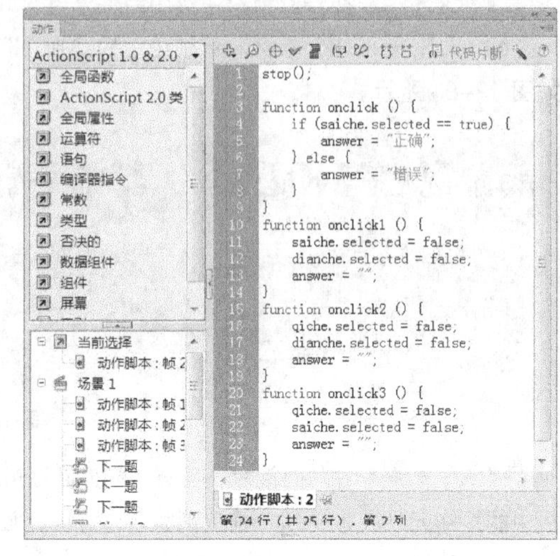

图 12-90

STEP 29 选中“动作脚本”图层的第 3 帧，在“动作”面板中设置脚本语言，“脚本窗口”中显示的效果如图 12-91 所示。设置好动作脚本后，关闭“动作”面板。脑筋急转弯问答制作完成，按 Ctrl+Enter 键即可查看，效果如图 12-92 所示。

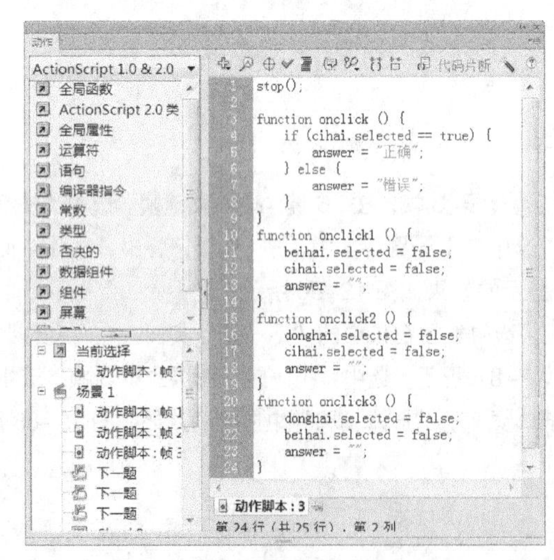

图 12-91

图 12-92

12.2.2 “行为”面板

选择“窗口 > 行为”命令，弹出“行为”面板，如图 12-93 所示。单击面板左上方的“添加行为”按钮，弹出下拉菜单，如图 12-94 所示。可以从菜单中显示的 6 个方面应用行为。

“添加行为”按钮：用于在“行为”面板中添加行为。

“删除行为”按钮：用于将“行为”面板中选定的行为进行删除。

“图层 1：帧 1”：表示当前所在图层和当前所在帧。

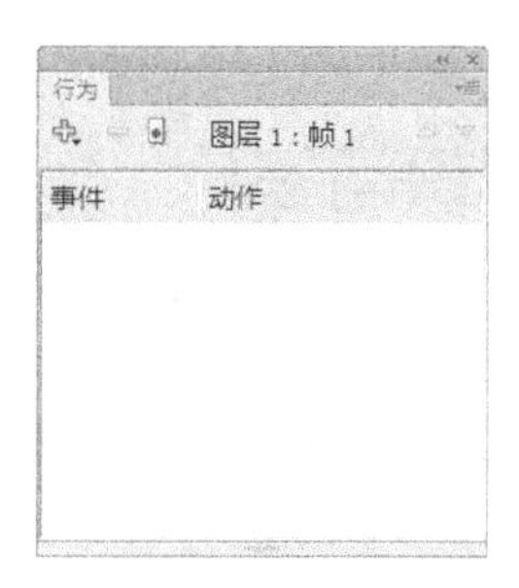

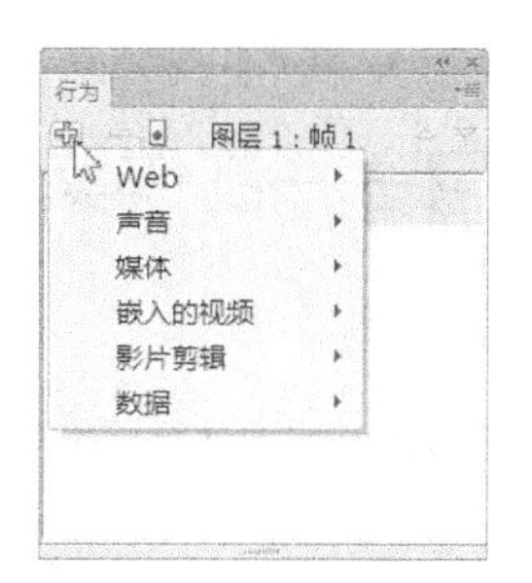

图 12-93　　　　图 12-94

打开资源包中的 01 素材，将“库”面板中的图形元件“按钮图形”拖曳到舞台窗口中，如图 12-95 所示。选中按钮元件，单击“行为”面板中的“添加行为”按钮，在弹出的菜单中选择“Web > 转到 Web 页”命令，如图 12-96 所示。弹出“转到 URL”对话框，如图 12-97 所示。

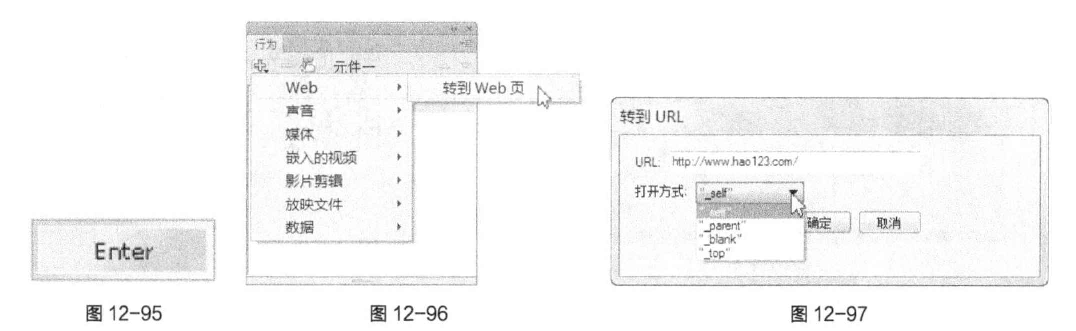

图 12-95　　　　图 12-96　　　　图 12-97

“URL”选项：其文本框中可以设置要链接的 URL 地址。

“打开方式”选项中各选项的含义如下。

“_self”：在同一窗口中打开链接。

“_parent”：在父窗口中打开链接。

“_blank”：在一个新窗口中打开链接。

“_top”：在最上层窗口中打开链接。

设置好后单击“确定”按钮，动作脚本被添加到“行为”面板中，如图 12-98 所示。单击按钮的触发事件“释放时”，右侧出现黑色三角形按钮，单击该三角形按钮，在弹出的菜单中可以设置按钮的其他触发事件，如图 12-99 所示。

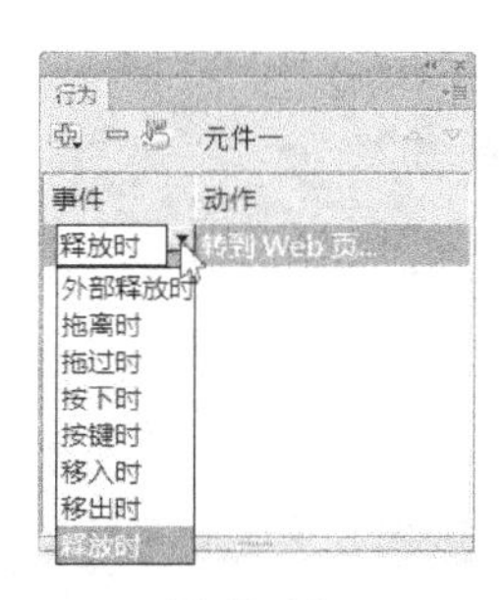

图 12-98　　　　图 12-99

当运行按钮动画时，单击按钮则打开网页浏览器，自动链接到刚才输入的 URL 地址上。

12.3 课堂练习——制作美食知识问答

练习知识要点

使用“文本”工具，添加文字；使用“组件”面板，添加组件；使用“动作”面板，添加动作脚本，效果如图 12-100 所示。

效果所在位置

资源包 > Ch12 > 效果 > 制作美食知识问答.fla。

图 12-100

制作美食知识问答 1

制作美食知识问答 2

12.4 课后习题——制作生活小常识问答

习题知识要点

使用“文本”工具，添加文字；使用“组件”面板，添加组件；使用“动作”面板，添加动作脚本，效果如图 12-101 所示。

效果所在位置

资源包 > Ch12 > 效果 > 制作生活小常识问答.fla。

图 12-101

制作生活小常识问答

Chapter

13

第 13 章
作品的测试、优化、输出和发布

本章将介绍对动画作品进行测试和优化的益处及技巧，还有输出和发布作品的方法和格式。读者通过学习要了解并掌握测试、优化、输出、发布作品的方法和技巧，以便制作出高质量的动画作品。

课堂学习目标

- 了解影片的测试与优化
- 掌握影片的输出与发布

13.1 影片的测试与优化

在动画的设计过程中，经常要测试当前编辑的动画，以便了解作品是否达到预期效果。如果动画要在网络环境中播放，还要考虑动画作品文件的大小，要在保证动画作品效果的同时，优化动画文件，保证其最好的网络播放效果。

13.1.1 影片测试窗口

选择“控制 > 测试影片”命令，进入影片测试窗口。测试窗口上方的菜单栏如图 13-1 所示。在菜单栏中最常用的是“视图”菜单和“控制”菜单。单击“视图”菜单，弹出其下拉子菜单，如图 13-2 所示。

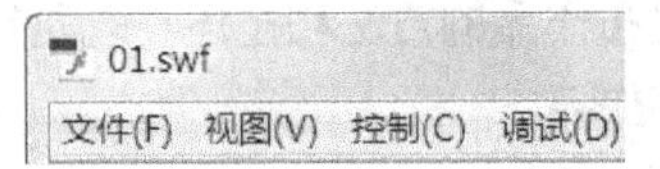

图 13-1

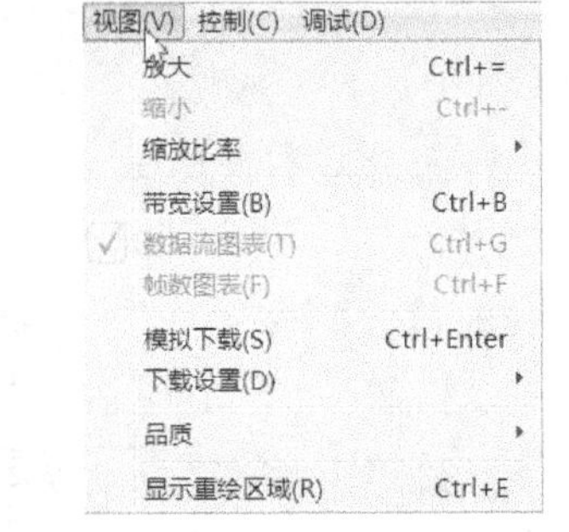

图 13-2

“放大”命令：可以将测试区中的影片放大显示。

“缩小”命令：可以将放大后的影片缩小显示。

“缩放比率”命令：可以将测试区中的影片按照百分比或完全显示的方式进行显示。

“带宽设置”命令：可以显示出带宽特性窗口，用来观察数据流的情况。

“数据流图表”命令：可以用条形图的形式模拟下载方式，显示每一帧数据量的大小，如图 13-3 所示。

“帧数图表”命令：可以用条形图的形式显示每一帧数据量的大小，如图 13-4 所示。

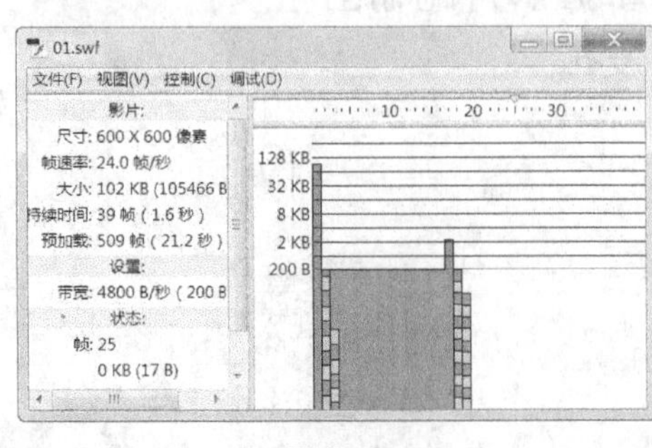

图 13-3

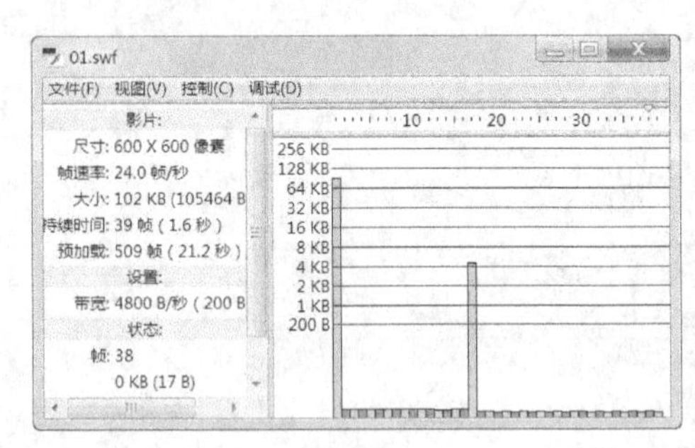

图 13-4

“模拟下载”命令：可以模拟在设定传输条件下，以数据流方式下载动画时的情况。可以通过标尺上绿色的进度条来观察下载情况，如图 13-5 所示。

“下载设置”命令：可以设置模拟的下载条件。可在其子菜单中选择传输速率，也可自定义传输速率。

“品质”命令：可以设置影片测试区中动画显示的效果。

单击“控制”菜单，弹出其下拉子菜单，如图 13-6 所示。

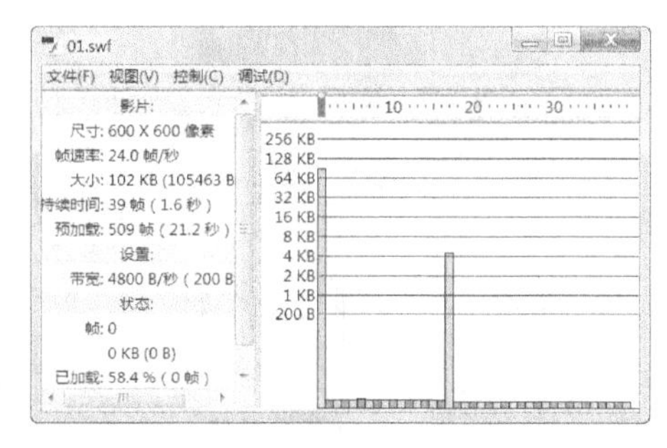

图 13-5

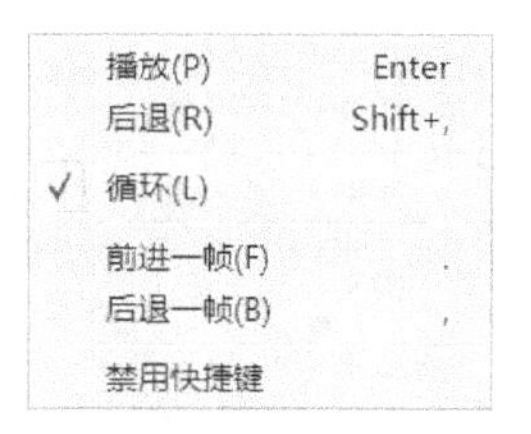

图 13-6

“播放”命令：可以播放当前的动画。

“后退”命令：回到动画的第 1 帧并停止播放动画。

“循环”命令：可以将动画进行循环播放。

“前进一帧”命令：可以将动画前进 1 帧显示。

“后退一帧”命令：可以将动画后退 1 帧显示。

“禁用快捷键”命令：使查看动画所使用的快捷键都为不可用。

13.1.2 测试影片下载性能

测试影片下载性能，对制作动画来说非常重要。用户可以使用带宽设置，以图形化的形式查看下载性能。

选择“控制 > 测试影片 > 测试”命令，进入影片测试窗口。选择“视图 > 带宽设置”命令，打开带宽特性窗口，如图 13-7 所示。

窗口的左侧显示的是当前动画的信息和播放情况。窗口的右侧显示的是动画影片各帧上的数据量。矩形条越大，表示该帧上的数据量越大。红色的水平线是动画传输速率的警备线，其位置由传输条件决定。当帧上的矩形条高于红色水平线时，表示在播放该帧时，有可能产生停顿。

在播放动画时，指针经过其中一帧，在窗口左侧的“帧”选项上显示出当前播放的帧数，如图 13-8 所示。

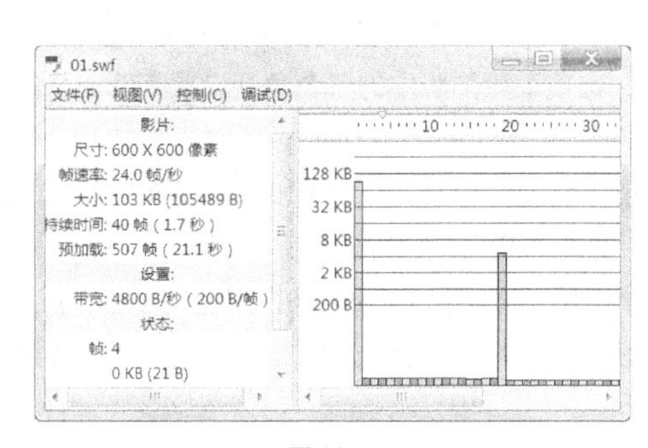

图 13-7

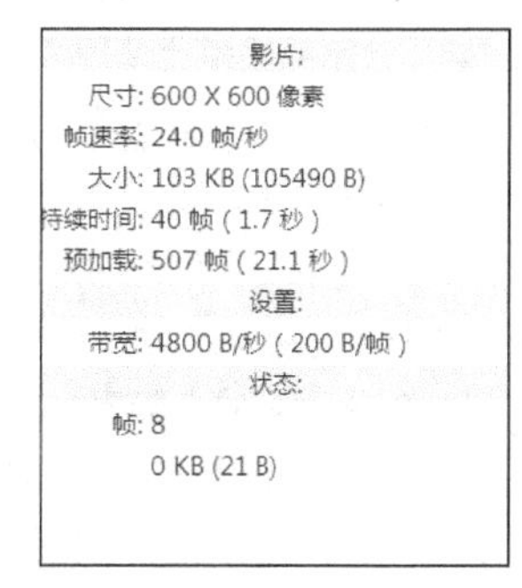

图 13-8

选择“视图 > 模拟下载”命令，在窗口左侧的“已加载”选项上显示加载的百分比，如图 13-9 所示。同时，在窗口右侧的标尺上显示出绿色的进度条，代表加载的速度，如图 13-10 所示。

标尺上的指针▽表示当前动画播放的位置，当指针显示的位置赶上加载进度条时，动画就会出现停顿现象。

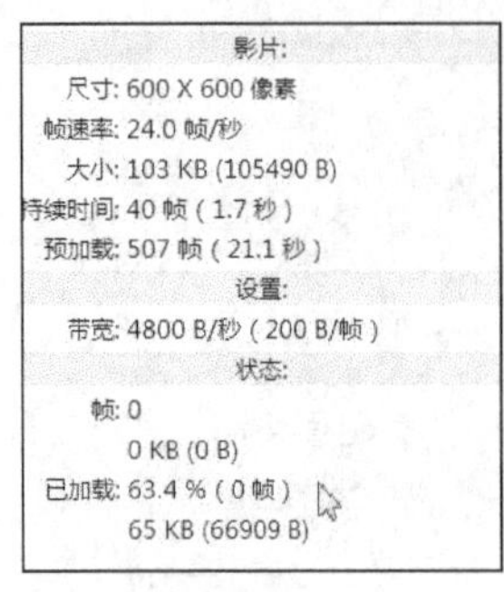

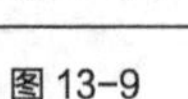
图 13-9

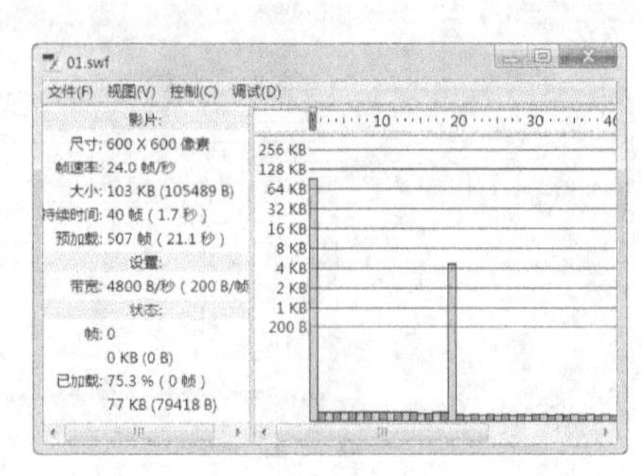

图 13-10

13.1.3 作品优化

动画文件越大，在网络上播放浏览时等待播放的时间就越长。虽然在动画作品发布时会自动进行一些优化，但是在制作动画时还要从整体上对动画进行优化，以减少文件量。

动画的优化包括以下 12 个方面。

STEP 1 将动画中所有相同的对象用同一个符号引用，这样，相同内容的对象在作品中只能保存一次。

STEP 2 在动画中尽量避免使用逐帧动画，多使用补间动画。因为补间动画中的过渡帧是计算所得，所以其文件量大大少于逐帧动画。

STEP 3 如果使用导入的位图，最好将位图作为背景或静止元素，尽量避免使用位图动画元素。

STEP 4 对舞台中多个相对位置固定的对象建组。

STEP 5 尽量用矢量线条代替矢量色块。减少矢量图形的复杂程度，如减少图形的边数或曲线上折线的数量。

STEP 6 尽量不要将文字打散成轮廓，尽量少用嵌入字体。

STEP 7 尽量少用渐变色，使用单色，因为渐变色比单色多占用 50 个字节的存储空间。少使用不透明度，因为会减慢回放速度。

STEP 8 尽量限制使用特殊线条的类型数，如虚线、点线等。实线比特殊线条占用的空间要小。使用“铅笔”工具绘制的线条比使用“刷子”工具绘制的线条占用的空间要小。

STEP 9 使用“属性”面板中“颜色”选项下拉列表中的各个命令设置实例，可以使同一元件的不同实例产生多种不同的效果。

STEP 10 尽量避免在作品的开始出现停顿。在作品的开始阶段，要在文件量大的帧前面设计一些较小的帧序列，在播放这些帧的同时，预载后面文件量大的内容。

STEP 11 对于动画的音频素材，尽量使用 MP3 格式，因为其占用空间最小，压缩效果最好。

STEP 12 音频引用对象和位图引用对象包含的文件量大，因此，避免在同一关键帧中同时包含这两种引用对象，否则，可能会出现停顿帧。

13.2 影片的输出与发布

动画作品设计完成后，要通过输出或发布方式将其制作成可以脱离 Flash CS6 环境播放的动画文件。并不是所有应用系统都支持 Flash 文件格式，如果要在网页、应用程序、多媒体中编辑动画作品，可以将它们导出成通用的文件格式，如 GIF、JPEG、PNG、BMP、QuickTime 或 AVI。

13.2.1 输出影片设置

选择“文件 > 导出”命令，其子菜单如图 13-11 所示。可以选择将文件导出为图像或影片。

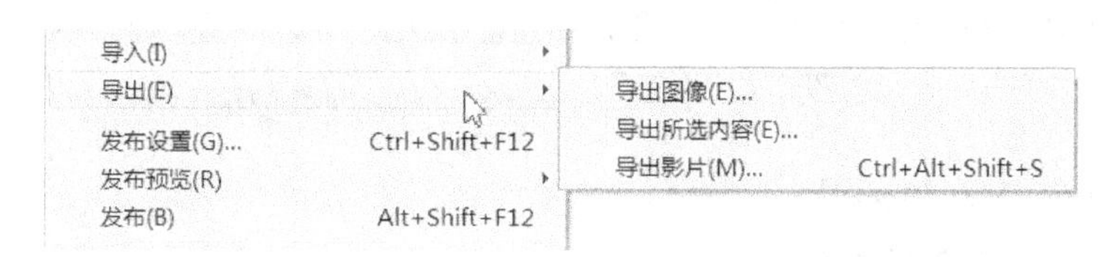

图 13-11

“导出图像”命令：可以将当前帧或所选图像导出为一种静止图像格式，或导出为单帧 Flash Player 应用程序。

“导出所选内容”命令：可以将当前所选择的内容导出为一个以.fxg 为后缀的文件。

“导出影片”命令：可以将动画导出为包含一系列图片、音频的动画格式或静止帧；当导出静止图像时，可以为文档中的每一帧都创建一个带有编号的图像文件；还可以将文档中的声音导出为 WAV 文件。

将 Flash 图像保存为位图、GIF、JPEG、BMP 文件时，图像会丢失其矢量信息，仅以像素信息保存。但在将 Flash 图像导出为矢量图形文件时，如 Illustrator 格式，可以保留其矢量信息。

13.2.2 输出影片格式

Flash CS6 可以输出多种格式的动画或图形文件，一般包含以下几种常用类型。

1. SWF 影片 (*.swf)

SWF 动画是浏览网页时常见的动画格式，它是以.swf 为后缀的文件，具有动画、声音和交互等功能，它需要在浏览器中安装 Flash 播放器插件才能观看。将整个文档导出为具有动画效果和交互功能的 Flash SWF 文件，以便将 Flash 内容导入其他应用程序中，如导入 Dreamweaver 中。

选择“文件 > 导出 > 导出影片”命令，弹出“导出影片”对话框，在“文件名”选项的文本框中输入要导出动画的名称，在“保存类型”选项的下拉列表中选择“SWF 影片 （*.swf）”，如图 13-12 所示，单击“保存”按钮，即可导出影片。

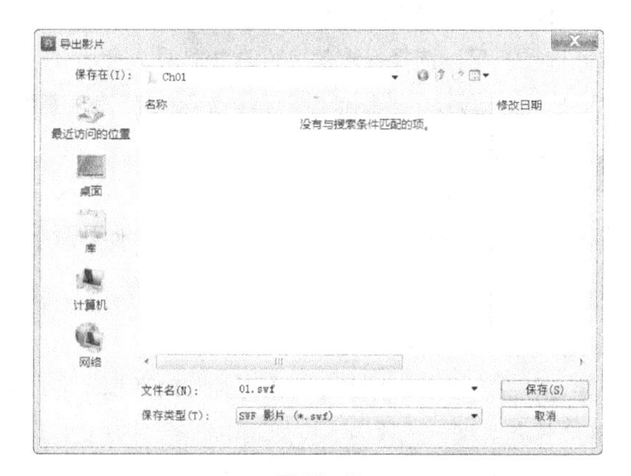

图 13-12

提示

在以 SWF 格式导出 Flash 文件时，文本以 Unicode 格式进行编码。Unicode 编码是一种文字信息的通用字符集编码标准，它是一种 16 位编码格式。也就是说，Flash 文件中的文字使用双位元组字符集进行编码。

2. Windows AVI (*.avi)

Windows AVI 是标准的 Windows 影片格式，它是一种很好的、用于在视频编辑应用程序中打开 Flash 动画的格式。AVI 是基于位图的格式，因此，如果包含的动画很长或者分辨率比较高，文件量就会非常大。将 Flash 文件导出为 Windows 视频时，会丢失所有的交互性。

选择“文件 > 导出 > 导出影片”命令，弹出“导出影片”对话框，在“文件名”选项的文本框中输入要导出视频文件的名称，在“保存类型”选项的下拉列表中选择“Windows AVI (*.avi)”，如图 13-13 所示，单击“保存”按钮，弹出“导出 Windows AVI”对话框，如图 13-14 所示。

图 13-13

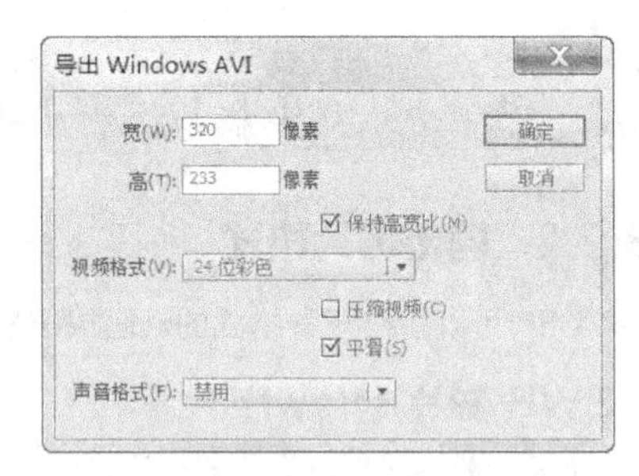

图 13-14

“宽”和“高”选项：可以指定 AVI 影片的宽度和高度，以像素为单位。当宽度和高度两者指定其一时，另一个尺寸会自动设置，这样会保持原始文档的高宽比。

“保持高宽比”选项：取消对此选项的选择，可以分别设置宽度和高度。

“视频格式”选项：可以选择输出作品的颜色位数。目前许多应用程序不支持 32 位色的图像格式，如果使用这种格式时出现问题，可以使用 24 位色的图像格式。

“压缩视频”选项：勾选此选项，可以选择标准的 AVI 压缩选项。

“平滑”选项：可以消除导出 AVI 影片中的锯齿。勾选此选项，能产生高质量的图像。背景为彩色时，AVI 影片可能会在图像的周围产生模糊，此时，不勾选此选项。

“声音格式”选项：设置音轨的取样比率和大小，以及是以单声还是以立体声导出声音。取样率高，声音的保真度就高，但占据的存储空间也大。取样率和大小越小，导出的文件就越小，但可能会影响声音品质。

3. WAV 音频 (*.wav)

可以将动画中的音频对象导出，并以 WAV 声音文件格式保存。

选择“文件 > 导出 > 导出影片”命令，弹出“导出影片”对话框，在“文件名”选项的文本框中输入要导出音频文件的名称，在“保存类型”选项的下拉列表中选择“WAV 音频 (*.wav)”，如图 13-15 所示，单击“保存”按钮，弹出“导出 Windows WAV”对话框，如图 13-16 所示。

图 13-15

图 13-16

“声音格式”选项：可以设置导出声音的取样频率、比特率及立体声或单声。

“忽略事件声音”选项：勾选此选项，可以从导出的音频文件中排除事件声音。

4. JPEG 图像（*.jpg）

可以将 Flash 文档中当前帧上的对象导出成 JPEG 位图文件。JPEG 格式图像为高压缩比的 24 位位图。JPEG 格式适合显示包含连续色调（如照片、渐变色或嵌入位图）的图像。其导出设置与位图 (*.bmp) 相似，不再赘述。

5. GIF 序列（*.gif）

网页中常见的动态图标大部分是 GIF 动画形式，它是由多个连续的 GIF 图像组成。在 Flash 动画时间轴上的每一帧都会变为 GIF 动画中的一幅图片。GIF 动画不支持声音和交互，并比不含声音的 SWF 动画文件量大。

选择“文件 > 导出 > 导出影片”命令，弹出“导出影片”对话框，在“文件名”选项的文本框中输入要导出序列文件的名称，在“保存类型”选项的下拉列表中选择“GIF 动画 (*.gif)”，如图 13-17 所示，单击“保存”按钮，弹出“导出 GIF”对话框，如图 13-18 所示。

图 13-17

图 13-18

“宽”和“高”选项：设置 GIF 动画的尺寸大小。

“分辨率”选项：设置导出动画的分辨率，并且让 Flash CS6 根据图形的大小自动计算宽度和高度。单击“匹配屏幕”按钮，可以将分辨率设置为与显示器相匹配。

“颜色”选项：创建导出图像的颜色数量。

“透明”选项：勾选此选项，输出的 GIF 动画的背景色为透明。

“交错”选项：勾选此选项，浏览者在下载过程中，动画以交互方式显示。

“平滑”选项：勾选此选项，对输出的 GIF 动画进行平滑处理。

“抖动纯色”选项：勾选此选项，对 GIF 动画中的色块进行抖动处理，以提高画面质量。

“动画”选项：可以设置 GIF 动画的播放次数。

6. PNG 序列 (*.png)

PNG 文件格式是一种可以跨平台支持透明度的图像格式。选择“文件 > 导出 > 导出影片”命令，弹出“导出影片”对话框，在“文件名”选项的文本框中输入要导出序列文件的名称，在“保存类型”选项的下拉列表中选择“png 序列 (*.png)”，如图 13-19 所示，单击“保存”按钮，弹出“导出 PNG”对话框，如图 13-20 所示。

图 13-19

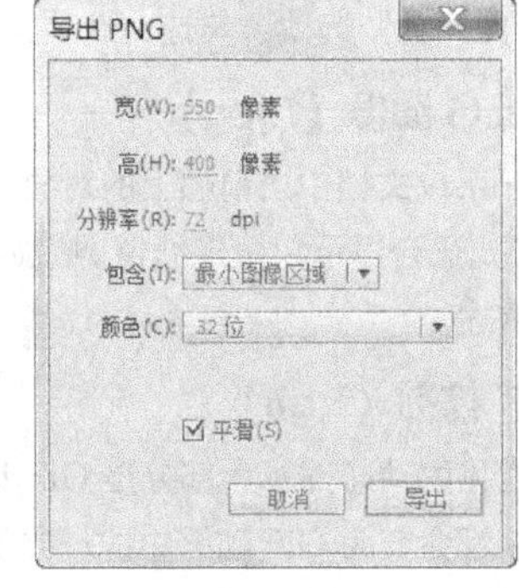

图 13-20

“宽”和“高”选项：设置 PNG 图片的尺寸大小。

“分辨率”选项：设置导出图片的分辨率，并且让 Flash CS6 根据图形的大小自动计算宽度和高度。单击“匹配屏幕”按钮，可以将分辨率设置为与显示器相匹配。

“包含”选项：可以设置导出图片的区域大小。

“颜色”选项：创建导出图像的颜色数量。

“平滑”选项：勾选此选项，对输出的 PNG 图片进行平滑处理。

13.2.3 发布影片设置

选择“文件 > 发布”命令，在 Flash 文件所在的文件夹中生成与 Flash 文件同名的 SWF 文件和 HTML 文件，如图 13-21 所示。

如果要设置同时输出多种格式的动画作品，选择“文件 > 发布设置”命令，弹出“发布设置”对话框，如图 13-22 所示。在默认状态下，只有两种发布格式。可以选择下方的复选框，对话框的上方也出现相应的格式选项卡，如图 13-23 所示。

在“发布设置”对话框中完成设置后，单击“确定”按钮，此时并不发布文件，只有单击“发布”按钮时才能发布文件。

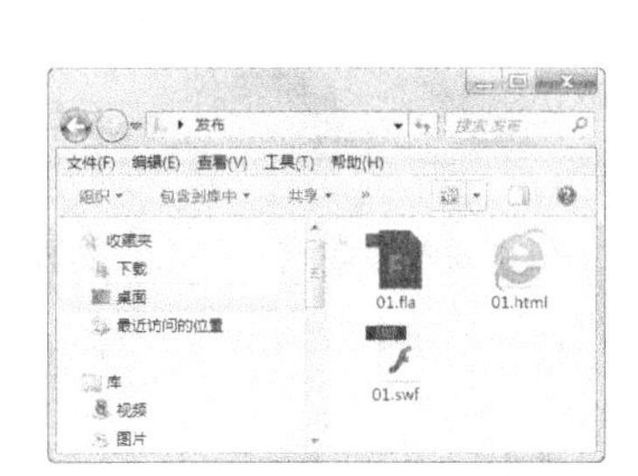

图 13-21

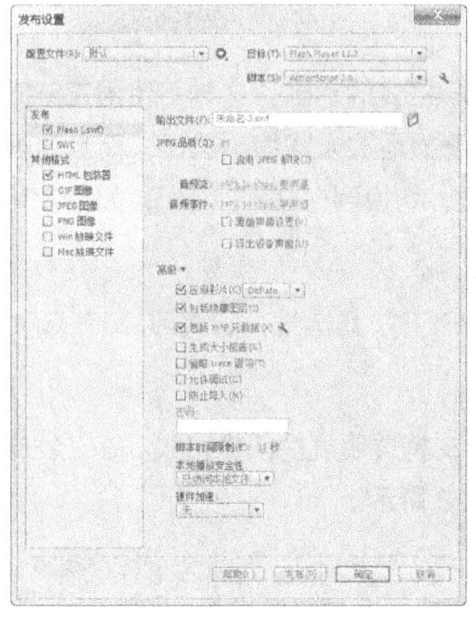

图 13-22

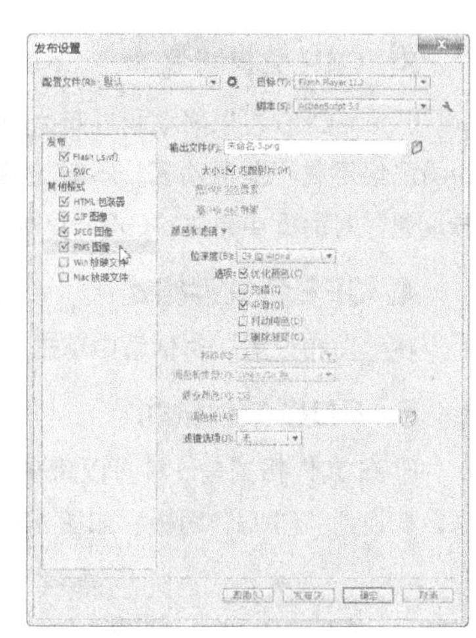

图 13-23

可以在每种格式右侧的文本框中，为文件重新命名。单击“使用默认名称”按钮，则每种格式都使用默认的影片文件名。单击发布目标按钮，可以为文件重新设置要发布的文件夹。

13.2.4 发布影片格式

Flash CS6 能够发布多种格式的文件，下面介绍各种格式文件的参数设置。

1. Flash SWF 文件格式

Flash SWF 文件是网络上流行的动画格式。在“发布设置”对话框中单击“Flash”复选框，切换到“Flash”面板，如图 13-24 所示。

2. HTML 文件格式

HTML 文件用于在网页中引导和播放 Flash 动画作品。如果要在网络上播放 Flash 电影，需要创建一个能激活电影并指定浏览器设置的 HTML 文件。在“发布设置”对话框中单击“HTML”复选框，切换到“HTML”面板，如图 13-25 所示。

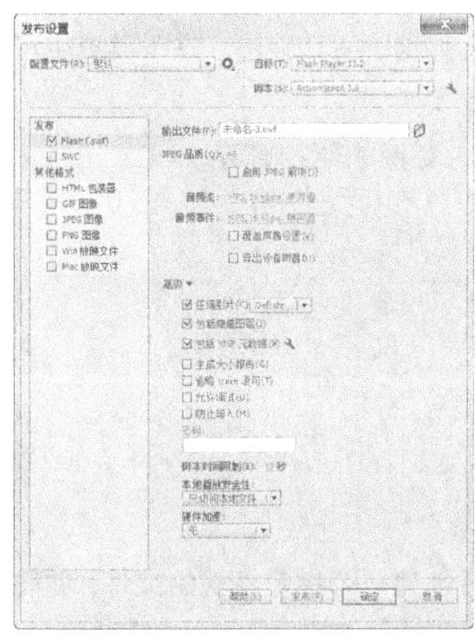

图 13-24

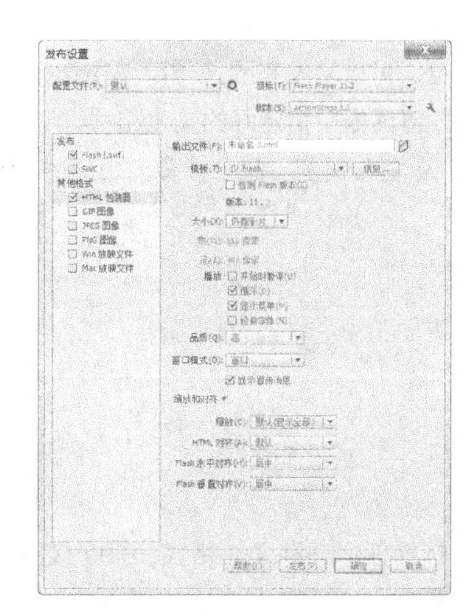

图 13-25

3. GIF 文件格式

Flash CS6 可以将动画发布为 GIF 格式的动画，这样不使用任何插件就可以观看动画。但 GIF 格式的动画已经不属于矢量动画，不能随意无损地放大或缩小画面，而且动画中的声音和动作都会失效。在“发布设置”对话框中单击“GIF”复选框，切换到“GIF”面板，如图 13-26 所示。

4. JPEG 文件格式

在“发布设置”对话框中单击“JPEG”复选框，切换到“JPEG”面板，如图 13-27 所示。

5. PNG 文件格式

PNG 文件格式是一种可以跨平台支持透明度的图像格式。在“发布设置”对话框中单击“PNG”复选框，切换到“PNG”面板，如图 13-28 所示。

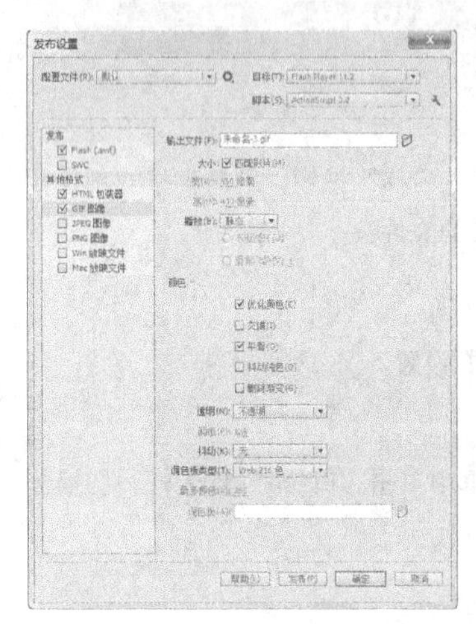

图 13-26

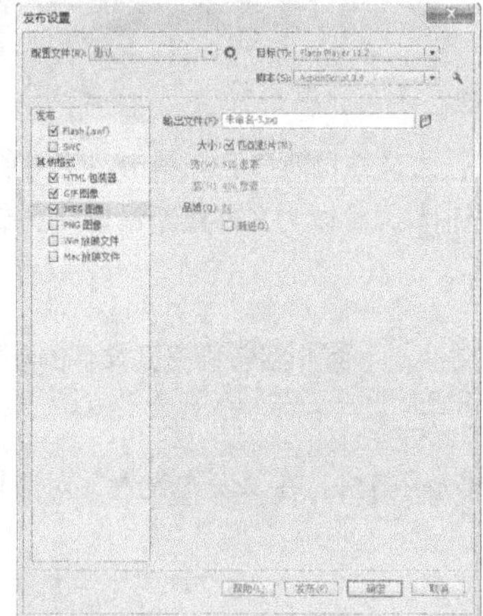

图 13-27

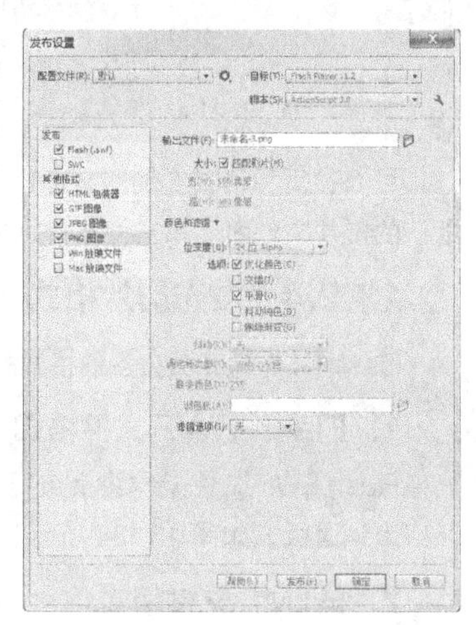

图 13-28

13.2.5 发布预览及打包文件

1. 发布预览

使用发布预览，可以从发布预览子菜单中选择一种文件格式进行输出。在子菜单中可以选择的格式都是在“发布设置”对话框中指定好的输出格式。

选择“文件 > 发布预览”命令，弹出相应的子菜单，如图 13-29 所示。

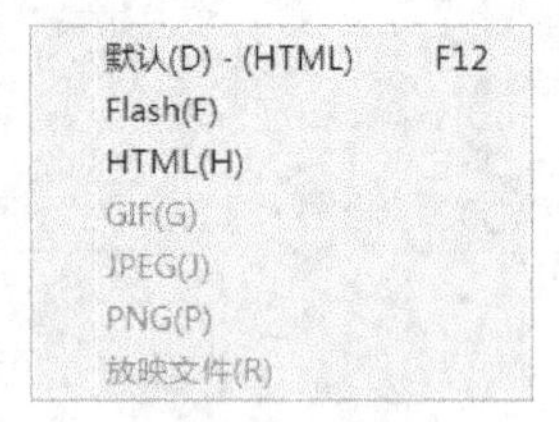

图 13-29

在子菜单中选择任何一种文件格式，Flash CS6 即可创建一个指定格式的文件，并将它放到 Flash 影片文档所在的文件夹中。

2. 打包文件

在网页中浏览 SWF 动画需要先安装插件，如果在不安装插件的情况下观看动画，可以将 Flash 作品打包成后缀为.exe 的文件，此文件可独立运行，并与后缀为.swf 的动画效果相同。

制作好动画后，选择“文件 > 导出 > 导出影片”命令，弹出“导出影片”对话框，在对话框中设置导出影片的名称和格式，将“保存类型”设置为后缀是.swf 的 Flash 影片格式进行导出。导出的.swf 文件在 Flash 影片文档所在的文件夹中，如图 13-30 所示。

双击.swf 文件，打开 Flash Player 播放器，选择“文件 > 创建播放器”命令，如图 13-31 所示。

图 13-30

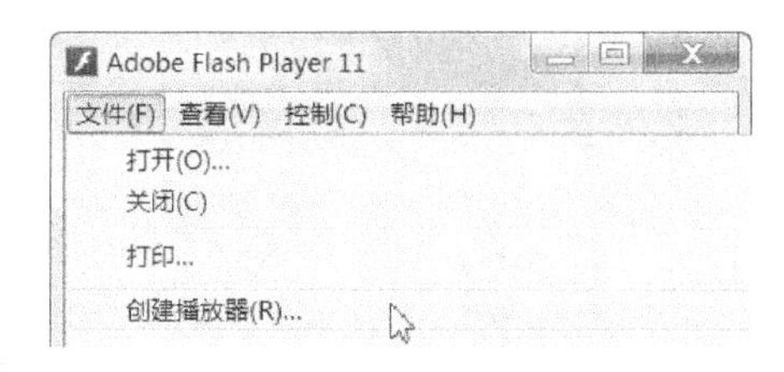

图 13-31

弹出“另存为”对话框，在“文件名”选项中输入名称，其他为默认值，如图 13-32 所示。单击“保存”按钮，在 Flash 影片文档所在的文件夹中，生成了后缀为.exe 的文件，如图 13-33 所示。

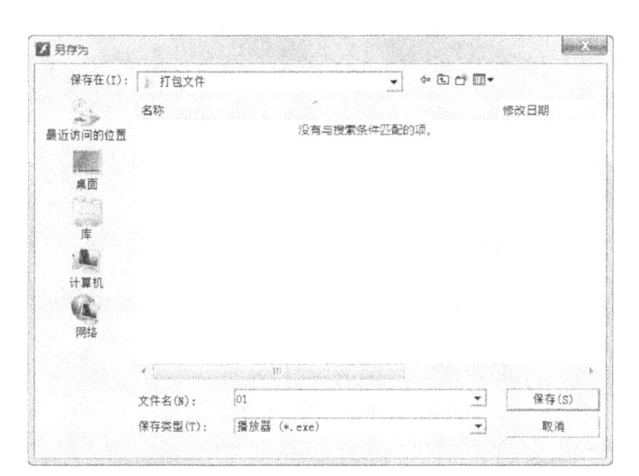

图 13-32

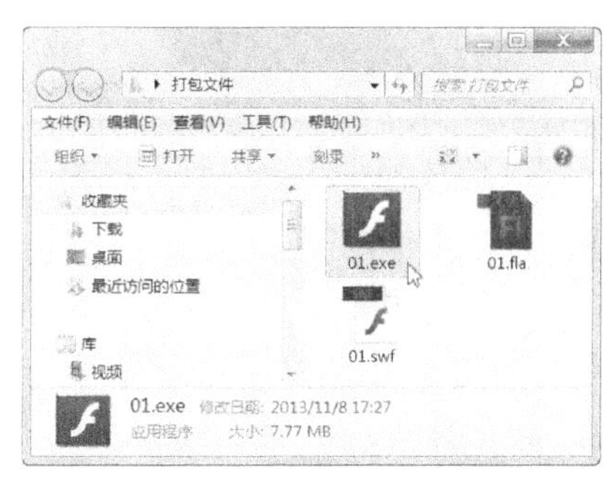

图 13-33

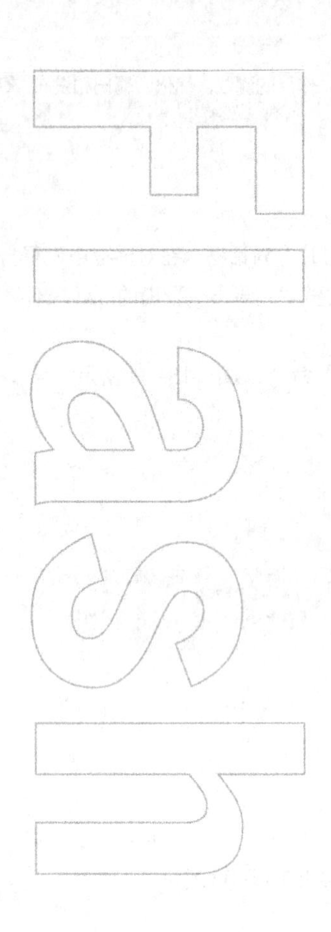

Chapter

14

第 14 章 商业案例实训

本章结合多个应用领域商业案例的实际应用，通过案例分析、案例设计和案例制作进一步讲解 Flash 强大的应用功能和制作技巧。读者在学习商业案例并完成大量商业练习和习题后，可以快速地掌握商业动画设计的理念和软件的技术要点，设计制作出专业的动画作品。

课堂学习目标

- 掌握软件基础知识的使用方法
- 了解软件的常用设计领域
- 掌握在不同设计领域的使用技巧

14.1 制作元宵节贺卡

14.1.1 案例分析

元宵节，是农历正月十五，又称为上元节，是春节之后的第一个重要节日，是中国亦是汉字文化圈的地区和海外华人的传统节日之一。正月是农历的元月，古人称夜为“宵”，所以把一年中第一个月圆之夜正月十五称为元宵节。本例的元宵节电子贺卡要表现出元宵节喜庆祥和的气氛，把吉祥和祝福送给亲友。

在制作过程中，使用红色渐变的背景烘托出热闹喜庆的氛围；主体文字使用黄色，并制作出文字立体效果，与背景中的红色形成鲜明的对比；添加食物图片，使卡片画面更为饱满；运用中国传统图案和建筑图片作为卡片装饰，使画面更具传统特色。整个画面具有吉祥祝福的寓意，充满浓厚的中国韵味。

本例将使用“导入”命令，导入素材文件；使用“创建元件”命令，将导入的素材制作成图形元件；使用“创建传统补间”命令，制作补间动画效果。

14.1.2 案例设计

本案例的效果如图 14-1 所示。

图 14-1

14.1.3 案例制作

1. 导入素材制作图形元件

STEP 1 选择“文件 > 新建”命令，在弹出的“新建文档”对话框中选择“ActionScript 2.0”选项，将“宽”选项设为 800，“高”选项设为 600，单击“确定”按钮，完成文档的创建。

制作元宵节贺卡 1

STEP 2 选择“文件 > 导入 > 导入到库”命令，在弹出的“导入到库”对话框中选择“Ch14 > 素材 > 制作元宵节贺卡 > 01 ~ 13”文件，单击“打开”按钮，文件被导入到“库”面板中，如图 14-2 所示。

STEP 3 按 Ctrl+F8 组合键，弹出“创建新元件”对话框，在“名称”选项的文本框中输入“帆船”，在“类型”选项的下拉列表中选择“图形”，单击“确定”按钮，新建图形元件“帆船”，如图 14-3 所示，舞台窗口也随之转换为图形元件的舞台窗口。将“库”面板中的位图“02”拖曳到舞台窗口中，如图 14-4 所示。

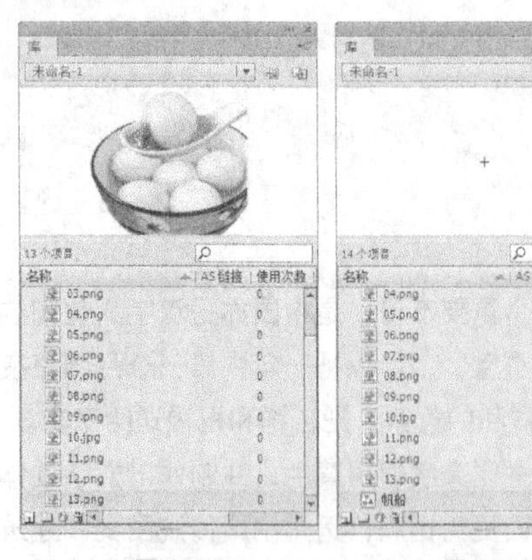

图 14-2　　图 14-3

图 14-4

STEP 4 按 Ctrl+F8 组合键，弹出“创建新元件”对话框，在“名称”选项的文本框中输入“元宵”，在“类型”选项的下拉列表中选择“图形”，单击“确定”按钮，新建图形元件“元宵”，如图 14-5 所示，舞台窗口也随之转换为图形元件的舞台窗口。将“库”面板中的位图“03”拖曳到舞台窗口中，如图 14-6 所示。

STEP 5 用上述的方法将“库”面板中的“04”“05”“06”“07”“08”“09”“11”“12”“13”文件，分别制作成图形元件“文字”“人物”“玫瑰”“文字 1”“文字 2”“元宵 2”“楼房”“文字 3”“元宵 3”，“库”面板如图 14-7 所示。

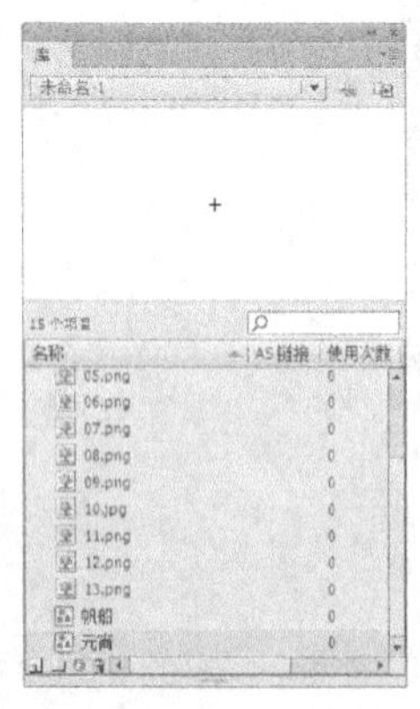

图 14-5

图 14-6

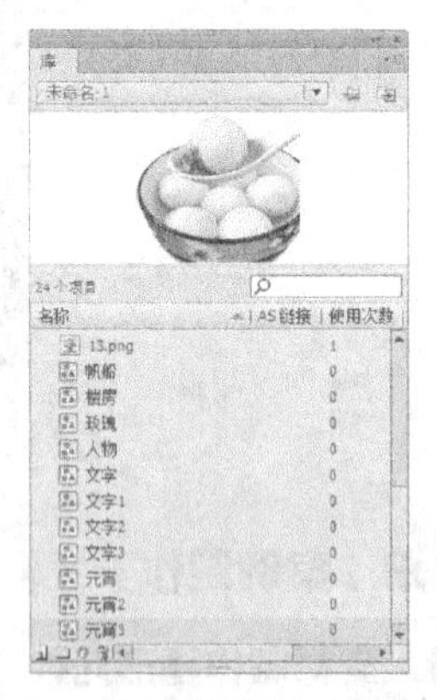

图 14-7

2. 制作画面 1

STEP 1 单击舞台窗口左上方的“场景 1”图标，进入“场景 1”的舞台窗口。将“图层 1”重命名为“底图”，如图 14-8 所示。将“库”面板中的位图“01”拖曳到舞台窗口中，如图 14-9 所示。选中“底图”图层的第 165 帧，按 F5 键，插入普通帧。

制作元宵节贺卡 2

STEP 2 在“时间轴”面板中创建新图层并将其命名为“帆船”。将“库”面板中的图形元件“帆船”拖曳到舞台窗口中，并放置在适当的位置，如图 14-10 所示。

STEP 3 选中“帆船”图层的第 30 帧，按 F6 键，插入关键帧。选中第 80 帧，按 F7 键，插入空白关键帧。

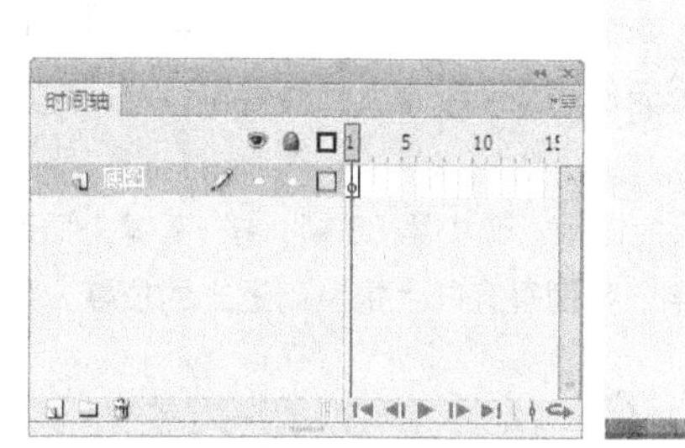

图 14-8

图 14-9

图 14-10

STEP 4 选中“帆船”图层的第 1 帧，在舞台窗口中将“帆船”实例水平向右拖曳到适当的位置，如图 14-11 所示。在图形“属性”面板中选择“色彩效果”选项组，在“样式”选项的下拉列表中选择“Alpha”，将其值设为 0%，效果如图 14-12 所示。

STEP 5 用鼠标右键单击“帆船”图层的第 1 帧，在弹出的快捷菜单中选择“创建传统补间”命令，生成传统补间动画，如图 14-13 所示。

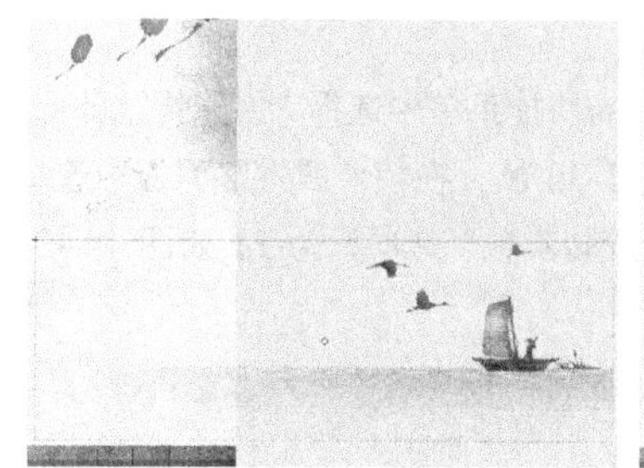
图 14-11

图 14-12

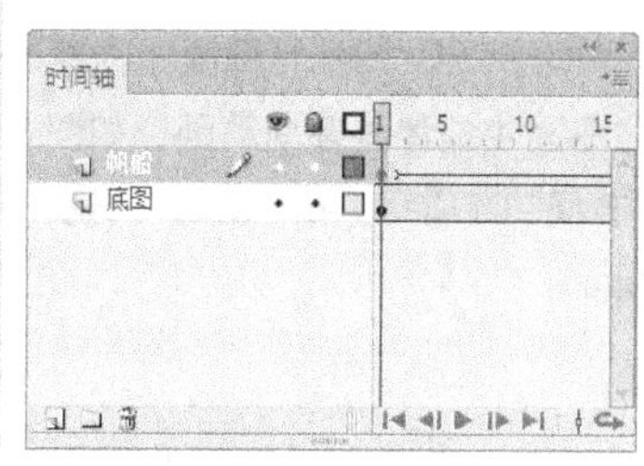

图 14-13

STEP 6 在“时间轴”面板中创建新图层并将其命名为“元宵”。选中“元宵”图层的第 20 帧，按 F6 键，插入关键帧，如图 14-14 所示。将“库”面板中的图形元件“元宵”拖曳到舞台窗口中，并放置在适当的位置，如图 14-15 所示。选中“元宵”图层的第 50 帧，按 F6 键，插入关键帧。选中第 80 帧，按 F7 键，插入空白关键帧。

STEP 7 选中“元宵”图层的第 20 帧，在舞台窗口中将“元宵”实例水平向左拖曳到适当的位置，如图 14-16 所示。在图形“属性”面板中选择“色彩效果”选项组，在“样式”选项的下拉列表中选择“Alpha”，将其值设为 0%。

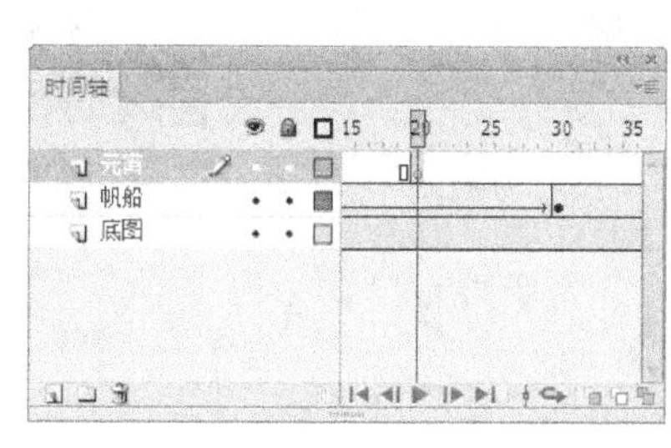

图 14-14

图 14-15

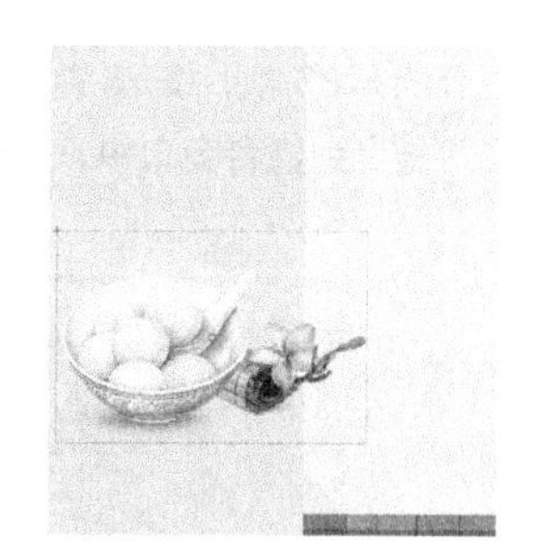
图 14-16

STEP 8 用鼠标右键单击“元宵”图层的第 20 帧，在弹出的快捷菜单中选择“创建传统补间”命令，生成传统补间动画。

STEP 9 在“时间轴”面板中创建新图层并将其命名为“文字”。选中“文字”图层的第 35 帧，按 F6 键，插入关键帧，如图 14-17 所示。将“库”面板中的图形元件“文字”拖曳到舞台窗口中，并放置在适当的位置，如图 14-18 所示。

STEP 10 选中“文字”图层的第 60 帧，按 F6 键，插入关键帧。选中第 80 帧，按 F7 键，插入空白关键帧。选中“文字”图层的第 35 帧，在舞台窗口中将“文字”实例垂直向上拖曳到适当的位置，如图 14-19 所示。

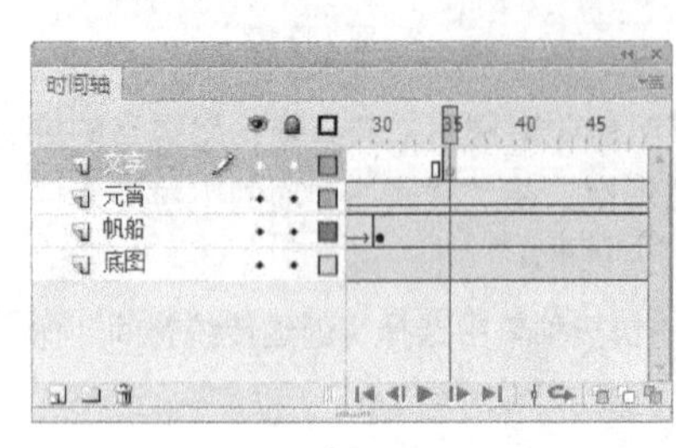

图 14-17

图 14-18

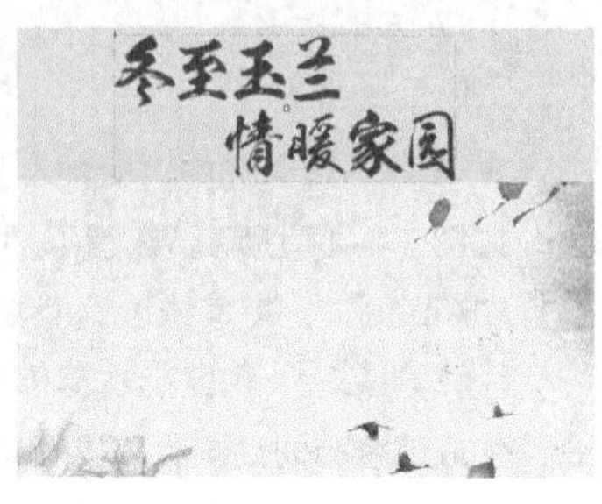

图 14-19

STEP 11 用鼠标右键单击“文字”图层的第 35 帧，在弹出的快捷菜单中选择“创建传统补间”命令，生成传统补间动画，如图 14-20 所示。选中“文字”图层的第 35 帧，在帧“属性”面板中选择“补间”选项组，在“旋转”选项的下拉列表中选择“顺时针”，将“旋转次数”选项设为 1，如图 14-21 所示。

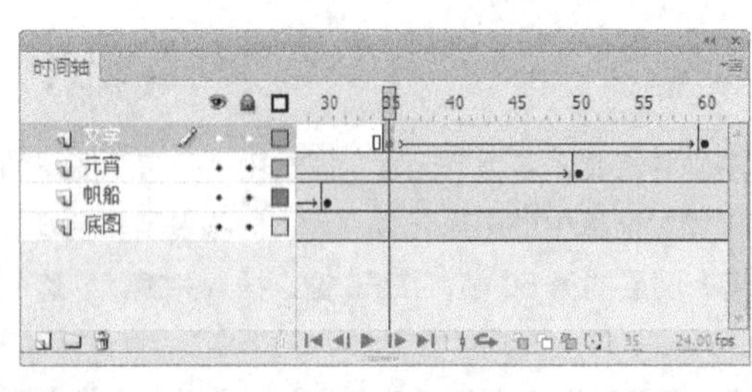

图 14-20

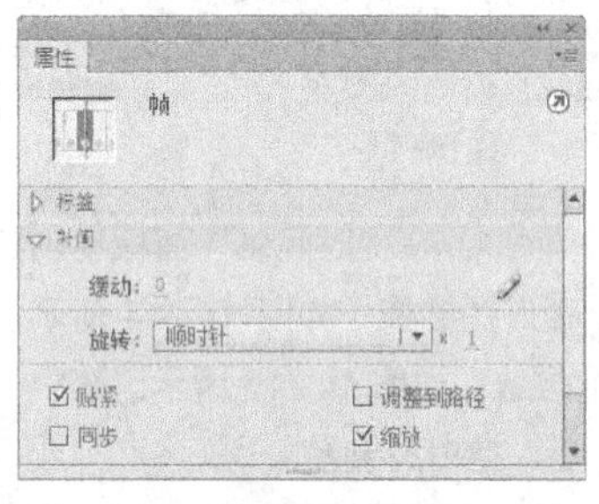

图 14-21

3. 制作画面 2

STEP 1 在“时间轴”面板中创建新图层并将其命名为“人物”。选中“人物”图层的第 80 帧，按 F6 键，插入关键帧，如图 14-22 所示。将“库”面板中的图形元件“人物”拖曳到舞台窗口中，并放置在适当的位置，如图 14-23 所示。

制作元宵节贺卡 3

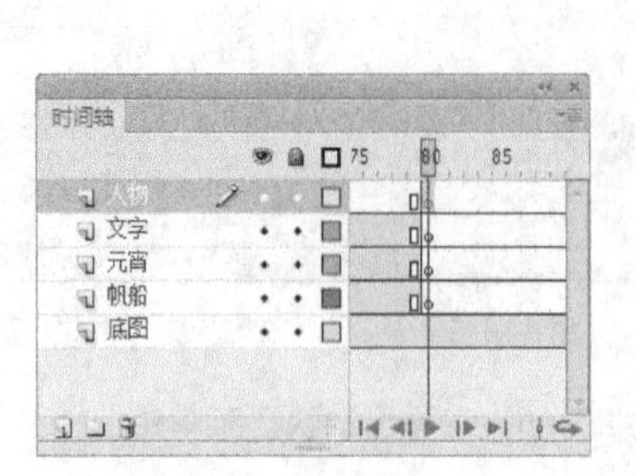

图 14-22

图 14-23

STEP 2 选中“人物”图层的第 105 帧，按 F6 键，插入关键帧，如图 14-24 所示。选中“人物”图层的第 80 帧，在舞台窗口中选中“人物”实例，在图形“属性”面板中选择“色彩效果”选项组，在“样式”选项的下拉列表中选择“Alpha”，将其值设为 0%，如图 14-25 所示，效果如图 14-26 所示。

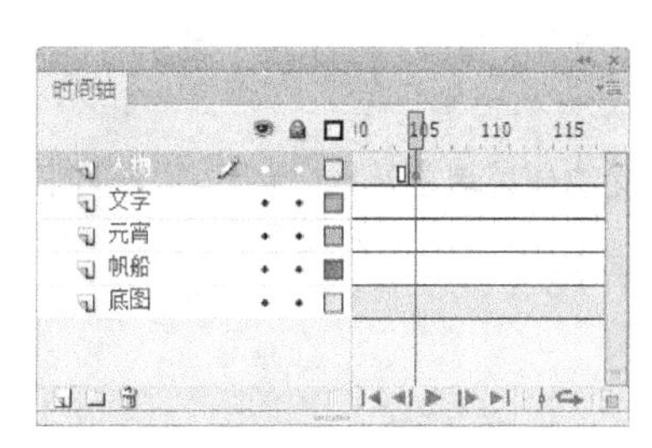
图 14-24

图 14-25

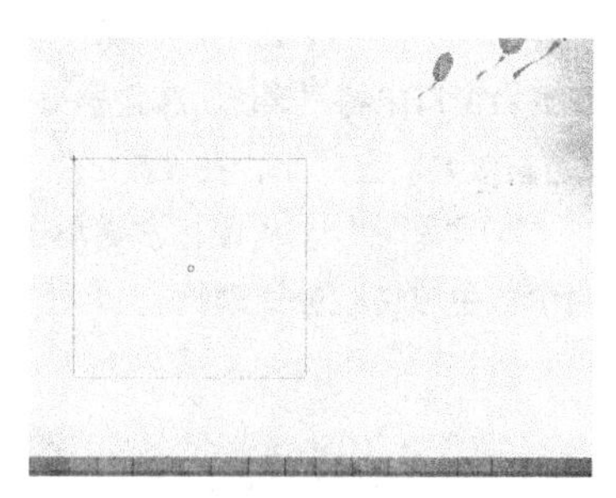
图 14-26

STEP 3 用鼠标右键单击“人物”图层的第 80 帧，在弹出的快捷菜单中选择“创建传统补间”命令，生成传统补间动画。

STEP 4 在“时间轴”面板中创建新图层并将其命名为“文字 1”。选中“文字 1”图层的第 90 帧，按 F6 键，插入关键帧，如图 14-27 所示。将“库”面板中的图形元件“文字 1”拖曳到舞台窗口中，并放置在适当的位置，如图 14-28 所示。

STEP 5 选中“文字 1”图层的第 110 帧，按 F6 键，插入关键帧。选中“文字 1”图层的第 90 帧，在舞台窗口中将“文字 1”实例水平向右拖曳到适当的位置，如图 14-29 所示。

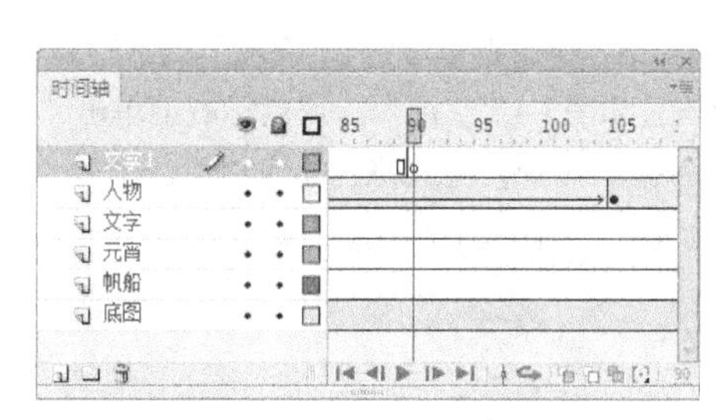
图 14-27

图 14-28

图 14-29

STEP 6 用鼠标右键单击“文字 1”图层的第 90 帧，在弹出的快捷菜单中选择“创建传统补间”命令，生成传统补间动画，如图 14-30 所示。选中“文字 1”图层的第 90 帧，在帧“属性”面板中选择“补间”选项组，在“旋转”选项的下拉列表中选择“顺时针”，将“旋转次数”选项设为 1，如图 14-31 所示。

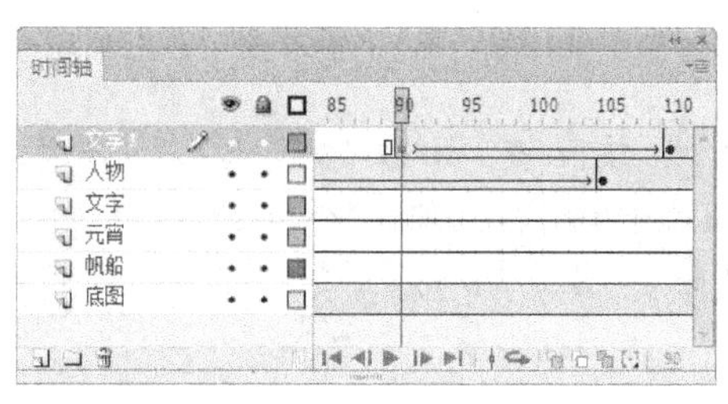
图 14-30

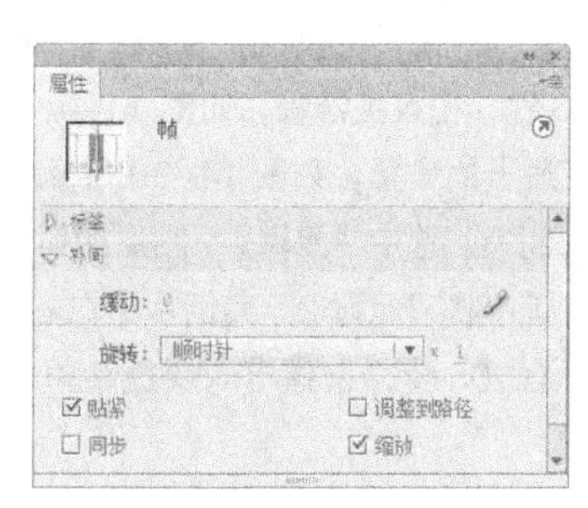
图 14-31

STEP 7 在“时间轴”面板中创建新图层并将其命名为“玫瑰”。选中“玫瑰”图层的第 90 帧，按 F6 键，插入关键帧，如图 14-32 所示。将“库”面板中的图形元件“玫瑰”拖曳到舞台窗口中，并放置在适当的位置，如图 14-33 所示。

STEP 8 选中“玫瑰”图层的第 110 帧，按 F6 键，插入关键帧。选中“玫瑰”图层的第 90 帧，在舞台窗口中将“玫瑰”实例垂直向下拖曳到适当的位置，如图 14-34 所示。在图形“属性”面板中选择“色彩效果”选项组，在“样式”选项的下拉列表中选择“Alpha”，将其值设为 0%。

STEP 9 用鼠标右键单击“玫瑰”图层的第 90 帧，在弹出的快捷菜单中选择“创建传统补间”命令，生成传统补间动画。

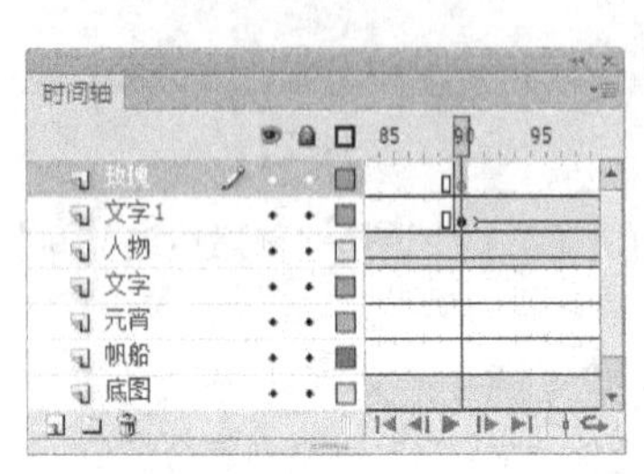

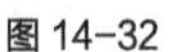

图 14-32

图 14-33

图 14-34

STEP 10 在“时间轴”面板中创建新图层并将其命名为“文字 2”。选中“文字 2”图层的第 97 帧，按 F6 键，插入关键帧，如图 14-35 所示。将“库”面板中的图形元件“文字 2”拖曳到舞台窗口中，并放置在适当的位置，如图 14-36 所示。

STEP 11 选中“文字 2”图层的第 115 帧，按 F6 键，插入关键帧。选中“文字 2”图层的第 97 帧，在舞台窗口中将“文字 2”实例水平向左拖曳到适当的位置，如图 14-37 所示。用鼠标右键单击“文字 2”图层的第 97 帧，在弹出的快捷菜单中选择“创建传统补间”命令，生成传统补间动画。

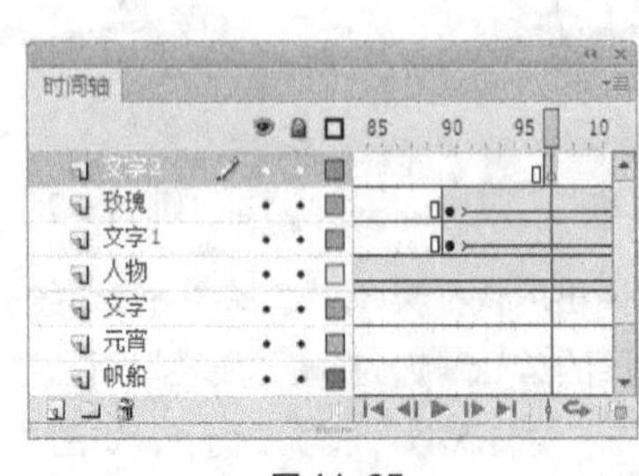

图 14-35

图 14-36

图 14-37

STEP 12 在“时间轴”面板中创建新图层并将其命名为“元宵 2”。选中“元宵 2”图层的第 105 帧，按 F6 键，插入关键帧，如图 14-38 所示。将“库”面板中的图形元件“元宵 2”拖曳到舞台窗口中，并放置在适当的位置，如图 14-39 所示。

STEP 13 选中“元宵 2”图层的第 125 帧，按 F6 键，插入关键帧。选中“元宵 2”图层的第 105 帧，在舞台窗口中将“元宵 2”实例水平向右拖曳到适当的位置，如图 14-40 所示。用鼠标右键单击“元宵 2”图层的第 105 帧，在弹出的快捷菜单中选择“创建传统补间”命令，生成传统补间动画。

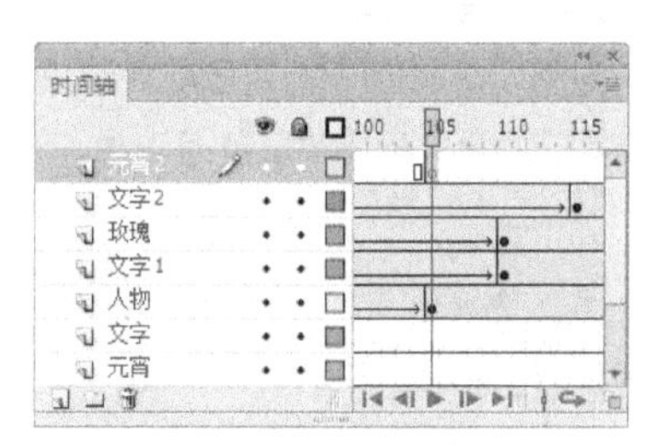

图 14-38

图 14-39

图 14-40

4. 制作画面 3

制作元宵节贺卡 4

STEP 1 在“时间轴”面板中创建新图层并将其命名为“底图 2”。选中“底图 2”图层的第 165 帧，按 F6 键，插入关键帧，如图 14-41 所示。将“库”面板中的位图“10”拖曳到舞台窗口中，并放置在适当的位置，如图 14-42 所示。选中“底图 2”图层的第 250 帧，按 F5 键，插入普通帧，如图 14-43 所示。

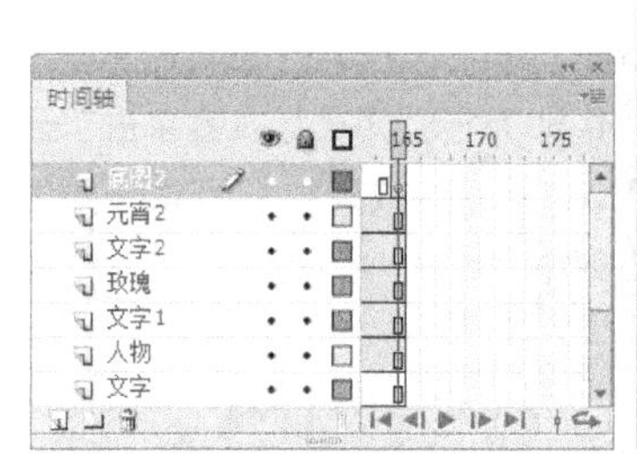

图 14-41

图 14-42

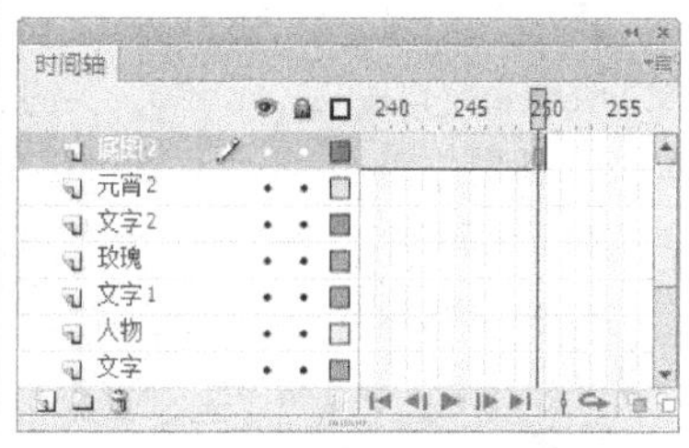

图 14-43

STEP 2 在“时间轴”面板中创建新图层并将其命名为“楼房”。选中“楼房”图层的第 170 帧，按 F6 键，插入关键帧。将“库”面板中的图形元件“楼房”拖曳到舞台窗口中，并放置在适当的位置，如图 14-44 所示。

STEP 3 选中“楼房”图层的第 190 帧，按 F6 键，插入关键帧。选中“楼房”图层的第 170 帧，在舞台窗口中将“楼房”实例水平向左拖曳到适当的位置，如图 14-45 所示。用鼠标右键单击“楼房”图层的第 170 帧，在弹出的快捷菜单中选择“创建传统补间”命令，生成传统补间动画，如图 14-46 所示。

图 14-44

图 14-45

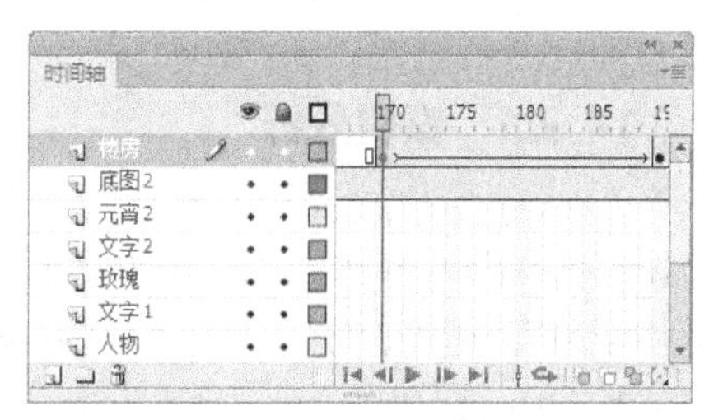

图 14-46

STEP 4 在“时间轴”面板中创建新图层并将其命名为“文字 3”。选中“文字 3”图层的第 180 帧，按 F6 键，插入关键帧。将“库”面板中的图形元件“文字 3”拖曳到舞台窗口中，并放置在适当的位置，如图 14-47 所示。

STEP 5 选中“文字 3”图层的第 200 帧，按 F6 键，插入关键帧。选中“文字 3”图层的第 180 帧，在舞台窗口中将“文字 3”实例垂直向上拖曳到适当的位置，如图 14-48 所示。用鼠标右键单击“文字 3”图层的第 180 帧，在弹出的快捷菜单中选择“创建传统补间”命令，生成传统补间动画。

图 14-47

图 14-48

STEP 6 在“时间轴”面板中创建新图层并将其命名为“元宵 3”。选中“元宵 3”图层的第 190 帧，按 F6 键，插入关键帧。将“库”面板中的图形元件“元宵 3”拖曳到舞台窗口中，并放置在适当的位置，如图 14-49 所示。

STEP 7 选中“元宵 3”图层的第 205 帧，按 F6 键，插入关键帧。选中“元宵 3”图层的第 190 帧，在舞台窗口中将“元宵 3”实例水平向右拖曳到适当的位置，如图 14-50 所示。用鼠标右键单击“元宵 3”图层的第 190 帧，在弹出的快捷菜单中选择“创建传统补间”命令，生成传统补间动画，如图 14-51 所示。元宵节贺卡制作完成，按 Ctrl+Enter 组合键即可查看效果。

图 14-49

图 14-50

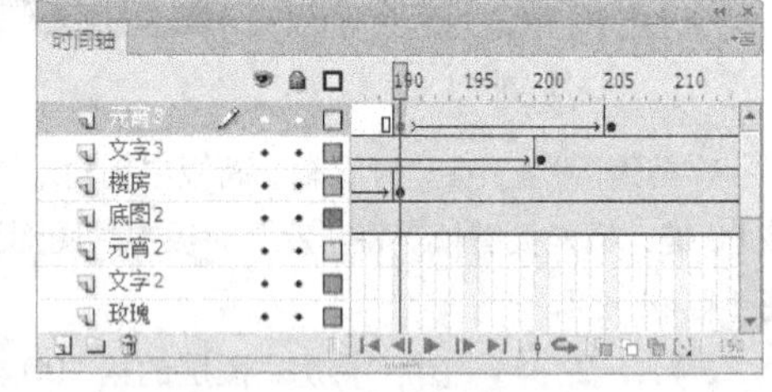

图 14-51

14.2 制作豆浆机广告

14.2.1 案例分析

随着对健康的重视逐渐加强，为了干净卫生，很多家庭纷纷选择自制豆浆，从而拉动家用微电脑全自动豆浆机市场。豆浆具有极高的营养价值，是一种非常理想的健康食品。无论成年人、老年人和儿童，只要坚持饮用，对提高体质、预防和治疗病症，都大有益处。本例的豆浆机广告要表现出豆浆机的多种功能和优惠活动力度，增加消费者购买的欲望。

在制作过程中，使用香槟色的背景烘托出主题文字与图片，在背景中添加豆浆图片，与广告内容相呼应；使用红色作为主体文字的颜色，突出广告语，使消费者直观地了解广告内容。整体画面充满温馨的感觉，能够促进消费者购买。

本例将使用“导入”命令，导入素材文件；使用“创建元件”命令，将导入的素材制作成图形元件；

使用“文字”工具，输入广告语文本；使用“分离”命令，将输入的文字进行打散处理；使用“创建传统补间”命令，制作补间动画效果；使用“动作脚本”命令，添加动作脚本。

14.2.2 案例设计

本案例的效果如图 14-52 所示。

图 14-52

14.2.3 案例制作

1. 导入素材制作元件

制作豆浆机广告 1

STEP 1 选择“文件 > 新建”命令，在弹出的“新建文档”对话框中选择“ActionScript 2.0”选项，将“宽”选项设为 800，“高”选项设为 500，单击“确定”按钮，完成文档的创建。

STEP 2 选择“文件 > 导入 > 导入到库”命令，在弹出的“导入到库”对话框中选择“Ch14 > 素材 > 制作豆浆机广告 > 01 ~ 04”文件，单击“打开”按钮，文件被导入到“库”面板中，如图 14-53 所示。

STEP 3 按 Ctrl+F8 组合键，弹出“创建新元件”对话框，在“名称”选项的文本框中输入“豆浆机”，在“类型”选项的下拉列表中选择“图形”，单击“确定”按钮，新建图形元件“豆浆机”，如图 14-54 所示，舞台窗口也随之转换为图形元件的舞台窗口。将“库”面板中的位图“02”拖曳到舞台窗口中，如图 14-55 所示。

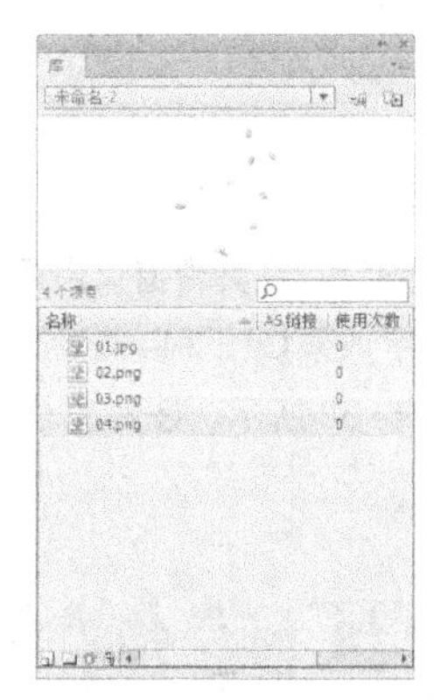

图 14-53

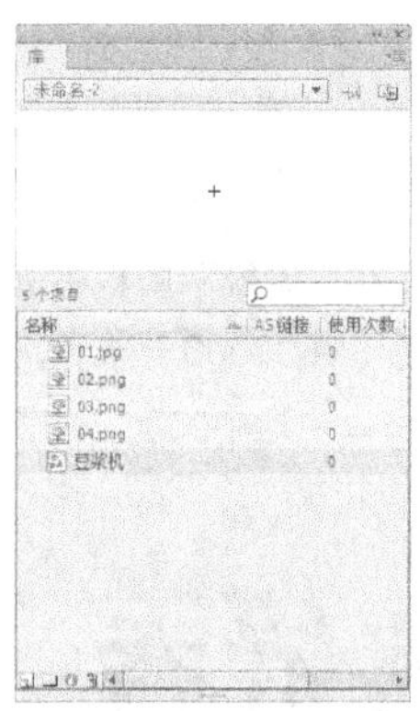

图 14-54

图 14-55

STEP 4 用上述的方法将“库”面板中的“03”“04”文件，分别制作成图形元件“价位牌”和“大豆”，“库”面板如图 14-56 所示。

STEP 5 在“库”面板中新建一个图形元件“文字 1”，如图 14-57 所示，舞台窗口也随之转换为图形元件的舞台窗口。选择“文本”工具[T]，在文本工具“属性”面板中进行设置，在舞台窗口中适当的位置输入大小为 18、字体为“微软雅黑”的红色（#B23600）文字，文字效果如图 14-58 所示。

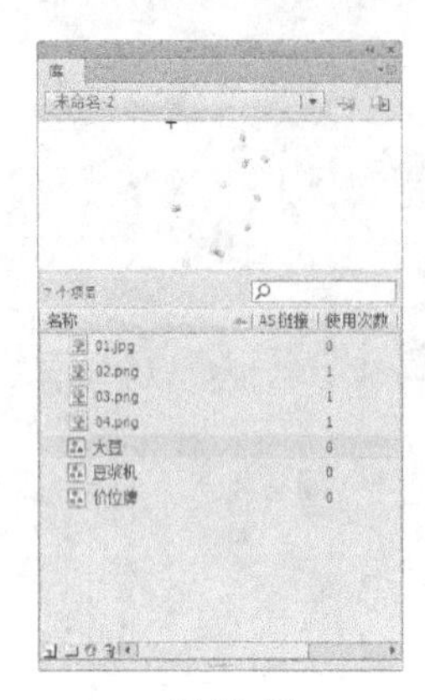

图 14-56

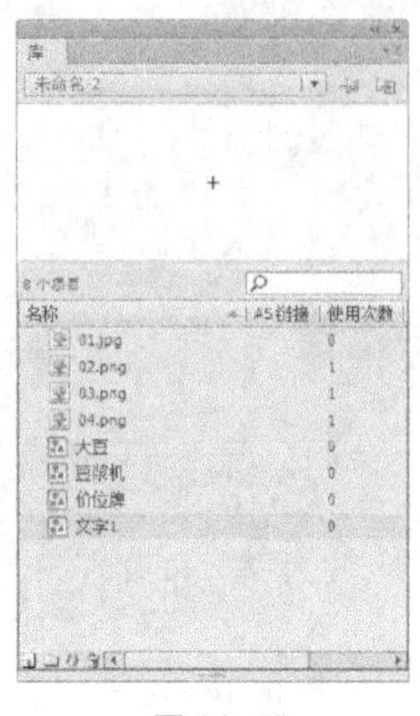

图 14-57

D52秋季新品全新上市

图 14-58

STEP 6 在“库”面板中新建一个图形元件“文字 3”，如图 14-59 所示，舞台窗口也随之转换为图形元件的舞台窗口。选择“文本”工具[T]，在文本工具“属性”面板中进行设置，在舞台窗口中适当的位置输入大小为 18、字体为“微软雅黑”的红色（#B23600）文字，文字效果如图 14-60 所示。在“库”面板中新建一个图形元件“文字 2”，如图 14-61 所示，舞台窗口也随之转换为图形元件的舞台窗口。

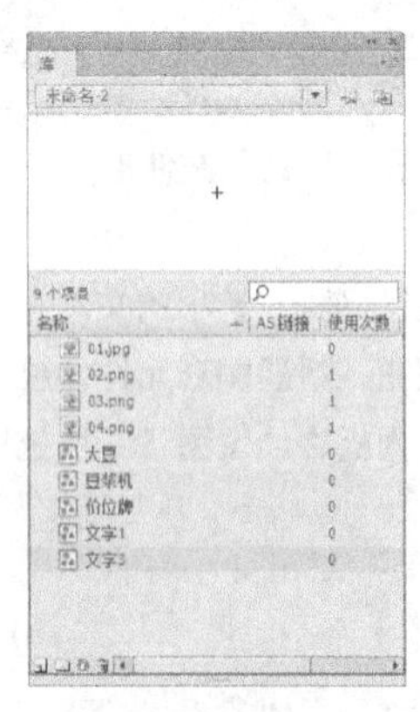

图 14-59

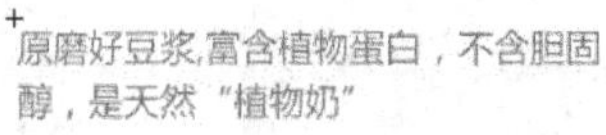

原磨好豆浆,富含植物蛋白，不含胆固醇，是天然“植物奶”

图 14-60

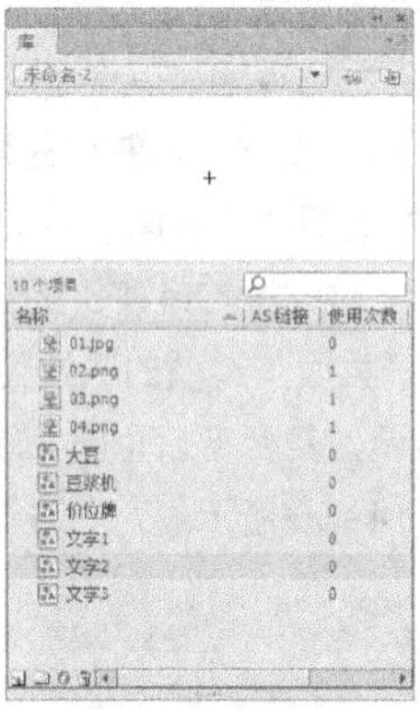

图 14-61

STEP 7 选择“文本”工具[T]，在文本工具“属性”面板中进行设置，在舞台窗口中适当的位置输入大小为 63、字体为“方正大黑简体”的深红色（#800000）文字，文字效果如图 14-62 所示。

STEP 8 选择“选择”工具[▶]，在舞台窗口中选中文字，如图 14-63 所示。按两次 Ctrl+B 组合键，将选中的文字打散，效果如图 14-64 所示。

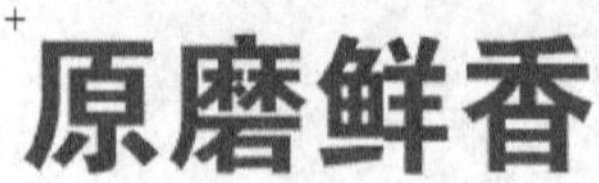

原磨鲜香

图 14-62

原磨鲜香

图 14-63

原磨鲜香

图 14-64

STEP 9 在文字图形的上半部分拖曳出一个矩形，如图 14-65 所示，松开鼠标将其选中，如图 14-66 所示。在工具箱中将“填充颜色”选项设为红色（#AC0000），效果如图 14-67 所示。

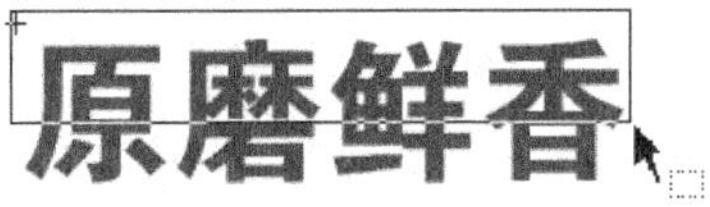

原磨鲜香 原磨鲜香 原磨鲜香

图 14-65  图 14-66  图 14-67

STEP 10 按 Ctrl+F8 组合键，弹出“创建新元件”对话框，在“名称”选项的文本框中输入“按钮”，在“类型”选项的下拉列表中选择“按钮”，单击“确定”按钮，新建按钮元件“按钮”，如图 14-68 所示，舞台窗口也随之转换为按钮元件的舞台窗口。

STEP 11 选择“窗口 > 颜色”命令，弹出“颜色”面板，选择“填充颜色”按钮，在“颜色类型”选项的下拉列表中选择“线性渐变”，在色带上将左边的颜色控制点设为红色（#F64D4D），将右边的颜色控制点设为深红色（#910505），生成渐变色，如图 14-69 所示。

STEP 12 将“图层 1”重命名为“矩形”。选择“矩形”工具，选中工具箱下方的“对象绘制”按钮，在舞台窗口中绘制一个矩形，如图 14-70 所示。选择“颜料桶”工具，在矩形的内部单击鼠标，更改渐变颜色的过渡方向，效果如图 14-71 所示。

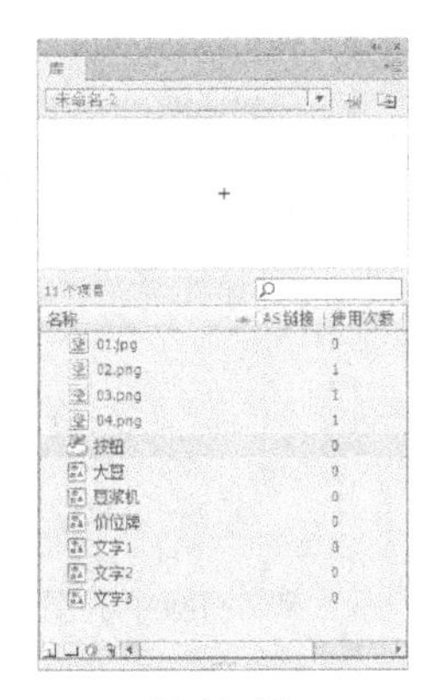

图 14-68

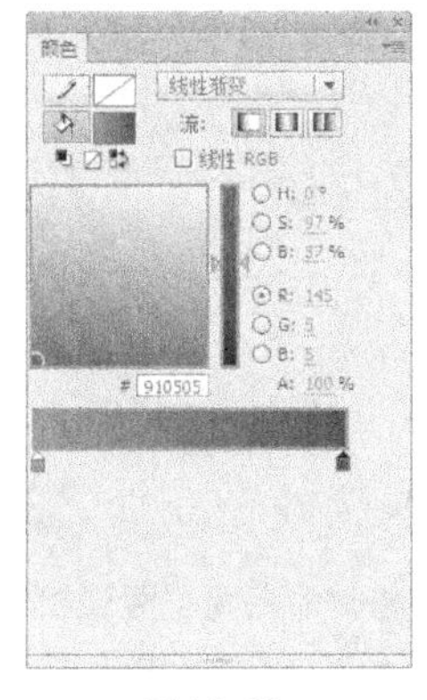

图 14-69

图 14-70

图 14-71

STEP 13 选中“矩形”图层的“指针经过”帧，按 F5 键，插入普通帧，如图 14-72 所示。在“时间轴”面板中创建新图层并将其命名为“文字”，如图 14-73 所示。

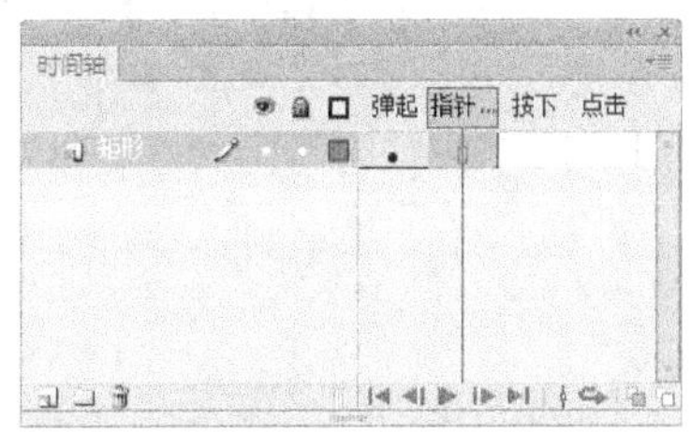

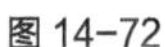

图 14-72

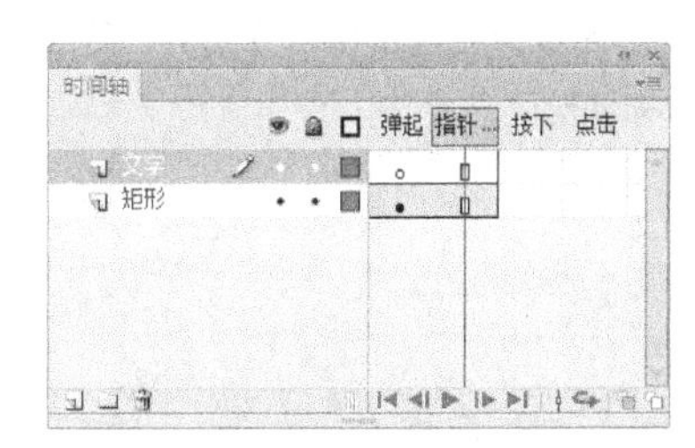

图 14-73

STEP 14 选择“文本”工具，在文本工具“属性”面板中进行设置，在舞台窗口中适当的位置输入大小为 18、字体为“微软雅黑”的白色文字，文字效果如图 14-74 所示。选中“文字”图层的“指针经过”帧，按 F6 键，插入关键帧，如图 14-75 所示。

STEP 15 选择“选择”工具，在舞台窗口中选中文字，如图 14-76 所示。在工具箱中将“填充颜色”选项设为黄色（#FFCC00），效果如图 14-77 所示。

图 14-74

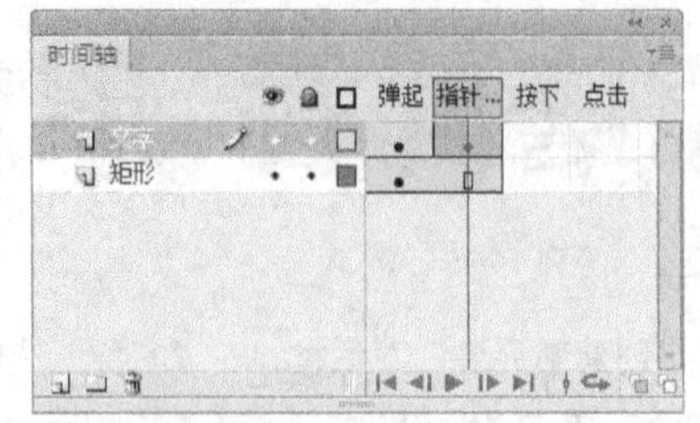

图 14-75

图 14-76

图 14-77

2. 制作动画 1

STEP 1 单击舞台窗口左上方的“场景 1”图标，进入“场景 1”的舞台窗口。将“图层 1”重命名为“底图”，如图 14-78 所示。将“库”面板中的位图“01”拖曳到舞台窗口中，如图 14-79 所示。选中“底图”图层的第 95 帧，按 F5 键，插入普通帧，如图 14-80 所示。

制作豆浆机广告 2

图 14-78

图 14-79

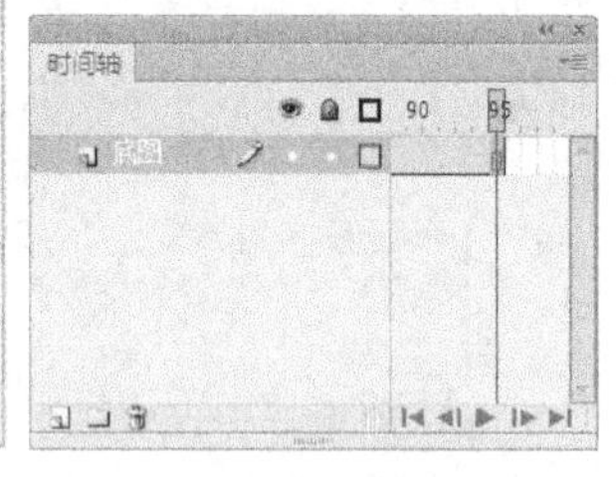

图 14-80

STEP 2 在“时间轴”面板中创建新图层并将其命名为“豆浆机”。将“库”面板中的图形元件“豆浆机”拖曳到舞台窗口中，并放置在适当的位置，如图 14-81 所示。

STEP 3 选中“豆浆机”图层的第 25 帧，按 F6 键，插入关键帧。选中“豆浆机”图层的第 1 帧，在舞台窗口中选中“豆浆机”实例，在图形“属性”面板中选择“色彩效果”选项组，在“样式”选项的下拉列表中选择“Alpha”，将其值设为 0%，效果如图 14-82 所示。

STEP 4 用鼠标右键单击“豆浆机”图层的第 1 帧，在弹出的快捷菜单中选择“创建传统补间”命令，生成传统补间动画。

图 14-81

图 14-82

STEP 5 在“时间轴”面板中创建新图层并将其命名为“价位牌”。选中“价位牌”图层的第 25 帧，按 F6 键，插入关键帧。将“库”面板中的图形元件“价位牌”拖曳到舞台窗口中，并放置在适当的位置，如图 14-83 所示。

STEP 6 选中“价位牌”图层的第 50 帧，按 F6 键，插入关键帧。选中“价位牌”图层的第 25 帧，在舞台窗口中将“价位牌”实例垂直向下拖曳到适当的位置，如图 14-84 所示。在图形“属性”面板中选择“色彩效果”选项组，在“样式”选项的下拉列表中选择“Alpha”，将其值设为 0%。

STEP 7 用鼠标右键单击“价位牌”图层的第 25 帧，在弹出的快捷菜单中选择“创建传统补间”命令，生成传统补间动画。

图 14-83

图 14-84

STEP 8 在“时间轴”面板中创建新图层并将其命名为“大豆”。选中“大豆”图层的第 50 帧，按 F6 键，插入关键帧。将“库”面板中的图形元件“大豆”拖曳到舞台窗口中，并放置在适当的位置，如图 14-85 所示。

STEP 9 选中“大豆”图层的第 65 帧，按 F6 键，插入关键帧。选中“大豆”图层的第 50 帧，在舞台窗口中选中“大豆”实例，在图形“属性”面板中选择“色彩效果”选项组，在“样式”选项的下拉列表中选择“Alpha”，将其值设为 0%，效果如图 14-86 所示。

STEP 10 用鼠标右键单击“大豆”图层的第 50 帧，在弹出的快捷菜单中选择“创建传统补间”命令，生成传统补间动画。

图 14-85

图 14-86

3. 制作动画 2

制作豆浆机广告 3

STEP 1 在“时间轴”面板中创建新图层并将其命名为“文字 1”。选中“文字 1”图层的第 50 帧，按 F6 键，插入关键帧。将“库”面板中的图形元件“文字 1”拖曳到舞台窗口中，并放置在适当的位置，如图 14-87 所示。

STEP 2 选中“文字 1”图层的第 65 帧，按 F6 键，插入关键帧。选中“文字 1”图层的第 50 帧，在舞台窗口中将“文字 1”实例水平向左拖曳到适当的位置，如图 14-88

所示。用鼠标右键单击“文字 1”图层的第 50 帧，在弹出的快捷菜单中选择“创建传统补间”命令，生成传统补间动画。

图 14-87

图 14-88

STEP 3 在“时间轴”面板中创建新图层并将其命名为“文字 2”。选中“文字 2”图层的第 60 帧，按 F6 键，插入关键帧。将“库”面板中的图形元件“文字 2”拖曳到舞台窗口中，并放置在适当的位置，如图 14-89 所示。

STEP 4 选中“文字 2”图层的第 75 帧，按 F6 键，插入关键帧。选中“文字 2”图层的第 60 帧，在舞台窗口中将“文字 2”实例水平向左拖曳到适当的位置，如图 14-89 所示。用鼠标右键单击“文字 2”图层的第 60 帧，在弹出的快捷菜单中选择“创建传统补间”命令，生成传统补间动画。

图 14-89

图 14-90

STEP 5 在“时间轴”面板中创建新图层并将其命名为“文字 3”。选中“文字 3”图层的第 70 帧，按 F6 键，插入关键帧。将“库”面板中的图形元件“文字 3”拖曳到舞台窗口中，并放置在适当的位置，如图 14-91 所示。

STEP 6 选中“文字 3”图层的第 85 帧，按 F6 键，插入关键帧。选中“文字 3”图层的第 70 帧，在舞台窗口中将“文字 3”实例水平向左拖曳到适当的位置，如图 14-92 所示。用鼠标右键单击“文字 3”图层的第 70 帧，在弹出的快捷菜单中选择“创建传统补间”命令，生成传统补间动画。

图 14-91

图 14-92

STEP 7 在“时间轴”面板中创建新图层并将其命名为“按钮”。选中“按钮”图层的第 80 帧，按 F6 键，插入关键帧。将“库”面板中的按钮元件“按钮”拖曳到舞台窗口中，并放置在适当的位置，如图 14-93 所示。

STEP 8 选中“按钮”图层的第 95 帧，按 F6 键，插入关键帧。选中“按钮”图层的第 80 帧，在舞台窗口中将“按钮”实例水平向左拖曳到适当的位置，如图 14-94 所示。用鼠标右键单击“按钮”图层的第 80 帧，在弹出的快捷菜单中选择“创建传统补间”命令，生成传统补间动画。

图 14-93

图 14-94

STEP 9 在“时间轴”面板中创建新图层并将其命名为“动作脚本”。选中“动作脚本”图层的第 95 帧，按 F6 键，插入关键帧。选择“窗口 > 动作”命令，弹出“动作”面板，在“动作”面板中设置脚本语言，“脚本窗口”中显示的效果如图 14-95 所示。设置好动作脚本后，关闭“动作”面板。在“动作脚本”图层的第 95 帧上显示出一个标记“a”，如图 14-96 所示。豆浆机广告制作完成，按 Ctrl+Enter 组合键即可查看效果。

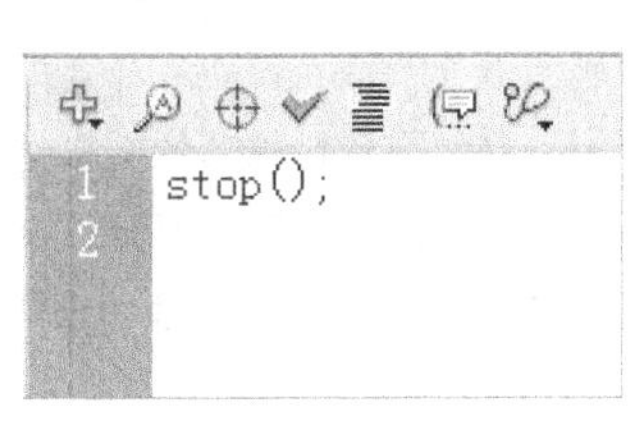

图 14-95

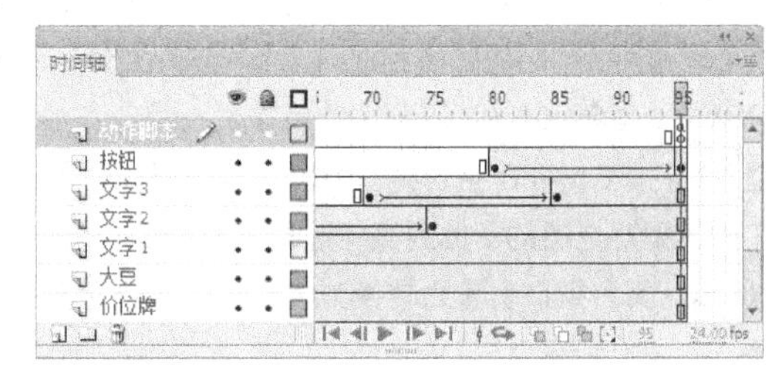

图 14-96

14.3 制作时尚相册

14.3.1 案例分析

近年来，人民生活水平逐渐提高，休闲活动种类也随之增加。不同于以往的传统相册，现在的电子相册采用图、文、声、像并茂的表现手法、随意修改编辑的功能、快速的检索方式、永不褪色的恒久保存特性以及廉价复制分发的优越手段，更受人们的喜爱，并逐渐成为生活中必不可少的娱乐元素。本例的时尚相册要表现出年轻人彰显个性、随性不羁的生活态度，并突出相册的功能性。

在制作过程中，使用低纯度的绿色和粉色渐变制作背景，使画面风格雅致，更符合年轻人的品位；使用低纯度的粉色作为主体色，添加主题文字和装饰图案，与背景相对应；添加渐变图片，使画面饱满；相片分布要主次分明，错落有致。整个画面时尚个性又不失温馨，符合年轻人的品位。

本例将使用“导入”命令，导入素材文件；使用“创建元件”命令，将导入的素材制作成按钮元件；

使用“属性”面板，设置照片的具体位置；使用“创建传统补间”命令，制作补间动画效果；使用“动作脚本”命令，添加动作脚本。

14.3.2 案例设计

本案例的效果如图 14-97 所示。

图 14-97

14.3.3 案例制作

1. 导入素材制作按钮元件

STEP 1 选择“文件 > 新建”命令，在弹出的“新建文档”对话框中选择“ActionScript 2.0”选项，将“宽”选项设为 800，“高”选项设为 580，单击“确定”按钮，完成文档的创建。

制作时尚相册 1

STEP 2 选择“文件 > 导入 > 导入到库”命令，在弹出的“导入到库”对话框中选择“Ch14 > 素材 > 制作时尚相册 > 01 ~ 07”文件，单击“打开”按钮，文件被导入到“库”面板中，如图 14-98 所示。

STEP 3 按 Ctrl+F8 组合键，弹出“创建新元件”对话框，在“名称”选项的文本框中输入“小照片 1”，在“类型”选项的下拉列表中选择“按钮”，单击“确定”按钮，新建按钮元件“小照片 1”，如图 14-99 所示，舞台窗口也随之转换为按钮元件的舞台窗口。将“库”面板中的位图“05”拖曳到舞台窗口中，如图 14-100 所示。

STEP 4 用上述的方法将“库”面板中的“02”“03”“04”“06”“07”文件，分别制作成按钮元件“大照片 1”“大照片 2”“大照片 3”“小照片 2”和“小照片 3”，“库”面板如图 14-101 所示。

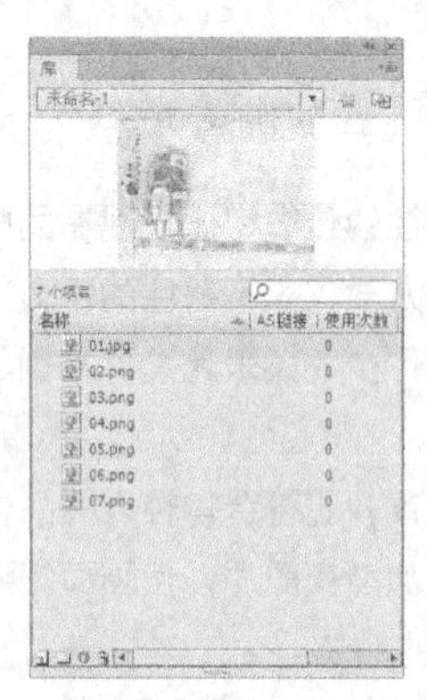

图 14-98

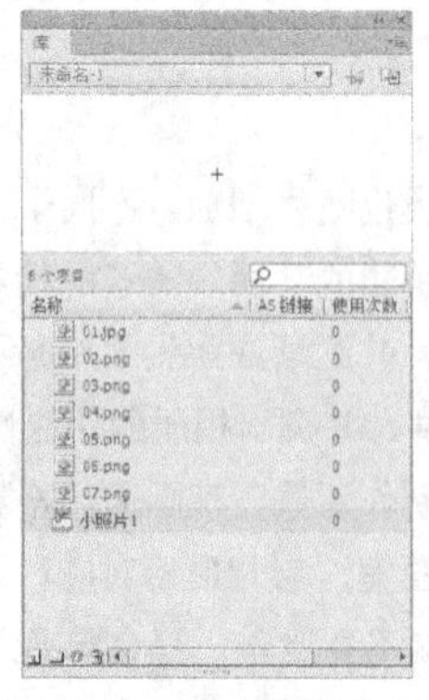

图 14-99

图 14-100

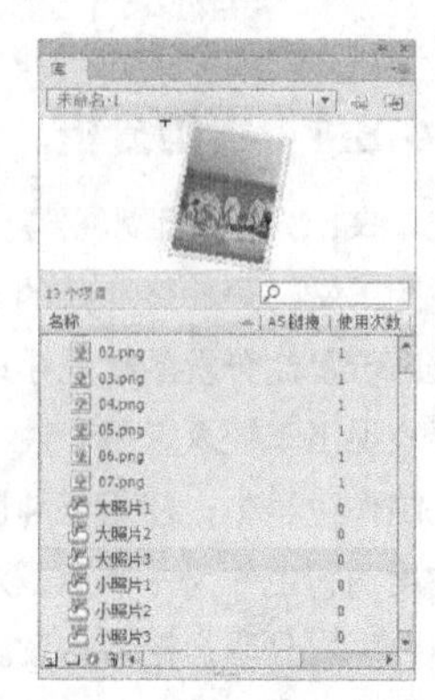

图 14-101

2. 在场景中确定小照片的位置

STEP 1 单击舞台窗口左上方的“场景 1”图标 场景 1，进入“场景 1”的舞台窗口。将“图层 1”重命名为“底图”，如图 14-102 所示。将“库”面板中的位图“01”拖曳到舞台窗口中，如图 14-103 所示。选中“底图”图层的第 91 帧，按 F5 键，插入普通帧，如图 14-104 所示。

制作时尚相册 2

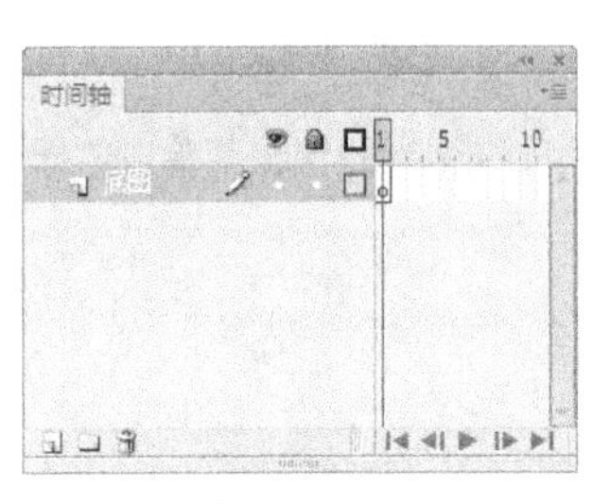
图 14-102

图 14-103

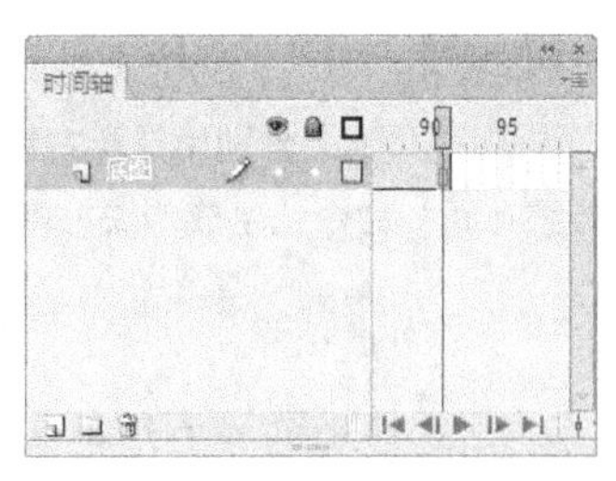
图 14-104

STEP 2 在“时间轴”面板中创建新图层并将其命名为“小照片”。将“库”面板中的按钮元件“小照片 3”拖曳到舞台窗口中，在按钮“属性”面板中，将“X”选项设为 263，“Y”选项设为 322，将实例放置在背景图的中下方，效果如图 14-105 所示。

STEP 3 将“库”面板中的按钮元件“小照片 2”拖曳到舞台窗口中，在按钮“属性”面板中，将“X”选项设为 282，“Y”选项设为 183，将实例放置在背景图的中心位置，效果如图 14-106 所示。

STEP 4 将“库”面板中的按钮元件“小照片 1”拖曳到舞台窗口中，在按钮“属性”面板中，将“X”选项设为 288，“Y”选项设为 54，将实例放置在背景图的中上方，效果如图 14-107 所示。

图 14-105

图 14-106

图 14-107

3. 在场景中确定大照片的位置

STEP 1 在“时间轴”面板中创建新图层并将其命名为“大照片 1”。选中“大照片 1”图层的第 2 帧，按 F6 键，插入关键帧。将“库”面板中的按钮元件“大照片 1”拖曳到舞台窗口中，在按钮“属性”面板中，将“X”选项设为 387，“Y”选项设为 50，将实例放置在背景图的右侧，效果如图 14-108 所示。

制作时尚相册 3

STEP 2 分别选中“大照片 1”图层的第 16 帧和第 31 帧，按 F6 键，插入关键帧。选中“大照片 1”图层的第 2 帧，在舞台窗口中将“大照片 1”实例水平向右拖曳到适当的位置，如图 14-109 所示。在图形“属性”面板中选择“色彩效果”选项组，在“样式”选项的下拉列表中选择“Alpha”，将其值设为 0%，效果如图 14-110 所示。用相同的方法设置“大照片 1”图层的第 31 帧。

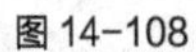

图 14-108

图 14-109

图 14-110

STEP 3 分别用鼠标右键单击“大照片 1”图层的第 2 帧和第 16 帧，在弹出的快捷菜单中选择“创建传统补间”命令，生成传统补间动画，如图 14-111 所示。

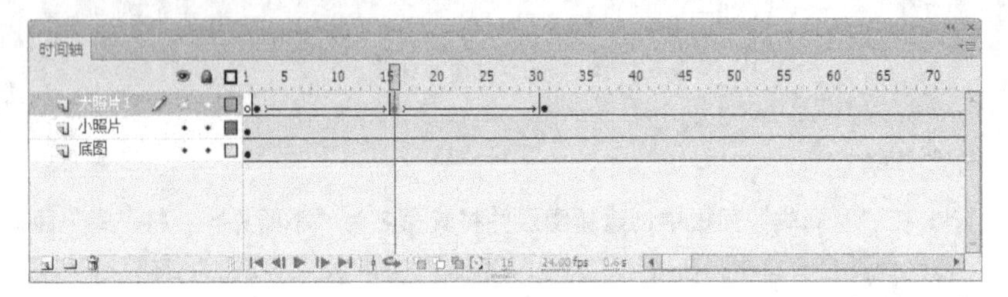

图 14-111

STEP 4 在“时间轴”面板中创建新图层并将其命名为“大照片 2”。选中“大照片 2”图层的第 32 帧，按 F6 键，插入关键帧。将“库”面板中的按钮元件“大照片 2”拖曳到舞台窗口中，在按钮“属性”面板中，将“X”选项设为 387，“Y”选项设为 50，将实例放置在背景图的右侧，效果如图 14-112 所示。

STEP 5 分别选中“大照片 2”图层的第 46 帧和第 61 帧，按 F6 键，插入关键帧。选中“大照片 2”图层的第 32 帧，在舞台窗口中将“大照片 2”实例垂直向上拖曳到适当的位置，如图 14-113 所示。在图形“属性”面板中选择“色彩效果”选项组，在“样式”选项的下拉列表中选择“Alpha”，将其值设为 0%，效果如图 14-114 所示。用相同的方法设置“大照片 2”图层的第 61 帧。

图 14-112

图 14-113

图 14-114

STEP 6 分别用鼠标右键单击“大照片 2”图层的第 32 帧和第 46 帧，在弹出的快捷菜单中选择“创建传统补间”命令，生成传统补间动画。

STEP 7 在“时间轴”面板中创建新图层并将其命名为“大照片 3”。选中“大照片 3”图层的第 62 帧，按 F6 键，插入关键帧。将“库”面板中的按钮元件“大照片 3”拖曳到舞台窗口中，在按钮“属性”面板中，将“X”选项设为 387，“Y”选项设为 50，将实例放置在背景图的右侧，效果如图 14-115 所示。

STEP 8 分别选中“大照片 3”图层的第 76 帧和第 91 帧，按 F6 键，插入关键帧。选中“大照片 3”图层的第 62 帧，在舞台窗口中将“大照片 3”实例垂直向下拖曳到适当的位置，如图 14-116 所示。在图形“属性”面板中选择“色彩效果”选项组，在“样式”选项的下拉列表中选择“Alpha”，将其值设为 0%，效果如图 14-117 所示。用相同的方法设置“大照片 3”图层的第 91 帧。

图 14-115

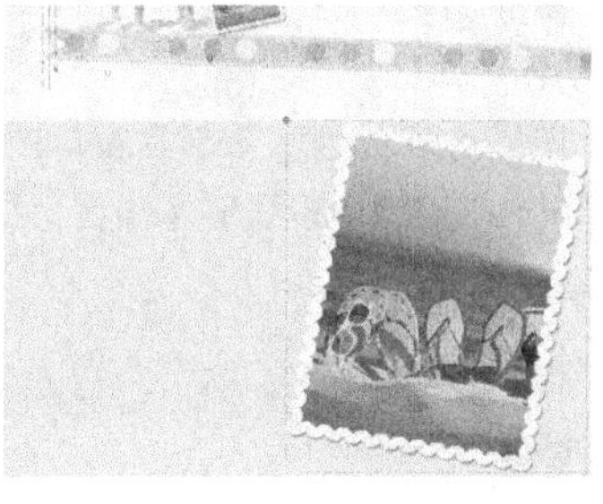
图 14-116

图 14-117

STEP 9 分别用鼠标右键单击“大照片 3”图层的第 62 帧和第 76 帧，在弹出的快捷菜单中选择“创建传统补间”命令，生成传统补间动画，如图 14-118 所示。

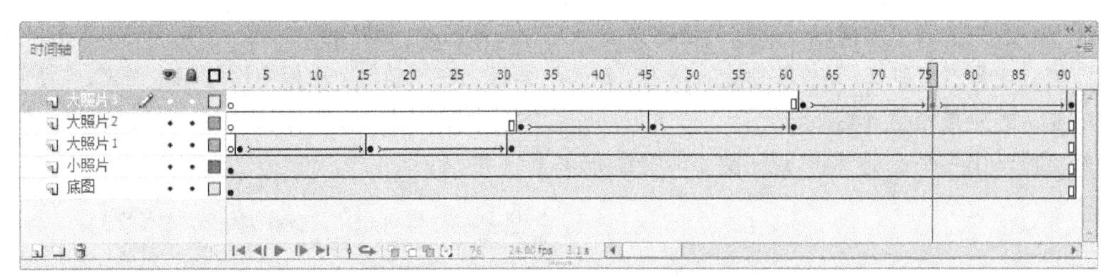

图 14-118

4. 添加动作脚本

STEP 1 选中“小照片 1”图层的第 1 帧，在舞台窗口中选中“小照片 1”实例，选择“窗口 > 动作”命令，弹出“动作”面板，在“动作”面板中设置脚本语言，“脚本窗口”中显示的效果如图 14-119 所示。设置好动作脚本后，关闭“动作”面板。

制作时尚相册 4

STEP 2 在舞台窗口中选中“小照片 2”实例，选择“窗口 > 动作”命令，弹出“动作”面板，在“动作”面板中设置脚本语言，“脚本窗口”中显示的效果如图 14-120 所示。设置好动作脚本后，关闭“动作”面板。

STEP 3 在舞台窗口中选中“小照片 3”实例，选择“窗口 > 动作”命令，弹出“动作”面板，在“动作”面板中设置脚本语言，“脚本窗口”中显示的效果如图 14-121 所示。设置好动作脚本后，关闭“动作”面板。

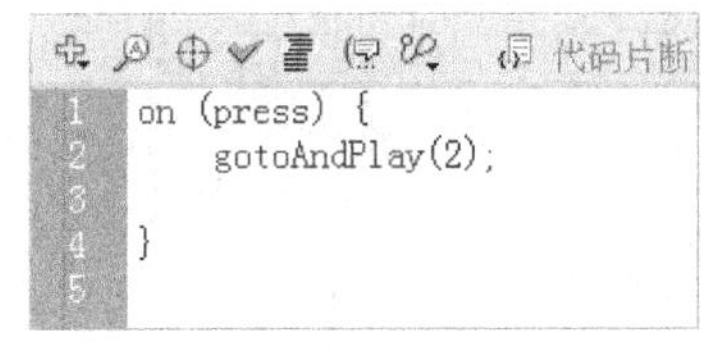
```
on (press) {
    gotoAndPlay(2);

}
```
图 14-119

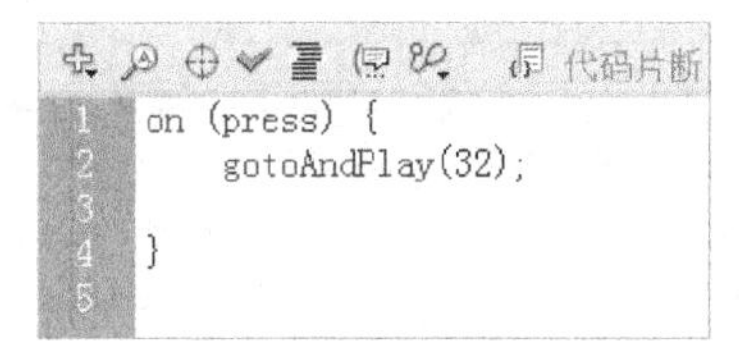
```
on (press) {
    gotoAndPlay(32);

}
```
图 14-120

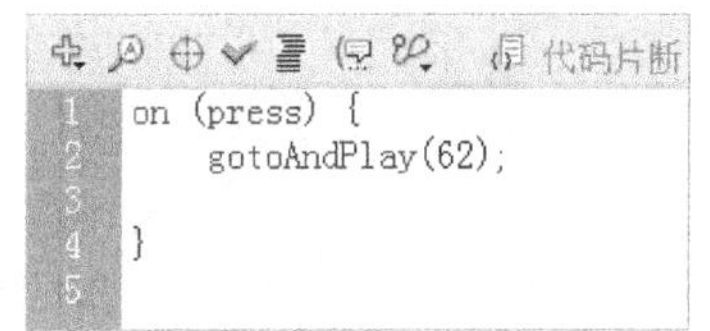
```
on (press) {
    gotoAndPlay(62);

}
```
图 14-121

STEP 4 选中“大照片 1”图层的第 16 帧，在舞台窗口中选中“大照片 1”实例，选择“窗口 > 动作”命令，弹出“动作”面板，在“动作”面板中设置脚本语言，“脚本窗口”中显示的效果如图 14-122 所示。设置好动作脚本后，关闭“动作”面板。

STEP 5 选中“大照片 2”图层的第 46 帧，在舞台窗口中选中“大照片 2”实例，选择“窗口 > 动作”命令，弹出“动作”面板，在“动作”面板中设置脚本语言，“脚本窗口”中显示的效果如图 14-123 所示。设置好动作脚本后，关闭“动作”面板。

STEP 6 选中“大照片 3”图层的第 76 帧，在舞台窗口中选中“大照片 3”实例，选择“窗口 > 动作”命令，弹出“动作”面板，在“动作”面板中设置脚本语言，“脚本窗口”中显示的效果如图 14-124 所示。设置好动作脚本后，关闭“动作”面板。

代码片断
```
on (press) {
    gotoAndPlay(17);

}
```

图 14-122

代码片断
```
on (press) {
    gotoAndPlay(47);

}
```

图 14-123

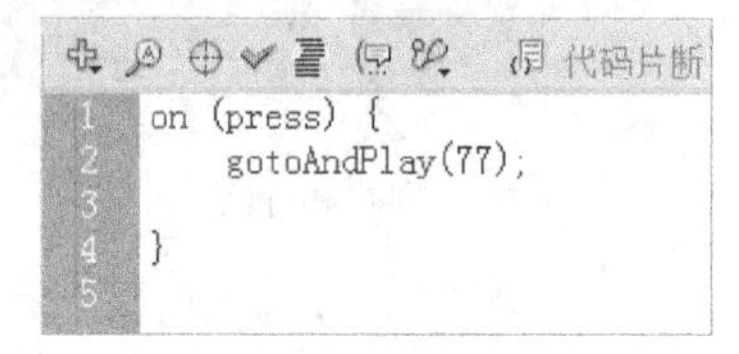

图 14-124

STEP 7 在“时间轴”面板中创建新图层并将其命名为“动作脚本”。选中“动作脚本”图层的第 1 帧，选择“窗口 > 动作”命令，弹出“动作”面板，在“动作”面板中设置脚本语言，“脚本窗口”中显示的效果如图 14-125 所示。设置好动作脚本后，关闭“动作”面板。在“动作脚本”图层的第 1 帧上显示出一个标记“a”，如图 14-126 所示。

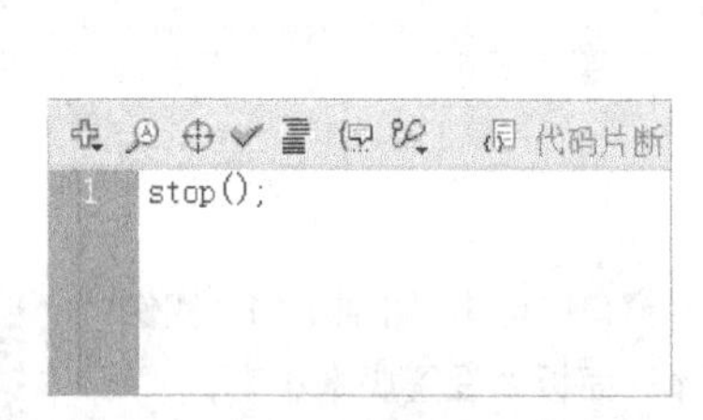

图 14-125

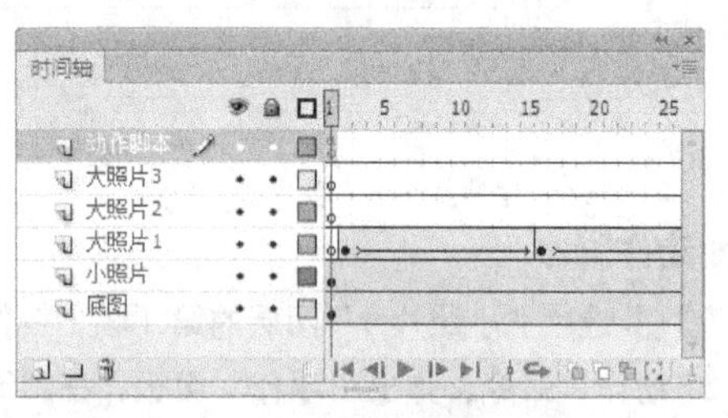

图 14-126

STEP 8 用鼠标右键单击“动作脚本”图层的第 1 帧，在弹出的快捷菜单中选择“复制帧”命令，将其复制到剪切板。分别选中“动作脚本”图层的第 16 帧、第 31 帧、第 46 帧、第 61 帧、第 76 帧和第 91 帧，在弹出的快捷菜单中选择“粘贴帧”命令，将复制的帧粘贴，“时间轴”面板如图 14-127 所示。时尚相册制作完成，按 Ctrl+Enter 组合键即可查看效果。

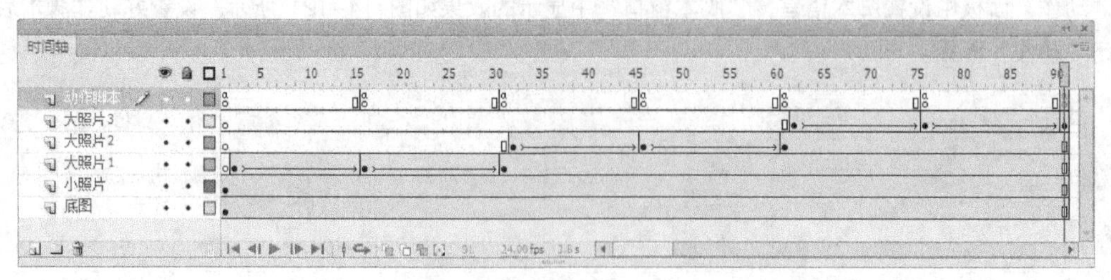

图 14-127

14.4 制作房地产网页

14.4.1 案例分析

网页是一种沟通工具，人们可以通过网页浏览器来访问网页，获取自己需要的资讯或者享受网络服务。房地产网页可以提升房地产企业的竞争力，使消费者清晰直观地了解房地产情况，促进消费者消费。本例的房地产广告要表现出房地产的高端品质，增加消费者了解与购买的欲望。

在制作过程中，使用深蓝色和绿色相间的背景营造出忠厚、稳重的感觉；添加森林图片素材，使画面与广告语相配；添加风景和房屋内部图片介绍相关情况；使用红色筷子图片调和画面色彩。整个画面具有安静祥和的视觉感受，表现出房地产的高端品质。

本例将使用“导入”命令，导入素材文件；使用“创建元件”命令，将导入的素材制作成按钮元件；使用“文本”工具，输入需要的文字；使用“属性”面板，设置照片的具体位置；使用“帧”命令，制作逐帧动画效果；使用“动作脚本”命令，添加动作脚本。

14.4.2 案例设计

本案例的效果如图 14-128 所示。

图 14-128

14.4.3 案例制作

1. 导入素材制作按钮元件

制作房地产网页 1

STEP 1 选择“文件 > 新建”命令，在弹出的“新建文档”对话框中选择“ActionScript 2.0”选项，将“宽”选项设为 600，“高”选项设为 800，单击“确定”按钮，完成文档的创建。

STEP 2 选择“文件 > 导入 > 导入到库”命令，在弹出的“导入到库”对话框中选择“Ch14 > 素材 > 制作房地产网页 > 01～06”文件，单击“打开”按钮，文件被导入到“库”面板中，如图 14-129 所示。

STEP 3 按 Ctrl+F8 组合键，弹出“创建新元件”对话框，在“名称”选项的文本框中输入“按钮 1”，在“类型”选项的下拉列表中选择“按钮”，单击“确定”按钮，新建按钮元件“按钮 1”，如图 14-130 所示，舞台窗口也随之转换为按钮元件的舞台窗口。将“库”面板中的位图“02”拖曳到舞台窗口中，如图 14-131 所示。

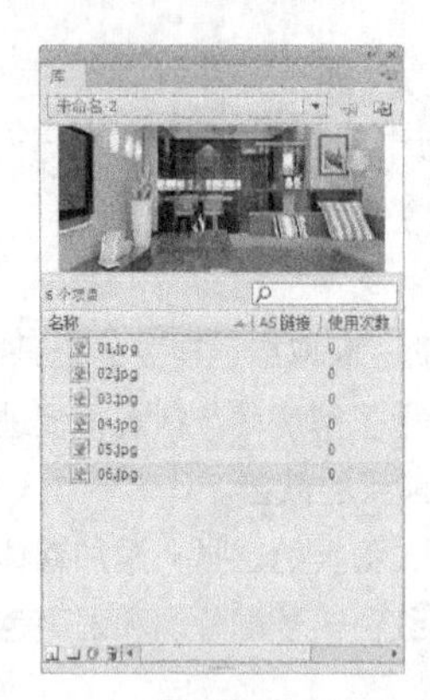
图 14-129

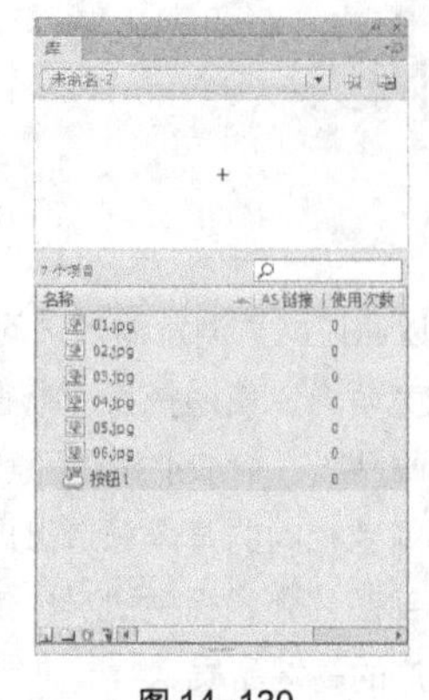
图 14-130

图 14-131

STEP 4 单击“时间轴”面板下方的“新建图层”按钮，新建“图层 2”，如图 14-132 所示。选择“文本”工具，在文本工具“属性”面板中进行设置，在舞台窗口中适当的位置输入大小为 18、字体为“方正粗倩简体”的白色文字，文字效果如图 14-133 所示。使用相同的方法制作按钮“按钮 2”“按钮 3”和“按钮 4”，“库”面板如图 14-134 所示。

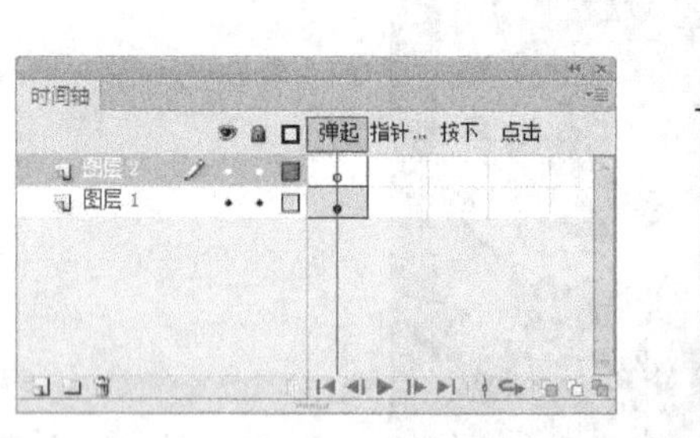

图 14-132

图 14-133

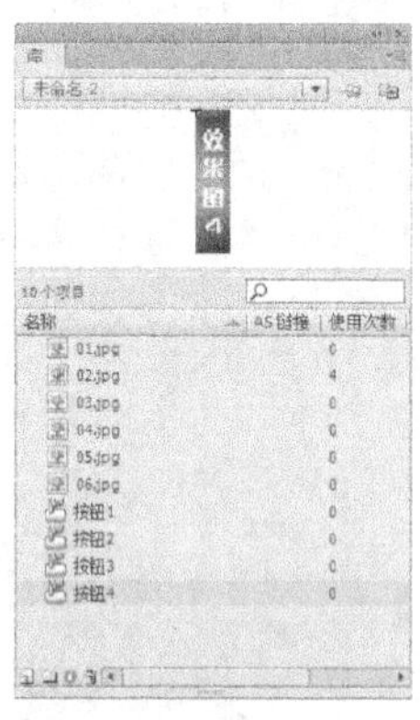
图 14-134

2. 制作场景动画

STEP 1 单击舞台窗口左上方的“场景 1”图标，进入“场景 1”的舞台窗口。将“图层 1”重命名为“底图”，如图 14-135 所示。将“库”面板中的位图“01”拖曳到舞台窗口中。选中“底图”图层的第 4 帧，按 F5 键，插入普通帧，如图 14-136 所示。

制作房地产网页 2

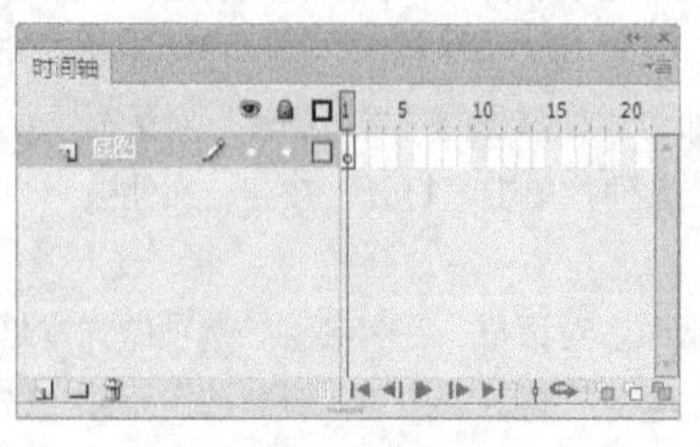

图 14-135

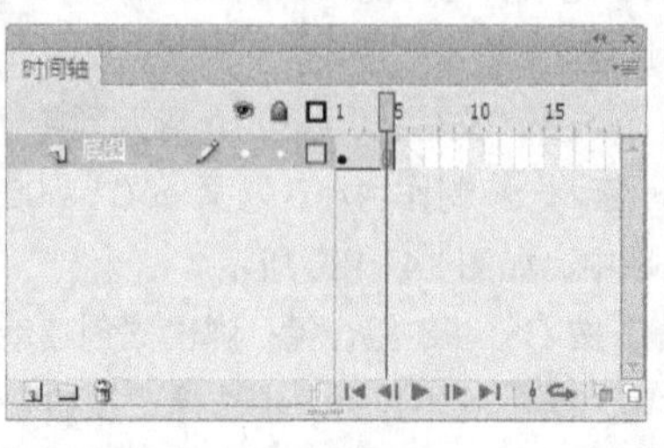

图 14-136

STEP 2 在“时间轴”面板中创建新图层并将其命名为“按钮”。将“库”面板中的按钮元件“按钮 1”拖曳到舞台窗口中，在按钮“属性”面板中，将“X”选项设为 117，“Y”选项设为 558，将实例放置在背景图的左下方，效果如图 14-137 所示。

STEP 3 将“库”面板中的按钮元件“按钮 2”拖曳到舞台窗口中，在按钮“属性”面板中，将“X”选项设为 409，“Y”选项设为 558，将实例放置在背景图的右下方，效果如图 14-138 所示。

STEP 4 将“库”面板中的按钮元件“按钮 3”拖曳到舞台窗口中，在按钮“属性”面板中，将“X”选项设为 437，“Y”选项设为 558，将实例放置在背景图的右下方，效果如图 14-139 所示。

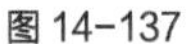
图 14-137

图 14-138

图 14-139

STEP 5 将“库”面板中的按钮元件“按钮 4”拖曳到舞台窗口中，在按钮“属性”面板中，将“X”选项设为 465，“Y”选项设为 558，将实例放置在背景图的右下方，效果如图 14-140 所示。

STEP 6 在“时间轴”面板中创建新图层并将其命名为“图片”。将“库”面板中的位图“03”拖曳到舞台窗口中，在位图“属性”面板中，将“X”选项设为 146，“Y”选项设为 558，将实例放置在背景图的中下方，效果如图 14-141 所示。

STEP 7 选中“图片”图层的第 2 帧，按 F7 键，插入空白关键帧。将“库”面板中的位图“04”拖曳到舞台窗口中，在位图“属性”面板中，将“X”选项设为 146，“Y”选项设为 558，将实例放置在背景图的中下方，效果如图 14-142 所示。

图 14-140

图 14-141

图 14-142

STEP 8 选中“图片”图层的第 3 帧，按 F7 键，插入空白关键帧。将“库”面板中的位图“05”拖曳到舞台窗口中，在位图“属性”面板中，将“X”选项设为 146，“Y”选项设为 558，将实例放置在背景图的中下方，效果如图 14-143 所示。

STEP 9 选中“图片”图层的第 4 帧，按 F7 键，插入空白关键帧。将“库”面板中的位图“06”拖曳到舞台窗口中，在位图“属性”面板中，将“X”选项设为 146，“Y”选项设为 558，将实例放置在背景图的中下方，效果如图 14-144 所示。

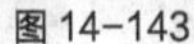
图 14-143

图 14-144

3. 添加动作脚本

制作房地产网页 3

STEP 1 在“时间轴”面板中创建新图层并将其命名为“动作脚本”。选中“动作脚本”图层的第 1 帧，选择“窗口 > 动作”命令，弹出“动作”面板，在“动作”面板中设置脚本语言，“脚本窗口”中显示的效果如图 14-145 所示。在“动作脚本”图层的第 1 帧上显示出一个标记“a”，如图 14-146 所示。

STEP 2 选中“按钮”图层的第 1 帧，在舞台窗口中选中“按钮 1”实例，调出“动作”面板，在“动作”面板中设置脚本语言，“脚本窗口”中显示的效果如图 14-147 所示。

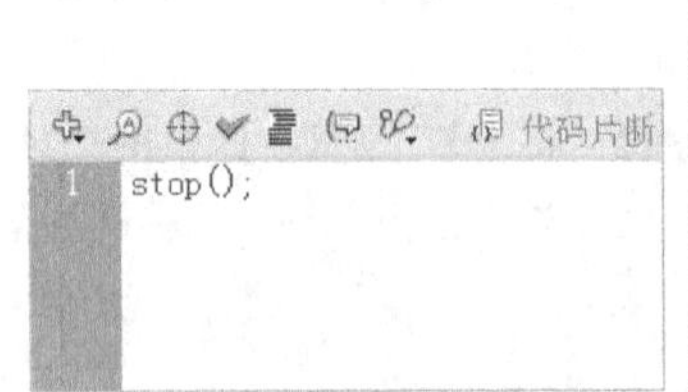

图 14-145

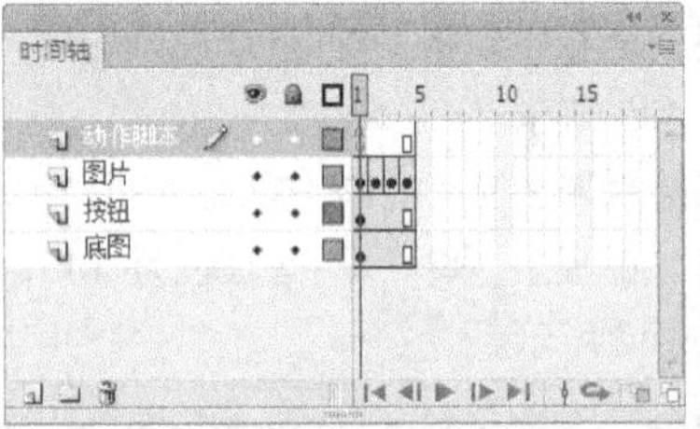

图 14-146

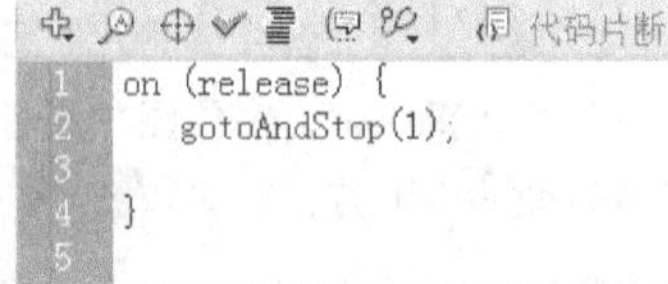

图 14-147

STEP 3 在舞台窗口中选中“按钮 2”实例，调出“动作”面板，在“动作”面板中设置脚本语言，“脚本窗口”中显示的效果如图 14-148 所示。

STEP 4 在舞台窗口中选中“按钮 3”实例，调出“动作”面板，在“动作”面板中设置脚本语言，“脚本窗口”中显示的效果如图 14-149 所示。

STEP 5 在舞台窗口中选中“按钮 4”实例，调出“动作”面板，在“动作”面板中设置脚本语言，“脚本窗口”中显示的效果如图 14-150 所示。设置好动作脚本后，关闭“动作”面板。房地产网页制作完成，按 Ctrl+Enter 组合键即可查看效果。

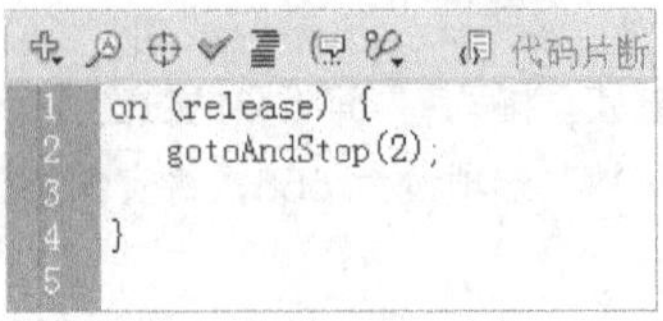

```
on (release) {
    gotoAndStop(2);

}
```
图 14-148

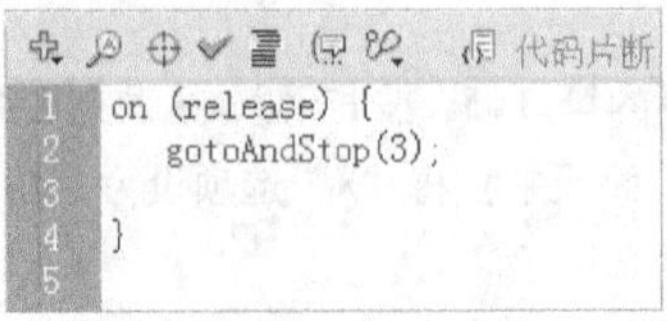

```
on (release) {
    gotoAndStop(3);

}
```
图 14-149

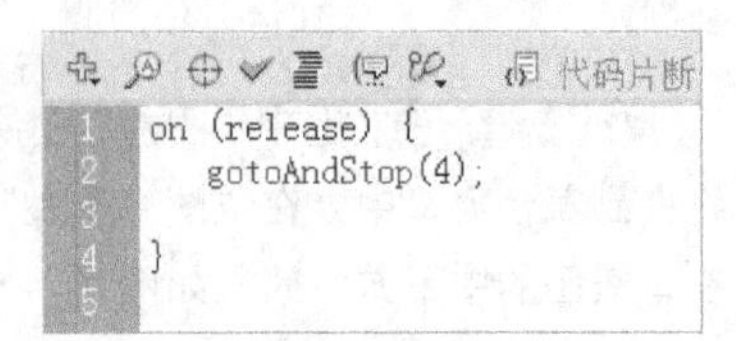

图 14-150

14.5 课堂练习 1——制作生日贺卡

练习知识要点

使用“导入”命令，导入素材文件；使用“创建元件”命令，将导入的素材文件制作成图形元件；使用“影片剪辑”命令，制作烛火动画；使用“创建传统补间”命令，制作传统补间动画；使用“动作脚本”命令，添加动作脚本，效果如图 14-151 所示。

效果所在位置

资源包 > Ch14 > 效果 > 制作生日贺卡.fla。

图 14-151

制作生日贺卡 1

制作生日贺卡 2

14.6 课堂练习 2——制作滑雪网站广告

练习知识要点

使用“导入”命令，导入素材文件；使用“矩形”工具和“文本”工具，制作按钮元件；使用“分散到图层”命令和“创建传统补间”命令，制作导航条动画；使用“动作脚本”命令，添加动作脚本，效果如图 14-152 所示。

效果所在位置

资源包 > Ch14 > 效果 > 制作滑雪网站广告.fla。

图 14-152

制作滑雪网站广告 1

制作滑雪网站广告 2

制作滑雪网站广告 3

制作滑雪网站广告 4

14.7 课后习题 1——制作精品购物网页

习题知识要点

使用“椭圆”工具、“创建元件”命令和“文本”工具，制作影片剪辑元件和按钮元件；使用“属性”面板，为实例添加投影效果；使用“引导层”命令，为动画添加引导使其改变动画的运动路线，效果如图 14–153 所示。

效果所在位置

资源包 > Ch14 > 效果 > 制作精品购物网页.fla。

图 14–153

制作精品购物网页 1

制作精品购物网页 2

14.8 课后习题 2——制作儿童电子相册

习题知识要点

使用“导入”命令，导入素材文件；使用“创建元件”命令，将导入的素材制作成按钮元件；使用“属性”面板，设置照片的具体位置；使用“创建传统补间”命令，制作补间动画效果；使用“动作脚本”命令，添加动作脚本，效果如图 14–154 所示。

效果所在位置

资源包 > Ch14 > 效果 > 制作儿童电子相册.fla。

图 14–154

制作儿童电子相册 1

制作儿童电子相册 2

制作儿童电子相册 3